普通高等教育土建学科专业"十二五"规划教材
清 华 大 学 985 名 优 教 材 立 项 资 助
高校土木工程专业指导委员会规划推荐教材

混 凝 土 结 构

（上册）

叶列平　编著

中国建筑工业出版社

图书在版编目（CIP）数据

混凝土结构（上册）/叶列平编著.—北京：中国建筑工业出版社，2012.2

（普通高等教育土建学科专业"十二五"规划教材．清华大学 985 名优教材立项资助．高校土木工程专业指导委员会规划推荐教材）

ISBN 978-7-112-14065-7

Ⅰ.①混… Ⅱ.①叶… Ⅲ.①混凝土结构-高等学校-教材 Ⅳ.①TU37

中国版本图书馆 CIP 数据核字（2012）第 026837 号

普通高等教育土建学科专业"十二五"规划教材
清 华 大 学 985 名 优 教 材 立 项 资 助
高校土木工程专业指导委员会规划推荐教材
混 凝 土 结 构（上册）
叶列平　编著

*

中国建筑工业出版社出版、发行（北京西郊百万庄）
各地新华书店、建筑书店经销
北京红光制版公司制版
北京圣夫亚美印刷有限公司印刷

*

开本：787×960 毫米　1/16　印张：29　字数：565 千字
2012 年 8 月第一版　2013 年 4 月第二次印刷
定价：55.00 元
ISBN 978-7-112-14065-7
（22110）

版权所有　翻印必究

如有印装质量问题，可寄本社退换

（邮政编码　100037）

本书是土木工程专业《混凝土结构》教材，分为上、下两册。上册内容包括：钢筋和混凝土的材料性能，钢筋混凝土构件的基本受力性能，结构设计方法，受弯构件正截面和斜截面承载力计算、钢筋的锚固与布置，受压、受拉和受扭构件的承载力计算，正常使用阶段变形与裂缝验算及耐久性，预应力混凝土的原理及计算规定、受力性能分析和受弯构件的设计等。

　　每章都收入了适量例题，并在每章后都附有一定的思考题和习题，书后附水平题集、钢筋混凝土主要性能参数表和主要符号表。

　　本教材按国家标准《混凝土结构设计规范》GB 50010—2010 编写，并介绍了有关最新进展。

　　本书可作为大专院校土木工程专业的教学用书，也可作为广大从事土木工程设计和施工人员学习混凝土结构基本理论和结构设计方法的参考资料。

＊　　＊　　＊

责任编辑：王　跃　李天虹　吉万旺
责任设计：李志立
责任校对：姜小莲　刘　钰

前　言

本书是根据高等学校土木工程本科指导性专业规范的要求，并按清华大学土木工程系（2005年清华大学《混凝土结构》课程获国家级精品课程称号）的教学计划和教学大纲，结合编者多年来的教学实践经验编写的，可作为大专院校土木工程专业的教材，也可供从事土木工程的技术人员学习参考。

《混凝土结构》是土木工程专业的主干专业基础课程，其教学指导思想是：注重建立工程概念，注重培养综合能力，注重提炼科学问题，注重激发创新意识；从理论转向实际，从简单转向综合；理论分析与工程应用相结合，科学方法与工程创新相结合；培养土木工程师的基本素质。

全书分为上、下两册。本书为上册，共14章，除绪论外，包括钢筋和混凝土的材料性能，钢筋混凝土构件的基本受力性能，结构设计方法，受弯构件正截面和斜截面承载力计算、钢筋的锚固与布置，受压、受拉和受扭构件的承载力计算，正常使用阶段变形和裂缝的验算，预应力混凝土的原理及计算规定、受力性能分析和受弯构件的设计。

本书下册共8章，包括：工程结构设计概论，荷载与作用，梁板结构，框架结构，排架结构，钢-混凝土组合梁板结构，钢骨混凝土结构，钢管混凝土结构。

根据编者多年的教学经验，本书编写时不仅注意教学和学习规律，使教学内容的安排尽可能符合认识规律，同时也及时反映了一些学科的最新发展和编者的科研及参加规范工作的成果，如高强混凝土结构构件、受剪桁架模型、非荷载裂缝、耐久性、结构抗连续倒塌等。考虑到土木工程结构类型多，设计计算方法不统一的情况，编写中注重基本概念、基本原理和分析方法的讲述，使学生能正确理解和掌握混凝土结构构件各种受力形式的设计计算方法以及知识综合运用的能力。由于混凝土结构是一门理论性强，并注重实际应用能力的学科，为避免初学者混淆不同类型工程结构设计规范的方法，在设计计算部分主要按《混凝土结构设计规范》GB 50010—2010编写。

本书编写时力求语言通俗易懂、深入浅出。每章均有例题，每章末有一定数量的习题和思考题，并从十多年来历届考试中精选了水平题集，供读者检验所学知识的综合能力。

在参与《混凝土结构设计规范》GB 50010—2002和《混凝土结构设计规范》GB 50010—2010修订的工作中，与规范编制组其他成员共同讨论和交流混凝土结构各方面问题的过程中，受益匪浅，对混凝土结构的知识有更进一步的深入理解，在此特别感谢李明顺、白生翔等许多老一辈混凝土结构专家以及《混凝土结构设计规范》GB 50010—2010 主编徐有邻和黄小坤研究员等规范组各位专家；此外在与清华大学土木工程系的老一辈教师滕智明教授、江见鲸教授、过镇海教授、方鄂华教授和钱稼茹教授等共事工作中，也从他们那里也收获很多；陈肇元院士十分关心我国混凝土结构的安全性和耐久性，提供了很多相关资料给我参考；我的同事赵作周、冯鹏、潘鹏、陆新征和樊建生副教授等协助了本书有关内容的编写，硕士研究生胥晓光协助了有关绘图工作；在教学和使用中，我的学生和不少读者也提出过很多宝贵意见，在此一并表示衷心感谢！

  混凝土结构的理论和应用所涉及的内容很多，并且还在不断的发展，本书编写中难免存在不足和错误，欢迎读者提出批评和指正。

叶列平
2011 年 11 月于清华园

目　　录

第1章　绪论 ·· 1
　1.1　混凝土结构的概念 ·· 1
　1.2　混凝土结构的优缺点 ·· 4
　1.3　混凝土结构的发展简况及其应用 ······································ 5
　1.4　学习中应注意的问题 ·· 10
　　思考题 ·· 13

第2章　钢筋和混凝土的材料性能 ··· 14
　2.1　钢筋的品种 ·· 14
　2.2　钢筋的力学性能 ··· 15
　2.3　钢筋的强度与弹性模量 ··· 20
　2.4　钢筋的性能要求 ··· 21
　2.5　混凝土的强度 ··· 21
　2.6　混凝土破坏机理 ··· 26
　2.7　混凝土的变形模量 ··· 29
　2.8　混凝土的单轴应力-应变关系 ·· 32
　2.9　复杂应力下混凝土的强度* ·· 39
　2.10　混凝土的收缩和徐变 ·· 44
　　思考题 ·· 49

第3章　钢筋混凝土构件的基本受力性能 ·· 51
　3.1　轴心受拉构件的受力性能 ··· 51
　3.2　轴心受压构件的受力性能 ··· 55
　3.3　收缩和徐变的影响* ·· 58
　3.4　梁的受弯性能 ··· 61
　3.5　承载力和延性 ··· 70
　　思考题 ·· 72
　　习题 ·· 73

第4章　结构设计方法 ·· 75
　4.1　概述 ·· 75
　4.2　作用效应和结构抗力 ··· 75

---

*　为内容较深部分。

  4.3 结构设计中的不确定性与结构的安全储备 …………………………… 77
  4.4 结构的功能 …………………………………………………………… 78
  4.5 结构的可靠性 ………………………………………………………… 81
  4.6 结构的极限状态 ……………………………………………………… 81
  4.7 结构的设计基准期、设计使用年限与设计状况 …………………… 83
  4.8 基于概率理论的极限状态设计方法 ………………………………… 85
  4.9 作用代表值和作用效应组合 ………………………………………… 86
  4.10 结构抗力和材料强度代表值 ……………………………………… 88
  4.11 实用结构设计方法 ………………………………………………… 88
  4.12 其他结构设计方法及其设计表达式* ……………………………… 91
  思考题 …………………………………………………………………… 94

第 5 章 受弯构件正截面承载力计算 ………………………………………… 96
  5.1 受弯构件的形式及基本要求 ………………………………………… 96
  5.2 正截面承载力计算的基本规定 ……………………………………… 99
  5.3 单筋矩形截面梁的设计 ……………………………………………… 105
  5.4 双筋矩形截面梁的设计 ……………………………………………… 110
  5.5 T 形截面梁的设计 …………………………………………………… 117
  思考题 …………………………………………………………………… 122
  习题 ……………………………………………………………………… 124

第 6 章 受弯构件斜截面承载力计算 ………………………………………… 126
  6.1 斜裂缝的形成 ………………………………………………………… 126
  6.2 无腹筋梁的受剪性能 ………………………………………………… 128
  6.3 有腹筋梁的受剪性能 ………………………………………………… 136
  6.4 斜截面受剪承载力的计算 …………………………………………… 144
  6.5 基于拉-压杆模型的受剪承载力计算* ……………………………… 149
  思考题 …………………………………………………………………… 153
  习题 ……………………………………………………………………… 154

第 7 章 粘结、锚固及钢筋布置 ……………………………………………… 156
  7.1 概述 …………………………………………………………………… 156
  7.2 钢筋与混凝土的粘结 ………………………………………………… 157
  7.3 钢筋的锚固 …………………………………………………………… 166
  7.4 钢筋的连接 …………………………………………………………… 169
  7.5 受弯构件的钢筋布置 ………………………………………………… 172
  7.6 设计例题 ……………………………………………………………… 179
  思考题 …………………………………………………………………… 185
  习题 ……………………………………………………………………… 187

第 8 章 受压构件 ………………………………………………………………… 189

- 8.1 轴心受压构件的承载力计算 …… 189
- 8.2 压力和弯矩共同作用下的正截面承载力 …… 196
- 8.3 结构及受压构件的二阶效应 …… 203
- 8.4 矩形截面偏心受压构件正截面承载力计算 …… 212
- 8.5 T形及工形截面偏心受压构件的正截面承载力计算 …… 227
- 8.6 双向偏心受压构件的正截面承载力计算 …… 231
- 8.7 矩形截面受压构件的受剪承载力 …… 236
- 8.8 受压构件的延性 …… 239
- 8.9 受压构件的配筋构造要求 …… 242
- 思考题 …… 244
- 习题 …… 246

第9章 受拉构件 …… 248

- 9.1 轴心受拉构件的承载力计算 …… 248
- 9.2 矩形截面偏心受拉构件的承载力计算 …… 249
- 9.3 矩形截面 N_u-M_u 相关关系* …… 253
- 9.4 受拉构件的斜截面受剪承载力 …… 255
- 思考题 …… 255
- 习题 …… 256

第10章 受扭构件 …… 257

- 10.1 概述 …… 257
- 10.2 开裂扭矩 …… 259
- 10.3 矩形截面纯扭构件的承载力计算 …… 262
- 10.4 箱形截面、T形与工形截面纯扭构件的承载力计算 …… 270
- 10.5 弯-剪-扭构件的承载力计算 …… 271
- 10.6 压-弯-剪-扭构件和拉-弯-剪-扭构件的承载力计算* …… 282
- 10.7 受扭构件的配筋构造要求 …… 284
- 思考题 …… 284
- 习题 …… 285

第11章 正常使用阶段的验算 …… 286

- 11.1 正常使用极限状态及其计算规定 …… 286
- 11.2 受弯构件的挠度变形验算及舒适度验算 …… 290
- 11.3 受弯构件的裂缝宽度验算 …… 300
- 11.4 非荷载原因引起的裂缝及其控制措施* …… 313
- 11.5 混凝土结构的耐久性 …… 321
- 思考题 …… 330
- 习题 …… 330

第12章 预应力混凝土的原理及计算规定 …… 332

12.1　预应力混凝土的概念 332
　12.2　施加预应力的方法 336
　12.3　开裂前预应力混凝土截面的基本分析 338
　12.4　预应力混凝土的材料及锚夹具 341
　12.5　张拉控制应力和预应力损失 346
　思考题 359
　习题 360

第13章　预应力混凝土构件的受力性能分析 361
　13.1　预应力混凝土轴心受拉构件的分析 361
　13.2　预应力混凝土受弯构件的分析 367
　13.3　一般受弯构件预压应力的计算 373
　思考题 375
　习题 376

第14章　预应力混凝土受弯构件的设计 377
　14.1　设计计算内容与设计方法 377
　14.2　预应力混凝土的分类 378
　14.3　截面形状与跨高比 380
　14.4　预应力筋数量的确定 381
　14.5　承载力计算 382
　14.6　正常使用阶段验算 385
　14.7　预应力混凝土连续梁* 388
　14.8　施工阶段验算 392
　14.9　预应力混凝土构件的构造要求 396
　14.10　无粘结预应力混凝土计算简介* 408
　思考题 410
　习题 410

附录1　《混凝土结构》（上册）水平题集 412
附录2　钢筋混凝土主要性能参数表 430
附录3　主要符号表 438
参考文献 452

第1章 绪 论

1.1 混凝土结构的概念

以混凝土材料为主,并根据需要配置钢筋、预应力筋、钢骨、钢管等形成的承力构件所组成的土木工程结构,均可称为**混凝土结构**(Concrete Structure),如素混凝土结构、钢筋混凝土结构、预应力混凝土结构、钢骨混凝土结构和钢管混凝土结构等(图 1-1),其中以钢筋混凝土和预应力混凝土结构在实际工程中应用最多。

混凝土结构中的主要材料——混凝土,其**抗压强度**高,但**抗拉强度**却很低,一般只有抗压强度的 $1/20 \sim 1/8$,同时混凝土破坏时具有明显的脆性。因此,素混凝土构件在实际工程中的应用很有限,主要用于以受压为主的基础和柱墩(图 1-1a)。

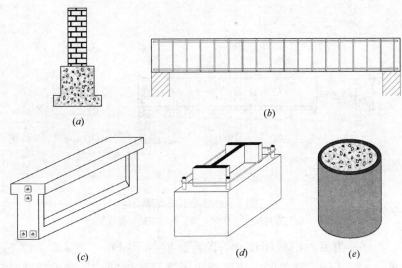

图 1-1 常见混凝土结构构件形式
(a) 素混凝土基础;(b) 钢筋混凝土简支梁;(c) 预应力混凝土吊车梁;
(d) 钢骨混凝土;(e) 钢管混凝土

钢材的抗拉和抗压强度都很高,且钢材一般具有屈服现象,破坏过程有显著的**塑性变形能力**(Plastic deformation capacity)。但细长的钢筋受压时极易压曲,仅适宜作为受拉构件；而其他形式的受压钢构件和钢结构，其承载能力也往往取决于其稳定承载力，钢材的材料强度一般得不到充分发挥。

将混凝土和钢材这两种材料有机地结合在一起，可以取长补短，充分利用两种材料的性能。下面通过素混凝土简支梁和钢筋混凝土简支梁的实验分析对比来说明。

图 1-2 (a) 为一根 C20 素混凝土简支梁，在跨中集中荷载 P 作用下，梁跨中截面底部受拉边产生的拉应力一旦达到混凝土的抗拉强度 f_t，梁便很快因开裂而产生脆性断裂破坏，无明显预兆。因此素混凝土梁的**开裂荷载** P_{cr} (crack load) 即为**其破坏荷载** P_u (ultimate load)，即 $P_u=P_{cr}=9.7\text{kN}$，其承载力很低，破坏时梁跨中截面顶部受压边缘的压应力 σ_c 与混凝土抗拉强度 f_t 相近，远未达到混凝土的抗压强度 f_c，故素混凝土梁的承载力取决于混凝土的抗拉强度，混凝土抗压强度高的特点没有得到充分发挥。因此，素混凝土梁不能在工程中应用。

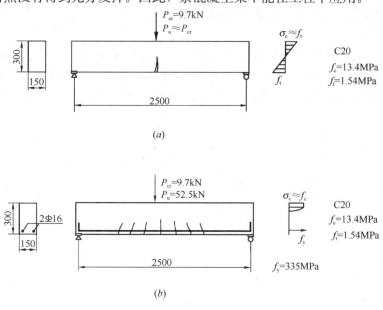

图 1-2 混凝土简支梁
(a) 素混凝土简支梁；(b) 钢筋混凝土简支梁

图 1-2 (b) 为另一根截面尺寸、跨度、混凝土材料与图 1-2 (a) 完全相同的钢筋混凝土简支梁，在梁的受拉区配置了适量的钢筋。虽然当荷载达到约 $P_{cr}=9.7\text{kN}$ 时，梁的受拉区还会开裂，但开裂后受拉区钢筋仍可承担拉力，荷载可以继续增加，直至钢筋达到其受拉屈服强度 f_y，此时梁的荷载为 $P_y=50\text{kN}$，称为**屈服荷载** (yield load)。由于钢筋屈服后有较大**塑性变形能力** (plastic deformation capacity)，梁达到屈服荷载后还可在保持荷载略有增加的情况下持续一段较长的变形过程，最后因受压区混凝土受压破坏而达到**极限荷载** (ultimate load) $P_u=52.5\text{kN}$,破坏时受压区混凝土达到受压强度 f_c。由此可见,与素混凝土梁相比,钢筋混凝土梁的承载力显著提高,钢筋的抗拉强度 f_e 和混凝土的抗压强度 f_c 均得到充分利用,且破坏过程梁的变形显著,有明显预兆。但钢筋混凝土梁从开裂荷载 $P_{cr}=9.7\text{kN}$ 到屈服荷载 $P_y=50\text{kN}$ 的受力过程中是带裂缝工作的,通常情况下裂缝宽度很小,不致影响梁的正常使用。但裂缝问题以及开裂后导致梁刚度的显著降低等不利影响,使得钢筋混凝土梁不能应用于大跨度结构。解决这一问题可采用预加应力的方法,这将在第 12 章中介绍。

钢筋混凝土的英文为 Reinforced Concrete,直译为"被加强的混凝土"。实际工程中,除在构件的受拉区配置钢筋加强外,还有许多其他配筋的加强方式(图 1-1b~e 和图 1-3),如可以在构件的受压区配置钢筋协助混凝土承受压力(图 1-3a);在复杂应力区域(如梁在受剪区段、受扭构件、节点区、剪力墙等)配置箍筋或纵横交错的钢筋,增强构件在复杂受力下的承载力和变形能力(图 1-3b);当构件受力很大时,可以直接配置钢骨(型钢或由钢板焊接拼制而成,见图 1-1d);还可以利用**螺旋箍筋约束混凝土**来提高混凝土的抗压强度(图 1-3c),甚至直接采用钢管,形成**钢管混凝土**(concrete filled steel tube,图 1-1e)。采用各种短纤维(钢纤维、聚丙烯纤维等)与混凝土一起搅拌形成的**纤维混凝土**(fiber reinforced concrete),可增强混凝土的抗拉强度,提高混凝土的抗冲击韧性。因此,两种(或两种以上)材料的有机组合,可以充分发挥不同材料的各自长处,创造出多种形式的结构构件形式,以适应各种工程要求,取得很好的综合经济效益。实际工程中,钢筋混凝土结构和预应力混凝土结构应用最多,本书上册主要介绍钢筋混凝土和预应力混凝土基本构件的受力性能、计算理论和设计方法,为以后学习混凝土结构设计和其他形式的混凝土结构奠定基础。

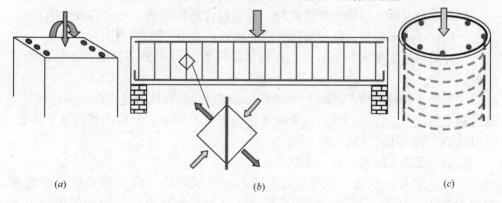

图 1-3 钢筋混凝土常见配筋方式
(a) 受压构件中配置受压钢筋;(b) 梁中配置箍筋;(c) 螺旋箍筋约束混凝土

钢筋和混凝土两种材料的物理力学性能差别很大,它们之所以可结合在一起共同工作,并能有效可靠地承担外荷载,是因为:

(1) 钢筋和混凝土之间有良好的**粘结力**（bond），在荷载作用下，可以保证两种材料受力的变形协调，共同受力；

(2) 钢材与混凝土具有基本相同的温度线膨胀系数〔钢材为 $1.2\times 10^{-5}/℃$，混凝土为 $(1.0\sim 1.5)\times 10^{-5}/℃$〕，因此当温度变化时，两种材料不会因温度变化产生过大的变形差而导致两者间的粘结力破坏。

(3) 钢筋的弹性模量约为混凝土的 6～10 倍，在相同的变形下，钢筋承担更大的应力，有利于钢筋强度的发挥。

1.2 混凝土结构的优缺点

混凝土结构在土木与建筑工程中的应用十分广泛，主要是因为有以下优点：

(1) 材料利用合理：钢筋和混凝土的材料强度可以得到充分发挥，结构的承载力与其刚度比例合适，结构和构件基本无整体稳定和局部稳定问题，单位应力造价低，对于一般工程结构，经济指标优于钢结构。

(2) 可模性好：混凝土可根据工程设计需要浇筑成各种形状和尺寸的结构构件，适用于各种形状复杂的结构，如空间薄壳、箱形结构等。

(3) 耐久性和耐火性较好，维护费用低：钢筋与混凝土具有良好的化学相容性，混凝土属碱性性质，会在钢筋表面形成一层氧化膜，能有效地保护钢筋，防止钢筋锈蚀，且钢筋还有混凝土的保护层，因此在一般环境下钢筋不会产生锈蚀。混凝土是不良导热体，使钢筋不致因发生火灾时而很快丧失强度，一般 30mm 厚的混凝土保护层可耐火约 2.5 小时；在常温至 300℃范围，混凝土的抗压强度基本不降低。

(4) 现浇混凝土结构的整体性好，且通过合适的配筋，可获得较大的延性，适用于抗震、抗爆结构；同时防辐射性能较好，适用于防护结构。

(5) 结构的刚度大、阻尼大，有利于结构的变形和振动控制，使用的舒适性好。

(6) 易于就地取材：混凝土所用的大量砂石易于就地取材。近年来，利用工业废料来制造人工骨料，或利用粉煤灰作为水泥的外加组分来改善混凝土性能，既可达到废物利用，又可保护环境。

但是，混凝土结构也有一些缺点，主要有：

(1) 自重大：不适用于建造超大跨、超高层结构。因此需发展和研究预应力混凝土、轻质混凝土、高强混凝土，并可与各种形式的钢构件组合形成钢骨混凝土和钢管混凝土等各种巨型钢—混凝土组合构件。目前我国工程应用的高强混凝土可达 C100 级；高强轻质混凝土达 CL60 级，密度为 $1800kg/m^3$ 左右（普通混凝土的密度一般为 $2400kg/m^3$）。

(2) 抗裂性差：由于混凝土的抗拉强度较小，普通钢筋混凝土结构在正常使用阶段往往是带裂缝工作的。一般情况下，因荷载作用产生的微小裂缝不会影响混凝土结构的正常使用。但由于开裂，限制了普通钢筋混凝土用于大跨结构，也影响到高强钢筋的应用。而且近年来混凝土过多地使用各种外加剂，导致混凝土收缩过大，且由于环境温度、复杂边界约束、过多配筋等的影响，也十分容易导致混凝土结构开裂，影响正常使用，或引起用户不安。此外，在露天、沿海、化学侵蚀等环境较差的情况下，裂缝的存在会影响混凝土结构的耐久性。采用预应力混凝土可较好地解决开裂问题。利用树脂涂层钢筋可防止在恶劣工作环境下因混凝土开裂而导致钢筋的锈蚀。

(3) 承载力有限：与钢材相比，混凝土的强度还是很低，普通钢筋混凝土构件的承载力有限，对于承受重载结构和高层建筑底部结构，构件尺寸往往很大，影响使用空间。发展高强混凝土、钢骨混凝土、钢管混凝土等钢—混凝土组合构件可较好地解决这一问题。

(4) 施工复杂，工序多（支模、绑钢筋、浇筑、养护、拆模），工期长，施工受季节和天气的影响较大。利用钢模、飞模、滑模等先进施工技术，采用泵送混凝土、早强混凝土、商品混凝土、高性能混凝土、免振自密实混凝土等，可大大提高施工效率。

(5) 混凝土结构一旦损坏，其修复、加固、补强比较困难。但近年来发展了很多新型高效的混凝土结构加固修复技术，如采用粘贴碳纤维布加固混凝土结构技术，不仅快速简便，且不增加原结构的重量。

(6) 混凝土结构报废拆除后的建筑废料回收再利用困难较大。2008年汶川大地震中许多倒塌破坏建筑的混凝土废料处理问题引起关注，同时许多远超过设计使用年限的老旧建筑的拆除也会产生大量的混凝土废料，近年来我国已研发出再生混凝土技术。

(7) 混凝土的生产会消耗大量的能源和资源。混凝土中用的水泥在生产中会消耗大量的能源，并产生大量的 CO_2，每吨水泥的碳排放量为 $0.30\sim0.45t$，此外还会消耗石灰岩、黏土、河砂、石、水等自然资源，影响自然生态环境。2010年我国水泥产量已经达到18.68亿t，占全世界产量的一半以上。在结构中合理高效地使用混凝土是节能减排的有效途径。同时各国研究者也在研发低碳水泥，改进水泥的生产工艺，减少碳排放量。

1.3 混凝土结构的发展简况及其应用

1824年英国人阿斯普丁（J. Aspdin）发明硅酸盐水泥；1850年法国人朗波（L. Lambot）制造了第一只钢筋混凝土小船（图1-4a）；1854年，英国人W. Wilkinson在建筑中采用配置铁棒的混凝土楼板（图1-4b），这是最早的钢筋混凝土楼板；1867年，法国园艺师J. Monier获得钢筋混凝土花筒、梁和支柱专利

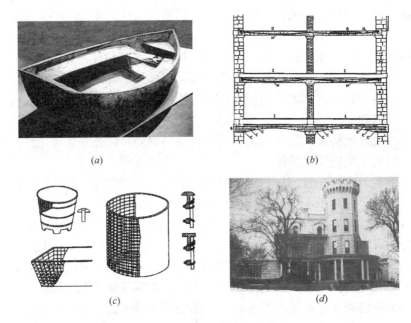

图 1-4 早期的混凝土结构

(a) J. J. Lambot 建造的第一只钢筋混凝土小船（1848）；
(b) W. Wilkinson 建造的最早钢筋混凝土楼板（1854）；
(c) J. Monier 发明的钢筋混凝土花筒、梁和支柱（1867）；
(d) William E. Ward 建造的第一座钢筋混凝土房屋（1872—1875）

（图1-4c）；1872～1875 年 William E. Ward 建造了第一座钢筋混凝土房屋（图1-4d）。与砖石结构、木结构、钢结构相比，混凝土结构开始实际工程应用的历史并不长，距今也仅 150 多年，但发展非常迅速。目前，几乎所有的基础设施工程都用到混凝土结构，而且各种高性能混凝土材料和新型混凝土结构形式还在不断发展。全球混凝土的年消耗量从 20 世纪 60 年代初人均 1t 已增加到目前人均约 2t，考虑人口的增长，可见混凝土用量的增加相当快。混凝土结构的发展大体可分为三个阶段：

第一阶段是从钢筋混凝土的发明至 20 世纪初，所采用的钢筋和混凝土的强度比较低，主要用于建造中小型楼板、梁、柱、拱和基础等。结构内力和构件截面计算均套用弹性理论，采用**容许应力设计法**（allowable stress design method）。

第二阶段是从 20 世纪 20 年代到第二次世界大战前后，随着混凝土和钢筋强度的不断提高，1928 年法国的杰出土木工程师弗雷西奈（E. Freyssnet）发明并成功解决了预应力混凝土的关键技术，使得混凝土结构可以用来建造大跨度结构。在计算理论上，前苏联著名的混凝土结构专家格沃兹捷夫（А. А. Гвоздев）提出了考虑混凝土塑性性能的**破损阶段设计法**（plastic stage design method），20 世纪 50 年代又提出了**极限状态设计法**（ultimate limit state design method），奠定了现代钢筋混凝土结构设计计算理论。

第三阶段是二战后到现在，随着城市化建设速度的加快，大规模工程建设的迅速发展，对材料性能和施工技术提出更高的要求，出现了装配式钢筋混凝土结构、泵送商品混凝土等工业化生产的混凝土结构。高强混凝土和高强钢筋的发展、计算机技术的采用和先进施工机械设备的研制，建造了一大批超高层建筑、大跨度桥梁、特长跨海隧道、高耸结构等大型结构工程，成为现代土木工程的标志。在设计计算理论方面，发展了以概率理论为基础的极限状态设计法；基本建立了钢筋混凝土基本构件和结构的计算理论和方法；混凝土本构模型的研究以及计算机技术的发展，使得可以利用非线性分析方法对各种复杂混凝土结构进行全过程受力模拟；而新型混凝土材料及其新型结构形式的出现，又不断提出新的课题，并不断促进混凝土结构的进一步发展。

混凝土结构发展至今，由于大量的工程应用，其计算分析理论和方法已成为土木工程领域的基础学科，是土木工程技术人员必须掌握的基础知识。

以下列举一些现代混凝土结构中有代表性的土木工程项目。

世界上最高的混凝土建筑，也是目前世界上最高的建筑，是阿联酋迪拜的哈利法塔（Khalifa Tower），169层，总高度828m（图1-5a）。我国目前最高的建筑是上海中心，地上120层，塔尖高度636m，结构高度574.6m，其塔楼结构由钢筋混凝土筒、钢骨混凝土巨柱和钢结构伸臂桁架组成（图1-5b），与金茂大厦、上海环球金融中心形成"品"字形超高层建筑群。金茂大厦为88层382m，主体结构为钢筋混凝土结构，其中部分柱配置了钢骨；环球金融中心101层、492m，其核心筒也为钢筋混凝土。

(a)　　　　　　　　　　　　　(b)

图 1-5

(a) 阿联酋迪拜的哈利法塔（Khalifa Tower）；

(b) 上海中心、环球金融中心和金茂大厦

图 1-6 贝壳广场大厦

全部为轻质混凝土结构的最高建筑是美国的休斯敦贝壳广场大厦，52 层，215m（图 1-6）。

1947~1949 年奈尔维，P.L. 负责建造意大利都灵展览馆 B 厅跨度达 97m（图 1-7），是跨度最大预制装配式混凝土结构建筑。

法国巴黎工业展览馆是目前跨度最大现浇钢筋混凝土结构，其净跨度达到 218m（图 1-8）。

跨度最大的薄壳结构是美国西雅图金群体育馆，采用圆球壳，跨度达 202m。

目前最高的混凝土结构电视塔是加拿大多伦多电视塔，高 553m（图 1-9）。中国最高的电视塔为上海东方明珠电视塔，高 468m，主体为混凝土结构（图 1-10）。

图 1-7 意大利都灵展览馆

图 1-8 法国巴黎工业展览馆

目前世界上最大的钢筋混凝土拱桥是克罗地亚的克尔克Ⅱ号桥，形式为敞肩拱桥，跨度达390m，拱圈厚6.5m（图1-11）。世界上跨度最大的型钢混凝土拱桥是我国的万县长江大桥，跨度达到420m（图1-12）；世界上跨度最大的钢管混凝土拱桥是我国的巫山长江大桥，跨度达到492m（图1-13）。目前世界上最大跨径的连续刚架桥是我国的虎门珠江桥，主跨270m（图1-14）。

图1-9 加拿大多伦多电视塔

图1-10 上海东方明珠电视塔

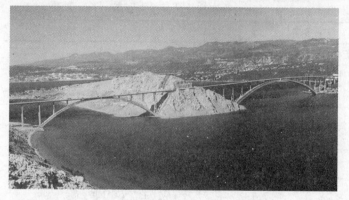
图1-11 克罗地亚的克尔克Ⅱ号桥

图1-12 万县长江大桥

图1-13 巫山长江大桥

我国目前最大的预应力连续刚架桥，是南昆铁路线上的清水河大桥，主桥三跨为 72m+128m+72m。目前，世界上长度最长桥为我国的胶州湾大桥，全长 41.6km（图 1-14）；我国苏通长江公路大桥总长 8206m，其中斜拉桥主孔跨度 1088m、主塔高度 300.4m，均列世界第一（见图 1-15）。

图 1-14　胶州湾大桥

图 1-15　苏通长江大桥

世界上最高的重力坝是瑞士狄克桑斯大坝，坝高 285m，坝顶宽 15m，坝底宽 225m，坝长 695m。我国最高的重力坝是三峡大坝，坝顶高程 185m，坝顶总长 3035m。

基本构件及其受力形态　　　　　　　　　　　　　　表 1-1

基本构件	受力形态
受弯构件—梁、板	受弯，受剪
受压构件—柱、墙、受压弦杆	受压-弯，受压-剪，双向受压-弯-剪
受扭构件—雨篷梁、柱	受扭，受弯-剪-扭，受压-弯-剪-扭
受拉构件—受拉弦杆	受拉弯，受拉-弯-剪，受拉-弯-剪-扭、双向受拉-弯
梁柱节点	受剪，受压-剪

1.4　学习中应注意的问题

《混凝土结构》的内容包括：基本构件与基本理论（上册）和混凝土结构设计（下册）两大部分。

基本构件（fundamental element）是组成工程结构的基本单元，图 1-16 为典型建筑结构中的一些基本构件。根据构件的主要受力形式，钢筋混凝土基本构件有受弯构件、受压构件、受扭构件、受拉构件。实际结构中许多构件通常同时承受弯矩、剪力、扭矩和轴力，如表 1-1 所示。

《混凝土结构》课程的学习过程如图 1-17 所示。首先需要学习和掌握基本构件的受力性能及其各因素的影响规律，根据力学理论和实验研究建立基本构件在各种受力情况下的计算方法，再根据工程安全目标和使用要求对基本构件进行设计，在此基础上才能对由基本构件组合成的结构体系进行设计。因此，混凝土基本构件在各种典型受力状态下的受力性能分析和计算理论构成了本学科的基本理论，是混凝土结构的基础知识，而构件设计和结构设计是将基本理论和计算方法用于解决实际工程问题，以满足相应的工程设计标准和有关设计目标。

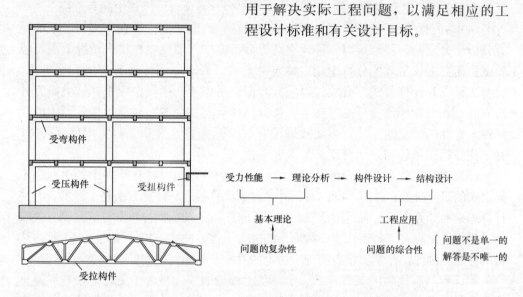

图 1-16　典型建筑结构中基本构件　　图 1-17　混凝土结构的学习过程及问题

在混凝土结构基本理论的学习过程中，应注意所研究问题的复杂性，主要有以下几点：

(1) 混凝土结构的基本理论主要是研究由钢材和混凝土两种材料组合成的结构构件的特殊材料力学。虽然其基本理论仍来源于材料力学，但由于混凝土材料力学性能的复杂性，不仅使得构件的受力性能变得复杂，也使得材料力学的理论和计算公式不能直接应用。但材料力学分析的基本思路，即由材料的物理关系、变形的几何关系和受力的平衡关系所建立的力学分析方法，同样适用于混凝土结构。

(2) 钢筋混凝土构件的基本受力性能，不仅取决于钢材和混凝土两种材料的力学性能，也取决于两种材料间的配比和相互作用。因此，掌握这两种材料的力学性能和它们的相互作用尤其重要。同时，两种材料的**配比关系**（数量上和强度上）会引起基本构件受力性能的变化，当两者的配比关系超过一定界限，受力性能会有显著差别，这是在单一材料构件中所没有的。几乎所有钢筋混凝土构件的基本受力形态都存在**配比界限**（Limit of reinforcement ratio），只有在合适的配比界限范围内，钢筋混凝土构件才具有合理的受力性能，这在学习中应给予重视。

(3) 钢筋混凝土构件中，钢材与混凝土的共同工作是建立在两者有可靠粘结力（bond）的基础上的。一旦两者的粘结力失效，按两种材料共同工作条件建立的力学分析方法就不成立，因此必须充分注意两种材料共同工作的条件是否得到满足。这些共同工作的条件通常是通过各种构造措施来保证的，是混凝土结构受力分析的必要条件，也是混凝土结构设计的重要内容，必须与计算理论同等重视。

（4）由于混凝土材料物理力学性能的复杂性，混凝土构件在许多情况下的受力分析十分复杂，甚至难以直接建立理论分析方法。因此，在许多情况下需要依赖试验研究来确定理论分析中难以确定的参数。同时，为保证工程的安全可靠，所有工程设计计算公式都必须经过实验验证。所以，在学习中应重视试验研究分析方法，在力学理论分析的基础上，通过试验研究各个参数对受力性能影响的规律性，在此基础上建立计算方法或确定有关计算参数，得到工程实用计算公式，并应注意适用条件和适用范围。

（5）钢筋混凝土结构中涉及结构、构件、构件截面、材料等多个相关联、不同层次的研究对象。针对不同的对象时，有关计算假定和计算方法是不同的，有些计算理论和计算公式也有适用范围。然而，这些不同的层次分析和计算是相互关联的：材料性质决定了截面性能，截面性能决定了构件性能，构件性能决定了整体结构的性能。因此，在学习中应明确所讨论的对象及其相互之间的逻辑关系。

本课程具有很强的工程背景，学习基本理论的目的是为了更好地理解混凝土构件和结构的受力性能，进行混凝土构件和结构的设计计算，所学的知识也是要直接应用于工程实际的。在学习过程应注意以下几点：

（1）构件和结构设计是一个综合性问题。设计过程包括结构方案、构件选型、材料选择、配筋构造、施工方案等，同时还需要考虑安全适用和经济合理。设计中许多参数可能有多种选择方案，因此设计结果通常不是唯一的。最终设计结果应经过各种方案的比较，综合考虑使用、材料、造价、施工等各项指标的可行性和经济性才能确定。

（2）工程项目建设是涉及人们的生命安全、国家经济发展和社会影响的重要工作，必须依照国家颁布的法规和标准进行。为适应市场经济发展，促进工程技术不断进步，我国现行的工程标准分为技术法规和技术标准两个层次。技术法规涉及工程安全、环境保护、人体健康、公众利益、市场秩序等方面的问题，是工程建设必须遵守的；技术标准则是针对各种具体工程技术问题规定的最低限度要求，工程技术人员可以根据实际需要采用更高的标准，并在不违背技术法规原则的前提下，应优先采用各种新技术和新方法。为保证工程设计的基本安全标准，在各类工程结构的设计规范中列出了强制性条文，作为必须遵守的法规条款。由于工程结构类型很多，不同的结构类型有不同的设计规范标准，但混凝土结构的基本理论是一致的，因此在本课程的学习中，应注重学好基本理论，这样才能更好地理解和掌握不同类型工程结构的规范标准。本书上册以基本理论为主，并结合主要用于建筑结构工程的《混凝土结构设计规范》GB 50010—2010（简称

《规范》)学习。本书下册将依据《规范》和其他工程标准,介绍各类混凝土结构的受力特点、分析计算方法和有关设计规定。

(3) 注意结构计算理论与结构设计方法的区别。结构计算理论属于科学方法,注重其过程的逻辑性和严密性;结构设计方法属于结构理论的工程应用,注重其过程的实效性、可靠性和经济性。结构计算理论是结构设计的基础,但不简单等于结构设计方法。很多工程创新来自于坚实的结构计算理论和工程技术不断发展的挑战。

(4) 工程结构设计是一项创造性工作。一方面在设计工作中必须按照有关国家标准和规范进行;另一方面只有深刻理解国家标准和规范的理论及实验依据,才能更好地应用国家标准和规范,充分发挥设计者的主动性和创造性。与此同时,混凝土结构还在不断地发展和更新,因此设计工作也不应被现行标准和规范所束缚,在经过理论分析和实验研究等各方面的可靠性论证后,应积极采用先进的理论和技术,设计出更为先进可靠的工程结构,不断地促进工程结构的发展和创新。

此外,本课程有很强的实践性,在学习中应注意经常到工程现场参观实践,了解实际工程的结构布置、配筋构造、施工技术等,并应进行必要的结构构件实验,以积累感性知识,增加工程经验,加强对基础理论知识的理解。

思 考 题

1-1 混凝土结构有哪些形式?
1-2 混凝土结构有哪些优缺点?
1-3 钢筋与混凝土共同工作的条件是什么?
1-4 请通过网络查阅著名混凝土结构建筑工程和桥梁工程,并了解其结构特点及其相关设计方法。

第 2 章 钢筋和混凝土的材料性能

2.1 钢筋的品种

我国常用的钢筋品种有热轧钢筋、中高强钢丝、钢绞线、热处理钢筋和冷加工钢筋（图 2-1），按用途可分为普通钢筋和预应力钢筋。常用的钢筋直径和截面积见附表 2-13～附表 2-16。

普通钢筋牌号有 HPB300、HRB335、HRBF335、HRB400、HRBF400、RRB400、HRB500、HRBF500，其中英文大写字母表示钢筋的生产工艺，数字表示钢筋的标准强度等级。HPB 为热轧光圆钢筋（Hot-rolled Plane Bar），HRB 为热轧带肋钢筋（Hot-rolled Ribbed Bar）；HRBF 为采用控温技术轧制的细晶粒热轧带肋钢筋（Hot-rolled Ribbed Bar Fine）；RRB 为余热处理钢筋（Rolled Ribbed Bar）。

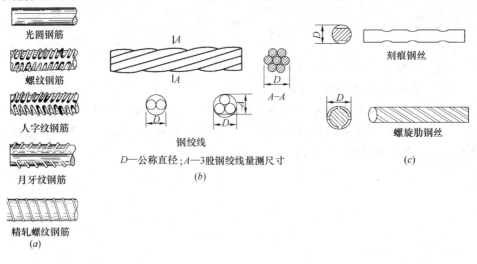

图 2-1 常用钢筋形式
(a) 钢筋；(b) 钢绞线；(c) 钢丝

HRB 系列普通热轧带肋钢筋具有较好的延性、可焊性、机械连接性能及施工适应性；HRBF 细晶粒热轧带肋钢筋的延性、可焊性、机械连接性等较差；RRB 余热处理钢筋由轧制的钢筋经高温淬水，利用芯部余热进行回火处理来提高钢筋强度，外观同热轧带肋钢筋，但与热轧钢筋相比，其可焊性、机械连接性能及施工适应性降低，延性和强屈比稍低，不宜用做重要部位的受力钢筋，也不应用于直接承受疲劳荷载的构件，一般可在对延性及加工性能要求不高的构件中使用，如基础、大体积混凝土以及跨度及荷载不大的楼板和墙体中应用。

钢筋强度等级越高，在同样受力情况下钢筋用钢量越少，有利于节约资源。钢筋混凝土结构中，纵向受力钢筋通常受力较大，故宜采用 HRB400、HRB500、HRBF400、HRBF500 钢筋；当纵向受力钢筋受力较小时，也可采用 HRB335、HRBF335、HPB300、RRB400 钢筋；箍筋一般宜采用 HRB400、HRBF400、HPB300、HRB500、HRBF500 钢筋，也可采用 HRB335、HRBF335 钢筋，这是因为箍筋用于构件的抗剪、抗扭及抗冲切，其抗拉强度设计值受到限制，如用 500 级高强钢筋时强度得不到充分利用。但当用于约束混凝土的间接配筋（如连续螺旋配箍或封闭焊接箍）时，高强钢筋的强度可以得到充分发挥，此时采用 500 级钢筋具有一定的经济效益，国外已有用 1200MPa 强度或更高强度的钢筋作约束混凝土的箍筋。

除 HPB300 钢筋因强度较低、表面为光面外，其余钢筋表面均为带肋，形状有螺旋形、人字形和月牙形（图 2-1），以增强钢筋与混凝土的粘结强度。普通钢筋强度的标准值、符号和直径范围见附表 2-4。钢筋的直径是以单位长度钢筋重量换算按钢材的比重得到，称为"公称直径"（nominal diameter）。

预应力筋常采用钢绞线和钢丝，也可以采用热处理钢筋。高强钢丝和钢绞线的抗拉强度可达 1470~1960N/mm²。钢丝的直径 5~9mm，外形有光面、刻痕和螺旋肋三种，另有三股和七股钢绞线，公称直径（外接圆直径 D）9.5~15.2mm，见图 2-1。预应力钢筋强度的标准值、符号和直径范围见附表 2-6。

混凝土结构的钢筋应按下列规定选用：

(1) 纵向受力普通钢筋宜采用 HRB400、HRB500、HRBF400、HRBF500 钢筋，也可采用 HRB335、HRBF335、HPB300、RRB400 钢筋；

(2) 箍筋宜采用 HRB400、HRBF400、HPB300、HRB500、HRBF500 钢筋，也可采用 HRB335、HRBF335 钢筋；

(3) 预应力筋宜采用预应力钢丝、钢绞线和预应力螺纹钢筋。

RRB400 钢筋为余热处理钢筋，其可焊性、机械连接性能及施工适应性降低，延性和强屈比稍低，不宜用作重要部位的受力钢筋，也不应用于直接承受疲劳荷载的构件。

2.2 钢筋的力学性能

根据钢筋单调受拉时的应力-应变关系的特点，可分为**有明显屈服点钢筋**（如热轧钢筋）和**无明显屈服点钢筋**（如高强钢丝）。

1. 有明显屈服点钢筋

有明显屈服点钢筋拉伸时的典型应力-应变曲线见图2-2。a'点以前，应力σ与应变ε关系为线弹性，即$\sigma=E_s\varepsilon$，E_s为**弹性模量**（elastic modulus），a'点称为**比例极限**（propotional limit）；过a'点后，应力σ与应变ε关系虽不再成比例，但仍然为弹性变形，即当应力降低，应变可沿原应力-应变关系卸载，a点以后为非弹性，a点称为**弹性极限**（elasticl limit）；应力达到b点，应变出现塑性流动现象，b点称为**屈服上限**（upper yield strength），它与加载速度、断面形式、试件表面光洁度等因素有关，故b点是不稳定的；待应力降至

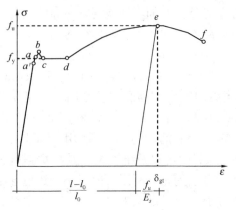

图2-2　有物理屈服点钢筋的应力-应变关系

屈服下限 c 点（lower yield strength），这时应力不增加而应变急剧增加，应力-应变关系接近水平，直至d点，cd段称为**屈服台阶**（yiled plateau），相应的应力称为**屈服强度**（yiled strength）；d点后，随应变的增加，应力又继续增加，即出现**应变硬化**（strain hardening），至e点应力达到最大值f_u，e点的应力称为钢筋的**极限抗拉强度**（ultimate tensile strength），de段称为强化段；e点以后，在试件的薄弱位置产生颈缩现象，变形迅速增加，断面缩小，应力降低，直至f点被拉断。

反映钢筋受拉力学性能的基本指标主要有**屈服强度**（yield strength）、**塑性变形能力**（elongation ratio）和**强屈比**（ratio of tensile strength to yield strength）。

屈服强度是钢筋强度的设计依据，因为钢筋屈服后将产生很大的塑性变形，且卸载后塑性变形不可恢复，这会使钢筋混凝土构件产生很大的残余变形和不可闭合的裂缝。由于屈服上限不稳定，一般取屈服下限作为屈服强度f_y❶。

除强度外，钢筋的塑性变形能力也是其重要的力学性能指标。《规范》规定，钢筋的塑性变形能力用"最大力下的总伸长率δ_{gt}"表示，即相应图2-2中e点所对应的应变值。δ_{gt}可根据钢筋拉伸试验结果，按下式确定：

$$\delta_{gt}=(\frac{l-l_0}{l_0}+\frac{f_u}{E_s})\times 100\% \quad (2\text{-}1)$$

式中　l_0——实验前的原始标距，不包含颈缩区，见图2-3；
　　　l——实验后量测的标记之间的距离；
　　　f_u——钢筋的极限抗拉强度；
　　　E_s——钢筋的弹性模量。

---

❶ 本小节的f_y是指实际屈服强度。

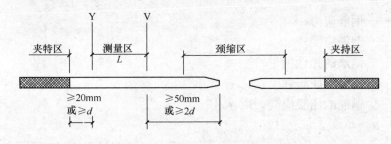

图 2-3 总伸长率测量方法

最大力下总伸长率 δ_{gt} 不受断口-颈缩区域局部变形的影响,反映了钢筋拉断前达到最大力(极限强度)时的均匀应变,故又称"均匀伸长率"(uniform elongation)。显然,均匀伸长率 δ_{gt} 越大,钢筋达到最大强度时的变形能力越大,这有利于延缓钢筋混凝土结构的破坏过程,尤其是对抗震结构,有利于结构预期损伤部位耗散地震输入能量,故抗震结构中预期损伤部位应采用均匀伸长率大的钢筋。《规范》规定,普通钢筋及预应力筋在最大力下的总伸长率应不小于表2-1规定的限值。

普通钢筋及预应力筋在最大力下的总伸长率限值　　表 2-1

钢筋品种	普通钢筋		预应力筋
	HPB300	HRB335、HRBF335、HRB400、HRBF400、HRB500、HRBF500	
δ_{gt} (%)	10.0	7.5	3.5

钢筋极限强度 f_u 与屈服强度 f_y 的比值称为强屈比,反映了钢筋的强度储备。对于有延性要求的抗震结构,《规范》规定:钢筋的抗拉强度实测值与屈服强度实测值的比值不应小于1.25,目的是使结构某部位出现较大塑性变形或塑性铰后,钢筋在大变形条件下具有必要的强度潜力,保证构件的基本抗震承载力。为避免钢筋屈服强度离散性过大而出现承载力超强,不能实现抗震结构的预期延性屈服机制,《规范》还规定:钢筋的屈服强度实测值与屈服强度标准值的比值不应大于1.3。

附表 2-4 和附表 2-6 给出的钢筋极限强度标准值 f_{stk} 和 f_{ptk} 主要用于偶然作用下结构防连续倒塌的验算。

反映钢筋完整受拉性能的是其单调加载**应力-应变关系**(stress-strain relation)。由于普通钢筋屈服后应变急剧增大,有明显屈服平台,因此在一般结构计算分析中,钢筋应力-应变关系可采用双线性的**理想弹塑性关系**(图2-4a),相应的表达式为

$$\begin{cases} \sigma_s = E_s \varepsilon_s & \varepsilon_s \leqslant \varepsilon_y \\ \sigma_s = f_y & \varepsilon_s > \varepsilon_y \end{cases} \quad (2\text{-}2)$$

式中 σ_s——钢筋应力；
ε_s——钢筋应变；
E_s——钢筋的弹性模量；
f_y——钢筋的屈服强度；
ε_y——钢筋的屈服应变，取 f_y/E_s。

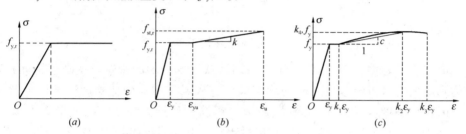

图 2-4 钢筋单调加载应力-应变关系
(a) 理想弹塑性应力-应变关系；(b) 近似强化型应力-应变关系；(c) 应力-应变关系全曲线

当需要考虑结构非线性分析时，可按图 2-4 (b) 近似考虑屈服平台后的强化段，相应的应力-应变关系表达式为

$$\sigma_s = \begin{cases} E_s\varepsilon_s & \varepsilon_s \leqslant \varepsilon_y \\ f_{y,r} & \varepsilon_y < \varepsilon_s \leqslant \varepsilon_{uy} \\ f_{y,r} + k(\varepsilon_s - \varepsilon_{uy}) & \varepsilon_{uy} < \varepsilon_s \leqslant \varepsilon_u \\ 0 & \varepsilon_s > \varepsilon_u \end{cases} \qquad (2-3)$$

式中 E_s——钢筋的弹性模量；
$f_{y,r}$——钢筋的屈服强度代表值，其值可根据实际结构分析需要分别取屈服强度设计值 f_y、屈服强度标准值 f_{yk} 或屈服强度平均值 f_{ym}；
$f_{st,r}$——钢筋的极限强度代表值，其值可根据实际结构分析需要分别取屈服强度设计值 f_{st}、屈服强度标准值 f_{stk} 或屈服强度平均值 f_{stm} ❶；
ε_y——钢筋的屈服应变，可取 $f_{y,r}/E_s$；
ε_{uy}——钢筋硬化起点应变；
ε_u——与 $f_{st,r}$ 相应的钢筋峰值应变，可取最大力下总伸长率 δ_{gt}；
k_1——钢筋硬化起点应变与屈服应变的比值；
k_2——钢筋峰值应变与屈服应变的比值；
k_3——钢筋极限应变与屈服应变的比值；
k_4——钢筋峰值应力与屈服强度的比值。

如需更准确地考虑直至极限拉应变的应力-应变关系，如在结构倒塌分析时，可采用图 2-4 (c) 所示的单调加载应力-应变全曲线，其表达式为

---

❶ 强度设计值用于构件或结构的设计承载力计算；强度标准值用于构件和结构的承载力和变形计算；强度平均值用于与试验结果对比。

$$\sigma_s = \begin{cases} E_s \varepsilon_s & \varepsilon_s \leqslant \varepsilon_y \\ f_{y,r} & \varepsilon_y < \varepsilon_s \leqslant k_1 \varepsilon_y \\ k_4 f_{y,r} + \dfrac{E_s (1-k_4)}{\varepsilon_y (k_2-k_1)^2} (\varepsilon_s - k_2 \varepsilon_y)^2 & \varepsilon_s > k_1 \varepsilon_y \end{cases} \quad (2-4)$$

对于图 2-4 (c) 的普通钢筋，k_1 可取 4，k_2 可取 25。

钢筋受压应力-应变关系，在有可靠构造措施保证时，可取与受拉时基本一致。

2. 无明显屈服点钢筋

预应力钢筋大多为无明显屈服点钢筋。工程中常用的有钢绞线、消除应力钢丝、螺旋肋钢丝、刻痕钢丝等（图 2-1）。

无明显屈服点钢筋拉伸时的典型应力-应变关系如图 2-5 (a) 所示。最大应力 σ_b 称为极限抗拉强度；a 点为比例极限，约为 $0.65\sigma_b$；a 点之后，应力-应变关系为非线性，有一定的塑性变形，但整个应力-应变关系没有明显的屈服点，达到极限抗拉强度 σ_b 后很快拉断，延伸率很小，破坏时呈脆性。预应力钢筋的均匀延伸率一般要求不小于 3.5%。

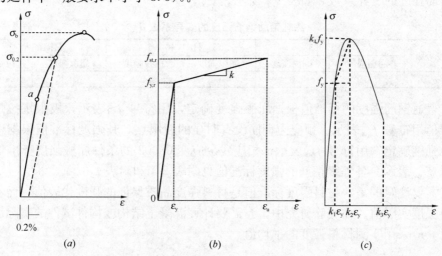

图 2-5 无明显屈服点钢筋受拉应力-应变关系
(a) 条件屈服点；(b) 应力-应变关系；(c) 应力-应变全曲线

对于无明显屈服点的钢筋，其强度设计指标一般取残余应变为 0.002 所对应的应力 $\sigma_{0.2}$，称为"条件屈服强度"。对于预应力筋，《规范》取条件屈服强度为 $0.85\sigma_b$，也用符号 f_y 表示。

无明显屈服点钢筋的受拉应变关系也可采用式 (2-4) 的表达式，相应参数 k_1 可取为 1~2，k_2 可取为 10；k_3 可取为 40；k_4 可取为 1.2。

2.3 钢筋的强度与弹性模量

2.3.1 钢筋的强度标准值

由于材料性能存在离散性，即使是同一批生产的钢筋，每根钢筋的强度也不会完全相同。为保证设计时材料强度取值的可靠性，《规范》规定材料强度的标准值应具有不小于95%的保证率，即

$$f_k = f_m - 1.645\sigma = f_m(1 - 1.645\delta) \qquad (2\text{-}5)$$

式中 f_k——材料强度标准值（standard value）；
f_m——材料强度的平均值（average value）；
σ——材料强度的均方差（mean-square deviation）；
δ——材料强度的变异系数（coefficient of variation）。

根据近年对全国 HRB 热轧带肋钢筋强度测试数据的统计分析结果，热轧带肋钢筋强度的变异系数 δ 如表 2-2 所示。

热轧带肋钢筋强度的变异系数 δ　　表 2-2

强度等级	HRB 335		HRB 400		HRB 500	
	屈服强度	抗拉强度	屈服强度	抗拉强度	屈服强度	抗拉强度
δ	0.050	0.034	0.045	0.036	0.039	0.036

普通钢筋强度的标准值根据屈服强度确定，用符号 f_{yk} 表示，极限抗拉强度标准值用符号 f_{stk} 表示。预应力钢筋没有明显的屈服点，其强度标准值根据极限抗拉强度确定，用符号 f_{ptk} 表示；相应残余应变 0.002 的条件屈服强度标准值用符号 f_{pyk} 表示。各等级钢筋的强度标准值见附表 2-4 和附表 2-6。

需要注意的是，材料强度标准值是材料强度品质保证的强度代表值，而不是材料强度实际值。在实验研究中，当需要计算混凝土结构或构件试件的实际承载力时，应采用实测材料强度的平均值。

2.3.2 钢筋的弹性模量

钢筋的弹性模量（elastic modulus）是反映钢筋弹性受力阶段的应力与应变间关系的物理量，即

$$E_s = \frac{\sigma_s}{\varepsilon_s} \text{ 或 } \sigma_s = E_s \varepsilon_s \qquad (2\text{-}6)$$

各种钢筋的弹性模量基本相同，一般在 $2.0 \times 10^5 \text{ N/mm}^2$ 左右。各类钢筋的弹性模量见附表 2-7。由于制作偏差、基圆面积率差异以及钢绞线捻绞紧度差异等因素的影响，实际钢筋受力后的变形模量（deformation modulus）存在一定的不确定性，而且通常不同程度地偏小，必要时可通过试验测定钢筋的实际弹性

模量,用于设计计算。

2.4 钢筋的性能要求

混凝土结构中,应选用强度高、塑性性能好、可焊性好及与混凝土有良好粘结性能的钢筋。

1. 钢筋的强度

钢筋强度指标主要指钢筋的屈服强度和极限强度。有明显屈服点钢筋的屈服强度是钢筋混凝土构件承载能力设计的依据。采用高强度钢筋可以节约钢材、减少资源和能源的消耗。为保证钢材有足够的安全储备,同时在地震、爆炸等偶然作用下能避免结构连续倒塌,钢筋的极限抗拉强度实测值与屈服强度实测值之比不应小于1.25;对于抗震结构,钢筋屈服强度实测值与强度标准值之比不大于1.3。

2. 钢筋的塑性

钢筋良好的塑性性能是保证钢筋混凝土结构具有较好延性的条件,这对抗震设防结构尤为重要,应保证钢筋的均匀延伸率 δ_{gt} 满足表2-1的规定。

3. 钢筋的可焊性和机械加工性

焊接是钢筋连接的重要方式之一。钢筋的可焊性是保证钢筋焊接连接可靠性的基础,即要求在一定的工艺条件下,钢筋焊接后不产生裂纹及过大的变形,同时其接头有良好的力学性能。此外,实际工程中,根据构件的形状和保证受力要求,常需将钢筋进行弯折、挤压、制作螺纹等机械加工,在加工过程中钢筋的各项性能不应有显著退化。

4. 钢筋与混凝土的共同工作

粘结力和钢筋的可靠锚固是保证钢筋与混凝土共同工作的前提条件。钢筋的表面特征及混凝土的强度等级是影响粘结力的主要因素。此外,钢筋端部的可靠锚固对改进与混凝土的共同工作也十分重要,必要时可将钢筋端部弯折锚固或采用机械锚固措施。

2.5 混凝土的强度

2.5.1 混凝土的强度等级

混凝土结构中,主要是利用混凝土的抗压强度,因此混凝土的抗压强度是混凝土力学性能的最基本指标。

我国混凝土强度等级按立方体抗压强度标准值确定,具体确定方法如下:用边长为150mm的立方体标准试件,在标准条件下(温度为 20 ± 3°C,湿度在90%以上的标准养护室中)养护至28天或设计规定龄期,用标准试验方法(加载速度：C30 以下控制在 0.3~0.5N/mm²/s 范围；C30 以上控制在 0.5~0.8N/mm²/s 范围，两端不涂润滑剂）测得的具有 95% 保证率的立方体抗压强度（cube strength），称为立方体抗压强度标准值，用符号 $f_{cu,k}$ 表示。

《规范》根据实际工程应用的混凝土强度范围，从 C15 到 C80 共划分为 14 个强度等级，级差为 5N/mm²。混凝土强度等级用符号 C 表示，如 C30 表示 $f_{cu,k}=30$ N/mm²。C50 以上为高强混凝土，目前在实验室已能配置出 C100 级以上的混凝土，国外实际工程中应用已达 C150，国内工程中应用已达 C100。

为方便起见，实际工程中有时也常用边长为 100mm 非标准立方体试件，由于尺寸效应影响，对于同样的混凝土，试件尺寸越小，测得的强度越高。根据大量试验结果的统计分析，边长 100mm 立方体试件强度与标准立方体试件强度平均值之间的换算关系为

$$f_{cu,m}^{150} = \mu f_{cu,m}^{100} \tag{2-7}$$

式中　$f_{cu,m}^{150}$ ——边长为 150mm 的标准立方体抗压强度的平均值；

$f_{cu,m}^{100}$ ——边长为 100mm 的立方体抗压强度的平均值；

μ ——换算系数，对 C50 级以下的混凝土，可取 $\mu=0.95$；随混凝土强度的提高，μ 值有所降低，当 $f_{cu,m}^{100}=100$ N/mm² 时，μ 值约为 0.9。

混凝土强度存在尺寸效应，这是由于混凝土材料自身内部缺陷特性和混凝土破坏机理所决定的，目前对其机理尚不十分清楚。一般的解释是，混凝土的破坏往往起源于其内部最不利缺陷，试件尺寸越大，其最不利内部缺陷的强度可能越小。

除与试件尺寸大小有关外，混凝土强度还与试件形状有关。美国、加拿大、日本等国家，采用圆柱体标准试件（直径 150mm、高 300mm；或直径 100mm、高 200mm 的圆柱体）测定的抗压强度来划分混凝土强度等级。对于同样的混凝土，圆柱体强度与立方体强度也不相同。对不超过 C50 的混凝土，直径 150mm、高 300mm 的圆柱体强度与我国标准立方体抗压强度平均值之间的换算关系约为

$$f'_{c,m} = (0.79 \sim 0.81) f_{cu,m} \tag{2-8}$$

式中　$f'_{c,m}$ ——圆柱体抗压强度的平均值；

$f_{cu,m}$ ——标准立方体抗压强度的平均值。

随混凝土强度增大，上式换算系数有所增大。

立方体抗压试验中混凝土试件的受力情况，不能代表实际构件中混凝土的受力状态，只是因为制作和测定方便而用来作为在同一标准条件下比较混凝土强度大小和品质的标准试验方法。

实际工程中，以立方体抗压试验确定的混凝土强度等级作为混凝土材料选用的依据。为提高材料的利用效率，保证工程结构必要的安全度，《规范》规定：素混凝土结构的混凝土强度等级不应低于 C15；钢筋混凝土结构的混凝土强度等

级不应低于C20；采用强度级别400MPa及以上的钢筋时，混凝土强度等级不应低于C25；预应力混凝土结构的混凝土强度等级不宜低于C40，且不应低于C30；承受重复荷载的钢筋混凝土构件，混凝土强度等级不应低于C30。

2.5.2 轴心抗压强度

混凝土轴心抗压强度采用棱柱体试件测定，它比较接近实际构件中混凝土的受压情况。棱柱体试件高宽比一般为 $h/b=2\sim3$，我国一般采用 100mm×100mm×300mm 或 150mm×150mm×450mm 的棱柱体测定轴心抗压强度。试件制作、养护和加载试验方法同立方体试件。

对于同一混凝土，棱柱体抗压强度小于立方体抗压强度，其平均值之间的换算关系为

$$f_{c,m} = k_1 \cdot f_{cu,m} \tag{2-9}$$

式中 $f_{c,m}$——棱柱体抗压强度的平均值。

试验结果表明，随着混凝土强度的提高，换算系数 k_1 值将增大。根据大量试验结果的统计分析，对不超过C50级的混凝土取 $k_1=0.76$；对C80级混凝土，取 $k_1=0.82$，其间线性内插，即对C50~C80混凝土，棱柱体抗压强度与立方体抗压强度平均值之间的换算关系为

$$f_{c,m} = (0.66 + 0.002 f_{cu,k}) \cdot f_{cu,m} \geqslant 0.76 f_{cu,m} \tag{2-10}$$

2.5.3 轴心抗拉强度

混凝土的抗拉强度也是其基本力学性能。混凝土构件开裂、裂缝和变形的计算，以及受剪、受扭和受冲切等承载力，均与混凝土抗拉强度有关。

混凝土抗拉强度的标准试验目前未统一，通常采用图2-6（a）所示的轴心拉伸试验测定。试件尺寸为 100mm×100mm×500mm，试件两端中心设有埋长为 150mm 的 Φ16 变形钢筋。试验机夹紧两端伸出的钢筋使试件受拉，破坏时试件中部产生横向裂缝，破坏截面上的平均拉应力即为轴心抗拉强度。因为混凝土的抗拉强度很低，影响因素也很多，要实现理想的均匀轴心受拉很困难，因此混凝土轴心抗拉强度的试验值往往很离散。

混凝土轴心抗拉强度比轴心抗压强度小很多，一般只有抗压强度的 1/20~1/8，且强度等级越高，抗拉强度与抗压强度的比值越小。图2-6（b）为试验实测轴心抗拉强度与立方体抗压强度平均值之间的关系，由试验结果回归统计得到的换算关系为

$$f_{t,m} = 0.395 f_{cu,m}^{0.55} \tag{2-11}$$

式中 $f_{t,m}$——混凝土轴心抗压强度的平均值。

由于轴心受拉试验对中困难，常常也采用立方体或圆柱体劈拉试验（图2-7）测定混凝土的抗拉强度。我国劈拉试验采用的是 150mm×150mm×150mm 标准试

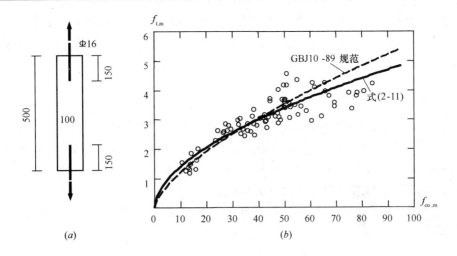

图 2-6 轴心受拉强度
(a) 轴心受拉试验；(b) 轴心受拉强度与立方体强度间的换算关系

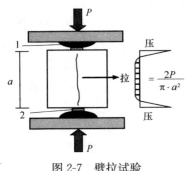

图 2-7 劈拉试验
1—钢垫条；2—木质垫层

件，通过弧形钢垫条（垫条与试件之间垫以木质三合板垫层）施加压力 P，加载速度 C30 以下为 $0.02 \sim 0.05 \text{N/mm}^2/\text{s}$，C30 以上为 $0.05 \sim 0.08 \text{N/mm}^2/\text{s}$。根据弹性应力分析结果，除加载垫条附近很小的范围外，劈拉试件中间截面为均匀分布的横向拉应力。当拉应力达到混凝土的抗拉强度时，试件劈裂成两半。劈拉强度按下列公式计算

$$f_{sp} = \frac{2P}{\pi \cdot a^2} \qquad (2-12)$$

式中 f_{sp}——混凝土试件的实测劈拉强度；

P——实测劈裂荷载；

a——试件尺寸，对立方体试件取试件边长，对圆柱体试件取试件直径。

对于同一混凝土，轴拉试验和劈拉试验测得的抗拉强度并不相同。根据试验结果回归统计，劈拉强度平均值与立方体强度平均值之间的关系为

$$f_{sp,m} = 0.19 f_{cu,m}^{3/4} \qquad (2-13)$$

国外圆柱体劈拉强度平均值与圆柱体抗压强度平均值的换算关系为

$$f_{sp,m} = 0.531 (f'_{c,m})^{0.5} \qquad (2-14)$$

式中 $f_{sp,m}$——混凝土劈拉强度的平均值。

试验表明，抗拉强度的尺寸效应更加显著。对取决于混凝土抗拉强度受力构件的承载力，如受剪、受扭和受冲切承载力，也具有明显的尺寸效应。

2.5.4 混凝土强度的标准值

如前所述,《规范》规定材料强度的标准值 f_k 应具有不小于 95% 的保证率,即按式（2-5）确定。根据统计分析,对 C40 级以下的混凝土,变异系数 $\delta=0.12$;对 C60 级,$\delta=0.10$;对 C80 级,$\delta=0.08$（见表 2-3）。

各种混凝土强度平均值、变异系数及标准值（N/mm²）　　表 2-3

等级	C15	C20	C25	C30	C35	C40	C45	C50	C55	C60	C65	C70	C75	C80
$f_{cu,m}$	18.69	24.92	31.15	37.38	43.61	49.84	55.50	61.05	66.48	71.81	77.04	82.16	87.19	92.12
δ	0.12	0.12	0.12	0.12	0.12	0.12	0.115	0.11	0.105	0.100	0.095	0.09	0.085	0.08
$f_{cu,k}$	15	20	25	30	35	40	45	50	55	60	65	70	75	80
$f_{c,m}$	15.3	19.0	22.7	26.1	29.8	33.4	36.9	39.6		47.0		53.3		60.1
$f_{c,k}$	10.0	13.4	16.7	20.1	23.4	26.8	29.6	32.4	35.5	38.5	41.5	44.5	47.4	50.2
$f_{t,m}$	1.94	2.19	2.42	2.61	2.80	2.98	3.13	3.22		3.48		3.58		3.72
$f_{t,k}$	1.27	1.54	1.78	2.01	2.20	2.39	2.51	2.64	2.74	2.85	2.93	2.99	3.05	3.11
$f'_{c,k}$	12.6	16.7	20.9	25.0	28.6	32.2	36.0	39.6	45.0	50.0	55.0	60.0	65.0	70.0

注:$f_{cu,m}$ 为混凝土立方体抗压强度平均值;δ 为混凝土强度变异系数;$f_{cu,k}$ 为混凝土立方体抗压强度标准值;$f_{c,m}$ 为混凝土轴心抗压强度平均值;$f_{c,k}$ 为混凝土棱柱体抗压强度标准值;$f_{t,m}$ 为混凝土轴心抗拉强度平均值;$f_{t,k}$ 为混凝土轴心抗拉强度标准值;$f'_{c,k}$ 为圆柱体抗压强度标准值。

按材料强度标准值的定义可知,立方体强度标准值 $f_{cu,k}$ 即为混凝土强度等级。因为立方体强度的测定较为方便,为简化起见,由前述各种混凝土强度指标的平均值与立方体强度平均值之间的换算关系,并假定各种混凝土强度指标的变异系数与立方体强度的变异系数相同,即可按式（2-5）确定混凝土轴心抗压强度和轴心抗拉强度的标准值。考虑到实验室试件与实际结构的差异,以及高强混凝土的脆性特征,《规范》还考虑了以下两个折减系数:

（1）实际结构中的混凝土强度与实验室混凝土试件强度的比值,取 0.88;

（2）C40 级以上的混凝土脆性增大,考虑脆性折减系数 k_2,C40 及以下的混凝土取 $k_2=1.0$,C80 取 $k_2=0.87$,C40~C80 之间 k_2 按线性规律变化。

根据上述方法和式（2-9）,混凝土轴心抗压强度标准值 $f_{c,k}$ 与混凝土强度等级 $f_{cu,k}$ 的关系如下,

$$f_{ck} = 0.88 k_2 f_{c,m}(1-1.645\delta) = 0.88 k_1 k_2 f_{cu,m}(1-1.645\delta)$$
$$= 0.88 k_1 k_2 f_{cu,k}$$

混凝土轴心抗拉强度标准值 $f_{t,k}$ 与混凝土强度等级的关系为

$$f_{tk} = 0.88 k_2 f_{t,m}(1-1.645\delta) = 0.88 k_2 (0.395 f_{cu,m}^{0.55})(1-1.645\delta)$$
$$= 0.88 k_2 [0.395 f_{cu,m}^{0.55}(1-1.645\delta)^{0.55}](1-1.645\delta)^{0.45}$$
$$= 0.88 k_2 (0.395 f_{cu,k}^{0.55})(1-1.645\delta)^{0.45}$$

例如,对于 C40 级混凝土,$f_{cu,k}=40\text{N/mm}^2$、$k_1=0.76$、$\delta=0.12$ 和 $k_2=1.0$,代入以上两式可得 $f_{c,k}=26.752\text{N/mm}^2$,$f_{t,k}=2.395\text{N/mm}^2$。各种混凝土强度的平

均值、变异系数及标准值见表2-3。根据以上计算，《规范》直接列出了各级混凝土的轴心抗压强度标准值 $f_{c,k}$ 和轴心抗拉强度的标准值 $f_{t,k}$，见附表2-2。

需要说明的是，由于材料强度指标有平均值、标准值和设计值，本书中有时采用同一符号表示，望读者根据所讨论的问题，自行理解所代表的值。本节以下所涉及的混凝土强度指标符号，如无特殊说明，一般表示平均值。

2.6 混凝土破坏机理

由前述可知，同一批混凝土立方体试件与棱柱体试件的抗压强度不同，而且两者的破坏形态也不同（图 2-8）。混凝土试件在试验机上受压时，由于混凝土和试验机承压钢板的弹性模量及横向变形系数不同，两者的横向变形存在较大差异，承压钢板的横向变形显著小于混凝土。如试件承压面上不涂润滑剂，混凝土受压时的横向膨胀变形因受到承压面上摩擦力的约束，使混凝土试件上下承压端附近区域受竖向压力和水平摩擦力作用，处于三向受压应力状态。立方体试件的高宽比 $h/b=1$，试件上下承压端受水平摩擦力的影响区域较大，试件内并非是单向均匀受压状态，最终形成两个对顶角锥形破坏面（图 2-8a）。而棱柱体试件的高宽比 $h/b=2\sim3$，上下两端虽也受到上下承压板水平摩擦力的影响存在三向受压应力区，但相对试件高度而言，其影响范围较小，试件中部的横向膨胀变形基本未受到上下承压板横向约束的影响，基本接近单向均匀受压状态，最终因试件中部混凝土压酥而破坏（图 2-8c），抗压强度低于立方体试件。如果在立方体试件上下承压面涂减摩润滑剂，则承压面上的摩擦力会大大减小，试件受压时的横向膨胀变形则几乎不受约束，接近单向均匀受压，最终产生一些与压力方向平行的竖向裂缝而破坏（图 2-8b），此时测得的立方体抗压强度则较低，与棱柱体抗压强度 f_c 接近。

(a)
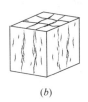
(b)

(c)

图 2-8 不同混凝土试件的破坏形态
(a) 上下承压面不涂润滑剂的立方体试件；(b) 上下承压面涂润滑剂的立方体试件；(c) 棱柱体试件

《规范》规定的标准试验方法是不涂润滑剂，因此立方体试件的受力状态不能代表结构构件中混凝土的实际受压状态，而棱柱体试件的受力状态与实际结构构件受压区的受力状态较为接近。

由以上所述可见,当混凝土的横向膨胀变形受到约束,抗压强度会提高,其原因与混凝土的破坏机理有关。混凝土是由水泥、水、砂石骨料按一定比例混合搅拌后经凝固硬化而成。在结硬过程中,由于水泥石的收缩、骨料下沉以及温度变化等原因,在骨料和水泥石的界面上会形成一些不规则的**微裂缝**(microcracks),成为混凝土中的初始缺陷。因此,从微观和亚微观结构的角度讲,混凝土材料是一种有初始缺陷的材料。混凝土的最终破坏就是由于这些微裂缝的初始缺陷发展引起的。事实上,混凝土的抗压强度远低于骨料和砂浆的强度。混凝土越密实,内部的微裂缝越少,强度就越高。

混凝土棱柱体试件在轴向压力作用下,内部微裂缝将不断发展,其过程如下(图2-9):

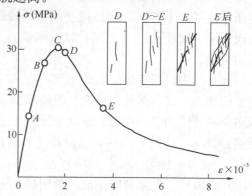

A点以前,试件中的压应力较小,微裂缝没有明显发展,混凝土的变形主要是弹性变形,受压应力-应变关系近似为直线。A点应力 σ_A 随混凝土强度的提高而增加,对普通强度混凝土 σ_A 约为 $(0.3 \sim 0.4) f_c$,对高强混凝土 σ_A 可达 $(0.5 \sim 0.7) f_c$。

图2-9 混凝土受压与微裂缝的发展过程

A点以后,随着试件中的压应力逐渐增大,由于微裂缝处的应力集中,裂缝开始有所延伸发展,试件产生部分塑性变形,纵向压应变增长开始加快,受压应力-应变曲线逐渐偏向应变轴。微裂缝的发展导致混凝土的横向变形增加,即横向膨胀(图2-10中以受拉应变表示)。但该阶段微裂缝的发展是稳定的,即当压应力不继续增加,微裂缝就不再延伸发展。

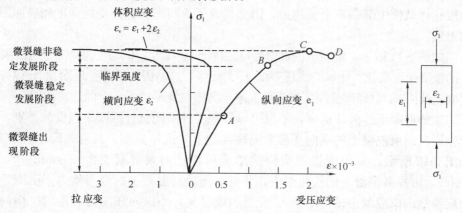

图2-10 纵向应变 ε_1、横向应变 ε_2 及体积应变 ε_v 随压应力的变化

应力达到 B 点，混凝土内部的一些微裂缝相互连通，裂缝的发展已不稳定，横向变形发展速率明显增大，体积应变开始由压缩转为膨胀（图 2-10）。如果压应力长期作用，微裂缝会持续发展并最终导致试件破坏。故常取 B 点的应力 σ_B 作为混凝土的**长期抗压强度**（long term compressive strength）。普通强度混凝土 σ_B 约为 $0.8f_c$，高强混凝土密实性大，内部微裂缝出现较迟，σ_B 可达 $0.95f_c$。

在短期加载情况下，压应力达到 C 点，内部微裂缝连通形成破坏面，纵向压应变增长速度明显加快，试件承载力开始减小，形成一个峰值点后，曲线进入下降段。相应峰值点的压应力称为**峰值应力**（peak stress），即为混凝土棱柱体抗压强度 f_c，相应的纵向压应变值称为**峰值应变** ε_0（peak strain），约为 0.002。纵向压应变发展达到 D 点时，试件表面逐渐出现一些可见的平行于压力方向的纵向裂缝。

如果压力机具有足够大的刚度，在试件承载力降低的情况下仍可继续控制压应变的增加，则随试件压应变的继续增加，压应力将不断降低，试件表面相继出现多条不连续的纵向裂缝，横向膨胀变形急剧发展，混凝土骨料与砂浆的粘结不断遭到破坏，达到 E 点时，裂缝连通形成斜向破坏面。E 点的应变 ε_E 约为 $(2\sim3)\varepsilon_0$，应力 σ_E 约为 $(0.4\sim0.6)f_c$。

E 点以后，纵向裂缝形成一斜向破坏面，此破坏面受正应力和剪应力的作用继续扩展，形成一破坏带（图 2-9），此时试件的承载力由斜向破坏面两侧骨料间的摩阻力提供。随着压应变继续发展，摩阻力不断下降，但即使在很大的应变下，仍有一定的摩阻力，试件的**残余强度**（residual strength）约为 $(0.1\sim0.4)f_c$。残余强度随混凝土强度等级的提高而相对降低。

由上述混凝土的受力过程和破坏机理可知，混凝土试件内部微裂缝的发展导致其横向变形增大，并最终导致混凝土破坏。对横向膨胀变形加以约束，就可以限制微裂缝的发展，从而可提高混凝土的抗压强度。立方体试件受约束区域大，而棱柱体试件中部基本未受约束，因此造成了不同形状试件受压强度和破坏形态的差别。

如图 2-11 所示，混凝土的局部受压强度 f_{cl}（$=P_{lu}/A_l$，P_{lu} 为局部受压面积 A_l 上的极限受压荷载）比轴心抗压强度 f_c 大很多，这是因为局部受压面积 A_l 以外的混凝土截面 A_b 对局部受压区域内部混凝土的微裂缝形成了一定的约束作用。

了解混凝土的破坏机理，不仅可以解释各种不同试件混凝土强度的差别，还可以通过约束混凝土的横向变形来提高混凝土的抗压强度，具有实际工程意义。如图 2-12 所示，采用配置螺旋箍筋形成所谓"**约束混凝土**"（confined concrete），可提高混凝土的抗压强度，并可显著提高混凝土的变形能力。由图 2-12 螺旋箍筋约束混凝土试件的应力-应变曲线可见，当纵向压应力较小时，横向变形很小，箍筋的约束作用不明显；当压应力超过 B 点的应力（普通混凝土为 $0.8f_c$）时，由于混凝土的横向膨胀变形开始显著增大，使螺旋箍筋产生环向拉应力，箍筋的反作用力使混凝土的横向膨胀变形受到约束，从而使混凝土的强度和变形能力都得到提高。

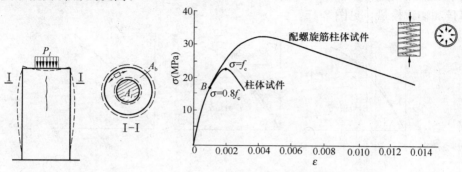

图 2-11 局部受压试件　　　　图 2-12 螺旋箍筋约束混凝土

"**约束混凝土**"（Confinod Concrete）的概念在工程中许多地方都有应用，如螺旋箍筋柱、后张法预应力锚具下局部受压区配置的钢筋网或螺旋筋等。而钢管混凝土对内部混凝土的约束效果更好，近年来在我国工程中得到许多应用。约束混凝土可以提高混凝土的强度，但更值得注意的是可以显著提高混凝土的变形能力，这对于抗震结构非常重要。在抗震结构中，对于预期出现塑性铰的区域，均要求配置加密箍筋，以保证塑性铰具有足够的塑性变形能力。许多早期工程中的柱子，因当时设计标准较低，箍筋配置不够，而采用外包钢管或缠绕纤维复合材料等方法来约束混凝土，可提高其变形能力、增强柱的抗震能力。

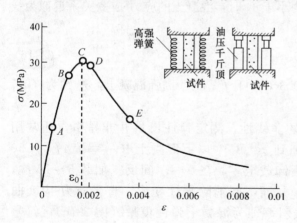

图 2-13 混凝土单轴受压
应力-应变关系图

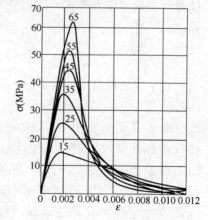

图 2-14 不同强度混凝土
的应力-应变关系曲线

2.7　混凝土的变形模量

在分析计算混凝土结构和构件的变形、裂缝、自振频率以及预应力混凝土构件中预压应力和应力损失等问题时，需要用到混凝土的变形模量。由于混凝土应力-应变关系的非线性，根据变形计算目的的不同，可分别采用弹性模量、割线模量和切线模量，见图 2-15。

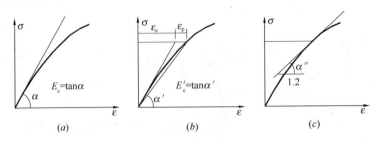

图 2-15 混凝土的变形模量

(a) 原点切线模量； (b) 割线模量； (c) 切线模量

2.7.1 弹性模量（elastic modulus）

混凝土的弹性模量为应力-应变曲线在原点切线的斜率（图 2-15a），也称为原点切线模量，其计算表达式为

$$E_c = \left.\frac{d\sigma}{d\varepsilon}\right|_{\sigma=0} \tag{2-15}$$

由于混凝土在较小应力下就出现非线性，因此弹性模量仅适用于应力较小时的弹性变形和应力计算，即当应力小于 σ_A 时，混凝土的应力-应变关系近似为线弹性

$$\sigma = E_c \varepsilon \tag{2-16}$$

对于普通混凝土，σ_A 约为 $(0.3\sim0.4)f_c$；对于高强混凝土，σ_A 约为 $(0.5\sim0.6)f_c$。

由于混凝土应力-应变关系的非线性，测定弹性模量并非易事。通常用棱柱体标准试件，将压应力增加到 σ_A（C50 以下混凝土取 $\sigma_A=0.4f_c$，C50 以上混凝土取 $\sigma_A=0.5f_c$），然后卸载至零，在 $0\sim\sigma_A$ 间反复加载 5~10 次，每次卸载的残余变形越来越小，从而不断消除塑性变形，直至应力-应变曲线逐渐稳定成为线弹性，该直线斜率即为混凝土弹性模量（图 2-16），符号为 E_c。根据大量试验统计分析，混凝土弹性模量 E_c 与立方体抗压强度标准值 $f_{cu,k}$ 的关系为（图 2-17）。

$$E_c = \frac{10^5}{2.2+\dfrac{34.74}{f_{cu,k}}}(\text{N/mm}^2) \tag{2-17}$$

《规范》规定的各混凝土强度等级的弹性模量见附表 2-2。

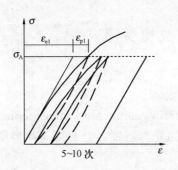
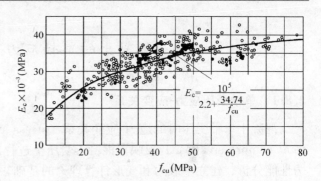

图 2-16 复加载测定混凝土弹性模量

图 2-17 弹性模量与立方体强度的关系

2.7.2 割线模量 (Secant Modulus of Elasticity)

混凝土的割线模量为应力-应变曲线上任一点处割线的斜率（图 2-15b），即

$$E'_c = \sigma/\varepsilon \tag{2-18}$$

割线模量主要用于混凝土结构弹塑性受力分析的割线增量法。

由图 2-15（b）可知，混凝土在弹塑性阶段的总压应变 ε 可表示为弹性应变 ε_e 与塑性应变 ε_p 之和，即 $\varepsilon = \varepsilon_e + \varepsilon_p$，其中弹性应变 ε_e 卸载后可恢复，而塑性应变 ε_p 卸载后不可恢复。在压应力 σ 作用下，弹性应变 ε_e 按式（2-16）确定，即 $\varepsilon_e = \varepsilon/E_c$，其与总应变 ε 的比值 $\nu = \varepsilon_e/\varepsilon$ 反映了总应变 ε 中弹性应变所占比例，称为**弹性系数 ν**。因此，割线模量 E'_c 可表示为

$$E'_c = \frac{\sigma}{\varepsilon} = \frac{E_c \varepsilon_e}{\varepsilon} = \nu E_c \tag{2-19}$$

相应弹塑性阶段的应力-应变关系也可表示为

$$\sigma = E'_c \varepsilon = \nu E_c \varepsilon \tag{2-20}$$

随着压应力 σ 逐渐增大，受压塑性应变 ε_p，弹性系数 ν 而减小，当达到峰值应力 f_c 时，ν 值近似为 0.5，故弹性系数 ν 值在 1~0.5 之间变化。

2.7.3 切线模量 (tangent modulus)

混凝土的切线模量为应力-应变曲线上任一点处切线的斜率（图 2-15c），即

$$E''_c = d\sigma/d\varepsilon \tag{2-21}$$

其值随应力的增大而减小。切线模量 E''_c 主要用于混凝土结构非线性分析的切线增量法。

2.8 混凝土的单轴应力-应变关系

2.8.1 单轴受压应力-应变关系

混凝土单轴受压时的应力-应变关系（stress-strain relationship under monotonic compressive load）反映了混凝土受压全过程的受力特征，是混凝土构件受力性能分析、建立承载力和变形计算理论的基础。

混凝土单轴受压应力-应变关系曲线，常采用棱柱体试件的受压试验获得。由于混凝土受压破坏时的脆性较大，在普通压力试验机上采用等应力速度加载，当压应力达到混凝土轴心抗压强度 f_c 时，试验机中积聚的弹性应变能大于试件破坏所能吸收的应变能，这会导致试件产生突然的脆性破坏，试验只能测得应力-应变曲线的**上升段**（ascending part）。当采用等应变速度加载，或在试件旁附设高弹性元件与试件一同受压（见图 2-13）吸收试验机内积聚的应变能，则可以测得应力-应变曲线的**下降段**（descending part）。典型的混凝土单轴受压应力-应变全曲线如图 2-18 所示，其峰值点应力（peak stress）即为轴心抗压强度 f_c，相应峰值点应变（peak strian）记为 ε_0。不同强度混凝土的单轴受压应力-应变关系实测曲线见图 2-18。随着混凝土强度等级提高，上升段线弹性范围增大，峰值应变也有所增大。混凝土强度越高，砂浆与骨料的粘结很强，密实性好，微裂缝很少，高强混凝土最后的破坏往往是骨料破坏。因此强度等级越高，破坏时脆性越显著，下降段越陡。

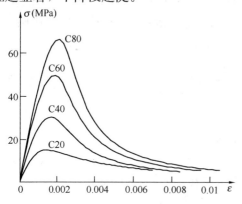 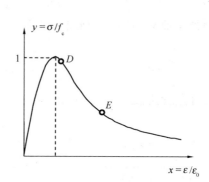

图 2-18　混凝土单轴受压应应-应变关系　　图 2-19　无量纲化混凝土应力-应变关系

混凝土受压应力-应变全曲线反映了其受压力学性能全过程。为统一表达不同强度混凝土的受压应力-应变全曲线，采用无量纲的应变和应力坐标 $x=\varepsilon/\varepsilon_0$ 和 $y=\sigma/f_c$。根据图 2-19 所示应力-应变全曲线的几何特征，无量纲应力-应变曲线须满足下列条件：

① 曲线通过原点，$x=0$，$y=0$；原点切线斜率为 $\dfrac{dy}{dx}\Big|_{x=0} = \dfrac{d\sigma}{d\varepsilon}\Big|_{\varepsilon=0} \cdot \dfrac{1}{f_c/\varepsilon_0} = \dfrac{E_c}{E_0}$，$E_c$ 为初始弹性模量；E_0 为峰值点割线模量，即 $E_0 = f_c/\varepsilon_0$；

② 上升段曲线外凸，$0 \leqslant x \leqslant 1$，$\dfrac{d^2 y}{dx^2} \leqslant 0$；

③ 峰值点处切线斜率为零，$x=1$，$y=1$，$\dfrac{dy}{dx}\Big|_{x=1} = 0$；

④ 下降段曲线上有一拐点 D，$\dfrac{d^2 y}{dx^2}\Big|_{x=x_D} = 0$，$x_D \geqslant 1$；

⑤ 下降段曲线曲率最大点 E，$\dfrac{d^3 y}{dx^3}\Big|_{x=x_E} = 0$，$x_E > x_D$；

⑥ 当 $x \to \infty$ 时，$y \to 0$，$\dfrac{dy}{dx}\Big|_{x \to x} = 0$；

⑦ 数值范围，$x \geqslant 0$，$0 \leqslant y \leqslant 1$。

根据以上条件和试验实测结果分析，我国 2002 版《规范》采用清华大学过镇海提出的混凝土单轴受压应力-应变全曲线，其表达式如下：

$$y(x) = \begin{cases} \alpha_a x + (3 - 2\alpha_a) x^2 + (\alpha_a - 2) x^3 & x \leqslant 1 \\ \dfrac{x}{\alpha_d (x-1)^2 + x} & x > 1 \end{cases} \quad (2\text{-}22)$$

式中 α_a——上升段参数，$\alpha_a = E_c/E_0$，为满足条件①和②，一般应有 $1.5 \leqslant \alpha_a \leqslant 3$；

α_d——下降段参数。

上式中的有关参数值见表 2-4，表中 f_c 为混凝土轴心抗压强度代表值，即峰值压应力，根据结构分析和不同极限状态验算的需要，强度代表值可取平均值、标准值或设计值；ε_u 为应力-应变曲线下降段上的应力下降到 $0.5f_c$ 时的混凝土压应变。按式（2-22）和表 2-4 中的参数绘出的应力-应变曲线见图 2-18。

混凝土单轴受压应力-应变曲线的参数值　　　　表 2-4

f_c (N/mm²)	15	20	25	30	35	40	45	50	55	60	65	70	75	80
ε_0 (×10⁻⁶)	1370	1470	1560	1640	1720	1790	1850	1920	1980	2030	2080	2130	2190	2240
α_a	2.21	2.15	2.09	2.03	1.96	1.90	1.84	1.78	1.71	1.65				
α_d	0.41	0.74	1.06	1.36	1.65	1.94	2.21	2.48	2.74	3.00	3.25	3.50	3.75	3.99
$\varepsilon_u/\varepsilon_0$	4.2	3.0	2.6	2.3	2.1	2.0	1.9	1.9	1.8	1.8	1.7	1.7	1.7	1.6

2010 版《规范》基于式（2-22），通过引入损伤演化参数反映混凝土的弹塑性受力特征，给出了与式（2-22）相同的基于损伤演化参数表达的混凝土本构关系，具体见 2010 版《规范》附录 C.2。

为简化起见，在混凝土构件正截面承载力计算时，《规范》规定采用由抛物

线上升段和水平段组合得到的应力-应变关系曲线（图 2-20），即

$$\begin{cases} \text{上升段}: \sigma_c = f_c \left[1 - \left(1 - \dfrac{\varepsilon_c}{\varepsilon_0}\right)^n\right] & \varepsilon_c \leqslant \varepsilon_0 \quad (2\text{-}23a) \\ \text{下降段}: \sigma_c = f_c & \varepsilon_0 < \varepsilon_c \leqslant \varepsilon_u \quad (2\text{-}23b) \end{cases}$$

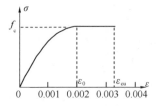

图 2-20 《规范》正截面承载力计算用混凝土受压应力-应变曲线

式中，参数 n 为上升段曲线形状参数，混凝土强度越高，上升段越接近直线，参数 n 越接近于 1；峰值压应变 ε_0 随混凝土强度增加有所增大；ε_{cu} 为混凝土构件正截面承载力达到最大时截面受压边缘的混凝土压应变，称为**极限压应变**（ultimate compressive strain），当截面处于非均匀受压时，ε_{cu} 按式（2-24）计算；当截面处于处于轴心受压时 ε_{cu} 取 ε_0。《规范》根据我国大量的钢筋混凝土构件试验研究的分析，给出式（2-23）中参数 n，ε_0，ε_{cu} 的取值如下：

$$\begin{cases} n = 2 - \dfrac{1}{60}(f_{cu,k} - 50) \leqslant 2 \\ \varepsilon_0 = 0.002 + 0.5(f_{cu,k} - 50) \times 10^{-6} \geqslant 0.002 \\ \varepsilon_{cu} = 0.0033 - (f_{cu,k} - 50) \times 10^{-6} \leqslant 0.0033 \end{cases} \quad (2\text{-}24)$$

式中 $f_{cu,k}$——混凝土强度等级，即立方体抗压强度标准值。

对各强度等级，上式参数的计算结果列于下表 2-5。

《规范》用于正截面承载力计算的混凝土应力-应变曲线参数　　表 2-5

f_{cu}	≤C50	C60	C70	C80
n	2	1.83	1.67	1.5
ε_0	0.002	0.00205	0.0021	0.00215
ε_{cu}	0.0033	0.0032	0.0031	0.003

需注意的是，式（2-22）的混凝土单轴受压应力-应变关系用于混凝土单轴受力的全过程分析，而式（2-24）的混凝土单轴受压应力-应变关系仅适用于混凝土构件的正截面承载力极限状态计算。

2.8.2 箍筋约束混凝土的单轴受压应力-应变关系

箍筋约束混凝土，尤其是采用螺旋箍筋，不仅可提高混凝土的强度，还可显著提高混凝土的极限变形能力，有利于提高混凝土结构的延性和抗震性能。

箍筋约束混凝土的增强效果主要与以下因素有关：

（1）箍筋的形状和间距：图 2-21（a）显示了圆形箍筋和矩形箍筋的约束效果，由图可见，圆形（螺旋）箍筋可对内部混凝土提供均匀的侧向约束，混凝土

的强度和变形能力提高十分显著；而矩形箍筋仅在四个角部可对混凝土提供有效约束，侧边的箍筋在混凝土侧向膨胀下产生弯曲变形，约束效果降低。尽管矩形箍筋约束对提高混凝土的强度不是很显著，但对变形能力仍有显著改善（图2-22b）。

（2）箍筋与内部混凝土的体积比：箍筋与内部混凝土体积比越大，约束程度也越大。

（3）箍筋的屈服强度：屈服强度越高，箍筋提供的约束力也越大。

（4）混凝土强度：混凝土强度越高，横向膨胀变形越小，约束效果也随之有所减小。

（5）箍筋间距与核心截面直径或边长的比值：该比值越大，箍筋间受到有效约束的混凝土体积越小，约束效果越差。

（6）箍筋直径与肢距的比值：该比值越大，箍筋的弯曲刚度越小，对内部混凝土的约束程度也越小。

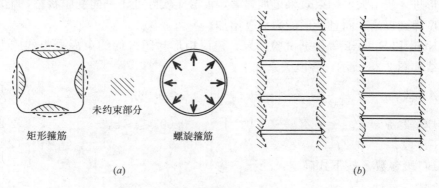

图 2-21 箍筋的约束效果
(a) 箍筋形式的影响；(b) 箍筋间距对约束效果的影响

以上影响因素可用以下**综合约束指标** λ_v 来反映，

$$\lambda_v = \rho_v \frac{f_y}{f_c} \tag{2-25}$$

式中 ρ_v——箍筋的体积配箍率，即箍筋与内部混凝土的体积比；

f_y——箍筋的受拉屈服强度；

f_c——混凝土的轴心抗压强度。

图 2-22 分别为螺旋箍筋和矩形箍筋约束混凝土受压的应力-应变关系。由图可见，当压应力不超过 $0.8f_c$ 时，因混凝土的横向膨胀变形较小，箍筋受力很小，混凝土受约束程度不大，应力-应变关系与非约束混凝土基本一致。当压应力接近 f_c 时，由于混凝土内部微裂缝的快速扩展，横向膨胀变形开始显著增大，使箍筋受拉力增大，其反作用力使混凝土受到侧向压应力约束。这种约束称为**被动约束**（passive confinement）。随着轴向压应力和压应变的持续增大，横向膨

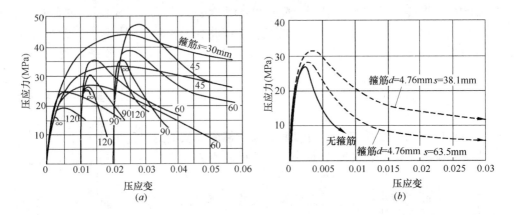

图 2-22 箍筋约束混凝土的应力-应变曲线
(a) 螺旋箍筋；(b) 矩形箍筋

胀变形进一步增大，约束效果更加显著，混凝土实际处于三向受压状态，轴向受压强度得到提高，而且变形能力显著增加。

Kent 和 R. Park 等根据试验结果，建议矩形封闭箍筋约束混凝土的应力-应变曲线如图 2-23 所示，各段关系如下：

AB 段，$\sigma = f'_c \left[\dfrac{2\varepsilon}{0.002} - \left(\dfrac{\varepsilon}{0.002} \right)^2 \right]$ $\quad \varepsilon \leqslant 0.002$ (2-26a)

BC 段，$\sigma = f'_c [1 - Z(\varepsilon - 0.002)]$ $\quad 0.002 \leqslant \varepsilon \leqslant \varepsilon_{20}$ (2-26b)

CD 段，$\sigma = 0.2 f'_c$ $\quad \varepsilon \geqslant \varepsilon_{20}$ (2-26c)

BC 段参数 Z 按下式确定：

$$Z = \dfrac{0.5}{\varepsilon_{50u} + \varepsilon_{50h} - 0.002} \quad (2\text{-}27\text{a})$$

$$\varepsilon_{50u} = \dfrac{3 + 0.29 f'_c}{145 f'_c - 1000}, \quad \varepsilon_{50h} = \dfrac{3}{4} \rho_v \sqrt{\dfrac{b''}{s}} \quad (2\text{-}27\text{b})$$

式中　f'_c——混凝土圆柱体抗压强度；
　　　ρ_v——箍筋与被箍筋约束混凝土的体积比（从箍筋外边计算）；
　　　b''——被箍筋约束混凝土的宽度；
　　　s——箍筋间距。

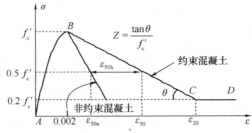

图 2-23 矩形箍筋约束混凝土应力-应变关系曲线

清华大学过镇海等根据试验研究，建议了更为准确的矩形箍筋约束混凝土受压应力-应变曲线（图 2-24）。该应力-应变曲线是通过以下约束指标 λ_t 反映箍筋约束程度的影响：

$$\lambda_t = \rho_t \frac{f_{yt}}{f_c} \quad (2\text{-}28)$$

式中　ρ_t——箍筋体积配筋率；
　　　f_{yt}——箍筋的抗拉屈服强度；
　　　f_c——混凝土棱柱体抗压强度。

由式（2-28）可知，约束指标 λ_t 反映了箍筋体积配筋率和箍筋抗拉强度 f_{yt} 与混凝土抗压强度 f_c 比值的影响。根据我国的相关试验研究结果，过镇海等建议的矩

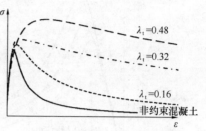

图 2-24　过镇海矩形箍筋约束混凝土应力-应变全曲线

形箍筋约束混凝土应力-应变曲线方程见表 2-6。当混凝土为 C20～C30 时，表 2-6 中的 $\alpha_{a,c} = (1+1.8\lambda_t)\alpha_a$，$\alpha_{d,c} = (1-1.75\lambda_t^{0.55})\alpha_d$，其中 α_a、α_d 为素混凝土的曲线参数，参见表 2-4。

过镇海建议的矩形箍筋约束混凝土受压应力-应变全曲线方程　　　表 2-6

约束指标	$\lambda_t \leq 0.32$		$\lambda_t > 0.32$
抗压强度	$f_{c,c} = (1+0.5\lambda_t) f_c$		$f_{c,c} = (0.55+1.9\lambda_t) f_c$
峰值应变	$\varepsilon_{pc} = (1+2.5\lambda_t) \varepsilon_p$		$\varepsilon_{pc} = (-6.2+25\lambda_t) \varepsilon_p$
曲线方程 $x=\varepsilon/\varepsilon_{pc}$ $y=\sigma/f_{c,c}$	$x \leq 1.0$	$y = \alpha_{a,c} x + (3-2\alpha_{a,c})x^2 + (\alpha_{a,c}-2)x^3$	$y = \dfrac{x^{0.68}-0.12x}{0.37+0.51x^{1.1}}$
	$x > 1.0$	$y = \dfrac{x}{\alpha_{d,c}(x-1)^2+x}$	

2.8.3 混凝土单轴受拉应力-应变关系

混凝土单轴受拉应力-应变关系的上升段与受压情况相似，原点切线模量也与受压时基本一致。当应力达到混凝土轴心抗拉强度 f_t 时，弹性特征系数 $\nu \approx 0.5$，则峰值拉应变 ε_{t0} 为

$$\varepsilon_{t0} = \frac{f_t}{E_c'} = \frac{f_t}{0.5 E_c} = \frac{2f_t}{E_c} \quad (2\text{-}29)$$

过去一般认为混凝土的受拉破坏是脆性的，即当混凝土拉应力达到 f_t 时，应力将突然降为零，无下降段。近年来随着试验技术的发展，采用控制应变的加载方法，测得混凝土单轴受拉应力-应变关系也有下降段，但下降段很陡（图 2-25）。因此，混凝土的实际断裂一般不是发生在峰值拉应力（抗拉强度 f_t），而是达到极限拉应变 ε_{tu} 时才开裂。混凝土极限拉应变 ε_{tu} 在 $(0.5 \sim 2.7) \times 10^{-4}$ 的范围波动，其值极不稳定，离散性也较大，与混凝土的强度、配合比、养护条件

有很大关系。

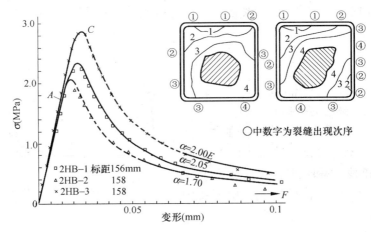

图 2-25 混凝土单轴受拉应力-应变关系曲线

根据试验实测结果分析,我国《规范》采用清华大学过镇海提出的用于混凝土结构全过程受力分析的混凝土单轴受拉应力-应变全曲线,其表达式如下:

$$\begin{cases} y = \dfrac{\sigma}{f_t} = 1.2x - 0.2x^6 & 0 \leqslant x = \dfrac{\varepsilon}{\varepsilon_{t0}} \leqslant 1 & \text{(2-30a)} \\ y = \dfrac{\sigma}{f_t} = \dfrac{x}{\alpha_t(x-1)^{1.7} + x} & x = \dfrac{\varepsilon}{\varepsilon_{t0}} \geqslant 1 & \text{(2-30b)} \end{cases}$$

其中

$$\varepsilon_{t0} = 0.65 f_t^{0.54} \times 10^{-4} \quad \text{(2-30c)}$$

式中 ε_{t0} ——相应于峰值拉应力 f_t 的峰值拉应变;

α_t ——单轴受拉应力-应变关系下降段参数,$\alpha_t = 0.312 f_t^2$。

上式中的有关参数值见表 2-7,表中 f_t 为混凝土轴心抗拉强度代表值,即峰值拉应力,根据结构分析和极限状态验算的需要,轴心抗拉强度代表值可取平均值、标准值或设计值❶。

混凝土单轴受拉应力-应变曲线参数值   表 2-7

f_t (N/mm²)	1.0	1.5	2.0	2.5	3.0	3.5	4.0
ε_{t0} (×10⁻⁶)	65	81	95	107	118	128	137
α_t	0.31	0.70	1.25	1.95	2.81	3.82	5.00

2010 版《规范》基于式(2-32),通过引入损伤演化参数反映混凝土的弹塑

---

❶ 由于材料的离散性,在结构分析和设计计算中,应根据计算需要,分别采用不同的材料强度代表值。当需要分析结构的实际受力性能时,如进行结构实验分析时,一般取材料强度的平均值;而用材料强度标准值进行结构或构件分析,所得到的结构或构件承载力具有 95% 的保证率,但分析所得到的结构或构件的变形会比实际值偏小;如采用材料设计值进行结构或构件分析,所得到的结构或构件承载力具有足够的安全度,但结构或构件的变形、甚至应力值或内力值与实际受力情况会有较大差别。

性受力特征，给出了与式（2-32）相同的基于损伤演化参数表达的混凝土受拉应力-应变本构关系，具体见 2010 版《规范》附录 C.2。

2.9 复杂应力下混凝土的强度*

实际结构中，混凝土很少处于单向受力状态，更多的是处于双向或三向受力状态。如剪力和扭矩作用下的构件、弯剪扭和压弯剪扭构件、混凝土拱坝、核电站安全壳等，前述约束混凝土实际上也是处于三向受力状态。

复杂应力下混凝土微单元的受力可转化为图 2-26 所示的三轴主应力下混凝土微单元，主应力以压为正，以拉为负，且 $\sigma_1 \geqslant \sigma_2 \geqslant \sigma_3$；相应的三轴强度分别记为 f_1、f_2、f_3，也以压为正，以拉为负。根据混凝土结构的受力分析结果，可以得到结构中各点的混凝土主应力 σ_1、σ_2、σ_3，当各主应力满足下式，则认为混凝土多轴强度满足要求：

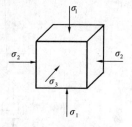

图 2-26 三轴主应力下混凝土微单元

$$|\sigma_i| \leqslant |f_i| \quad (i=1、2、3) \qquad (2\text{-}31)$$

式中，f_i 为相应第 i 个主应力 σ_i 方向的强度。对于前述单轴受压，相应单轴抗压强度即为 f_c；同样，对于单轴受拉，相应单轴抗拉强度即为 f_t。但对于复杂应力状态下，因混凝土破坏机制的复杂性，在不同的主应力 σ_1、σ_2、σ_3 组合情况下，相应的三轴强度 f_1、f_2、f_3 也不同。不同主应力状态下三轴强度 f_1、f_2、f_3 的规律称为**混凝土强度准则**（Strength criteria）。

2.9.1 双轴应力状态下的强度准则

图 2-27 为混凝土在双轴应力状态下的强度准则。由图可见，双轴受压强度（图 2-27 中第一象限）大于单轴受压强度 f_c，在 $\sigma_2/\sigma_1=0\sim0.2$ 范围，f_1 随应力比 σ_2/σ_1 的增大而提高较快；在 $\sigma_2/\sigma_1=0.2\sim0.7$ 范围，f_1 随应力变化平缓，f_1 最大值发生在 $\sigma_2/\sigma_1=0.3\sim0.6$ 之间，约为 $(1.25\sim1.60)f_c$；$\sigma_2/\sigma_1=1$ 时，$f_1=(1.15\sim1.35)f_c$。双轴受压状态下混凝土的应力-应变关系与单轴受压曲线相似，但峰值应变均超过单轴受压时的峰值应变。

在图 2-27 中第四象限为一轴受压、一轴受拉状态，抗压强度 f_1 随另一方向拉应力的增加而降低；同样，抗拉强度 f_3 随另一方向压应力 σ_1 的增加也降低。在任意应力比 σ_1/σ_3 下，双轴拉/压强度均不超过相应的单轴强度，即 $f_1 \leqslant f_c$；$|f_3| \leqslant f_t$。双轴压/拉状态下混凝土的应力-应变关系与单轴受拉曲线相似，但峰值应变值随拉应力的增大迅速减小，均小于单轴受拉情况。

在双轴受拉状态下（图 2-27 中第三象限），则不论应力比多大，抗拉强度均与单轴抗拉强度 f_t 接近，即 $|f_3| \approx f_t$。双轴受拉应力-应变关系与单轴受拉基

本相同。

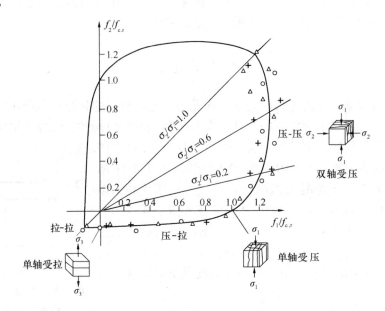

图 2-27 双轴应力状态下的混凝土强度准则

2010 版《规范》建议的混凝土二轴应力状态下的强度准则如图 2-28 所示，由下列 4 条曲线连成的封闭曲线确定，

拉-拉区 L_1: $f_1^2 + f_2^2 - 2\nu f_1 f_2 = (f_{t,r})^2$ (2-32a)

压-压区 L_2: $\sqrt{f_1^2 + f_2^2 - f_1 f_2} - \alpha_s(f_1 + f_2) = (f_{t,r})^2$ (2-32b)

拉-压区 L_3: $\dfrac{f_2}{|f_{c,r}|} - \dfrac{f_1}{|f_{t,r}|} = 1$ (2-32c)

压-拉区 L_4: $\dfrac{f_1}{|f_{c,r}|} - \dfrac{f_2}{|f_{t,r}|} = 1$ (2-32d)

式中 $f_{c,r}$、$f_{t,r}$——分别为混凝土轴心抗压强度代表值和轴心抗拉强度代表值，根据结构分析和极限状态验算的需要，可取平均值、标准值或设计值；

ν——混凝土泊松比，其值为 0.18～0.22；

α_s——受剪屈服参数，由式（2-33）确定：

$$\alpha_s = \frac{r-1}{2r-1}$$ (2-33)

式中 r——双轴受压强度提高系数，取值范围 1.15～1.30，可根据实验数据确定，在缺乏实验数据时可取 1.2。

在构件受剪或受扭时常遇到剪应力 τ 和正应力 σ 共同作用下的复合受力情况，尽管剪应力 τ 和正应力 σ 共同作用可转化为双轴应力状态，但为方便工程实

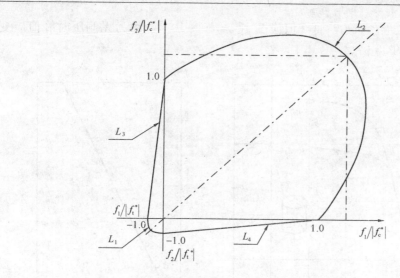

图 2-28 混凝土二轴应力的强度包络图

际应用,有时也用 τ-σ 强度关系。图 2-29 为混凝土在 τ 和 σ 共同作用下的复合受力强度关系。由图可见,混凝土的抗剪强度随拉应力增大而减小,随压应力增大而增大,当压应力在 $0.6f_c$ 左右时,抗剪强度达到最大,压应力继续增大,则由于内裂缝发展明显,抗剪强度将随压应力的增大而减小。

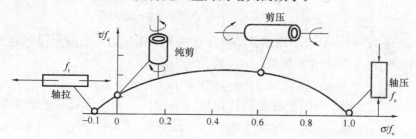

图 2-29 混凝土压(拉)剪复合受力强度

2.9.2 三轴应力状态下的强度准则

三轴应力状态有多种组合,常见的有:(1)常规三轴受压;(2)真三轴受压;(3)三轴拉压;(4)三轴受拉。

(1) 常规三轴受压

实际工程遇到较多的螺旋箍筋柱和钢管混凝土柱中的常规三轴受压,即等侧压 $\sigma_1 > \sigma_2 = \sigma_3$ 应力状态下的轴心受压(图 2-30a)。常规三轴抗压强度一般采用静水压力下的圆柱体轴压试验测定。由于侧压应力 $\sigma_2 = \sigma_3$ 限制了横向膨胀变形,混凝土微裂缝的发展受到约束,其轴向抗压强度 f_1 随侧压应力($\sigma_2 = \sigma_3$)的增加而成倍增大(见图 2-30b)。峰值应变 ε_1 的增长幅度更大。例如,当 $\sigma_2/f_1 =$

$\sigma_3/f_1 = 0.2$ 时,$f_1 \approx 5 f_c$,而峰值应变 $\varepsilon_{1,0} \approx 50 \times 10^{-3}$,约为无侧压时峰值应变 ($\varepsilon_0 = 0.002$) 的 30 倍。

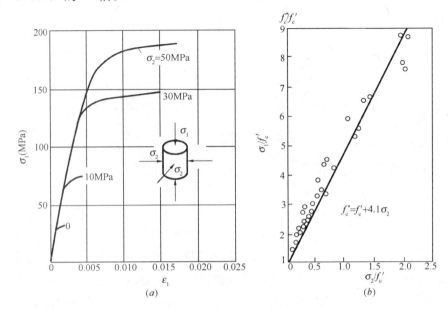

图 2-30 等侧压情况下混凝土圆柱体受压性能
(a) $\sigma_1 - \varepsilon_1$ 关系;(b) f_c^* 与侧压应力 σ_2 的关系

1928 年美国 Richart 根据试验结果建议的等侧压应力下混凝土轴向抗压强度 f_1 随侧压应力 $\sigma_2 = \sigma_3$ 增大而增大的经验公式为

$$f_1 = f_c' + 4.1\sigma_2 \tag{2-34}$$

式中 f_c'——无侧压时的混凝土圆柱体抗压强度。上式为螺旋箍筋约束混凝土柱轴压承载力的计算基础。

图 2-11 所示的混凝土局部试验,其局部受压区域内的混凝土也基本处于三轴受压状态。试验表明,混凝土局部抗压强度 f_{cl} 与轴心抗压强度 f_c 的关系为

$$f_{cl} = \beta f_c = \sqrt{\frac{A_b}{A_l}} f_c \tag{2-35}$$

式中 A_l——局部承压面积;

A_b——影响局部受压强度的计算底面积,按与 A_l 同心、对称、有效的原则确定(图 2-11)。

(2) 真三轴受压 ($\sigma_1 > \sigma_2 > \sigma_3 > 0$)

真三轴受压是三个主方向压应力比 ($\sigma_1 : \sigma_2 : \sigma_3$) 为任意值的组合,其试验加载系统比较复杂,图 2-31 为典型的真三轴受压试验加载设备。

混凝土在三轴受压情况下,最大主压应力 σ_1 方向的抗压强度 f_1 与应力比 σ_2/σ_1 和 σ_3/σ_1 有关,其一般规律如下(见图 2-32):

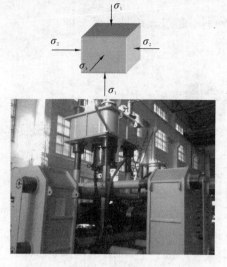

图 2-31　真三轴受压试验加载设备

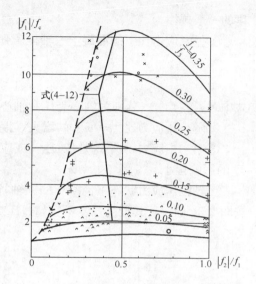

图 2-32　混凝土的三轴抗压强度

① 随第三主应力 σ_3 与第一主应力 σ_1 比 σ_3/σ_1 的增大，f_1 成倍增加，当 $\sigma_3/\sigma_1=0$ 时，$f_1=(1.2\sim1.5)f_c$（即二轴抗压强度）；当 $\sigma_3/\sigma_1=0.1$ 时，$f_1=(2\sim3)f_c$；当 $\sigma_3/\sigma_1=0.2$ 时，$f_1=(5\sim6)f_c$；当 $\sigma_3/\sigma_1=0.3$ 时，$f_1=(8\sim10)f_c$；

② 第二主应力 σ_2 与（或 σ_2/σ_1）对混凝土三轴抗压强度 f_1 有明显影响。当 σ_3/σ_1 为定值时，f_1 的最高值在 $\sigma_2/\sigma_1=0.3\sim0.6$ 之间，最高和最低强度相差 20%～25%；

根据真三轴受压强度试验研究及其三轴受压强度的规律，《规范》规定混凝土三轴抗压强度 f_1 可根据应力比 σ_3/σ_1 和 σ_2/σ_1 按图 2-33 确定，其最高强度不宜超过 5 倍的单轴抗压强度。

（3）三轴拉压强度（压-压-拉；压-拉-拉）

混凝土在三轴拉压应力状态下，基本均为拉断破坏。根据三轴拉-压试验，三轴拉压强

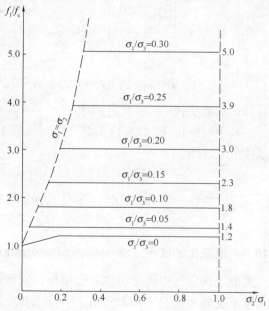

图 2-33　三轴受压状态下混凝土的三轴抗压强度

度的一般规律为

①任意应力比下的混凝土三轴拉压强度分别不超过其单轴强度,即

$$\left.\begin{array}{r}f_1 \leqslant f_c \\ |f_3| \leqslant f_t\end{array}\right\} \tag{2-36}$$

式中 f_c、f_t——分别为轴心受压和轴心受拉强度。

②随拉压应力比 $|\sigma_3/\sigma_1|$ 的增大,混凝土的三轴抗压强度 f_1 很快降低。

③第二主应力 σ_2 不论是拉/压,或应力比(σ_2/σ_3)的大小,对三轴抗压强度 f_1 的影响很小。

三轴拉压应力状态下混凝土的三轴抗压强度 f_1 可根据应力比 σ_3/σ_1 和 σ_2/σ_1 按图2-34确定,其最高强度不宜超过1.2倍单轴抗压强度。

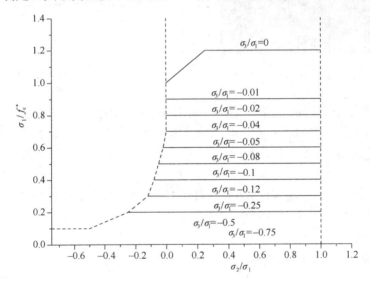

图2-34 三轴拉压应力状态下混凝土的三轴抗压强度

(4) 三轴受拉

三轴受拉(拉-拉-拉)应力状态下,混凝土的三轴抗拉强度 f_3 均可取单轴抗拉强度的0.9倍。

2.10 混凝土的收缩和徐变

2.10.1 混凝土的收缩 (Shrinkage of concrete)

混凝土在空气中硬化时体积会缩小,这种现象称为混凝土的收缩。收缩是混凝土在不受外力情况下体积变化产生的变形。当这种自发的变形受到外部(支座)或内部(钢筋)的约束时,将使混凝土中产生拉应力,甚至引起混凝土的开

裂。混凝土收缩会使预应力混凝土构件产生预应力损失。此外，某些对跨度比较敏感的超静定结构（如拱结构），收缩也会引起不利的内力。

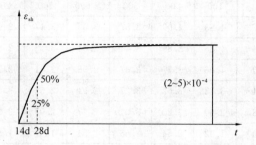

图 2-35　混凝土的收缩随时间发展的规律

混凝土的收缩变形是随时间增长的（图 2-35）。早期收缩变形发展较快，两周可完成全部收缩的 25%，一个月可完成 50%，以后变形发展逐渐减慢，整个收缩过程可延续两年以上。一般情况下，收缩应变终极值约为 $(2\sim 5)\times 10^{-4}$，而混凝土开裂时的拉应变约为 $(0.5\sim 2.7)\times 10^{-4}$，可见混凝土构件的收缩如受到约束，很容易导致开裂。

混凝土的收缩变形值与结构周围的温度、湿度、构件断面形状及尺寸、配合比、骨料性质、水泥性质、混凝土浇筑质量及养护条件等许多因素有关。水泥用量多、水灰比越大，收缩越大；骨料弹性模量高、级配好，收缩就小；干燥失水及高温环境，收缩大；高强混凝土收缩大，易引起裂缝，工程中应给予重视。

构件尺寸对收缩的影响见图 2-36。小尺寸构件（板、墙等），收缩发展较快，$2\sim 3$ 年的收缩量约为最终收缩值的 80% 左右，且最终收缩量较大，收缩应变值一般约为 $(4\sim 6)\times 10^{-4}$；而大尺寸构件（梁、柱等）收缩发展要缓慢一些，$2\sim 3$ 年的收缩量约为最终收缩值的 60% 左右，且最终收缩量较小，一般约为 2×10^{-4}。

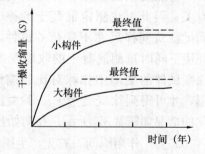

图 2-36　大小构件的收缩与时间的关系

由于影响收缩的因素多且复杂，要精确计算目前尚有一定的困难。当需要计算混凝土结构因收缩产生的有关应力或影响时，收缩应变可根据《规范》建议的混凝土收缩应变终极值 $\varepsilon_{sh,\infty}$ 按表 2-8 取值。

在实际工程中，要采取一定措施减小收缩应力的不利影响，如浇筑混凝土设置施工缝，待混凝土收缩充分发展后再将施工缝浇好，可有效避免或减小收缩裂缝的发生或发展。

混凝土收缩应变终极值 ε_∞（$\times 10^{-4}$）　　　　表 2-8

年平均相对湿度 RH		40%≤RH<70%				70%≤RH≤99%			
理论厚度 $2A/u$ (mm)		100	200	300	≥600	100	200	300	≥600
预加应力时的混凝土龄期 t_0 (d)	3	4.83	4.09	3.57	3.09	3.47	2.95	2.60	2.26
	7	4.35	3.89	3.44	3.01	3.12	2.80	2.49	2.18
	10	4.06	3.77	3.37	2.96	2.91	2.70	2.42	2.14
	14	3.73	3.62	3.27	2.91	2.67	2.59	2.35	2.10
	28	2.90	3.20	3.01	2.77	2.07	2.28	2.15	1.98
	60	1.92	2.54	2.58	2.54	1.37	1.80	1.82	1.80
	≥90	1.45	2.12	2.27	2.38	1.03	1.50	1.60	1.68

2.10.2 混凝土的徐变 (creep of concrete)

混凝土在压应力 σ_c 长期作用下，除在加载龄期 t_0 时产生瞬时压应变 $\varepsilon_{ci}=\varepsilon_c(t_0)$ 外，其压应变 $\varepsilon_c(t,t_0)$ 随时间 t 的增加还会不断增长，即 $\varepsilon_c(t,t_0)>\varepsilon_c(t_0)$，这种在荷载持续作用下产生的变形称为**徐变**（Creep）。徐变会使结构（构件）的（挠度）变形增大，引起预应力损失，在长期高应力作用下，甚至会导致破坏。不过，徐变有利于结构构件产生内（应）力重分布，可减少由于支座不均匀沉降引起的应力，减小大体积混凝土内的温度应力，减少收缩裂缝等。在局部应力集中区，徐变可调整应力分布。

与混凝土的收缩一样，徐变也与时间有关。因此，在测定混凝土的徐变时，应同批浇筑同样尺寸不受荷的试件，在同样环境下同时量测混凝土的收缩变形 ε_{sh}，从徐变试件的变形中扣除对比收缩试件的变形，才可得到徐变变形 ε_{cr}。徐变随时间变化的情况如图 2-37 所示。在初始压应力 σ_{ci}

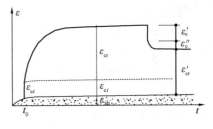

图 2-37　混凝土的收缩和徐变

（≤$0.5f_c$）作用瞬间，首先产生瞬时应变 $\varepsilon_{ci}=\sigma_{ci}/E_c(t_0)=\varepsilon_c(t_0)$，$t_0$ 为加荷时的龄期。随荷载作用时间的延续而不断增长的变形即为徐变 ε_{cr}，前 4 个月徐变增长较快，6 个月可达徐变终极值的 70%~80%，以后增长逐渐缓慢，2~3 年后趋于稳定。

记加载龄期 t_0 时在初始应力 σ_{ci} 下的混凝土的应变为 $\varepsilon_{ci}(t_0)$，在应力 σ_{ci} 作用下经历（$t-t_0$）时间后的总应变为 $\varepsilon_c(t,t_0)$，此时混凝土的收缩应变为 $\varepsilon_{sh}(t,t_0)$，则徐变为

$$\varepsilon_{cr}(t,t_0)=\varepsilon_c(t,t_0)-\varepsilon_{ci}(t,t_0)-\varepsilon_{sh}(t,t_0) \quad (2-37)$$

如在时间 t 时卸载，则会产生瞬时恢复应变 ε'_c。由于混凝土弹性模量随时间增

大，一般恢复应变 ε'_c 稍小于加载时的瞬时应变 $\varepsilon_{ci}(t_0)$。再经过一段时间后，还有一部分应变 ε''_c 可以恢复，称为弹性后效或徐变恢复，但仍有不小的不可恢复的残留永久应变 ε'_{cr}，因此徐变大部分不可恢复。

定义徐变变形 $\varepsilon_{cr}(t,t_0)$ 与瞬时应变 $\varepsilon_{ci}(t_0)$ 的比值为徐变系数 $\varphi(t,t_0)$（creep coefficient），即

$$\varphi(t,t_0) = \frac{\varepsilon_{cr}(t,t_0)}{\varepsilon_{ci}(t_0)} \tag{2-38}$$

当初始应力小于 $0.5f_c$ 时，徐变在 2 年以后可趋于稳定，最终徐变系数约为 $\varphi=2\sim 4$。

徐变主要是混凝土中水泥凝胶体的黏性流动以及骨料界面和砂浆内部微裂缝发展引起的。与此类似，混凝土卸载后的瞬时变形和滞后恢复变形，有着相应而相反的现象。

影响混凝土徐变值的因素很多，主要有水泥品种、水泥含量、水灰比、骨料性质和含量、灰浆率、外加剂、掺合料、加荷时混凝土的龄期、应力水平和持荷时间、环境温度和湿度以及构件的形状和尺寸等。各种影响因素可分为：内在因素、环境影响和应力条件。

(1) 内在因素是指混凝土的组成和配比。骨料的刚度（弹性模量）越大，体积比越大，徐变就越小。水灰比越小，徐变也越小。

(2) 环境影响包括养护和使用条件。受荷前养护的温湿度越高，水泥水化作用越充分，徐变就越小。采用蒸汽养护可使徐变减少 20%～35%。受荷后构件所处的环境温度越高，相对湿度越小，徐变就越大。

构件的尺寸和截面不同，环境影响程度也有所不同。构件截面积 A 与截面周界长度 u 的比值 (A/u) 越小，混凝土水分蒸发越快，使干燥徐变增大。

(3) 应力条件是指初应力水平 σ_{ci}/f_c 和加荷时混凝土的龄期 t_0，是影响徐变的主要因素。图 2-38 为不同初应力水平下徐变变形随时间的增长曲线。由图可见，当初应力水平 $\sigma_{ci}/f_c \leqslant 0.5$ 时，徐变值与初应力基本上成正比，即在相同应力增量下，徐变曲线接近等间距分布，也即徐变系数终极值 $\varphi_\infty = \varepsilon_{cr}/\varepsilon_{ci} = E_c\varepsilon_{cr}/\sigma_{ci}=$ 常数，这种徐变称为线性徐变（linear creep）。

当初应力 σ_{ci} 在 $(0.5\sim 0.8)f_c$ 范围时，徐变最终虽仍收敛，但徐变与初应力 σ_i 不成比例，也即徐变系数终极值 φ_∞ 随初始应力 σ_{ci} 的增大而增大，这种徐变称为非线性徐变（nonlinear creep）。

当初应力 $\sigma_{ci} > 0.8f_c$ 时，混凝土内部微裂缝的发展已处于不稳定状态，徐变的发展将不收敛，最终将导致混凝土的破坏。因此将 $0.8f_c$ 作为混凝土的长期抗压强度。

图 2-39 为不同加荷时间的应变增长曲线与徐变终极值和受压破坏强度的关系。加荷时构件的龄期越长，水泥石中结晶体所占比例就越大，胶体的黏性流动

相对就越小，徐变也越小。

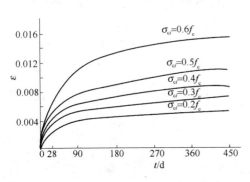

图 2-38 初应力水平对徐变的影响

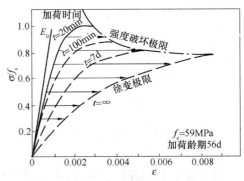

图 2-39 加荷时间与徐变终极值及受压破坏强度的关系的影响

实际工程中，混凝土的长期应力一般处于线性徐变范围。《规范》建议的徐变系数终极值见表 2-9。

混凝土徐变系数终极值 φ_∞ 表 2-9

年平均相对湿度 RH		$40\% \leqslant RH < 70\%$				$70\% \leqslant RH \leqslant 99\%$			
理论厚度 $2A/u$ (mm)		100	200	300	$\geqslant 600$	100	200	300	$\geqslant 600$
预加应力时的混凝土龄期 t_0 (d)	3	3.51	3.14	2.94	2.63	2.78	2.55	2.43	2.23
	7	3.00	2.68	2.51	2.25	2.37	2.18	2.08	1.91
	10	2.80	2.51	2.35	2.10	2.22	2.04	1.94	1.78
	14	2.63	2.35	2.21	1.97	2.08	1.91	1.82	1.67
	28	2.31	2.06	1.93	1.73	1.82	1.68	1.60	1.47
	60	1.99	1.78	1.67	1.49	1.58	1.45	1.38	1.27
	$\geqslant 90$	1.85	1.65	1.55	1.38	1.46	1.34	1.28	1.17

注：1. 预加力时的混凝土龄期，先张法构件可取 3~7d，后张法构件可取 7~28d；
  2. A 为构件截面面积，u 为该截面与大气接触的周边长度。当构件为变截面时，A 和 u 均可取其平均值；
  3. 本表适用于由一般的硅酸盐类水泥或快硬水泥配置而成的混凝土；表中数值系按强度等级 C40 混凝土计算所得，对 C50 及以上混凝土，表列数值应乘以 $\sqrt{\dfrac{32.4}{f_{ck}}}$，式中 f_{ck} 为混凝土轴心抗压强度标准值（MPa）；
  4. 本表适用于季节性变化的平均温度 $-20 \sim +40$℃；
  5. 当实际构件的理论厚度和预加力时的混凝土龄期为表列数值的中间值时，可按线性内插法确定。

对于高强混凝土，混凝土的密实性好，在相同的初应力水平 σ_{ci}/f_c 下，徐变比普通混凝土小得多。但由于高强混凝土承受较高的应力值，初始变形较大，故两者总变形接近。此外，高强混凝土线性徐变的范围可达 $0.65f_c$，长期强度约为 $0.85f_c$，也比普通混凝土大一些。

思 考 题

2-1 我国建筑结构用钢筋的品种和级别有哪些？混凝土结构中如何合理选用钢筋？

2-2 钢筋的应力-应变曲线分为哪两类？各有什么特征？

2-3 钢筋有哪些主要力学性能指标？各性能指标是如何确定的？各性能指标对工程结构的性能和设计有何意义？

2-4 钢筋强度标准值的概念是什么？对工程结构应用有什么意义？《规范》是如何确定钢筋强度标准值的？

2-5 钢筋强度的代表值有哪些？不同的代表值分别如何应用？

2-6 混凝土的强度等级是怎样确定的？

2-7 请写出混凝土轴心抗压强度、轴心抗拉强度与标准立方体强度的关系。

2-8 混凝土强度标准值的保证率是多少？《规范》中轴心抗压强度和轴心抗拉强度的标准值是如何确定的？若已知C60级混凝土的变异系数 $\delta=0.1$，试确定相应的轴心抗压强度和轴心抗拉强度的标准值。

2-9 试写出图2-40中连线之间试件混凝土强度的关系（图中强度符号均表示平均值）。

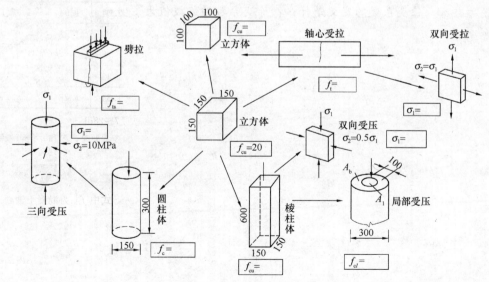

图 2-40 思考题 2-9 图

2-10 混凝土的受压破坏机理是什么？根据破坏机理，提高混凝土强度可采取什么方法?

2-11 为什么混凝土的长期抗压强度小于短期抗压强度?

2-12 简述棱柱体试件在短期单调受压时的受力全过程和应力-应变曲线的特点,并说明应力-应变曲线应满足哪些条件?

2-13 混凝土有哪些变形模量?各有什么用途?混凝土的弹性模量是怎样确定的?

2-14 什么是"弹性系数"?其数值范围是多少?随应力增加的变化情况怎样?

2-15 约束混凝土与非约束混凝土的应力-应变关系有何差别?螺旋箍筋约束和矩形箍筋约束又有何差别?

2-16 混凝土受拉应力-应变曲线有何特点?极限拉应变是多少?

2-17 试说明混凝土在双轴受力情况下的强度规律。

2-18 试说明混凝土在常规三轴受力状态下的强度规律。

2-19 试说明混凝土在真三轴受力状态下的强度规律。

2-20 什么是混凝土的收缩?收缩对混凝土结构有哪些不利影响?收缩的规律是什么?影响收缩有哪些因素?如何减少混凝土的收缩?混凝土收缩应变终极值为多少?

2-21 什么是混凝土的徐变?如何测定混凝土的徐变?徐变的规律是什么?影响徐变的主要因素有哪些?徐变对混凝土结构有哪些影响?

2-22 什么是线性徐变?什么是非线性徐变?

2-23 徐变系数的定义是什么?徐变系数的终极值为多少?

第 3 章　钢筋混凝土构件的基本受力性能

本章以钢筋混凝土构件的轴心受拉、轴心受压和受弯为例，介绍钢筋混凝土构件的基本受力性能、分析方法以及有关基本概念，这是学习其他混凝土构件受力性能的基础。因本章尚未涉及混凝土构件的设计，故本章所用材料强度和性能指标均为实际值。

根据材料力学方法，构件受力分析的基本思路包括：（1）变形协调条件；（2）材料本构关系；（3）受力平衡方程。与线弹性材料力学构件的受力分析相比，除材料本构关系有所差别外，钢筋混凝土构件的变形协调条件和受力平衡方程与材料力学构件相同。在单轴受力情况下的钢筋和混凝土材料本构关系已在第 2 章中介绍。

3.1　轴心受拉构件的受力性能

图 3-1 所示的钢筋混凝土轴心受拉构件，截面面积为 A，混凝土面积为 A_c，钢筋面积 A_s。构件两端承受轴心拉力 N。随着轴向拉力 N 的逐渐增大，钢筋混凝土轴心受拉构件将经历：（1）混凝土开裂前的受力阶段；（2）混凝土开裂后的带裂缝工作阶段；（3）钢筋受拉屈服后的破坏阶段。以下分别介绍各受力阶段的受力特点和分析方法。

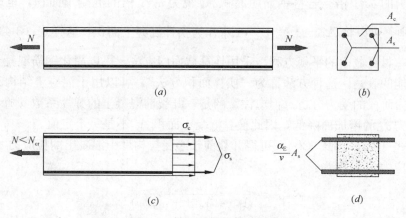

图 3-1　轴心受拉构件的受力
（a）轴心受拉构件；（b）截面；（c）开裂前截面受力；（d）换算截面

3.1.1 混凝土开裂前的受力阶段

裂缝出现前,拉力由钢筋和混凝土共同承担,距构件端部一定距离的截面,两者的应变相等,即变形协调条件为:

$$\varepsilon_s = \varepsilon_c = \varepsilon \tag{3-1}$$

混凝土开裂前,钢筋受力较小,可取式(3-2a)的线弹性本构关系,而混凝土受拉可能进入弹塑性阶段,其本构关系可按式(2-20)用割线模量 νE_c 表示的弹塑性本构关系,即式(3-2b)

$$\sigma_s = E_s \varepsilon_s = E_s \varepsilon \tag{3-2a}$$

$$\sigma_c = \nu E_c \varepsilon_c = \nu E_c \varepsilon \tag{3-2b}$$

式中 ν——混凝土的弹性系数,对于普通混凝土受拉时,弹性系数可取:当应力小于 $0.5 f_t$ 时,$\nu \approx 1$;当达到峰值应力 f_t 时,$\nu \approx 0.5$。

根据式(3-1)变形协调条件和式(3-2)混凝土受拉本构关系,可得轴心受拉构件中钢筋应力 σ_s 与混凝土应力 σ_c 存在以下关系:

$$\frac{\sigma_s}{\sigma_c} = \frac{E_s}{\nu E_c}, \text{ 也即 } \sigma_s = \frac{E_s}{\nu E_c} \sigma_c = \frac{\alpha_E}{\nu} \sigma_c \tag{3-3}$$

再由截面受力平衡方程可得:

$$N = \sigma_c A_c + \sigma_s A_s = \sigma_c \left(A_c + \frac{\alpha_E}{\nu} A_s \right) = \sigma_c A_c \left(1 + \rho \frac{\alpha_E}{\nu} \right) = \sigma_c A_0 \tag{3-4}$$

式中 A_c——构件混凝土的截面面积;

A_s——构件中配置的钢筋截面面积;

A_0——换算混凝土面面积;

$\rho = A_s / A_c$,为配筋率;

$\alpha_E = E_s / E_c$,为钢筋与混凝土的弹性模量比。

式(3-3)表明,轴心受拉构件在混凝土开裂前的受力阶段,钢筋应力为混凝土应力的 α_E / ν 倍。若将钢筋的面积 A_s 视为 α_E / ν 倍的混凝土面积,也即在式(3-4)中,可以将 $A_0 = \left(A_c + \frac{\alpha_E}{\nu} A_s \right)$ 作为换算混凝土面积。这样式(3-4)就可视为单一材料截面的平衡方程。采用换算截面的方法,可以简化钢筋混凝土截面受力性能的表达,这种方法称为"换算面积方法",可以用于混凝土结构开裂前初始受力阶段的受力分析。但应注意的是,开裂前混凝土的弹性系数 ν 随着混凝土拉应力 σ_c 的增加而降低,因此换算混凝土面积 A_0 不是一个定值。

由式(3-3)和式(3-4)可得开裂前轴心受拉构件中混凝土的拉应力 σ_c 和钢筋的拉应力 σ_s 分别为:

$$\sigma_c = \frac{N}{A_0} = \frac{N}{A_c(1 + \alpha_E \rho / \nu)} \tag{3-5a}$$

$$\sigma_s = \frac{\alpha_E}{\nu} \sigma_c = \frac{\alpha_E N}{A_c(\nu + \alpha_E \rho)} \tag{3-5b}$$

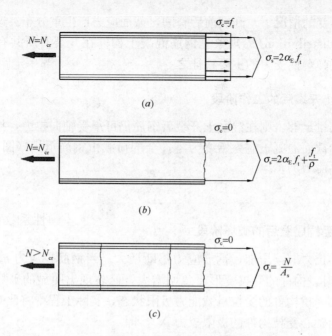

图 3-2 轴拉构件开裂瞬间和开裂后的受力
(a) 开裂前瞬间；(b) 开裂后瞬间；(c) 开裂后

随着轴向拉力的增加，混凝土的拉应力 σ_c 逐渐增大，弹性系数 ν 逐渐减小。当 $\sigma_c = f_t$ 时，混凝土拉应力 σ_c 达到抗拉强度 f_t（图 3-2a），如继续加载混凝土将会开裂，此时弹性系数 $\nu = 0.5$，代入式（3-4）可得轴心受拉构件的开裂荷载 N_{cr} 如下：

$$N_{cr} = f_t A_c (1 + 2\alpha_E \rho) \tag{3-6}$$

相应地，开裂前瞬间钢筋的拉应力为：

$$\sigma_{s,开裂前} = \frac{\alpha_E}{\nu} f_t = 2\alpha_E f_t \tag{3-7}$$

3.1.2 混凝土开裂后瞬间的应力重分布

一旦混凝土开裂，在开裂后瞬间，裂缝截面处混凝土的拉应力将由 $\sigma_c = f_t$ 突然减小为零（图 3-2b）。若此时维持开裂荷载不变，则原来由混凝土承担的拉力 $N_c = f_t A_c$ 将转移给钢筋来承担，因此开裂后瞬间钢筋的拉应力有一增量 $\Delta \sigma_s = \frac{f_t A_c}{A_s} = \frac{f_t}{\rho}$，即开裂后钢筋的拉应力为：

$$\sigma_{s,开裂后} = 2\alpha_E f_t + \frac{f_t}{\rho} = \frac{N_{cr}}{A_s} \tag{3-8a}$$

相应地，此时开裂截面的钢筋拉应变为：

$$\varepsilon_{s,cr} = \frac{N_{cr}}{E_s A_s} \tag{3-8b}$$

如根据开裂后瞬间裂缝截面的平衡条件也可得式（3-8）。由以上分析可见，在轴向拉力不变的情况下，开裂前后瞬间，截面应力产生重分布。这种应力重分布（stress redistribution）❶现象是钢筋混凝土构件在开裂时所共有的，也是钢筋混凝土构件弹塑性受力的主要特征之一。

3.1.3 混凝土开裂后的工作阶段

如果配筋量足够，则在混凝土开裂后钢筋仍可承受轴向拉力，拉力可以继续增加，但裂缝截面混凝土应力始终为零，全部荷载由钢筋承担（图 3-2c），故裂缝截面的钢筋应力为：

$$\sigma_s = \frac{N}{A_s} \quad (3-9)$$

3.1.4 钢筋受拉屈服后的破坏阶段

随着轴向拉力继续增加，钢筋应力不断增大。当钢筋拉应力 σ_s 达到其抗拉屈服强度 f_y 时，构件的受拉变形将急剧增大，已表现出明显的破坏征兆，故可认为达到轴心受拉构件的受拉承载能力极限状态，实际工程中将此时构件承受的轴向拉力作为轴心受拉构件的极限拉力 N_u，即

$$N_u = f_y A_s \quad (3-10)$$

上述轴心受拉构件受力全过程中裂缝截面处钢筋拉应力 σ_s 和混凝土拉应力 σ_c 的变化情况见图 3-3(a)，轴向拉力 N 与构件轴向拉应变 ε_l 的关系见图 3-3(b)。

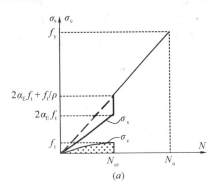
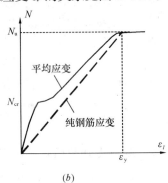

图 3-3 轴向受拉构件的受力全过程
(a) 裂缝截面钢筋和混凝土应力与轴向拉力的关系；(b) 轴向拉力与轴向拉应变的关系

由以上分析和图 3-3 可知，钢筋混凝土轴心受拉构件的受力性能如下：

(1) 由于混凝土材料受拉本构关系的非线性受力特征和开裂，轴向拉力 N 与混凝土和钢筋的应力及应变不再是线性关系，线弹性材料力学的分析方法不再适用；

---

❶ 应力重分布：因材料弹塑性性能使得构件中的应力分布与弹性应力分布存在差异；或因其他原因，如收缩和徐变等，使得初始应力分布发生变化。

(2) 混凝土开裂前瞬间，钢筋应力 $\sigma_s = \dfrac{\alpha_E}{\nu} f_t = 2\alpha_E f_t = 20 \sim 40\text{MPa}$，远小于钢筋屈服强度，且与配筋量无关。反之，配筋量对开裂荷载影响也不大；

(3) 在混凝土开裂后瞬间，混凝土和钢筋的截面间应力发生重分布，这在单一材料构件中是没有的；

(4) 开裂后，构件是带裂缝工作的。如配筋合适，则在钢筋屈服前有较长的带裂缝工作阶段。裂缝开展将影响构件的刚度、耐久性及观瞻等，因此裂缝宽度控制是混凝土结构构件设计中需考虑的问题；

(5) 由图 3-3 (b) 可见，钢筋混凝土轴拉构件的平均拉应变小于同样面积钢筋的受拉应变，这是由于开裂前钢筋与混凝土共同承受拉力，开裂后裂缝间混凝土仍承受一部分拉力，对构件的抗拉刚度有一定的贡献；

(6) 钢筋混凝土轴心受拉构件的受力过程可分为三个阶段：①开裂前钢筋与混凝土的共同受力阶段；②开裂后的带裂缝工作阶段；③钢筋屈服后的破坏阶段。对于配筋合适的钢筋混凝土构件，一般受力过程都可分为类似的三个工作阶段，这是一般钢筋混凝土（结构）构件所共有的受力特征。

由于钢筋混凝土是由钢筋和混凝土两种材料构成的，两种材料的配比将对其受力性能有重要影响。对于轴心受拉构件，如果配筋率小于某一界限 $\rho_{\min}$ 时，则会因混凝土开裂退出工作而产生的应力重分布使钢筋立刻就达到屈服，此时构件的极限拉力 N_u 就等于构件的开裂荷载 N_{cr}。当配筋率小于该配筋率界限 $\rho_{\min}$ 时，钢筋将不能承担混凝土截面开裂后释放的拉应力，其破坏性质如同素混凝土构件受拉断裂破坏，具有明显的脆性。该配筋率称为**最小配筋率** $\rho_{\min}$（minimal reinforcement ratio）。令式（3-9）开裂后瞬间的钢筋应力 σ_s 等于屈服强度 f_y，则可得轴心受拉构件的理论最小配筋率 $\rho_{\min}$ 为：

$$\rho_{\min} = \dfrac{f_t}{f_y - 2\alpha_E f_t} \tag{3-11}$$

对于实际工程，还应考虑混凝土的收缩、温度、环境、混凝土抗拉强度与钢筋屈服强度比等影响，并根据工程经验，《规范》规定的最小配筋率应大于上式计算结果。《规范》规定，轴心受拉构件的最小配筋率取 0.40% 和 $90f_t/f_y$ 中的较大值❶。

3.2 轴心受压构件的受力性能

钢筋混凝土矩形截面轴心受压短柱如图 3-4 所示，截面面积为 A（$\approx$ 混凝土面积 A_c），截面配筋为 A_s。为防止钢筋受压屈曲将保护层混凝土崩裂，构件中

---

❶ 此处的 f_t 和 f_y 为设计值。

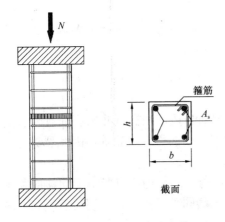

图 3-4 轴心受压试验

需配置一定箍筋，这是保证受压钢筋抗压强度能够充分发挥作用的必要条件。

在轴心压力 N 作用下，构件中钢筋与混凝土的压应变相同，即有以下变形协调关系：

$$\varepsilon_s = \varepsilon_c = \varepsilon \tag{3-12}$$

式中 ε ——构件受压应变。

截面受力平衡条件为：

$$N = \sigma_c A_c + \sigma_s A_s \tag{3-13}$$

钢筋受压应力-应变关系取理想弹塑性关系（图 2-4a），即

$$\begin{cases} \sigma_s = E_s \varepsilon & \varepsilon \leqslant \varepsilon_y = \dfrac{f_y}{E_s} \\ \sigma_s = f_y & \varepsilon > \varepsilon_y \end{cases} \tag{3-14}$$

在一般配筋率情况下，由于混凝土达到抗压强度压坏后，受压钢筋无法承受因混凝土退出受压作用产生的应力重分布，故可将混凝土达到峰值压应变 ε_0 作为轴心受压短柱的承载力极限状态，因此混凝土受压应力-应变关系可仅按式 (2-23a) 上升段考虑，并取 $n=2$，即

$$\sigma_c = f_c \left[\frac{2\varepsilon}{\varepsilon_0} - \left(\frac{\varepsilon}{\varepsilon_0} \right)^2 \right] \quad 0 \leqslant \varepsilon \leqslant \varepsilon_0 \tag{3-15}$$

对于普通混凝土，峰值压应变可取 $\varepsilon_0 = 0.002$。根据钢筋屈服应变 ε_y 的大小，轴心受压构件的受力分析可分为以下两种情况：

1. 对于屈服应变 $\varepsilon_y = \dfrac{f_y'}{E_s} < \varepsilon_0$ 的钢筋

以屈服强度 $f_y' = 300 \text{N/mm}^2$ 的 HPB300 级钢筋为例，其屈服应变 $\varepsilon_y = 0.0015$，小于混凝土受压峰值应变 $\varepsilon_0 = 0.002$。当构件压应变 $\varepsilon \leqslant \varepsilon_y$ 时，轴压力 N 与构件压应变 ε 的关系为：

$$N = \sigma_c A_c + \sigma_s A_s = f_c \left[\frac{2\varepsilon}{\varepsilon_0} - \left(\frac{\varepsilon}{\varepsilon_0} \right)^2 \right] A_c + E_s \varepsilon \cdot A_s \tag{3-16}$$

根据上式分析得到的钢筋压应力 σ_s 和混凝土压应力 σ_c 随轴压力 N 增大的关系见图 3-5 (a)。由图可见，随着轴压力 N 的逐渐增大，混凝土塑性变形逐渐增大，混凝土压应力 σ_c 的增长速率逐渐减缓，而钢筋压应力 σ_s 的增长速率逐渐加快。当构件压应变 ε 达到并超过钢筋屈服应变，即 $\varepsilon \geqslant \varepsilon_y$ 时，钢筋的应力将维持在受压屈服强度 $f_y' (= f_y)$（见图 3-5 中 HPB300 的曲线），由此可得此时的轴压力 N 为：

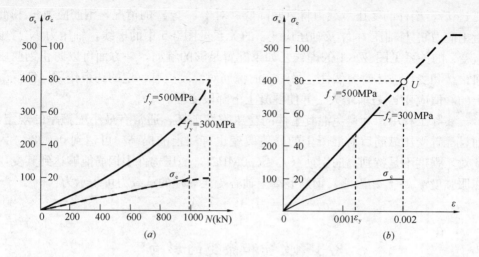

图 3-5 轴心受压构件受力过程的分析结果
(a) σ_s 和 σ_c 与 N 的关系；(b) σ_s 和 σ_c 与轴压应变 ε 的关系

$$N = f_c \left[\frac{2\varepsilon_y}{\varepsilon_0} - \left(\frac{\varepsilon_y}{\varepsilon_0} \right)^2 \right] A_c + f_y A_s \tag{3-17}$$

当构件压应变进一步增大达到 $\varepsilon = \varepsilon_0$ 时，混凝土应力达到轴心抗压强度 f_c，构件达到最大轴压承载力，即

$$N_u = f_c A_c + f_y A_s \tag{3-18}$$

上述轴压构件的轴压力 N 与其压应变 ε 的关系见图 3-6 中实线，可见在钢筋屈服时（$\varepsilon = \varepsilon_y = 0.0015$，图中 A 点），N-ε 关系有一转折。

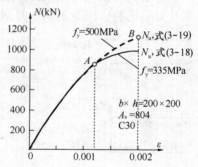

图 3-6 轴压构件的 N-ε 关系

2. 对于屈服应变 $\varepsilon_y = \dfrac{f'_y}{E_s} > \varepsilon_0$ 的钢筋

以屈服强度 $f'_y = 500\text{N/mm}^2$ 的 HRB500 级钢筋为例，其屈服应变 $\varepsilon_y = 0.0025$，大于混凝土受压峰值应变 $\varepsilon'_0 = 0.002$。当构件压应变 $\varepsilon \leqslant \varepsilon_0$ 时，轴压力 N 与构件压应变的关系同式 (3-16)。继续增加轴压力，当构件压应变 $\varepsilon = \varepsilon_0$ 时，混凝土压应力达到其抗压强度 f_c，但钢筋仍处于弹性阶段（图 3-5b 中 B 点），此时的轴压力 N 为：

$$N = f_c A_c + E_s \varepsilon_0 A_s \tag{3-19}$$

该轴压力即为构件的轴压承载力 N_u。因为如继续施加压应变，混凝土将进入下降段，混凝土的压应力将降低，如果构件的轴压力 N 不随之降低，则混凝土应力降低释放出来的压力将转移给钢筋。由于轴压构件的混凝土面积比钢筋面积大很多，故钢筋通常不能承受混凝土退出受压而产生的压应力重分布，故在峰值应

变 ε'_0 后，构件的受压承载力将急剧降低。对于 $\varepsilon_y > \varepsilon_0$ 的情况，钢筋应力 σ_s 和混凝土应力 σ_c 与轴压力 N 及轴压应变 ε 的关系见图 3-5 中的虚线，轴压力 N 与压应变 ε 的关系见图 3-6 中的虚线。如果配置足够的箍筋，一方面可以防止钢筋压曲，缓和受压破坏时突然性，另一方面箍筋对混凝土有一定的约束作用，使混凝土的峰值应变 ε_0 有所增大，并使混凝土下降段变缓。

实际工程中，为避免混凝土柱的受压脆性破坏，通常有最小配箍率的规定，而且配置受压纵筋后对混凝土的峰值应变也有一定的提高，可达到 0.0025。因此对于强度不是特别高的钢筋（$f_y \leqslant 500\text{MPa}$），受压构件中钢筋能够达到其受压屈服强度 $f'_y = f_y$。因此，钢筋混凝土轴心受压短柱的承载力可表示为：

$$N_u = f_c A_c + f'_y A'_s \tag{3-20}$$

3.3 收缩和徐变的影响*

3.3.1 收缩应力分析

混凝土具有收缩特性，而钢筋没有。在钢筋混凝土构件中，由于钢筋与混凝土是共同变形的，因此钢筋将限制混凝土的自由收缩，由此会引起收缩应力。

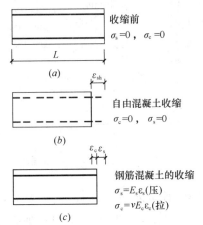

图 3-7 钢筋混凝土收缩应力分析

图 3-7 所示为一对称配筋、且未受外力作用的钢筋混凝土构件。在混凝土发生收缩前，混凝土和钢筋的应力均为零（图 3-7a）。若假定钢筋与混凝土之间无粘结，混凝土能够产生自由收缩应变 ε_{sh}，收缩后的变形如图 3-7（b）所示（构件的收缩变形为 $\varepsilon_{sh}L$），其应力为零；钢筋保持原长度不变，应力也为零。但实际上因钢筋与混凝土之间存在粘结，混凝土的收缩变形会受到钢筋的约束，由此在构件中产生收缩应力，构件最终变形如图 3-7（c）所示。与图 3-7（b）对比，混凝土的收缩将使钢筋产生压应变 ε_s 和相应的压应力 σ_s，其反作用力使自由收缩的混凝土产生拉应变 ε_c 和相应的拉应力 σ_c。若混凝土收缩后引起的混凝土拉应力 σ_c 小于混凝土的抗拉强度 f_t，则构件不会因混凝土收缩而发生开裂，此时因无外荷载作用，构件截面上钢筋的压力 $C_s = \sigma_s A_s$ 和混凝土的拉力 $T_c = \sigma_c A_c$ 处于自平衡状态，由此可得以下平衡条件：

$$T_c = C_s; \quad \text{即} \quad \sigma_s A_s = \sigma_c A_c \tag{3-21}$$

再由上述应变分析，由图 3-7（c）可知，变形协调条件为：

$$\varepsilon_s + \varepsilon_c = \varepsilon_{sh} \tag{3-22}$$

设钢筋受压处于弹性阶段、混凝土受拉考虑可能开裂的影响,故此时钢筋受压和混凝土受拉的本构关系取为:

$$\sigma_s = E_s\varepsilon_s,\ \sigma_c = \nu E_c\varepsilon_c \tag{3-23}$$

代入式(3-21)平衡条件可得:

$$\nu E_c\varepsilon_c A_c = E_s\varepsilon_s A_s \rightarrow \varepsilon_c = \frac{E_s}{\nu E_c}\cdot\frac{A_s}{A_c}\cdot\varepsilon_s = \frac{\alpha_E\rho}{\nu}\cdot\varepsilon_s \tag{3-24}$$

再代入式(3-22)变形协调条件,可得钢筋的压应变 ε_s 及相应的钢筋压应力 σ_s 为:

$$\varepsilon_s = \frac{\varepsilon_{sh}}{1+\frac{\alpha_E\rho}{\nu}} \tag{3-25a}$$

$$\sigma_s = E_s\varepsilon_s = \frac{\varepsilon_{sh}E_s}{1+\frac{\alpha_E\rho}{\nu}} \tag{3-25b}$$

相应,混凝土的拉应变 ε_c 和拉应力 σ_c 分别为:

$$\varepsilon_c = \varepsilon_{sh}-\varepsilon_s = \frac{\varepsilon_{sh}}{\frac{\nu}{\alpha_E\rho}+1} \tag{3-26a}$$

$$\sigma_c = \nu E_c\varepsilon_c = \frac{\varepsilon_{sh}E_c}{\frac{1}{\alpha_E\rho}+\frac{1}{\nu}} \tag{3-26b}$$

由式(3-25)和式(3-26)可知,混凝土收缩应变 ε_{sh} 越大,由收缩产生的钢筋压应力 σ_s 和混凝土拉应力 σ_c 也越大。配筋率 ρ 越大,钢筋压应力 σ_s 越小,而混凝土拉应力 σ_c 越大。当配筋率超过一定限值时,混凝土拉应力 σ_c 将达到抗拉强度 f_t 而引起开裂。令式(3-26b)的混凝土拉应力 $\sigma_c = f_t$,并相应取此时的弹性系数 $\nu = 0.5$,则可得该配筋率限值为:

$$\rho_{sh,lim} = \frac{0.5f_t}{\alpha_E(0.5E_c\varepsilon_{sh}-f_t)} \tag{3-27}$$

以 C30 混凝土为例,$f_{tk}=2.01\text{N/mm}^2$,$E_c=3.0\times10^4\text{N/mm}^2$,$\alpha_E=6.67$,收缩应变取偏大值 $\varepsilon_{sh}=4\times10^{-4}$,根据上式理分析结果,$\rho_{sh,lim}$ 值约为 3.7‰。一般情况下,钢筋混凝土构件的配筋率为 1%~2%,故一般不会因配筋率过大而出现裂缝。但如果混凝土构件两端受到刚性边界条件约束时,或配筋率过大,或混凝土收缩太大,则会因收缩而产生裂缝。

3.3.2 徐变对轴心受压构件的影响

由于混凝土在长期荷载作用下具有徐变性质,而钢筋在常温情况下没有徐变,因此当轴心受压构件在恒定压力的长期作用下,混凝土的徐变将使构件中混凝土和钢筋的应力发生变化。

下面讨论混凝土初始应力水平较低时（$\sigma_c < 0.5 f_c$），由于混凝土徐变引起轴心受压构件中钢筋和混凝土的应力重分布情况。采用换算截面方法，由式（3-5）的分析结果可知，在轴压力 N 作用初期，混凝土和钢筋的初始压应力分别为：

$$\sigma_{c,0} = \frac{N}{A_0} = \frac{N}{A_c(1+\alpha_E \rho/\nu)} \quad (3\text{-}28\text{a})$$

$$\sigma_{s,0} = \frac{\alpha_E}{\nu}\sigma_{c,0} = \frac{\alpha_E N}{A_c(\nu+\alpha_E \rho)} \quad (3\text{-}28\text{b})$$

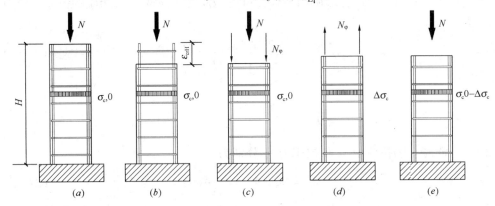

图 3-8　徐变影响的受力分析
(a) 初始受力；(b) 混凝土自由徐变；(c) 钢筋施加 N_φ；(d) 构件施加 $-N_\varphi$；(e) = (c) + (d)

设 t 时间后混凝土的徐变系数为 $\varphi(t_0, t)$（t_0 为加载时混凝土的龄期），则混凝土在无钢筋约束情况下，将产生自由徐变 $\varepsilon_{cr} = \varphi(t_0, t)\varepsilon_{c,0}$（图 3-8b）。若假想对钢筋另外施加 $N_\varphi = E_s \varphi(t_0, t)\varepsilon_{c,0} A_s$ 的压力，则钢筋也产生与自由徐变 ε_{cr} 相等的应变，使钢筋和混凝土两者的变形保持一致。但实际上，假想的压力 N_φ 不存在。为此，在假想压力 N_φ 的受力情况下，对构件反向施加与 N_φ 大小相等的拉力（图 3-8d），按换算截面方法，可得混凝土压应力的减小增量为：

$$\Delta\sigma_c = \frac{N_\varphi}{A_0} = \frac{E_s \varphi(t_0,t)\varepsilon_{c,0} A_s}{A_c(1+\alpha_E \rho/\nu)} = \varphi(t_0,t)\sigma_{c,0}\frac{\alpha_E \rho/\nu}{(1+\alpha_E \rho/\nu)} \quad (3\text{-}29\text{a})$$

而钢筋因混凝土的徐变产生的压应力增量为：

$$\Delta\sigma_s = \frac{N_\varphi}{A_s} - \frac{\alpha_E}{\nu}\Delta\sigma_c = \frac{\alpha_E}{\nu}\varphi(t_0,t)\sigma_{c,0}\left(1 - \frac{\alpha_E \rho/\nu}{(1+\alpha_E \rho/\nu)}\right)$$

$$= \varphi(t_0,t)\sigma_{s,0}\frac{1}{(1+\alpha_E \rho/\nu)} \quad (3\text{-}29\text{b})$$

因此，t 时间后钢筋和混凝土的应力分别为：

$$\sigma_{s,t} = \sigma_{s,0} + \Delta\sigma_s = \sigma_{s,0}\left(1 + \frac{\varphi(t_0,t)}{1+\alpha_E \rho/\nu}\right) \quad (3\text{-}30\text{a})$$

$$\sigma_{c,t} = \sigma_{c,0} - \Delta\sigma_c = \sigma_{c,0}\left(1 - \varphi(t_0,t)\frac{\alpha_E \rho/\nu}{(1+\alpha_E \rho/\nu)}\right) \quad (3\text{-}30\text{b})$$

因徐变系数随时间的增长而增大,故由以上分析结果可知,在轴压力 N 的长期作用下,钢筋的压应力 $\sigma_{s,t}$ 不断增大,混凝土中的压应力 $\sigma_{c,t}$ 则不断减小(图 3-9)。这种应力的变化是在外荷载没有变化的情况下产生的,称为徐变引起的**应力重分布**(stress redistribntion)。由图 3-9 可见,徐变产生的应力重分布,对混凝土的压应力起着卸载作用,对钢筋压应力起着增大作用,如果初始轴压力较大、且钢筋配筋量过小,则当徐变较大时,有可能会使得钢筋受压屈服。因此,受压钢筋也应有一定的配筋率。

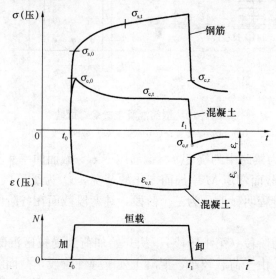

图 3-9 徐变影响轴心受压构件中混凝土和钢筋的应力、应变

若在龄期 t_1 时压力 N 全部卸载至零,由于混凝土的徐变变形基本不可恢复,故压力 N 卸载后,钢筋将有残余压应力,与之平衡,混凝土中将产生残余拉应力(图 3-9)。如果徐变变形较大,配筋率又过高,则混凝土的残余拉应力有可能达到混凝土的抗拉强度而引起开裂。

3.4 梁的受弯性能

3.4.1 适筋梁的试验研究

图 3-10 为一配筋合适的钢筋混凝土矩形截面梁,梁截面宽度为 b,高度为 h。梁跨中采用两点对称集中加载。如忽略梁自重影响,在跨中两集中荷载之间的区段,梁截面仅承受弯矩,该区段称为纯弯段。在跨中弯矩 M 作用下,梁跨中截面上部受压、下部受拉,在受拉区配置了面积为 A_s 的钢筋以增强梁的受弯承载能力,钢筋截面形心至梁顶面受压边缘的距离为 h_0,称为**截面有效高度**

(effective height)。为分析研究梁的正截面受弯性能，在纯弯段沿截面高度布置了一系列的应变计（strain gauge），量测混凝土沿梁截面不同高度处的纵向应变分布。同时，在受拉钢筋上也布置了应变计，量测钢筋的受拉应变。此外，在梁的跨中，还布置了位移计，用以量测梁的挠度变形（deflection）。

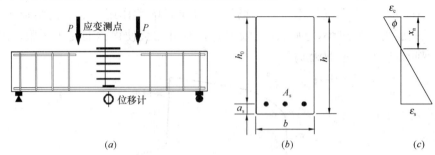

图 3-10 钢筋混凝土梁受弯试验
(a) 试验梁装置；(b) 截面；(c) 截面应变分布

图 3-11 分别为梁跨中的挠度 f、钢筋应变 ε_s、截面曲率 ϕ 和相对中和轴高度 $\xi_n = x_n/h_0$ 随跨中截面弯矩 M 增加而变化的情况，x_n 为受压区高度。由图可见，适筋梁的受力全过程明显地分为三个阶段，纯弯段截面在各阶段的受力性能和特征如下：

（1）弹性受力阶段（第Ⅰ阶段）：从开始加荷到受拉区混凝土开裂前，整个截面均参与受力。由于荷载较小，混凝土处于弹性阶段，截面纵向应变沿截面高度的分布符合**平截面假定**（plane section assumption），相应截面应力分布也为直线（图 3-12a），中和轴（neutral axis）在截面物理形心位置（比截面几何形心位置略偏下，ξ_n 大于 0.5），整个截面的受力接近线弹性，M-f 曲线或 M-ϕ 曲线接近直线。在该阶段，由于整个截面参与受力，截面抗弯刚度较大，梁的挠度和截面曲率很小，钢筋应力也很小，且都与跨中弯矩 M 近似成正比。

当截面受拉边缘的拉应变 ε_t 达到混凝土极限拉应变 ε_{tu} 时（图 3-12b），截面达到即将开裂的临界状态（Ⅰa 状态），相应弯矩值称为**开裂弯矩 M_{cr}**（Cracking Moment）。此时，截面受拉区混凝土出现明显的受拉塑性，应力呈曲线分布，但受压区压应力较小，仍处于弹性状态，沿截面高度的应力分布仍保持线性。

（2）带裂缝工作阶段（第Ⅱ阶段）：在开裂弯矩 M_{cr} 下，梁纯弯段受拉区最薄弱截面位置处首先出现第一条裂缝，梁进入带裂缝工作阶段。开裂瞬间，裂缝截面受拉区混凝土退出工作，其开裂前承担的拉力将转移给钢筋承担，导致裂缝截面钢筋应力有一突然增加（**应力重分布** stress redistribution），这使得中和轴比开裂前有较大上移。此后，随着荷载的增加，梁受拉区还会不断出现一些裂缝，拉区混凝土逐步退出工作，钢筋应变 ε_s 的增长速率明显加快（图 3-11b），M-ε_s 曲线的斜率发生改变，截面抗弯刚度降低，M-f 曲线（图 3-11a）或 M-ϕ

3.4 梁的受弯性能

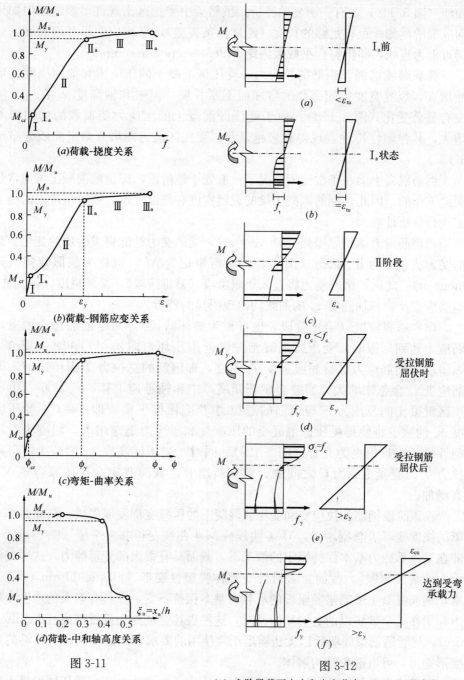

图 3-11
(a)荷载-挠度关系
(b)荷载-钢筋应变关系
(c)弯矩-曲率关系
(d)荷载-中和轴高度关系

图 3-12
(a) Ⅰ阶段截面应力和应变分布；(b) Ⅰ$_a$状态截面应力和应变分布；(c) Ⅱ阶段截面应力和应变分布；(d) Ⅱ$_a$状态截面应力和应变分布；(e) Ⅲ阶段截面应力和应变分布；(f) Ⅲ$_a$状态截面应力和应变分布

曲线（图 3-11c）上有一明显的转折。虽然梁中受拉区出现许多裂缝，但如果纵向应变的量测标距有足够的长度（跨过几条裂缝），平均应变沿截面高度的分布仍近似为直线，即仍符合**平截面假定**（plane section assumption）。

荷载继续增加，钢筋的拉应力、受压区混凝土的压应力和梁的挠度变形不断增大，裂缝宽度也随荷载的增加而不断开展，但中和轴高度 x_n 在这个阶段没有显著变化（图 3-11d）。由于受压区混凝土的压应力随荷载的增加而不断增大，其弹塑性特性表现得越来越显著，受压区应力图形逐渐呈曲线分布（图 3-12c）。

钢筋混凝土梁在正常使用情况下一般处于该阶段，即钢筋混凝土梁通常是带裂缝工作的。因此，钢筋混凝土梁的裂缝宽度和挠度变形，要以该阶段的受力状态进行分析计算。

当钢筋应力达到屈服强度时（$\varepsilon_s = \varepsilon_y$），梁的受力性能将发生质的变化。此时的受力状态记为 II_a 状态（图 3-12d），弯矩记为 M_y，也称为**屈服弯矩**（yield moment）。此后，梁的受力将进入屈服阶段（第Ⅲ阶段），梁的挠度、截面曲率、钢筋应变及中和轴高度 x_n 的曲线均出现明显的转折。

(3) 屈服阶段（第Ⅲ阶段，也可称为破坏阶段）：对于配筋合适的梁，钢筋应力达到屈服时，受压区混凝土一般尚未压坏，即 $\sigma_c < f_c$（图 3-12c）。在该阶段，钢筋应力保持屈服强度 f_y 不变，即钢筋的总拉力 T 保持定值，但钢筋应变 ε_s 会急剧增大，裂缝会显著开展，中和轴迅速上移，x_n 减小。由于受压区混凝土的总压力 C 与钢筋的总拉力 T 应保持平衡，即 $T=C$，受压区高度 x_n 的减少将使得受压区混凝土的压应变和压应力迅速增大，混凝土受压的塑性特征表现得更为充分（图 3-12e）。同时，受压区高度 x_n 的减少使得钢筋拉力 T 与混凝土压力 C 之间的力臂有所增大，截面弯矩会比屈服弯矩 M_y 略有增加。

在该阶段钢筋的拉应变和受压区混凝土的压应变都发展很快，截面曲率 ϕ 和梁的挠度变形 f 急剧增大，$M\text{-}f$ 曲线或 $M\text{-}\phi$ 曲线变得非常平缓（图 3-11a、c），即在受弯承载力基本保持恒定的情况下，截面具有很大的变形能力，这种现象可称为"截面屈服"。截面屈服后的变形称为**塑性变形**（plastic diformation）。通常，钢筋混凝土适筋梁屈服后的承载力基本保持不变，并具有很大的塑性变形能力，梁在完全破坏以前有明显的预兆，这种破坏特征称为**延性破坏**（ductile failure）。尽管适筋梁屈服后已无法满足正常使用的要求，但由于其具有足够的塑性变形能力，可以避免结构解体。

随着变形的持续增加，受压区混凝土应变不断增大，相应受压区混凝土的压应力将进入下降段，此时尽管梁的变形可以持续增大，但存在一个最大弯矩 M_u。超过 M_u 后，梁的承载力将降低，直至最后受压区混凝土压酥破坏。M_u 称为"**极限弯矩**"（ultimate moment），此时的受压边缘混凝土的压应变称为"**极限压**

应变 ε_{cu}"(ultimate compressive strian),对应截面受力状态为"Ⅲ$_a$ 状态"(图 3-12f)。试验表明,达到 M_u 时,ε_{cu} 约在 0.003~0.005 范围,超过该应变值,梁的受弯承载力开始降低,压区混凝土逐渐压坏,表明梁达到极限承载力,因此极限压应变 ε_{cu} 是计算极限弯矩 M_u 的标志。

3.4.2 钢筋混凝土梁的受力特点

由上述配筋合适的钢筋混凝土梁的受力全过程分析可见,其受力特征明显不同于弹性均质材料梁,主要差别表现在以下几个方面:

(1) 弹性均质材料梁截面应力分布为直线,且与 M 成正比;钢筋混凝土梁截面应力分布随 M 增大不仅表现为非线性分布(图 3-12),而且有性质上的变化(开裂和钢筋屈服),钢筋和混凝土应力的发展均不与 M 成正比(图 3-11b);

(2) 弹性均质材料梁截面的中和轴位置保持不变;钢筋混凝土梁截面中和轴位置随弯矩 M 增大而不断上升(图 3-11d);

(3) 弹性均质材料梁的 M-f 关系和 M-ϕ 关系为直线,即截面刚度为常数;钢筋混凝土梁的 M-f 关系和 M-ϕ 关系不是直线(图 3-11a、c),截面刚度随弯矩增大而不断减小。

造成这些差别的主要原因是由钢筋和混凝土这两种材料的力学性能所决定的,其中混凝土的开裂、钢筋屈服和混凝土受压弹塑性性能的影响最为显著,而梁在受力性质上的变化则主要体现在开裂(Ⅰ$_a$ 状态)和钢筋屈服(Ⅱ$_a$ 状态)两个转折状态。一般配筋合适的钢筋混凝土构件,在受力过程中均有这两个转折,即受力过程分为三个阶段。

钢筋混凝土梁的另一个重要特点是在大部分工作阶段处于带裂缝状态,因此裂缝问题对钢筋混凝土构件的影响也是设计中需要考虑的一个重要方面。

3.4.3 破坏特征与配筋率的影响

以上所述配筋合适的钢筋混凝土梁称为"**适筋梁**",其破坏特征为受拉钢筋先达到屈服,然后受压区混凝土压坏,从屈服弯矩 M_y 到截面达到极限弯矩 M_u 有较长变形过程,构件可吸收较大的应变能,破坏前有明显预兆,表现为"**延性破坏**"(ductile failure)。

由于钢筋混凝土构件是由钢筋和混凝土两种材料构成,随着两者的配比变化,不仅对其极限承载力有较大影响,而且将影响其受力阶段的发展,在极端情况下其受力性能和破坏特征将产生质的变化。对于钢筋混凝土梁截面受弯性能来说,反映钢筋与混凝土配比的指标可用受拉钢筋面积 A_s 与混凝土有效面积 bh_0 的比值,即 $\rho = A_s/bh_0$,称为"**配筋率**"(reinforcement ratio)。需注意的是,配筋率 $\rho = A_s/bh_0$ 仅适用于讨论极限受弯承载力时的钢筋与混凝土的配比指标,此时受拉区的拉力基本由受拉钢筋承担,截面抗弯的有效高度为 h_0。

随着配筋率 ρ 的增大，达到屈服弯矩 M_y 时，受压区混凝土的压力也将增大，这一方面使受压区高度 x_n 增加，另一方面受压边缘混凝土的压应变 ε_c 也相应增大。这样，从屈服弯矩 M_y 到极限弯矩 M_u 的破坏过程缩短，也即第Ⅲ阶段的变形能力减小。当配筋率增加到某一界限值 ρ_b 时，达到 M_y 时受压边缘混凝土的压应变等于 ε_{cu}，也即"Ⅱ$_a$ 状态"与"Ⅲ$_a$ 状态"重合（图3-13），受拉钢筋屈服应变 ε_y 与受压

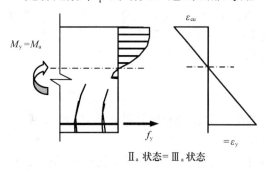

图 3-13　界限状态

区边缘混凝土极限压应变 ε_{cu} 同时达到，没有第Ⅲ阶段的受力过程。这样在达到屈服弯矩 M_y 后，梁基本没有变形能力。这种破坏称为**"界限破坏"**（balanced failure），相应的极限弯矩称为**"界限弯矩 M_b"**（balanced moment），此时的配筋率 ρ_b 称为**"界限配筋率"**（balanced reinforcement ratio），它是保证钢筋达到屈服的最大配筋率 ρ_{max}。

如果梁的配筋率超过界限配筋率 ρ_{max}，则在钢筋没有达到屈服前，受压区边缘混凝土应变就已达到 ε_{cu} 而产生受压破坏，表现为没有明显变形预兆的混凝土受压脆性破坏的特征。这种梁称为**"超筋梁"**（over reinforced beam）。由于超筋梁的破坏取决于受压区混凝土的压坏，其破坏（极限）弯矩 M_u 与钢筋受拉屈服强度无关。继续增加配筋率，M_u 比界限弯矩 M_b 仅有很少提高。因为超筋梁中钢筋的受拉强度未得到充分发挥，且破坏又没有明显的预兆，破坏（极限）弯矩随配筋率的增加提高也很小，因此在工程中应避免采用。

另一方面，随着配筋率 ρ 的减小，钢筋达到屈服时的总拉力 $T_y = f_y A_s$ 相应减小。梁在开裂时受拉区混凝土的拉应力突然释放，使钢筋应力有一突然增量 $\Delta\sigma_s$。与轴心受拉构件类似，该应力增量 $\Delta\sigma_s$ 随配筋率的减小而增大。当配筋率小于一定值时，钢筋就会在开裂瞬间达到屈服强度，也即"Ⅰ$_a$ 状态"与"Ⅱ$_a$ 状态"重合，无第Ⅱ阶段的受力过程。此时的配筋率称为"最小配筋率 ρ_{min}"。若梁的配筋率小于 ρ_{min}，则梁受拉区一出现裂缝，钢筋即屈服，并很快进入强化段，甚至拉断，梁的变形和裂缝宽度急剧增大，其破坏性质与素混凝土梁类似，属于受拉脆性破坏。这种梁称为**"少筋梁"**（under reinforced beam），其破坏极限弯矩取决于混凝土的抗拉强度，而混凝土的受压强度未得到充分发挥，且极限弯矩很小。少筋梁的受拉脆性破坏比超筋梁受压脆性破坏更为突然，很不安全，而且也很不经济，因此在工程结构中一般不容许采用。

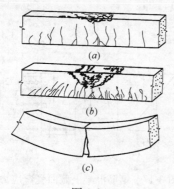
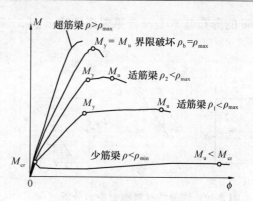

图 3-14
(a) 适筋梁；(b) 超筋梁；(c) 少筋梁

图 3-15 不同配筋率梁的 M-ϕ 关系

3.4.4 材料力学梁的截面应力分析

在材料力学中，线弹性矩形截面受弯应力分析的基本思路如下：

1. 变形协调条件

截面上任一点处的应变 ε 与该点距形心轴的距离 y 成正比（图 3-16），即截面曲率与截面应变的关系可表示为：

$$\phi = \frac{\varepsilon}{y} = \frac{\varepsilon_{\text{top}}}{h/2} = \frac{\varepsilon_{\text{bot}}}{h/2} \tag{3-31}$$

式中，ε_{top} 和 ε_{bot} 分别为截面顶部和底部的应变。

上述截面的变形协调条件表示在弯矩作用下截面应变沿高度分布保持平面，故通常称为"平截面假定"（plane section assumption）。

2. 材料本构关系

材料应力-应变关系为线弹性，即

$$\sigma = E\varepsilon \tag{3-32}$$

3. 受力平衡方程

截面应力分布形成的内弯矩与外弯矩 M 平衡，即

$$M = \int_{-h/2}^{h/2} \sigma \cdot b \cdot y \cdot \mathrm{d}y = \sigma_{\text{top}} \frac{I}{h/2} \tag{3-33}$$

由式（3-31）得 $\varepsilon = \frac{\varepsilon_{\text{top}}}{h/2} \cdot y$，代入式（3-32）可得 $\sigma = \frac{E\varepsilon_{\text{top}}}{h/2} \cdot y = \frac{\sigma_{\text{top}}}{h/2} \cdot y$，再代入式（3-33），即得 $\sigma_{\text{top}} = \frac{M}{I} \cdot \frac{h}{2}$。由此得到

$$\sigma = \frac{M}{I} \cdot y \tag{3-34}$$

3.4.5 钢筋混凝土梁的截面应力分析

对于钢筋混凝土梁受弯截面（图 3-10a 的纯弯段），国内外大量的试验研究表明，在一定标距范围（跨过几条裂缝）量测的钢筋和混凝土的平均应变，沿截

面高度的分布基本上符合**平截面假定**（图 3-17a），即

$$\phi = \frac{\varepsilon}{y} = \frac{\varepsilon_c}{x_n} = \frac{\varepsilon_s}{h_0 - x_n} \tag{3-35}$$

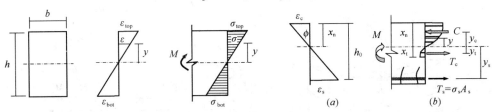

图 3-16　线弹性材料截面应力分析　　图 3-17　钢筋混凝土截面受弯应力分析
(a) 截面应变分布；(b) 截面应力分布

基于平截面假定，则钢筋混凝土梁截面的应力分析与材料力学中线弹性梁的分析思路是一致的，所不同的只是混凝土和钢筋的应力-应变关系为非线性。如前所述，配筋合适的钢筋混凝土梁受弯过程分为开裂前的弹性受力阶段、开裂后的带裂缝工作阶段和钢筋屈服后屈服阶段，因此钢筋混凝土梁分析要根据各阶段钢筋和混凝土所处的受力状态来进行，分析过程较为复杂。

在截面受弯分析中，当仅关心截面受弯承载力时，混凝土受压应力-应变关系可采用 2.8 节中的式 (2-23)；钢筋的应力-应变关系可采用理想弹塑性关系，即式 (2-2)。

钢筋混凝土截面受弯时，截面应变和应力分布如图 3-17 所示。截面的内力包括：

(1) 受压区混凝土压应力的合力 C

$$C = \int_0^{x_n} \sigma_c(\varepsilon) \cdot b \cdot \mathrm{d}y \tag{3-36a}$$

C 到中和轴的距离为：

$$y_c = \frac{\int_0^{x_n} \sigma_c(\varepsilon) \cdot b \cdot y \cdot \mathrm{d}y}{C} \tag{3-36b}$$

(2) 受拉区混凝土的拉力合力 T_c

$$T_c = \int_0^{x_t} \sigma_t(\varepsilon) \cdot b \cdot \mathrm{d}y \tag{3-37a}$$

T_c 到中和轴的距离为：

$$y_t = \frac{\int_0^{x_t} \sigma_t(\varepsilon) \cdot b \cdot y \cdot \mathrm{d}y}{T_c} \tag{3-37b}$$

(3) 受拉钢筋的拉力 T_s

$$T_s = \sigma_s A_s \quad (3\text{-}38a)$$

受拉钢筋到中和轴的距离为：

$$y_s = (h_0 - x_n) \quad (3\text{-}38b)$$

截面的受力平衡方程为：

$$\begin{cases} C = T_c + T_s & (3\text{-}39a) \\ M = C \cdot y_c + T_c \cdot y_t + T_s \cdot (h_0 - x_n) & (3\text{-}39b) \end{cases}$$

上式中（a）式为轴力平衡方程；(b) 式为弯矩平衡方程，是对中和轴取力矩平衡得到的。利用上式，可以分析从开始加载直到最终破坏各阶段截面的应力分布以及弯矩与变形的关系，具体分析步骤如下：

(1) 给定一截面曲率 ϕ（由小到大逐渐增加）；

(2) 假定受压边缘混凝土应变值 ε_c；

(3) 由式（3-35）确定截面应变分布和钢筋应变 ε_s；

(4) 利用混凝土和钢筋的应力-应变关系，由式（3-36）～式（3-38）分别确定 C 和 y_c、T_c 和 y_t、T_s；

(5) 验算是否满足平衡方程式（3-39a）的轴力平衡条件，如不满足，修正 ε_c 后，重新分析（3）～（5）；

(6) 由平衡方程式（3-39b）的弯矩平衡方程，计算截面的弯矩。

在以上分析过程中，对于每一级截面曲率增量，应检查是否开裂、钢筋屈服、达到混凝土峰值应变 ε_0 和极限压应变 ε_{cu}，以采用混凝土本构关系不同阶段的应力-应变关系。整个计算过程比较复杂，一般需采用计算机进行编程计算，读者可自行练习、学习掌握。

3.4.6 极限弯矩 M_u 的计算

实际工程计算中，往往十分关心梁的**极限弯矩** M_u（ultimate moment）的计算，此时采用 2.2 节中式（2-23）的混凝土应力-应变关系进行分析，可直接得到极限弯矩 M_u，具体方法介绍如下。

如前所述，达到极限弯矩 M_u 时，受压边缘达到混凝土的极限压应变 ε_{cu}，受压区高度记为 x_n，相应此时的截面曲率记为 $\phi_u = \varepsilon_{cu}/x_n$，则距中和轴 y 处的压应变为：

$$\varepsilon = \phi_u \cdot y = \frac{\varepsilon_{cu}}{x_n} \cdot y \quad (3\text{-}40)$$

由上式，取 $y = \dfrac{x_n}{\varepsilon_{cu}}\varepsilon$，$dy = \dfrac{x_n}{\varepsilon_{cu}}d\varepsilon$，代入式（3-36），可得受压区压应力的合力 C 和 C 到中和轴的距离 y_c 分别为：

$$C = \int_0^{\varepsilon_{cu}} \sigma_c(\varepsilon) \cdot b \cdot \frac{x_n}{\varepsilon_{cu}} d\varepsilon = x_n \cdot b \cdot \frac{C_{cu}}{\varepsilon_{cu}} \qquad (3\text{-}41a)$$

$$y_c = \frac{\int_0^{\varepsilon_{cu}} \sigma_c(\varepsilon) \cdot b \cdot (\frac{x_n}{\varepsilon_{cu}})^2 \cdot \varepsilon \cdot d\varepsilon}{x_n \cdot b \cdot \frac{C_{cu}}{\varepsilon_{cu}}} = x_n \cdot \frac{y_{cu}}{\varepsilon_{cu}} \qquad (3\text{-}41b)$$

式中 C_{cu}——混凝土受压应力-应变曲线下的面积；

y_{cu}——混凝土受压应力-应变曲线的面积形心到应力轴的距离。

由于 $\frac{C_{cu}}{\varepsilon_{cu}}$ 和 $\frac{y_{cu}}{\varepsilon_{cu}}$ 仅与混凝土受压应力-应变曲线和混凝土极限压应变 ε_{cu} 有关，可分别记 $k_1 f_c = \frac{C_{cu}}{\varepsilon_{cu}}$ 和 $k_2 = \frac{y_{cu}}{\varepsilon_{cu}}$。系数 k_1 和 k_2 只取决于混凝土受压应力-应变曲线形状，而与截面尺寸和配筋量无关，因此称为混凝土受压应力-应变曲线系数。对于《规范》给定的混凝土受压应力-应变曲线式（2-23）和参数式（2-24），可分析得到系数 k_1 和 k_2，结果见表 3-1。

混凝土受压应力-应变曲线系数 k_1 和 k_2　　　　表 3-1

强度等级	≤C50	C60	C70	C80
k_1	0.797	0.774	0.746	0.713
k_2	0.588	0.598	0.608	0.619

达到极限弯矩时，一般受拉区混凝土已开裂，且混凝土的抗拉强度很低，一般可忽略受拉区混凝土拉应力的合力 T_c。由轴力平衡条件知，钢筋的拉力 $T_s = C$，因此极限弯矩 M_u 可表示为：

$$M_u = C \cdot (y_c + h_0 - x_n) = k_1 f_c \cdot x_n \cdot b \cdot [h_0 - (1 - k_2) \cdot x_n] \qquad (3\text{-}42)$$

对于适筋梁，达到极限弯矩时受拉钢筋屈服，则由 $T_s = f_y A_s = C = x_n b k_1 f_c$，不难求得中和轴高度 x_n 如下：

$$x_n = \frac{f_y A_s}{k_1 \cdot f_c \cdot b} \qquad (3\text{-}43)$$

代入式（3-42），则可得适筋梁极限弯矩 M_u 的表达式如下：

$$M_u = f_y A_s \cdot \left[h_0 - (1 - k_2) \cdot \frac{f_y A_s}{k_1 \cdot f_c \cdot b} \right] \qquad (3\text{-}44)$$

3.5 承载力和延性

从以上基本受力性能分析可知，钢筋混凝土构件的破坏有以下三种基本形式。

1. 延性破坏（ductile failure）

配筋合适的构件，具有一定的承载力，破坏时又具有较大的塑性变形能力，如适筋梁和大于最小配筋率的轴心受拉构件。对于适筋梁，钢筋的抗拉强度和混凝土的抗压强度都可得到发挥，材料得到充分利用。

2. 受拉脆性破坏（brittle failure in tension）

配筋很少的受弯构件和轴心受拉构件，其承载力很小，取决于混凝土的抗拉强度，破坏特征与素混凝土构件类似，有显著的脆性特征。这种破坏在混凝土开裂后就会因产生很大的变形和很宽的裂缝而不能继续使用，破坏前没有预兆（无第Ⅱ阶段）。对于少筋梁，混凝土的抗压强度未得到充分利用。

3. 受压脆性破坏（brittle failure in compression）

具有较大的承载力，破坏取决于混凝土的受压强度，破坏具有较大的突然性，变形能力与混凝土受压情况基本相同。如超筋梁和轴心受压构件。对于超筋梁，钢筋的受拉强度没有充分发挥。

构件在破坏阶段的塑性变形能力通常称为"延性"（ductility），其大小一般用**延性系数**（ductility factor）表示。对于钢筋混凝土截面受弯情况，截面曲率延性系数定义为：

$$\mu = \frac{\phi_u}{\phi_y} \tag{3-45}$$

式中 ϕ_u——截面的极限曲率，通常取极限弯矩 M_u 后承载力降低 15% 时的曲率；

ϕ_y——截面屈服时的曲率，对于适筋梁，截面屈服即指钢筋达到屈服应变 ε_y。

由图 3-18 可见，截面曲率延性系数随配筋率的增大而减小。当达到界限破坏时，截面曲率延性系数接近 1.0，几乎没有什么塑性变形能力。

对于受压脆性破坏，如果采用箍筋约束混凝土来提高混凝土受压时的变形能力，同样可获得较好的延性。这是抗震结构提高延性的基本方法。

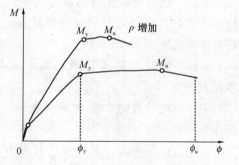

图 3-18 截面曲率延性

在工程设计中，既要考虑结构的承载力，也要考虑结构的延性，两者具有同样的重要意义。在同样承载力的情况下，延性大的结构，在破坏前具有明显的预兆，可减少人员伤亡和财产损失。从结构吸收应变能的角度，延性大的结构，在最终倒塌前可以吸收更多的应变能。

思 考 题

3-1 简述配筋合适的钢筋混凝土轴心受拉构件的受力阶段。轴心受拉构件受力全过程中,钢筋和混凝土的应力随轴力 N 的增加是如何变化的?试绘出裂缝截面的 N-σ_s 和 N-σ_c 关系曲线。

3-2 轴心受拉构件的开裂荷载公式中,系数 $2\alpha_E$ 反映了钢筋混凝土的什么受力特征?开裂后瞬间的钢筋应力与配筋率有什么关系?

3-3 如何理解最小配筋率?在裂缝出现瞬间的应力重分布现象与最小配筋率有何关系?

3-4 钢筋混凝土轴心受拉构件(对称配筋),混凝土产生收缩后再施加轴向拉轴力,对开裂荷载有何影响?

3-5 当用钢量相同时,钢筋混凝土轴心受拉构件与纯钢筋轴心受拉构件在受力性能上有何区别?这些差别是什么原因引起的?

3-6 轴心受压构件受力全过程中,钢筋和混凝土的应力随轴压力增加是如何变化的?

3-7 钢筋混凝土构件中,钢筋的受压强度是如何确定的?HRB500 级钢筋的受压强度是多少?

3-8 在恒定压力作用下的轴心受压构件,徐变对钢筋和混凝土应力有何影响?

3-9 简述适筋梁的受力全过程,在各阶段的受力特点及其与计算的联系。试比较适筋轴心受拉构件与适筋梁的受力过程。

3-10 钢筋混凝土适筋梁与线弹性材料梁的受力性能有何区别?截面应力分析方法有何异同之处?对钢筋混凝土适筋梁受力性能影响最大的钢筋和混凝土材料力学性能是什么?

3-11 钢筋混凝土梁的正截面破坏形态有哪几种?各种破坏特征有什么不同?

3-12 适筋梁的配筋率如何表示?如何确定适筋梁的最大配筋率和最小配筋率?

3-13 配筋率对开裂弯矩有何影响?对屈服弯矩和屈服曲率有何影响?对极限弯矩和极限曲率有何影响?

3-14 适筋梁的极限弯矩如何计算?采用式(3-42)和采用式(3-44)计算适筋梁的极限弯矩的方法有何不同?

3-15 试推导超筋梁极限弯矩的计算公式。

3-16 如何计算适筋梁的屈服弯矩和屈服曲率?如何计算适筋梁达到受弯承载力时的曲率?

3-17 试编制钢筋混凝土梁正截面弯矩-曲率全曲线的计算程序,并计算比较不同配筋率的截面弯矩-曲率关系。

3-18 如何理解构件的承载力与延性的关系?钢筋混凝土梁的配筋越多越好吗?

3-19 为什么把适筋梁的第Ⅲ阶段称为屈服阶段,其含义是什么?配筋率对第Ⅲ阶段的塑性变形能力有何影响?

习 题

(注:本章习题中所给的材料强度值和性能指标均为平均值)

3-1 已知钢筋混凝土轴心受拉构件,截面尺寸为 $200mm \times 200mm$,对称配置 4 根直径为 20mm 的钢筋。混凝土的立方体抗压强度 $f_{cu}=20N/mm^2$,弹性模量 $E_c=2.6 \times 10^4 N/mm^2$,$f_t$ 按式(2-11)确定。钢筋的屈服强度 $f_y=335N/mm^2$,弹性模量 $E_s=2 \times 10^5 N/mm^2$。试计算:

(1)开裂轴力 N_{cr};
(2)$N=50kN$ 时的钢筋应力,取弹性系数 $\nu=1.0$;
(3)开裂前瞬间时的钢筋应力;
(4)开裂后瞬间时的钢筋应力;
(5)$N=200kN$ 时的钢筋应力;
(6)极限拉力。

3-2 轴心受拉构件截面尺寸、配筋及材料性能同上题。设加轴向力 N 以前,混凝土的自由收缩应变 $\varepsilon_{sh}=0.00015$,试求:

(1)混凝土收缩引起的钢筋和混凝土应力(设 $\nu=1.0$);
(2)构件产生收缩后,施加轴力 N,分别计算裂缝出现前瞬间和出现后瞬间钢筋应力以及开裂轴力 N_{cr};
(3)$N=200kN$ 时的钢筋应力;
(4)极限拉力。

3-3 试推导不对称配筋情况由于混凝土收缩产生的钢筋和混凝土的应力。

3-4 已知轴心受压构件截面尺寸 $400mm \times 400mm$,对称配置 4 根直径为 25mm 的钢筋。混凝土轴心抗压强度 $f_c=25N/mm^2$,应力-应变曲线按式(2-22),参数按表 2-4 确定。钢筋的屈服强度 $f_y=400N/mm^2$,$E_s=2 \times 10^5 N/mm^2$。试计算:

(1)当轴心压力 $N=1000kN$ 时的钢筋和混凝土应力;
(2)钢筋应力刚好达到屈服强度 f_y 时的轴力及混凝土应力;
(3)极限轴力。

3-5 钢筋混凝土轴心受压柱同习题 3-4,在承受轴压力为 1400kN 保持不变的情况下,柱子截面加大到 500mm×500mm,并新增 8 根直径为 25mm 的 HRB335 纵向钢筋,求该柱的极限轴压承载力。

3-6 轴心受压构件截面尺寸、配筋及材料性能同习题 3-5,设在 $N=1000$kN 长期压力作用下,混凝土的徐变系数为 2.0,试确定:

(1) 产生徐变后钢筋和混凝土的应力;

(2) 若设混凝土徐变不可恢复,试求产生徐变后轴力再卸载到零时钢筋和混凝土的应力。

3-7 已知钢筋混凝土梁截面尺寸如图 3-19 所示,受拉区配筋为 4Φ18。设混凝土轴心抗压强度 $f_c=20\text{N/mm}^2$,钢筋的屈服强度 $f_y=345\text{N/mm}^2$,$E_s=2\times10^5\text{N/mm}^2$。试计算:

(1) 该梁的极限弯矩 M_u 和极限曲率 ϕ_u;

(2) 该梁的屈服弯矩 M_y 和屈服曲率 ϕ_y;

(3) 曲率延性系数 μ。

3-8 材料及截面尺寸同习题 3-7,配筋为 4Φ22。试计算:

(1) 该梁的极限弯矩 M_u 和极限曲率 ϕ_u;

(2) 该梁的屈服弯矩 M_y 和屈服曲率 ϕ_y;

(3) 曲率延性系数 μ。

3-9 材料及截面尺寸同习题 3-7,试确定该梁的最大配筋率和最小配筋率。

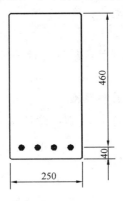

图 3-19 习题 3-7、习题 3-8、习题 3-9 截面

第4章 结构设计方法

4.1 概述

工程结构是由不同功能的基本构件通过合理可靠连接组成的、能够在预计使用期间内安全可靠的承受各种荷载和作用并完成预定功能目标的合理的系统。

工程结构从建造开始，直至其使用寿命结束的整个期间，将承受各种荷载和外界作用（如楼面人群物品、风、雪、地震、温度、地基变形、侵蚀性介质等），并可能遭受偶然意外事件（如火灾、爆炸、撞击）和极端自然灾害（如强烈地震、飓风、特大洪水等）的影响。这些荷载、外界作用、意外事件和极端自然灾害不仅使结构产生各种内力和变形，并会导致结构材料的劣化和损伤、乃至造成结构严重破坏、甚至倒塌。工程结构在这些荷载、外界作用、意外事件和极端自然灾害的影响下不发生不适合正常使用的状态、破坏，或不出现不可接受的状况，是工程结构设计的任务。

对于具体的工程结构，建造足够安全可靠的结构总是可以做到的，但这可能需要很大的经济代价。工程结构安全可靠程度越高，工程建造费用和维护费用就越高。工程结构设计方法，就是研究各种荷载、外界作用、意外事件和极端灾害的特征，使其导致工程结构产生安全可靠问题的可能性足够小，并将意外事件和极端灾害可能造成的后果和损失控制在可接受的范围内。工程结构设计方法就是解决如何使所设计的结构既具有足够安全可靠程度，又使工程结构的造价控制在经济合理范围的方法，以使得工程结构安全可靠与工程经济之间取得合理的均衡。

4.2 作用效应和结构抗力

结构上的**作用**（action）是指使结构产生内力和变形的所有原因，如各种荷载、不均匀沉降、温度变形、收缩变形、地震、环境影响导致结构材料性能劣化等。结构上的作用引起的结构中的内力和变形，如弯矩 M、轴力 N、剪力 V、扭矩 T、挠度 f、裂缝宽度 w 和材料劣化等，称为**作用效应**（effect of action），记为 S。作用效应需根据结构计算分析模型和相应的结构分析方法，采用可能的不利荷载（作用）状况，通过结构分析获得❶。本书上册主要介绍钢筋混凝土基本构件的设计计算，其作用效应的计算较为简单。关于结构的作用效应分析将在本书下册详细介绍。

工程结构自身抵抗作用效应的能力，如受压承载力 N_u、受弯承载力 M_u、受剪承载力 V_u 等❷，也包括容许挠度 $[f]$、容许裂缝宽度 $[w]$ 等❸，称为**结构抗力**（resistance of structures），记为 R。

结构中构件的作用效应 S 的量值与结构上作用 Q 的情况、大小和结构形式等有关，可用下式表示：

$$S = S(Q) \tag{4-1}$$

当按线弹性方法进行结构分析时，上式可表示为：

$$S = C \cdot Q \tag{4-2}$$

式中 C——作用效应系数。

作用效应通常可由结构分析得到，如对均布荷载 q 作用下的简支梁，其跨中弯矩为 $M = \frac{1}{8}ql^2$，其中 $\frac{1}{8}l^2$ 为作用效应系数。

结构抗力 R 则与结构材料、截面尺寸、配筋情况等有关，可用下式表示：

$$R = R(f_c, f_y, A, h_0, A_s, \cdots) \tag{4-3}$$

式中 f_c、f_y——分别表示混凝土和钢材的材料强度；

A、h_0、A_s——分别表示构件截面面积、尺寸和钢筋的面积等。

结构抗力 R 需根据结构或构件的受力性能和破坏特征通过设计计算得到，如在已知钢筋、混凝土材料强度和截面尺寸的情况下，钢筋混凝土适筋梁的受弯承载力为（见式3-44）：

$$M_u = f_y A_s \cdot \left[h_0 - (1 - k_2) \cdot \frac{f_y A_s}{k_1 \cdot f_c \cdot b} \right] \tag{4-4}$$

各种受力情况下混凝土构件承载力的具体计算公式是本书上册的主要内容。结构设计的任务就是根据给出结构的使用要求、环境等情况，使结构及其构件的作用效应 S 小于结构及其构件的抗力 R。

---

❶ 根据作用的性质，可分为受力作用和材料劣化作用。受力作用包括：各类荷载作用、地基沉降、温度变化等，其作用效应可根据作用大小和特征通过结构力学分析得到；材料劣化作用包括：腐蚀环境状况、材料老化等，其作用效应需专门分析。本教材主要介绍受力作用。

❷ 受压承载力 N_u、受弯承载力 M_u 和受剪承载力 V_u 通常是指结构中某一具体构件截面的承载力，而结构抗力应理解为在某一特定荷载作用形式下结构达到破坏状态时的承载力。目前，关于结构承载力的研究还不很充分，本书上册"结构抗力"主要指结构构件在各种受力情况下的承载力。

❸ 容许挠度 $[f]$ 和容许裂缝宽度 $[w]$ 通常取决于使用可接受的程度。容许裂缝宽度 $[w]$ 还与钢筋锈蚀控制要求有关。

4.3 结构设计中的不确定性与结构的安全储备

如前所述，工程结构应能长期安全可靠的承受其上的各种荷载和作用，即工程结构的承载能力（即抗力 R）不应小于相应的作用效应 S。然而，由于各种因素的影响，工程结构的承载能力应具有足够的安全储备，以保证工程结构安全可靠，同时安全储备又不能过大，以避免不必要的浪费。

在确定工程结构承载能力的合理安全储备时，主要是考虑以下三方面的不确定性因素：

其一，是工程结构（构件）❶ 的实际承载力存在小于设计计算承载力的可能性，主要来源于：

(1) 由于工程材料强度的变异性，实际结构（构件）的材料强度与设计计算时取用的材料强度存在差异；

(2) 实际建成的工程结构（构件）的截面尺寸与设计尺寸存在差异；

(3) 在建立工程结构（构件）承载力的计算公式时进行了一些假设和简化，使得按公式计算的承载力与实际承载力存在差异。

其二，是工程结构上的实际荷载和各种作用（如温度、混凝土收缩、地震作用等）与设计计算时取用的荷载和作用往往有差别。由于工程结构的各种活荷载（如楼面人群和家具等活荷载、风荷载和雪荷载等）和作用往往有很大的变异性，设计计算时取用某一量值的荷载和作用作为代表值，实际使用中有可能会出现超过该荷载和作用代表值的情况。

其三，是结构分析的不准确性，可能会进一步增大荷载和作用效应（荷载和作用引起的结构内力）的变异性，如实际三维空间工程结构简化为平面结构计算，构件连接节点和支座简化为无限刚接或理想铰接连接，具有尺寸的线性构件简化为无尺度的线性构件等，这些都可能会导致结构实际承受的作用效应（如弯矩、轴力、剪力等内力）与结构分析计算得到作用效应有所差别。

上述工程结构材料强度的变异性、实际结构构件截面尺寸的变异性和结构构件承载力计算的不准确性，通称为"结构抗力的不确定性"，即设计中结构抗力的计算值不是一个可准确预知的确定值，而是一个不确定的值，即可认为是一个随机变量。由于这种结构抗力的不确定性，故在工程结构设计时需要考虑存在设计计算取用的结构承载力可能会小于实际结构承载力的情况，因此必须给计算承

---

❶ 在讨论工程结构安全储备问题时，理论上应针对整体结构。但目前关于整体结构层次上的安全储备研究还不充分，因此通常在结构构件层次上来研究安全储备，甚至在多数情况下是在截面层次上来研究安全储备。然而，需特别注意的是，整体结构的安全储备与构件的安全储备有一定的关系，但构件安全储备并不是简单的等于整体结构的安全储备。

载力留有足够余地,即设计计算取用的结构承载力应足够的小。

同样,上述荷载和作用效应方面也具有不确定性(包括结构分析的不准确性所导致的荷载和作用效应变异性❶),即在工程结构设计时所取用的计算荷载和作用可能存在小于实际荷载和作用的情况,故在工程结构设计时取用的荷载值应留有足够余地,即设计计算荷载或作用的取值应足够的大。

由于上述原因,实际工程结构可能会出现实际承载能力低于作用效应计算值的情况。尽管出现这种情况的概率很小,但如果一旦出现,就会造成工程结构的安全事故。因此必须将出现这种情况的概率控制在可以接受的程度范围,同时又要使得工程结构的造价不致过高。这就是工程结构设计方法需解决的问题,即通过研究工程结构设计中的各种不确定性问题,取得结构设计的安全可靠与经济合理之间的均衡。

除上述因素外,在确定工程结构和结构构件的安全储备大小时,还应考虑结构失效破坏所可能带来社会影响和经济损失,即还应考虑以下一些因素:

(1) 重要性程度高的建筑和工程,如应急救援中心(如消防、医院)、关键交通枢纽、通信、新闻、重要纪念建筑和重点文物建筑、重大建筑工程等,以及危险性工业建筑,如油库、危险化工品仓库等,其结构的安全度水准应该比一般工程结构要高一些。

(2) 结构破坏导致人员伤亡危险性的大小,如对于剧场、体育馆等人群大量集聚的公共建筑,其结构的安全度水准应该比一般工程结构要高一些。

(3) 结构失效的特性,如结构破坏失效前是否有预兆,无显著破坏预兆的脆性破坏结构构件,其安全度水准应该高于有破坏预兆的延性破坏结构构件。

(4) 结构构件失效可能造成的后果,如局部结构构件失效是否会导致结构大范围甚至是整个结构的垮塌,对于这种重要的结构构件,其安全度水准应高于结构中其他一般构件。

(5) 低冗余度结构中的构件,其安全度水准应高于高冗余度结构中的构件,如梁式桥的安全水准通常高于建筑结构中的梁。

4.4 结构的功能

工程结构在实际使用中所应满足的各种要求,称为结构的功能。一般来说,结构的功能包括安全性、适用性、耐久性和鲁棒性四个方面,以下分别介绍。

1. 安全性(safety)

---

❶ 设计人员应对所设计计算所采用的结构分析模型和计算方法所可能产生的误差趋势有充分了解,以尽量降低结构分析的不准确性所导致的荷载和作用效应变异性对设计结果造成偏于不安全的结果。在结构分析模型方面,支座等结构的边界条件对荷载和作用效应的变形影响最大,应尤其引起设计人员的关注。

这是工程结构首先关注的功能,已在上小节讨论过,其具体表述为:结构在预定使用期内,应能承受在正常施工和正常使用条件下(指不改变结构的使用功能)可能出现的各种荷载、外加变形(如超静定结构的支座不均匀沉降)、约束变形(如温度和收缩变形受到约束时)等的作用。如钢筋混凝土适筋梁,设计荷载产生的最大弯矩设计值 M 不应大于其截面设计取用的极限受弯承载力 M_u(受弯承载力设计值),即应满足 $M \leqslant M_u$。

工程结构的预定使用期长短,会影响到设计中各种随机变量的取值大小。《规范》规定一般建筑结构的设计使用年限为 50 年,对次要建筑设计使用年限可为 25 年。但业主可根据具体需要,提出更高的要求。

需指出的是,这里的"安全性"仅考虑工程结构按正常施工和正常使用的情况,即结构构件承载力的可能偏低,或荷载与作用的可能偏大,均在正常可估计的范围内。所谓"正常施工",是要求按相关工程施工规范规定的工艺、流程和方法保证工程结构的施工质量;所谓"正常使用",是要求按结构设计用途使用,不得任意改变。这些规定都是保证工程结构在规定使用条件下安全的前提。

2. 适用性(serviceability)

除保证工程结构的安全外,在正常使用期间工程结构应具有良好的工作性能,如不发生影响正常使用的过大变形(挠度、侧移)、不引起使用者感到不舒适的振动(频率、振幅),或不产生让使用者感到不安的宽度过大的裂缝。

对于钢筋混凝土适筋梁来说,在使用荷载作用下梁的**挠度**(deflection)一般不应超过跨度的 1/200,即应满足 $f \leqslant [f] = l_0/200$;而**最大裂缝宽度**(maximun crack width)w_{max} 一般应满足 $w_{max} \leqslant [w_{max}] = 0.2 \sim 0.3mm$。

对使用上有舒适性要求的结构及构件,如大跨度结构,应进行通过结构的竖向振动频率控制来进行舒适度验算。

3. 耐久性(durability)

结构在正常使用和正常维护条件下,应具有足够的耐久性,即在各种可估计的环境介质作用下(如温度、湿度及各种侵蚀介质),结构材料的性能指标和构件尺寸不应在预定使用期限内产生明显的劣化和减小,以致影响结构的正常使用,或导致结构的承载力和刚度明显降低,影响结构的适用性和安全性。除环境作用因素外,结构长期承受疲劳荷载也会导致材料强度降低,影响结构的安全性或使用寿命。结构的耐久性是以满足正常使用要求的时间,即使用寿命来衡量的。

4. 鲁棒性(robustness)

上述结构的安全性是针对正常施工和正常使用情况考虑的,而且在工程结构设计中一般是通过构件的安全来保证的。然而,在结构使用期间,还可能遭遇一些不可预见的意外偶然事件和极端灾害的影响,如爆炸、强烈地震等。由于意外偶然事件具有极大的不确定性,在正常设计计算中通常是不考虑的。因此,当遭遇不可预见的意外偶然事件和极端灾害时,直接遭遇意外作用的构件可以允许破坏，但其破坏后不应导致其他结构构件发生连续破坏，即整个结构的破坏程度应控制在可接受的范围内。

结构的抗连续倒塌能力与结构的鲁棒性有关。所谓结构的**鲁棒性**，是指当遭遇意外偶然事件和极端灾害时，结构系统仍应能保持其必要的整体性，不应发生与其原因不相称的严重破坏，造成不可接受的重大人员伤亡和财产损失。美国纽约世界贸易中心双塔大厦遭恐怖分子的飞机撞击，产生爆炸、燃烧而最终导致整体倒塌，即是一个非常典型的案例。图 4-1 是 2008 年汶川特大地震中，位于同样场地条件的两栋建筑，一栋底层倒塌（图 4-1a），另一栋虽然破坏严重，但未倒塌（图 4-1b）。

(a)   (b)

图 4-1　汶川地震映秀镇相同场地结构的震害
(a) 三层框架，底层倒塌；(b) 四层框架严重损坏，未倒塌

结构的鲁棒性与结构的安全性既有联系，又有区别。首先，两者关心的都是工程结构安全问题，但目前通常所说的结构安全性是针对可预期的正常使用荷载和作用下结构构件的安全性，而鲁棒性是针对不可预期的意外荷载和极端灾害作用下整体结构的安全性，两者在所考虑的荷载和作用的特征、量值和层次上有显著差异。结构构件的安全性通常是以保证结构构件可正常使用的最大承载力为目标❶，而结构的鲁棒性是以意外偶然事件和极端灾害下整体结构不可接受的破坏程度为目标，此时结构中已有部分构件超出其承载力极限状态，甚至完全破坏，但整体结构尚有足够的生存空间，即整体结构不完全倒塌。

由于意外偶然事件和极端灾害难以估计，同时对结构的鲁棒性不可能无限制有过高要求。合理的鲁棒性是在结构满足正常安全度的前提下和经济许可范围内，根据可能遭遇的意外荷载和作用的分类、特征和等级，达到合理的目标。

在结构构件安全性符合《规范》要求的前提下，为进一步保证整体结构具有足够的鲁棒性，《规范》规定混凝土结构设计时应按下列要求进行概念设计：

（1）采取减小偶然作用效应的措施；

---

❶ 事实上，目前的《规范》，安全性是以构件的最大承载力为目标，而不是结构的最大承载力。对于简单结构，构件的最大承载力与结构的最大承载力相近；而对于复杂的结构，结构的最大承载力并不简单等于构件的最大承载力。

(2) 采取使重要构件及关键传力部位避免直接遭受偶然作用的措施；

(3) 在结构容易遭受偶然作用影响的区域增加冗余约束，布置备用传力途径；

(4) 增强重要构件及关键传力部位、疏散通道及避难空间结构的承载力和变形性能；

(5) 配置贯通水平、竖向构件的钢筋，采取有效的连接措施并与周边构件可靠地锚固；

(6) 通过设置结构缝，控制可能发生连续倒塌的范围。

4.5 结构的可靠性

结构的可靠性是结构安全性、适用性、耐久性和鲁棒性的总称，是指结构在规定的使用期限内（设计使用年限 design working life）和在规定的条件下（正常设计、正常施工、正常使用和正常维护），完成结构预定的安全性、适用性和耐久性功能的能力，并具有合理的鲁棒性。结构可靠性越高，初期建设造价投资越大，相应使用期的维护费用会降低，或遭遇意外事件和极端灾害时的损失会越小。因此，需要研究如何在结构可靠与经济之间取得均衡。

显然这种可靠与经济的均衡受到多方面的影响，如安全等级、经济实力、设计使用年限、维护、修复周期、遭遇偶然作用的可能性等。《规范》规定的设计方法，是这种均衡的最低限度，也是国家工程建设的法规。设计人员可以根据具体工程的重要程度、业主或工程项目性质对工程结构的安全等级需求、使用环境、荷载与作用的情况，提高设计的安全水准，增加结构的可靠度。

除安全性、适用性、耐久性和鲁棒性外，近年来对结构在使用期间的维护、维修，以及在遭受意外作用破坏后的**可恢复性**（resilency）也提出了要求，统称为**可维护修复性**。这是因为工程经济的概念不仅包括工程项目初始建设费用，还应考虑其维护、修复及损失的费用。如对于救灾指挥中心、医院、通信、桥梁等工程，一旦在灾害时产生破坏，其造成的损失将不仅仅是工程本身。而对一般工程，则往往要求在遭受破坏后，能尽快修复，以恢复正常的生活和生产活动。

4.6 结构的极限状态

对于上述某一具体的结构功能，可以用下式表达结构构件所处的状态：

$$S < R \text{ 可靠状态}$$
$$S = R \text{ 极限状态} \tag{4-5}$$
$$S > R \text{ 失效状态}$$

结构能够满足预定功能目标的要求而良好地工作，则结构为"可靠"或"有效"；反之，则结构为"不可靠"或"失效"。区分结构可靠与失效的临界状态称为**极限状态**（limit states）。如对于钢筋混凝土简支梁，不同结构功能的可靠、失效和极限状态的概念见表 4-1。

钢筋混凝土简支梁的可靠、失效和极限状态概念❶   表 4-1

结构的功能		可靠	极限状态	失效
安全性	受弯承载力	$M<M_u$	$M=M_u$	$M>M_u$
适用性	挠度变形	$f<[f]$	$f=[f]$	$f>[f]$
耐久性	裂缝宽度	$w_{max}<[w_{max}]$	$w_{max}=[w_{max}]$	$w_{max}>[w_{max}]$

根据结构功能要求，《工程结构设计统一标准》GB 50153—2008 分为两类极限状态：承载能力极限状态和正常使用极限状态。

1. 承载能力极限状态（Ultimate limit states）

承载能力极限状态对应于结构或结构构件达到最大承载力或不适于继续承载变形的状态。超过该极限状态，结构就不能满足安全性功能要求。具体来说，结构或构件如出现下列情况之一即认为超过了承载能力极限状态：

(1) 结构构件及连接因超过材料强度而破坏；

(2) 结构或构件达到最大承载力；

(3) 结构整体或其中一部分作为刚体失去平衡（如倾覆、滑移）；

(4) 结构转变为机动体系（如超静定结构中出现足够多塑性铰）；

(5) 结构或构件因受动力荷载作用而产生疲劳破坏；

(6) 结构或构件因过度变形而不适于继续承载；

(7) 结构或构件丧失稳定（如细长受压构件的压曲失稳）；

(8) 结构因局部构件破坏而发生连续倒塌。

各种承载力极限状态是通过规定明确的标志进行计算。

需注意的是，以上承载能力极限状态分为构件层次和结构层次。本书上册主要介绍钢筋混凝土构件的承载能力极限状态计算，结构层次的承载能力极限状态将在本书下册介绍。

此外，同一结构或构件可能会有对应上述不同的承载能力极限状态，此时应以承载能力最小的作为承载能力极限状态，而相应承载能力最大的情况可作为抗倒塌极限状态。如图 4-2 所示，A 点为正常使用状态点，B 点为因变形过大而不适于继续承载的极限状态点，C 点为最大承载能力点。此时，B 点应作为承载能力极限状态，而 C 点可作为抗倒塌极限状态。显然，相对于 A 点的受力，如果 B 点具有同样承载能力，则 C 点的承载能力越大，其抗倒塌能力越强。

---

❶ 表 4-1 中仅以梁的挠度变形代表适用性，以裂缝宽度代表耐久性。实际工程中适用性和耐久性有更多的项目。

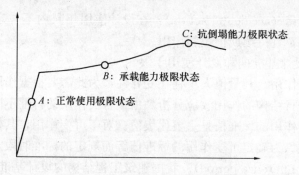

图 4-2　不同的承载能力极限状态

2. 正常使用极限状态（serviceability limit states）

超过该极限状态，结构就不能满足规定的适用性和耐久性的功能要求。具体来说，结构如出现下列情况之一即认为超过了正常使用极限状态：

（1）影响正常使用或外观的变形，如过大的变形引起非结构构件损坏，或引起使用者的不安全感，或不能正常使用等；

（2）影响正常使用或耐久性的局部破坏，如过大的裂缝、钢筋锈蚀等；

（3）影响正常使用的振动，如引起使用者不舒适的振动，或影响精密仪器正常使用的振动；

（4）影响正常使用的其他特定状态。

结构或结构构件是否满足正常使用或耐久性能，可通过检查是否超过的有关规定的限值来确认，如挠度变形限值、裂缝开展宽度、钢筋保护层厚度、混凝土密实性等。

根据受力特性，正常使用极限状态还可进一步分为：

（1）不可逆正常使用极限状态（irreversible serviceability limit states）：当产生超越正常使用要求的作用卸除后，该作用产生的后果（如永久的局部损伤、永久的不可接受的变形）不可恢复。

（2）可逆正常使用极限状态（reversible serviceability limit states）：当产生超越正常使用要求的作用卸除后，该作用产生的后果（裂缝、变形）可以恢复。

4.7　结构的设计基准期、设计使用年限与设计状况

1. 作用随时间的变异性

根据随时间的变异性情况，结构上的作用可分为

（1）**永久作用**（permanent action）：在设计使用年限内其量值不随时间变化，或其变化与平均值相比可以忽略不计的作用。

（2）**可变作用**（variable action）：在设计使用年限内其量值随时间变化，且其变化与平均值相比不可忽略不计的作用。

(3) **偶然作用**（accidental action）：在设计使用年限内不一定出现，而一旦出现其量值很大，且持续期很短的作用。

2. 结构的设计基准期和设计使用年限

对于特定的作用，其量值大小存在变异性，为此需要根据作用的特性，确定相应的代表值进行结构的作用效应分析。由于各类作用的特性不同，作用的代表值有多种，其中作用的标准值是主要代表值。对于可变作用，其标准值与所考虑的时间长短有关。为确定可变作用的标准值等而规定的标准时段，称为结构设计基准期（design reference period）。我国建筑工程结构的设计基准期为50年。

由于实际工程结构的用途和结构构件的类型及使用情况的差别，实际使用年限会有所不同。为此《工程结构设计统一标准》GB 50153规定，对于房屋建筑结构，设计使用年限应按表4-2的规定采用。

房屋建筑结构的设计使用年限　　　　　　　　　　　　表4-2

类别	设计使用年限（年）	示　例
1	5	临时性建筑结构
2	25	易于替换的结构构件
3	50	一般的建筑结构和构筑物
4	100	标志性、纪念性建筑的结构和特别重要的建筑结构

注：特殊工程结构的设计使用年限可另行规定。

根据不同设计使用年限的差别，通过对可变作用量值随设计使用年限变化情况的统计分析，可以确定不同设计使用年限的可变作用标准值，并以50年设计基准期给定的可变作用标准值为基准，得到设计使用年限修正系数。对于房屋建筑结构，设计使用年限分别为5、50和100年时，设计使用年限修正系数分别为0.9、1.0和1.1。

3. 结构的设计状况

结构在建造阶段和正常使用阶段，所承受作用的类型和所处环境条件的时段长短是不同的。结构设计中，结构上的荷载和作用取值与所考虑的时间有关，因此设计中应针对相应时段确定相应设计荷载和作用的取值。与一定时段相应的一组设计条件称为**设计状况**（design situations），并保证在该组条件下结构不会超越有关的极限状态。

根据设计中所考虑时段的持续时间，按以下四种设计状况确定设计荷载和作用的取值：

(1) **持久设计状况**（persistent design situation）。在结构使用过程中一旦出现，其持续期很长的状况。持续期一般与设计使用年限为同一数量级。如建筑结构承受的恒荷载和活荷载等。

(2) **短暂设计状况**（transient design situation）。在结构施工和使用过程中

出现概率较大,而与设计使用年限相比持续时间很短的状况。如结构施工和维修时承受堆料和施工荷载的状况。

（3）**地震设计状况**（seismic design situation）。结构遭受地震的设计状况。

（4）**偶然作用设计状况**（accidental design situation）。在结构使用过程中出现概率很小,且作用量值很大、持续期很短的状况。如结构遭受火灾、爆炸、撞击、罕遇地震作用等的状况。

《规范》规定：对于上述前三种设计状况,应进行承载能力极限状态设计,以确保结构的安全性；对于偶然作用设计状况,允许直接遭受偶然作用的构件破坏或结构中的部分构件破坏,但剩余部分具有在一段时间内不发生连续倒塌的可靠度；对于持久状况,尚应进行正常使用极限状态和耐久性极限状态设计,以保证结构的适用性和耐久性；对于短暂设计状况可以根据需要进行正常使用极限状态设计或施工阶段的极限承载能力验算。

4.8 基于概率理论的极限状态设计方法❶

如前所述,在结构设计中,各种影响因素存在多种不确定性,因此无论如何设计,结构都会有失效的可能性,只是所采用安全储备大小不同,失效的可能性大小不同而已。为了科学定量表示结构可靠性的大小,采用概率方法来定量表达结构可靠性大小。因此,作用效应 S 和结构抗力 R 可视为随机变量,$S>R$ 表示结构或构件失效,因此结构的**失效概率**（probability of failure）为：

$$p_f = P(S > R) \tag{4-6}$$

失效概率越小,表示结构可靠性越大,安全储备也越大。结构可靠性的概率度量称为结构**可靠度**（degree of reliability）。当失效概率 p_f 小于某个限值时,人们因结构失效的可能性很小而不再担心,即可认为所设计的结构是可靠的。该失效概率限值称为**容许失效概率** $[p_f]$（allowable probability of failure）。

设 $Z=R-S$,称为**结构功能函数**（performance function）,则有

$$p_f = P(S > R) = P(Z < 0) \tag{4-7}$$

由于作用效应 S 和结构抗力 R 均为随机变量,故 Z 也为随机变量。记作用效应 S 和结构抗力 R 的均值分别为 μ_S 和 μ_R,标准差分别为 σ_S 和 σ_R,并假定 S 和 R 服从正态分布,则由概率论可知,结构功能函数 $Z=(R-S)$ 也服从正态分布,其均值 μ_Z 和标准差 σ_Z 分别为：

$$\mu_Z = \mu_R - \mu_S \tag{4-8}$$

$$\sigma_Z = \sqrt{\sigma_R^2 + \sigma_S^2} \tag{4-9}$$

---

❶ 本小节"结构可靠度"具有一般意义,即也包括构件可靠度。实际工程设计中通常都是通过构件可靠度作为保证结构可靠度的基础。

对于给定的作用效应 S，结构抗力均值 μ_R 越大，结构功能函数 $Z=R-S$ 的均值 μ_Z 也越大，结构的失效概率 p_f 就越小。记 $\mu_Z=\beta\sigma_Z$，则由图 4-3 可知，$\mu_Z=\beta\sigma_Z$ 越大，失效概率 p_f 越小，即失效概率 p_f 与 $\beta=\mu_Z/\sigma_Z$ 之间存在一一对应关系。$\beta=\mu_Z/\sigma_Z$ 称为**可靠指标**（Reliability Index）。失效概率 p_f 越小，β 值越大，结构可靠性越高。若结构功能函数 Z 服从正态分布情况，则可靠指标 β 与失效概率 p_f 的对应数值见表 4-3。

可靠指标 β 与失效概率 p_f　　　　　　　　　　　　　　　表 4-3

β 值	2.7	3.2	3.7	4.2
失效概率 p_f	3.47×10^{-3}	6.87×10^{-4}	1.08×10^{-4}	1.33×10^{-5}

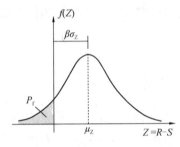

图 4-3　失效概率 P_f 与可靠指标 β 之间的关系

根据统计，触电的年死亡率为 6×10^{-6}。对应 $\beta=3.7$ 的失效概率约为 1.1×10^{-4}，按结构设计工作年限为 50 年考虑，年失效概率为 $1.1\times10^{-4}/50=2.2\times10^{-6}$，而且 50 年后并不意味着结构就不能使用，而是失效概率增加。同时，结构失效也并不表示结构倒塌❶，结构倒塌也不一定造成人员伤亡。因此，一般情况下具有这种程度失效概率的结构可以认为是可靠的。我国对于一般建筑工程结构构件，当为延性破坏时，其可靠指标取 $\beta=3.2$，当为脆性破坏时，取 $\beta=3.7$。对于重要的工程结构或结构中的重要构件，可进一步提高可靠指标。

4.9　作用代表值和作用效应组合

如前所述，作用效应 S 与结构上作用 Q 的类型、量值和结构类型等有关，可用式（4-1）表示。若结构计算分析模型具有足够的精度，则作用效应 S 的不确定性就主要取决于结构上作用 Q 的不确定性。通常，结构上的作用以荷载为主，以下主要讨论荷载效应。通常结构在荷载作用下的作用效应按线弹性结构分析获得，故荷载 Q 与荷载效应 S 之间一般可近似按线性关系考虑❷，即

$$S=C\cdot Q \tag{4-10}$$

---

❶　目前关于结构可靠度的研究主要针对结构构件的承载力。也即结构构件失效，意味着结构构件达到承载能力极限状态，此时结构往往并未达到承载能力极限状态。即使结构达到承载能力极限状态，由于结构一般具有足够的塑性变形能力，结构也并不立即倒塌。

❷　结构在正常使用情况下，结构基本处于线弹性状态，故可按线弹性结构分析方法确定作用效应。当遭遇意外作用或极端灾害作用时，应采用弹塑性结构分析方法确定作用效应，此时作用效应 S 与作用 Q 之间通常不是线性关系。

式中，常数 C 称为荷载效应系数，C 值的确定是结构力学分析的主要内容。当有多个荷载同时作用在结构上时，荷载效应 S 可表示为：

$$S = C_G \cdot G + C_{Q_1} \cdot Q_1 + \cdots \quad (4\text{-}11)$$

式中　C_G——恒荷载的效应系数；

　　　C_{Q_1}——第一个可变荷载 Q_1 的效应系数；依次类推。

结构上的荷载（作用），按其作用时间的长短和性质，可分为：

（1）**永久荷载**（作用）（permanent load），其荷载量值在结构使用期限内基本不随时间变化，如结构自重、土压力等；

（2）**可变荷载**（作用）（variable load），其荷载量值随时间而变化，如楼面活荷载、风荷载、雪荷载、车辆荷载、吊车荷载等；

（3）**偶然荷载**（作用）（accidental load），这类荷载（作用）在结构使用期间不一定出现，但一旦出现，其量值很大，作用时间很短，如爆炸、罕遇地震等。

不同的荷载（作用），其量值变异性的大小不同。根据结构设计基准期的统计分析，可取具有一定保证率的上限荷载（作用）分位值作为**荷载标准值**（characteristic load of a load）或**作用标准值**（characteristic value of an action），用符号 G_k、Q_{ik} 表示，即 $Q_k = Q_m + \alpha \sigma_Q$，其中 Q_m 为荷载（作用）的平均值；σ_Q 为荷载（作用）的标准差。若荷载（作用）的统计特征符合正态分布，$\alpha = 0$ 时，保证率为 50%；$\alpha = 1$ 时，保证率为 84.1%；$\alpha = 1.645$ 时，保证率为 95%。

根据长期的工程结构设计经验，《建筑结构荷载规范》GB 50009—2011 对不同的荷载规定了相应的标准值。按荷载标准值确定的荷载效应，称为荷载效应标准值 S_k，即

$$S_k = C_G \cdot G_k + C_Q \cdot Q_{1k} + \cdots \quad (4\text{-}11)$$

荷载（作用）效应概率分布及其标准值见图 4-4。

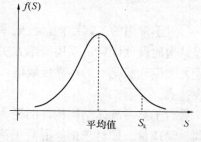

图 4-4　作用效应概率分布及其标准值

对于有多个可变荷载同时作用的情况，考虑到它们同时达到标准值的可能性较小，引入荷载组合系数 ψ 予以折减，则上式可写成：

$$S_k = C_G \cdot G_k + C_{Q1} \cdot Q_{ik} + \sum_{i=2}^{n} \psi_{ci} \cdot C_{Qi} \cdot Q_{ik} \quad (4\text{-}12)$$

式中　G_k——恒荷载标准值；

　　　Q_{ik}——第 i 个活荷载标准值，其中 Q_{1k} 称为**主导活荷载**，即产生效应最大的活荷载；

　　　C_G——恒荷载效应系数；

　　　C_{Qi}——第 i 个活荷载的荷载效应系数；

ψ_{ci}——第 i 个活荷载的组合系数。

有关荷载和作用更详细的介绍和《规范》规定详见本书下册第 16 章。

4.10 结构抗力和材料强度代表值

如前所述,结构抗力 R 取决于结构材料性能、结构尺寸和配筋情况等。通常情况下,认为结构尺寸和配筋与设计取值的误差很小,因此结构抗力的变异性将主要取决于材料性能的变异性。在第 2 章中已介绍过材料强度的变异性,通常取具有95%保证率的下限分位值作为材料强度代表值,该代表值即为材料**强度标准值**(characteristic strength)。按材料**强度标准值**确定的结构抗力,称为**结构抗力标准值** R_k(characteristic resistance/nominal resistance),可表示为:

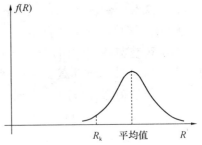

图 4-5 结构抗力概率分布及其标准值

$$R_k = R(f_{ck}, f_{sk}, A_s, b, h_0, \cdots) \tag{4-13}$$

结构抗力的概率分布及其标准值 R_k 见图 4-5。

4.11 实用结构设计方法

对于常用的工程结构,按概率方法进行结构设计是非常复杂的。为了简化工程结构的设计计算,采用概率方法、并参照以往的工程经验确定工程结构在各种受力和设计状况下的可靠度取值,并经简化得到与概率设计方法相当的实用设计表达式。

对于某一具体结构构件的受力状况计算,作用效应 S 与结构构件抗力 R 为同一物理量。如对于钢筋混凝土梁受弯承载力计算,荷载产生的弯矩 M 和梁的受弯承载力 M_u,都是弯矩。因此,可将图 4-4 的作用效应 S 和图 4-5 的结构构件抗力 R 的概率分布曲线绘于同一图中,如图 4-6 所示。对于给定作用效应 S 的概率分布,若结构构件抗力 R 概率分布特征保持不变,则结构抗力 R 均值越大,也即结构构件抗力概率分布函数越向右移,则结构构件的失效概率越小。当结构构件抗力 R 的均值达到一定值时,失效概率等于容许失效概率,即 $P_f = [P_f]$。此时,取作用效应与结构构件抗力概率分布曲线的交点 $S^* = R^*$,作为设计验算点,也即若满足 $S^* \leqslant R^*$,结构构件的失效概率将满足 $P_f \leqslant [P_f]$,故认为满足设计所需的可靠度目标。

作用效应验算点 S^* 和结构构件抗力的验算点 R^*,分别称为作用效应设计值和结构构件抗力设计值。它们与作用效应标准值 S_k 和结构构件抗力设计值 R_k

的关系可表示为：

$$S^* = \gamma_S \cdot S_k \tag{4-14a}$$

$$R^* = \frac{R_k}{\gamma_R} \tag{4-14b}$$

式中　γ_S——作用效应分项系数；

　　　γ_R——结构构件抗力分项系数。

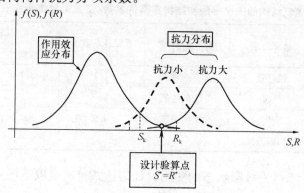

图 4-6　设计验算点

作用效应与产生该效应的各项作用（荷载）有关。因此作用效应分项系数可分解为各项作用（荷载）的分项系数。对于同时有恒载和两个以上活荷载的情况，作用效应设计值 S^* 可表示为：

$$S^* = \gamma_S \cdot S_k = \gamma_G \cdot C_G \cdot G_k + \gamma_{Q_1} \cdot C_{Q_1} \cdot Q_{1k} + \sum_{i=2}^{n} \psi_{ci} \cdot \gamma_{Q_i} \cdot C_{Q_i} \cdot Q_{ik} \tag{4-15}$$

式中　γ_G——恒荷载分项系数；

　　　γ_{Q_1}——主导活荷载分项系数；

　　　γ_{Q_i}——其他活荷载分项系数。

同样，结构构件抗力主要与组成结构构件的材料强度有关，因此结构构件抗力分项系数 γ_R 可分解为混凝土材料分项系数 γ_c 和钢筋材料分项系数 γ_s，即

$$R^* = \frac{R_k}{\gamma_R} = R\left(\frac{f_{ck}}{\gamma_c}, \frac{f_{sk}}{\gamma_s}, A_s, b, h_0, \cdots\right) \tag{4-16}$$

式中　R_k——结构构件抗力标准值，由结构构件在给定受力状态下的承载力计算公式，取材料强度标准值计算确定❶。

此外，对于不同重要性和不同设计使用年限的结构，或结构中重要性程度较高的构件，其可靠度要求也应有所差别。目前《规范》仅根据建筑结构破坏后果的严重性（危及人的生命、造成经济损失、对社会或环境产生影响等），划分了

---

❶ 理论上应根据结构构件相应受力状态下的受力特征及其离散性确定结构构件抗力分项系数 γ_R。

不同的安全等级，见表 4-4。《规范》规定，对于安全等级为一级或设计使用年限为 100 年及以上的结构构件，γ_0 不应小于 1.1；对于安全等级为二级或设计基准期为 50 年的结构构件，γ_0 不应小于 1.0；对于安全等级为三级或设计工作寿命为 5 年及以下的结构构件，γ_0 不应小于 0.9。计算表明，重要性系数 γ_0 增减 0.1，可靠指标 β 约增减 0.5。

建筑结构的安全等级和结构重要性系数 γ_0 及可靠度指标 β 表 4-4

安全等级	破坏后果	建筑物类型	重要性系数 γ_0	可靠度指标 β 延性破坏	可靠度指标 β 脆性破坏
一级	很严重	重要的建筑	1.1	3.7	4.2
二级	严重	一般的建筑	1.0	3.2	3.7
三级	不严重	次要的建筑	0.9	2.7	3.2
抗震设计			1.0		

综上所说，承载力极限状态的实用设计表达式可写成以下形式：

$$\gamma_0 \left(\gamma_G \cdot C_G \cdot G_k + \gamma_{Q_1} \cdot C_{Q_1} \cdot Q_{1k} + \sum_{i=2}^{n} \psi_{ci} \cdot \gamma_{Q_i} \cdot C_{Q_i} \cdot Q_{ik} \right)$$

$$\leqslant R\left(\frac{f_{ck}}{\gamma_c}, \frac{f_{sk}}{\gamma_s}, A, b, h_0, \cdots \right) \tag{4-17}$$

《规范》参照以往工程可靠度水准，采用概率方法进行分析后，式（4-17）中各分项系数的取值如表 4-5 所示。

房屋建筑结构承载能力极限状态设计的分项系数 表 4-5

作用分项系数	适用情况	当作用效应对承载力不利时 作用基本组合效应设计值	当作用效应对承载力不利时 持久设计状况效应设计值	当作用效应对结构的承载力有利时
	γ_G	1.2	1.35	$\leqslant 1.0$
	γ_Q	1.4 或 1.5		0
材料分项系数	混凝土 γ_c	1.40		
	钢筋 γ_s	1.10～1.20		

为方便设计应用，对于承载力极限状态，《规范》将材料强度标准值除以材料分项系数后的数值称为材料强度设计值，即

$$f_c = \frac{f_{ck}}{\gamma_c}, \quad f_s = \frac{f_{sk}}{\gamma_s} \tag{4-18}$$

延性较好的热轧钢筋，γ_s 取 1.10，但对 500MPa 级钢筋，因 2010 版《规范》首次列入，考虑缺乏工程应用经验，适当提高安全储备，γ_s 取 1.15。对预应力筋，取条件屈服强度标准值除以材料分项系数 γ_s，并考虑预应力构件的延

性稍差，γ_s 一般取不小于 1.20。

《规范》中直接列出各强度等级混凝土和钢筋材料的设计值（见附表 2-1、附表 2-3 和附表 2-5），以便供设计查用。

综上，《规范》最后给出的设计表达式如下：

$$\gamma_0 S_d \leqslant R_d \tag{4-19a}$$

其中

$$S_d = (\gamma_G \cdot C_G \cdot G_k + \gamma_{Q_1} \cdot C_{Q_1} \cdot Q_{1k} + \sum_{i=2}^{n} \psi_{ci} \cdot \gamma_{Q_i} \cdot C_{Q_i} \cdot Q_{ik}) \tag{4-19b}$$

$$R_d = R(f_c, f_s, a_k, \cdots)/\gamma_{Rd} \tag{4-19c}$$

式中 γ_{Rd}——结构构件抗力模型不定性系数，对静力设计，一般结构构件取 1.0，重要结构构件或不确定性较大的结构构件根据具体情况取大于 1.0 的数值。

对于正常使用极限状态，其可靠度要求可适当降低，故《规范》将所有分项系数均取 1.0，具体表达式见本书上册第 11 章。

上述承载能力极限状态设计表达式是保证结构构件正常使用为目标的，可称为"保证正常使用的承载能力极限状态"。对于意外事件和极端自然灾害等偶然作用，结构构件通常已超过正常使用情况下的承载力极限状态，此时以控制结构的破坏程度、保证生命安全为目标，故可称为"保证生命安全的承载能力极限状态"。因意外事件和极端自然灾害发生概率很小，此时材料分项系数 γ_c 和 γ_s 可取 1.0，且钢筋强度可取极限抗拉强度标准值 f_{stk} 或 f_{ptk}（见附表 2-2 和附表 2-4），其设计表达式可表示为：

$$\gamma_0 S_k \leqslant R_{uk} \tag{4-20a}$$

$$S_k = (C_G \cdot G_k + C_{Q_1} \cdot Q_{1k} + \sum_{i=2}^{n} \psi_{ci} \cdot C_{Q_i} \cdot Q_{ik}) \tag{4-20b}$$

$$R_{uk} = R(f_{ck}, f_{stk}, A, b, h_0, \cdots) \tag{4-20c}$$

有关偶然作用下结构的抗倒塌计算见本书下册 18.9 节。

4.12 其他结构设计方法及其设计表达式*

结构设计方法经历了容许应力设计法、破损阶段设计法、分项系数设计法几个阶段。尽管以概率理论为基础的分项系数设计法已成为目前工程结构的主导设计方法，但由于历史原因，其他一些设计方法仍有使用，且针对特定的工程结构类型，这些设计方法也有其合理性。

4.12.1 容许应力设计法 (allowable stress design method)

传统的容许应力设计法可表示为：

$$\sigma \leqslant [\sigma] = \frac{f}{K} \tag{4-21}$$

该方法认为结构中任一点的应力超过容许应力,结构即失效。结构的作用效应 σ(应力)按线弹性方法确定,容许应力 $[\sigma]$ 是以材料的强度 f 除以一安全系数 K 得到。

该方法与早期结构弹性分析相对应,通过对正常使用阶段的应力控制来保证结构的安全性,并沿用了很长时间。容许应力设计法存在以下不足:

(1)工程结构的受力性能通常不是弹性的;
(2)结构或构件中一点达到容许应力,结构或构件通常并未失效;
(3)容许应力分别控制于钢筋和混凝土两种材料,无法直接给出构件承载力的安全度究竟是多少;
(4)除安全性外,没有考虑结构适用性和耐久性等的多样性要求;
(5)安全系数凭经验确定,缺乏科学依据。

但对于以正常使用阶段应力控制为主的工程结构,如铁路桥梁、核电站安全壳、空间薄壳结构等复杂结构,为保证其正常使用的可靠性,仍采用弹性力学分析结构中的应力,按容许应力法进行设计,设计计算也较方便。

4.12.2 破损阶段设计法

针对容许应力设计法的缺陷,20 世纪 30 年代前苏联学者格沃滋捷夫(А. А. Гвоздев)等提出按构件破坏时的截面承载力进行设计的破损阶段设计法。以钢筋混凝土梁的受弯情况为例,该方法的设计表达式为:

$$M \leqslant \frac{M_u}{K} \tag{4-22}$$

与容许应力设计法的区别在于,破损阶段设计法以整个构件截面达到极限承载力极限状态为依据,考虑了材料的弹塑性性质和材料强度的充分发挥,在此基础上再引入安全系数 K。构件截面的极限承载力如 (M_u) 可以直接由荷载试验得到验证,构件的总安全度明确。但破损阶段设计法仍然存在安全系数 K 凭经验确定的问题,且没有考虑结构正常使用阶段的功能多样性要求。

4.12.3 极限状态设计法 (Ultimate Limit State Design method)

为考虑结构功能多样性的要求,在破损阶段设计法的基础上,20 世纪 50 年代格沃滋捷夫又提出了极限状态设计法。

该方法除要求对承载能力极限状态进行设计外,还包括了挠度和裂缝宽度的多项极限状态进行设计计算。对于承载能力极限状态,针对荷载和材料变异性的不同,不再采用单一的安全系数,而采用多系数表达,以钢筋混凝土梁的受弯情况为例,其设计表达式为:

$$M(\Sigma k_{qi}q_{ik}) \leqslant M_u\left(\frac{f_{ck}}{k_c}, \frac{f_{sk}}{k_s}, A_s, b, h_0, \cdots\right) \quad (4\text{-}23)$$

其中，材料强度 f_{ck} 和 f_{sk} 是根据大量试验数据统计后，按一定保证率确定的下限分位值（即标准值），反映了材料强度的变异性。荷载值 q_{ik} 也尽可能根据各种荷载的实测统计资料，按一定保证率确定其上限分位值。荷载系数 k_{qi} 和材料强度系数 k_c 与 k_s 仍按经验确定，但考虑了不同荷载和不同材料变异性的大小，取不同的荷载系数和材料强度系数。前苏联和我国在 20 世纪 50~60 年代的设计规范均采用此方法。

4.12.4 以概率理论为基础的极限状态设计法 (Ultimate Limit State Design method)

该设计方法设计公式的表达形式与上述极限状态设计法类似，所不同的是，荷载及作用的分项系数和材料分项系数的确定均考虑了各因素离散情况的统计结果，并按统一规定的保证率确定相应的标准值。在此基础上，根据统一的可靠性指标确定各类荷载及作用的分项系数和材料分项系数。使得不同受力特征和不同类型构件的安全储备具有基本一致概率意义的可靠度。其设计表达式如前述式 (4-17) 所示。不过，注意到式 (4-17) 中将 f_{ck}/γ_c 和 f_{sk}/γ_s 分别作为混凝土和钢筋的设计值，会导致截面实际受力状态的失真，故式 (4-17) 也存在不足❶。

4.12.5 荷载抗力系数设计法 (Load and Resistance factor Design method)

该方法实际上是基于概率理论的极限状态设计方法的另一种表达形式。

根据前述结构实用设计方法所得到的作用效应验算点 S^*（即结构抗力设计值 S_d）和结构抗力的验算点 R^*（即结构抗力设计值 R_d），则设计表达式也可写成：

$$S_d \leqslant R_d \quad (4\text{-}24a)$$
$$S_d = \gamma_S \cdot S_k \quad (4\text{-}24b)$$
$$R_d = \frac{R_k}{\gamma_R} \quad (4\text{-}24c)$$

作用效应验算点 S^* 即为作用效应设计值，仍按式 (4-15) 确定；结构抗力的验算点 R^* 则表达为：

$$R_d = \frac{R_k}{\gamma_R} = \frac{1}{\gamma_R}R(f_{ck}, f_{sk}, A_s, b, h_0, \cdots) \quad (4\text{-}25)$$

美国混凝土结构协会（ACI）规范即采用这种设计表达式。

---

❶ 以材料强度标准值代入承载力计算公式计算所得到的承载力称为"承载力标准值"，即 $R_k = R(f_{ck}, f_{sk}, A, b, h_0, \cdots)$。在此基础上除以抗力分项系数 γ_R，得到抗力设计值 R_d，即 $R_d = R_k/\gamma_R$。而式 (4-17) 右端的 $R_d = R\left(\frac{f_{ck}}{\gamma_c}, \frac{f_{sk}}{\gamma_s}, A, b, h_0, \cdots\right)$ 并非是抗力设计值 R_d。

与前述式（4-16）的不同之处在于，式（4-25）是直接根据结构构件在给定受力状况下抗力 R 的离散性来确定抗力设计值 $R_d = R^* = R_k/\gamma_R$，这更便于直接根据结构构件在给定受力状况下实验结果的离散性统计结果和受力破坏特征（延性破坏或脆性破坏）来确定结构构件的抗力分项系数 γ_R。

由于在给定受力状况下，结构构件抗力与结构材料强度之间可能并非是线性关系，故材料强度的离散性与构件承载力的离散性之间也不是简单的线性关系，如当配筋率较小时，钢筋混凝土梁的受弯承载力与钢筋强度基本呈线性关系，此时受弯承载力离散性的统计结果与钢筋离散性的统计结果相近，而当配筋率较大时，混凝土对受弯承载力的影响较大，此时受弯承载力离散性的统计结果又包含混凝土离散性的影响，即离散性会增大。此外，构件的破坏特征随配筋率的变化也会有所变化，如配筋率较小时，钢筋混凝土梁受弯为延性破坏，而当配筋率较大时，钢筋混凝土梁受弯逐渐呈现脆性破坏特征，此时需适当考虑提高安全储备，这在式（4-17）中无法有效体现，而式（4-25）则可以通过 γ_R 随配筋率或受压区高度的变化来体现。

因此，式（4-25）是直接根据结构构件在给定受力状况下抗力 R 的离散性来确定抗力的设计值，通过给定受力状况下抗力 R 的离散性统计分析、并考虑构件破坏特征的变化情况，给出不同的抗力分项系数 γ_R。在 ACI 规范中是用系数 $\phi = 1/\gamma_R$ 表示的，该系数 ϕ 称为结构抗力折减系数（reduction factor）。

为了弥补式（4-17）以概率理论为基础的极限状态设计法分项系数设计法所存在的上述问题，2010 版《规范》通过引入 γ_{Rd} 来体现（见式 4-19c），但目前我国相关研究并未进行，故《规范》中并未给出各种受力情况 γ_{Rd} 系数的取值。

思 考 题

4-1 举例说明作用、作用效应、抗力的概念。

4-2 工程结构有哪些功能的要求？工程结构的可靠性包括哪几个方面？影响结构可靠性和安全性的因素有哪些？

4-3 影响结构安全储备的不确定因素有哪些？除不确定因素外，结构安全储备还应考虑哪些因素？

4-4 混凝土结构设计如何保证整体结构具有足够的鲁棒性？

4-5 何谓结构的极限状态？试分别说明混凝土结构达到承载力极限状态和正常使用极限状态有哪些情况。

4-6 何谓"结构设计基准期"？何谓"结构的设计状况"？各设计状况应进行哪些极限状态设计？

4-7 何谓"失效概率"？何谓"可靠指标"？"失效概率"与"可靠指标"有何联系？

4-8 我国《规范》目前采用什么设计法，具体实用设计表达式怎样？实用设计方法与概率设计法有什么关系？

4-9 实用设计表达式中有哪些分项系数？取值是多少？为什么不同的荷载、不同的材料会采用不同的分项系数？

4-10 试说明材料强度平均值、标准值和设计值概念，并说明如何正确应用不同材料强度的代表值。

4-11 试比较容许应力设计法、破损阶段设计法、极限状态设计法和以概率理论为基础的极限状态设计法。各种设计法是如何实现安全可靠与经济合理的统一的？

第5章 受弯构件正截面承载力计算

5.1 受弯构件的形式及基本要求

结构中常用的梁、板是典型的受弯构件（图5-1）。梁的截面形式常见的有矩形、T形、工形、箱形、Γ形、Π形。现浇单向板为矩形截面，高度 h 取板厚，宽度 b 取单位宽度（$b=1000\text{mm}$），预制板常见的有空心板、槽型板等。考虑到施工方便和结构整体性要求，工程中也有采用预制和现浇结合的施工方法，形成叠合梁或叠合板。

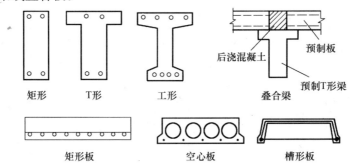

图5-1 受弯构件及其常见的截面形式

5.1.1 梁的构造要求（见图5-2）

在设计受弯构件时，首先需要了解有关截面配筋的一些基本构造要求。

(1) 截面尺寸：矩形截面梁的高宽比 h/b 一般取 2.0~3.5；T形截面梁的 h/b 一般取 2.5~4.0（此外 b 为梁腹板宽）。为便于统一模板尺寸，通常采用梁宽度 $b=120$、150、180、200、220、250、300、350、…（mm），梁高度 $h=250$、300、…、750、800、900、…（mm）。简支梁的高跨比一般为 1/18~1/8，对独立梁或整体肋形梁的主梁，高跨比取 1/12~1/8；对整体肋形梁的次梁，高跨比取 1/18~1/10。

(2) 钢筋的保护层厚度：为保证结构的耐久性、防火性以及钢筋与混凝土的粘结性能，最外层钢筋的混凝土保护层最小厚度 $c_{\min}$ 应满足一定要求，也不应小于骨料最大粒径的 1.5 倍和钢筋直径 d。《规范》规定，设计使用年限为 50 年的

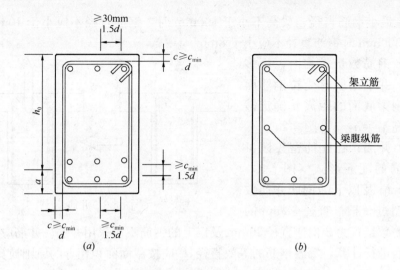

图 5-2　梁的截面配筋构造
(a) 保护层厚度和钢筋间距；(b) 架立筋和梁腹纵筋

混凝土结构，钢筋的保护层厚度应根据环境类别按附表 2-8 确定❶。设计使用年限为 100 年的混凝土结构，钢筋的保护层厚度不小于附表 2-8 中数值的 1.4 倍。混凝土保护层厚度以最外层钢筋（包括箍筋、构造筋、分布筋等）的外缘至构件表面的最小尺寸计算。

(3) 钢筋净间距：为保证钢筋与混凝土的粘结和混凝土浇筑的密实性，梁上部钢筋水平方向的净间距不应小于 30mm 和 $1.5d$（图 5-2a），且不宜小于骨料最大粒径的 2 倍；梁下部钢筋水平方向的净间距不应小于 25mm 和 d（图 5-2a），且不宜小于骨料最大粒径的 1.5 倍。当下部钢筋多于两层时，两层以上钢筋水平方向的中距应比下面两层的中距增大一倍；各层钢筋之间的净间距不应小于 25mm 和 d，d 为钢筋的最大直径。

(4) 架立钢筋：梁上部无受压钢筋时，需配置 2 根架立钢筋（图 5-2b），以便与箍筋和梁底部纵筋形成钢筋骨架。梁的跨度小于 4m 时，架立筋直径不宜小于 8mm；当梁的跨度为 4~6m 时，直径不应小于 10mm；当梁的跨度大于 6m 时，直径不宜小于 12mm。

(5) 梁腹纵筋：当梁扣除翼缘厚度后，梁的腹板高度 h_w 不小于 450mm 时，在梁的两个侧面应沿高度配置纵向构造钢筋（图 5-2b 中的梁腹纵筋）。每侧纵向构造钢筋（不包括梁上、下部受力钢筋及架立钢筋）的间距不宜大于 200mm，截面面积不应小于腹板截面面积（bh_w）的 0.1%，但当梁宽较大时可以适当放松。

---

❶ 如无特别说明，本书中的例题均按环境类别为二 a 考虑，保护层厚度 $c=25$mm。环境类别见表 11-2。

(6) 最小钢筋直径：梁高不小于 300mm 时，钢筋直径不应小于 10mm；梁高小于 300mm 时钢筋直径不应小于 8mm。

(7) 钢筋数量较多时，可多层配置，并根据所有受拉钢筋面积形心到梁底面的距离 a 确定截面有效高 $h_0 = h - a$（图 5-2a）。

(8) 并筋：在配筋密集区可采用并筋的配筋形式（图 5-3）。直径 28mm 及以下的钢筋并筋数量不应超过 3 根；直径 32mm 的

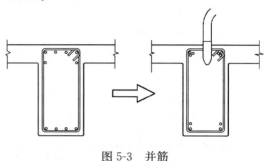

图 5-3 并筋

钢筋并筋数量宜为 2 根；直径 36mm 及以上的钢筋不应采用并筋。并筋应按单根等效钢筋进行计算，等效钢筋的等效直径 d_e 应按截面面积相等的原则换算确定，双并筋 $d_e = \sqrt{2}d$，三并筋 $d_e = \sqrt{3}d$，d 为单根钢筋的直径。

(9) 伸入梁支座范围内的钢筋不少于两根。

5.1.2 板的构造要求（图 5-4）

(1) 板厚：根据板的用途，最小厚度 h 一般为 60～80mm，单向板的跨厚比一般不大于 30。

(2) 保护层厚度：最外层钢筋的混凝土保护层厚度 c 应满足附表 2-8 的规定，也不应小于受力钢筋直径 d。

(3) 钢筋直径：板中钢筋的直径通常为 6～12mm，板厚度较大时，钢筋直径可用 14～18mm。

(4) 钢筋间距：板中受力钢筋的间距，当板厚不大于 150mm 时不宜大于 200mm；当板厚大于 150mm 时不宜大于板厚的 1.5 倍，且不宜大于 250mm。

(5) 构造钢筋：对于单向板，应在垂直于受力的方向布置分布钢筋（图 5-4），以便将荷载均匀地传递给受力钢筋，并便于在施工中固定受力钢筋的位置，同时也可抵抗温度和收缩等产生的应力。分布钢筋配筋率不宜小于受力钢筋的 15%，且不宜小于 0.15%；分布钢筋直径不宜小于 6mm，间距不宜大于 250mm。

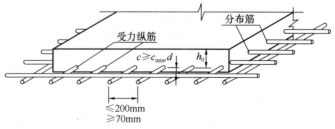

图 5-4 板的配筋构造要求

受弯构件在荷载作用下一般同时承受弯矩和剪力的作用,因此钢筋混凝土受弯构件的设计通常包括以下内容:

(1) 正截面受弯承载力计算——按计算截面的弯矩设计值 M,计算确定截面尺寸和纵向受力钢筋,这是本章的内容;

(2) 斜截面受剪承载力计算——按受剪计算截面的剪力设计值 V,计算确定箍筋和弯起钢筋的数量,这是第 6 章的内容;

(3) 钢筋布置——为保证钢筋与混凝土的共同工作,使钢筋充分发挥作用,根据荷载产生的弯矩图和剪力图确定钢筋的布置以及钢筋锚固长度,这是第 7 章的内容;

(4) 正常使用阶段的挠度变形、裂缝宽度、耐久性和舒适性验算,这是第 11 章的内容;

(5) 绘制施工图。

5.2　正截面承载力计算的基本规定

在 3.4 节中已介绍了钢筋混凝土梁的受弯性能和分析方法,本章将详细介绍钢筋混凝土受弯构件正截面承载力 (flexure strength) 的设计计算方法。需要注意的是,按第 4 章结构设计方法中实用设计表达式,在承载力设计计算中,混凝土和钢筋的材料强度应取设计值,见附表 2-1 和附表 2-3。

5.2.1　基本假定 (basic assumption)

根据 3.4 节所述的钢筋混凝土梁的受弯性能和分析,正截面受弯承载力的计算采用以下基本假定:

1. 截面应变保持平面。
2. 不考虑混凝土的抗拉强度。
3. 混凝土受压应力-应变关系按式 (2-23) 和表 2-5 采用。
4. 纵向钢筋的应力取 $\sigma_s = E_s \varepsilon_s$,但应满足 $-f'_y \leqslant \sigma_{si} \leqslant f_y$,其中 σ_{si} 为第 i 层纵向普通钢筋的应力,正值代表拉应力,负值代表压应力。
5. 受拉钢筋的极限拉应变取 0.01。

受拉钢筋的极限拉应变取 0.01 是为了避免钢筋混凝土构件因过度变形而不适于继续承载。

根据以上五个基本假定,由 3.4 节的受弯承载力分析方法不难确定钢筋混凝土构件的受弯承载力设计值,进一步对于其他截面形状(如 T 形、倒 T 形、工形和圆形等)和其他正截面受力情况(双向受弯、受压弯、受拉弯),也都可以根据相同的理论和方法计算相应的正截面承载力,只是计算过程更复杂,可按统一的计算方法编制程序进行计算。但从工程实用计算方法来说,由于混凝土应力一应变关系的复杂性,计算还很不方便,需要进一步简化。

5.2.2 等效矩形应力图 (equivalent rectangular stress block)

由 3.4 节知,钢筋混凝土截面达到极限弯矩 M_u 时,受压区混凝土压应力分布与应力-应变曲线形状相似,其受压区压应力的合力 C 和作用位置 y_c 仅与混凝土应力-应变曲线形状和受压区高度 x_n 有关(图 5-5a),而在极限弯矩的计算中也仅需知道受压区混凝土压应力的合力 C 大小和作用位置 y_c 就足够了。因此,为简化工程计算,可取图 5-5(b) 的等效矩形应力图形来代换受压区混凝土实际应力图,等效原则为:等效矩形应力图的合力大小等于 C,形心位置与 y_c 一致。

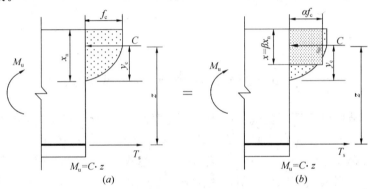

图 5-5 等效矩形应力图
(a) 受压区实际压应力分布;(b) 受压区等效矩形压应力分布

设等效矩形应力图的应力值为 αf_c,高度为 x,则按等效原则,由式(3-41)可得:

$$\begin{cases} C = \alpha f_c bx = k_1 f_c bx_n \\ x = 2(x_n - y_c) = 2(1-k_2)x_n \end{cases} \tag{5-1a}$$

式中,k_1 和 k_2 为表 3-1 的混凝土受压应力-应变曲线系数。令 $\beta = x/x_n = 2(1-k_2)$,则 $\alpha = \dfrac{k_1}{\beta} = \dfrac{k_1}{2(1-k_2)}$。可见系数 α 和 β 也仅与混凝土应力-应变曲线有关,称为等效矩形应力图形系数。利用系数 α 和 β,式(5-1a)可写成:

$$\begin{cases} C = \alpha f_c \cdot bx \\ x = \beta \cdot x_n \end{cases} \tag{5-1b}$$

由此可见,计算公式表达形式大为简化,且截面受力分析也更为清晰。系数 α 和 β 称为等效矩形应力图形系数。《规范》根据式(2-15)混凝土应力-应变关系曲线计算后,统一取等效矩形应力图形系数 α 和 β 如附表 2-1 所示。

采用等效矩形应力图,钢筋混凝土构件正截面受弯承载力的计算公式可写成:

$$\left.\begin{array}{l}\Sigma N = 0, \quad \alpha f_c bx = \sigma_s A_s \\ \Sigma M = 0, \quad M_u = \alpha f_c bx\left(h_0 - \dfrac{x}{2}\right)\end{array}\right\} \quad (5\text{-}2)$$

等效矩形应力图受压区高度 x 与截面有效高度 h_0 的比值记为 $\xi = x/h_0$，称为**相对受压区高度**（relative compressive height）。则上式可写成：

$$\left.\begin{array}{l}\Sigma N = 0, \quad\quad \alpha f_c b \cdot \xi h_0 = \sigma_s A_s \\ \Sigma M = 0, \quad\quad M_u = \alpha f_c b h_0^2 \xi(1 - 0.5\xi)\end{array}\right\} \quad (5\text{-}3)$$

对于适筋梁，达到极限弯矩时钢筋已屈服，故可取上式中的钢筋应力 $\sigma_s = f_y$。因此，由上式中的第一式轴力平衡方程可得：

$$\xi = \dfrac{f_y}{\alpha f_c} \cdot \dfrac{A_s}{bh_0} = \rho \dfrac{f_y}{\alpha f_c} \quad (5\text{-}4)$$

由上式可知，相对受压区高度 ξ 不仅反映了钢筋与混凝土的面积比 A_s/bh_0（即配筋率 ρ），同时也反映了钢筋与混凝土的材料强度比 $f_y/\alpha f_c$，因此相对受压区高度 ξ 是反映钢筋混凝土受弯构件中两种材料配比本质的参数。

记 $\alpha_s = \xi(1 - 0.5\xi)$，$\gamma_s = (1 - 0.5\xi)$，对于适筋梁，式（5-3）中的第二式极限弯矩可写成：

$$M_u = \alpha_s \cdot \alpha f_c b h_0^2 \quad (5\text{-}5\text{a})$$

或

$$M_u = f_y A_s \cdot \gamma_s h_0 \quad (5\text{-}5\text{b})$$

与矩形截面材料力学弯矩公式 $M = \sigma_{top} W = \dfrac{1}{6}\sigma_{top} bh^2$ 比较可知，系数 α_s 与 $1/6$ 类似。$1/6$ 为矩形截面弹性抵抗矩系数，而 α_s 反映了矩形截面受压区混凝土的弹塑性性质，故称为钢筋混凝土截面的弹塑性抵抗矩系数。$\gamma_s h_0$ 为钢筋拉力合力到受压区混凝土压力合力的力臂，故称 γ_s 为内力臂系数。系数 α_s 和 γ_s 都只与相对受压区高度 ξ 有关。当已知 α_s 时，则由 $\alpha_s = \xi(1 - 0.5\xi)$ 和 $\gamma_s = (1 - 0.5\xi)$，可得 ξ 和 γ_s 计算式如下：

$$\xi = 1 - \sqrt{1 - 2\alpha_s} \quad (5\text{-}6)$$

$$\gamma_s = 0.5(1 + \sqrt{1 - 2\alpha_s}) \quad (5\text{-}7)$$

系数 α_s、ξ 和 γ_s 是钢筋混凝土构件正截面承载力计算时的三个重要系数，已知其中一个，即可根据式（5-6）和式（5-7）求得另外两个。为方便工程计算，附表 2-12 列出了系数 α_s、ξ 和 γ_s 的值。

5.2.3 界限破坏和相对受压区高度

如 3.4 节所述，当配筋率 ρ 大于界限配筋率 ρ_b 时，将产生延性较小的超筋破坏，工程中应避免采用。$\rho = \rho_b$ 时为适筋梁和超筋梁的界限，称为**界限破坏**（balanced failure）。为在设计计算中判别是否为超筋梁，需给出相应的判别条件。根据图 5-6 所示界限破坏时截面应变分布，可得此时的中和轴高度 x_{nb} 为：

$$x_{nb} = \frac{\varepsilon_{cu}}{\varepsilon_{cu} + \varepsilon_y} \cdot h_0 \qquad (5\text{-}8)$$

相应等效矩形应力图的相对受压区高度称为**界限相对受压区高度** ξ_b,即

$$\xi_b = \frac{x_b}{h_0} = \frac{\beta x_{nb}}{h_0} = \frac{\beta \varepsilon_{cu}}{\varepsilon_{cu} + \varepsilon_y} \qquad (5\text{-}9)$$

取 $\varepsilon_y = f_y/E_s$,可得

$$\xi_b = \frac{\beta \varepsilon_{cu}}{\varepsilon_{cu} + \varepsilon_y} = \frac{\beta}{1 + \dfrac{f_y}{\varepsilon_{cu} E_s}} \qquad (5\text{-}10)$$

上式表明,界限相对受压区高度 ξ_b 仅与材料性能有关,而与截面尺寸无关。

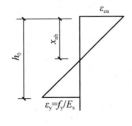
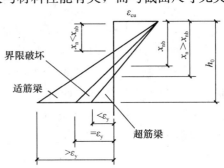

图 5-6 界限破坏时截面应变分布　　图 5-7 界限破坏、适筋梁和超筋梁的截面应变分布

由图 5-7 可知,当相对受压区高度 $\xi \leqslant \xi_b$ 时,为受拉钢筋首先达到屈服、然后混凝土受压破坏的适筋梁;当 $\xi > \xi_b$ 时,为受拉钢筋未达到屈服、受压区混凝土先发生受压破坏的超筋梁。界限破坏时的受弯承载力为适筋梁 M_u 的上限,记为 $M_{u,\max}$,则

$$M_{u,\max} = \alpha f_c b h_0^2 \xi_b (1 - 0.5 \xi_b) = \alpha_{s,\max} \cdot \alpha f_c b h_0^2 \qquad (5\text{-}11)$$

式中,$\alpha_{s,\max} = \xi_b(1 - 0.5\xi_b)$,也与截面尺寸无关。表 5-1 列出了界限相对受压区高度 ξ_b 和 $\alpha_{s,\max}$ 的数值。

相对界限受压区高度 ξ_b 和 $\alpha_{s,\max}$　　表 5-1

混凝土强度等级		≤C50	C55	C60	C65	C70	C75	C80
HRB335 级钢筋	ξ_b	0.550	0.543	0.536	0.529	0.522	0.514	0.507
	$\alpha_{s,\max}$	0.399	0.396	0.392	0.389	0.386	0.382	0.379
HRB400 级钢筋	ξ_b	0.518	0.511	0.504	0.497	0.491	0.484	0.477
	$\alpha_{s,\max}$	0.384	0.380	0.377	0.374	0.370	0.367	0.363
HRB500 级钢筋	ξ_b	0.482	0.476	0.470	0.463	0.457	0.451	0.444
	$\alpha_{s,\max}$	0.366	0.363	0.359	0.356	0.353	0.349	0.346

由式 (5-4),当取 $\xi = \xi_b$ 时,可得**界限配筋率** ρ_b (balanced reinforcement ratio）为：

$$\rho_b = \rho_{max} = \xi_b \frac{\alpha f_c}{f_y} \tag{5-12}$$

此配筋率为适筋梁配筋率的上限，即为**最大配筋率**（maximum reinforcement ratio）。

由以上所述可知，当满足以下任一条件时，为适筋梁：

$$\left. \begin{array}{l} \rho \leqslant \rho_b \\ \xi \leqslant \xi_b \\ M \leqslant M_{u,max} = \alpha_{s,max} \cdot \alpha f_c b h_0^2 \end{array} \right\} \tag{5-13}$$

上面的三个判别条件是等价的，在设计计算中根据需要选用。考虑到保证钢筋混凝土梁的受弯破坏具有一定的延性，也可取 $\xi = 0.8\xi_b$ 作为适筋梁的上限。

5.2.4 最小配筋率（minimum reinforcement ratio）

根据 3.4.3 节所述，可按适筋梁与少筋梁的界限条件 $M_{cr} = M_u$，来确定最小配筋率。开裂弯矩 M_{cr} 可近似按图 5-8 所示素混凝土截面受力分析确定。此时，受拉边缘达到混凝土极限拉应变 ε_{tu}，由于受拉区塑性应变的发展，受拉区混凝土拉应力呈曲线分布，而此时受压区的应力尚远小于混凝土的抗压强度，故此时受压区混凝土压应力呈直线分布（图 5-8b）。为简化计算，且偏于安全，受拉区应力近似为矩形分布（图 5-8c），由此可得开裂弯矩如下：

$$M_{cr} = f_{tk} b \frac{h}{2} \left(\frac{h}{4} + \frac{h}{3} \right) = \frac{7}{24} f_{tk} b h^2 \tag{5-14}$$

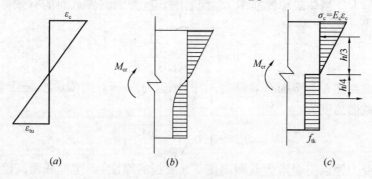

图 5-8 开裂时截面应变和应力分布
(a) 截面应变分布；(b) 截面应力分布；(c) 截面应力近似分布

相应最小配筋率的极限弯矩 M_u 计算时，考虑到此时配筋率很小，受压区高度也很小，因此式（5-5b）极限弯矩 M_u 中的内力臂系数 γ_s 可近似取 $\gamma_s = 1 - 0.5\xi = 0.98$，并近似取 $h = 1.1h_0$，即此时的极限弯矩 M_u 可表示为：

$$M_u = f_{yk} A_s \cdot \gamma_s h_0 = f_{yk} A_s \cdot 0.98 \cdot h/1.1 \tag{5-15}$$

令 $M_{cr} = M_u$，可得最小配筋率为：

$$\rho_{\min} = A_s/bh = 0.327 f_{tk}/f_{yk} \tag{5-16}$$

注意到上述 M_{cr} 和 M_u 是按材料强度标准值计算的,这是考虑计算结果接近构件的实际开裂弯矩和极限弯矩。换算为材料设计强度指标后,$f_{tk}/f_{yk}=1.4f_t/1.1f_y=1.273f_t/f_y$,并考虑混凝土收缩和温度应力等不利影响,《规范》规定:对于梁类受弯构件受拉钢筋的最小配筋率 $\rho_{\min}$ 取 0.2% 和 $45f_t/f_y$ 中的较大值;对于板类受弯构件的受拉钢筋,当采用强度级别 400N/mm²、500N/mm² 的钢筋时,其最小配筋百分率应允许采用 0.15 和 $45f_t/f_y$ 中的较大值。《规范》关于最小配筋率的规定见附表 2-9。

因此为防止少筋破坏,对矩形截面受弯构件的受拉钢筋的配筋面积 A_s 应满足下式要求:

$$A_s \geqslant A_{s,\min} = \rho_{\min} bh \tag{5-17}$$

需注意的是,在 3.4.3 小节讨论适筋梁开裂后配筋率对受弯性能影响时,配筋率采用的是 $\rho=A_s/bh_0$,因为此时梁受拉区已经开裂。而在确定最小配筋率 $\rho_{\min}$ 时,因为受拉区混凝土开裂时退出受拉工作的混凝土面积包括受拉钢筋以下部分的截面高度,故应采用全部截面面积 bh。

上述最小配筋率的定义适用于建筑结构中尺寸不是特别大的构件。对结构中的一些次要构件,其截面尺寸往往不是由承载力确定的。对于这类构件,上述最小配筋率概念不适用,因为在同一荷载作用下,如按上述最小配筋率的规定,会出现构件截面尺寸越大,配筋反而需要越多的不合理现象。

对于给定的弯矩设计值 M,在截面宽度 b 已知的情况下,配筋率越小,所需截面高度越大。当按最小配筋率 $\rho_{\min}$ 配筋时,所需的临界截面的有效高度 $h_{0,cr}$ 可按后面的式 (5-22) 确定。

$$h_{0,cr} = \sqrt{\frac{M}{\rho_{\min} \cdot f_y b}} \tag{5-18a}$$

近似取截面高度 h 与截面有效高度 h_0 的比值为 1.05,则按最小配筋率 $\rho_{\min}$ 配筋时的临界截面高度为:

$$h_{cr} = 1.05\sqrt{\frac{M}{\rho_{\min} \cdot f_y b}} \tag{5-18b}$$

如果因非受力原因需要增大截面高度 h(或板的厚度),使得截面高度大于上式的 h_{cr},如为抗倾覆、滑移而设的大体积混凝土,或其他截面很大的非承重构件,此时若仍然按式 (5-17) 的最小配筋率要求配筋就不合理了。这是因为在按 h_{cr} 最小配筋保持不变的情况下,增大截面高度,构件的抗弯承载力会随之增加,而此时构件的荷载并不增大。针对这种情况,《规范》规定,当构造所需截面高度远大于承载力的需求时,其纵向受拉钢筋的配筋面积 A_s 可仍取式 (5-18b) 临界截面高度 h_{cr} 时的最小配筋率配筋,即

$$A_s \geqslant \rho_{\min} bh_{cr} \tag{5-19}$$

5.3 单筋矩形截面梁的设计

5.3.1 基本公式

根据承载能力极限状态的设计表达式,对于仅配置**受拉钢筋**(tension reinforcement)的矩形截面适筋梁,其正截面受弯承载力设计计算的基本公式为:

$$\begin{cases} \alpha f_c bx = f_y A_s & \text{(5-20a)} \\ M \leqslant M_u = \alpha f_c bx \left(h_0 - \dfrac{x}{2}\right) = f_y A_s \left(h_0 - \dfrac{x}{2}\right) & \text{(5-20b)} \end{cases}$$

式中,f_y、f_c 应分别取钢筋抗拉强度和混凝土抗压强度的设计值;M 为梁计算截面(最大弯矩截面)弯矩设计值,可根据梁上荷载和作用的情况按式(4-15)作用效应设计值表达式确定。计算时式(5-20b)一般取等号。对于一般受弯构件,很少采用高于 C50 级的混凝土,故等效矩形应力系数 $\alpha=1.0$。本章以下如无特别说明,一般省略式中的系数 α。

采用相对受压区高度 ξ,式(5-20)可写成:

$$\begin{cases} f_c b \cdot \xi h_0 = f_y A_s & \text{(5-21a)} \\ M = M_u = f_c bh_0^2 \xi(1-0.5\xi) = \alpha_s \cdot f_c bh_0^2 \\ \qquad = f_y A_s h_0 (1-0.5\xi) = f_y A_s \cdot \gamma_s h_0 & \text{(5-21b)} \end{cases}$$

5.3.2 适用条件

为防止超筋脆性破坏,式(5-20)或式(5-21)必须满足式(5-13)的条件。为防止少筋脆性破坏,截面配筋应满足式(5-17)或式(5-19)。

5.3.3 设计计算方法

在工程设计计算中,钢筋混凝土梁的正截面受弯承载力计算有两类情况:截面复核和截面设计。

1. 截面复核

截面复核是在梁的截面尺寸 $b,h(h_0)$、截面配筋 A_s 以及材料强度 f_y、f_c 已给定的情况下,要求确定该梁计算截面的受弯承载力 M_u,并验算是否满足 $M \leqslant M_u$ 的要求。若不满足承载力要求,应修改设计或进行加固处理。这种计算一般在结构检验鉴定或设计审核时进行。

利用基本公式(5-20)进行截面复核计算时,只有两个未知数,受压区高度 x 和受弯承载力 M_u,故可以得到唯一解。当由式(5-21a)计算得 $x \geqslant \xi_b h_0$ 时,M_u 可取 $M_{u,max} = \alpha_{s,max} \cdot f_c bh_0^2$,这种情况一般在施工质量出现问题,混凝土没有达到设计强度时会发生。如果计算发现 $A_s < \rho_{min} bh$,则该受弯构件是不安全的,

应修改设计或进行加固。

【例题 5-1】 某钢筋混凝土矩形截面梁，$b=250$mm，$h=500$mm，承受弯矩设计值 $M=160$kN·m，采用 C25 级混凝土，HRB400 级钢筋，截面配筋如图 5-9 所示。复核该截面是否安全。

【解】

(1) 计算参数

由附表 2-1 和附表 2-3 分别查得混凝土和钢筋的材料强度设计值，C25 级混凝土 $f_c=11.9$N/mm²，HRB400 级钢筋 $f_y=360$N/mm²。

由附表 2-13，查得受拉钢筋 4Φ20 的面积 $A_s=1256$mm²。

等效矩形图形系数 $\alpha=1.0$。

(2) 有效高度 h_0

混凝土保护层厚度为 25mm，则

$$h_0 = 500 - 25 - 6 - 25/2 = 456.5\text{mm}$$

(3) 计算受弯承载力 M_u

由式（5-20a）得

$$x = \frac{f_y A_s}{f_c b} = \frac{360 \times 1256}{11.9 \times 250} = 152.0\text{mm} < \xi_b h_0 = 0.518 \times 465 = 240.87\text{mm}$$

满足式（5-13）适筋要求。由式（5-20b）得

$$M_u = f_y A_s \left(h_0 - \frac{x}{2}\right) = 360 \times 1256 \times (456.5 - 0.5 \times 152.0)$$
$$= 172.05\text{kN·m} > M = 160\text{kN·m}$$

满足受弯承载力要求。

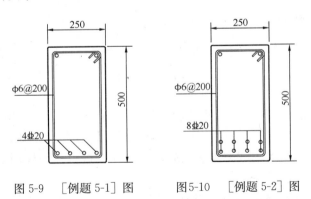

图 5-9　[例题 5-1] 图　　图 5-10　[例题 5-2] 图

【例题 5-2】 单筋矩形截面尺寸、材料强度同 [例题 5-1]。配置纵向受拉钢筋为 8 根 $d=20$mm 的 HRB400 级钢筋（见图 5-10），试求该截面的受弯承载力 M_u。

5.3 单筋矩形截面梁的设计

【解】
(1) 计算参数

材料强度设计值同上题。

由附表 2-13 查得钢筋面积 $A_s = 1608 \text{mm}^2$。

等效矩形图形系数 $\alpha = 1.0$。

混凝土保护层厚度和钢筋净距均为 25mm，有效高度 $h_0 = 500 - 25 - 16 - 25/2 - 6 = 440.5\text{mm}$。

(2) 计算受弯承载力 M_u

由式 (5-2) 第 1 式得

$$x = \frac{f_y A_s}{f_c b} = \frac{360 \times 1608}{11.9 \times 250} = 194.6\text{mm} < \xi_b h_0 = 0.518 \times 446.5 = 231.3\text{mm}$$

不满足式 (5-13) 条件，属超筋梁，查表 5-1 得 $\alpha_{s,\max} = 0.384$，故其受弯承载力为

$$M_u = \alpha_{s,\max} f_c b h_0^2 = 0.384 \times 11.9 \times 250 \times 440.5^2 = 221.67 \text{kN} \cdot \text{m}$$

2. 截面设计

截面设计时，仅已知弯矩设计值 M[①]，而材料强度等级、截面尺寸均需由设计人员选定。因此，未知数有 f_y、f_c、b、h（或 h_0）、A_s 和 x，多于两个，基本公式 (5-20) 或式 (5-21) 没有唯一解。设计人员应根据材料供应、施工条件、使用要求和《规范》设计规定等因素综合分析，确定一个较为经济合理的设计。

首先讨论材料选用。由于适筋梁的受弯承载力主要取决于受拉钢筋，因此钢筋混凝土梁、板的混凝土强度等级不宜较高。《规范》设计规定：钢筋混凝土结构的混凝土强度等级不应低于 C20；采用 400MPa 级钢筋时混凝土强度等级不应低于 C25；采用 500MPa 级钢筋时混凝土强度等级不应低于 C30。另一方面，钢筋混凝土梁、板构件是带裂缝工作的，由于对裂缝宽度和挠度变形的限制，高强钢筋的强度在有些情况下不能得到充分利用，所以钢筋混凝土梁一般常用 HRB400 和 HRBF400 级钢筋；对截面尺寸较大的梁，可采用 HRB500 和 HRBF500 级钢筋；截面尺寸较小的梁及板常用 HPB300 和 HRB335 级钢筋作受力钢筋。RRB400 级钢筋因采用余热处理，其可焊性、机械连接性能及施工适应性降低，延性和强屈比稍低，不宜用作重要部位的受力钢筋，不应用于直接承受疲劳荷载的构件。

在确定截面尺寸时，应考虑到受弯构件的截面应具有一定刚度，以便正常使用阶段的挠度变形验算能满足要求。根据工程经验，一般常按高跨比 h/L 来估计截面高度。简支梁可取 $h = (1/16 \sim 1/10)L$，简支板可取 $h = (1/35 \sim$

---

① 这里暂限定为静定结构，由荷载作用即可确定计算截面的弯矩。对超静定结构，则需预先设定截面尺寸，并需考虑弹塑性内力重分布确定计算截面的弯矩设计值，具体见本书下册第 17 章。

1/30)L,梁宽 b 可按 $b=(1/3\sim1/2)h$ 估计。即使这样,截面尺寸的选择范围仍较大,为此需从经济角度进一步分析。当给定弯矩设计值 M 时,截面尺寸 b、$h(h_0)$ 越大,则所需的 A_s 就越少,也即配筋率 ρ 越小,但混凝土用量和模板费用增加,并会影响使用空间的净空高度;反之,b、$h(h_0)$ 越小,所需的 A_s 就越大,ρ 增大,钢材费用就越高。因此,从总造价考虑,就会有一个经济配筋率范围,

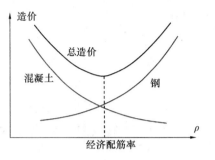

图 5-11 经济配筋率

如图 5-11 所示。根据我国的设计经验,梁的经济配筋率范围为 $\rho=(0.5\sim1.6)\%$,板的经济配筋率范围为 $\rho=(0.4\sim0.8)\%$。

由经济配筋率 ρ,可近似按以下公式确定截面尺寸:

由

$$M=f_y A_s\left(h_0-\frac{x}{2}\right)=\rho\cdot f_y b h_0^2(1-0.5\xi)$$

可得

$$h_0=\frac{1}{\sqrt{1-0.5\xi}}\cdot\sqrt{\frac{M}{\rho\cdot f_y b}}=(1.05\sim1.1)\sqrt{\frac{M}{\rho\cdot f_y b}} \tag{5-22}$$

截面高度 $h=h_0+a$,并考虑箍筋直径及保护层厚度按模数取整后可得截面尺寸。选定材料强度 f_y、f_c 和截面尺寸 b、$h(h_0)$ 后,未知数就只有 x、A_s,由基本公式 (5-20) 或式 (5-21) 即可求解。计算步骤如下:

(1) 计算 $\alpha_s=\dfrac{M}{f_c b h_0^2}$;

(2) 如 $\alpha_s<\alpha_{s,\max}$,则可计算 $\gamma_s=0.5(1+\sqrt{1-2\alpha_s})$;

(3) 计算 $A_s=\dfrac{M}{f_y\cdot\gamma_s h_0}$,并应满足 $A_s\geqslant\rho_{\min}bh$。

如在以上计算中发现 $\alpha_s>\alpha_{s,\max}$,说明截面过小,会形成超筋梁,应加大截面尺寸。

【例题 5-3】 已知矩形截面简支梁(见图 5-12),计算跨度 $l_0=5\mathrm{m}$,梁上作用均布永久荷载(包括梁自重)标准值 $g_k=6\mathrm{kN/m}$,均布可变荷载标准值 $q_k=15\mathrm{kN/m}$。选用 C20 级混凝土,HRB335 级钢筋。试确定该梁的截面尺寸 $b\times h$ 及配筋面积 A_s。

【解】

(1) 设计参数

由附表 2-1 和附表 2-3 查得材料强度设计值,C20 级混凝土 $f_c=9.6\mathrm{N/mm^2}$,HRB335 级钢筋 $f_y=300\mathrm{N/mm^2}$。

等效矩形图形系数 $\alpha=1.0$。

(2) 跨中截面的最大弯矩设计值

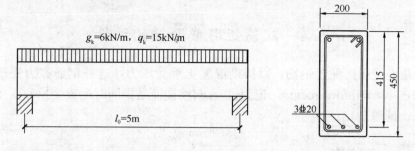

图 5-12 [例题 5-3] 图

$$M = \frac{1}{8}(1.2g_k + 1.4q_k)l_0^2 = \frac{1}{8}(1.2 \times 6 + 1.4 \times 15) \times 5^2 = 88.125 \text{kN} \cdot \text{m}$$

（3）估计截面尺寸

初步假定配筋率 $\rho = 1.0\%$，截面宽度 $b = 200$mm，由式（5-22）初步估计 h_0 为：

$$h_0 = 1.1\sqrt{\frac{M}{\rho f_y b}} = 1.1\sqrt{\frac{88125000}{0.01 \times 300 \times 200}} = 421.6 \text{mm}$$

取 $h = 450$mm，$h/l_0 = 1/11$。

（4）计算配筋

先按单排钢筋考虑，箍筋直径取 6mm，查附表 2-8 环境类别二 b 的混凝土保护层最小厚度 $c_{\min} = 35$mm，则截面有效高度为：

$$h_0 = 450 - 35 - 6 = 409 \text{mm}$$

$$\alpha_s = \frac{M}{\alpha f_c b h_0^2} = \frac{88.125 \times 10^6}{1.0 \times 9.6 \times 200 \times 409^2} = 0.274 < \alpha_{s,\max} = 0.399$$

满足适筋要求。

$$\gamma_s = 0.5(1 + \sqrt{1 - 2\alpha_s}) = 0.836$$

$$A_s = \frac{M}{f_y \gamma_s h_0} = \frac{92.8 \times 10^6}{300 \times 0.836 \times 409} = 905 \text{mm}^2$$

选用 3Φ20 钢筋，$A_s = 941 \text{mm}^2$。

（5）验算最小配筋率

$$\rho = \frac{A_s}{bh} = \frac{941}{200 \times 409} = 0.0115 > \rho_{\min} = \begin{cases} 0.45 \dfrac{f_t}{f_y} = 0.00165 \\ 0.002 \end{cases}$$

满足要求。

（6）验算配筋构造要求

$$\text{钢筋净间距} = \frac{200 - 3 \times 20}{4} = 35 \text{mm} > \begin{cases} 25 \text{mm} \\ d = 20 \text{mm} \end{cases}, \text{满足要求。}$$

5.4 双筋矩形截面梁的设计

在截面受压区配置钢筋,以协助混凝土承受压力,这种钢筋称为**受压钢筋**(compressive reinforcement),记为 A_s'。双筋截面是指同时配置受拉和受压钢筋的情况,见图 5-13。

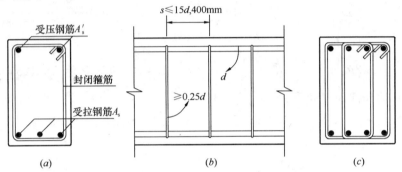

图 5-13 受压钢筋及其箍筋直径和间距的规定
(a) 双筋截面;(b) 箍筋直径和间距;(c) 复合箍筋

一般来说,采用双筋是不经济的,工程中通常在以下两种情况采用:

(1) 当截面尺寸和材料强度受建筑和施工条件限制不能增加,而计算又不满足单筋截面的条件式(5-13)时,可在受压区配置受压钢筋以增强受压区混凝土抗压能力的不足。因受压钢筋是协助混凝土受压,为节省用钢量,设计时应尽量利用混凝土的抗压能力,即可取受压区高度 $x=\xi_b h_0$,为保证梁具有一定的延性,也可取 $x=0.8\xi_b h_0$。

(2) 由于荷载有多种组合情况,在某一荷载组合情况下截面承受正弯矩,而在另一种荷载组合情况下截面承受负弯矩,这时也会出现双筋截面。

虽然从正截面受弯承载力角度来说,配置受压钢筋不如配置受拉钢筋有效,但配置受压钢筋对梁有以下有利作用:

(1) 可以减小梁在荷载长期作用下徐变变形(图 5-14a),这是因为受压钢筋限制了受压区混凝土受压徐变的发展。试验表明,其他参数相同的两个梁,$\rho'=\rho$ 的双筋梁的徐变变形只有仅配同样受拉钢筋单筋梁的 50%~60%。

(2) 可以提高截面的延性(图 5-14b),这是因为在受拉钢筋相同的情况下,配置受压钢筋后,截面受压区高度 x 将小于仅配置相同受拉钢筋的截面(见式 5-27a)。在抗震结构中,为保证框架梁具有足够的延性,均须配置一定比例的受压钢筋。

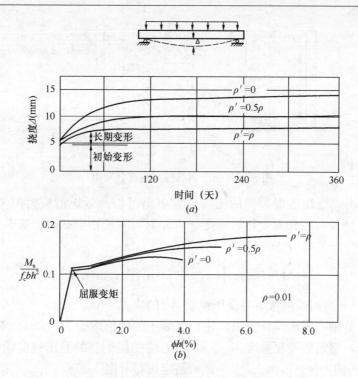

图 5-14 受压钢筋对梁的有利作用

(a) 受压钢筋对梁长期挠度变形的影响；(b) 受压钢筋对梁延性的影响

5.4.1 受压钢筋强度的利用

由于受压钢筋在纵向压力作用下易产生压曲，会导致钢筋凸出将受压区保护层崩裂，使构件提前发生破坏，降低构件的承载力。为此，《规范》规定（图 5-13）：

(1) 箍筋应做成封闭式，且弯钩直线段长度不应小于 $5d$，d 为箍筋直径。

(2) 箍筋的间距不应大于 $15d$，并不应大于 400mm。当一层纵向受压钢筋多于 5 根且直径大于 18mm 时，箍筋间距不应大于 $10d$，d 为纵向受压钢筋的最小直径。

(3) 当梁的宽度大于 400mm 且一层纵向受压钢筋多于 3 根时，或当梁的宽度不大于 400mm 但一层纵向受压钢筋多于 4 根时，应设置复合箍筋（图 5-13c）。

上述箍筋的配置构造规定是保证受压钢筋发挥作用的必要条件。注意，为便于施工形成钢筋骨架而设置的架立筋，一般不作为受压钢筋考虑。因为此时箍筋的配置不一定满足以上构造规定。

在满足上述受压钢筋配筋构造规定的情况下，双筋截面达到极限弯矩的标志仍然是受压边缘混凝土达到极限压应变 ε_{cu}。在受压边缘混凝土应变达到 ε_{cu} 前，如受拉钢筋先屈服，则其破坏形态仍与适筋梁类似，具有较大延性。在截面受弯

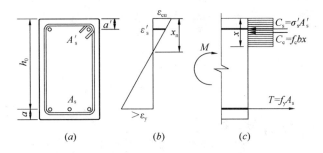

图 5-15 受压钢筋强度的充分利用

承载力计算时，受压区混凝土的压应力分布仍可按等效矩形应力图考虑，如图 5-15 所示。因此，当相对受压区高度 $\xi \leqslant \xi_b$ 时，双筋矩形截面的基本方程为：

$$\begin{cases} f_c b x + \sigma'_s A'_s = f_y A_s & (5\text{-}23a) \\ M_u = f_c b x \left(h_0 - \dfrac{x}{2} \right) + \sigma'_s A'(h_0 - a') & (5\text{-}23b) \end{cases}$$

式中　σ'_s——达到极限弯矩时受压钢筋 A'_s 的应力。

如 3.2 节轴心受压构件分析所述，混凝土的峰值应变为 0.002，对于 400 级以下的钢筋，钢筋的受压强度 $f'_y \leqslant 400$，为使受压钢筋的受压强度能充分发挥，其压应变 ε'_s 不应小于 0.002。由平截面假定可得（图 5-15b）：

$$\varepsilon'_s = \varepsilon_{cu} \left(1 - \dfrac{a'}{x_n} \right) \geqslant 0.002 \qquad (5\text{-}24)$$

取混凝土极限压应变 $\varepsilon_{cu} = 0.0033$，可得受压钢筋应力 σ'_s 不小于 400N/mm^2 的条件为：

$$x \geqslant 2a' \qquad (5\text{-}25)$$

上式是受压钢筋发挥强度的充分条件。

对于 500 级钢筋，其抗压强度为 $f'_y = 435\text{N/mm}^2$，由于双筋梁配有箍筋和受压钢筋，混凝土的峰值应变和极限压应变均有所增大，试验研究表明，当满足 $x \geqslant 2a'$ 条件时，HRB500 级钢筋也可达到其受压强度设计值 $f'_y = 435\text{N/mm}^2$。此外，上式表明，受压钢筋的位置不得低于矩形应力图中混凝土压力合力作用点，即

$$\gamma_s h_0 \leqslant h_0 - a' \qquad (5\text{-}26)$$

5.4.2 基本公式

在受压钢筋满足以上必要条件和充分条件的情况下，双筋矩形截面梁达到受弯承载力极限状态时的基本公式为：

$$\begin{cases} f_c b x + f'_y A'_s = f_y A_s & (5\text{-}27a) \\ M = M_u = f_c b x \left(h_0 - \dfrac{x}{2} \right) + f'_y A'_s (h_0 - a') & (5\text{-}27b) \end{cases}$$

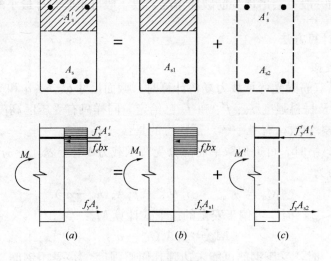

图 5-16 双筋截面的分解
(a) 双筋截面；(b) 单筋截面；(c) 纯钢筋截面

双筋截面的受弯承载力 M_u 可分解为两部分之和（图 5-16），$M_u = M_{1u} + M'_u$，即上式可写成：

$$\begin{cases} f_c bx = f_y A_{s1} \\ M_{1u} = f_c bx \left(h_0 - \dfrac{x}{2} \right) \end{cases} + \begin{cases} f'_y A'_s = f_y A_{s2} \\ M'_u = f'_y A'_s (h_0 - a') \end{cases} \quad (5-28)$$

第一部分为压区混凝土与部分受拉钢筋 A_{s1} 组成的单筋截面的受弯承载力 M_{1u}（图 5-16b）；第二部分为受压钢筋 A'_s 与其余部分受拉钢筋 A_{s2} 组成的"纯钢筋截面"的受弯承载力 M'_u（图 5-16c），这部分弯矩与混凝土无关，因此截面破坏形态不受纯钢筋截面配筋量的影响，理论上纯钢筋截面的配筋可以很大，甚至可用钢梁代替，从而形成钢骨混凝土截面，见本书下册第 21 章。

5.4.3 适用条件

由于"纯钢筋截面"不影响梁截面的受弯破坏形态，因此为防止超筋脆性破坏，仅需控制单筋截面部分不超筋即可，也即双筋梁截面的适筋条件为：

$$\begin{cases} \xi \leqslant \xi_b \\ M_1 \leqslant \alpha_{s,\max} \cdot \alpha f_c b h_0^2 \\ A_{s1} \leqslant \rho_{\max} b h_0 \end{cases} \quad (5-29)$$

上式表明，控制相对受压区高度 ξ 是保证受拉钢筋达到屈服的本质参数。此外，为保证受压钢筋的强度被充分利用，受压区高度 x 尚应满足式 (5-25)，或满足式 (5-26)。

双筋截面一般不会出现少筋破坏情况，故一般可不必验算最小配筋率。

5.4.4 设计计算方法

1. 截面复核

矩形截面双筋梁受弯承载力复核计算时，截面尺寸 b、h、a 和 a'，截面配筋 A_s 和 A'_s，以及材料强度 f_y、f'_y 和 f_c 已给定，同样只有受压区高度 x 和受弯承载力 M_u 两个未知数，有唯一解。需注意的是：

(1) 当 $\xi > \xi_b$ 时，可近似取单筋部分受弯承载力 $M_{1u} = \alpha_{s,\max} \cdot \alpha f_c b h_0^2$，即此时的受弯承载力为：

$$M_u = \alpha_{s,\max} \cdot \alpha f_c b h_0^2 + f'_y A'_s (h_0 - a') \tag{5-30}$$

(2) 当 $x < 2a'$ 时，可偏于安全的按下式计算 M_u：

$$M_u = f_y A_s (h_0 - a') \tag{5-31}$$

因为当 $x < 2a'$ 时，受压钢筋可能未达到其屈服强度 f'_y，受压钢筋与压区混凝土的总压力合力点位于受压钢筋面积形心以上，实际内力臂大于 $(h_0 - a')$，因此按上式计算的受弯承载力是偏于安全的。

【例题 5-4】 已知梁截面尺寸 $b = 200$mm，$h = 400$mm，混凝土为 C20 级，采用 HRB335 级钢筋，受拉钢筋为 3Φ20，受压钢筋为 2Φ14，箍筋Φ6-200，承受弯矩设计值 $M = 85$kN·m，试验算该截面是否安全。

【解】

(1) 设计参数

由附表 2-1 和附表 2-3 查得材料强度设计值，C20 级混凝土 $f_c = 9.6$N/mm²，HRB335 钢筋 $f_y = f'_y = 300$N/mm²，$\xi_b = 0.550$，等效矩形图形系数 $\alpha = 1.0$。

查附表 2-13 得，受拉钢筋面积 $A_s = 941$mm²，受压钢筋面积 $A'_s = 308$mm²。

截面有效高度 $h_0 = 400 - 25 - 10 - 6 = 359$mm。

保护层厚度 $c = 25$mm，则

$$a' = 25 + 6 + 14/2 = 38\text{mm}$$

(2) 计算受压区高度 x

$$x = \frac{f_y A_s - f'_y A'_s}{f_c b} = \frac{300 \times (941 - 308)}{9.6 \times 200} = 98.9\text{mm} \quad \begin{array}{l} > 2a' = 76\text{mm} \\ < \xi_b h_0 = 200.75\text{mm} \end{array}$$

(3) 计算受弯承载力 M_u

按式 (5-27b) 计算得：

$$M_u = f_c b x \left(h_0 - \frac{x}{2}\right) + f'_y A'_s (h_0 - a')$$

$$= 9.6 \times 200 \times 98.9 \times (359 - 98.9/2) + 300 \times 308 \times (359 - 38)$$

$$= 88.44\text{kN·m} > M$$

满足安全要求。

2. 截面设计

双筋截面的设计计算可能有两种情况:

(1) 在截面尺寸 b、h、a 和 a',材料强度 f_y、f'_y 和 f_c,以及弯矩设计值 M 已给定情况下,要求计算截面配筋 A_s 和 A'_s。

计算时首先应判断是否需要配置受压钢筋。当 $\alpha_s = \dfrac{M}{f_c b h_0^2} < \alpha_{s,\max}$,表明仅需按单筋截面计算即可;当 $\alpha_s > \alpha_{s,\max}$,表明需配置双筋,此时未知数有三个,$x$、$A_s$ 和 A'_s,基本公式 (5-27) 无唯一解。为取得较为经济的设计,应按使总用钢量 $(A_s + A'_s)$ 最小的原则来确定配筋。一般情况下,$f_y = f'_y$,则由双筋梁基本公式 (5-27) 可解得:

$$(A_s + A'_s) = \frac{f_c}{f_y} b \cdot \xi h_0 + 2 \cdot \frac{M - f_c b h_0^2 \xi (1 - 0.5\xi)}{f_y (h_0 - a')} \quad (5\text{-}32)$$

上式对 ξ 求导,并令 $\dfrac{d(A_s + A'_s)}{d\xi} = 0$,可得 $\xi = 0.5\left(1 + \dfrac{a'}{h_0}\right) \approx 0.55$。由表 5-1 可知,对于 HRB335、HRB400 和 HRB500 级钢筋,$\xi_b \leqslant 0.55$,故在实际计算中,可直接取 $\xi = \xi_b$,即取 $M_1 = \alpha_{s,\max} f_c b h_0^2$ 来进行计算(考虑到破坏具有一定的延性,也可取 $\xi = 0.8 \xi_b$,并相应取 $M_1 = 0.8 \xi_b (1 - 0.4 \xi_b) f_c b h_0^2$。从另一个角度理解,在充分利用混凝土受压能力的基础上再配置受压钢筋,可使用钢量较少。因此 $M' = M - M_1 = M - \alpha_{s,\max} f_c b h_0^2$,由式 (5-28) 第二部分可得受压钢筋

$$A'_s = \frac{M - \alpha_{s,\max} f_c b h_0^2}{f'_y (h_0 - a')} \quad (5\text{-}33\text{a})$$

总受拉钢筋面积为:

$$A_s = \frac{f_c b \cdot \xi_b h_0}{f_y} + \frac{f'_y}{f_y} A'_s \quad (5\text{-}33\text{b})$$

若取 $\xi = 0.8 \xi_b$,则有

$$A'_s = \frac{M - 0.8 \xi_b (1 - 0.4 \xi_b) f_c b h_0^2}{f'_y (h_0 - a')} \quad (5\text{-}34\text{a})$$

$$A_s = \frac{f_c b \cdot 0.8 \xi_b h_0}{f_y} + \frac{f'_y}{f_y} A'_s \quad (5\text{-}34\text{b})$$

(2) 截面尺寸 b、h、a 和 a',材料强度 f_y、f'_y 和 f_c,弯矩设计值 M 均已知,且受压钢筋 A'_s 也给定(如已由另一组异号弯矩求得的受拉钢筋或由构造要求给定),要求计算确定受拉钢筋 A_s。此时,未知数仅有二个,x 和 A_s,双筋梁基本公式 (5-27) 有唯一解。计算步骤如下:

① 首先由给定 A'_s 确定 $M' = f'_y A'_s (h_0 - a')$;

② $M_1 = M - M'$ 由单筋部分承担,计算 $\alpha_s = \dfrac{M_1}{f_c b h_0^2}$;

③ 如 $\alpha_s < \alpha_{s,\max}$,且 $\gamma_s = 0.5(1 + \sqrt{1 - 2\alpha_s}) \leqslant \dfrac{h_0 - a'}{h_0}$,满足式 (5-29) 和式

(5-26) 的条件；

④ 计算受拉钢筋面积 $A_s = \dfrac{M_1}{f_y \cdot \gamma_s h_0} + \dfrac{f'_y}{f_y} A'_s$。

在以上计算步骤③中，如 $\alpha_s > \alpha_{s,\max}$，表明给定受压钢筋 A'_s 尚不足，仍会产生超筋梁，故需按前述情况（1）A'_s 为未知的情况重新计算。

如果 $\gamma_s > \dfrac{h_0 - a'}{h_0}$，即 $x < 2a'$，此时可由式（5-31），按 $A_s = \dfrac{M}{f_y(h_0 - a')}$ 确定受拉钢筋面积。

【例题 5-5】 已知梁的截面尺寸 $b = 250\text{mm}$，$h = 500\text{mm}$，混凝土为 C30 级，采用 HRB400 级钢筋，承受弯矩设计值 $M = 300\text{kN·m}$，试计算配置的纵向受力钢筋。

【解】

(1) 设计参数

由附表 2-1 和附表 2-3 查得材料强度设计值，C30 级混凝土 $f_c = 14.3\text{N/mm}^2$，HRB400 钢筋 $f'_y = f_y = 360\text{ N/mm}^2$，由表 5-1 查的 $\alpha_{s,\max} = 0.384$，$\xi_b = 0.518$，等效矩形图形系数 $\alpha = 1.0$。

初步假设受拉钢筋为双排配置，并设箍筋直径为 6mm，则 $h_0 = 500 - 60 - 6 = 434\text{mm}$

(2) 计算配筋

$$\alpha_s = \dfrac{M}{f_c b h_0^2} = \dfrac{300 \times 10^6}{14.3 \times 250 \times 434^2} = 0.445 > \alpha_{s,\max} = 0.384$$

故需配受压筋，取 $a' = 40\text{mm}$

$$A'_s = \dfrac{M - \alpha_{s,\max} f_c b h_0^2}{f'_y(h_0 - a')} = \dfrac{300 \times 10^6 - 0.384 \times 14.3 \times 250 \times 434^2}{360 \times (434 - 40)} = 292\text{mm}^2$$

$$A_s = \xi_b \dfrac{f_c}{f_y} b h_0 + A'_s = 0.518 \times \dfrac{14.3}{360} \times 250 \times 434 + 238 = 2470\text{ mm}^2$$

受压钢筋选用 2 $\underline{\Phi}$ 14，$A'_s = 308\text{mm}^2$；受拉钢筋选用 8 $\underline{\Phi}$ 20，$A_s = 2513\text{mm}^2$。

若取 $\xi = 0.8\xi_b$，则有

$$A'_s = \dfrac{M - 0.8\xi_b(1 - 0.4\xi_b)f_c b h_0^2}{f'_y(h_0 - a')}$$

$$= \dfrac{300 \times 10^6 - 0.8 \times 0.518 \times (1 - 0.4 \times 0.518) \times 14.3 \times 250 \times 434^2}{360 \times (434 - 40)}$$

$$= 555\text{mm}^2$$

$$A_s = \dfrac{f_c b \cdot 0.8\xi_b h_0}{f_y} + \dfrac{f'_y}{f_y} A'_s = 0.8 \times 0.518 \times \dfrac{14.3}{360} \times 250 \times 434 + 504 = 2290\text{mm}^2$$

此时总用钢量为 2290+555=2845mm², 大于前面取 $\xi=\xi_b$ 时计算的总用钢量 2501+238=2739mm²。受压钢筋选用 2Φ18, $A_s'=509$mm²;受拉钢筋选用 6Φ22, $A_s=2281$mm²。

(3) 箍筋配置及配筋构造

根据受压钢筋的配箍要求,箍筋直径应大于 $d/4$ =4.7mm, 取 $d=6$mm;箍筋间距应小于 $15d=210$, 故配箍取 Φ6-200。

截面高度等于 500mm, 应设置梁腹纵筋 2Φ10。

经验算,钢筋净间距均符合要求,截面配筋见图 5-17。

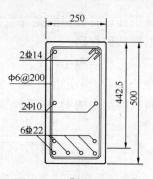

图 5-17　[例题 5-5 图]

【例题 5-6】 已知梁的截面尺寸 $b=200$mm, $h=500$mm, 混凝土为 C30 级, 受力纵筋采用 HRB335 级钢筋, 其中受压钢筋为 2Φ20, $A_s'=628$mm², 弯矩设计值 $M=120$kN·m。确定所需配置的受拉钢筋面积 A_s。

【解】

(1) 确定受压钢筋承担的弯矩 M';

设 $h_0=460$mm, $a'=35$mm

$$M' = f_y'A_s'(h_0-a') = 300 \times 628 \times (460-35) = 80.1 \text{kN·m}$$

(2) 计算 M_1 和 A_{s1}

$$M_1 = M - M^1 = 120 - 80.1 = 39.9 \text{kN·m}$$

$$\alpha_s = \frac{M_1}{\alpha f_c b h_0^2} = \frac{39.9 \times 10^6}{1.0 \times 14.9 \times 200 \times 460^2} = 0.0633 < \alpha_{s,\max} = 0.396$$

$$\gamma_s = 0.5(1+\sqrt{1-2\alpha_s}) = 0.5(1+\sqrt{1-2\times 0.0633}) = 0.967$$

$$\gamma_s = 0.967 > \frac{h_0-a'}{h_0} = 0.925$$

故偏保守的按式(5-31)计算总受拉钢筋 A_s 为:

$$A_s = \frac{M}{f_y(h_0-a')} = \frac{120\times 10^6}{300\times 425} = 941.2 \text{ mm}^2$$

选用 3Φ20, $A_s=942$mm²。最小配筋率及钢筋净间距验算略。

5.5　T 形截面梁的设计

5.5.1　概说

对矩形截面来说,由于受拉区混凝土开裂后退出工作,故挖去部分受拉区混凝土,并将钢筋集中放置(图 5-18a),形成 T 形截面, 对截面的受弯承载力没有影响。这样既可节省混凝土,也可减轻结构自重。当受拉钢筋较多,为便于布置钢筋,可将截面底部适当增大,形成工形截面。工形截面受弯承载力的计算与 T 形截面相同。

工程结构中,T 形和工形截面受弯构件的应用很多,如现浇肋形楼盖中的主、次梁、T 形吊车梁、薄腹梁、槽形板等均为 T 形截面;箱形截面、空心楼板、桥梁中的梁为工形截面。

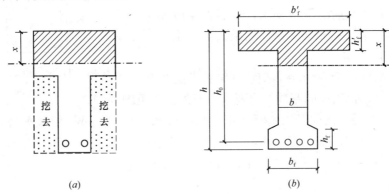

图 5-18　T 形截面

T 形截面的尺寸符号见图 5-18(b)。显然,受压翼缘越大,对截面受弯越有利(x 减小,内力臂增大)。但试验和理论分析均表明,整个受压翼缘混凝土的压应力增长并不是同步的,两侧翼缘部分的压应力小于腹板上部受压区的压应力,即两侧翼缘部分存在所谓的"应力滞后"现象,距腹板越远的翼缘,其应力滞后程度越大(图 5-19a)。为简化计算,考虑受压翼缘压应力分布不均匀的影响,可采用有效翼缘宽度 b'_f,即认为在 b'_f 宽度范围内的压应力为均匀分布(图 5-19b),b'_f 范围以外部分的翼缘则不考虑。有效翼缘宽度 b'_f 也称为翼缘计算宽度,它与翼缘厚度 h'_f、梁的跨度 l_0、受力条件(单独梁、整浇肋形楼盖梁)等因素有关。《规范》对翼缘计算宽度 b'_f 的取值规定见表 5-2,计算时 b'_f 应取表 5-2 三项中的最小值。

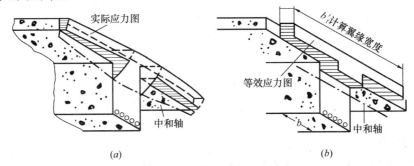

图 5-19　T 形截面应力分布和计算翼缘宽度 b'_f
(a) 受压区实际应力图形;(b) 受压区计算应力图形

5.5 T形截面梁的设计

受弯构件受压区有效翼缘计算宽度 b_f' 表 5-2

	情况	T形、I形截面		倒 L 形截面
		肋形梁（板）	独立梁	肋形梁（板）
1	按计算跨度 l_0 考虑	$l_0/3$	$l_0/3$	$l_0/6$
2	按梁（肋）净距 s_n 考虑	$b+s_n$	—	$b+s_n/2$
3	按翼缘高度 h_f' 考虑	$b+12h_f'$	b	$b+5h_f'$

注：1. 表中 b 为梁的腹板厚度；
    2. 肋形梁在梁跨内设有间距小于纵肋间距的横肋时，可不考虑表中情况 3 的规定；
    3. 加腋的 T 形、I 形和倒 L 形截面，当受压区加腋的高度 h_h 不小于 h_f' 且加腋的长度 b_h 不大于 $3h_h$ 时，其翼缘计算宽度可按表中情况 3 的规定分别增加 $2b_h$（T 形、I 形截面）和 b_h（倒 L 形截面）；
    4. 独立梁受压区的翼缘板在荷载作用下经验算沿纵肋方向可能产生裂缝时，其计算宽度应取腹板宽度 b。

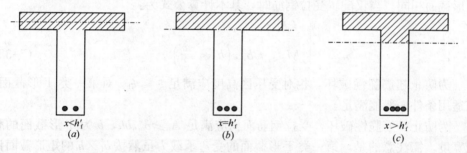

图 5-20 两类 T 形截面
(a) 第一类 T 形截面；(b) 界限情况；(c) 第二类 T 形截面

5.5.2 两类 T 形截面及其判别

采用有效翼缘计算宽度后，T 形截面受压区混凝土仍可按等效矩形应力图考虑。根据受压区高度 x 的大小，可分为两类 T 形截面：

(1) 第一类 T 形截面，受压区高度在翼缘内，即 $x < h_f'$，受压区为矩形（图 5-20a）；

(2) 第二类 T 形截面，受压区进入腹板，即 $x > f_f'$，受压区为 T 形（图 5-20c）。

两类 T 形截面的界限情况为 $x = h_f'$（图 5-20b），此时的截面受弯承载力记为 M_f'，相应截面受力平衡方程为

$$\begin{cases} f_c b_f' h_f' = f_y A_s \\ M_f' = f_c b_f' h_f' \left(h_0 - \dfrac{h_f'}{2} \right) \end{cases} \quad \begin{matrix}(5-35a)\\(5-35b)\end{matrix}$$

因此，当满足下列条件之一时为第一类 T 形截面

$$\begin{cases} x \leqslant h'_f \\ f_c b'_f h'_f > f_y A_s \\ M < M'_f = f_c b'_f h'_f \left(h_0 - \dfrac{h'_f}{2}\right) \end{cases} \quad (5\text{-}36)$$

当满足下列条件之一时为第二类 T 形截面

$$\begin{cases} x > h'_f \\ f_c b'_f h'_f < f_y A_s \\ M > M'_f = f_c b'_f h'_f \left(h_0 - \dfrac{h'_f}{2}\right) \end{cases} \quad (5\text{-}37)$$

5.5.3 第一类 T 形截面

第一类 T 形截面的受压区为 $b'_f \times x$ 的矩形，故其计算公式与宽度等于 b'_f 的矩形截面相同。当仅配置受拉钢筋时，基本计算公式为：

$$\begin{cases} f_c b'_f x = f_y A_s \\ M \leqslant f_c b'_f x \left(h_0 - \dfrac{x}{2}\right) \end{cases} \quad (5\text{-}38)$$

为防止超筋脆性破坏，相对受压区高度应满足 $\xi \leqslant \xi_b$。对第一类 T 形截面，该适用条件一般能满足。

为防止少筋脆性破坏，受拉钢筋面积应满足 $A_s \geqslant \rho_{\min} bh$，$b$ 为 T 形截面的腹板宽度。需注意的是，第一类 T 形截面的受弯承载力虽然按 $b'_f \times h$ 的矩形截面计算，但最小配筋率是按 $M_u = M_{cr}$ 的条件确定的。而开裂弯矩 M_{cr} 主要取决于受拉区混凝土的面积。T 形截面的开裂弯矩与具有同样腹板宽度 b 的矩形截面基本相同。对工形和倒 T 形截面，受拉钢筋最小配筋面积应满足

$$A_s \geqslant \rho_{\min}[bh + (b_f - b)h_f] \quad (5\text{-}39)$$

第一类 T 形截面的设计计算方法与矩形截面类似，这里不再赘述。

5.5.4 第二类 T 形截面

第二类 T 形截面的受压区为 T 形。由截面平衡条件可得基本公式

$$\begin{cases} f_c bx + f_c (b'_f - b) h'_f = f_y A_s \\ M_u = f_c bx \left(h_0 - \dfrac{x}{2}\right) + f_c (b'_f - b) h'_f \left(h_0 - \dfrac{h'_f}{2}\right) \end{cases} \quad (5\text{-}40)$$

与双筋矩形截面类似，上述公式可分解为两部分（图 5-21），即

$$\begin{cases} f_c bx = f_y A_{s1} \\ M_1 = f_c bx \left(h_0 - \dfrac{x}{2}\right) \end{cases} + \begin{cases} f_c (b'_f - b) h'_f = f_y A_{s2} \\ M' = f_c (b'_f - b) h'_f \left(h_0 - \dfrac{h'_f}{2}\right) \end{cases} \quad (5\text{-}41)$$

上式第一部分为 $b \times x$ 的受压区混凝土与部分受拉钢筋 A_{s1} 组成的单筋矩形截面（图 5-21b），其受弯承载力记为 M_1；上式第二部分为翼缘 $(b'_f - b) \times h'_f$ 受压区混

凝土与其余部分受拉钢筋 A_{s2} 组成的截面（图 5-21c），其受弯承载力记为 M'；总受弯承载力 $M = M_1 + M'$。

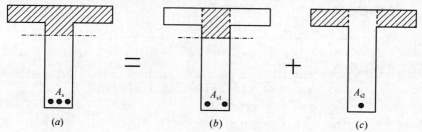

图 5-21　T 形截面的分解

与双筋截面类似，为防止超筋脆性破坏，图 5-21（b）单筋部分应满足

$$\begin{cases} \xi \leqslant \xi_b \\ M_1 \leqslant \alpha_{s,max} \cdot f_c b h_0^2 \\ A_{s1} \leqslant \rho_{max} b h_0 \end{cases} \tag{5-42}$$

为防止少筋脆性破坏，截面总配筋面积应满足：$A_s \geqslant \rho_{min} bh$。对于第二类 T 形截面，该条件一般能满足。

第二类 T 形截面的设计计算方法也与双筋截面类似，其计算步骤如下：

(1) 由式（5-41）的第二部分计算：

$$\begin{cases} A_{s2} = \dfrac{f_c(b'_f - b)h'_f}{f_y} \\ M' = f_c(b'_f - b)h'_f \left(h_0 - \dfrac{h'_f}{2}\right) \end{cases} \tag{5-43}$$

(2) 由 $M_1 = M - M'$ 按单筋矩形截面计算配筋 A_{s1}，计算时应注意验算式（5-42）的适用条件；

(3) 计算总配筋面积 $A_s = A_{s1} + A_{s2}$。

【例题 5-7】已知 T 形截面尺寸 $b = 250$mm，$h = 800$mm，$b'_f = 600$mm，$h'_f = 100$mm，混凝土为 C20 级，采用 HRB335 级钢筋，弯矩设计值 $M = 440$kN·m，试计算配筋。

【解】

(1) 判断截面类型

取 $h_0 = 800 - 60 = 740$mm

$$M'_f = f_c b'_f h'_f \left(h_0 - \dfrac{h'_f}{2}\right) = 9.6 \times 600 \times 100 \times \left(740 - \dfrac{100}{2}\right)$$

$$= 397.44 \text{kN·m} < M = 440 \text{kN·m}$$

为第二类 T 形截面。

(2) 求 M' 及 A_{s2}

$$M' = f_c(b'_f - b)h'_f\left(h_0 - \frac{h'_f}{2}\right) = 9.6 \times (600 - 250) \times 100 \times \left(740 - \frac{100}{2}\right)$$
$$= 231.84 \text{kN} \cdot \text{m}$$
$$A_{s2} = \frac{f_c(b'_f - b)h'_f}{f_y} = \frac{9.6 \times (600 - 250) \times 100}{300} = 1120 \text{mm}^2$$

(3) 求 M_1 及 A_{s1}
$$M_1 = 440 - 231.84 = 208.16 \text{kN} \cdot \text{m}$$
$$\alpha_s = \frac{M_1}{f_c b h_0^2} = \frac{208.16 \times 10^6}{9.6 \times 250 \times 740^2} = 0.158 < 0.399 = \alpha_{s,\max}$$
$$\gamma_s = 0.5(1 + \sqrt{1 - 2\alpha_s}) = 0.5(1 + \sqrt{1 - 2 \times 0.158}) = 0.913$$
$$A_{s1} = \frac{M_1}{f_y \gamma_s h_0} = \frac{208.16 \times 10^6}{300 \times 0.913 \times 740} = 1027 \text{mm}^2$$

(4) 配筋
$$A_s = A_{s2} + A_{s1} = 1120 + 1027 = 2147 \text{mm}^2$$

受拉钢筋选用 7 Φ 20 ($A_s = 2513 \text{mm}^2$)。最小配筋率和钢筋间距验算略，截面配筋见图 5-22。

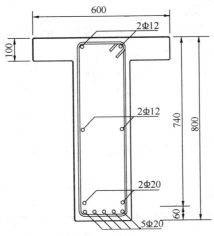

图 5-22　[例题 5-7] 图

思　考　题

5-1　钢筋混凝土梁、板构件的截面配筋基本构造要求有哪些？试说明这些构造要求规定的作用是什么？

5-2　正截面承载力计算的基本假定是什么？按基本假定如何进行正截面受弯承载力计算？

5-3　何谓等效矩形应力图形？等效矩形应力图形系数是怎样确定的？

5-4 为什么说相对受压区高度 ξ 比配筋率 ρ 更能反映受弯构件中钢筋与混凝土配比的本质?

5-5 界限相对受压区高度 ξ_b 是怎样确定的?影响 ξ_b 的因素有哪些?最大配筋率 ρ_{max} 与 ξ_b 是什么关系?

5-6 试根据正截面承载力基本假定分析超筋梁的受弯承载力的计算。在单筋矩形截面复核时,为什么当 $x \geqslant \xi_b h_0$ 时,可按 $M_{u,max} = \alpha_{s,max} \cdot f_c b h_0^2$ 确定受弯承载力?

5-7 最小配筋率是如何确定的?为什么 T 形截面的受拉钢筋的配筋面积应满足条件 $A_s \geqslant \rho_{min} bh$,而不是 $A_s \geqslant \rho_{min} b_f' h$?有受拉翼缘的工形截面和倒 T 形截面的最小受拉钢筋配筋面积应满足什么条件?

5-8 在钢筋强度、混凝土强度和截面尺寸给定的情况下,矩形截面的受弯承载力随相对受压区高度 ξ 的增加而变化情况怎样?随钢筋面积增加而变化情况怎样?

5-9 在什么情况下采用双筋梁?如何保证受压钢筋强度得到利用?

5-10 试比较双筋矩形截面与单筋矩形截面防止超筋破坏的条件。

5-11 在双筋矩形截面复核时,为什么当 $x < 2a'$ 时,可按 $M_u = f_y A_s (h_0 - a')$ 确定受弯承载力?试根据正截面承载力基本假定分析 $x < 2a'$ 时受弯承载力的计算。

5-12 如何理解双筋矩形截面设计时可直接取 $\xi = \xi_b$?何时取 $\xi = 0.8 \xi_b$?

5-13 在双筋矩形截面设计时,当已知受压钢筋面积 A_s',其计算方法与单筋矩形截面有何异同?当 $x \geqslant \xi_b h_0$ 时,应如何计算?当 $x < 2a'$ 时,又应如何计算?

5-14 在截面承载力复核时如何判别两类 T 形截面?在截面设计时如何判别两类 T 形截面?

5-15 试比较第二类 T 形截面与双筋截面计算方法的异同?

5-16 在第二类 T 形截面设计时,当 $x \geqslant \xi_b h_0$ 时,应如何处理?

5-17 图 5-23 所示四种截面,当材料强度相同时,试确定:(1)各截面开裂弯矩的大小次序?(2)各截面最小配筋面积的大小次序?(3)如承受的设计弯矩相同时,各截面的配筋大小次序?

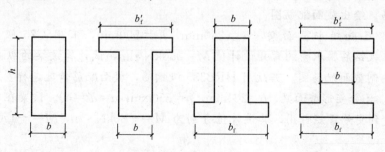

图 5-23 思考题 5-17 图

5-18 绘制正截面承载力计算的框图，并编制计算程序。

习　　题[1]

5-1　已知矩形截面梁，$b=250\text{mm}$，$h=500\text{mm}$，纵向受拉钢筋为 4⚊20 的 HRB335 级钢筋，试确定以下情况该梁所能承受的弯矩设计值 M：
(1) 混凝土强度等级为 C20；
(2) 混凝土强度等级为 C40；
(3) 试分析弯矩设计值 M 随混凝土强度变化而变化的趋势。

5-2　已知矩形截面梁，$b=250\text{mm}$，$h=500\text{mm}$，承受的弯矩设计值 $M=160\text{kN}\cdot\text{m}$，试确定以下情况该梁的纵向受拉钢筋面积 A_s：
(1) 混凝土强度等级为 C20，HRB335 级钢筋；
(2) 混凝土强度等级为 C40，HRB335 级钢筋；
(3) 试分析纵向受拉钢筋面积 A_s 随混凝土强度变化而变化的趋势。

5-3　已知矩形截面梁，$b=250\text{mm}$，$h=500\text{mm}$，取 $a=35\text{mm}$，承受的弯矩设计值 $M=160\text{kN}\cdot\text{m}$，试确定以下情况该梁的纵向受拉钢筋面积 A_s：
(1) 混凝土强度等级为 C25，HPB300 级钢筋；
(2) 混凝土强度等级为 C25，HRB400 级钢筋；
(3) 混凝土强度等级为 C25，HRB500 级钢筋；
(4) 试分析纵向受拉钢筋面积 A_s 随钢筋强度变化而变化的趋势。

5-4　已知矩形截面梁，承受的弯矩设计值 $M=160\text{kN}\cdot\text{m}$，试确定以下情况该梁的纵向受拉钢筋面积 A_s（取 $a=35\text{mm}$）：
(1) $b=150\text{mm}$，$h=500\text{mm}$，混凝土强度等级为 C20，HRB335 级钢筋；
(2) $b=250\text{mm}$，$h=750\text{mm}$，混凝土强度等级为 C20，HRB335 级钢筋；
(3) 试分析纵向受拉钢筋面积 A_s 随截面尺寸变化而变化的趋势。

5-5　某楼层钢筋混凝土矩形截面简支梁，计算跨度为 $l_0=6.0\text{m}$，承受楼面传来的均布恒载标准值 16kN/m（包括梁自重），均布活载标准值 10kN/m，采用 C20 级混凝土，HRB400 级钢筋。试确定该梁的截面尺寸，并计算梁的纵向受拉钢筋，绘出截面配筋图。

5-6　已知矩形截面梁，$b=250\text{mm}$，$h=500\text{mm}$，采用 C25 级混凝土，HRB400 级钢筋。承受的弯矩设计值 $M=250\text{kN}\cdot\text{m}$，试计算该梁的纵向受力钢筋，并绘制截面配筋图。若改用 HRB335 级钢筋，截面配筋情况怎样？

5-7　已知矩形截面梁，$b=200\text{mm}$，$h=550\text{mm}$，$a=a'=40$。该梁在不同荷载组合下受到变号弯矩作用，其设计值分别为 $M=-80\text{kN}\cdot\text{m}$，$M=+140\text{kN}\cdot\text{m}$。

---

[1] 环境等级均按二 a 考虑；箍筋直径取 6mm。

采用C20级混凝土，HRB400级钢筋。试求：

（1）按单筋矩形截面计算在$M=-80\text{kN}\cdot\text{m}$作用下，梁顶面需配置的受拉钢筋$A_s'$；

（2）按单筋矩形截面计算在$M=+140\text{kN}\cdot\text{m}$作用下，梁底面需配置的受拉钢筋$A_s$；

（3）将在$M=-80\text{kN}\cdot\text{m}$作用下梁顶面配置的受拉钢筋$A_s'$作为受压钢筋，按双筋矩形截面计算在$M=+140\text{kN}\cdot\text{m}$作用下梁底部需配置的受拉钢筋面积$A_s$；

（4）将在$M=+140\text{kN}\cdot\text{m}$作用下梁底面配置的受拉钢筋$A_s$作为受压钢筋，按双筋矩形截面计算在$M=-80\text{kN}\cdot\text{m}$作用下梁顶部需配置的受拉钢筋面积$A_s$；

（5）比较（2）、（3）和（4）的总配筋面积。

5-8 已知矩形截面梁，$b=400\text{mm}$，$h=600\text{mm}$，采用C25混凝土，HRB335级钢筋，且截面顶部已配置2Φ20受压钢筋，承受弯矩设计值$M=240\text{kN}\cdot\text{m}$，试计算受拉纵向钢筋的面积。

5-9 某T形截面梁，$b_f'=400\text{mm}$，$h_f'=100\text{mm}$，$b=200\text{mm}$，$h=600\text{mm}$，采用C20级混凝土，HRB400级钢筋，试计算以下情况该梁的配筋（取$a=60\text{mm}$）：

（1）承受弯矩设计值$M=150\text{kN}\cdot\text{m}$；

（2）承受弯矩设计值$M=280\text{kN}\cdot\text{m}$；

（3）承受弯矩设计值$M=360\text{kN}\cdot\text{m}$。

第 6 章 受弯构件斜截面承载力计算

受弯构件在横向荷载作用下,截面上除产生弯矩 M 外,通常还有剪力 V 作用。在弯矩和剪力的共同作用下,有可能产生**斜裂缝**(diagnal crack),并产生沿斜裂缝截面的破坏(图 6-1)。这种破坏是由剪力引起的,且一般都具有脆性破坏特征。因此,在设计受弯构件时,应避免使其产生斜截面受剪破坏,即符合所谓的"**强剪弱弯**"原则(strong shear-weak bending)。这样受弯构件就将仅产生延性较好的受弯破坏形态。所以,斜截面受剪承载力计算,防止斜截面破坏先于正截面受弯破坏是钢筋混凝土受弯构件设计的重要内容。

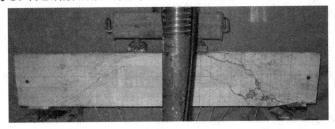

图 6-1 RC 梁在荷载作用下的受剪破坏

6.1 斜裂缝的形成

在如图 6-2 所示简支梁的弯矩和剪力共同作用区段,裂缝出现前,弯矩产生的正应力 σ 和剪力产生的剪应力 τ 合成形成主拉应力 σ_{tp} 和主压应力 σ_{cp}。在中和轴处(图中①点),正应力 σ 等于零,主拉应力 σ_{tp} 与梁轴线呈 45°;在受压区(图中②点),σ 为压应力,σ_{tp} 与梁轴线的夹角大于 45°;在受拉区(图中③点),σ 为拉应力,σ_{tp} 与梁轴线的夹角小于 45°。各点主拉应力方向连成的曲线称为**主拉应力迹线**(principal tensile stress trail),如图中实线所示。同样,可得到主压应力迹线(principal compressive stress trail),如图中虚线所示。主拉应力迹线与主压应力迹线是正交的。

当主拉应力 σ_{tp} 达到混凝土的抗拉强度 f_t 时,混凝土将开裂,裂缝方向垂直于主拉应力方向,即与主压应力方向一致。所以在剪弯段,裂缝沿主压应力迹线开展,形成**斜裂缝**(diagnal cracks)。斜裂缝的开展有两种方式:一种是因受弯正应力较大,先在梁底出现垂直裂缝,然后向上沿主压应力迹线发展形成斜裂

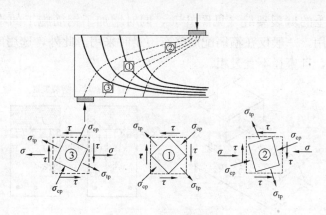

图 6-2 斜裂缝的形成

缝,这种斜裂缝称为"弯剪斜裂缝"(图 6-3a);另一种是工形截面梁,因梁腹部主拉应力较大达到抗拉强度而先开裂,然后分别向上、向下沿主压应力迹线发展形成斜裂缝,这种斜裂缝称为"腹剪斜裂缝"(见图 6-3b)。斜裂缝的开展将导致沿斜裂缝截面受剪承载力不足而产生破坏。

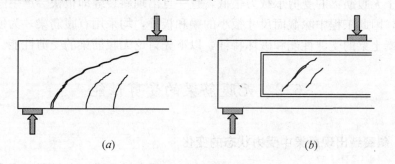

图 6-3 斜裂缝的形式
(a) 弯剪斜裂缝;(b) 腹剪斜裂缝

梁中通常设置垂直箍筋(stirrup 或 transverser reinforcemnt),或将在支座附近剪力较大区域将梁底受拉纵筋弯起形成**弯起钢筋**(bend up bars),来提高斜截面受剪承载力,控制斜裂缝的开展。箍筋和弯起钢筋统称为**腹筋**(web reinforcement)(图 6-4)。根据梁腹主拉应力方向,箍筋方向与主拉应力方向一致更为有效。但从施工考虑,斜向箍筋不便于绑扎,而且斜向箍筋也不能承受反向横向荷载的剪力,故工程中一般均采用垂直箍筋。弯起钢筋的方向基本与主拉应力方向一致,但由于其传力较为集中,受力不均匀,且有可能在弯

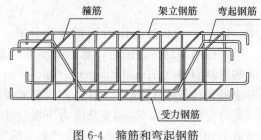

图 6-4 箍筋和弯起钢筋

起处引起混凝土的劈裂裂缝（见图 6-5），同时增加了钢筋施工的难度，故目前工程中很少采用，一般仅在箍筋配筋略有不足时采用。此外，选用的弯筋位置不宜在梁侧边缘，且直径不宜过粗。

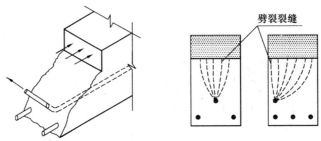

图 6-5　弯起钢筋的受力集中

由于梁中剪力产生的主拉应力毕竟是斜向的，对于高度较大的梁（梁高大于 500mm），虽然仅由箍筋可以提高梁的受剪承载力，但为控制使用阶段的斜裂缝开展，尚应按构造要求配置梁腹纵筋（图 5-2b）。

由于无腹筋梁的受剪承载力很低，且一旦出现斜裂缝即很快会产生斜截面受剪破坏，因此工程中除截面尺寸很小的梁和板外，均采用有腹筋梁。为便于说明钢筋混凝土梁的受剪性能和破坏特征，以下先讨论无腹筋梁的受剪性能。

6.2　无腹筋梁的受剪性能

6.2.1　斜裂缝出现后梁中受力状态的变化

图 6-6 所示的集中荷载作用下的无腹筋混凝土简支梁，在斜裂缝出现前，梁中的剪力基本由全截面混凝土承担，截面应力可近似按换算截面方法确定。随着荷载增加，斜裂缝出现后，剪力一部分由斜裂缝上部混凝土承担 V_c，并由上部混凝土的**拱作用**（arch action）传递到支座；还有一部分通过斜裂缝间的**骨料咬合作用** V_a（interlock action of the aggregate across the crack）传递到支座，以及纵向钢筋的**销栓作用** V_d（dowe laction）向支座传递。因此，无腹筋梁中的剪力传递主要由三部分构成，即

$$V = V_c + V_{ay} + V_d \tag{6-1}$$

式中　V_{ay}——骨料咬合作用 V_a 的竖向分量。

当荷载增加到一定值时，靠近支座的一条斜裂缝会很快发展延伸到加载点，形成**临界斜裂缝**（critical diagnal creak）。斜裂缝的不断开展，使骨料咬合作用 V_a 和纵筋销栓作用 V_d 减小。最终，斜裂缝顶端混凝土在剪力和压力的共同作用下（复合受力状态），达到复杂应力下混凝土强度而产生破坏。斜裂缝顶端混凝土受剪力和压力的共同作用，称为"**剪压区**"（shear-compressive zone）。

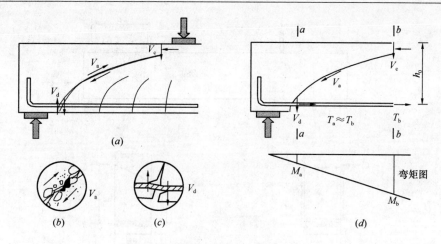

图 6-6 斜裂缝出现后受力状态的变化
(a) 剪力的传递；(b) 骨料咬合作用；(c) 销栓作用；(d) 纵筋受力的变化

斜裂缝出现后，梁剪跨段的应力状态变化表现在：

(1) 斜裂缝出现前，剪力由整个截面承担；斜裂缝出现后，剪力主要由斜裂缝顶部剪压区混凝土承担，受剪面积的减小使剪压区的剪应力比斜裂缝出现前明显增大；

(2) 斜裂缝出现前，支座附近临界斜裂缝起点处截面（图 6-6d 中 a-a 截面）处纵筋的拉应力 σ_s 与该截面处的弯矩 M_a 基本成正比；斜裂缝出现后，a-a 截面处的 σ_s 取决于临界斜裂缝顶点处截面 b-b 的弯矩 M_b，即与 M_b 基本成正比。因此，斜裂缝出现后，引起纵筋拉应力显著增大。随着斜裂缝向加载点发展，支座附近的纵筋拉应力将与临界斜裂缝顶点截面处的纵筋拉应力相近（图 6-6d），这对纵筋在支座处的锚固提出了更高的要求。同时，销栓作用 V_d 使纵筋周围的混凝土产生撕裂裂缝（图 6-6c），削弱了混凝土对纵筋的锚固作用；

(3) 由于斜裂缝出现后梁中应力状态的变化，梁由原来的梁传力机制变成拉杆拱传力机制。

6.2.2 梁的剪力传递机制

对于图 6-7 (a) 所示集中荷载下简支梁，由材料力学知，梁中剪跨段 a 区段的剪力与弯矩之间有以下关系式：

$$V = \frac{dM}{dx} \tag{6-2}$$

取弯矩 $M = T \cdot z$，T 为受拉区拉力合力；z 为拉力合力 T 至压力合力 C 的力臂，见图 6-7 (b)、(c)。代入上式得：

$$V = \frac{dM}{dx} = \frac{d}{dx}(T \cdot z) = z \cdot \frac{dT}{dx} + T \cdot \frac{dz}{dx} = V_b + V_a \tag{6-3}$$

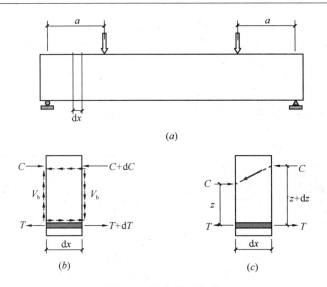

图 6-7　剪力传递机构

(a) 集中荷载下的简支梁；(b) 梁机制 $V_b = z \cdot \dfrac{dT}{dx}$；(c) 拱机制 $V_a = T \cdot \dfrac{dz}{dx}$

由上式可见，右侧第一项 $V_b = z \cdot \dfrac{dT}{dx}$ 表示力臂 z 不变，而拉力 T 和压力 C 在 dx 微段的增量 dT 和 dC 产生剪力传递（图 6-7b），这种剪力传递机制称为**梁机制**（beam mechanism）；右侧第二项 $V_a = T \cdot \dfrac{dz}{dx}$ 表示拉力 T 和压力 C 不变，而力臂 z 在 dx 微段上的变化引起的剪力传递（图 6-7c），这种剪力传递机制称为**拱机制**（arch mechanism）。

对于无腹筋梁，由于出现斜裂缝，使得图 6-7（b）所示的梁机制中的剪应力传递模式失效，从而以拱机制传递为主。

6.2.3　无腹筋梁的剪切破坏形态

剪弯段在弯矩 M 和剪力 V 的共同作用下，最终斜截面的受剪破坏形态与截面上的正应力 σ 和剪应力 τ 比值有关。因为正应力 σ 与 M/bh_0^2 成比例，剪应力 τ 与 V/bh_0 成比例，因此 σ/τ 与 M/Vh_0 成比例。对于图 6-7（a）集中荷载作用下的简支梁有

$$\lambda = \frac{M}{Vh_0} = \frac{a}{h_0} \tag{6-4}$$

式中　a——集中荷载到支座的剪跨长度，所以 λ 称为"剪跨比"。

无腹筋梁的受剪破坏形态主要受剪跨比 λ 的影响，有以下三种形式：

（1）斜压破坏（$\lambda < 1$）：当剪跨比 $\lambda = M/Vh_0$ 很小时，梁上的集中荷载主要通过拱机制作用直接传递到支座。主压应力方向与支座和荷载作用点连线基本一致，拱体如同斜向受压小柱（见图 6-8 的斜压破坏），故称为**斜压破坏**（diagnal compressive failure)。最后拱体混凝土在斜向压应力的作用下受压破坏,破坏呈脆性性质(见图 6-9 的斜压破坏)。斜压破坏主要依靠拱机制传递剪力,因此受剪承载力取决于混凝土的抗压强度,为梁受剪承载力的上限。

(2) 斜拉破坏($\lambda>3$):当剪跨比 $\lambda=M/Vh_0$ 很大时,σ/τ 也较大,主压应力角度较小,因此拱作用较小。剪力主要依靠拉应力(梁机制)传递到支座,一旦出现斜裂缝,就很快形成临界斜裂缝,剪力传递路线被切断(见图 6-8 的斜拉破坏),承载力急剧下降,脆性性质显著。破坏是由于混凝土(斜向)拉坏引起的,故称为**斜拉破坏**(diagnal tensile failure)(见图 6-9 的斜拉破坏)。斜拉传力机制的承载力,取决于混凝土的抗拉强度。

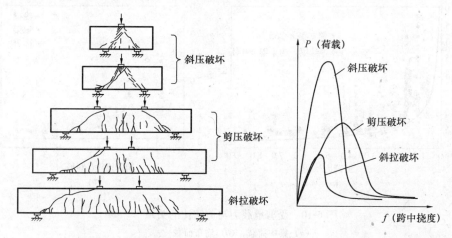

图 6-8 受剪破坏形态　　图 6-9 受剪破坏的 P-f 关系曲线

(3) 剪压破坏($1<\lambda<3$):由于剪跨比适中,有一定的拱作用。斜裂缝出现后,部分荷载通过拱机制传递到支座,承载力不会很快丧失。随荷载继续增加,剪弯段还会出现一些其他斜裂缝。最后,其中一条形成**临界斜裂缝**(critical diagnal creak),临界斜裂缝顶端剪压区处混凝土在剪应力和压应力的共同作用下最终达到混凝土剪压复合受力下的强度而破坏,破坏时也同样为脆性(图 6-9 的剪压破坏)。临界斜裂缝出现后,梁机制剪力传递失效,剪力传递主要依靠拉杆-拱机制。由于梁最后破坏是由于临界斜裂缝迅速发展引起的,最终临界斜裂缝顶部在剪压应力复合作用下达到混凝土强度而破坏,因此剪压破坏的承载力在很大程度上取决于混凝土的抗拉强度,也部分取决于斜裂缝顶端剪压区混凝土的剪压复合受力强度,界于斜拉破坏和斜压破坏之间。

无腹筋梁的受剪破坏都是脆性的,斜拉破坏为受拉脆性破坏,脆性性质最显著;斜压破坏为受压脆性破坏;剪压破坏界于受拉和受压脆性破坏之间。产生不同破坏形态的原因主要是由于剪力传递机制的变化引起剪跨段应力状态的不同。

6.2.4 影响受剪承载力的因素

1. 剪跨比

剪跨比 $\lambda = \dfrac{M}{Vh_0} = \dfrac{a}{h_0}$ 对梁剪跨段的荷载（剪力）传递机制有很大影响，从而直接影响到梁中的应力状态和受剪承载力。由以上所述可知，剪跨比较大时，荷载主要依靠拉应力（梁机制）传递到支座。剪跨比较小时，荷载主要依靠压应力（拱机制）传递到支座。图 6-10 为梁的受剪承载力与剪跨比 λ 的关系。由图可见，随剪跨比 λ 增大，受剪承载力很快减小，表明拱机制的剪力传递能力随剪跨比 λ 的增大而很快降低。

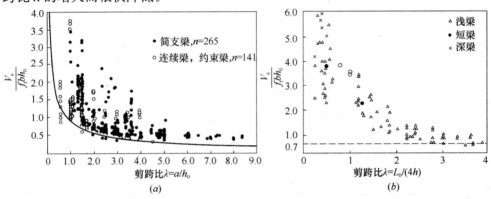

图 6-10 受剪承载力与剪跨比的关系
(a) 集中荷载；(b) 均布荷载

正确认识梁中的剪力传递机制，有助于理解各种受力情况下梁的受剪承载力的差异。如当荷载不是作用在梁顶，而是通过横梁作用在梁腹部，称为**间接加载**（图 6-11），由于荷载传递方式的改变，即荷载通过横梁上部拉应力向支座传递，这样即使在名义剪跨比 $\lambda = a/h_0$ 较小时，拱机制传递作用也不会形成，最终产生斜拉破坏。

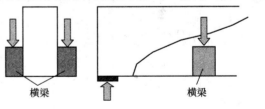

图 6-11 间接加载的荷载传递

又如，对于图 6-12（a）所示伸臂梁，BC 段的计算剪跨比为集中荷载到反弯点的距离 a 与截面有效高度 h_0 的比值，即 $\lambda_c = a/h_0$；同时记加载点到支座的距离 a_n 与截面有效高度 h_0 的比值为名义剪跨比，即 $\lambda_n = a_n/h_0$。试验研究表明，BC 段受剪承载力小于相同计算剪跨比 $\lambda = a/h_0$ 的简支梁。这是因为 BC 段反弯点两侧将各出现一条临界斜裂缝（见图 6-12b），斜裂缝处纵筋应力的突然增大导致了沿纵筋的粘结裂缝的发展。这种粘结裂缝的发展使顶部及底部纵筋在

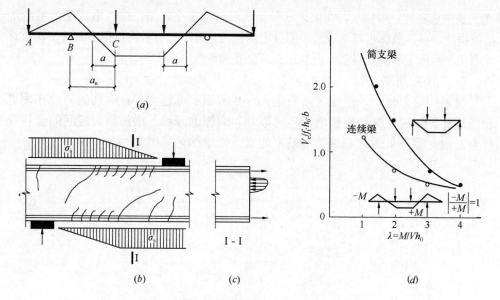

图 6-12 伸臂梁的受剪承载力
(a) 连续梁弯矩图；(b) B-C 梁段钢筋应力和裂缝状况；
(c) 连续梁与简支梁受剪承载力的比较

斜裂缝间均处于受拉状态，形成了如图 6-12(c) 所示的 I-I 截面应力分布。与简支梁斜裂缝截面受力不同的是，连续梁的名义剪跨区段 a_n 混凝土受压区高度小，压应力和剪应力相应地增大，因此其受剪承载力低于同样计算剪跨比 $\lambda_c = a/h_0$ 的简支梁（见图 6-12d）。

因此，梁中实际剪力传递机制是影响其受剪承载力的主要因素，应根据构件的实际受力形式和状态正确理解梁中的实际剪力传递机制，考虑其不利影响来确定其受剪承载力。

2. 混凝土强度

无腹筋梁的受剪破坏均是由于剪压区在剪应力和正应力作用下达到混凝土复合应力状态下强度而发生的，所以混凝土强度对受剪承载力有很大的影响。图 6-13 为受剪承载力与混凝土立方体强度 f_{cu} 的关系。可见，受剪承载力 V_u 随混凝土立方体强度 f_{cu} 的增加而增加，但并不呈线性关系增长。试验表明，无腹筋梁的受剪承载力 V_c 与混凝土的抗拉强

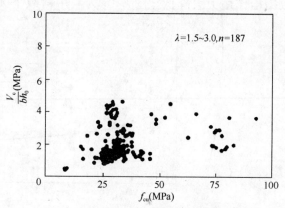

图 6-13 受剪承载力与混凝土强度的关系

度 f_t 近似成正比。事实上,在上述三种受剪破坏形态中,斜拉破坏取决于混凝土的抗拉强度,剪压破坏也基本取决于混凝土的抗拉强度,只有剪跨比很小时的斜压破坏才取决于混凝土的抗压强度,而斜压破坏是受剪承载力的上限。

3. 纵筋配筋率

纵筋配筋率越大,受压区面积越大,受剪面积也越大,且纵筋的销栓作用也相应增加。同时,纵筋面积增大还可限制斜裂缝的开展,增加斜裂缝间的骨料咬合力。因此受剪承载力随纵筋配筋率的增大而增加,见图 6-14。

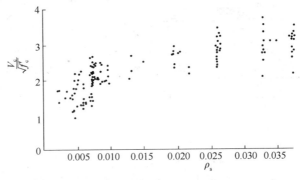

图 6-14 纵筋配筋率的影响

4. 截面形状

T 形截面有受压翼缘,增加了剪压区的面积,对斜拉破坏和剪压破坏的受剪承载力有提高(可达 20%),但对斜压破坏的受剪承载力并没有提高。

5. 尺寸效应

如 2.2.1 节中所述,混凝土尺寸越大,其强度越低。对于无腹筋梁,在其他条件相同情况下,梁的高度越大,相对抗剪承载力越低。无腹筋梁受剪承载力存在尺寸效应的原因是,随着梁的高度增大,斜裂缝宽度也较大,骨料咬合作用削弱,裂面残余拉应力减小,裂面剪应力传递能力降低,而且撕裂裂缝较明显,导致销栓作用大大降低。图 6-15 为集中荷载下无腹筋简支梁的相对受剪承载力

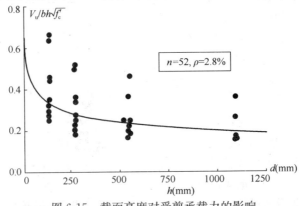

图 6-15 截面高度对受剪承载力的影响

$V_u/bh\sqrt{f_c'}$ 随截面高度变化的情况,可见相对受剪承载力随截面高度增加而逐渐降低。试验结果表明,对于截面高度大于 800mm 的无腹筋梁,受剪承载力的降低系数约为 $\beta_h = (800/h)^{1/4}$。配置腹筋后,尺寸效应的影响将明显减小。

6.2.5 无腹筋梁的受剪承载力

钢筋混凝土梁的受剪机理十分复杂,影响因素很多。为此,从工程实用角度,《规范》根据斜裂缝截面受剪平衡条件,并通过大量试验结果分析,给出偏保守的受剪承载力经验计算公式。对于无腹筋受弯构件,其受剪承载力可表示为

$$V_c = \alpha_{cv}\beta_\rho\beta_h f_t b h_0 \tag{6-5}$$

上式表明,受剪承载力与混凝土抗拉强度 f_t 和有效截面尺寸 bh_0 成正比,系数 α_{cv} 反映剪跨比的影响,系数 β_ρ 反映纵筋配筋率的影响,系数 β_h 反映截面尺寸的影响。根据试验结果分析对于集中荷载作用下的独立梁,$\alpha_{cv} = \dfrac{1.75}{\lambda + 1.0}$,当剪跨比 $\lambda < 1.5$,取 $\lambda = 1.5$;当 $\lambda > 3.0$,取 $\lambda = 3.0$,其结果见图 6-10(a);对于矩形、T 形和工形截面的一般受弯构件,α_{cv} 可取 0.7,该值相当于受均布荷载作用的不同 l_0/h 的简支梁、连续梁试验结果的偏下限,见图 6-10(b)。根据试验结果,纵筋配筋率影响系数 β_ρ 可取 $(0.7 + 20\rho)$,当 $\rho < 1.5\%$ 时取 $\rho = 1.5\%$,当 $\rho > 3.0\%$ 时取 $\rho = 3.0\%$。截面尺寸影响系数 β_h 可取 $\beta_h = \left(\dfrac{800}{h_0}\right)^{1/4}$,当 h_0 小于 800mm 时取 $h_0 = 800$mm;当 $h_0 \geqslant 2000$mm 时取 $h_0 = 2000$mm。

参数 α_{cv}、β_ρ 和 β_h 按上述取值后,与试验结果对比表明,式(6-5)的计算结果接近斜裂缝开裂荷载,因此当剪力设计值小于式(6-5)时,不会产生受剪破坏,同时在使用荷载下一般不会出现斜裂缝。但由于无腹筋梁的受剪破坏都是脆性的,其应用范围有严格限制。因此《规范》规定式(6-5)仅适用于不配置箍筋和弯起钢筋的一般钢筋混凝土板类受弯构件的受剪承载力计算,具体计算公式为:

$$V_c = 0.7\beta_h f_t b h_0 \tag{6-6a}$$

$$\beta_h = \left(\frac{800}{h_0}\right)^{1/4} \tag{6-6b}$$

由于板类受弯构件的纵筋配筋率一般较小,上式没有考虑纵筋配筋率较大时的有利影响。

为避免无腹筋梁的受剪脆性破坏,《规范》规定:按受剪承载力计算不需要箍筋的梁,当截面高度大于 300mm 时,应沿梁全长设置构造箍筋;当截面高度 $h = 150 \sim 300$mm 时,可仅在构件端部 $l_0/4$ 范围内设置构造箍筋,l_0 为跨度。但当在构件中部 $l_0/2$ 范围内有集中荷载作用时,则应沿梁全长设置箍筋。当截面高度小于 150mm 时,可以不设置箍筋。

构造箍筋的规定如下：

(1) 截面高度大于800mm的梁，箍筋直径不宜小于8mm；对截面高度不大于800mm的梁，箍筋直径不宜小于6mm。梁中配有计算需要的纵向受压钢筋时，箍筋直径尚不应小于$0.25d$，d为受压钢筋最大直径；

(2) 梁中箍筋的最大间距宜符合表6-1的规定；

(3) 当剪力V大于$0.7f_tbh_0$时，箍筋的配筋率ρ_{sv}（$\rho_{sv}=A_{sv}/(bs)$）尚不应小于$0.24f_t/f_{yv}$；

(4) 当梁中配有按计算需要的纵向受压钢筋时，箍筋尚应符合5.4.1节的规定，以保证受压钢筋的受压强度得到充分发挥。

梁中箍筋的最大间距（mm） 表 6-1

梁高 h	$V > 0.7f_tbh_0 + 0.05N_{p0}$	$V \leqslant 0.7f_tbh_0 + 0.05N_{p0}$
$150 < h \leqslant 300$	150	200
$300 < h \leqslant 500$	200	300
$500 < h \leqslant 800$	250	350
$h > 800$	300	400

6.3 有腹筋梁的受剪性能

6.3.1 箍筋的作用

配置箍筋的梁，当出现斜裂缝后，梁内的剪力传递机制由原来无腹筋梁的拉杆拱传递机制转变为桁架与拱的复合传递机制，见图6-16。斜裂缝间齿状体混凝土有如斜压腹杆，箍筋的作用有如竖向拉杆，临界斜裂缝上部及受压区混凝土相当于受压弦杆，受拉纵筋相当于下弦拉杆。箍筋将齿状体混凝土传来的荷载悬吊到受压弦杆，增加了混凝土传递受压作用的能力。此外，配置箍筋后斜裂缝宽度会减小，增加了斜裂缝间的骨料咬合作用，还直接将一部分荷载传

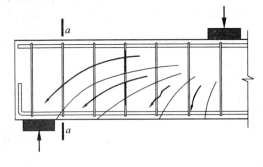

图 6-16 有腹筋梁的剪力传递

递到支座（拱机制）。

箍筋对梁受剪性能的影响是多方面的，其主要作用有：

(1) 斜裂缝出现后，斜裂缝间的拉应力由箍筋承担，增强了梁的剪力传递能力；

(2) 箍筋控制了斜裂缝的开展，增加了剪压区的面积，使 V_c 增加，骨料咬合力 V_a 也增加；

(3) 吊住纵筋，延缓了撕裂裂缝的开展，增强了纵筋销栓作用 V_d；

(4) 箍筋参与斜截面的受弯，使斜裂缝出现后纵筋拉应力 σ_s 的增量减小；

(5) 配置箍筋对斜截面开裂荷载没有影响，也不能提高斜压破坏的承载力，即对小剪跨比情况，箍筋的上述作用很小；对大剪跨比情况，箍筋配置如果超过某一限值，箍筋受拉不屈服，梁会产生斜压破坏，此时受剪承载力取决于混凝土的抗压强度，继续增加箍筋对受剪承载力基本无明显提高作用。

6.3.2 破坏形态

有腹筋梁的破坏形态不仅与剪跨比 λ 有关，还与配箍率 ρ_{sv} 有关。配箍率 ρ_{sv} 的定义为箍筋截面面积与对应混凝土面积的比值（图 6-17），即

$$\rho_{sv} = \frac{A_{sv}}{bs} = \frac{nA_{sv1}}{bs} \tag{6-7}$$

式中 A_{sv}——配置在同一截面内箍筋各肢的全部截面面积，$A_{sv} = nA_{sv1}$，此处，n 为在同一个截面内箍筋的肢数；A_{sv1} 为单肢箍筋的截面面积；

s——箍筋的间距；

b——梁宽。

配箍率对梁的受剪性能的影响情况如下：

(1) 配箍率 ρ_{sv} 太小

当箍筋配置太小，不足以承担斜裂缝出现前混凝土承担的拉应力，斜裂缝一出现箍筋就达到屈服，其受力性能与无腹筋梁类似。当剪跨比较大（$\lambda > 3$）时，会产生斜拉破坏。

(2) 配箍率 ρ_{sv} 适量

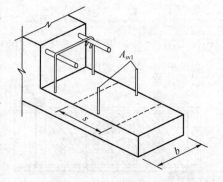

图 6-17 配箍率

当箍筋配置适量，斜裂缝出现后，箍筋能够承担斜截面上的拉应力，荷载可以继续增加，箍筋的拉应力也随之不断增大，最后达到屈服，剪压区的剪应力和压应力迅速增加，最终产生剪压破坏。受剪承载力 V_u 取决于混凝土的复合受力强度和配箍率。

(3) 配箍率 ρ_{sv} 太大

在箍筋屈服前，斜裂缝间的混凝土斜压杆因压应力过大而产生斜压破坏。受剪承载力 V_u 取决于混凝土的抗压强度和截面尺寸，继续增加配箍率 ρ_{sv} 对提高梁的受剪承载力 V_u 作用不大。

剪跨比 λ 和配箍率 ρ_{sv} 对受剪破坏形态的影响见表 6-2。

受剪破坏形态 表 6-2

配箍率 \ 剪跨比	λ<1	1<λ<3	λ>3
无腹筋	斜压破坏	剪压破坏	斜拉破坏
ρ_{sv} 很小	斜压破坏	剪压破坏	斜拉破坏
ρ_{sv} 适量	斜压破坏	剪压破坏	剪压破坏
ρ_{sv} 很大	斜压破坏	斜压破坏	斜压破坏

6.3.3 有腹筋梁的受剪承载力

1. 桁架模型

有腹筋梁的受剪机制可以用桁架来比拟,由此可以用桁架模型来建立受剪承载力的计算公式。如图 6-18 所示,斜裂缝间混凝土可比拟为桁架的斜压腹杆,箍筋可比拟为桁架的受拉腹杆,受拉纵筋可比拟为桁架的受拉下弦杆,受压区混凝土及受压钢筋可比拟为桁架的压上弦杆。在支座和集中荷载附近,混凝土斜压杆角度有一过渡区,中间部分斜压杆角度假定相同,与梁轴线夹角为 ϕ。假定梁达到受剪破坏时,与斜裂缝相交的箍筋均达到屈服强度 f_{yv},则由图 6-18 (b) 所示隔离体的平衡条件,可得

$$V_u = \Sigma A_{sv} f_{yv} = \frac{A_{sv} f_{yv}}{s} \cdot z \cdot \cot\phi = \rho_{sv} f_{yv} b \cdot z \cdot \cot\phi \quad (6-8)$$

式中　z——受拉弦杆至受压弦杆的内力臂;
　　　b——截面宽度。

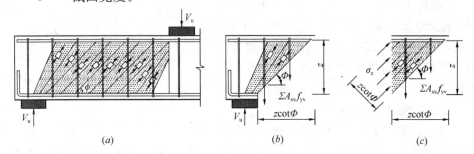

图 6-18　受剪计算的桁架模型

再由图 6-18 (c) 所示隔离体的平衡条件,可得

$$\sigma_c b \cdot z\cos\phi \cdot \sin\phi = \Sigma A_{sv} f_{yv} = \rho_{sv} f_{yv} b \cdot z\cot\phi$$

$$\sigma_c b \cdot z \cdot \sin^2\phi = \rho_{sv} f_{yv} b \cdot z \quad (6-9)$$

式中　σ_c——斜压杆混凝土的压应力。

利用关系 $\sin^2\phi = \dfrac{1}{1+\cot^2\phi}$,由上式可得

代入式 (6-8) 得

$$\cot\phi = \sqrt{\frac{\sigma_c}{\rho_{sv}f_{yv}} - 1} \tag{6-10}$$

$$V_u = \rho_{sv}f_{yv}b \cdot z \cdot \sqrt{\frac{\sigma_c}{\rho_{sv}f_{yv}} - 1} \tag{6-11}$$

式 (6-10) 表明，箍筋用量越少，$\cot\phi$ 越大，也即斜压杆角度越小。事实上，$\cot\phi$ 还与剪跨比有关，剪跨比越大，$\cot\phi$ 也越大。若取 $\lambda=3$ 时斜拉破坏时斜裂缝角度作为 $\cot\phi$ 的上限，则 $\cot\phi$ 近似为 3。因此，当式 (6-10) 中的 $\cot\phi = \sqrt{\frac{\sigma_c}{\rho_{sv}f_{yv}} - 1}$ 大于 3 时，取等于 3。进一步假定产生受剪（剪压）破坏时，混凝土斜压杆的压应力 σ_c 达到混凝土斜向抗压强度 νf_c，因此有

$$V_u = \min\begin{cases}\rho_{sv}f_{yv}b \cdot z \cdot \sqrt{\frac{\nu \cdot f_c}{\rho_{sv}f_{yv}} - 1} \\ 3\rho_{sv}f_{yv}b \cdot z\end{cases} \tag{6-12}$$

上式结果如图 6-19 中 OA 直线和 AB 曲线。OA 直线为上式中的第二式，即 $3\rho_{sv}f_{yv}bz$，A 点为式 (6-12) 中两式的交点。配箍率超过 B 点后，则在箍筋屈服前，斜压杆混凝土已压坏，即产生斜压破坏。因此 B 点为受剪承载力的上限，相应 B 点的受剪承载力为 $V_{u,\max} = 0.5\nu f_c bz$，近似取 $\nu=0.6$，$z=0.85h_0$，得到

$$V_{u,\max} = 0.255 f_c bh_0 \tag{6-13}$$

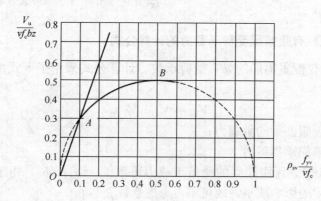

图 6-19 按桁架模型得到的受剪承载力

2. 桁架-拱模型

按桁架模型推导的受剪承载力式 (6-12)，当配箍率等于零时，$V_u=0$，这与

---

❶ 试验表明，斜向抗压强度小于轴心抗压强度，即 ν 小于 1.0，日本规范取 $\nu=0.7-f_c'/165$，欧洲规范取 $\nu=0.7-f_c'/200$。

实际情况不符。事实上，桁架模型只有在配置一定的箍筋情况下才能成立。当箍筋小于一定值时，桁架作用减小，剪力传递机制趋向于无腹筋梁的拉杆拱机制。同时，由于斜裂缝间的骨料咬合作用，在有腹筋梁中也存在一定拱作用传递机制，只是在箍筋较大时拱机制传递剪力的比例很小。所以，有腹筋梁的受剪可比拟成桁架-拱模型的复合，其受剪承载力可表示为两者的叠加，即

$$V_u = V_a + V_s \tag{6-14}$$

式中 V_a——拱机制提供的剪力；

V_s——桁架机制提供的剪力。

当配箍率趋于零时，V_a 趋于无腹筋梁的承载力，随配箍率的增加，V_a 所占的比例减小，当配箍率较大时，V_a 所占的比例可以忽略。因此，式（6-14）中 V_u 与配箍率关系见图 6-20。考虑到不同材料强度的差别，图 6-20 中的配箍率采用的是配箍特征值 $\lambda_{sv} = \rho_{sv} f_{yv} / \nu f_c$。配箍特征值 λ_{sv} 同时反映了配箍率和材料强度的配比，是反映钢筋混凝土构件受剪性能时箍筋与混凝土配比的本质参数。

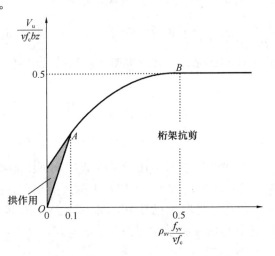

图 6-20 桁架-拱模型的受剪承载力

6.3.4 《规范》有腹筋梁受剪承载力的计算公式

《规范》对仅配置箍筋的梁，受剪承载力计算公式采用了下式两部分叠加的形式：

$$V_{cs} = V_c + V_s \tag{6-15}$$

式中 V_c——无腹筋梁的承载力；

V_s——箍筋承担剪力。

根据式（6-5），无腹筋梁的受剪承载力可取 $V_c = \alpha_c f_t b h_0$，由于配置箍筋后纵筋和截面尺寸的影响减小，故可不再考虑系数 β_p 和 β_h。

由式（6-8），箍筋承担剪力 V_s 可取 $V_s = \rho_{sv} f_{yv} b \cdot z \cdot \cot\phi = \alpha_{sv} \cdot \rho_{sv} f_{yv} b h_0$，系数 α_{sv} 与斜裂缝水平投影长度 $z \cdot \cot\phi$ 和内力臂 z 与有效高度 h_0 的比值 z/h_0 有关。由此可知，钢筋混凝土梁的受剪承载力可表示为：

$$V_u = \alpha_c f_t b h_0 + \alpha_{sv} \cdot \rho_{sv} f_{yv} b h_0 \tag{6-16}$$

由于钢筋混凝土梁受剪机制的复杂性，目前尚难通过理论方法给出上述受剪承载力计算公式的系数 α_{sv}，故根据试验分析统计确定。《规范》按 95% 保证

率取偏下限给出仅配置箍筋的矩形、T形和I形截面受弯构件的斜截面受剪承载力计算公式如下：

（1）一般受弯构件

$$V_{cs} = 0.7 f_t b h_0 + f_{yv} \frac{A_{sv}}{s} h_0 \qquad (6\text{-}17a)$$

（2）集中荷载作用下的独立梁（包括作用有多种荷载，其中集中荷载对支座截面或节点边缘所产生的剪力值占总剪力的75%以上的情况）

$$V_{cs} = \frac{1.75}{\lambda + 1} f_t b h_0 + f_{yv} \frac{A_{sv}}{s} h_0 \qquad (6\text{-}17b)$$

式中 λ——计算截面的剪跨比，可取 λ 等于 a/h_0，当 λ 小于 1.5 时，取 1.5；当 λ 大于 3 时，取 3；a 取集中荷载作用点至支座截面或节点边缘的距离。

式（6-17b）考虑了间接加载和连续梁的情况。对连续梁，式中的 λ 采用集中荷载处计算截面的剪跨比 $\lambda = a/h_0$，而不用理论剪跨比 $\lambda = M/Vh_0$。这一方面是为了计算方便，且偏于安全，另一方面是采用加大剪跨比的方法来考虑连续梁剪跨段负弯矩对受剪承载力降低的影响。式（6-17）的计算结果与试验结果的对比见图 6-21。

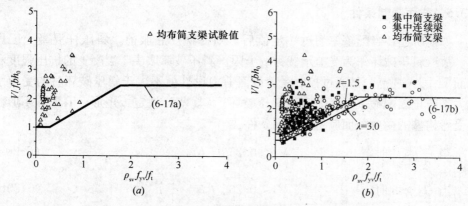

图 6-21 《规范》受剪承载力计算公式与实验结果的对比
(a) 均布简支梁；(b) 集中荷载作用下的独立梁

对于同时作用有集中荷载和均布荷载的情况，当集中荷载在支座截面产生的剪力占总剪力的75%以上时，按式（6-17b）计算。

式（6-17a）和式（6-17b）的受剪承载力计算公式，可统一表达为下式：

$$V_{cs} = \alpha_{cv} f_t b h_0 + f_{yv} \frac{A_{sv}}{s} h_0 \qquad (6\text{-}18)$$

式中 α_{cv}——截面混凝土受剪承载力系数，对于一般受弯构件取 0.7；对集中荷载作用下（包括作用有多种荷载，其中集中荷载对支座截面或节点边缘所产生的剪力值占总剪力的75%以上的情况）的独立梁，取 α_{cv} 为 $\dfrac{1.75}{\lambda+1}$。

(3) 弯起箍筋受剪承载力

弯起钢筋的作用与箍筋相同，相当于桁架模型中的斜拉腹杆，其竖向分力即为对梁受剪承载力的贡献（图 6-22）。达到受剪承载力极限状态时，弯起钢筋中的应力与它穿越斜裂缝的部位有关。当弯起钢筋靠近斜裂缝下端时，其受力较大；当弯起钢筋靠近斜裂缝上端时，其受力较小。考虑到弯起钢筋穿越斜裂缝部位随机性的不利影响，《规范》对弯起

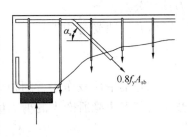

图 6-22 弯起钢筋的受力

钢筋的强度乘以折减系数 0.8。设同一弯起平面内的弯起钢筋的截面面积为 A_{sb}，则同时配置箍筋和弯起钢筋时，斜截面受剪承载力按下式计算：

$$V_u = V_{cs} + 0.8 f_y A_{sb} \sin\alpha_s \tag{6-19}$$

式中　V_{cs}——式（6-18）仅配置箍筋梁的受剪承载力；

　　　α_s——弯起钢筋与构件轴线的夹角，一般取 $45°\sim 60°$。

由于弯起钢筋受力集中，施工困难，目前在实际工程中已很少采用。

6.3.5　截面限制条件

如前所述，当配箍率超过一定值后，则在箍筋屈服前，斜压杆混凝土已压坏，故取斜压破坏作为受剪承载力的上限。斜压破坏取决于混凝土的抗压强度和截面尺寸。《规范》是通过控制受剪截面剪力设计值不大于斜压破坏时的受剪承载力来防止因配箍率过高而产生斜压破坏。《规范》规定：矩形、T 形和 I 形截面受弯构件的受剪截面应符合下列条件：

当 $\dfrac{h_w}{b} \leqslant 4$ 时，$\qquad\qquad V \leqslant 0.25 \beta_c f_c b h_0 \tag{6-20a}$

当 $\dfrac{h_w}{b} \geqslant 6$ 时，$\qquad\qquad V \leqslant 0.20 \beta_c f_c b h_0 \tag{6-20b}$

当 $4 < \dfrac{h_w}{b} < 6$ 时，按直线内插法取用。

式中　V——构件斜截面上的最大剪力设计值；

　　　β_c——混凝土强度影响系数：当混凝土强度等级不超过 C50 时，取 $\beta_c = 1.0$；当混凝土强度等级为 C80 时，取 $\beta_c = 0.8$；其间按线性内插法确定；

　　　b——矩形截面的宽度，T 形截面或 I 形截面的腹板宽度；

　　　h_0——截面的有效高度；

　　　h_w——截面的腹板高度：矩形截面，取有效高度；T 形截面，取有效高度减去翼缘高度；I 形截面，取腹板净高。

6.3.6 最小配箍率

当配箍率小于一定值时，斜裂缝出现后，箍筋不能承担斜裂缝截面混凝土退出工作释放出来的拉应力，而很快达到屈服，其受剪承载力与无腹筋梁基本相同，当剪跨比较大时，可能产生斜拉破坏。为防止出现这种情况，《规范》规定当 $V > V_c$ 时，梁的配箍率应满足

$$\rho_{sv} = \frac{A_{sv}}{bs} \geqslant \rho_{sv,\min} = 0.24 \frac{f_t}{f_{yv}} \tag{6-21}$$

对于一般受弯构件，将上述最小配箍率代入式（6-18），有

$$V_{cs} = 0.7 f_t b h_0 + \rho_{sv,\min} f_t h_0 = 0.94 f_t b h_0 \approx f_t b h_0 \tag{6-22}$$

上式表明，当设计剪力 V 小于 $f_t b h_0$ 时，可直接按最小配箍率确定配箍。

6.3.7 配箍构造要求

为保证梁的必要受剪承载力、且保证每条斜裂缝都至少有一道箍筋穿越、控制使用荷载下的斜裂缝宽度，《规范》规定箍筋配置应满足以下要求：

（1）对于按承载力计算不需要箍筋的梁，当截面高度大于 300mm 时，应沿梁全长设置构造箍筋；当截面高度 $h = 150 \sim 300$mm 时，可仅在构件端部 $l_0/4$ 范围内设置构造箍筋。但当在构件中部 $l_0/2$ 范围内有集中荷载作用时，则应沿梁全长设置箍筋。当截面高度小于 150mm 时，可以不设置箍筋。

（2）截面高度大于 800mm 的梁，箍筋直径不宜小于 8mm；对截面高度不大于 800mm 的梁，不宜小于 6mm。梁中配有计算需要的纵向受压钢筋时，箍筋直径尚不应小于 $0.25d$（d 为受压钢筋最大直径）。

（3）梁中箍筋的最大间距 $s_{\max}$ 宜符合表 6-3 的规定；当 V 大于 $0.7 f_t b h_0$ 时，箍筋的配筋率 ρ_{sv}（$\rho_{sv} = A_{sv}/(bs)$）尚不应小于最小配箍率 $0.24 f_t / f_{yv}$。

梁中箍筋的最大间距 $s_{\max}$ （mm）　　　　表 6-3

梁高 h	$V > 0.7 f_t b h_0$	$V \leqslant 0.7 f_t b h_0$
$150 < h \leqslant 300$	150	200
$300 < h \leqslant 500$	200	300
$500 < h \leqslant 800$	250	350
$h > 800$	300	400

同样，为防止弯起钢筋的间距太大，出现斜裂缝不与弯起钢筋相交而导致弯起钢筋不能发挥作用的情况，《规范》规定：当按计算要求配置弯起钢筋时，第一排弯起钢筋上弯点距支座边缘的水平距离 l_1（图 6-23 中 a-b 间的水平距离）不应大于

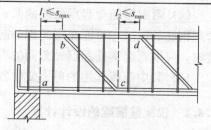

图 6-23 弯起钢筋的间距

s_{max}；前一排弯起钢筋的下弯点至后一排弯起钢筋的上弯点之间的水平距离 l_2（图6-23中 c-d 间的水平距离）不应大于表6-3中 $V>0.7f_tbh_0$ 栏的最大箍筋间距 s_{max}。

6.4 斜截面受剪承载力的计算

6.4.1 受剪计算截面

通常，梁端部的剪力较大，跨中的剪力较小，为有效利用材料，使设计经济合理，梁的截面尺寸和箍筋配置可沿梁轴向有一定的变化，如图6-24所示。在梁的截面尺寸和箍筋变化处，以及采用抗剪弯起钢筋处，其受剪承载力会发生变化，故这些截面均应进行斜截面受剪承载力计算。因此，在计算斜截面的受剪承载力时，剪力设计值 V 应按下列计算截面采用：

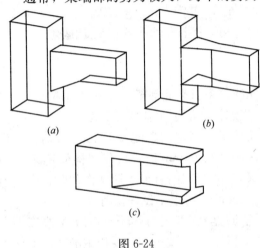

图6-24
(a) 加腋梁；(b) 水平加腋梁；(c) 工形梁

(1) 支座边缘处的截面：通常支座边缘处截面的剪力最大，对于图6-25中1-1斜裂缝截面的受剪计算，应取支座截面处的剪力（图6-25中 V_1）；

(2) 截面尺寸或腹板宽度改变处的截面：当截面尺寸或腹板宽度减小时，受剪承载力降低，有可能产生沿图6-25中2-2斜截面受剪破坏。此时，应取截面尺寸或腹板宽度改变处的剪力（图6-25中 V_2）；

(3) 箍筋直径或间距改变处的截面：箍筋直径减小或间距增大，受剪承载力降低，可能产生沿图6-25中3-3斜截面受剪破坏。此时，应取箍筋直径或间距改变处截面的剪力（图6-25中 V_3）；

(4) 弯起钢筋弯起点处的截面：未设置弯起钢筋区段的受剪承载力低于设置弯起钢筋的区段，可能在弯起钢筋起点处产生沿图6-25中4-4斜截面受剪破坏。此时，应取弯起钢筋起点处截面的剪力（图6-25中 V_4）。

(5) 集中荷载作用的剪力变化较大处的截面（5-5）。

6.4.2 仅配箍筋梁的设计计算

钢筋混凝土梁一般先进行正截面承载力设计，确定截面尺寸和纵向钢筋后，

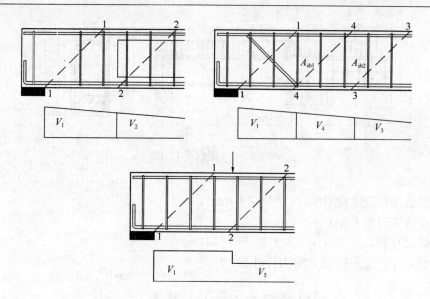

图 6-25 斜截面受剪承载力的计算截面

再进行斜截面受剪承载力设计计算。对上述各计算斜截面,根据剪力设计值 V,按以下步骤进行斜截面受剪承载力计算:

(1) 按式 (6-20) 验算是否满足截面限制条件,如不满足,应加大截面尺寸或提高混凝土强度等级;

(2) 如 $V<V_c$,则可按《规范》箍筋最小直径和表 6-3 最大箍筋间距的规定配置箍筋;

(3) 如 $V>V_c$,按下式计算配箍量:

对矩形、T 形和工形截面的一般受弯构件

$$\frac{A_{sv}}{s} = \frac{V-0.7f_t bh_0}{f_{yv} h_0} \tag{6-23}$$

对集中荷载作用下的独立梁

$$\frac{A_{sv}}{s} = \frac{V-\dfrac{1.75}{\lambda+1.0}f_t bh_0}{f_{yv} h_0} \tag{6-24}$$

(4) 根据 A_{sv}/s 值确定箍筋肢数、直径和间距,并应满足式 (6-21) 最小配箍率、箍筋最小直径和表 6-3 最大箍筋间距的规定。

【例题 6-1】 承受均布荷载作用的矩形截面简支梁,支座为厚度 360mm 的砌体墙,净跨 $l_0=5.64$m(图 6-26),承受均布荷载设计值 $q=60$kN/m(包括梁自重)。梁截面尺寸 $b=250$mm,$h=600$mm,混凝土强度等级为 C25 级,箍筋采用 HPB300 级钢筋。试确定所需要配置的箍筋。

(1) 基本参数

混凝土抗压强度设计值 $f_c=11.9$N/mm²,混凝土抗拉强度设计值 $f_t=$

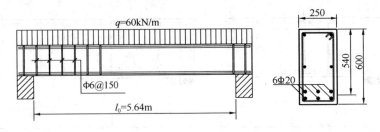

图 6-26　［例题 6-1］图

1.27N/mm^2。

箍筋抗拉强度设计值 $f_{yv}=270\text{N/mm}^2$。

箍筋直径取 6mm。

截面有效高度取 $h_0=600-60-6=534\text{mm}$。

(2) 计算支座边最大剪力设计值

$$V = \frac{1}{2}ql_0 = \frac{1}{2}\times 60\times 5.64 = 169.2\text{kN}$$

(3) 验算截面尺寸

$$\frac{V}{bh_0} = \frac{169.2\times 10^3}{250\times 534} = 1.267 \begin{matrix}< 0.25f_c = 2.97 \\ > 0.7f_t = 0.889\end{matrix}$$

截面尺寸可用，按计算配箍。

(4) 配箍计算

$$\frac{A_{sv}}{s} = \frac{V-0.7f_tbh_0}{f_{yv}h_0} = \frac{169.2\times 10^3 - 0.7\times 1.27\times 250\times 534}{270\times 534} = 0.350$$

选用双肢（$n=2$）Φ6 箍筋（$A_{sv1}=28.3\text{mm}^2$），则箍筋间距为

$$s = \frac{2A_{sv1}}{0.450} = \frac{2\times 28.3}{0.450} = 161.5\text{mm}，取 s=150\text{mm}$$

满足表 6-2 和表 6-3 最大箍筋间距和最小箍筋直径要求。

(5) 验算最小配箍率

$$\rho_{sv} = \frac{A_{sv}}{bs} = \frac{56.6}{250\times 125} = 0.00181 > 0.24\frac{f_t}{f_{yv}} = 0.24\times\frac{1.27}{210} = 0.00145$$

满足最小配箍率。

6.4.3　弯起钢筋的计算

一般先根据经验和构造要求配置箍筋，按式（6-17）确定 V_{cs}，对剪力 $V > V_{cs}$ 区段，按下式计算弯起钢筋的面积：

$$A_{sb} = \frac{V-V_{cs}}{0.8f_y\sin\alpha} \tag{6-25}$$

式中，剪力设计值 V 应根据弯起钢筋的计算斜截面位置确定。如对于图 6-27 所示配置多排弯起钢筋的情况，第一排弯起钢筋的面积 A_{sb1} 应按计算截面 1-1 的剪力设计值 V_1 计算，其值为 $A_{sb1}=\dfrac{V_1-V_{cs}}{0.8f_y\sin\alpha}$；第二排弯起钢筋的面积 A_{sb2} 应按计算截面 2-2 剪力设计值 V_2 计算，其值为 $A_{sb2}=\dfrac{V_2-V_{cs}}{0.8f_y\sin\alpha}$。也可以

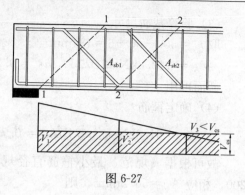

图 6-27

根据由受弯承载力要求，先确定纵筋弯起的面积，再确定箍筋。

【例题 6-2】 矩形截面简支梁，截面尺寸 $b=200\text{mm}$，$h=500\text{mm}$。支座为厚度 240mm 的砌体墙，净跨 $l_0=4.76\text{m}$，荷载设计值作用情况见图 6-28（其中均布荷载包括梁自重）。混凝土强度等级为 C20 级，纵筋采用 HRB400 级钢筋，箍筋采用 HPB300 级钢筋。已按正截面受弯承载力计算配置 6⌀18 梁。试确定所需要配置的箍筋和弯起钢筋。

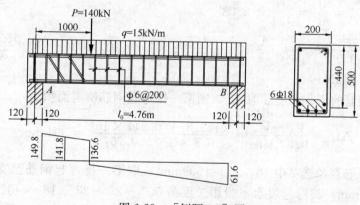

图 6-28 ［例题 6-2］图

【解】

(1) 基本参数

查附表 2-1，C20 级混凝土：$f_t=1.10\text{N/mm}^2$；$f_c=9.6\text{N/mm}^2$。

查附表 2-3，HRB400 级钢筋：$f_y=360\text{N/mm}^2$，HPB300 级钢筋：$f_y=270\text{N/mm}^2$。

(2) 计算支座边剪力设计值

$$V_A=\dfrac{1}{2}\times 15\times 4.76+\dfrac{4.76-1.0+0.12}{4.76}\times 140=35.7+114.1=149.8\text{kN}$$

$$V_B=\dfrac{1}{2}\times 15\times 4.76+\dfrac{1.0-0.12}{4.76}\times 140=35.7+25.9=61.6\text{kN}$$

(3) 验算截面尺寸

取 $h_0 = 500 - 60 - 6 = 434$mm

$V_A = 142.8$kN $< 0.25 f_c b h_0 = 0.25 \times 9.6 \times 200 \times 434 = 208.3$kN

截面可用。

(4) 确定箍筋

$V_B = 61.6$kN $< 0.7 f_t b h_0 = 0.7 \times 1.1 \times 200 \times 440 = 67.76$kN

故可根据《规范》最小箍筋直径规定和表 6-2 箍筋最大间距规定，取 $\phi 6$-200，相应 $A_{sv} = 56.2$mm^2，则

$$\rho_{sv} = \frac{A_{sv}}{bs} = \frac{56.6}{200 \times 200} = 0.142\% > \rho_{sv,\min} = 0.24 \frac{f_t}{f_{yv}} = 0.126\%$$

满足最小配箍率要求。

(5) 计算弯起钢筋

因为 A 支座边集中荷载产生的剪力与支座总剪力的比值 $\frac{114.1}{142.8} = 0.799$，大于 75%，故应按式（6-176）计算 V_{cs}。

剪跨比 $\lambda = \frac{a}{h_0} = \frac{880}{434} = 2.03$

$$V_{cs} = \frac{1.75}{\lambda + 1.0} f_t b h_0 + f_{yv} \frac{A_{sv}}{s} h_0 = \frac{1.75}{2.03 + 1} \times 1.1 \times 200 \times 434 + 210 \times \frac{56.6}{200} \times 434$$
$$= 80.94\text{kN}$$

弯起钢筋的弯起角度 α 取 45°，则第一排弯起钢筋所需面积为：

$$A_{sb1} = \frac{V_A - V_{cs}}{0.8 f_y \sin\alpha} = \frac{(142.8 - 80.94) \times 10^3}{0.8 \times 360 \times 0.707} = 304 \text{ mm}^2$$

根据纵筋直径选 2 Φ 18，$A_{sb1} = 509$mm^2。取第一排弯起钢筋至支座中线的距离为 100mm，其弯起段水平投影长度为 $500 - 25 - 25 - 18 = 432$mm（图 6-29），则弯起点处的剪力为 $142.8 - 15 \times (0.532 - 0.12) = 136.62$kN，仍大于 V_{cs}，故需弯起第二排弯起钢筋，即

$$A_{sb2} = \frac{(136.62 - 82.6) \times 10^3}{0.8 \times 360 \times 0.707} = 265.3 \text{mm}^2$$

仍选 2 Φ 18，$A_{sb2} = 509$mm^2。取第二排弯起钢筋弯下点距第一排弯起钢筋弯上点距离为 50mm（$< s_{\max} = 200$mm），第二排弯起钢筋弯起段的水平投影长度为 $500 - 25 - 18 - 25 - 25 - 18 = 398$mm（图 6-29），则第二排弯起钢筋弯上点距集中荷载作用

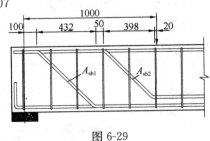

图 6-29

位置的距离为 $1000-100-432-50-398=20\text{mm}<s_{\max}=200\text{mm}$，不必再设置第三排弯起钢筋。

6.5 基于拉-压杆模型的受剪承载力计算*

第 5 章钢筋混凝土受弯构件正截面承载力是基于平截面假定计算的，该假定通常仅在纯弯区段成立，而在受弯构件中有剪力的区段，由于受剪应变的影响，理论上截面的正应变不再符合平截面假定。但对于剪力影响不大的受弯构件，可近似按平截面假定计算正截面承载力，并可按本章前述方法进行斜截面承载力计算。当受弯构件中剪力影响较大时，本章前述介绍的一般钢筋混凝土受弯构件的斜截面承载力计算方法就不太合理，此时可采用拉-压杆模型来计算。我国《规范》中未包含拉-压杆模型的方法，本节主要依据美国混凝土协会规范 ACI-318 介绍拉-压杆模型（Strut-and-Tie Models）方法，并将其转化为我国规范的表达方式。

6.5.1 "D 区"的定义

ACI-318 规范将不符合平截面假定的区域称为不连续区域（Discontinuity region），简称"D 区"，并采用拉-压杆模型来计算"D 区"的承载力。根据圣维南原理，"D 区"的范围是从构件截面几何尺寸突变截面（图 6-30a）或集中力加载点处（图 6-30b）向外扩展一个截面高度 h 的距离。如果一个梁均属于"D 区"，则称为深梁（图 6-31）。

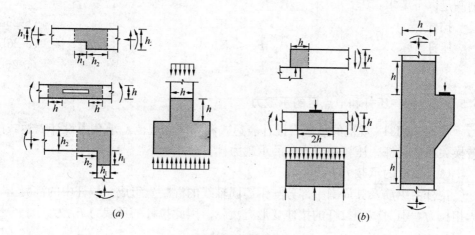

图 6-30 钢筋混凝土构件的"D 区"
(a) 几何不连续区；(b) 荷载和几何不连续区

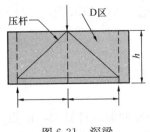

图 6-31 深梁

6.5.2 拉-压杆模型分析方法

"D 区"的受力分析可理想化为拉-压杆模型,见图 6-32。拉-压杆模型由拉杆(Tie)、压杆(Strut)以及节点区(Nodal Zone)组成。考虑到混凝土的抗压强度远大于抗拉强度,由混凝土来充当压杆,钢筋来充当拉杆,而节点区则是压杆和拉杆集中力的交汇区域,实现压杆和拉杆的力的传递。因"D 区"的最大剪跨比为 2,相应压杆与拉杆的最小角度为 $\arctan 1/2 = 26.5°$,取整后为 25°(图 6-33)。

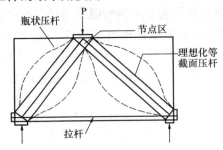

图 6-32 拉-压杆模型

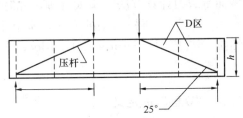

图 6-33 "D 区"压杆与拉杆的最小角度

基于拉-压杆模型,可根据 D 区的荷载和支座情况,分析得到拉杆、压杆和结点区的受力 F,并分别记为 F_t、F_c 和 F_n,进而分别对拉杆、压杆和节点区的承载力进行计算,即根据以下拉杆、压杆和节点区的承载力 F_{tu}、F_{cu} 和 F_{nu},分别满足以下要求:

拉杆: $$F_t \leqslant F_{tu} \tag{6-26a}$$

压杆: $$F_c \leqslant F_{cu} \tag{6-26b}$$

节点区: $$F_n \leqslant F_{nu} \tag{6-26c}$$

6.5.3 拉杆、压杆和节点区的承载力

根据 ACI318 规范的承载力设计表达式和我国《规范》承载力设计表达式的转换关系,拉杆、压杆和节点区的承载力计算公式如下:

(1) 拉杆的承载力 F_{tu}

拉杆由纵筋及其周围一部分与钢筋同轴线的混凝土组成。拉杆中的混凝土不承担拉力,但对减小拉杆的拉伸变形有贡献。因此拉杆的承载力 F_{tu} 为:

$$F_{tu} = 0.8 A_{ts} f_y \tag{6-27}$$

式中 A_{ts}——拉杆中纵筋的面积;
f_y——纵筋的抗拉强度设计值。

(2) 压杆的承载力 F_{cu}

压杆的承载力 F_{cu} 为：

$$F_{cu} = f_{ce} A_{cs} \quad (6-28)$$

式中 A_{cs}——压杆一端的截面面积；

f_{ce}——压杆混凝土有效抗压强度与压杆端部节点区混凝土有效抗压强度两者中的较小值。

压杆混凝土的有效抗压强度 f_{ce} 按下式确定：

$$f_{ce} = 0.85 \beta_s f_c \quad (6-29)$$

式中 f_c——轴心抗压强度设计值；

β_s——压杆有效抗压强度影响系数，对等截面压杆取 $\beta_s = 1.0$。

由于压杆在压力作用下会产生横向膨胀，会导致沿压杆轴向产生裂缝，为此应配置横向钢筋。ACI-318 规范规定，当 f_c 不大于 30MPa 时，压杆中的横向配筋应满足下式要求：

$$\sum \frac{A_{si}}{b_s s_i} \sin\alpha_i \geqslant 0.003 \quad (6-30)$$

式中 A_{si}——与压杆轴线呈 α_i 夹角且贯穿压杆的间距为 s_i 的第 i 层钢筋的总截面面积。

图 6-34 为两层钢筋穿过一个开裂的压杆。压杆中的配筋宜用两个正交方向布置形式，当采用一个方向布置配筋时，配筋与压杆轴线交角 α 不应小于 40°。

压杆中可配置受压钢筋以提高压杆的受压承载力，受压钢筋应可靠锚固，并平行于压杆轴线及位于压杆范围内，且应满足一般受压构件的箍筋构造或采用螺旋箍筋。此时，压杆受压承载力 F_{cu} 为：

$$F_{cu} = f_{ce} A_{cs} + f'_y A'_s \quad (6-31)$$

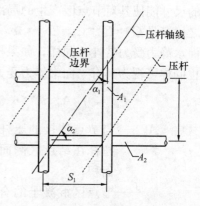

图 6-34 压杆中的配筋

(3) 节点区的承载力 F_{nu}

节点区是实现拉杆和压杆集中力传递的混凝土区域，为满足节点区的受力平衡，节点区至少有三个力作用。根据受力状态的不同，节点区分为抵抗 3 个压力的 C-C-C 节点、抵抗 2 个压力和 1 个拉力的 C-C-T 节点，以此类推，还有 C-T-T 节点和 T-T-T 节点，共四种节点类型，见图 6-35。当节点区作用不止三个力时，如图 6-36 (b) 所示，可以将两个力合成一个力后再进行计算，见图 6-36 (b)、(c)、(d)。

对于 C-C-C 节点区，如同置于静水中的物体，其各受力面的应力相等，如图 6-37 (a) 所示，因此节点区三个边的长度之比 $w_{h1} : w_{h2} : w_{h3}$ 就等于三个集中力之比，即 $C_1 : C_2 : C_3 = w_{h1} : w_{h2} : w_{h3}$。节点区的这种特性称为平面水静力受力特性。

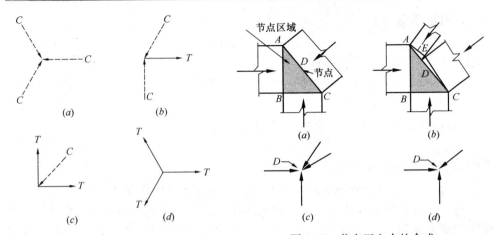

图 6-35 节点区的类型
(a) C-C-C 节点；(b) C-C-T 节点；
(c) C-T-T 节点；(d) T-T-T 节点

图 6-36 节点区上力的合成
(a) 三个压杆作用于三个节点区域；
(b) 压杆 AE，CE 可合成一个压杆；
(c) 作用于节点 D 的四个力；
(d) 中节点右边的力的合成

如果拉杆穿过节点区，并在节点区另一边用钢板锚固（见图 6-37b），且钢板的尺寸能使其对节点区产生的局部压应力、且其合力能与另外两个压杆中的压力之比满足 $C_1:C_2:C_3=w_{n1}:w_{n2}:w_{n3}$ 的条件，则 C-C-T 节点区也可视为具有平面水静力受力特性。同样，如果拉杆穿过节点区后有足够锚固强度（见 6-37c），也同样可视为具有平面水静力受力特性。

$$F_{nu} = f_{ce} A_n \quad (6\text{-}32)$$

式中　A_n——与节点连接的压杆或拉杆在结点区侧面的面积；

f_{ce}——节点区混凝土的有效抗压强度，根据 ACI 规范，可取

$$f_{ce} = 0.85\beta_n f_c \quad (6\text{-}33)$$

式中　f_c——混凝土抗压强度设计值；

β_n——节点区受力形式系数，对 C-C-C 节点取 $\beta_n=1.0$，对 C-C-T 节点取 $\beta_n=0.8$，对 C-T-T 或 T-T-T 节点取 $\beta_n=0.6$。

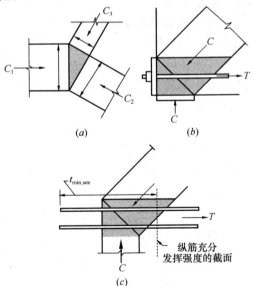

图 6-37 平面水静力节点
(a) 几何关系；(b) 通过锚具获得的拉力；
(c) 通过粘结获得的拉力

6.5.4 拉压杆模型的实质和理论依据

拉压杆模型是根据梁在荷载作用下的内在传力机制，用一个等效结构来模拟。由于计算所用等效结构只是各种可能等效结构中的一个，且对于给定荷载，该等效结构中构件（拉杆、压杆和节点）的抗力值 R 不小于该等效结构上荷载产生的相应内力效应值 S，故实际结构（构件）的承载力不会低于等效结构的承载力。该方法的理论是结构极限分析的下限定理。

下限定理可表述为：与结构静力容许内力对应的外载荷不大于结构真实的极限荷载。所谓静力容许内力是指满足平衡方程和外力边界条件且满足屈服强度条件的内力。下限定理给出了结构不破坏的必要条件，故用该定理计算的结构承载能力总是低于结构的真实承载力。由于满足下限定理的解有无穷多个，而每个解均满足结构不破坏的条件，所以理论上应选取所有可能解中最大的一个作为极限载荷的近似值。

由上述介绍可知，按下限定理计算结构的承载力是偏于的安全。对于某些《规范》未规定计算方法的复杂受力构件，可采用下限定理偏保守地进行设计计算。

思 考 题

6-1 无腹筋梁出现斜裂缝后，梁内受力机制会发生哪些变化？

6-2 无腹筋梁斜截面受剪破坏形态有哪些？影响无腹筋梁受剪破坏的主要因素是什么？

6-3 剪跨比对无腹筋梁的受剪传力机制和受剪破坏形态有何影响？

6-4 箍筋的作用有哪些？与无腹筋梁相比，配置箍筋梁出现斜裂缝后，其受力机制有何不同？

6-5 影响有腹筋梁受剪破坏形态的主要因素有哪些？为什么配置腹筋不能提高斜压破坏的受剪承载力？

6-6 《规范》受剪承载力计算公式的适用范围是什么？《规范》采取什么措施来防止斜拉破坏和斜压破坏？与受弯构件正截面承载力计算中防止少筋梁和超筋梁的措施相比，有何异同之处？

6-7 为什么厚度不大的板，一般可不进行受剪承载力计算且不配置箍筋？

6-8 规定最大箍筋间距的意义是什么？当满足最大箍筋间距和最小箍筋直径要求时，是否满足最小配箍率的要求？

6-9 斜截面受剪承载力的计算截面位置如何取？

6-10 试绘出图 6-38 所示构件或结构可能发生裂缝的状况。

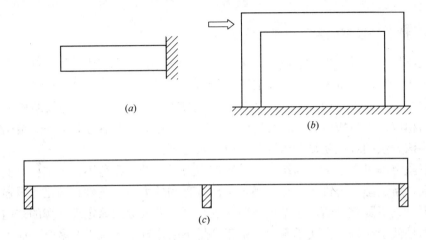

图 6-38 思考题 6-10 图
(a) 均布荷载作用的悬臂梁；(b) 水平荷载作用的框架；
(c) 均布荷载作用的连续梁

习　题

6-1　习题 5-5 简支梁，净跨度 $l_n=5.76\text{m}$，箍筋为 HPB300 级钢筋，试确定该梁的配箍。

6-2　同 6-1 题，但在距支座中线 900mm 处作用有集中荷载 $P=70\text{kN}$，试计算其受剪承载力：
(1) 按仅配置箍筋梁计算；
(2) 利用受拉纵筋作弯起钢筋计算（纵筋按习题 5-5 的配筋结果选取）。

6-3　承受均布荷载简支梁，净跨度 $l_n=5.2\text{m}$，$b=200\text{mm}$，$h=500\text{mm}$，采用 C20 级混凝土，箍筋为 HPB300 级钢筋，已知沿梁全长配置了 ϕ6-200 的箍筋，且均布恒载标准值为 15kN/m（包括梁自重），试根据该梁的受剪承载力推算该梁所能承受的均布活载的标准值。

6-4　均布荷载作用 T 形截面简支梁如图 6-39 所示，均布荷载设计值 $q=72\text{kN/m}$，采用 C20 级混凝土，箍筋为 HPB300 级钢筋，纵筋为 HRB335 级钢筋，分别按下列两种情况进行梁的腹筋计算：
(1) 仅配置箍筋；
(2) 采用 ϕ6.5-200 箍筋，求所需要的弯起钢筋。

6-5　矩形截面梁如图 6-40 所示，已知混凝土为 C25 级，纵筋为 HRB335 级钢筋，试计算当不配置箍筋时，按斜截面受剪承载力验算该梁所能承受的最大荷载 $P=$？

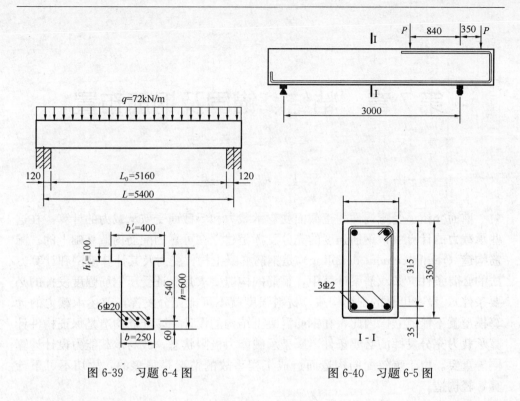

图 6-39 习题 6-4 图   图 6-40 习题 6-5 图

第7章 粘结、锚固及钢筋布置

7.1 概 述

前面介绍了受弯构件的正截面受弯承载力和斜截面受剪承载力的计算。在这些承载力的计算中,钢筋强度的充分发挥是建立在可靠的配筋构造基础上的。**配筋构造**(reinforcement detailing)是钢筋混凝土构件受力及其计算模型和计算方法的必要条件(如双筋梁计算中,箍筋的构造要求是保证受压钢筋强度发挥的必要条件),没有可靠的配筋构造,材料强度就不可能充分发挥,前述承载力的计算模型就不能成立。因此,在钢筋混凝土结构的设计中,配筋构造是保证构件计算承载力充分发挥的必要条件,属于承载能力极限状态,故与承载能力设计计算同等重要。由于疏忽配筋构造而造成工程事故的情况是很多的,故切不可重计算、轻构造。

如一个梁的钢筋沿其整个长度与混凝土没有粘结(图7-1a),则梁上作用的荷载不会使钢筋受力,该梁如同素混凝土梁一样在很小的荷载下即会因受拉区开裂而产生断裂。若钢筋仅在梁两端设置机械锚固,则在荷载作用下,钢筋的应力沿全长相等,其受力犹如二铰拱(图7-1b),不是梁的受力状态。只有当钢筋沿全长与混凝土有可靠地粘结,并在端部有可靠的锚固,才符合钢筋混凝土梁的受力特点,第5章正截面受弯承载力的计算才能成立。

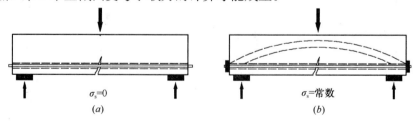

图 7-1
(a) 无粘结梁;(b) 端部锚固的无粘结梁

又如图7-2(a)所示承受均布荷载的悬臂梁,上部受拉纵筋应根据支座截面的最大弯矩 M_{max},由正截面受弯承载力设计计算确定。因此,要保证钢筋受拉强度 f_y 的充分发挥,钢筋应伸入支座内有足够的"锚固长度 l_a"。另一方面,随着距支座截面距离的增加,弯矩逐渐减小,如将按支座截面最大弯矩 M_{max} 计算确定的钢筋全部延伸到梁自由端显然是不经济的。因此可根据弯矩的减小可将一部分钢筋在合适的位置截断。那么，钢筋截断时对梁的承载力产生什么影响？如何确定钢筋截断位置，才能保证钢筋的强度得到充分发挥而不影响梁的承载力？

同样，在图 7-2（b）所示的简支梁中，靠近支座截面，弯矩逐渐减小，而在支座截面附近，剪力则较大。因此，可以将一部分受拉纵筋弯起做抗剪弯起钢筋。那么，纵筋弯起时会对梁的承载力产生什么影响？同时，纵筋在支座处的锚固长度应取多少，才能保证受拉纵筋强度的充分发挥呢？

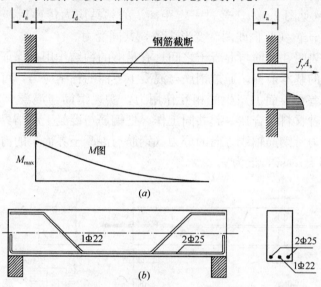

图 7-2 梁的配筋构造问题
（a）悬臂梁受拉钢筋的锚固与截断；（b）简支梁受拉钢筋的弯起

以上所述都是本章配筋构造所要讨论和解决的问题。配筋构造问题是涉及钢筋和混凝土两种材料结合在一起共同工作受力的力学问题，即钢筋与混凝土粘结和锚固的力学问题，本章先讨论钢筋与混凝土的粘结机理和性能，进而介绍钢筋的配筋构造原理，以及钢筋的锚固、截断和弯起等配筋构造措施的设计规定。最后介绍在受弯构件中，如何综合考虑受弯、受剪和钢筋配筋构造要求，进行钢筋布置设计。

7.2 钢筋与混凝土的粘结

7.2.1 粘结的概念

3.1 节中对钢筋混凝土轴心受拉构件开裂前截面受力分析，所讨论的截面是距构件端部有足够的距离，并引入变形协调关系 $\varepsilon_s = \varepsilon_c$，即钢筋与混凝土的变形一致，共同受力。事实上这一变形协调关系在构件端部是不成立的。

以下分析图 7-3 所示钢筋混凝土轴心受拉构件在开裂前构件端部的受力情况。设轴向拉力 N 施加在构件端部的钢筋上，则端部截面钢筋的应力为 $\sigma_s = N/A_s$，而混凝土的应力为 0。可见两种材料在构件端部截面处存在着较大的应力差，相应也存在较大的应变差。由于钢筋与混凝土的界面具有**粘结作用**（bond），因此随着距端部截面距离的增加，钢筋中的拉力通过粘结应力逐渐向混凝土传递，使混凝土也参与受拉（见图 7-3b），钢筋与混凝土间的应变差 $\varepsilon_s - \varepsilon_c$ 也逐渐减小（见图 7-3d）。经过一定距离 l_t 的粘结应力传递后，钢筋与混凝土间的应变差 $\varepsilon_s - \varepsilon_c = 0$，也即两者变形一致，共同受力。

上述分析表明，钢筋与混凝土之间具有足够的粘结作用是保证钢筋与混凝土共同受力变形的基本前提。通过钢筋与混凝土界面的粘结应力，可以承受由于两者的相对变形差在界面上产生的相互作用力，实现钢筋与混凝土之间的应力传递，从而使两种材料结合在一起共同工作。把钢筋与混凝土粘结界面的单位面积上的粘结作用力沿钢筋轴线方向的分力（钢筋与混凝土界面上的剪应力）称为**粘结应力**（bond stress），记为 τ。

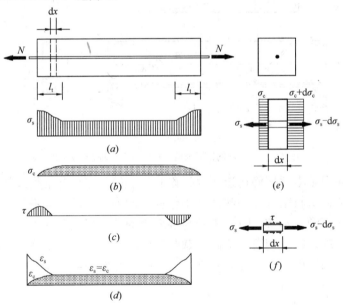

图 7-3 轴心受拉构件开裂前端部的受力
(a) 钢筋应力分布；(b) 混凝土应力分布；(c) 粘结应力分布；
(d) 钢筋和混凝土应变差；(e) 构件端部微段受力；
(f) 钢筋隔离体受力

如图 7-3 (e) 所示，取出构件端部长度为 dx 的微段，设钢筋直径为 d，截面面积为 $A_s = \pi d^2 / 4$，则由图 7-3 (f) 钢筋隔离体的平衡可得

$$\pi d \cdot \tau \cdot \mathrm{d}x = \mathrm{d}\sigma_s \cdot \frac{\pi d^2}{4}$$

由上式可得粘结应力为

$$\tau = \frac{d}{4} \cdot \frac{\mathrm{d}\sigma_s}{\mathrm{d}x} \tag{7-1}$$

上式表明，钢筋应力的变化产生粘结应力；反之，没有粘结应力就不会使钢筋应力产生变化。因此，钢筋混凝土构件中钢筋应力存在变化的区段，就有粘结应力。如图 7-4 所示简支梁，混凝土开裂前，在剪弯段纵向钢筋应力随弯矩的增大而增大，故存在粘结应力；而在纯弯段，纵向钢筋应力没有变化，粘结应力为零。

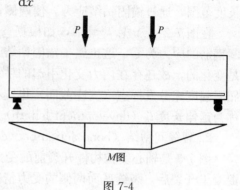

图 7-4

另一方面，粘结应力的大小取决于钢筋与混凝土间的相对变形，该相对变形称为**滑移**（slip）。当两者应变差 $\varepsilon_s - \varepsilon_c = 0$，应变协调一致无相对变形时，则无粘结应力。因此，在混凝土开裂前，构件端部大于 l_t 范围的粘结应力 $\tau = 0$。

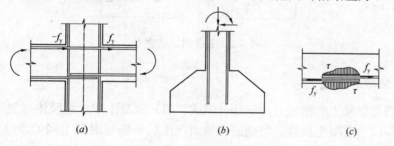

图 7-5 钢筋的锚固
(a) 梁柱节点；(b) 柱脚；(c) 钢筋搭接

7.2.2 粘结的作用（fonction of bond）

根据钢筋混凝土构件中钢筋受力情况的不同，粘结的作用分为以下两类：

1. 锚固粘结（anchorage bond）

在如前述图 7-2 (a) 所示悬臂梁固定支座处、图 7-2 (b) 简支梁支座处以及图 7-5 (a)、(b) 所示的梁柱节点和柱脚处等，这些部位钢筋端头的应力为零（图 7-5a 梁柱节点上部钢筋一端为 $-f_y$，另一端为 f_y），经过一段锚固长度粘结应力的累积，使钢筋的应力达到其受拉强度 f_y。由于这些情况下钢筋的应力差大，粘结应力也很大，如锚固长度不足，则会导致粘结应力 τ 达到粘结强度 τ_u 而产生粘结破坏，钢筋的受拉强度 f_y 无法得到发挥（$\sigma_s < f_y$），从而导致构件的承载力

降低。粘结破坏属于承载能力极限状态、且破坏具有脆性特征，因此对于存在锚固粘结应力的地方，应使粘结应力 τ 小于粘结强度 τ_u，必要时可采取机械锚固措施。

图 7-5c 所示的**钢筋搭接**（lap of rebars）也属于锚固粘结问题。在钢筋搭接长度范围，通过锚固粘结应力，使两侧钢筋的受拉屈服强度均可得到充分发挥。

在图 7-2（a）悬臂梁中，如根据弯矩图变化将钢筋截断，截断位置处被截断钢筋的应力为零，这也属于锚固粘结问题。同时由于弯矩的变化，钢筋应力也是变化的，故还存在内力变化引起的粘结应力。钢筋截断点距被截断钢筋的受拉屈服强度充分发挥点（支座截面）也应有足够的长度，为区别与支座锚固情况，称为**延伸长度** l_d（development length）。

2. 裂缝间粘结（bond action between cracks）

图 7-3 是轴心受拉构件开裂前的受力情况，粘结应力仅发生在构件端部。当混凝土开裂后，裂缝截面两侧的受力情况与构件端部一样，也产生粘结应力，见图 7-6。裂缝间的粘结应力的大小及分布将影响裂缝的分布与裂缝宽度的开展，这将在第 11 章中详细介绍。

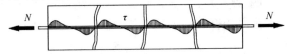

图 7-6　裂缝间粘结应力

7.2.3　粘结的机理

钢筋与混凝土的粘结力由三部分组成：（1）混凝土中水泥胶体与钢筋表面的胶结力；（2）混凝土因收缩将钢筋握紧而产生的钢筋与混凝土间的摩擦力；（3）机械咬合力。

当钢筋与混凝土产生相对滑动后，胶结力即丧失。摩擦力的大小取决于握裹力和钢筋与混凝土表面的摩擦系数。对于光面钢筋，表面轻度锈蚀有利于增加摩擦力，但摩擦作用也很有限。同时，由于光面钢筋表面的自然凹凸程度很小，机械咬合作用也不大。因此，光面钢筋与混凝土的粘结强度较低。为保证光面钢筋的锚固，通常需在钢

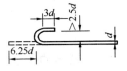

图 7-7　光面钢筋的端部标准弯钩

筋端部设置弯钩（见图 7-7），以阻止钢筋与混凝土间产生较大的相对滑动。

将钢筋表面轧制出肋，形成带肋钢筋（也称"变形钢筋"deformed bar），见图 2-1（a），可显著增加钢筋与混凝土的机械咬合作用，从而大大增加钢筋与混凝土界面的粘结强度。对于强度较高的钢筋，均需做成变形钢筋。

变形钢筋与混凝土的机械咬合作用受力机制如图 7-8 所示。钢筋受力后，其表面凸出的肋对混凝土产生斜向挤压力，其水平分力在钢筋周围的混凝土产生水

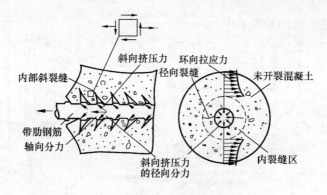

图 7-8 变形钢筋外围混凝土的内裂缝

平拉应力和剪应力,径向分力使混凝土产生环向拉力。轴向拉力和剪力使混凝土产生内部斜向锥形裂缝,环向拉力使混凝土产生内部径向裂缝。当混凝土保护层较小时,径向裂缝可发展达到构件表面(见图 7-9a 和图 7-11),如果钢筋间距也较小,则钢筋间的径向裂缝会贯通,形成劈裂裂缝(见图 7-11),机械咬合作用将丧失,产生劈裂式粘结破坏。如果在钢筋周围配置横向钢筋(箍筋或螺旋钢筋)来承担环向拉力、阻止径向裂缝的发展,或混凝土的保护层厚度较大,径向裂缝很难发展达到构件表面,则肋前部的混凝土在水平分力和剪力作用下最终将被挤碎,发生沿肋外径圆柱面的剪切破坏,形成所谓"刮犁式"的剪切型粘结破坏(见图 7-9b),这种破坏是变形钢筋与混凝土粘结强度的上限。

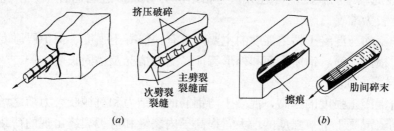

图 7-9 变形钢筋的粘结破坏形态
(a) 劈裂型粘结破坏;(b) 剪切型粘结破坏

7.2.4 粘结强度

钢筋与混凝土的粘结强度通常采用拔出试验来测定(见图 7-10)。设拔出力为 F(即钢筋的总拉力 $F=\sigma_s A_s$),则以粘结破坏(钢筋拔出或混凝土劈裂)时钢筋与混凝土界面上的最大平均粘结应力作为**粘结强度** τ_u(bond strength),即,

$$\tau_u = \frac{F}{\pi d l} = \frac{\sigma_s A_s}{\pi d l} \tag{7-2}$$

式中 d——钢筋直径;

l——钢筋锚固长度或埋长。

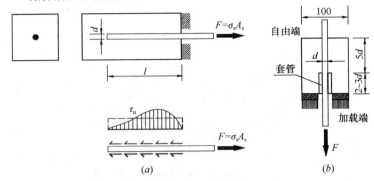

图 7-10 拔出试验
(a) 锚固长度拔出试验；(b) 粘结强度拔出试验

图 7-10 (a) 所示的拔出试验主要是早期用于测定锚固长度的试验。当锚固长度达到一定值 l_a 时，拔出端的钢筋应力将达到屈服强度。锚固长度大于 l_a，则钢筋不会被拔出。由于这种拔出试验中粘结应力分布的不均匀性，不能准确确定粘结强度，而且在加载端混凝土受到局部挤压，与构件中钢筋的应力状态有较大差别，故目前通常采用图 7-10 (b) 所示的拔出试验。这种拔出试验在张拉端设置了长度为 $(2\sim3)d$ 的套管，避免张拉端的局部应力影响。钢筋的有粘结锚长为 $5d$，在此较小的长度上可近似认为粘结应力分布接近均匀分布，由此测定的粘结强度较为准确。

影响钢筋与混凝土粘结强度的主要因素有：混凝土强度、保护层厚度和钢筋净间距、横向配筋、钢筋表面和外形特征、受力情况及锚固长度。

1. 混凝土强度

随着混凝土强度的提高，混凝土与钢筋的胶结力和机械咬合力随之增加。对变形钢筋，混凝土抗拉强度的增大，提高了内裂缝和劈裂裂缝出现的荷载。试验表明，粘结强度与混凝土抗拉强度 f_t 成正比。

2. 保护层厚度和钢筋净间距

对于变形钢筋，粘结强度主要取决于劈裂破坏。因此相对保护层厚度 c/d 越大，混凝土抵抗劈裂破坏的能力也越大，粘结强度越高。当 c/d 很大时，若锚固长度不够，则产生剪切"刮犁式"破坏（见图 7-9）。钢筋的粘结破坏形态还与钢筋净距 s 有关（见图 7-11），当钢筋净距较大时（$s>2c$），可能是保护层劈裂；当钢筋净距较小时（$s<2c$），则可能沿钢筋连线劈裂，导致粘结强度降低。

3. 横向配筋

横向钢筋的存在限制了径向裂缝的发展，阻止劈裂破坏，使粘结强度得到提高。

由于劈裂裂缝是顺钢筋方向产生的，其对钢筋锈蚀的影响要比受弯垂直裂

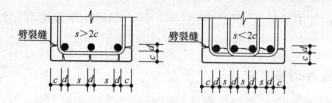

图 7-11

缝更大,将严重降低构件的耐久性。因此,钢筋混凝土构件对保护层和钢筋净距的构造规定,考虑了上述因素的影响,避免形成粘结劈裂裂缝。配置横向钢筋可以阻止径向裂缝的发展。因此在钢筋锚固区和搭接长度范围,均应增加横向钢筋。当一排并列钢筋的数量较多时,也应考虑增加横向钢筋来控制劈裂裂缝的发生。

4. 钢筋表面和外形特征

光面钢筋表面凹凸较小,机械咬合作用小,粘结强度低。月牙肋变形钢筋的相对受力面积(挤压混凝土的面积与钢筋截面积的比值)比螺纹肋变形钢筋小,故粘结强度低一些。由于变形钢筋的外形参数不随直径成比例变化,对于直径较大的变形钢筋,肋高相对较小,故肋的相对受力面积减小,粘结强度也有所减小,如 $d=32$mm 比 $d=16$mm 的钢筋粘结强度降低约 12%。此外,当钢筋表面为防止锈蚀而采用涂环氧树脂时,钢筋表面较为光滑,粘结强度也将有所降低。

5. 受力情况

在锚固范围内存在侧压力,如支座处的反力、梁柱节点处柱上的轴压力等,可增大钢筋与混凝土界面的摩擦力,从而提高粘结强度;而剪力产生的斜裂缝,则会使锚固钢筋受到销栓作用而降低粘结强度。受压钢筋由于直径增大,会增加对混凝土的挤压,从而使摩擦作用增加。受反复荷载作用的钢筋,肋前后的混凝土均会被挤碎,导致咬合作用降低。

6. 锚固长度

进行拔出试验时,锚固长度较短,粘结应力在锚固长度范围分布比较均匀,平均粘结应力较高,因此按式(7-2)确定的平均粘结强度较高;锚固长度越大,则粘结应力分布越不均匀,平均粘结强度较小,但总粘结力随锚固长度的增加而增大。当锚固长度增加达到一定值,钢筋受拉达到屈服(强度充分发挥)时未产生粘结破坏,该临界情况的锚固长度称为基本锚固长度 l_a,由式(7-2)取 $\sigma_s = f_y$ 可得

$$l_a = \frac{f_y A_s}{\tau_u \cdot \pi d} = \frac{1}{4} \cdot \frac{f_y}{\tau_u} d \qquad (7-3)$$

除以上因素外,对混凝土的质量和强度有影响的各种因素,如混凝土的坍落度、浇筑质量、养护条件和扰动,以及混凝土浇筑方向(与钢筋方向平行或垂

直)、钢筋在构件中的位置（顶部或底部）等，都对粘结强度和粘结性能产生一定影响。

7.2.5 粘结应力-滑移关系

与粘结应力 τ 对应的变形是钢筋与混凝土之间的相对滑移 s（slip）。τ-s 关系是反映钢筋与混凝土之间相互作用的物理关系，全面反映了钢筋与混凝土的粘结性能。τ-s 关系与钢筋应力-应变（σ_s-ε_s）关系和混凝土应力-应变（σ_c-ε_c）关系并列，成为钢筋混凝土结构受力性能分析的三大基本物理关系。

测定 τ-s 关系一般采用图 7-10(b) 的拔出试验，试验中同时量测加载端和自由端的滑移，一般自由端滑移比加载端要滞后（见图 7-12）。

图 7-13 为光面钢筋拔出试验的典型粘结应力-（加载端）滑移关系曲线。光面钢筋的粘结强度较低，达到峰值粘结应力 τ_u 后，滑移急剧增大，τ-s 曲线出现下降段，这是因为接触面上混凝土细颗粒磨平，摩阻力减小。光面钢筋的粘结破坏形态是钢筋被徐徐拔出的剪切破坏，滑移可达数毫米。光面钢筋表面状况对粘结性能有很大影响。

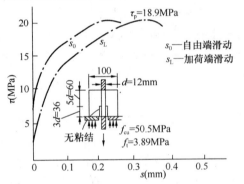
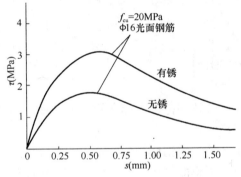

图 7-12　加载端和自由端的 τ-s 关系　　图 7-13　光面钢筋的 τ-s 关系

图 7-14 为变形钢筋拔出试验的典型粘结应力-（加载端）滑移关系曲线及其各阶段的受力情况。加载初期（$\tau<\tau_A$），肋对混凝土的斜向挤压力形成了对滑移的阻力，滑移主要由肋根部混凝土的局部挤压变形引起，τ-s 关系接近直线，刚度较大。当在斜向挤压力作用下，混凝土产生内部裂缝（内部斜向锥形裂缝和内部径向裂缝），τ-s 关系曲线斜率改变，滑移增加加快，刚度降低。随荷载增大，斜向挤压力增大，混凝土被挤碎后的粉末物堆积在肋处形成新的滑移面，产生较大的相对滑移。当径向裂缝发展达到试件表面时，产生劈裂裂缝，τ-s 关系曲线产生明显的转折，表明粘结应力已达到临界状态。此后，粘结应力虽仍有一些增长，但滑移急剧增大。随劈裂裂缝沿试件长度的发展，很快达到达到峰值粘结应力 τ_u。相应于 τ_u 的滑移值 s 随约在 0.35～0.45mm 之间波动。

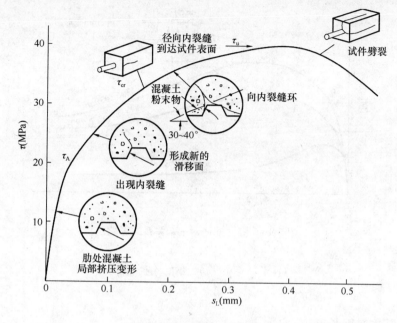

图 7-14 变形钢筋的 τ-s 关系

图 7-15 为各类钢筋 τ-s 关系曲线的对比。可见光面钢筋和刻痕钢丝的粘结性能较差；等高肋钢筋的初始滑移刚度、粘结强度高，但下降段陡，后期粘结强度降低较快，延性差；月牙肋钢筋虽比等高肋钢筋粘结强度和初始滑移刚度有所降低，但下降段平缓，后期粘结强度降低较慢，延性较好，近年来我国已大都采用月牙肋变形钢筋；钢绞线的粘结强度和初始滑移刚度较低，但粘结延性很好；螺旋肋钢筋的粘结强度、初始刚度和延性均很高。

图 7-16 为配置螺旋横向钢筋对 τ-s 关系曲线的影响。由图中曲线对比可见，内裂缝出现前（$\tau < \tau_A$），横向配

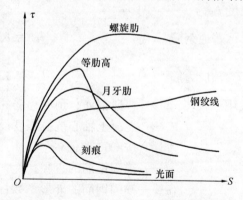

图 7-15 各类钢筋的 τ-s 关系曲线对比

筋对 τ-s 关系曲线并无影响。$\tau > \tau_A$ 后，由于横向钢筋的约束了内裂缝的发展，τ-s 关系曲线的斜率比无横向配筋的试件要大。劈裂裂缝出现后，横向钢筋的应力显著增大，控制了内裂缝的开展，使荷载能继续增长。峰值粘结应力的达到是由于肋间混凝土被完全挤碎，产生剪切型的"刮犁式"破坏，此时的滑移量可达 1~2mm。此后，由于滑移面上存在有骨料咬合力和摩擦力，粘结强度降低不多，表现出较好的延性。

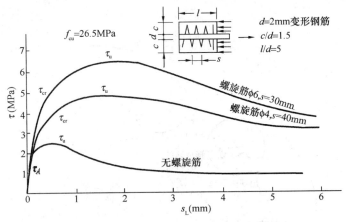

图 7-16 横向配筋对 $\tau\text{-}s$ 关系的影响

7.3 钢筋的锚固

7.3.1 基本锚固长度

《规范》是以拔出试验为基础确定受拉钢筋的基本锚固长度 l_a。由式（7-3），取粘结强度 τ_u 与混凝土抗拉强度 f_t 成正比，《规范》规定的受拉钢筋基本锚固长度 l_{ab} 为

普通钢筋
$$l_{ab} = \alpha \frac{f_y}{f_t} d \tag{7-4a}$$

预应力筋
$$l_{ab} = \alpha \frac{f_{py}}{f_t} d \tag{7-4b}$$

式中 f_y、f_{py}——普通钢筋、预应力筋的抗拉强度设计值；

f_t——混凝土轴心抗拉强度设计值，当混凝土强度等级高于 C60 时，按 C60 取值；

d——锚固钢筋的直径；

α——锚固钢筋的外形系数，按表 7-1 取值。

锚固钢筋的外形系数 α 表 7-1

钢筋类型	光面钢筋	带肋钢筋	螺旋肋钢丝	三股钢绞线	七股钢绞线
α	0.16	0.14	0.13	0.16	0.17

注：光面钢筋末端应做 180°弯钩，弯后平直段长度不应小于 3d，但作受压钢筋时可不做弯钩。

钢筋混凝土构件中受拉钢筋的锚固长度，应根据钢筋的受力情况、保护层厚度、钢筋形式等具体锚固条件对粘结强度的影响，按下列公式计算，且不应小于 200mm：

$$l_a = \zeta_a l_{ab} \tag{7-5}$$

式中 l_a——受拉钢筋的锚固长度；

ζ_a——锚固长度修正系数。

各种情况的受拉钢筋锚固长度修正系数 ζ_a 如下:
(1) 当带肋钢筋的公称直径大于 25mm 时取 1.10;
(2) 环氧树脂涂层带肋钢筋取 1.25;
(3) 施工过程中易受扰动的钢筋取 1.10;
(4) 当纵向受力钢筋的实际配筋面积大于其设计计算面积时,修正系数取设计计算面积与实际配筋面积的比值,但对有抗震设防要求及直接承受动力荷载的结构构件,不应考虑此项修正;
(5) 锚固区保护层厚度为 $3d$ 时修正系数可取 0.80,保护层厚度为 $5d$ 时修正系数可取 0.70,中间按内插取值,此处 d 为纵向受力带肋钢筋的直径。

当以上受拉钢筋锚固长度修正多于一项时,ζ_a 可按各项的连乘计算,但 ζ_a 不应小于 0.6。

当纵向受拉普通钢筋末端采用图 7-17 所示的钢筋弯钩或机械锚固措施,且钢筋弯钩和机械锚固的技术要求符合表 7-2 的规定时,包括弯钩或锚固端头在内的锚固长度(投影长度)可取为基本锚固长度 l_{ab} 的 0.6 倍。

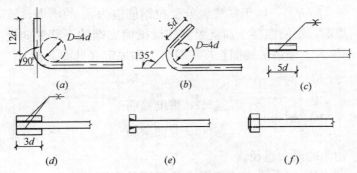

图 7-17 钢筋弯钩和机械锚固的形式
(a) 90°弯钩;(b) 135°弯钩;(c) 侧贴焊锚筋;
(d) 两侧贴焊锚筋;(e) 穿孔塞焊锚板;(f) 螺栓锚头

钢筋弯钩和机械锚固的形式和技术要求 表 7-2

锚固形式	技 术 要 求
90°弯钩	末端 90°弯钩,弯后直段长度 $12d$
135°弯钩	末端 135°弯钩,弯后直段长度 $5d$
一侧贴焊锚筋	末端一侧贴焊长 $5d$ 同直径钢筋,焊缝满足强度要求
两侧贴焊锚筋	末端两侧贴焊长 $3d$ 同直径钢筋,焊缝满足强度要求
焊端锚板	末端与厚度 d 的锚板穿孔塞焊,焊缝满足强度要求
螺栓锚头	末端旋入螺栓锚头,螺纹长度满足强度要求

注:1. 锚板或锚头的承压净面积应不小于锚固钢筋计算截面积的 4 倍;
2. 螺栓锚头产品的规格、尺寸应满足螺纹连接的要求,并应符合相关标准的要求;
3. 螺栓锚头和焊接锚板的间距不大于 $3d$ 时,宜考虑群锚效应对锚固的不利影响;
4. 截面角部的弯钩和一侧贴焊锚筋的布筋方向宜向内偏置。

为保证粘结强度，防止产生劈裂粘结破坏，《规范》规定，当锚固钢筋保护层厚度不大于 $5d$ 时，纵向钢筋锚固长度范围内应配置横向构造钢筋，其直径不应小于 $d/4$；对梁、柱等构件，横向构造钢筋（箍筋）的间距不应大于 $5d$，对板、墙等平面构件，横向构造钢筋是间距不大于 $10d$，且均不应大于 $100mm$，此处 d 为锚固钢筋的直径。

混凝土结构中的纵向受压钢筋，当计算中充分利用钢筋的抗压强度时，受压钢筋的锚固长度应不小于相应受拉锚固长度的 0.7 倍。受压钢筋不应采用末端弯钩和一侧贴焊锚筋的锚固措施。受压钢筋锚固长度范围内也应按受拉钢筋的要求配置横向构造钢筋。

7.3.2 纵筋在梁端简支座内的锚固

当梁端为简支时，支座处因存在支承压应力的有利影响（见图 7-18），使钢筋的锚固作用得到改善。同时，在简支座处钢筋的受力较小，因此，当支座附近不出现斜裂缝时（$V\leqslant 0.7f_tbh_0$），钢筋混凝土简支梁和连续梁简支端下部纵向受力钢筋的锚固长度 l_{as} 可比基本锚固长度 l_a 小很多。但当剪力较大可能出现斜裂缝时（$V>0.7f_tbh_0$），由于斜裂缝处受拉钢筋应力 σ_s 的增大，锚固长度应增加。《规范》规定：钢筋混凝土简支梁和连续梁简支端的下部纵向受力钢筋，从支座边缘算起伸入支座内的锚固长度应符合下列规定（见图 7-18）：

当 $V\leqslant 0.7f_tbh_0$ 时， $\qquad l_{as}\geqslant 5d$ \hfill (7-6a)

当 $V>0.7f_tbh_0$ 时， $\qquad l_{as}\geqslant 12d$ 带肋箍筋

$\qquad\qquad\qquad\qquad l_{as}\geqslant 15d$ 光面箍筋 \hfill (7-6b)

式中　d——钢筋的最大直径。

如纵向受力钢筋伸入梁支座范围内的锚固长度不符合上述要求时，应按图 7-17 和表 7-2 的要求采取有效的锚固措施。

对于支承在砌体结构上的钢筋混凝土独立梁（图 7-18），在纵向受力钢筋的锚固长度范围内应配置不少于两个箍筋，其直径不宜小于 $d/4$（这里，d 为纵向受力钢筋的最大直径）；间距不宜大于 $10d$，当采取机械锚固措施时箍筋间距尚不宜大于 $5d$（这里，d 为纵向受力钢筋的最小直径）。

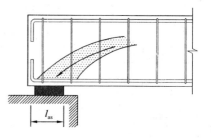

图 7-18　纵筋在梁简支座内的锚固

对于混凝土强度等级为 C25 及以下的简支梁和连续梁的简支端，当距支座边 $1.5h$ 范围内作用有集中荷载，且剪力 V 大于 $0.7f_tbh_0$ 时，对带肋钢筋宜采取附加锚固措施，或取锚固长度不小于 $15d$（d 为锚固钢筋的直径）。

光面钢筋锚固长度的末端均应做 180°弯钩,弯后平直段长度不应小于 $3d$(见图 7-7)。为了利用支座处支承压应力对粘结强度的有利作用,并防止角部纵筋弯钩外侧保护层混凝土的崩裂,可将钢筋弯钩向内侧平放。当纵向受力钢筋伸入支座的锚固长度不符合上述要求时,可在钢筋端部加焊锚固钢板(图 7-17e)或将钢筋焊接在梁端预埋件上。此外,在纵筋锚固长度范围内应配置不少于两个箍筋,箍筋直径不宜小于纵筋直径的 1/4,箍筋间距不宜大于 5 倍纵筋直径。

伸入梁支座范围内的钢筋不应少于 2 根,伸入支座的纵筋的面积不宜小于跨中钢筋面积的 1/3。

对于板,一般剪力较小,通常能满足 $V \leqslant 0.7 f_t b h_0$ 的条件。且连续板中间支座一般无正弯矩,因此板的简支支座煌中间支座下部纵向受力钢筋的锚固长度均取 $l_{as} \geqslant 5d$。

关于纵筋在框架梁端节点内的锚固要求,详见本书下册第 18 章。

7.3.3 箍筋的锚固

如前所述,有腹筋梁斜裂缝出现后的受力传递机制可比拟成桁架模型,箍筋为桁架受拉腹杆,因此箍筋是受拉钢筋,必须有良好的锚固。通常箍筋都采用封闭式(图 7-19a),箍筋末端采用 135°弯钩,弯钩端头直线端长度不小于 50mm 或 5 倍箍筋直径。如采用 90°弯钩,则箍筋受拉时弯钩会翘起,导致混凝土保护层崩裂。若梁两侧有楼板与梁整浇时,也可采用 90°弯钩,但弯钩端头直线端长度不小于 10 倍箍筋直径(图 7-19b)。

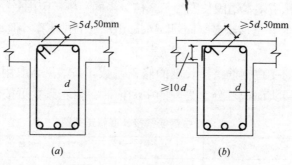

图 7-19 箍筋的锚固要求

7.4 钢筋的连接

钢筋的连接分为绑扎搭接、机械连接和焊接。混凝土结构中受力钢筋的连接接头宜设置在受力较小处。在同一根受力钢筋上宜少设接头。在结构的重要构件和关键传力部位,纵向受力钢筋不宜设置连接接头。

机械连接接头及焊接接头的类型及质量应符合国家现行有关标准的规定。以下主要介绍钢筋的**绑扎搭接**（lap of rebars）。

钢筋的绑扎搭接实际上是通过粘结应力将一根钢筋的拉力传递给另一根钢筋。对于图 7-20 所示受拉钢筋的绑扎搭接，位于两根搭接钢筋之间的混凝土受到肋的斜向挤压力作用，有如一斜压杆。肋对混凝土的斜向挤压力的径向分力使外围保护层混凝土中产生横向拉力。由于搭接区段外围混凝土承受着两根钢筋所产生的劈裂力，当保护层混凝土不足或缺乏必要的横向钢筋时，将更容易出现纵向劈裂破坏。

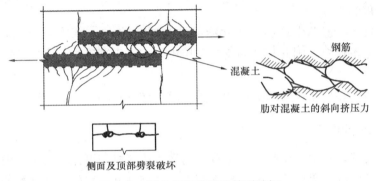

图 7-20 受拉钢筋搭接的劈裂破坏

试验表明，影响受拉钢筋绑扎搭接区段的粘结强度 τ_u 的因素与拔出试验的粘结强度基本相同，但由于钢筋净间距很小，劈裂裂缝会更早出现，导致粘结强度降低。因此《规范》规定，当同一搭接范围受拉钢筋搭接接头的百分率不超过 25% 时，搭接长度为相应基本锚固长度的 1.2 倍。当同一搭接范围受拉钢筋搭接接头的百分率超过 25% 时，**搭接长度**（lapelled length）按下式计算，但不小于 300mm：

$$l_l = \zeta_l l_a \tag{7-7}$$

式中　ζ_l——纵向受拉钢筋搭接长度的修正系数，按表 7-3 取用，当纵向搭接钢筋接头面积百分率为表的中间值时，修正系数可按内插取值。

纵向受拉钢筋搭接长度修正系数　　　　表 7-3

纵向搭接钢筋接头面积百分率（%）	≤25	50	100
ζ_l	1.2	1.4	1.6

钢筋绑扎搭接接头连接区段的长度为 1.3 倍搭接长度，凡搭接接头中点位于该连接区段长度内的搭接接头均属于同一连接区段（图 7-21）。同一连接区段内纵向受力钢筋搭接接头面积百分率为该区段内有搭接接头的纵向受力钢筋与全部纵向受力钢筋截面面积的比值。当直径不同的钢筋搭接时，按直径较小的钢筋计算。

钢筋绑扎搭接位置应设置在受力较小处，且同一根钢筋上宜少设置连接。同一构件中各根钢筋的搭接位置宜相互错开。位于同一连接区段内的受拉钢筋搭接

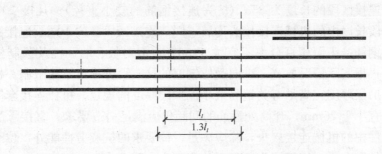

图 7-21 同一连接区段内纵向受拉钢筋的绑扎搭接接头
注：图中所示同一连接区段内的搭接接头钢筋为两根，当钢筋直径相同时，钢筋搭接接头面积百分率为 50%。

接头面积百分率：对梁类、板类及墙类构件，不宜大于 25%；对柱类构件，不宜大于 50%。并筋采用绑扎搭接连接时，应按每根单筋错开搭接的方式连接。接头面积百分率应按同一连接区段内所有的单根钢筋计算。并筋中钢筋的搭接长度应按单筋分别计算。

纵向受压钢筋当采用搭接连接时，其受压搭接长度不应小于纵向受拉钢筋搭接长度的 0.7 倍，且不应小于 200mm。

在受力钢筋搭接长度范围内应配置箍筋，箍筋直径不宜小于搭接钢筋直径的 0.25 倍；对于受拉钢筋搭接，箍筋间距不大于搭接钢筋较小直径的 5 倍，且不大于 100mm；对于受压钢筋搭接，箍筋间距不大于搭接钢筋较小直径的 10 倍，且不大于 200mm。当受压钢筋直径大于 25mm，应在搭接接头两端外侧 50mm 范围各设置两根箍筋。

由于搭接接头仅靠粘结应力传递钢筋内力，可靠性较差，《规范》还规定：

(1) 轴心受拉及小偏心受拉杆件的纵向受力钢筋不得采用绑扎搭接；

(2) 钢筋采用绑扎搭接时，受拉钢筋直径不宜大于 25mm，受压钢筋直径不宜大于 28mm。

近年来钢筋的机械连接技术已很成熟，主要有锥螺纹连接、直螺纹连接、挤压连接（图 7-22）。当采用机械连接时，连接接头宜相互错开。《规范》规定：

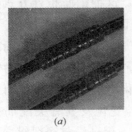
(a)

(b)

图 7-22 钢筋的机械连接
(a) 套筒挤压连接接头；(b) 直螺纹连接套筒

钢筋机械连接区段的长度为 35d（d 为连接钢筋的较小直径）。凡接头中点位于该连接区段长度内的机械连接接头均属于同一连接区段。位于同一连接区段内的纵向受拉钢筋接头面积百分率不宜大于 50%；但对板、墙、柱及预制构件的拼接处，可根据实际情况放宽。纵向受压钢筋的接头百分率可不受限制。机械连接套筒的保护层厚度宜满足有关钢筋最小保护层厚度的规定。机械连接套筒的横向净间距不宜小于 25mm；套筒处箍筋的间距仍应满足构造要求。直接承受动力荷载结构构件中的机械连接接头，除应满足设计要求的抗疲劳性能外，位于同一连接区段内的纵向受力钢筋接头面积百分率不应大于 50%。

纵向受力钢筋的焊接接头应相互错开。钢筋焊接接头连接区段的长度为 35d（d 为连接钢筋的较小直径），且不小于 500mm，凡接头中点位于该连接区段长度内的焊接接头均属于同一连接区段。

承受疲劳荷载的构件，其纵向受拉钢筋不得采用绑扎搭接接头，也不宜采用焊接接头。

7.5 受弯构件的钢筋布置

在受弯构件中，为节约钢材，可根据设计弯矩图的变化将纵向钢筋截断，或将纵向钢筋弯起作受剪钢筋。但纵筋弯起和截断时，应保证构件的受弯承载力设计值 M_u 能包络住弯矩设计值 M，这即是本节讨论的问题。为此，先介绍抵抗弯矩图的概念。

7.5.1 抵抗弯矩图

抵抗弯矩图是指按实际纵向受力钢筋布置情况画出的各截面抵抗弯矩（即受弯承载力 M_u）沿构件轴线方向的分布图，以下简称为"M_u 图"。

如图 7-23 所示均布荷载作用下钢筋混凝土简支梁，按跨中截面最大弯矩设计值 M_{max} 计算，梁底部受拉区需配置 2Φ25+1Φ22 纵向受拉钢筋。如将 2Φ25+1Φ22 钢筋全部伸入支座并可靠锚固，则沿该梁纵向所有截面的受弯承载力 M_u 均等于 M_{max}，因此该梁的 M_u 图为一水平线。这种钢筋布置方式显然满足受弯承载力的设计要求，但整个梁仅跨中 a 点截面的受弯承载力 M_u 等于设计弯矩 M_{max}，钢筋得到充分利用，而其他截面的受弯承载力 M_u 大于荷载在相应截面产生的弯矩 M，相应钢筋的应力均未达到抗拉设计强度 f_y。为节约钢材，可根据设计弯矩图（以下简称"M 图"）的变化将钢筋弯起作受剪钢筋或截断。因此，需要研究钢筋弯起或截断时 M_u 图的变化及其有关配筋构造要求，以使得钢筋弯起或截断后的 M_u 图能包住 M 图，保证沿整个梁纵向各截面均满足受弯承载力的要求。

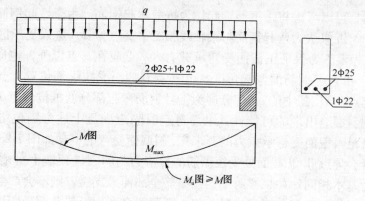

图 7-23 纵筋通长伸入支座的 M_u 图

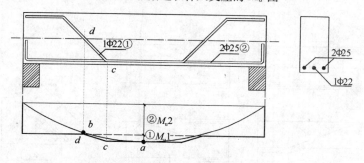

图 7-24 弯起钢筋的弯矩抵抗图

7.5.2 钢筋的弯起

设将图 7-24 梁中的 1Φ22 钢筋在支座附近弯起，弯起钢筋抵抗弯矩图的画法如图 7-24 所示。首先需算出各根（或各组）钢筋所提供的受弯承载力 M_{ui}。若截面的所有受拉纵筋的面积 $A_s = \Sigma A_{si}$，其抵抗弯矩 $M_u = A_s f_y (h_0 - 0.5x) = (\Sigma A_{si}) f_y (h_0 - 0.5x)$，因此该截面各根（或各组）受拉纵筋的抵抗弯矩 M_{ui} 为：

$$M_{ui} = \frac{A_{si}}{A_s} M_u \tag{7-8}$$

对于上述简支梁，记①号钢筋 1Φ22 的抵抗弯矩为 M_{u1}；②号钢筋 2Φ25 的抵抗弯矩为 M_{u2}。在图 7-24 中，梁跨中 a 点的抵抗弯矩 $M_u = M_{u1} + M_{u2}$，因为在 a 点 $M_u = M_{max}$（事实上，由于实际配筋面积一般比计算面积要大一些，M_u 通常略大于 M_{max}），故称 a 点为①号和②号钢筋的**充分利用点**。②号钢筋 2Φ25 全部伸入支座，其 M_{u2} 图为水平线，在 M_{u2} 图与 M 图的交点 b，②号钢筋的强度可充分发挥，故 b 点为②号钢筋的充分利用点。在 b 点到支座区段范围，仅由②号钢筋即可满足该区段的受弯承载力要求，不再需要①号钢筋，因此 b 点也是①号钢筋的**不需要点**,可以考虑将①钢筋弯起作为抗剪弯起钢筋。由于弯起钢筋的力臂是逐渐减小的,近似认为弯起钢筋与梁轴线相交(交点为 d)进入受压区后,其抵抗弯矩 M_{u1} 为零。为保证正截面受弯承载力,d 点应在 b 点以外,也即 M_u 图应包住 M 图。由弯起钢筋的弯起角度,由 d 点延伸至受拉纵筋位置 c 点即为①号钢筋的弯起点,M_u 图中的 cd 部分即为①号钢筋弯起部分的抵抗弯矩 M_{u1}。

考虑到斜裂缝出现的可能性,纵筋弯起时除应满足上述弯矩包络图的要求外,还应满足斜截面受弯承载力的要求❶。斜截面受弯的概念如图 7-25 所示,斜裂缝出现后会导致Ⅱ-Ⅱ截面处受拉纵筋的拉应力与斜裂缝顶端Ⅰ-Ⅰ截面处受拉纵筋的应力基本相同,如果梁跨中受拉纵筋全部伸入支座,则不会产生沿斜截面的受弯破坏。但如果部分钢筋过早弯起,则可能会产生沿斜截面受弯承载力不足的问题。

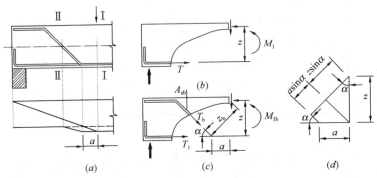

图 7-25 斜截面受弯承载力

设Ⅰ-Ⅰ截面的设计弯矩为 M_I,充分利用的钢筋面积为 A_s,其中拟弯起的钢筋面积为 A_{sb}。如果全部纵筋 A_s 不弯起均伸入支座可靠锚固,则斜截面受弯承载力为 $M_I = f_y A_s \cdot z$(图 7-25b);而当全部纵筋 A_s 中有 A_{sb} 钢筋弯起时,则斜截面受弯承载力为 $M_{Ib} = f_y (A_s - A_{sb}) \cdot z + f_y A_{sb} \cdot z_b$(图 7-25$c$)。因此,全部纵筋 A_s 中弯起 A_{sb} 后,为保证斜截面受弯承载力,应满足 $M_{Ib} \geqslant M_I$,即应满足

$$z_b \geqslant z \tag{7-9}$$

设弯起点到Ⅰ-Ⅰ截面水平距离为 a,钢筋弯起角度为 α,由图 7-25 所示的几何关系可得 $z_b = a \cdot \sin\alpha + z \cdot \cos\alpha$,代入上式得

$$a \geqslant \frac{z(1 - \cos\alpha)}{\sin\alpha} \tag{7-10}$$

一般钢筋弯起角度为 45°或 60°,近似取 $z = 0.9 h_0$,则 $a \geqslant (0.37 \sim 0.52) h_0$,《规

---

❶ 钢筋混凝土构件的斜截面破坏包括斜截面受剪破坏和斜截面受弯破坏。第 6 章仅介绍了斜截面受剪破坏及其受剪承载力的计算。斜截面受弯破坏,介于斜截面受剪破坏和正截面受弯破坏之间,其承载力低于斜截面受剪承载力、高于受弯承载力,其延性大于斜截面受剪破坏、小于正截面受弯破坏。

范》规定 $a \geqslant 0.5h_0$，也即钢筋弯起点位置与该钢筋的充分利用点之间的距离不应小于 $0.5h_0$。

当弯起钢筋作为抗剪腹筋，即 A_{sb} 按受剪承载力计算确定时，弯起钢筋的间距尚应满足第 6 章的抗剪构造要求（见图 6-23），同时弯起钢筋的弯折终点应有一直线段锚固长度（见图 7-26），当直线段位于受拉区时，直线段长度不小于 $20d$；当直线段位于受压区时，直线段长度不小于 $10d$。为防止弯折处混凝土挤压力过大，造成局部混凝土压碎，弯折半径 r 不应小于 $10d$（见图 7-26）。

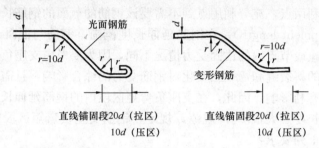

图 7-26　弯起钢筋直线段的锚固

当梁上作用集中荷载或在支座处（见图 7-27 (a)），可能会出现弯起钢筋不能同时满足正截面和斜截面的承载力要求时的情况，可单独设置仅作为受剪的弯起钢筋，但必须在集中荷载或支座两侧均设置弯起钢筋，称为"吊筋"或"压筋"，而不能采用仅在受拉取区有不大水平段的"浮筋"（图 7-27 (b)），这是因为斜裂缝开展可能导致浮筋发生较大的滑移，不能起到弯起钢筋的抗剪作用。

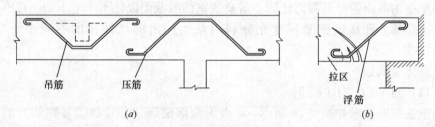

图 7-27
(a) 吊筋和压筋；(b) 浮筋

需注意的是，由于弯起钢筋施工复杂、且作为抗剪腹筋时其传力较为集中，容易导致弯起处产生劈裂裂缝（见图 6-5），故目前工程中很少采用。

7.5.3　钢筋的截断

受弯构件纵向受力钢筋的配筋面积，一般是由控制截面处最大正、负弯矩设计值计算确定的。根据设计弯矩图的变化，可以在设计弯矩较小的区段将一部分纵筋截断。但一般在正弯矩区段，弯矩图变化比较平缓，且由于锚固长度范围同时有钢筋应力变化产生的粘结应力和锚固钢筋所需要的粘结应力，所需锚固长度较长，通常截断点已接近支座，截断钢筋意义不大。因此，一般不在跨中受拉区将钢筋截断，而是直接伸入支座锚固。

对于连续梁、框架梁支座截面负弯矩纵向受拉钢筋不宜在受拉区截断，当需要截断时，应根据弯矩图的变化将钢筋延伸至按正截面受弯承载力计算不需要该钢筋的截面以外足够长度后截断。按正截面受弯承载力计算不需要该钢筋的截面为该钢筋充分利用点，充分利用点到不需要该钢筋的截面的钢筋长度称为"**延伸长度**"(develepment length)。在钢筋延伸长度范围，钢筋与混凝土锚固受力情况与钢筋在支座或节点内的锚固受力情况不同，因为要考虑支座负弯矩区段弯剪共同作用产生的斜裂缝和弯矩图变化对钢筋受力的综合影响，且需考虑梁顶部无横向压应力的有利影响。因此，在支座负弯矩区段内的钢筋延伸长度比在支座或节点内的锚固长度要大很多。《规范》规定，钢筋支座负弯矩区段内截断时的延伸长度应符合下列要求：

（1）当支座负弯矩区段内的剪力 V 不大于 $0.7f_tbh_0$ 时，应延伸至按正截面受弯承载力计算不需要该钢筋的截面以外不小于 $20d$ 处截断，且从该钢筋强度充分利用截面伸出的长度不应小于 $1.2l_a$；

（2）当支座负弯矩区段内的剪力 V 大于 $0.7f_tbh_0$ 时，应延伸至按正截面受弯承载力计算不需要该钢筋的截面以外不小于 h_0 且不小于 $20d$ 处截断，并从该钢筋强度充分利用截面伸出的长度不应小于 $1.2l_a+h_0$；

（3）若按上述（1）、（2）确定的截断点仍位于负弯矩对应的受拉区内，则应延伸至按正截面受弯承载力计算不需要该钢筋的截面以外不小于 $1.3h_0$ 且不小于 $20d$ 处截断，且从该钢筋强度充分利用截面伸出的延伸长度不应小于 $1.2l_a+1.7h_0$。

具体说明如下：

(1) 当 $V \leqslant 0.7f_tbh_0$ 时

钢筋截断要求如图 7-28 所示。a 点为全部钢筋（①号和②号钢筋）的充分利用截面，b 点为①号钢筋的不需要截面（理论断点），同时也是②号钢筋的充分利用截面，①号钢筋的实际截断点在 d 点；②号钢筋的理论断点在 c 点，实际截断点在 e 点。由于弯矩变化以及顶部无横向压应力的有利影响，钢筋实际截断点到该钢筋的充分利用截面的延伸长度（①号钢筋为 ad 段，②号钢筋为 be 段）比基本锚固长度 l_a 要大。《规范》规定：被截断钢筋应从该钢

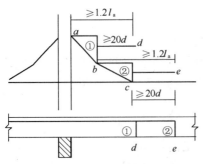

图 7-28 $V \leqslant 0.7f_tbh_0$ 时的钢筋截断

筋充分利用截面伸出的长度不应小于 $1.2l_a$；此外，由于计算弯矩图与实际弯矩图可能存在的差异，《规范》还规定被截断钢筋应延伸至按正截面受弯承载力计算不需要该钢筋的截面（理论断点）以外不小于 $20d$ 处截断。

(2) 当 $V>0.7f_tbh_0$ 时

由于剪力较大，在梁支座负弯矩和剪力共同作用下可能产生图 7-29 所示的斜裂缝。由于斜裂缝的出现，纵向钢筋的应力产生重分布，其中主斜裂缝与纵筋交点 b 处的钢筋应力与最大负弯矩 a 截面处的钢筋应力基本一致，达到极限承载力时 ab 段钢筋均达到屈服。试验表明，斜裂缝的水平投影长度（ab 段）约为 $(0.75\sim1.0)h_0$。当负弯矩区段水平长度 l_m 与梁截面有效高度 h_0 的比值 l_m/h_0 较大时，主斜裂缝外侧 c 点处还可能产生其他斜裂缝，并且由于变形钢筋肋对外围混凝土的挤压力产生径向应力和水平剪应力，在锚固区段还会产生一些短小的针状斜裂缝，因此 bc 段钢筋的实际应力也会比按该处弯矩计算的应力有所增大。试验表明，斜裂缝影响区段 ac 的长度与截面有效高度 h_0 和 l_m/h_0 有关，记为 $\alpha_1 h_0$。根据试验研究和分析，一般情况下取 $\alpha_1=1.0$，即实际截断点到钢筋充分利用截面的延伸长度不应小于 $(1.2l_a+h_0)$。同样，考虑计算弯矩图与实际弯矩图可能存在的差异，实际截断点距理论断点的距离不应小于 h_0 或 $20d$（d 为钢筋直径）。

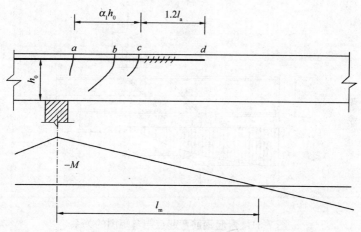

图 7-29 负弯矩区段的裂缝发展

当按上述方法确定的钢筋截断点仍位于负弯矩区段内时，则应取 $\alpha_1=1.7$，即钢筋实际截断点到该钢筋的充分利用截面的延伸长度不应小于 $(1.7h_0+1.2l_a)$，且实际截断点距理论断点的距离不应小于 $1.3h_0$ 或 $20d$。钢筋分批截断的具体要求见图 7-30。

(3) 悬臂梁的负弯矩钢筋截断

在钢筋混凝土悬臂梁中，应有不少于两根上部钢筋伸至悬臂梁外端，并向下弯折不小于 $12d$；其余钢筋不应在梁的上部截断，而应向下弯折，下弯点可设在

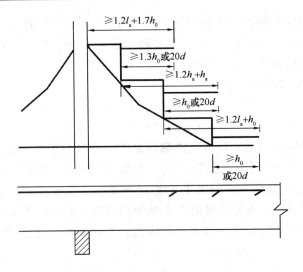

图 7-30 $V \geqslant 0.7f_tbh_0$ 时的钢筋截断

按正截面受弯承载力计算不需要该钢筋的截面之前，但弯起钢筋与梁中心线的交点应位于不需要该钢筋的截面之外（图 7-31）；同时弯起点与按计算充分利用该钢筋的截面之间的距离不应小于 $h_0/2$。

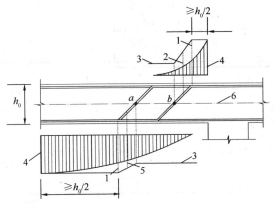

图 7-31 弯起钢筋弯起点与弯矩图的关系
1—受拉区的弯起点；2—按计算不需要钢筋"b"的截面；
3—正截面受弯承载力图；4—按计算充分利用钢筋"a"或
"b"强度的截面；5—按计算不需要钢筋"a"的截面；
6—梁中心线

7.5.4 钢筋的细部尺寸

为了钢筋加工成形及计算用钢量的需要，在构件施工图中应给出钢筋细部尺寸，或编制钢筋表。

(1) 直钢筋：按实际长度计算；光面钢筋两端有标准弯钩，该钢筋的总长度为设计长度加 $12.5d$，见图 7-32(a)。

(2) 弯起钢筋：弯起钢筋的高度以钢筋外皮至外皮的距离作为控制尺寸；弯折段的斜长按图 7-32(b) 所示计算。

(3) 箍筋：宽度和高度均按箍筋外皮至外皮距离计算（图 7-32c），以保证箍筋的保护层厚度，即箍筋的高度和宽度分别为构件截面高度 h 和宽度 b 减去 2 倍保护层厚度。

(4) 板的上部钢筋：为了保证截面的有效高度 h_0，板的上部钢筋（承受负弯矩钢筋）端部宜作成直钩，以便撑在模板上（图 7-32d），直钩的高度为板厚减去保护层厚度。

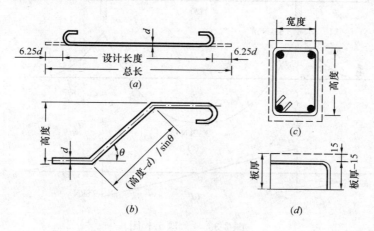

图 7-32 钢筋的尺寸
(a) 直钢筋；(b) 弯起钢筋；(c) 箍筋；(d) 板的上部钢筋

7.6 设 计 例 题

【例题 7-1】 某工作平台板，板厚 90mm，结构平面见图 7-33(a)。板面承受均布荷载设计值 $q=6\text{kN/m}^2$，采用 C20 级混凝土，HPB300 级钢筋。要求计算板的配筋，并画出钢筋布置图。

(1) 内力计算

取单位板宽 $b=1000\text{mm}$ 计算，计算简图见图 7-33(b)。设计弯矩图和剪力图分别见图 7-33 (c) 和 (d)。

(2) 受弯配筋计算

C20 级混凝土 $f_c=9.6\text{N/mm}^2$，HPB300 级钢筋 $f_y=210\text{N/mm}^2$，取 $h_0=70\text{mm}$。受弯配筋计算见表 7-4。

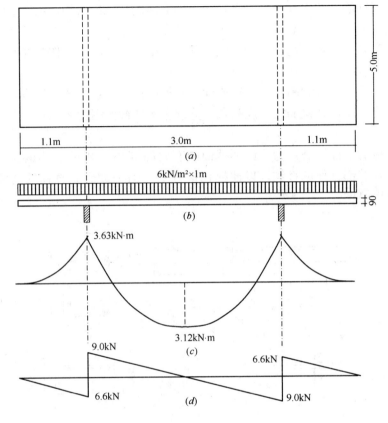

图 7-33 [例题 7-1]图

受弯配筋计算表　　　　　　　　　　　　　表 7-4

截　面	跨中截面	支座截面
弯矩设计值 M（kN·m）	3.12	3.63
$\alpha_s = \dfrac{M}{f_c b h_0^2}$	0.066	0.0771
$\gamma_s = 0.5(1+\sqrt{1-2\alpha_s})$	0.966	0.960
$A_s = \dfrac{M}{f_y \cdot \gamma_s h_0}$（mm²）	171	200
实配 Φ 6-110（mm²）	257	257

（3）受剪计算

最大剪力 $9.0\text{kN} < 0.7 f_t b h_0 = 53.9\text{kN}$，故不必设置腹筋。

（4）钢筋布置

跨中正弯矩钢筋与支座负弯矩钢筋的直径和间距相同，故跨中采用每隔一根弯起伸入支座作负弯矩钢筋的布置方案，见图 7-34。

跨中钢筋布置：

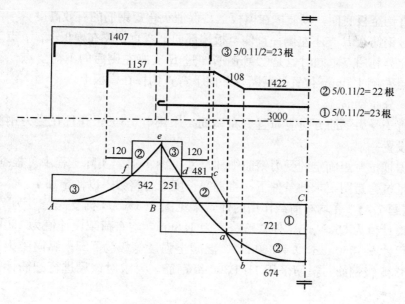

图 7-34 [例题 7-1]钢筋布置

①号钢筋（Φ6-220）伸入支座。

②号钢筋（Φ6-220）弯起伸入支座作负弯矩钢筋，弯起角度取 30°，弯起段的水平投影长度为 $(90-15-15-6) \times \cot 30° = 94$ mm。

②号钢筋在 a 点不需要，a 点至跨中截面 C 的距离 $aC = 721$ mm❶，故②号钢筋的弯起点 b 跨中截面 C 的距离 $bC = aC - 94/2 = 674$ mm，大于 $h_0/2 = 35$，满足弯起钢筋斜截面抗弯要求；

支座钢筋布置：

②号钢筋弯起至板上部 c 点伸入支座，c 点至支座中线 B 的距离 $Bc = 1500 - 674 - 94 = 732$ mm。d 点为②号钢筋抵抗支座负弯矩的充分利用点，d 点至支座中线 B 的距离 $Bd = 251$ mm❷，故 dc 段长度为 481 mm，大于 $h_0/2 = 35$，满足弯起钢筋斜截面抗弯要求（实际工程中，a 点可再向左侧移动，而不会影响②号钢筋的总长度，只要 dc 段长度大于 $h_0/2$ 即可）；

③号钢筋在 B 支座右侧 d 点不需要，由 d 点向右侧延伸至 $1.3h_0 (= 91$ mm$)$ 和 $20d (= 120$ mm$)$ 中大者处截断，截断点至③号钢筋充分利用点 e 的距离为 $187 + 120 = 307$ mm 大于 $1.2l_a = 206$ mm（按式 7-4，$l_a = 172$ mm）。③号钢筋截断后

---

❶ 记 $2aC = x$，跨中弯矩为 $M = 3.12$ kN·m，则根据弯矩计算公式有 $\frac{1}{8}qx^2 = \frac{1}{2}M$，由此解得 $aC = 721$ mm。

❷ 记 $2dC = x$，$M_{bd} = 1.5 \times 3.12 = 4.68$ kN，则根据弯矩计算公式有 $\frac{1}{8}qx^2 = M_{bd}$，由此解得 $dC = 1249$ mm，故 $Bd = 1500 - 1249 = 251$ mm。

向下弯直钩至板底面，以便撑在模板上，保证负弯矩钢筋的有效高度；

③号钢筋在 B 支座左侧一直伸至板端部向下弯直钩撑在模板上。f 点为③号钢筋的充分利用点，同时也是②号钢筋伸过 B 支座左侧后的不需要点。②号钢筋在 f 点左侧 120mm 位置处截断，并向下弯直钩撑在模板上。

(5) 分布钢筋

垂直于受力钢筋方向应布置分布钢筋，采用Φ 6-300，并且在受力钢筋弯折处必须设置一根。

根据抵抗弯矩确定的受力钢筋细部尺寸见图 7-34。实际工程中可根据需要，在满足抵抗弯矩图要求的条件下，将钢筋长度取为整数，以便于加工。

【例题 7-2】 受均布荷载作用的伸臂梁见图 7-35(a)，简支跨跨度为 7m，均布荷载设计值为 65kN/m，伸臂跨跨度为 1.86m，均布荷载设计值为 130kN/m。梁截面尺寸 $b=250$mm，$h=650$mm。混凝土强度等级为 C25，纵向受力钢筋采用 HRB335 级钢筋，箍筋采用 HPB300 级钢筋，要求对该梁进行配筋计算并布置钢筋。

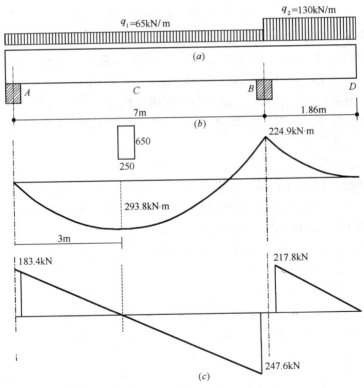

图 7-35 ［例题 7-2］图

(1) 弯矩和剪力计算

根据荷载作用，梁的设计弯矩图和剪力图分别见图 7-35(b)和(c)。跨中最大

弯矩距 A 支座轴线为 3m。

(2) 正截面受弯配筋计算

C25 混凝土 $f_c = 11.9\text{N/mm}^2$，$f_t = 1.27\text{N/mm}^2$，HRB335 级钢筋 $f_y = 300\text{N/mm}^2$，HPB300 级箍筋 $f_{yv} = 270\text{N/mm}^2$，$h_0 = 610\text{mm}$。跨中和 B 支座截面配筋计算见表 7-5。

跨中和 B 支座截面配筋计算表　　表 7-5

截　面	跨中截面 C	支座截面 B
弯矩设计值 $M(\text{kN}\cdot\text{m})$	293.8	224.9
$\alpha_s = \dfrac{M}{f_c b h_0^2}$	0.265	0.203
$\gamma_s = 0.5(1+\sqrt{1-2\alpha_s})$	0.842	0.885
$A_s = \dfrac{M}{f_y \cdot \gamma_s h_0}$ (mm²)	1906	1388
实配(mm²)	5 Φ 22 = 1900	2 Φ 22 + 2 Φ 20 = 1388

(3) 受剪配筋计算

验算截面尺寸：$0.25 f_c b h_0 = 453.7\text{kN} > V_{\max} = 247.6\text{kN}$，截面可用。各支座处受剪配筋计算见表 7-6。

各支座处受剪配筋计算表　　表 7-6

计算截面	A 支座边	B 支座左侧	B 支座右侧
V(kN)	183.4	247.6	217.8
Φ 6-150，V_{cs}	198.0	198.0	198.0
第一排 A_{sb1} $A_{sb1} = \dfrac{V - V_{cs}}{0.8 f_y \sin 45°}$	不需要弯起钢筋 按构造配置	292mm² 1 Φ 22 = 380	116.7 mm² 1 Φ 22 = 380
第二排 弯起钢筋 处的剪力	325 900 575	325 900 575 201.1 > V_{cs} 按构造弯起第二排	325 900 575 124.8 > V_{cs} 不需弯起第二排

注：$\rho_{sv} = 0.152\% > \rho_{sv,\min} = 0.24 f_t / f_{yv} = 0.145\%$。

(4) 抵抗弯矩图及钢筋布置

配筋方案：在选配纵筋时需考虑跨中、支座和弯起钢筋的协调。AB 跨中 5 Φ 22 钢筋中，弯起 2 根伸入 B 支座作负弯矩钢筋，同时在 B 支座左侧作抗剪弯起钢筋；在 A 支座和 B 支座右侧分别弯起 1 根 Φ22 钢筋作抗剪弯起钢筋。AB 跨中其余 3 Φ22 钢筋（图 7-36 中①号钢筋）均伸入两边支座。此外，在 B 支座另配置 2 Φ20 负弯矩钢筋。弯起钢筋的弯起角度为 45°，弯起段的水平投影长度为 $650-25-25-25=575\mathrm{mm}$。

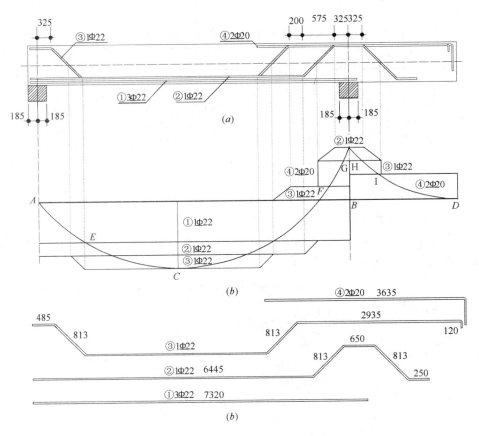

图 7-36 ［例题 7-2］抵抗弯矩图
(a) 受力纵筋布置图；(b) 抵抗弯矩图；(c) 受力纵筋细部尺寸

基本锚固长度 $l_a = \alpha \dfrac{f_y}{f_t} d = 0.14 \times \dfrac{300}{1.27} d = 33d$。以下分段叙述抵抗弯矩图（见图 7-36(b)）。AC 段：

①号钢筋 3 Φ22 伸入 A 支座至构件边缘 25mm 处，锚固长度 $370-25=345\mathrm{mm} > l_{as} = 12d = 264\mathrm{mm}$，可以。

②号钢筋 1 Φ22 在 E 点为理论断点，一般跨中钢筋不截断，故也伸入 A 支座，锚固长度同①号钢筋，为 345mm。

③号钢筋 1 Φ22，根据计算 A 支座左侧不需要弯起钢筋抗剪，故可按构造弯起。

CB 段正弯矩：

①号钢筋 3Φ22 伸入 B 支座边缘，锚固长度取 345mm。

②号钢筋和③号钢筋为弯起钢筋，显然弯起点至各自钢筋的充分利用点的距离均大于 $h_0/2$。符合要求。

CB 段负弯矩：

首先②号和③号钢筋按构造要求（小于箍筋最大间距 $s_{max}=250$mm）弯起，②号钢筋至 B 支座中线距离为 325mm$>h_0/2$，至 B 支座左侧边缘的距离为 325-185=140mm$<s_{max}$；③号钢筋的下弯点至②号钢筋的上弯点距离取 200mm$<s_{max}$，至 B 支座中线是距离为 200+575+325=1100mm。

CB 段负弯矩先由③号钢筋弯起后承担，其充分利用点 F 至 B 支座中线的距离为 689mm，因此③号钢筋下弯点至其充分利用点 F 距离为 1100-689=411$>h_0/2$，满足要求。

然后由 B 支座另配置 2Φ20 的④号钢筋承担负弯矩（注意，此时不能接着由②号钢筋承担负弯矩，否则会不满足$>h_0/2$ 的要求），③号和④号钢筋的充分利用点 G 至 B 支座中线的距离为 245mm。由图 7-31，④号钢筋的实际断点至其理论断点 F 距离应为 $\max(1.3h_0, 20d)=793$mm，加上 FG 之间的距离 689-245=444mm 为 1237mm，小于 $1.2(h_0+l_a)=1.2\times(610+33\times20)=1524$mm，因此④号钢筋的实际断点至支座中线的距离为 1524+245=769mm，取 1800mm。

②号弯起钢筋下弯点至 B 支座中线的距离为 325mm$>h_0/2$，符合要求。

BD 段负弯矩：

②号钢筋伸过 B 支座后按构造要求下弯，下弯后水平段长度为 $10d=220$mm，取 250mm。③号钢筋伸过 B 支座后，其充分利用点 H 至支座 B 中线的距离为 275mm，理论断点 I 至支座 B 中线的距离为 609mm，根据图 7-32，可确定其实际断点至其充分利用点的距离应为 $1.2(h_0+l_a)=1.2\times(610+33\times22)=1603$mm，至支座 B 中线的距离为 1603+（609－275）=1937mm，取 1950mm，应伸到悬臂端再下弯 120mm。

④号钢筋伸到悬臂端再下弯 $12d=240$mm。

各受力纵筋的形状及细部尺寸见图 7-37(c)。根据上述抵抗弯矩图确定受力纵筋钢筋布置后，尚应设置架立筋，AB 段上部和 BD 段下部均取 2Φ10 架立筋。因为截面高度大于 500mm，梁腹中部还应设置通长的 2Φ10 纵向构造钢筋，最后绘制配筋施工图（略）。

思 考 题

7-1 如何正确理解配筋构造在结构设计中的重要性？

7-2 钢筋混凝土梁的完整设计包括哪些内容和基本步骤？

7-3 试绘出图 7-37 受弯构件 BC 段在开裂前和开裂后沿受拉钢筋粘结应力

的分布图形。

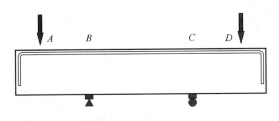

图 7-37 思考题 7-3 图

7-4 锚固粘结与裂缝间粘结有何差别？对钢筋混凝土构件受力性能有什么影响？

7-5 光面钢筋与变形钢筋粘结机理有何不同？变形钢筋的粘结破坏形式怎样？

7-6 影响钢筋与混凝土粘结强度的主要因素有哪些？《规范》在保证粘结强度方面有哪些构造措施？为什么？

7-7 加大保护层厚度和增加横向配筋来提高粘结强度为什么有上限？

7-8 (1) 当利用抵抗正弯矩的纵向钢筋弯起作为抗剪腹筋时有哪些要求？

(2) 当抵抗正弯矩的纵向钢筋弯起伸入支座抵抗负弯矩，而不考虑其抗剪作用时（配箍抗剪已足够），有哪些要求？

(3) 当抵抗正弯矩的纵向钢筋弯起伸入支座抵抗负弯矩，且同时考虑其抗剪作用时，有哪些要求？

(4) 当按 (3) 设置弯起钢筋，不能同时满足所规定的要求时，应如何处理？

7-9 何谓截断钢筋的延伸长度？当 $V < 0.7 f_t b h_0$ 时，如何确定延伸长度？当 $V \geqslant 0.7 f_t b h_0$ 时，如何确定延伸长度？试说明为什么截断钢筋的延伸长度要采

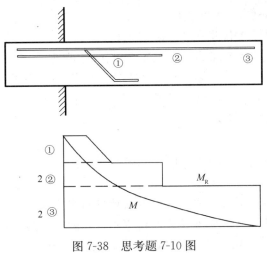

图 7-38 思考题 7-10 图

用对该（批）钢筋强度充分利用点和该（批）钢筋的理论断点的双重控制？

7-10 试指出图 7-38 中抵抗弯矩图画法的错误。

7-11 试指出图 7-39 中悬臂梁在配筋构造和抵抗弯矩图中的错误。

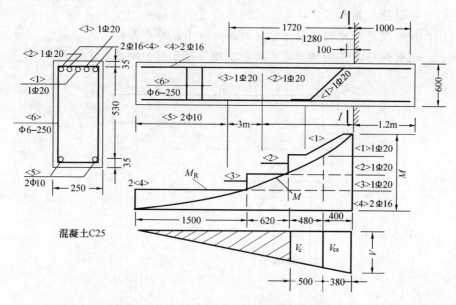

图 7-39 思考题 7-11 图

习　　题

7-1 承受均布荷载作用的简支板，如图 7-40 所示。设混凝土为 C20 级，采用 HPB300 级钢筋，跨中最大弯矩截面的受弯配筋为 Φ8-100。求将跨中钢筋截断 1/2（或弯起 1/2），求 $A_s/2$ 的截断点（或弯起点）至支座中线的最大距离 a。($V < 0.7 f_t b h_0$ 时)

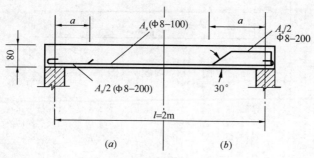

图 7-40 习题 7-1 图
(a) 截断 $A_s/2$；(b) 弯起 $A_s/2$

7-2 矩形截面简支梁如图 7-41 所示。集中荷载设计值 $P=130$kN（包括梁自重等恒载），混凝土为 C20 级，纵筋为 HRB400 级钢筋，箍筋采用 HPB300 级钢筋，求：

(1) 根据跨中最大弯矩计算该梁的纵向受拉钢筋；

(2) 按配箍筋和弯起钢筋进行斜截面受剪承载力计算；

(3) 进行配筋，并绘制抵抗弯矩图、钢筋布置图和钢筋尺寸详图。

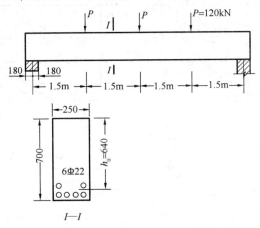

图 7-41 习题 7-2 图

7-3 某车间工作平台梁如图 7-42 所示，截面尺寸 $b=250$mm，$h=700$mm，梁上恒载标准值 $g_k=30$kN/m，活载标准值 $q_k=35$kN/m（注意考虑活荷载不利布置），采用 C25 级混凝土，纵筋为 HRB335 级钢筋，箍筋为 HPB300 级钢筋。试设计此梁，并画出抵抗弯矩图，进行钢筋布置，及该梁的施工图（包括钢筋材料表和尺寸详图）。

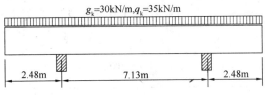

图 7-42 习题 7-3 图

第8章 受压构件

受压构件是工程结构中承受压力作用的构件,如房屋结构中的柱、桥梁结构中的桥墩、桁架结构中的受压弦杆和受压腹杆等。受压构件往往在工程结构中具有重要作用,一旦产生破坏,将导致整个结构的严重损坏,甚至倒塌。因此,设计中应给予特别关注,必要时可适当增加受压构件的安全储备。

一般情况下,受压构件同时作用有压力、弯矩和剪力。受压构件在轴向压力 N 和弯矩 M 共同作用下将产生正截面压弯破坏,与受弯构件正截面受力情况类似,只是比正截面受弯情况多了轴向压力 N 的作用。按轴向压力 N 作用的位置,正截面压弯情况可分为:轴心受压、单向偏心受压和双向偏心受压,如图 8-1 所示。轴心受压承载力是正截面受压承载力上限。本章首先讨论轴心受压构件的承载力计算,然后重点讨论单向偏心受压的正截面承载力计算,最后介绍受压构件斜截面受剪承载力的计算。

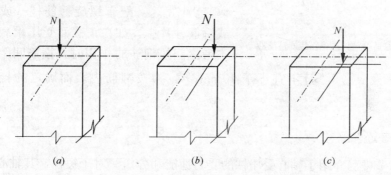

图 8-1 受压构件
(a) 轴心受压;(b) 单向偏心受压;(c) 双向偏心受压

8.1 轴心受压构件的承载力计算

由于施工制造的误差、荷载作用位置的偏差、混凝土的不均匀性等原因,在实际结构中,理想的轴心受压构件几乎是不存在的。但有些构件,如以恒载为主的等跨多层房屋的内柱、桁架中的受压腹杆等,主要承受轴向压力,可近似按轴心受压构件计算。此外,轴心受压构件计算简单,可用于受压构件的截面尺寸估算。

按照柱中箍筋的配置方式和作用的不同,轴心受压构件分为两种情况:普通箍筋柱(tie culumn,见图 8-2a)和螺旋箍筋柱(或焊接环形箍筋柱)(spiral culumn,见图 8-2b)。

普通箍筋柱中箍筋的作用是防止纵筋的压屈,改善构件的延性并与纵筋形成钢筋骨架;纵筋则协助混凝土承受压力和可能存在的弯矩,以及混凝土收缩、温度变形引起的拉应力和混凝土受压徐变引起的压应力重分布,并防止构件产生受压脆性破坏。为保证箍筋起到防止纵筋压屈的作用,并使受压构件具有一定的塑性变形能力,《规范》规定了受压构件中的箍筋配置要求,具体见本章 8.9 节。

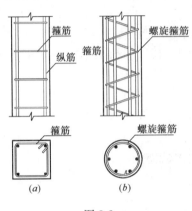

图 8-2
(a) 普通箍筋柱;(b) 螺旋箍筋柱

螺旋箍筋柱中,箍筋的形状为圆形,且间距较密。螺旋箍筋除具有上述普通箍筋的作用外,还对核心部分的混凝土形成约束,可提高混凝土的抗压强度,显著增加受压构件的承载力,并可显著提高延性。由于螺旋箍筋柱是箍筋对混凝土的横向约束作用间接提高受压构件的轴向受压承载力,故也称为"**间接钢筋**"(transverse reinforcement)。为保证螺旋箍筋约束对柱受压承载力的贡献,《规范》规定:配有螺旋箍筋柱(或焊接环式箍筋柱)中,如在正截面受压承载力计算中考虑间接钢筋的作用时,箍筋间距不应大于 80mm 及 $d_{cor}/5$,且不宜小于 40mm,d_{cor} 为按箍筋内表面确定的核心截面直径。

8.1.1 普通箍筋柱

3.2 节中已介绍了轴心受压柱的受力性能和分析。对于短柱,其轴心受压承载力为

$$N_u^s = f_c A + f_y' A_s' \tag{8-1}$$

对于长细比较大的柱,由于轴向压力的偶然初始偏心和材料的不均匀性,将导致柱产生一定是侧向挠度变形,并随轴压力 N 的增大而增大,因此实际轴心受压柱的承载力低于式(8-1),对于特别细长的柱还可能发生失稳破坏。若以式(8-2)的稳定系数 φ 表示实际轴心受压柱的承载力 N_u^l 与式(8-1)理想短柱的承载力 N_u^s 的比值,即

$$\varphi = \frac{N_u^l}{N_u^s} \tag{8-2}$$

则若能确定 φ 值,则可由下式方便地计算轴心受压柱的承载力:

8.1 轴心受压构件的承载力计算

$$N_u^l = \varphi \cdot N_u^s = \varphi(f_c A + f_y' A_s') \tag{8-3}$$

式中 φ——稳定系数，主要与柱的长细比 l_0/b 有关，l_0 为柱的计算长度，b 为矩形截面的短边边长。当 $l_0/b \leqslant 8$ 时，$\varphi \approx 1.0$。长细比越大，φ 值越小。稳定系数 φ 需根据试验研究确定，《规范》根据大量试验研究，给出的 φ 值见表 8-1。对矩形截面也可按下式计算稳定系数 φ：

$$\varphi = \left[1 + 0.002\left(\frac{l_0}{b} - 8\right)^2\right]^{-1} \tag{8-4}$$

式中 b——矩形截面的短边边长；对圆形截面，可取直径 d；对于任意截面，可取 $b = \sqrt{12}i$，i 为截面最小回转半径。上式关系见图 8-3。

钢筋混凝土轴心受压构件的稳定系数 φ 表 8-1

l_0/b	≤8	10	12	14	16	18	20	22	24	26	28
l_0/d	≤7	8.5	10.5	12	14	15.5	17	19	21	22.5	24
l_0/i	≤28	35	42	48	55	62	69	76	83	90	97
φ	1.0	0.98	0.95	0.92	0.87	0.81	0.75	0.70	0.65	0.60	0.56
l_0/b	30	32	34	36	38	40	42	44	46	48	50
l_0/d	26	28	29.5	31	33	34.5	26.5	38	40	41.5	43
l_0/i	104	111	118	125	132	139	146	153	160	167	174
φ	0.52	0.48	0.44	0.40	0.36	0.32	029	0.26	0.23	0.21	0.19

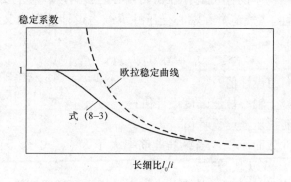

图 8-3 混凝土轴心受压稳定曲线

柱的计算长度 l_0 与受压杆件的受力变形特点有关。根据不同类型结构中受压杆件的受力特点，《规范》规定轴心受压柱的计算长度 l_0 见表 8-2 和表 8-3。

刚性屋盖单层房屋排架柱、露天吊车柱和栈桥柱的计算长度　　　　表 8-2

柱的类别		l_0		
		排架方向	垂直排架方向	
			有柱间支撑	无柱间支撑
无吊车房屋柱	单　跨	1.5H	1.0H	1.2H
	两跨及多跨	1.25H	1.0H	1.2H
有吊车房屋柱	上　柱	$2.0H_u$	$1.25H_u$	$1.5H_u$
	下　柱	$1.0H_l$	$0.8H_l$	$1.0H_l$
露天吊车柱和栈桥柱		$2.0H_l$	$1.0H_l$	—

注：1. 表中 H 为从基础顶面算起的柱子全高；H_l 为从基础顶面至装配式吊车梁底面或现浇式吊车梁顶面的柱子下部高度；H_u 为从装配式吊车梁底面或从现浇式吊车梁顶面算起的柱子上部高度；
2. 表中有吊车房屋排架柱的计算长度，当计算中不考虑吊车荷载时，可按无吊车房屋柱的计算长度采用，但上柱的计算长度仍可按有吊车房屋采用；
3. 表中有吊车房屋排架柱的上柱在排架方向的计算长度，仅适用于 H_u/H_l 不小于 0.3 的情况；当 H_u/H_l 小于 0.3 时，计算长度宜采用 $2.5H_u$。

框架结构各层柱的计算长度　　　　表 8-3

楼盖类型	柱的类别	l_0
现浇楼盖	底层柱	1.0H
	其余各层柱	1.25H
装配式楼盖	底层柱	1.25H
	其余各层柱	1.5H

注：表中 H 为底层柱从基础顶面到一层楼盖顶面的高度；对其余各层柱为上下两层楼盖顶面之间的高度。

考虑到实际结构中的柱可能存在初始偏心的影响，以及主要承受恒载作用轴心受压柱的可靠性，《规范》在轴心受压柱承载力设计计算中又考虑了 0.9 的折减系数，即

$$N \leqslant N_u = 0.9\varphi(f_c A + f'_y A'_s) \tag{8-5}$$

式中　N——轴向力设计值；
　　　f_c——混凝土轴心抗压强度设计值；
　　　f'_y——纵筋抗压强度设计值；
　　　A——构件截面面积，当纵筋配筋率大于 3% 时，式（8-5）中的 A 应改用 $(A-A'_s)$ 代替。

为保证柱中纵筋抗压强度的充分发挥，柱中尚需配置箍筋，具体要求见本章 8.9 节。

【例题 8-1】 某现浇多层钢筋混凝土框架结构，底层中柱按轴心受压构件计算，柱高 $H=6.4\text{m}$，承受轴向压力设计值 $N=2450\text{kN}$，采用 C30 级混凝土，HRB335 级钢筋，求柱截面尺寸，并配置纵筋和箍筋。

【解】

(1) 估算截面尺寸

设配筋率 $\rho'=0.01$，$\varphi=1$，由式（8-3）得

$$A=\frac{N}{0.9\varphi(f_c+\rho'f'_y)}=\frac{2450\times10^3}{0.9\times1.0\times(14.3+0.01\times300)}=157354\text{mm}^2$$

正方形截面边长 $b=\sqrt{A}=396.7\text{mm}$，取 $b=400\text{mm}$。

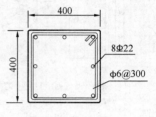

图 8-4 ［例题 8-1］图

(2) 求稳定系数

柱计算长度 $l_0=1.0H$

$\dfrac{l_0}{b}=\dfrac{6400}{400}=16$，查表 8-1 得 $\varphi=0.87$。

(3) 计算配筋

由式(8-5)得

$$A'_s=\frac{\dfrac{N}{0.9\varphi}-f_cA}{f'_y}=\frac{\dfrac{2450\times10^3}{0.9\times0.87}-14.3\times400^2}{300}=2803.3\text{mm}^2$$

选配 8Φ22（$=3041\text{mm}^2$），箍筋配置 Φ6@300（$d=6>22/4$，$s<15\times22=330$），钢筋配置见图 8-4。

8.1.2 螺旋箍筋柱

螺旋箍筋柱的受力性能与普通箍筋柱有很大不同。图 8-5 为螺旋箍筋柱与普通箍筋柱轴向压力 N 与轴向应变 ε 关系曲线的对比。由图可见，在混凝土压应力达到其临界应力 $0.8f_c$ 以前，两者的 N-ε 曲线并无显著区别。当 ε 超过混凝土峰值应变 ε_0 时（图 8-5 中 a 点），螺旋箍筋柱的保护层混凝土开始受压破坏剥落，构件截面面积减小，轴向压力 N 有所下降。但此时螺旋箍筋内部的核心混凝土横向膨胀变形显著增大，使得核心混凝土受到螺旋箍筋的约束，其抗压强度超过 f_c，柱的轴压承载力又逐渐增大，超过普通箍筋柱的最大受压承载力。同时随着轴压力的继续增大，螺旋箍筋的拉应力随核心混凝土横向变形的不断发展而增大，直至达到屈服，不再继续对核心混凝土起约束作用，核心混凝土的抗压强度也不再提高，混凝土压碎，构件破坏，轴压 N 达到第二次峰值（图 8-5 中 b 点）。破坏时螺旋箍筋柱的变形可达 0.01 以上，变形能力比普通箍筋柱显著提高，表现出很好的延性。

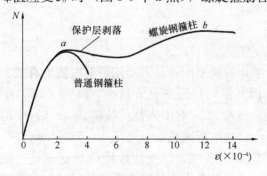

图 8-5 轴心受压柱的 N-ε 曲线

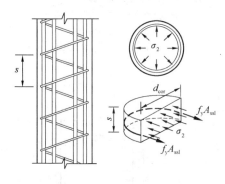

图 8-6　径向压应力 σ_2

根据混凝土圆柱体在三向受压状态的试验研究结果（见式 2-34），受到径向压应力 σ_2 作用的约束混凝土，其纵向抗压强度可偏安全地按下式确定：

$$\sigma_1 = f_c + 4\sigma_2 \tag{8-6}$$

设螺旋箍筋的截面面积为 A_{ss1}，间距为 s，螺旋箍筋的内径为 d_{cor}（即核心混凝土截面的直径）。螺旋箍筋柱达到轴心受压极限状态时，螺旋箍筋达到屈服，其对核心混凝土约束产生的径向压应力 σ_2 可由图 8-6 隔离体的平衡关系 $\sigma_2 s d_{cor} = 2 f_y A_{ss1}$ 得到

$$\sigma_2 = \frac{2 f_y A_{ss1}}{s \cdot d_{cor}} \tag{8-7}$$

代入式（8-6）得

$$\sigma_1 = f_c + \frac{8 f_y A_{ss1}}{s \cdot d_{cor}} \tag{8-8}$$

因此，根据螺旋箍筋柱达到极限状态时轴向力平衡条件（保护层已剥落，不考虑），可得其轴心受压承载力

$$N_u = \sigma_1 A_{cor} + f'_y A'_s = f_c A_{cor} + f'_y A'_s + \frac{8 f_y A_{ss1}}{s \cdot d_{cor}} \cdot A_{cor} \tag{8-9}$$

按体积相等条件 $\pi d_{cor} A_{ss1} = s \cdot A_{ss0}$，将螺旋箍筋换算成相当的纵向钢筋面积 A_{ss0}，则有

$$A_{ss0} = \frac{\pi d_{cor} A_{ss1}}{s} \tag{8-10}$$

故式（8-9）可写成下列形式：

$$N_u = f_c A_{cor} + f'_y A'_s + 2 f_{yv} A_{ss0} \tag{8-11}$$

由上式可见，同样体积的钢材，采用螺旋筋配置比直接用纵筋配置更有效。

相比于普通混凝土，高强混凝土因其横向膨胀率有所减小，故式（8-6）中螺旋箍筋对核心混凝土约束产生的径向压应力 σ_2 有所降低，故将式（8-6）中的 $4\sigma_2$ 修正为 $4\alpha\sigma_2$，α 为螺旋钢筋对混凝土约束的折减系数，当 $f_{cu,k} \leqslant 50 \text{N/mm}^2$ 时，取 $\alpha = 1.0$；当 $f_{cu,k} = 80 \text{N/mm}^2$ 时，取 $\alpha = 0.85$，其间按线性内插法确定。此外，与普通箍筋柱类似，考虑初始偏心及以恒载为主的轴心受压情况的可靠性要求，乘以 0.9 折减系数，故《规范》规定的螺旋箍筋柱轴心受压承载力计算公式为：

$$N \leqslant N_u = 0.9(f_c A_{cor} + f'_y A'_s + 2\alpha f_{yv} A_{ss0}) \tag{8-12}$$

由以上分析可知，采用螺旋箍筋可有效提高柱的轴心受压承载力。但如螺旋

箍筋配置过多，极限承载力提高过大，则会在远未达到其极限轴压承载力之前保护层混凝土会产生剥落，从而影响正常使用。因此《规范》规定，按式（8-12）计算所得的承载力不应大于按式（8-4）普通箍筋柱受压承载力的50%。

对长细比过大的柱，由于压力作用下柱的纵向弯曲变形会比较大，此时截面不是全部受压，螺旋箍筋的约束作用得不到有效发挥，故《规范》规定对长细比l_0/d大于12的柱不考虑螺旋箍筋的约束作用。此外，螺旋箍筋的约束效果与其截面面积A_{ss1}和间距s有关，为保证有一定约束效果，《规范》规定螺旋箍筋的换算面积A_{ss0}不得小于全部纵筋A'_s面积的25%，螺旋箍筋的间距s不应大于$d_{cor}/5$，且不大于80mm，同时为方便施工，s也不应小于40mm。

【例题 8-2】 某办公楼门厅现浇钢筋混凝土柱，采用圆形截面，直径$d=500$mm，承受轴向压力设计值$N=3250$kN。柱高$H=8$m，计算长度$l_0=0.7H$。采用C30级混凝土，纵筋采用HRB335级钢筋，箍筋采用HPB300级钢筋。求该柱的配筋。

【解】

(1) 基本参数

设环境等级为二a，混凝土保护层厚度取$a=25$mm，箍筋直径取8mm。

$$d_{cor} = 500 - 2\times 25 - 2\times 8 = 434\text{mm}, \quad A_{cor} = \frac{\pi d_{cor}^2}{4} = 147860\text{ mm}^2$$

先初步确定纵筋为8Φ20，$A'_s=2513\text{mm}^2$。

C30级混凝土$f_c=14.3\text{N/mm}^2$，HRB335级钢筋$f'_y=300\text{N/mm}^2$，HPB300级钢筋$f_y=270\text{N/mm}^2$

(2) 计算螺旋箍筋

由式（8-10）确定螺旋箍筋的换算面积，C30级混凝土，取螺旋箍筋影响系数$\alpha=1.0$，则

$$A_{ss0} = \frac{N/0.9 - f_c A_{cor} - f'_y A'_s}{2f_y}$$

$$= \frac{3250\times 10^3/0.9 - 14.3\times 147860 - 300\times 2513}{2\times 270} = 1375.6\text{mm}^2$$

$0.25A'_s=628.25\text{mm}^2$，$A_{ss0}>0.25A'_s$

设螺旋箍筋直径为8mm，$A_{ss1}>50.3\text{mm}^2$。由式（8-10）得

$$s = \frac{\pi d_{cor} A_{ss1}}{A_{ss0}} = \frac{3.14\times 450\times 50.3}{1375.6} = 51.7\text{mm}$$

取$s=50$mm，小于$d_{cor}/5=90$mm及80mm，满足构造要求。

(3) 按轴心受压普通箍筋柱计算承载力

$$\frac{l_0}{d} = \frac{0.7\times 8000}{500} = 11.2 < 12，查表8-1得，\varphi=0.962。$$

按式（8-5）计算普通箍筋柱承载力，得

$$N = 0.9\varphi(f_c A + f'_y A'_s)$$
$$= 0.9 \times 0.962 \times (14.3 \times \frac{\pi \times 500^2}{4} + 300 \times 2513)$$
$$= 3084 \text{kN}$$

螺旋箍筋柱承载力 $N=3250$ kN 小于 1.5 倍普通箍筋柱承载力($1.5 \times 3084 = 4626$ kN)。

8.2 压力和弯矩共同作用下的正截面承载力

8.2.1 破坏特征

如图 8-7 所示,受压力 N 和弯矩 M 共同作用的正截面,可等效为偏心距 $e_0 = M/N$ 的偏心受压截面。当偏心距 $e_0 = 0$ 时,即弯矩 $M = 0$,为轴心受压情况;当 $N = 0$ 时,为正截面受弯情况。因此,偏心受压构件的正截面受力性能和破坏形态介于轴心受压和正截面受弯之间。为增强抵抗压力和弯矩的能力,偏心受压构件一般同时在截面两侧配置纵向钢筋 A_s 和 A'_s,同时构件中应配置必要的箍筋(见本章 8.9 节),以防止受压纵向钢筋的压曲,保证纵向受压钢筋的抗压强度能得到充分利用。

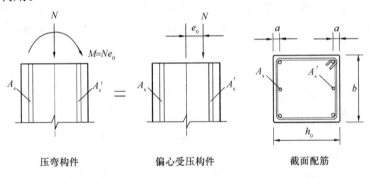

图 8-7

偏心受压构件的正截面破坏形态与偏心距 e_0 的大小和纵向钢筋的配筋率有关,有以下两种情况:

1. 受拉破坏(tensile failure)

当相对偏心距 e_0/h_0 较大,且受拉侧纵向钢筋 A_s 配置不太多时,截面受拉侧混凝土较早出现裂缝,受拉侧纵向钢筋的应力随荷载增加发展较快,首先达到屈服。此后,裂缝迅速开展,受压区高度减小,最后受压侧纵向钢筋 A'_s 受压屈服,压区混凝土压碎而达到破坏(见图 8-8a)。这种破坏塑性变形能力较大,具有明显预兆,其破坏特征与双筋梁相似,承载力主要取决于受拉侧纵向钢筋。形成这种破坏形式的条件是：偏心距 e_0 较大，且受拉侧纵向钢筋配筋率合适，我国通常称为"**大偏心受压**"（compression member with large eccentricity）。

2. 受压破坏（compressive failure）

当相对偏心距 e_0/h_0 较小，或虽然相对偏心距 e_0/h_0 较大，但受拉侧纵向钢筋 A_s 配置较多时，截面受压侧混凝土和纵向钢筋的受力较大，而受拉侧纵向钢筋的应力较小。当相对偏心距 e_0/h_0 很小时，距 N 较远侧纵向钢筋 A_s（以下一般称钢筋 A_s 侧为'受拉侧纵筋'，A'_s 侧为'受压侧纵筋'）还可能出现受压情况。截面最后是由于受压区混凝土压碎而达到破坏，其正截面受压承载力主要取决于压区混凝土和受压侧纵筋 A'_s，破坏时受压区高度 x 较大，而受拉侧纵筋 A_s 未达到受拉屈服，破坏具有脆性性质（图 8-8b）。

需要注意的是，产生受压破坏的条件有以下两种：

（1）相对偏心距 e_0/h_0 较小。此时，截面大部分处于受压状态，甚至全截面受压，而"受拉侧"无论如何配筋，截面最终均产生受压破坏。这种情况是由轴向压力作用位置所决定，即轴向压力的偏心距 e_0 较小，无法通过截面纵筋配筋方式改变破坏形态。为改善这种破坏的脆性性质，可增加横向配箍以约束混凝土来提高其变形能力。

（2）相对偏心距 e_0/h_0 较大，但受拉侧纵向钢筋 A_s 配置较多。这种情况类似双筋截面的超筋梁，也即受压破坏是由于受拉侧钢筋 A_s 配置过多造成的，属配筋不当，故应在设计中避免。

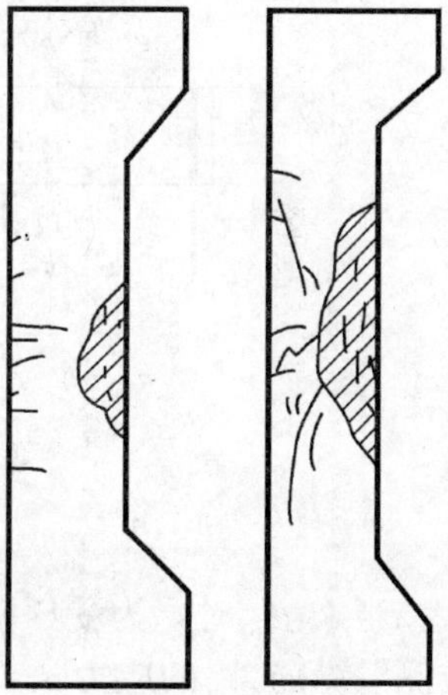

若排除上面第（2）种配筋不当的情况，受压破坏通常都发生在偏心距 e_0 较小时，因此我国常称为"**小偏心受压**"（compression member with small eccentricity）。

图 8-8
(a) 受拉破坏；(b) 受压破坏

8.2.2 正截面承载力计算

偏心受压正截面受力分析方法与受弯情况是相同的，即仍采用以平截面假定为基础的计算理论，根据混凝土及钢筋的应力-应变关系和截面受力平衡条件，即可分析受压构件正截面在压力 N 和弯矩 M 共同作用下的受力全过程。

对于正截面受压弯承载力的计算，同样可按 5.2 节的方法，对受压区混凝土采用等效矩形应力图。因为等效矩形应力图系数 α 和 β 仅取决于混凝土的应力-应变曲线，故仍按附表 2-1 取值。

受拉破坏和受压破坏的界限，即受拉钢筋达到屈服的同时受压区混凝土边缘压应变达到极限压应变 ε_{cu}，与适筋梁和超筋梁的界限情况类似。因此，相对界

限受压区高度 ξ_b 仍按式（5-10）或表 5-1 确定。

当 $\xi \leqslant \xi_b$ 时，为受拉破坏，即大偏心受压，达到承载能力极限状态时，受拉侧钢筋 A_s 的应力达到受拉屈服强度，即 $\sigma_s = f_y$。由截面受力平衡（见图 8-9a），可得正截面承载力计算公为：

$$\begin{cases} N_u = \alpha f_c b x + f'_y A'_s - f_y A_s & \text{(8-13a)} \\ M_u = \alpha f_c b x \left(\dfrac{h}{2} - \dfrac{x}{2}\right) + f'_y A'_s \left(\dfrac{h}{2} - a'\right) + f_y A_s \left(\dfrac{h}{2} - a\right) & \text{(8-13b)} \end{cases}$$

上式弯矩平衡方程是对截面中心轴取矩。与双筋梁情况一样，受压侧纵筋 A'_s 应力达到受压屈服强度 f'_y 的条件仍为 $x \geqslant 2a'$。

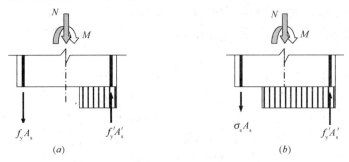

图 8-9　正截面承载力计算图形
(a) 大偏心受压；(b) 小偏心受压

当 $\xi > \xi_b$ 时，为受压破坏，即小偏心受压，达到承载能力极限状态时，"受拉侧"纵筋 A_s 的应力 $\sigma_s < f_y$。此时，由截面受力平衡（见图 8-9b），可得正截面承载力计算公式为：

$$\begin{cases} N_u = \alpha f_c b x + f'_y A'_s - \sigma_s A_s & \text{(8-14a)} \\ M_u = \alpha f_c b x \left(\dfrac{h}{2} - \dfrac{x}{2}\right) + f'_y A'_s \left(\dfrac{h}{2} - a'\right) + \sigma_s A_s \left(\dfrac{h}{2} - a\right) & \text{(8-14b)} \end{cases}$$

"受拉侧"钢筋 A_s 的应力 σ_s 可由截面应变分布，即平截面假定确定。由图 8-10 所示截面应变分布的几何关系可得

$$\frac{\varepsilon_s}{h_0 - x_n} = \frac{\varepsilon_{cu}}{x_n}$$

由 $x = \beta x_n$ 及 $\sigma_s = E_s \varepsilon_s$，可推得

$$\sigma_s = E_s \varepsilon_{cu} \left(\frac{\beta}{x/h_0} - 1\right) = E_s \varepsilon_{cu} \left(\frac{\beta}{\xi} - 1\right) \tag{8-15}$$

为避免上式代入式（8-13）出现 x 的三次方程，根据试验结果和计算分析，考虑到当 $\xi = \xi_b$ 时，$\sigma_s = f_y$；当 $\xi = \beta$ 时，$\sigma_s = 0$ 的两个边界条件（见图 8-11），可采用以下 σ_s 与 ξ 的近似线性关系：

$$\sigma_s = f_y \cdot \frac{\xi - \beta}{\xi_b - \beta} \tag{8-16}$$

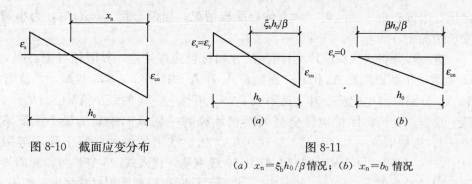

图 8-10 截面应变分布

图 8-11
(a) $x_n = \xi_b h_0/\beta$ 情况；(b) $x_n = b_0$ 情况

式 (8-16) 与式 (8-15) 的对比见图 8-12，可见在 $\sigma_s > 0$ 的范围，两者吻合较好；在 $\sigma_s < 0$ 的范围，两者误差较大，但试验值与近似式 (8-16) 仍较吻合。按式 (8-16) 或式 (8-15) 算得的钢筋应力应符合条件 $-f'_y \leqslant \sigma_s \leqslant f_y$。故 $\xi \geqslant 2\beta - \xi_b$ 时，应取 $\sigma_s = -f'_y$ 代入式 (8-12)。

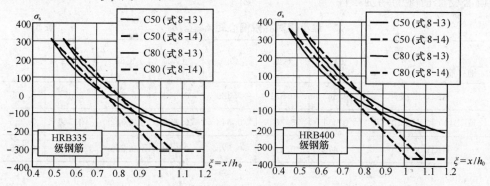

图 8-12 钢筋应力计算公式的对比

8.2.3 相对界限偏心距 e_{0b}/h_0

在偏心受压构件的设计计算时需先判别大小偏压情况，以便采用相应的计算公式。取大小偏压的界限受压区高度 $x = \xi_b h_0$ 代入大偏心受压的计算公式 (8-11)，并取 $a = a'$，可得界限破坏时的轴力 N_b 和弯矩 M_b 如下：

$$\begin{cases} N_b = \alpha f_c b \cdot \xi_b h_0 + f'_y A'_s - f_y A_s & \text{(8-17a)} \\ M_b = 0.5\alpha f_c b \xi_b h_0 (h - \xi_b h_0) + 0.5(f'_y A'_s + f_y A_s)(h - 2a') & \text{(8-17b)} \end{cases}$$

由此可得相对界限偏心距 e_{0b}/h_0 为

$$\frac{e_{0b}}{h_0} = \frac{M_b}{N_b h_0} = \frac{\alpha f_c b \xi_b h_0 (h - \xi_b h_0) + (f'_y A'_s + f_y A_s)(h - 2a')}{2(\alpha f_c b \xi_b h_0 + f'_y A'_s - f_y A_s) h_0} \quad \text{(8-18)}$$

若给定截面尺寸、材料强度以及截面配筋 A_s 和 A'_s，则界限相对偏心距 e_{0b}/h_0 为定值。当偏心距 $e_0 \geq e_{0b}$ 时，为大偏心受压情况；当偏心距 $e_0 < e_{0b}$ 时，为小偏心受压情况。

进一步分析式（8-18），当截面尺寸和材料强度给定，界限相对偏心距 e_{0b}/h_0 就取决于截面配筋 A_s 和 A'_s。而随着 A_s 和 A'_s 的减小，e_{0b}/h_0 也减小，故当 A_s 和 A'_s 分别取最小配筋率时（见附表 2-9），可得 e_{0b}/h_0 的最小值 $e_{0b,min}/h_0$。《规范》规定：受压构件按构件全截面面积计算的一侧纵向钢筋的最小配筋率为 0.002。近似取 $h = 1.05h_0$，$a' = 0.05h_0$，对于常用的各种混凝土强度等级和 HRB335、HRB400(RRB400) 和 HRB500 级钢筋，代入式（8-17）可得相对界限偏心距的最小值 $e_{0b,min}/h_0$，见表 8-4。截面设计时可根据所用材料强度，按表 8-4 来判别大小偏心，即当受压构件计算截面的初始偏心距 $e_i \leq e_{0b,min}$ 时按小偏心受压计算，当 $e_i > e_{0b,min}$ 时按大偏心受压计算。也可近似取表 8-4 中的偏小值 $e_{0b,min}/h_0 = 0.32$ 作为相对界限偏心距，用于不对称配筋偏心受压构件截面设计时大小偏心受压情况的判别条件。

最小相对界限偏心距 $e_{0b,min}/h_0$　　　　　　　　　　　表 8-4

钢 筋 \ 混凝土	C20	C30	C40	C50	C60	C70	C80
HRB335 级	0.363	0.331	0.320	0.313	0.320	0.327	0.335
HRB400 和 RRB400 级	0.411	0.363	0.343	0.335	0.342	0.348	0.356
HRB500 级	0.471	0.410	0.378	0.362	0.366	0.371	0.378

8.2.4　N_u-M_u 相关曲线

对于给定的截面、材料强度和配筋的偏心受压构件，达到正截面承载力极限状态时，其受压承载力 N_u 和受弯承载力 M_u 是相互关联的，可用一条 N_u-M_u 相关曲线表示。根据正截面承载力的计算假定，可以直接采用以下步骤求得 N_u-M_u 相关曲线：

(1) 取受压边缘混凝土压应变等于 ε_{cu}；
(2) 取一受拉侧边缘应变；
(3) 根据截面应变分布以及混凝土和钢筋的应力-应变关系，确定混凝土的应力分布以及受拉钢筋和受压钢筋的应力；
(4) 由平衡条件计算截面的受压承载力 N_u 和受弯承载力 M_u；

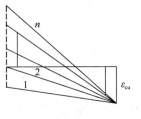

图 8-13

(5) 另取一受拉侧边缘应变（见图 8-13），重复步骤（3）和（4）。

由以上计算可以得到一组正截面承载力（N_u，M_u），取截面受压承载力 N_u

为纵坐标，取截面受弯承载力 M_u 为横坐标，可以绘出正截面承载力 N_u-M_u 相关曲线。图 8-14 为一典型对称配筋截面（$A_s = A'_s$，$f_y = f'_y$，$a = a'$）的 N_u-M_u 相关曲线，图中纵坐标为相对受压承载力 N_u/N_0，横坐标为相对受弯承载力 M_u/M_0，其中 N_0、M_0 分别为构件截面的轴心受压承载力和受纯弯承载力。图中虚线为按等效矩形应力图，由式（8-12）和式（8-13）求得的 N_u-M_u 相关曲线。由图可见，等效矩形应力图方法与理论计算方法在大部分情况下是吻合的，但对于 C50 以上的混凝土，由于等效矩形应力图形系数 α 小于 1.0，因此在向轴心受压过渡时，等效矩形应力图方法偏小一些。考虑到轴心受压构件可能因初始偏心等因素的影响，以及高强混凝土破坏时的脆性性质，这种偏小对《规范》来说是偏于安全的。实际上，前述轴心受压计算公式（9-5）中采用的折减系数 0.9 也已考虑了这一点。

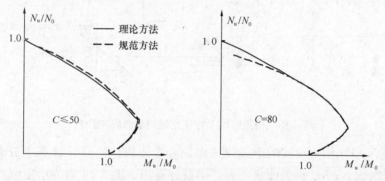

图 8-14 正截面承载力 N_u-M_u 相关曲线

N_u-M_u 相关曲线反映了钢筋混凝土构件在压力和弯矩共同作用下正截面承载力的规律，具有以下特点：

（1）N_u-M_u 相关曲线上的任一点代表处于正截面承载能力极限状态时的一种内力组合。如一组内力（M，N）在曲线内侧，说明未达到正截面承载能力极限状态，是安全的；如（M，N）在曲线外侧，则表明正截面承载力不足。

（2）当弯矩 M 为零时，轴向受压承载力 N_u 达到最大，即为轴心受压承载力 N_0，见图 8-15 中 A 点；当轴力 N 为零时，为受纯弯承载力 M_0，即图 8-15 中 C 点。

（3）截面的受弯承载力 M_u 与作用的轴压力 N 大小有关；当轴压力 N 小于界限破坏时的轴力 N_b 时，M_u 随 N 的增加而增加（图 8-15 中 BEC 段）；当轴压力 N 大于界限破坏时的轴力 N_b 时，M_u 随 N 的增加而减小（图 8-15 中 ADB 段）。

（4）截面的受弯承载力 M_u 在 B 点达（N_b，M_b）到最大，该点近似为界限破坏；因此，图 8-15 中 BEC 段（$N \leqslant N_b$）为受拉破坏（大偏心受压），ADB 段

（$N>N_b$）为受压破坏（小偏心受压）。

（5）如截面尺寸和材料强度保持不变，N_u-M_u 相关曲线随配筋量的增加而向外侧增大（见图 8-16）。

（6）对于对称配筋截面，界限破坏时的轴力 N_b 与配筋率无关，而 M_b 随配筋率的增加而增大（见图 8-16）。

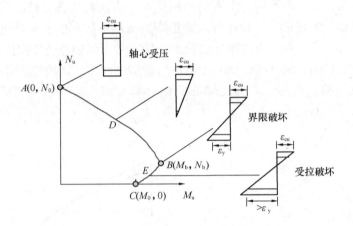

图 8-15　相关曲线上特征点处的截面应变分布

掌握 N_u-M_u 相关曲线的上述规律对偏心受压构件的设计计算十分有用。同时，也可制成 N_u-M_u 相关曲线图表，供设计查用。图 8-16 为一给定截面和材料强度情况下对称配筋的 N-M 相关曲线设计图表，图中各曲线对应不同的配筋面积。当已知轴力和弯矩设计值，则可很方便地从图中得到配筋面积，详见例题 8-10。

8.2.5　附加偏心距和初始偏心距

由于施工误差、计算偏差及材料不均匀等原因，实际工程中不存在理想的轴心受压构件。同样，偏心受压构件的实际偏心距也可能会大于计算偏心距 $e_0 = M/N$，此处 M 和 N 分别为受压构件计算截面的弯矩和轴压力设计值。为考虑实际工程中各种不利因素的影响，除根据结构分析确定的受压构件计算截面的计算偏心距 $e_0 = M/N$ 外，再引入**附加偏心距 e_a**（accidental eccentricity），即在受压构件正截面压弯承载力计算时，取以下**初始偏心距 e_i**（initial eccentricity）：

$$e_i = e_0 + e_a \tag{8-19}$$

参考以往工程经验和国外规范，《规范》规定，在轴向压力 N 偏心方向的附加偏心距 e_a 取 20mm 与 $h/30$ 两者中的较大值，此处 h 是指偏心方向的截面最大尺寸。当计算偏心距 $e_0 = 0$ 时，考虑初始偏心距 e_i 后按偏心受压公式计算的受压构件正截面承载力，与轴心受压计算公式（8-3）的结果基本一致。

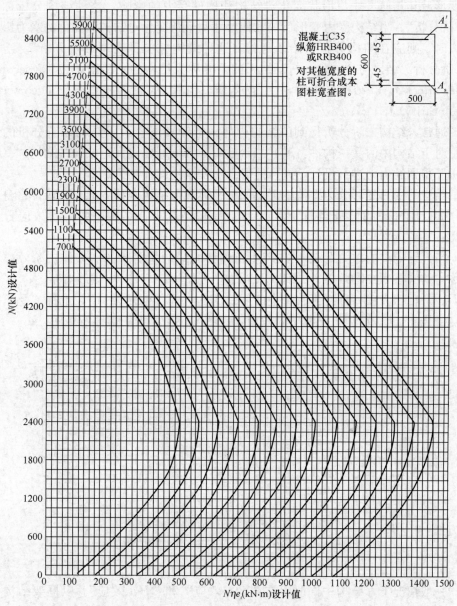

图 8-16　配筋设计用 $N\text{-}M$ 图

8.3　结构及受压构件的二阶效应

8.3.1　结构及受压构件二阶效应的概念

通常当结构和构件的受力变形较小时，结构分析中一般不考虑结构和构件受力变形后其几何尺寸与形状变化对结构和构件受力的影响,这种结构分析称为"一阶分析"。当结构受力变形后的几何尺寸和形状变化对结构和构件的受力影响较大时,则应在结构分析中给予考虑,这种结构分析称为"二阶分析"。结构"二阶分析"结果与"一阶分析"结果的差异称为结构的**二阶效应**(second-order effects)。在结构分析中,"二阶效应"也称为"几何非线性"(geometric nonlinearity)。

通常,结构二阶分析得到的结构构件内力和变形会大于结构一阶分析的结果。对于结构中的受压构件,其"二阶效应"影响通常较大,如仅按结构"一阶分析"得到的内力进行设计,则可能导致不安全的设计结果。

结构的受力变形分为整体变形(如水平荷载下结构侧移变形)和构件自身变形(如受压杆件的自身挠曲变形),因此一般情况下,结构中的二阶效应分为两类:

(1) 结构上的重力荷载 P 在产生了侧移的结构中引起的"整体二阶效应",也称"结构重力二阶效应",简称 P-Δ 效应,见图 8-17(b) 中虚线弯矩图;

(2) 轴压力在杆件产生自身挠曲后引起的"局部二阶效应",也称"受压杆件自身挠曲二阶效应",简称 P-δ 效应,见图 8-18(b) 中的虚线弯矩图。

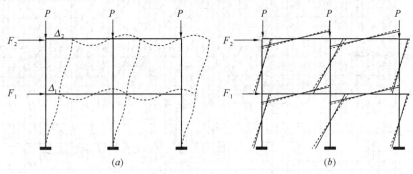

图 8-17 有侧移框架结构的 P-Δ 二阶效应
(a) P-Δ 效应下的结构变形;(b) P-Δ 效应下的结构弯矩

一般情况下,结构中同时存在"P-Δ 效应"和"P-δ 效应"。以框架结构为例,结构中的二阶效应有以下规律:

(1) 除底层柱外,P-δ 效应不增大其他各层柱上、下端竖向荷载下的一阶弯矩,反而略有减小作用,见图 8-18。

(2) P-Δ 效应增大所有柱端水平荷载引起的弯矩,每一层对该层层间侧移的增大程度与该层每一柱端弯矩的增大程度是相同的,但竖向荷载弯矩不被 P-Δ 效应增大。

(3) P-Δ 效应增大梁端水平荷载产生弯矩(图 8-17b),P-δ 效应会减少梁端

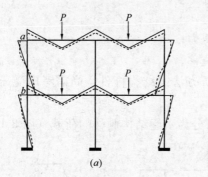 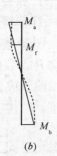

图 8-18 无侧移结构杆件自身挠曲引起的二阶效应（P-δ 效应）
(a) P-δ 效应下的弯矩分布；(b) 柱 ab 的弯矩分布

竖向荷载产生的弯矩（图 8-18）。

（4）当结构产生水平侧移时，柱除产生 P-Δ 效应外，还相对于柱自身轴线也产生挠曲，即轴压力在柱自身挠曲变形中还将产生 P-δ 效应，但通常不起控制作用。

（5）如果无侧移结构中柱过于细长，在柱高度范围内因 P-δ 效应而增大的弯矩有可能大于柱端一阶弯矩（即图 8-18b 中 M_f 可能大于 M_a 或 M_b），从而对柱截面设计起控制作用。

8.3.2 重力二阶效应（P-Δ 效应）

对于有侧移结构，其二阶效应主要取决于水平荷载侧移引起的二阶效应，即 P-Δ 效应（见图 8-17）。对于弹性结构而言，P-Δ 效应分析属于几何非线性问题。对于钢筋混凝土结构，因还具有材料非线性，精确的考虑 P-Δ 效应十分复杂。同时考虑几何非线性和材料非线性的结构分析方法虽然在理论上可行，但实际分析仍十分困难。实用中常采用以下近似方法：考虑钢筋混凝土开裂后构件刚度降低的影响，取折减后的构件刚度按弹性方法进行 P-Δ 二阶效应结构分析。折减刚度取构件初始弹性刚度乘以折减系数，根据大量弹塑性分析研究结果：对梁折减系数取 0.4，对柱取 0.6，对未开裂的剪力墙及核心筒取 0.7，对已开裂的剪力墙及核心筒取 0.45。

对于框架结构，由水平荷载产生侧移引起框架柱的 P-Δ 二阶效应，可按以下较为简便分析方法计算：梁、柱构件取上述折减刚度，对结构进行一阶弹性分析，得到结构各层的层间剪力 V 和层间侧移 Δ。因同一层的层间侧移相同，因此同层各柱由 P-Δ 二阶效应产生的弯矩增大系数可按下式确定：

$$\eta_s = \cfrac{1}{1 - \cfrac{\Sigma N_i \cdot \Delta}{V \cdot H_0}} \tag{8-20}$$

式中　ΣN_i——计算楼层各柱在所考虑状态下的轴压力之和；

H_0——计算楼层的层高；

V——计算楼层的层间剪力；

Δ——计算楼层的层间位移。

对于已考虑 P-Δ 二阶效应分析方法的结构杆件，尚需考虑受压杆件自身挠曲引起的 P-δ 二阶效应。

一般情况下，结构上的荷载可分为引起结构侧移的荷载（图 8-17a 中的水平

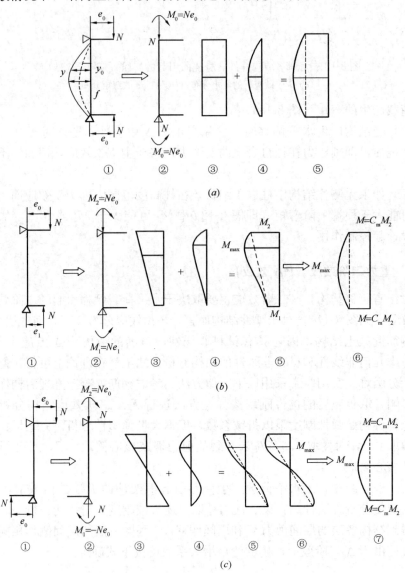

图 8-19 受压构件的 P-δ 效应

(a) 杆端弯矩相等时的 P-δ 效应；(b) 杆端弯矩同号不相等时的 P-δ 效应；
(c) 杆端弯矩不同号的 P-δ 效应

荷载 F)和不引起结构侧移的荷载(图 8-17a 中的竖向荷载 P)。因此对于框架结构,框架柱端弯矩应根据这两种情况分别计算后按下式确定:

$$M = M_{ns} + \eta_s M_s \tag{8-21}$$

式中 M_{ns}——不引起结构侧移的荷载或作用按一阶弹性分析计算所得的柱的端弯矩设计值;

M_s——引起结构侧移的荷载按一阶弹性分析所产生的柱的端弯矩设计值。

8.3.3 受压构件自身挠曲引起的二阶效应(P-δ 效应)

无论是有侧移结构还是无侧移结构,当结构中柱的长细比较大、且轴压力也较大时,由于柱自身挠曲变形的影响,则会因 P-δ 效应使得柱中间区段截面的弯矩增大,并可能超过柱端控制截面的弯矩。如当受压构件发生单曲率弯曲、且两端弯矩相等或比较接近时(图 8-19a 和图 8-19b);或即使受压构件发生双曲率弯曲,但杆件的轴压比❶较大时,也可能发生因 P-δ 效应使得受压构件中间区段的弯矩超过杆端弯矩的情况(图 8-19c 中的⑥)。对于这类情况的受压构件,设计中必须考虑 P-δ 效应的影响,具体方法如下:

标准柱的 P-δ 二阶效应

标准柱是指两端铰接、且初始偏心距 e_i 相同的偏心受压杆件(图 8-20)。标准柱在构件两端偏心压力 N 的作用下,将产生侧向挠曲变形 $y(x)$。因此,柱中的弯矩除柱端初始弯矩 $M_i = Ne_i$ 外,压力 N 还会因柱的侧向挠曲变形 $y(x)$ 产生附加弯矩 $M_2 = N \cdot y(x)$,M_2 称为二阶弯矩,即受压构件自身绕曲引起的二阶效应(P-δ 效应)。

对于图 8-20 所示标准柱,柱跨中侧向挠曲变形最大,记为 f,因此柱跨中截面的总弯矩,也即柱中的最大弯矩 $M_{max} = N(e_i + f)$。在材料、截面配筋和初始偏心距 e_i 相同的情况下,随着柱的支撑长度 l_c 增大,相应柱的长细比 l_c/h 也增大,柱跨中截面最大弯矩 M_{max} 也会相应增大,二阶弯矩 M_2 对柱的受力特性和其受压承载力的影响程度会有很大差别,将产生不同的破坏类型。

(1) 对于长细比 $l_c/h \leqslant 5$ 的短柱,柱跨中侧向挠曲变形 f 与初始偏心距 e_i 相比很小,柱跨中截面的最大弯矩 $M_{max} = N(e_i + f)$ 随轴力 N 的增加基本呈线性增长(图 8-21 中 OA 直线),即 P-δ 效应引起的附加弯矩形 M_2 可以忽略,直至达到正截面承载能力极限状态产生破坏(N-M 加载曲线形 OA 与 N_u-M_u 相关曲线相交点,见图 8-21 中 A 点)。因此,对于长细比 $l_c/h \leqslant 5$ 的短柱,在设计中可忽略柱 P-δ 效应的影响。

---

❶ 轴压比 $n = \dfrac{N}{f_c A}$,其中 N 为柱承受轴压力。

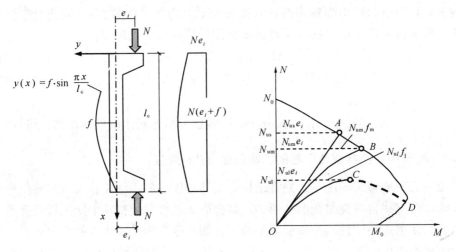

图 8-20　柱的侧向挠度变形　　图 8-21　柱长细比对承载力的影响

（2）对于长细比 $l_c/h=5\sim30$ 的中长柱，柱跨中侧向挠曲变形 f 与初始偏心距 e_i 相比已不能忽略，即 $P\text{-}\delta$ 效应的影响不能忽略。随轴向压力 N 的增大，柱跨中截面最大弯矩 $M_{\max}=N(e_i+f)$ 的增长速度大于轴向压力 N 的增长速度，即柱中最大弯矩 $M_{\max}$ 随轴力 N 的增加呈明显的非线性增长（图 8-21 中 OB 曲线），这种非线性是由柱的侧向挠曲变形引起的，称为几何非线性。虽然最终 $N\text{-}M$ 加载曲线 OB 仍可与 $N_u\text{-}M_u$ 相关曲线相交达到正截面承载能力极限状态（图 8-21 中 B 点），但柱的轴向承载力明显低于同样截面和初始偏心距情况下的短柱的承载力（图 8-21 中 A 点的承载力）。因此，对于中长柱，在设计中应考虑 $P\text{-}\delta$ 效应对柱弯矩增大的影响。

（3）对于长细比 $l_0/h>30$ 的长柱，柱跨中侧向挠曲变形 f 的已很大，即 $P\text{-}\delta$ 效应的影响显著增大，在 $N\text{-}M$ 加载曲线 OC 未与 $N_u\text{-}M_u$ 相关曲线相交之前，柱跨中侧向挠曲变形 f 已呈不稳定发展。如能控制柱的侧向挠曲变形，则随柱跨中侧向挠曲变形 f 的增加，轴压力 N 需相应降低，才能维持柱内的弯矩平衡，$N\text{-}M$ 加载曲线与 $N_u\text{-}M_u$ 相关曲线相交（图 8-21 中 D 点）时的轴力低于 $N\text{-}M$ 加载曲线上轴力的最大值（图 8-21 中 C 点），也即柱的承载力不取决于柱正截面的材料破坏，这种破坏为非线性失稳破坏，应进行专门计算。

对于长细比 $l_c/h=5\sim30$ 的中长柱，由于杆件自身侧向挠曲变形产生的 $P\text{-}\delta$ 效应所引起的附加弯矩可用以下弯矩增大系数 η_{ns} 考虑：

$$\eta_{ns}=\frac{M_{\max}}{M_i}=\frac{e_i+f}{e_i}=1+\frac{f}{e_i} \tag{8-22}$$

式中　$M_{\max}$ ——考 $p\text{-}\delta$ 效应后柱跨中弯矩；

　　　M_i ——柱端弯矩。

对于图 8-20 所示支撑长度为 l_c 的典型两端等弯矩的铰接柱，柱跨中截面处的侧

向挠度 f 最大。试验结果表明，其侧向挠曲变形近似符合正弦曲线，即

$$y = f \cdot \sin\frac{\pi x}{l_c} \tag{8-23}$$

柱跨中截面曲率为

$$\phi = -\frac{d^2 y}{dx^2}\Big|_{x=l_c/2} = f\frac{\pi^2}{l_c^2} \approx 10 \cdot \frac{f}{l_c^2} \tag{8-24}$$

则有

$$f = \frac{l_c^2}{10} \cdot \phi \tag{8-25}$$

根据平截面假定，柱跨中截面曲率可表示为

$$\phi = \frac{\varepsilon_c + \varepsilon_s}{h_0} \tag{8-26}$$

试验表明，偏心受压构件达到极限状态时，受压边缘混凝土应变 ε_c 和受拉钢筋应变 ε_s 与初始偏心距 e_i 和长细比 l_0/h 有关。对于界限破坏情况，ε_c 和 ε_s 是明确的，即 $\varepsilon_c = \varepsilon_{cu} = 0.0033$（对高强混凝土偏于安全），$\varepsilon_s = \varepsilon_y = f_y/E_s = 0.00225$（屈服强度 f_y 按 400 级和 500 级钢筋的平均值考虑），故界限破坏时的截面曲率为

$$\phi_b = \frac{0.0033 \times 1.25 + 0.00225}{h_0} = \frac{1}{157} \cdot \frac{1}{h_0} \tag{8-27}$$

式中 1.25 是考虑荷载长期作用下混凝土的徐变引起的混凝土压应变增大的系数。

对于初始偏心距 e_i 较小的小偏心受压情况，达到承载力极限状态时"受拉侧"钢筋未达到受拉屈服，其应变 ε_s 小于 $\varepsilon_y = f_y/E_s$，而受压边缘混凝土的应变 ε_c 一般也小于 ε_{cu}，因此截面曲率 ϕ 可在界限曲率 ϕ_b 的基础上乘以考虑小偏心受压情况影响的折减系数 ζ_c，即

$$\phi = \zeta_c \phi_b \tag{8-28}$$

根据试验结果统计分析，折减系数 ζ_c 取

$$\zeta_c = \frac{0.5 f_c A}{N} \tag{8-29}$$

式中 A——柱截面面积。

折减系数 ζ_c 小于 1.0，因此当按式 (8-29) 计算的 ζ_c 大于 1.0 时，应取 $\zeta_c = 1.0$。

将上述有关结果代入式 (8-22)，并近似取截面高度 $h = 1.1 h_0$，可得二阶效应引起的弯矩增大系数 η 为

$$\eta_{ns} = 1 + \frac{1}{1297\frac{e_i}{h_0}}\left(\frac{l_c}{h}\right)^2 \zeta_c \tag{8-30}$$

《规范》偏于安全地近似取上式中分母的系数为 1300，故有

$$\eta_{ns} = 1 + \frac{1}{1300\frac{e_i}{h_0}}\left(\frac{l_c}{h}\right)^2 \zeta_c \tag{8-31}$$

其中，ζ_c 按式（8-29）计算，即 $\zeta_c = \dfrac{0.5 f_c A}{N}$。

对于 $l_c/h \leqslant 5$ 或 $l_c/i \leqslant 17.5$ 的短柱，可取 $\eta_{ns}=1.0$。式（8-30）中，符号 η_{ns} 表示仅考虑杆件自身挠曲的 P-δ 效应所引起的弯矩增大系数，此时未涉及结构侧移引起的 P-Δ 效应，也即在计算 P-δ 效应时，不考虑结构侧移。

8.3.4　一般受压构件的 P-δ 效应

对于图 8-19(b) 柱端弯矩同号、但端弯矩不等的非标准铰支柱，记考虑 P-δ 效应后该柱内的最大弯矩为 M_{max}。取图 8-19(b) 所示计算长度为 l_0 的标准柱作为图 8-19(b) 两端弯矩不等非标准铰支柱的"等代标准柱"，且其中点截面的弯矩也为 M_{max}。显然，等代标准柱的端弯矩 $C_m M_{max}$ 必然小于图 8-19(b) 铰支柱中的较大端弯矩 M_2，定义 C_m 为等代标准柱端弯矩的折减系数，且系数 C_m 总不会大于 1.0。进一步根据前述标准柱的二阶效应分析，可得到偏心距增大系数 η_{ns}，进而可得图 8-19(f) 等代标准柱的最大弯矩 M_{max} 为

$$M_{max} = \eta_{ns} C_m M_2 \tag{8-32}$$

此时，式（8-30）偏心距增大系数 η_{ns} 中的初始偏心距 e_i 取杆端较大弯矩 M_2 的计算偏心距 $e_2 = M_2/N$ 和附加偏心距 e_a 之和，即 $e_i = (M_2/N + e_a)$，由此可得结构中受压杆件考虑 P-δ 二阶效应后设计控制截面的弯矩增大系数计算公式为

$$\eta_{ns} = 1 + \dfrac{1}{1300(M_2/N + e_a)/h_0}\left(\dfrac{l_c}{h}\right)^2 \zeta_c \tag{8-33}$$

式中　l_c——构件的计算长度，可近似取偏心受压构件相应主轴方向上下支撑点之间的距离；

　　　ζ_c——截面曲率修正系数，按式（8-29）计算，当计算值大于 1.0 时取 1.0。

对于图 8-20(c) 杆端弯矩不同号的情况，上述"等代柱"方法同样适用，只需将绝对值较大端作为 M_2，绝对值较小端作为 M_1。

针对框架结构，根据结构弹性理论分析，可推导出偏心距调节系数 C_m 与柱端弯矩比 $\alpha = M_1/M_2$ 的关系为：

$$C_m = 0.7 + 0.3 \dfrac{M_1}{M_2} \geqslant 0.7 \tag{8-34}$$

式中　M_1、M_2——分别为偏心受压构件两端截面按结构分析确定的对同一主轴的组合弯矩设计值，绝对值较大端为 M_2，绝对值较小端为 M_1，当构件按单曲率弯曲时，M_1/M_2 取正值，否则取负值。

综上，对于框架结构中的柱，根据式（8-32）～式（8-34），即可确定考虑 P-δ 效应后的柱中控制截面的设计弯矩 M_{max}。

对于弯矩作用平面内截面对称的偏心受压构件，当同一主轴方向的杆端弯矩

比 M_1/M_2 不大于 0.9,且设计轴压比不大于 0.9 时,若构件的长细比满足以下式(8-35)的要求时,可不考虑轴向压力在该方向杆件自身挠曲产生的 P-δ 二阶效应影响。

$$l_c/i \leqslant 34 - 12(M_1/M_2) \tag{8-35}$$

式中 i——偏心方向柱截面的回转半径,对于沿截面长边方向偏心的矩形截面,$i = 0.2887h$。

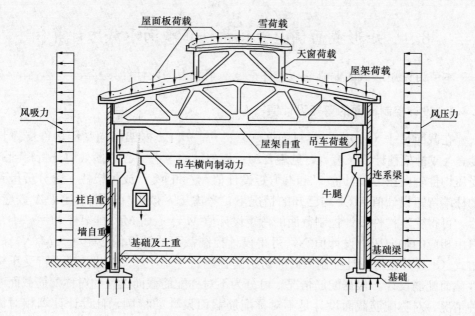

图 8-22 排架结构

8.3.5 排架结构柱的 P-Δ 效应

对于图 8-22 所示的排架结构,除重力荷载外,其他各项荷载都会使排架结构产生侧移 Δ,但由于排架结构的荷载作用情况复杂,其 P-Δ 效应也复杂,故根据排架结构柱的受力特点,近似将其等效为标准柱,按下式来考虑排架结构柱 P-Δ 效应的弯矩设计值:

$$M = \eta_s M_0 \tag{8-36}$$

$$\eta_s = 1 + \frac{1}{1500 e_i/h_0}\left(\frac{l_0}{h}\right)^2 \zeta \tag{8-37}$$

$$\zeta_c = \frac{0.5 f_c A}{N} \tag{8-38}$$

$$e_i = e_0 + e_a \tag{8-39}$$

式中 M_0——一阶弹性分析柱端弯矩;
ζ_c——截面曲率修正系数,当 $\zeta_c > 1.0$ 时,取 $\zeta_c = 1.0$;

e_i ——初始偏心距;

e_0 ——轴向压力对截面重心的偏心距,$e_0 = M_0/N$;

e_a ——附加偏心距;

l_0 ——排架柱的计算长度,按表 8-2 取用;

h, h_0 ——分别为所考虑弯曲方向柱的截面高度和截面有效高度;

A ——柱的截面面积。

8.4 矩形截面偏心受压构件正截面承载力计算

本节讨论矩形截面偏心受压构件正截面承载力的设计计算方法。

8.4.1 设计控制截面的弯矩设计值

在截面尺寸($b \times h$)、材料强度(f_c、f_y、f'_y)、框架结构受压构件支撑长度 l_c(或排架柱计算长度 l_0,见表 8-2)、框架结构考虑 P-Δ 二阶效应分析得到的受压构件轴向压力设计值 N 和端弯矩设计值 M_1 和 M_2(或排架柱一阶分析得到的柱端弯矩设计值 M_0)均已知的情况下,考虑 P-δ 效应(或排架柱 P-Δ 效应)后,可得受压构件设计控制截面的弯矩设计值 $M = \eta_{ns}C_mM_2$(排架柱 $M = \eta_s M_0$)。再由相应的轴向压力设计值 N,可得设计控制截面的计算偏心距 $e_0 = M/N$,故由式(8-19)可得设计控制截面的初始偏心距 $e_i = e_0 + e_a$。由此,可进行受压构件截面配筋设计。根据配筋情况,可分为不对称配筋截面设计和对称配筋截面两种情况。对称配筋截面设计是不对称配筋截面设计的特例,且设计计算相对简单,工程应用方便。

8.4.2 不对称配筋截面的设计

1. 大偏心受压(受拉破坏,$\xi \leqslant \xi_b$)

当设计控制截面的初始偏心距 $e_i = e_0 + e_a > e_{ib,\min} = 0.32h_0$ 时,一般可先按大偏心受压情况计算纵向钢筋 A_s 和 A'_s,由图 8-23 截面应力图形和式(8-13)可得此时受压构件设计控制截面承载力的基本计算公式如下:

$$\begin{cases} N = N_u = \alpha f_c bx + f'_y A'_s - f_y A_s & \text{(8-40a)} \\ N \cdot e \leqslant \alpha f_c bx \left(h_0 - \dfrac{x}{2}\right) + f'_y A'_s (h_0 - a') & \text{(8-40b)} \end{cases}$$

上式(8-40b)是对截面受拉钢筋面积形心取矩,其中 e 为轴向压力作用点至轴向受拉钢筋合力点的距离,即

$$e = e_i + 0.5h - a \tag{8-41}$$

(1) 当 A_s 和 A'_s 均未知时

此时基本方程式(8-40)中有三个未知数,A_s、A'_s 和 x,故无唯一解。与

双筋梁类似,为使总配筋面积($A_s+A'_s$)最小,可取 $x=\xi_b h_0$,代入式(8-40b),得

$$A'_s = \frac{Ne - \alpha f_c bh_0^2 \xi_b(1-0.5\xi_b)}{f'_y(h_0-a')} \quad (8-42)$$

若由上式求得的 A'_s/bh 小于受压构件一侧纵向钢筋的最小配筋率 0.002(最小配筋率见附表 2-9),则应取 $A'_s=0.002bh$,然后按 A'_s 为已知情况计算。

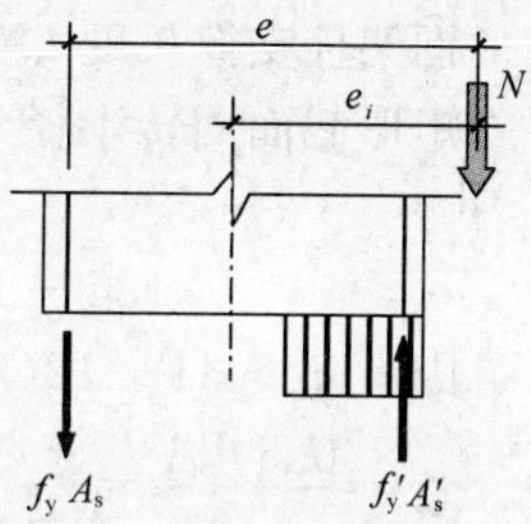

将求得 A'_s 和 $x=\xi_b h_0$ 代入式(8-40a),可得

图 8-23 大偏心受压

$$A_s = \frac{\alpha f_c bh_0 \xi_b + f'_y A'_s - N}{f_y} \quad (8-43)$$

若上式求得的 A_s 小于受压构件一侧纵向钢筋的最小配筋率 0.002,则应取 $A_s=0.02bh$。

(2) 当 A'_s 为已知时

当 A'_s 已知时,基本方程式(8-40)有两个未知数 A_s 和 x,有唯一解。先由式(8-40b)求解 x,若 $x<\xi_b h_0$,且 $x>2a'$,则可将 x 代入式(8-40a)得

$$A_s = \frac{\alpha f_c bx + f'_y A'_s - N}{f_y} \quad (8-44)$$

若 $x>\xi_b h_0$,则应按 A'_s 为未知情况,重新计算 A'_s;若 $x<2a'$,则可偏于安全地近似取 $x=2a'$,对 A'_s 合力重心取矩后,按下式确定 A_s:

$$A_s = \frac{N(e_i - 0.5h + a')}{f_y(h_0 - a')} \quad (8-45)$$

以上求得的 A_s 若小于受压构件一侧纵向钢筋的最小配筋率 0.002,应取 $A_s=0.002bh$。

也可按 A'_s 为已知的双筋梁的计算方法进行,计算中将式(8-40b)中的 Ne 用 M 代换即可(见[例题 8-4])。

【例题 8-3】 某框架结构柱,截面尺寸 $b=300mm$,$h=500mm$,层高 $H=4.5m$,考虑结构 $P-\Delta$ 二阶效应分析得到的柱上、下端绕截面短轴的弯矩设计值分别为 $M_1=200kN\cdot m$,$M_2=300kN\cdot m$,相应的轴压力设计值 $N=1500kN$。采用 C30 级混凝土,纵筋采用 HRB400 级钢筋。求所需配置的 A'_s 和 A_s。

【解】

(1) 基本参数

C30 混凝土:$f_c=14.3N/mm^2$

HRB400 级钢筋:$f'_y = f_y = 360 N/mm^2$

取 $a=a'=40mm$

截面有效高度:$h_0=h-a=500-40=460mm$

(2) $P-\delta$ 二阶效应计算

框架柱支撑长度 $l_c = 4500$ mm

矩形截面回转半径 $i = 0.2887h = 144.35$ mm

$$l_c/i = 4500/144.35 = 31$$

$$34 - 12(M_1/M_2) = 34 - 12(200/300) = 26$$

因 $l_c/i > 34 - 12(M_1/M_2)$，故需考虑 $P\text{-}\delta$ 二阶效应的影响。

$$\zeta_c = \frac{0.5 f_c A}{N} = \frac{0.5 \times 14.3 \times 300 \times 500}{1500 \times 10^3} = 0.715 < 1.0$$

$$\eta_{ns} = 1 + \frac{1}{1300(M_2/N + e_a)/h_0} \left(\frac{l_c}{h}\right)^2 \zeta_c$$

$$= 1 + \frac{1}{1300(300 \times 10^6/1500 \times 10^3 + 20)/460} \left(\frac{4500}{500}\right)^2 \cdot 0.715 = 1.09$$

$$C_m = 0.7 + 0.3 \frac{M_1}{M_2} = 0.7 + 0.3 \frac{200}{300} = 0.9$$

故考虑 $P\text{-}\delta$ 二阶效应后柱的弯矩设计值为

$$M = \eta_{ns} C_m M_2 = 1.09 \times 0.9 \times 300 = 294.3 \text{kN} \cdot \text{m}$$

因考虑 $P\text{-}\delta$ 二阶效应后的弯矩设计值小于柱端一阶弯矩 $M_2 = 300$ kN·m，故柱的控制截面弯矩设计值应取柱端弯矩较大值 $M_2 = 300$ kN·m。

(3) 计算配筋

对 C30 混凝土，查表 5-3 得，$\alpha_{s,\max} = 0.384$，$\xi_b = 0.518$。

矩形图形系数 $\alpha = 1.0$

设计控制截面计算偏心距：$e_0 = \dfrac{M}{N} = \dfrac{M_2}{N} = \dfrac{300 \times 10^6}{1500 \times 10^3} = 200$ mm

附加偏心距 $e_a = \max(20, h/30) = 20$ mm

初始偏心距 $e_i = e_0 + e_a = 200 + 20 = 220$ mm $> 0.32 h_0 = 148.8$ mm

故属于大偏心受压，则

$$e = e_i + \frac{h}{2} - a = 220 + 250 - 35 = 435 \text{mm}$$

$$A'_s = \frac{Ne - \alpha f_c b h_0^2 \xi_b (1 - 0.5\xi_b)}{f'_y (h_0 - a')}$$

$$= \frac{1500 \times 10^3 \times 435 - 0.384 \times 14.3 \times 300 \times 465^2}{360 \times (465 - 35)}$$

$$= 1914.1 \text{mm}^2 > \rho'_{\min} = 0.002bh = 0.002 \times 300 \times 500$$

$$= 300 \text{mm}^2$$

$$A_s = \frac{\alpha f_c b h_0 \xi_b + f'_y A'_s - N}{f_y}$$

$$= \frac{14.3 \times 300 \times 465 \times 0.518 + 360 \times 1914.1 - 1500 \times 10^3}{360}$$

$$= 617 \text{mm}^2 > \rho'_{\min} = 0.002bh = 0.002 \times 300 \times 500 = 300 \text{mm}^2$$

8.4 矩形截面偏心受压构件正截面承载力计算

由附表 2-9 可知，全部纵筋面积的最小配筋率 $\rho'_{\min} = 0.0055$

全部纵筋面积 $1914.1 + 617 = 2531.1 > \rho'_{\min} = 0.0055bh = 825\text{mm}^2$

受压钢筋选 $4 \Phi 25 = 1964\text{mm}^2$，受拉钢筋选 $4 \Phi 14 = 615\text{mm}^2$。根据 8.9 节《规范》规定的柱箍筋构造要求，箍筋选用 $\Phi 6@200\text{mm}$。截面配筋见图 8-25。

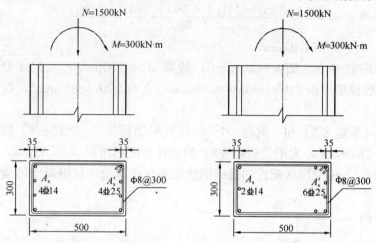

图 8-24　[例题 8-3]柱截面配筋图　　图 8-25　[例题 8-4]柱截面配筋图

【例题 8-4】　基本数据同 [例题 8-3]，但已知配置受压钢筋 $6 \Phi 25$，$A'_s = 2945\text{mm}^2$，计算需配置的受拉钢筋 A_s。

【解】

(1) 由 [例题 8-3] 知

$$a = a' = 40\text{mm}, \quad h_0 = 460\text{mm}$$

材料强度：$f_c = 14.3\text{N/mm}^2$，$f'_y = f_y = 360\text{ N/mm}^2$

考虑 $P\text{-}\delta$ 二阶效应后的弯矩设计值 M 取柱端一阶弯矩 $M_2 = 300\text{kN}\cdot\text{m}$。

设计控制截面计算偏心距：$e_0 = \dfrac{M}{N} = \dfrac{M_2}{N} = \dfrac{300 \times 10^6}{1500 \times 10^3} = 200\text{mm}$

初始偏心距 $e_i = e_0 + e_a = 220\text{ mm} > 0.32 h_0 = 148.8\text{mm}$

故属于大偏心受压，则

$$e = e_i + \frac{h}{2} - a = 220 + 250 - 40 = 430\text{mm}$$

(2) 计算配筋

受压钢筋承担的弯矩：$M' = f'_y A'_s (h_0 - a') = 360 \times 2945 \times 420 = 445.3\text{ kN}\cdot\text{m}$

单筋部分承担的弯矩：$Ne - M' = 1500 \times 10^3 \times 420 - 445.3 \times 10^6 = 184.7\text{ kN}\cdot\text{m}$

$$\alpha_s = \frac{Ne - M'}{\alpha f_c b h_0^2} = \frac{184.7 \times 10^6}{14.3 \times 300 \times 420^2} = 0.244 < \alpha_{s,\max} = 0.384$$

$$\xi = 1 - \sqrt{1 - 2\alpha_s} = 1 - \sqrt{1 - 2 \times 0.244} = 0.284$$

$$x = \xi h_0 = 130.6 \text{mm} \begin{cases} > 2a' = 70\text{mm} \\ < \xi_b h_0 = 241\text{mm} \end{cases}$$

$$A_s = \frac{\alpha f_c bx + f'_y A'_s - N}{f_y}$$

$$= \frac{14.3 \times 300 \times 112.1 + 360 \times 2945 - 1500 \times 10^3}{360}$$

$$= 114.2 \text{ mm}^2$$

小于最小配筋率 $0.002bh = 300\text{mm}^2$，故取 $A_s = 300\text{mm}^2$，实配 2 Φ 14 = 308 mm²。全部纵筋面积 $2495+308=2803\text{mm}^2 > 0.0055bh = 825\text{mm}^2$，截面配筋见图 8-25。

对比［例题 8-3］和［例题 8-4］的计算配筋可见，［例题 8-4］的总计算配筋面积为 2803mm^2，大于［例题 8-3］的总计算配筋面积 2531.1mm^2，这是因为在［例题 8-4］中受压区配置的受压钢筋较多，相应受压区混凝土的受压作用发挥较小。

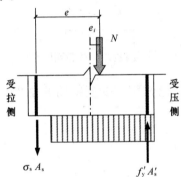

图 8-26 小偏心受压

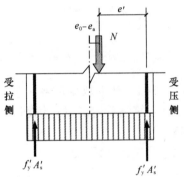

图 8-27 e_a 与 e_0 反向时全截面受压

2. 小偏心受压（受压破坏，$\xi > \xi_b$）

当设计控制截面的初始偏心距 $e_i = e_0 + e_a \leqslant e_{ib,\min} = 0.32h_0$ 时，则可按小偏心受压情况计算纵向钢筋 A_s 和 A'_s。由图 8-26 的截面应力图形，可得小偏心受压的基本设计计算公式如下：

$$\begin{cases} N = N_u = \alpha f_c bx + f'_y A'_s - \sigma_s A_s & (8\text{-}46a) \\ N \cdot e \leqslant \alpha f_c bx \left(h_0 - \frac{x}{2}\right) + f'_y A'_s (h_0 - a') & (8\text{-}46b) \end{cases}$$

"受拉侧"钢筋应力 σ_s 可采用式 (8-16) 近似线性公式，以避免计算中出现三次方程，但应符合条件 $-f'_y \leqslant \sigma_s \leqslant f_y$。

基本方程式 (8-46) 中有三个未知数，A_s、A'_s 和 ξ，故无唯一解。对于小偏心受压，$\xi > \xi_b$，$\sigma_s < f_y$，A_s 未达到受拉屈服。进一步考虑，按式 (8-16) 的钢筋应力 σ_s 公式，当 $\xi < 2\beta - \xi_b$，$\sigma_s > -f'_y$，则 A_s 未达到受压屈服。因此，当 ξ_b

$<\xi<2\beta-\xi_b$,A_s 无论配筋多少,都不能达到屈服。为使用钢量最小,故可按最小配筋率来确定 A_s。因为 A_s 既可能受拉,也可能受压,因此最小配筋率可取受拉钢筋最小配筋率 $\rho_{\min}(=45f_t/f_y)$ 和受压钢筋最小配筋率 $\rho'_{\min}(=0.002)$ 两者中的较大者。

另一方面,当偏心距很小时,如附加偏心距 e_a 与荷载偏心距 e_0 方向相反,或 A_s 配置得很少,则可能发生"受拉侧"或"受压较小侧"(A_s 一侧)的混凝土首先达到受压破坏的情况。此时通常为全截面受压,见图 8-24,则对 A'_s 取矩可得"受拉侧"钢筋为:

$$A_s = \frac{Ne' - f_c bh(h'_0 - 0.5h)}{f'_y(h'_0 - a)} \tag{8-47}$$

式中,$e' = 0.5h - a' - (e_0 - e_a)$,$h'_0 = h - a'$。此时由于偏心方向与破坏方向相反,故可不考虑 $P-\delta$ 效应。

上述两种情况确定的"受拉侧"钢筋 A_s 与 ξ 和 A'_s 无关,设计中可取两者较大值作为 A_s 配筋,即

$$A_s = \max \begin{cases} \rho_{\min} bh \\ \rho'_{\min} bh \\ \dfrac{Ne' - f_c bh(h'_0 - 0.5h)}{f'_y(h'_0 - a)} \end{cases} \tag{8-48}$$

确定 A_s 后,基本方程式(8-46)就只有 ξ 和 A'_s 两个未知数,故可得唯一解。根据解得的 ξ,可分为以下三种情况:

(1) 若 $\xi < 2\beta - \xi_b$,则相应的 A'_s 解即为所求受压钢筋面积;

(2) 若 $\xi > 2\beta - \xi_b$,此时 $\sigma_s = -f'_y$,式(8-46)转化为:

$$\begin{cases} N = N_u = \alpha f_c bx + f'_y A'_s + f'_y A_s & (8\text{-}49\text{a}) \\ N \cdot e \leqslant \alpha f_c bx \left(h_0 - \dfrac{x}{2}\right) + f'_y A'_s (h_0 - a') & (8\text{-}49\text{b}) \end{cases}$$

将式(8-48)确定的 A_s 代入上式,重新求解 ξ 和 A'_s。

(3) 若 $\xi h_0 > h$,为全截面受压,此时应取 $x = h$,同时取混凝土应力图形系数 $\alpha = 1$,代入式(8-46b)直接解得 A'_s 为:

$$A'_s = \frac{Ne - f_c bh(h_0 - 0.5h)}{f'_y(h_0 - a')} \tag{8-50}$$

以上求得的 $A'_s < 0.002bh$ 时,应取 $A'_s = 0.002bh$。

由式(8-46)求解 ξ 和 A'_s 时,将两式中的 A'_s 消去后得 ξ 的二次方程。虽然求解二次方程理论上没有问题,但具体运算还是很麻烦,下面介绍一种近似迭代计算方法。

用相对受压区高度 ξ,式(8-46b)可写成:

$$N \cdot e \leqslant \alpha f_c b h_0^2 \xi(1 - 0.5\xi) + f'_y A'_s (h_0 - a') \tag{8-51}$$

近似取 $h/h_0=1.1$，则在小偏压范围相对受压区高度 ξ 值在 $\xi_b \sim 1.1$ 之间，在此范围上式中 $\alpha_s=\xi(1-05\xi)$ 变化很小。对于 HRB335 级钢筋和不超过 C50 的混凝土，α_s 在 $0.4 \sim 0.5$ 之间，可近似取中间值 0.45，代入上式后可直接求得 A'_s 的第一次近似值为：

$$A'^{(1)}_s = \frac{Ne - 0.45\alpha f_c bh_0^2}{f'_y(h_0 - a')} \qquad (8\text{-}52)$$

如需进一步求得较为精确的解，可将 $A'^{(1)}_s$ 代入式（8-46a）求得的 ξ 近似值为：

$$\xi^{(1)} = \frac{N - f'_y A'^{(1)}_s - f_y \dfrac{\beta}{\xi_b - \beta} A_s}{\alpha f_c bh_0 - f_y A_s \dfrac{1}{\xi_b - \beta}} \qquad (8\text{-}53)$$

再代入式（8-50），求得 A'_s 的第二次近似值为：

$$A'^{(2)}_s = \frac{Ne - \alpha f_c bh_0 \xi^{(1)}(1 - 0.5\xi^{(1)})}{f'_y(h_0 - a')} \qquad (8\text{-}54)$$

一般 $A'^{(2)}_s$ 与精确解的误差已较小。如 $A'^{(2)}_s$ 与 $A'^{(1)}_s$ 仍有较大误差，可再迭代一次。

对于其他混凝土强度和钢筋等级，可取 $\bar{\alpha}_s = [\xi_b(1-0.5\xi_b)+0.5]/2$ 代替 0.45，由式(8-52)～式(8-54)迭代求解。

【例题 8-5】 已知偏心受压柱，截面尺寸 $b=400\text{mm}$，$h=500\text{mm}$，计算长度 $l_0=6\text{m}$，考虑结构侧移 $P\text{-}\Delta$ 二阶效应分析后得到的内力设计值 $N=3500\text{kN}$，$M_1=200\text{kN}\cdot\text{m}$，$M_2=245\text{kN}\cdot\text{m}$。采用 C60 级混凝土，纵筋采用 HRB400 级钢筋。求所需配置的 A'_s 和 A_s。

【解】

（1）基本参数

C60 混凝土：$f_c=27.5\text{N/mm}^2$；$f_t=2.04\text{N/mm}^2$

HRB400 级钢筋：$f'_y = f_y = 360 \text{ N/mm}^2$

$$a = a' = 40\text{mm}$$

截面有效高度：$h_0 = h - a = 500 - 40 = 460\text{mm}$

（2）$P\text{-}\delta$ 二阶效应计算

柱计算长度 $l_c = 6000\text{mm}$

矩形截面回转半径 $i = 0.2887h = 144.35\text{mm}$

$$l_c/i = 6000/144.35 = 41.56$$

$$34 - 12(M_1/M_2) = 34 - 12(200/245) = 24.2$$

因 $l_c/i > 34 - 12(M_1/M_2)$，故需考虑 $P\text{-}\delta$ 效应的影响。

$$\zeta_c = \frac{0.5 f_c A}{N} = \frac{0.5 \times 27.5 \times 400 \times 500}{3500 \times 10^3} = 0.786 < 1.0$$

$$\eta_{ns} = 1 + \frac{1}{1300(M_2/N + e_a)/h_0}\left(\frac{l_c}{h}\right)^2 \zeta_c$$

$$= 1 + \frac{1}{1300(245 \times 10^6/3500 \times 10^3 + 20)/465}\left(\frac{6000}{500}\right)^2 \cdot 0.786$$

$$= 1.45$$

$$C_m = 0.7 + 0.3\frac{M_1}{M_2} = 0.7 + 0.3\frac{200}{245} = 0.945$$

故控制截面的弯矩设计值为：

$$M = \eta_{ns} C_m M_2 = 1.45 \times 0.945 \times 245 = 335.711 \text{kN} \cdot \text{m}$$

计算偏心距 $e_0 = \dfrac{M}{N} = \dfrac{335.71 \times 10^6}{3500 \times 10^3} = 95.92$ mm

附加偏心距 $e_a = 20 \text{mm}(>h/30 = 16.7\text{mm})$

初始偏心距 $e_i = e_0 + e_a = 115.92 \text{mm} < 0.32h_0 = 147.2 \text{mm}$

故属小偏心受压。

(3) 确定受拉侧钢筋 A_s

查附表 1 得，等效矩形图形系数 $\alpha = 0.98$，$\beta = 0.78$

查表 5-1 得，$\xi_b = 0.499$，$\alpha_{s,max} = 0.375$

$$\rho_{min} = \max(0.45f_t/f_y, 0.002) = 0.00255$$

则按 ρ_{min} 确定的受拉侧钢筋 $A_s = \rho_{min}bh = 510 \text{ mm}^2$

按受拉侧压坏确定的 A_s 由式 (8-40) 计算

$$e' = 0.5h - a' - (e_0 - e_a) = 160 \text{mm}$$

$$A_s = \frac{Ne' - f_c bh(h_0' - 0.5h)}{f_y'(h_0' - a)}$$

$$= \frac{3500 \times 10^3 \times 160 - 27.5 \times 400 \times 500 \times (460 - 250)}{360 \times (460 - 40)} < 0$$

因此，取 $A_s = \rho_{min}bh = 510 \text{ mm}^2$，实际选 2 Φ 18 = 509 mm²。

(4) 计算受压钢筋 A_s'

用迭代法计算，按式 (8-52) 计算 A_s' 的第一次近似值为

$$e = e_i + \frac{h}{2} - a = 115.92 + 250 - 40 = 325.92 \text{mm}$$

$$\bar{\alpha}_s = [\xi_b(1 - 0.5\xi_b) + 0.5]/2 = 0.4375$$

$$A_s'^{(1)} = \frac{Ne - \bar{\alpha}_s \cdot \alpha f_c bh_0^2}{f_y'(h_0 - a')}$$

$$= \frac{3500 \times 10^3 \times 325.92 - 0.4375 \times 0.98 \times 27.5 \times 400 \times 460^2}{360 \times (460 - 40)}$$

$$= 944 \text{mm}^2$$

按式 (8-53) 计算相对受压区高度近似值为：

$$\xi^{(1)} = \frac{N - f'_y A'^{(1)}_s - f_y \dfrac{\beta}{\xi_b - \beta} A_s}{\alpha f_c b h_0 - f_y A_s \dfrac{1}{\xi_b - \beta}}$$

$$= \frac{3500 \times 10^3 - 360 \times 944 - 360 \times \dfrac{0.78}{0.499 - 0.78} \times 509}{0.98 \times 27.5 \times 400 \times 460 - 360 \times 509 \times \dfrac{1}{0.499 - 0.78}}$$

$$= 0.690$$

$0.499 = \xi_b < \xi^{(1)} < 2\beta - \xi_b = 1.061$,故满足 $-f'_y \leqslant \sigma_s \leqslant f_y$ 条件。按式（8-53）计算 A'_s 的第二次近似值为：

$$A'^{(2)}_s = \frac{Ne - \alpha f_c b h_0 \xi^{(1)} (1 - 0.5\xi^{(1)})}{f'_y (h_0 - a')}$$

$$= \frac{3500 \times 10^3 \times 337.2 - 0.98 \times 27.5 \times 400 \times 460^2 \times 0.690 \times (1 - 0.5 \times 0.690)}{360 \times (460 - 40)}$$

$$= 987 \text{mm}^2$$

与 $A'^{(1)}_s$ 的误差已较小（4.2%），可以。选 4Φ18 = 1017mm²，截面配筋见图 8-28。

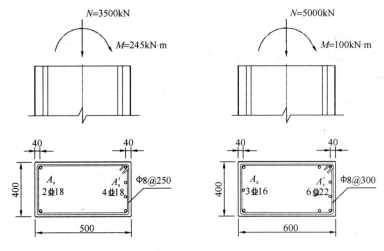

图 8-28　[例题 8-5]截面配筋图　　图 8-29　[例题 8-6]截面配筋图

【例题 8-6】 已知偏心受压柱，截面尺寸 $b = 400\text{mm}$，$h = 600\text{mm}$，计算长度 $l_0 = 4.5\text{m}$，内力设计值 $N = 5000\text{kN}$，$M_1 = 80\text{kN} \cdot \text{m}$，$M_2 = 100\text{kN} \cdot \text{m}$。采用 C40 级混凝土，纵筋采用 HRB400 级钢筋。求所需配置的 A'_s 和 A_s。

【解】

(1) 基本参数

C40 混凝土：$f_c = 19.1 \text{N/mm}^2$；$f_t = 1.71 \text{N/mm}^2$

HRB400 级钢筋：$f'_y = f_y = 360 \text{ N/mm}^2$
$$a = a' = 40 \text{mm}$$
截面有效高度：$h_0 = h - a = 600 - 40 = 560 \text{mm}$
附加偏心距 $e_a = 20 \text{mm} (> h/30 = 16.7 \text{mm})$

(2) $P\text{-}\delta$ 二阶效应计算

柱计算长度 $l_0 = 4500 \text{mm}$

矩形截面回转半径 $i = 0.2887h = 173.22 \text{mm}$
$$l_c/i = 4500/173.22 = 25.98$$
$$34 - 12(M_1/M_2) = 34 - 12(80/100) = 24.4$$

因 $l_c/i > 34 - 12(M_1/M_2)$，故需考虑 $P\text{-}\delta$ 二阶效应的影响

$$\zeta_c = \frac{0.5 f_c A}{N} = \frac{0.5 \times 27.5 \times 400 \times 600}{5000 \times 10^3} = 0.66 < 1.0$$

$$\eta_{ns} = 1 + \frac{1}{1300(M_2/N + e_a)/h_0} \left(\frac{l_c}{h}\right)^2 \zeta_c$$

$$= 1 + \frac{1}{1300(100 \times 10^6/5000 \times 10^3 + 20)/560} \left(\frac{4500}{600}\right)^2 \cdot 0.66 = 1.40$$

$$C_m = 0.7 + 0.3 \frac{M_1}{M_2} = 0.7 + 0.3 \frac{80}{100} = 0.94$$

故控制截面的弯矩设计值 $M = \eta_{ns} C_m M_2 = 1.40 \times 0.94 \times 100 = 131.6 \text{kN} \cdot \text{m}$

计算偏心距 $e_0 = \frac{M}{N} = \frac{131.6 \times 10^6}{5000 \times 10^3} = 26.32 \text{ mm}$

附加偏心距 $e_a = 20 \text{mm} (> h/30 = 16.7 \text{mm})$

初始偏心距 $e_i = e_0 + e_a = 46.32 \text{mm} < 0.32 h_0 = 147.2 \text{mm}$

故按属小偏心受压。

(3) 确定受拉侧钢筋 A_s

材料强度：$f_c = 19.1 \text{N/mm}^2$，$f_t = 1.71 \text{N/mm}^2$，$f'_y = f_y = 360 \text{ N/mm}^2$

查表 5-2 得，等效矩形图形系数 $\alpha = 1.0$，$\beta = 0.8$

查表 5-3 得，$\xi_b = 0.518$，$a_{s,\max} = 0.384$

$$\rho_{\min} = \max(0.45 f_t/f_y, 0.002) = 0.00214$$

则按 $\rho_{\min}$ 确定的受拉侧钢筋 $A_s = \rho_{\min} bh = 513 \text{ mm}^2$

按受拉侧压坏确定的 A_s 由式（8-47）计算

$$e' = 0.5h - a' - (e_0 - e_a) = 260 \text{mm}$$

$$A_s = \frac{Ne' - f_c bh (h'_0 - 0.5h)}{f'_y (h'_0 - a)}$$

$$= \frac{5000 \times 10^3 \times 260 - 19.1 \times 400 \times 600 \times (560 - 300)}{360 \times (560 - 40)}$$

$$= 578 \text{mm}^2$$

因此取 $A_s=578\text{mm}^2$,实际选 $3\ \Phi\ 16=603\text{mm}^2$。

(4) 计算受压钢筋 A_s'

用迭代法计算,按式(8-52)计算 A_s' 的第一次近似值为:

$$e=e_i+\frac{h}{2}-a=46.32+300-40=306.32\text{mm}$$

$$A_s'^{(1)}=\frac{Ne-0.45\alpha f_c b h_0^2}{f_y'(h_0-a')}$$

$$=\frac{5000\times 10^3\times 306.32-0.45\times 19.1\times 400\times 560^2}{360\times(560-40)}=2422\text{mm}^2$$

按式(8-53)计算相对受压区高度近似值为:

$$\xi^{(1)}=\frac{N-f_y'A_s'^{(1)}-f_y\dfrac{\beta}{\xi_b-\beta}A_s}{\alpha f_c b h_0-f_y A_s\dfrac{1}{\xi_b-\beta}}$$

$$=\frac{5000\times 10^3-360\times 2422-360\times\dfrac{0.8}{0.518-0.8}\times 603}{19.1\times 400\times 560-360\times 603\times\dfrac{1}{0.518-0.8}}=0.940$$

$0.518=\xi_b<\xi^{(1)}<2\beta-\xi_b=1.082$,故满足 $-f_y'\leqslant\sigma_s\leqslant f_y$ 条件。同时由以上 $A_s'^{(1)}$ 计算值知,应取 $a'=60\text{mm}$(此时 $A_s=3\ \Phi\ 16=603\text{mm}^2$ 可以)。按式(8-54)计算 A_s' 的第二次近似值为:

$$A_s'^{(2)}=\frac{Ne-\alpha f_c b h_0^2\xi^{(1)}(1-0.5\xi^{(1)})}{f_y'(h_0-a')}$$

$$=\frac{5000\times 10^3\times 306.32-19.1\times 400\times 560^2\times 0.94\times(1-0.5\times 0.94)}{360\times(560-60)}$$

$$=1878\text{mm}^2$$

由于 $A_s'^{(2)}$ 与 $A_s'^{(1)}$ 之间仍有较大误差,故再迭代一次

$$\xi^{(2)}=\frac{N-f_y'A_s'^{(2)}-f_y\dfrac{\beta}{\xi_b-\beta}A_s}{\alpha f_c b h_0-f_y A_s\dfrac{1}{\xi_b-\beta}}$$

$$=\frac{5000\times 10^3-360\times 1878-360\times\dfrac{0.8}{0.518-0.8}\times 603}{19.1\times 400\times 560-360\times 603\times\dfrac{1}{0.518-0.8}}=0.979$$

$$A_s'^{(3)}=\frac{Ne-\alpha f_c b h_0^2\xi^{(2)}(1-0.5\xi^{(2)})}{f_y'(h_0-a')}$$

$$=\frac{5000\times10^3\times310.32-19.1\times400\times560^2\times0.979\times(1-0.5\times0.979)}{360\times(560-60)}$$

$=1967\text{mm}^2$

与 $A_s'^{(2)}$ 的误差已较小（4.7%），可以。选 6 Φ 22 = 2281mm²，截面配筋见图 8-29。

8.4.3 截面复核

当受压构件的截面尺寸（$b\times h$）、配筋 A_s 和 A_s'、材料强度（f_c、f_y、f_y'）和支撑长度 l_c（或 l_0）均已知，若给定轴压力设计值 N，需确定受压构件的受弯承载力设计值 M_u 时，此时未知数只有 x 和设计控制截面的受弯承载力 M_u 两个。

首先按式（8-17a）计算界限轴力 N_b，若给定的轴压力设计值 $N \leqslant N_b$，为大偏心受压，可按式（8-40a）求 x，如 $x > 2a'$，则将 $C_m\eta_{ns}$ 的计算公式一并代入式（8-40b）求解 e_0，如求得的 $x < 2a'$，则按式（8-44）求解 e_0，由此可得到受压构件控制截面的弯矩设计值为 $M_u = Ne_0$；若轴压力设计值 $N > N_b$，为小偏心受压，按（8-45a）式求 x，并将 $C_m\eta_{ns}$ 的计算公式一并代入式（8-45b）求解 e_0，由此可得到受压构件控制截面的弯矩设计值 $M_u = Ne_0$。

对于小偏心受压构件，考虑到附加偏心距 e_a 可能反向，且当 A_s 比 A_s' 小很多时，可能会发生 A_s 一侧受压破坏，故此时还需进行反向破坏验算，即取 $e_i = e_0 - e_a$，按 A_s 一侧受压破坏计算受压承载力 N_u，其值不应小于给定轴压力设计值 N。

另一方面，当构件在垂直于弯矩作用平面内的长细比 l_c/b 较大时，尚应按轴心受压构件，根据 l_c/b 确定的稳定系数 φ，验算垂直于弯矩作用平面的受压承载力 N_u，其值不应小于给定轴压力设计值 N。

【例题 8-7】 已知框架柱截面尺寸 $b = 400\text{mm}$，$h = 500\text{mm}$，截面配筋如图 8-30 所示，$A_s = 2\,Φ\,20 = 628\text{mm}^2$，$A_s' = 4\,Φ\,20 = 1256\text{mm}^2$。柱计算长度 $l_c = 6\text{m}$，承受轴向力设计值 $N = 800\text{kN}$，混凝土为 C20 级，纵筋为 HRB335 级钢筋。求该柱所能承受的受弯承载力设计值 M_u。

【解】

（1）基本参数

C20 级混凝土：$f_c = 9.6\text{N/mm}^2$，$f_t = 1.10\text{N/mm}^2$

HRB335 级钢筋：$f_y' = f_y = 300\text{ N/mm}^2$

查表 5-2 得，等效矩形图形系数 $\alpha = 1.0$，$\beta = 0.8$

查表 5-2 得，$\xi_b = 0.55$，$\alpha_{s,\max} = 0.399$

$A_s = 628\text{mm}^2$，$A_s' = 1256\text{mm}^2$

取 $a = a' = 40\text{mm}$，$h_0 = 460\text{mm}$

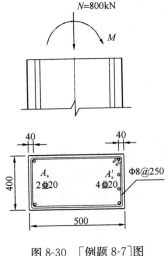

图 8-30 [例题 8-7]图

(2) 判别偏心受压情况

按式（8-40a）计算界限轴力 N_b 得

$$N_b = \alpha f_c b \cdot \xi_b h_0 + f'_y A'_s - f_y A_s$$
$$= 9.6 \times 400 \times 0.55 \times 460$$
$$+ 300 \times (1256 - 628)$$
$$= 1160 \text{kN}$$

$N < N_b$，故为大偏心受压情况。

(3) 计算受压区高度

由式（8-40a）得

$$N = \alpha f_c bx + f'_y A'_s - f_y A_s$$
$$800 \times 10^3 = 9.6 \times 400 \times x + 300 \times (1256 - 628)$$

解得 $x = 159.27 \text{mm} < \xi_b h_0 = 0.55 \times 460 = 253 \text{mm}$。

(4) 计算 e_0 和 M_u

由式（8-40b）计算 e 和 M_u

$$N \cdot e = \alpha f_c bx \left(h_0 - \frac{x}{2} \right) + f'_y A'_s (h_0 - a')$$

$$e = \frac{\alpha f_c bx \left(h_0 - \frac{x}{2} \right) + f'_y A'_s (h_0 - a')}{N}$$

$$= \frac{9.6 \times 400 \times 159.27 \left(460 - \frac{159.27}{2} \right) + 300 \times 1256 (460 - 40)}{800 \times 10^3}$$

$$= 488.6 \text{mm}$$

由 $e = e_i + \frac{h}{2} - a$，得 $e_i = e - \left(\frac{h}{2} - a \right) = 488.6 - \left(\frac{500}{2} - 40 \right) = 278.6 \text{mm}$

有 $e_i = e_0 + e_a$ 及 $e_a = 20 \text{mm} (> 1/30 h = 16.7 \text{mm})$，得 $e_0 = 258.6 \text{mm}$

因此，该柱的受弯承载力 $M_u = N e_0 = 206.9 \text{kN} \cdot \text{m}$，若该柱考虑 P-δ 二阶效应后的弯矩设计值小于 M_u，则该柱正截面承载力满足要求。

(5) 验算垂直于弯矩作用平面的受压承载力

根据表 8-2，框架柱的计算长度 $l_0 = 1.25H = 1.25 \times 6 = 7.5 \text{m}$

计算长细比：$l_0/b = 7500/400 = 18.75$

查表 8-1，稳定系数 $\varphi = 0.812$

由式（8-3）计算垂直于弯矩作用平面的受压承载力为

$$N_u = 0.9 \varphi (f_c A + f'_y A'_s)$$
$$= 0.9 \times 0.812 [9.6 \times 400 \times 500 + 300(628 + 1256)]$$
$$= 1816.2 \text{kN}$$

N_u 大于轴向力设计值 $N=800\text{kN}$，可以。

8.4.4 对称配筋截面

实际工程中，受压构件常常受变号弯矩作用，当正、负弯矩值相差不大，可采用对称配筋。采用对称配筋不会在施工中产生差错，为方便施工或采用预制装配式受压构件时，常采用对称配筋。

对称配筋截面是指 $A_s = A_s'$，$f_y = f_y'$，$a = a'$，相应界限破坏状态时的轴力为 $N_b = \alpha f_c b \xi_b h_0$。由于有了对称配筋条件，因此在判别大小偏心受压时，除要考虑初始偏心距大小外，还要根据轴力大小（$N < N_b$ 或 $N > N_b$）来进行判别。

(1) 当设计控制截面的初始偏心距 $e_i = e_0 + e_a > e_{ib,\min} = 0.32h_0$、且 $N \leqslant N_b$（即 $\xi \leqslant \xi_b$）时，为大偏心受压。此时由式（8-40a）得，$x = N/\alpha f_c b$，代入式（8-40b）可得

$$A_s' = A_s = \frac{Ne - \alpha f_c b x (h_0 - 0.5x)}{f_y'(h_0 - a')} \tag{8-55a}$$

若 $x = N/\alpha f_c b < 2a'$，则可偏安全地近似取 $x = 2a'$，对受压钢筋合力点取矩可得

$$A_s' = A_s = \frac{Ne'}{f_y'(h_0 - a')} \tag{8-55b}$$

式中，$e' = \eta e_i - 0.5h + a'$。

(2) 当设计控制截面的初始偏心距 $e_i = e_0 + e_a \leqslant e_{ib,\min} = 0.32h_0$；或虽 $e_i > e_{ib,\min} = 0.32h_0$，但 $N > N_b$（即 $\xi > \xi_b$）时，为小偏心受压。此时，由式（8-45a）得

$$N = \alpha f_c b \xi h_0 + f_y' A_s' - f_y \frac{\xi - \beta}{\xi_b - \beta} \cdot A_s$$

解得

$$f_y' A_s' = f_y A_s = (N - \alpha f_c b \xi h_0) \frac{\xi_b - \beta}{\xi_b - \xi}$$

代入式（8-46b）得

$$Ne \cdot \frac{\xi_b - \xi}{\xi_b - \beta} = \alpha f_c b h_0^2 \xi(1 - 0.5\xi) \frac{\xi_b - \xi}{\xi_b - \beta} + (N - \alpha f_c b \xi h_0)(h_0 - a') \tag{8-56}$$

上式是一个 ξ 的三次方程，计算很麻烦。为简化计算，如前所说，可近似取 $\alpha_s = \xi(1 - 0.5\xi)$ 在小偏压范围的平均值 $\bar{\alpha}_s = [\xi_b(1 - 0.5\xi_b) + 0.5]/2$，代入式（8-56）可得

$$\xi = \frac{N - \alpha \xi_b f_c b h_0}{\dfrac{Ne - \bar{\alpha}_s \alpha f_c b h_0^2}{(\beta - \xi_b)(h_0 - a')} + \alpha f_c b h_0} + \xi_b \tag{8-57}$$

代入式（8-45）得配筋面积为：

$$A'_s = A_s = \frac{Ne - \alpha f_c b h_0^2 \xi(1-0.5\xi)}{f'_y(h_0 - a')} \tag{8-58}$$

由前述迭代法可知，上式配筋实为第二次迭代的近似值，与精确解的误差已很小，一般可满足设计精度要求。

对称配筋截面复核的计算与非对称配筋情况基本相同，不再赘述。对于对称配筋小偏心受压构件，由于 $A_s = A'_s$，因此不必再进行反向破坏验算。

【例题 8-8】 已知条件同［例题 8-6］，求所需配置的 $A'_s = A_s$。

【解】 由［例题 8-6］知，控制截面的弯矩设计值为：

$$M = \eta_{ns} C_m M_2 = 131.6 \text{kN·m}$$

初始偏心距 $e_i = e_0 + e_a = 46.32\text{mm} < 0.32 h_0 = 147.2\text{mm}$

故属于小偏心受压。

$$e = e_i + 0.5h - a = 311.32\text{mm}$$

$\bar{\alpha}_s = [\xi_b(1-0.5\xi_b) + 0.5]/2 = 0.442$，并将其他已知数据代入式(8-57)得

$$\xi = \frac{N - \alpha \xi_b f_c b h_0}{\dfrac{Ne - \bar{\alpha}_s \alpha f_c b h_0^2}{(\beta - \xi_b)(h_0 - a')} + \alpha f_c b h_0} + \xi_b$$

$$= \frac{5000 \times 10^3 - 0.518 \times 19.1 \times 400 \times 560}{\dfrac{5000 \times 10^3 \times 311.32 - 0.442 \times 19.1 \times 400 \times 560^2}{(0.8 - 0.518) \times (560 - 40)} + 19.1 \times 400 \times 560} + 0.518$$

$$= 0.882$$

$$A_s = A'_s = \frac{Ne - \alpha f_c b h_0^2 \xi(1-0.5\xi)}{f'_y(h_0 - a')}$$

$$= \frac{5000 \times 10^3 \times 311.32 - 19.1 \times 400 \times 560^2 \times 0.882 \times (1 - 0.5 \times 0.882)}{360 \times (560 - 40)}$$

$$= 1978 \text{mm}^2$$

经验算如再迭代一次，其解为 1923mm^2，可见按式（8-57）计算具有足够的精度。实配 4 Φ 25 = 1964mm²。

【例题 8-9】 已知偏心受压柱，截面尺寸 $b = 500\text{mm}$，$h = 600\text{mm}$，计算长度 $l_c = 4.5\text{m}$，内力设计值 $N = 5000\text{kN}$，$M_1 = 80\text{kN·m}$，$M_2 = 100\text{kN·m}$。采用 C35 级混凝土，纵筋采用 HRB400 级钢筋，对称配筋。根据图 8-16 确定所需配置的钢筋 $A'_s = A_s$。

【解】

(1) 基本参数

C35 级混凝土：$f_c = 16.7 \text{N/mm}^2$

HRB400 级钢筋：$f'_y = f_y = 360 \text{N/mm}^2$

$$h_0 = 600 - 40 = 560\text{mm}$$

附加偏心距 $e_a = 20\text{mm}$ （$= h/30$）

(2) $P-\delta$ 二阶效应计算

柱计算长度 $l_0=4500$mm

矩形截面回转半径 $i=0.2887h=173.22$mm

$$l_c/i=4500/173.22=25.98$$

$$34-12(M_1/M_2)=34-12(80/100)=24.4$$

因 $l_c/i>34-12(M_1/M_2)$，故需考虑 $P-\delta$ 效应的影响。

$$\zeta_c=\frac{0.5f_cA}{N}=\frac{0.5\times16.7\times500\times600}{5000\times10^3}=0.50<1.0$$

$$\eta_{ns}=1+\frac{1}{1300(M_2/N+e_a)/h_0}\left(\frac{l_c}{h}\right)^2\zeta_c$$

$$=1+\frac{1}{1300(100\times10^6/5000\times10^3+20)/560}\left(\frac{4500}{600}\right)^2\cdot 0.50=1.06$$

$$C_m=0.7+0.3\frac{M_1}{M_2}=0.7+0.3\frac{80}{100}=0.94$$

故控制截面的弯矩设计值为：$M=\eta_{ns}C_mM_2=1.06\times0.94\times100=99.6$kN·m

查图 8-16，可得 $A'_s=A_s=700$mm^2。

8.5 T形及工形截面偏心受压构件的正截面承载力计算

现浇刚架结构中的柱中常采用 T 形截面，此时受压翼缘的计算宽度 b'_f 仍按表 5-4 的规定确定。单层工业厂房常采用图 8-22 所示的排架结构，为节省混凝土、减轻自重以便于吊装，当排架柱的截面高度 h 大于 600mm 时，一般采用工形截面。工形截面柱的翼缘厚度一般不小于 100mm，腹板厚度不小于 80mm。T 形截面和工形截面受压构件的破坏特征、计算方法与矩形截面类似，区别只在于增加了受压翼缘参与受力，而 T 形截面可作为工形截面的特殊情况处理。计算时同样可分为 $\xi\leqslant\xi_b$ 的大偏心受压和 $\xi>\xi_b$ 的小偏心受压两种情况进行。

8.5.1 非对称配筋截面

1. 大偏心受压情况（$\xi\leqslant\xi_b$）

与 T 形截面受弯构件相同，按受压区高度 x 的不同可分为两类（见图8-31）。

(1) 当 $x\leqslant h'_f$ 时，即受压区高度在翼缘内，此时按宽度为 b'_f 的矩形截面计算，在计算中仅需将矩形截面有关计算公式的中 b 代换为 b'_f 即可。

(2) 当 $x>h'_f$ 时，即受压区高度进入腹板，此时根据截面平衡条件，可得下列基本公式：

$$\begin{cases} N=N_u=\alpha f_c[bx+(b'_f-b)h'_f]+f'_yA'_s-f_yA_s & \text{(8-59a)} \\ N\cdot e\leqslant\alpha f_c\left[bx\left(h_0-\frac{x}{2}\right)+(b'_f-b)h'_f(h_0-0.5h'_f)\right]+f'_yA'_s(h_0-a') & \text{(8-59b)} \end{cases}$$

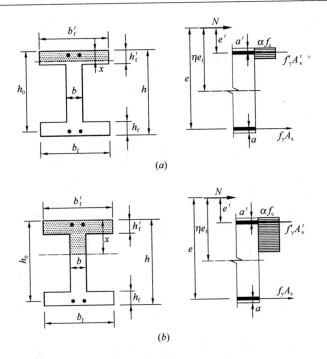

图 8-31 工形截面大偏心受压构件
(a) $x<h'_f$; (b) $x>h'_f$

具体计算时可按与 T 形截面受弯构件的处理方法一样，将截面分解为矩形部分和受压翼缘 (b'_f-b) h'_f 部分，详见例题。

2. 小偏心受压情况 $(\xi>\xi_b)$

此时，通常受压区高度已进入腹板（$x>h'_f$，见图 8-35），基本公式为，

$$\begin{cases} N = N_u = \alpha f_c A_c + f'_y A'_s - \sigma_s A_s & (8\text{-}59c) \\ N \cdot e \leqslant \alpha f_c S_c + f'_y A'_s (h_0 - a') & (8\text{-}59d) \end{cases}$$

式中 A_c——受压区面积；

S_c——受压区面积对 A_s 合力点的面积矩（见图 8-32）。

根据受压区高度 x 的位置，A_c、S_c 的计算公式如下：

当 $x<h-h_f$ 时，$A_c = bx + (b'_f-b) h'_f$

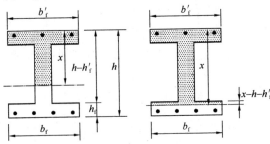

图 8-32 工形截面小偏心受压构件 A_c、S_c 的计算

$$S_c = bx(h_0 - 0.5x) + (b'_f - b)h'_f(h_0 - 0.5h'_f)$$

当 $x > h - h_f$ 时，$A_c = bx + (b'_f - b)h'_f + (b_f - b)(x - h + h_f)$

$$S_c = bx(h_0 - 0.5x) + (b'_f - b)h'_f(h_0 - 0.5h'_f)$$
$$+ (b_f - b)(x - h + h_f)[h_f - a - 0.5(x - h + h_f)]$$

与矩形截面相同，"受拉侧"钢筋 A_s 的应力 σ_s 可采用式（8-16）的近似线性公式计算。计算时，按受拉钢筋最小配筋率、受压钢筋最小配筋率和全截面受压情况附加偏心距 e_a 与 e_0 反向的三种情况，取最大值先确定受拉钢筋 A_s，即

$$A_s = \max \begin{cases} \rho_{\min}[bh + (b_f - b)h_f] \\ \rho'_{\min}A \\ \dfrac{Ne' - f_c A(h'_0 - 0.5h)}{f'_y(h'_0 - a)} \end{cases} \tag{8-60}$$

式中，A 为构件截面面积。上式第三式适用于对称工形截面。注意，受压钢筋的配筋率是按全截面计算的 $\rho' = A'_s/A$，最小配筋率为 $\rho'_{\min}$ 取 0.002 和 $45f_t/f_y$ 中的较大值（见附表 2-9）。

8.5.2 对称配筋截面

工形截面预制柱一般都采用对称配筋，可按下列情况进行配筋计算：

(1) 当 $N \leqslant \alpha f_c b'_f h'_f$ 时，受压区高度 x 小于翼缘厚度 h'_f，此时对一般截面尺寸情况满足 $\xi \leqslant \xi_b$，属大偏心受压，可按宽度为 b'_f 的矩形截面计算。

(2) 当 $\alpha f_c[\xi_b bh_0 + (b'_f - b)h'_f] \geqslant N > \alpha f_c b'_f h'_f$ 时，受压区已进入腹板，但若 $\xi \leqslant \xi_b$，仍属于大偏心受压。此时，由式（8-59a）取 $f'_y A'_s = f_y A_s$ 可求得受压区高度 x，代入式（8-59b）可求解得钢筋面积 $A'_s = A_s$。

(3) 当 $N > \alpha f_c[\xi_b bh_0 + (b'_f - b)h'_f]$ 时，为 $\xi > \xi_b$ 的小偏心受压情况。与矩形截面相似，由迭代法可求得 ξ 的近似值如下：

$$\xi = \dfrac{N - \alpha \xi f_c[\xi_b bh_0 + (b'_f - b)h'_f]}{\dfrac{Ne - \alpha f_c[\alpha_s bh_0^2 + (b'_f - b)h'_f(h_0 - 0.5h'_f)]}{(\beta - \xi_b)(h_0 - a')} + \alpha f_c bh_0} + \xi_b \tag{8-61}$$

求得 ξ，可算得 $x = \xi h_0$ 及 S_c，代入（8-59b）可求解得钢筋面积 $A'_s = A_s$。

【例题 8-10】 工形截面柱的截面尺寸如图 8-33 所示。柱的计算长度 $l_0 = 12\text{m}$，按结构一阶分析得到柱设计控制截面的轴向压力设计值 $N = 950\text{kN}$，弯矩设计值 $M = 800\text{kN} \cdot \text{m}$。混凝土为 C30 级，纵筋为 HRB335 级。求柱的配筋 $A_s = A'_s$。

【解】

取 $a = a' = 40\text{mm}$，$h_0 = 960\text{mm}$

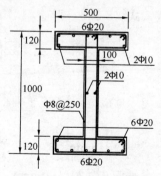

图 8-33 [例题 8-10] 图

材料强度：$f_c = 14.3\text{N/mm}^2$，$f_y = f'_y = 300\text{N/mm}^2$
等效矩形应力图系数 $\alpha = 1.0$，$\beta = 0.8$
$$\xi_b = 0.55, \quad \alpha_{s,\max} = 0.399$$

(1) 计算偏心距增大系数

$$e_0 = \frac{M}{N} = \frac{800 \times 10^6}{950 \times 10^3} = 842.1\text{mm}$$

取附加偏心距 $e_a = h/30 = 33.3\text{mm}$（$>20\text{mm}$）
初始偏心距 $e_i = e_0 + e_a = 875.4\text{mm}$
$l_0/h = 12000/1000 = 12 > 5$，故应考虑偏心距增大系数。

$$A = bh + 2(b'_f - b)h'_f = 19600\text{mm}^2$$

$$\zeta = \frac{0.5 f_c A}{N} = \frac{0.5 \times 14.3 \times 196000}{950 \times 10^3} = 1.475 > 1.0, \text{取 } \zeta_1 = 1.0$$

$$\eta_s = 1 + \frac{1}{1500 \dfrac{e_i}{h_0}} \left(\frac{l_0}{h}\right)^2 \zeta = 1 + \frac{1}{1500 \times \dfrac{875.4}{960}} \times (12)^2 = 1.105$$

$\eta_s e_i = 1.105 \times 875.4 = 967.3\text{mm} > 0.32 h_0 = 307.2\text{mm}$
$e = \eta_s e_i + 0.5h - a = 967.3 + 500 - 40 = 1427.3\text{mm}$

(2) 判别偏心受压情况

$N_b = \alpha f_c [\xi_b b h_0 + (b'_f - b)h'_f] = 14.3 \times [0.55 \times 100 \times 960 + (500 - 100) \times 120]$
$= 1441.44\text{kN}$

$N < N_b$，且 $\eta_s e_i > 0.32 h_0$，故属于大偏心受压。
$\alpha f_c b'_f h'_f = 14.3 \times 500 \times 120 = 858\text{kN}$，受压区进入腹板。

(3) 计算配筋

由式（8-59a）得受压区高度为：

$$x = \frac{N - \alpha f_c (b'_f - b)h'_f}{\alpha f_c b} = \frac{950 \times 10^3 - 14.3 \times 400 \times 120}{14.3 \times 100} = 184.3\text{mm}$$

代入式（8-59b）得

$$A_s = A'_s = \frac{Ne - \alpha f_c \left[bx \left(h_0 - \dfrac{x}{2}\right) + (b'_f - b)h'_f (h_0 - 0.5 h'_f) \right]}{f'_y (h_0 - a')}$$

$$= \frac{950 \times 10^3 \times 1427.3 - 14.3 \times [100 \times 184.3 \times (960 - 184.3/2) + 400 \times 120 \times (960 - 60)]}{300 \times 920}$$

$$= 1846\text{mm}^2$$

选配 $6\Phi 20 = 1884\text{mm}^2$，截面配筋见图 8-33，图中 $\Phi 10$ 钢筋为架立筋和腹部纵筋。

8.6 双向偏心受压构件的正截面承载力计算

8.6.1 任意截面构件的正截面承载力的一般公式

对于同时承受轴向力 N 和两个主轴方向弯矩 M_x、M_y 的任意截面构件，同样可根据 5.2.1 节的正截面承载力计算的基本假定进行正截面承载力计算。考虑截面同时受两个主轴方向弯矩 M_x 和 M_y 的作用，截面上不同位置的正应力均不相同，此时可将截面沿两个主轴方向划分为若干个条带（见图 8-34），则其正截面承载力计算的一般公式为：

$$\begin{cases} N \leqslant \sum_{j=1}^{m} \sigma_{cj} A_c + \sum_{i=1}^{n} \sigma_{si} A_{si} \\ M_y \leqslant \sum_{j=1}^{m} \sigma_{cj} A_c x_{cj} + \sum_{i=1}^{n} \sigma_{si} A_{si} x_{si} \\ M_x \leqslant \sum_{j=1}^{m} \sigma_{cj} A_c y_{cj} + \sum_{i=1}^{n} \sigma_{si} A_{si} y_{si} \end{cases} \quad (8\text{-}62)$$

式中 N——轴向力设计值，本章中轴向力为压力，在第 9 章中轴向力为拉力；为工程计算方便起见，在本章中"以压为正"；

M_x、M_y——考虑了结构侧移 $P-\Delta$ 效应和构件自身挠曲 $P-\delta$ 效应以及附加偏心距后绕构件设计控制截面形心轴 X 和 Y 的弯矩设计值（$M = \eta_{ns} C_m M_{2x}$ 或 $M_y = \eta_{ns} C_m M_{2y}$）；

σ_{si}——第 i 个钢筋单元应力，受压为＋号，$i = 1 \cdots n$，n 为钢筋单元数；

A_{si}——第 i 个钢筋单元面积；

x_{si}，y_{si}——第 i 个钢筋单元形心到截面形心轴 Y 和 X 的距离，x_{si} 在形心轴 Y 右侧，y_{si} 在形心轴 X 上侧取正号；

σ_{cj}——第 j 个混凝土单元应力，受压为＋号，$j = 1 \cdots m$，m 为混凝土单元数；

A_c——混凝土单元面积，$A_c = \mathrm{d}x_c \mathrm{d}y_c$；

x_{cj}，y_{cj}——第 j 个混凝土条单元形心到截面形心轴 Y 和 X 的距离，x_{cj} 在形心轴 Y 右侧，y_{cj} 在形心轴 X 上侧为＋号；

混凝土单元和钢筋单元的应力可根据各单元的应变由各自的应力-应变关系计算。各单元的应变按平截面假定确定，即

$$\begin{cases} \varepsilon_{cj} = \phi_u [(x_{cj} \sin\theta + y_{cj} \cos\theta) - R] \\ \varepsilon_{si} = \phi_u [(x_{si} \sin\theta + y_{si} \cos\theta) - R] \\ \phi_u = \dfrac{\varepsilon_{cu}}{x_n} \end{cases} \quad (8\text{-}63)$$

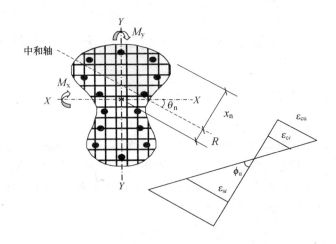

图 8-34 任意截面双向偏心受压截面

式中 ε_{si}——第 i 个钢筋单元应变，受压为 + 号，$i=1\cdots n$；

ε_{cj}——第 j 个混凝土单元应变，受压为 + 号，$j=1\cdots m$；

R——截面形心到中和轴的距离；

θ——中和轴与形心轴 X 的夹角，顺时针为 + 号；

ϕ_u——正截面承载能力极限状态时截面曲率；

x_n——中和轴至受压边缘的距离。

采用上述一般公式计算正截面承载力，需借助于计算机迭代求解，比较复杂。此外，上述公式仅考虑正截面在轴力和弯矩下的受力，即仅考虑截面在轴力和弯矩下的正应力。此时，轴向力作用点、混凝土和受压钢筋的合力点以及受拉钢筋的合力点在同一条直线上。如果构件上的作用力使构件产生扭曲，则此时轴向力作用点、混凝土和受压钢筋的合力点以及受拉钢筋的合力点不在同一条直线上，这时尚需考虑扭转对截面正应力的影响。

图 8-35 为矩形截面双向偏心受压构件正截面轴压力和两个方向受弯的承载力相关曲面。该曲面上的任一点代表一个双向偏心受压截面达到其正截面承载能力极限状态的组合（N_u、M_{ux}、M_{uy}），曲面以内的点为安全。对于给定的轴力 N，双向受弯承载力在（M_x、M_y）平面上的投影接近一条椭圆曲线。

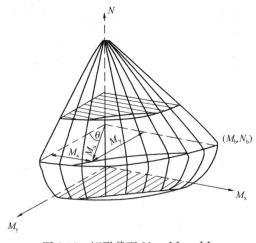

图 8-35 矩形截面 $N_u - M_{ux} - M_{uy}$ 承载力相关曲面

8.6.2 《规范》简化计算方法

在工程设计中,对于截面具有两个相互垂直对称轴的双向偏心受压构件,《规范》采用弹性容许应力方法推导的近似公式,计算其正截面受压承载力。

以图 8-36 矩形截面双向受压弯情况为例,设材料的容许压应力为 $[\sigma]$,则在弹性阶段按材料力学公式,截面轴心受压、单向偏心受压和双向偏心受压的承载力可分别表示为:

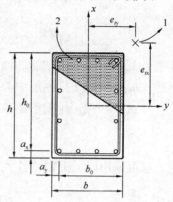

图 8-36 双向偏心受压构件截面
1—轴向压力作用点;2—受压区

$$\begin{cases} 轴心受压:\dfrac{N_{u0}}{A} = [\sigma] \\ x\text{ 向单向偏心受压}:N_{ux}\left(\dfrac{1}{A} + \dfrac{\eta_x e_{ix}}{W_x}\right) = [\sigma] \\ y\text{ 向单向偏心受压}:N_{uy}\left(\dfrac{1}{A} + \dfrac{\eta_y e_{iy}}{W_y}\right) = [\sigma] \\ 双向偏心受压:N_u\left(\dfrac{1}{A} + \dfrac{\eta_x e_{ix}}{W_x} + \dfrac{\eta_y e_{iy}}{W_y}\right) = [\sigma] \end{cases} \quad (8\text{-}64)$$

式中 A、W_x、W_y——分别为截面面积和绕 x 与 y 对称轴的截面抵抗矩。

在以上各式中消去 $[\sigma]$、A、W_x 和 W_y,可得

$$\frac{1}{N_u} = \frac{1}{N_{ux}} + \frac{1}{N_{uy}} - \frac{1}{N_{u0}} \qquad (8\text{-}65)$$

式中 N_{u0}——构件截面轴心受压承载力设计值,按式 (8-3) 取等号确定,且不考虑稳定系数 φ,也不乘系数 0.9;

N_{ux}——轴向力作用于 x 轴、且绕 y 轴的设计弯矩为 $M_y = \eta_{ns} C_m M_{y2}$ (框架柱) 或 $M_y = \eta_s M_{y0}$ (排架柱) 时,按全部纵筋计算的构件偏心受压承载力设计值;

N_{uy}——轴向力作用于 y 轴、且绕 x 轴的弯矩设计值为 $M_x = \eta_{ns} C_m M_{x2}$ (框架柱) 或 $M_x = \eta_s M_{x0}$ (排架柱) 时,按全部纵筋计算的构件偏心受压承载力设计值。

经计算分析和试验证实,在 $N > 0.1 N_{u0}$ 情况下,式 (8-65) 用于钢筋混凝土双向偏心受压截面承载力的计算,具有足够的精度。上式可用于截面复核情况的计算,但不能直接用于截面设计,需通过截面复核方法,经多次试算才能确定截面的配筋。

8.6.3 多排配筋矩形截面单向偏心受压构件承载力计算

利用式 (8-65) 计算双向偏心受压构件正截面承载力时,需要进行多排配筋单向偏心受压承载力的计算,此时可用式 (8-62) 的一般公式进行计算,以下主

要讨论多排配筋矩形截面单向偏心受压正截面承载力的计算。

对多排配筋矩形截面单向偏心受压构件,根据式(8-62),采用等效矩形应力图方法,正截面承载力计算的基本方程可写成(见图8-37):

$$\begin{cases} N = \alpha f_c bx - \sum_{i=1}^{n} \sigma_{si} A_{si} \\ M \leqslant \alpha f_c bx(h-x)/2 - \sum_{i=1}^{n} \sigma_{si} A_{si}(0.5h - h_{0i}) \end{cases} \quad (8\text{-}66)$$

式中　A_{si}——第 i 排钢筋的面积;

h_{0i}——第 i 排钢筋中心到受压边缘的距离;

σ_{si}——第 i 排钢筋的应力,根据平截面假定,σ_{si}的计算公式为:

$$\sigma_{si} = E_s \varepsilon_{cu}\left(\frac{\beta}{x/h_{0i}} - 1\right) \quad (8\text{-}67)$$

也可采用以下近似线性关系

$$\sigma_{si} = f_y \cdot \frac{x/h_{0i} - \beta}{\xi_b - \beta} \quad (8\text{-}68)$$

求得的应力 σ_{si} 应符合条件

$$-f'_y \leqslant \sigma_{si} \leqslant f_y$$

【例题 8-11】　已知矩形截面柱,$b=400\text{mm}$,$h=600\text{mm}$,配置 6Φ20 HRB400 级钢筋(图 8-38),混凝土为 C40 级。考虑 $P-\Delta$ 和 $P-\delta$ 效应后柱设计控制截面承受的内力设计值为 $N=1000\text{kN}$,$M_x=200\text{kN}\cdot\text{m}$,$M_y=80\text{kN}\cdot\text{m}$,试验算该柱的受压承载力是否足够(设 $\eta_x=\eta_y=1.0$)。

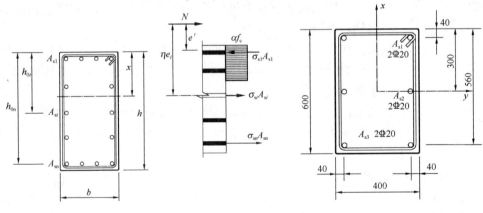

图 8-37　多排配筋截面　　　　图 8-38　[例题 8-11] 图

【解】

取 $a=a'=40\text{mm}$,$h_{0x}=560\text{mm}$,$h_{0y}=360\text{mm}$

材料强度:$f_c=19.1\text{N/mm}^2$,$f_y=f'_y=360\text{N/mm}^2$

等效矩形应力图系数 $\alpha=1.0$,$\beta=0.8$

8.6 双向偏心受压构件的正截面承载力计算

$\xi_b = 0.518$，$\alpha_{s,max} = 0.384$

(1) 计算 N_{u0}

按轴压短柱计算，不考虑稳定系数 φ 和系数 0.9，则

$$N_{u0} = f_c A + f'_y A'_s = 19.1 \times 400 \times 600 + 360 \times 1884 = 5262.24 \text{kN}$$

(2) 计算 N_{ux}

$$e_{0x} = \frac{M_x}{N} = 200 \text{mm}$$

附加偏心距 $e_{ax} = 20 \text{mm}$，初始偏心距 $e_{ix} = e_{0x} + e_{ax} = 220 \text{mm}$

$e_{ix} = 220 \text{mm} > 0.32 h_{0x} = 179.2 \text{mm}$，故属于大偏心受压。

按多排配筋截面计算，初步设 $\sigma_{s1} = -360 \text{N/mm}^2$，$\sigma_{s3} = 360 \text{N/mm}^2$，$\sigma_{s2}$ 的表达式为：

$$\sigma_{s2} = \frac{f_y \left(\frac{x}{h_{02}} - \beta\right)}{\xi_b - \beta} = \frac{360 \left(\frac{x}{300} - 0.8\right)}{0.518 - 0.8} = 993.1 - 4.138x$$

代入式（8-66）得

$$\begin{cases} N_{ux} = 19.1 \times 400x + 360 \times 628 - 628(993.1 - 4.138x) - 360 \times 628 \\ N_{ux} \times 420 = 19.1 \times 400x(600 - x)/2 + 360 \times 628(300 - 40) - 360 \times 628(300 - 560) \end{cases}$$

联立解得，$x = 194.89 \text{mm}$，$N_{ux} = 1371.74 \text{kN}$。$x < \xi_b h_0 = 0.518 \times 560 = 290.08 \text{mm}$，$x > 2a' = 80 \text{mm}$，且 $\sigma_{s2} = 186.6 \text{N/mm}^2 < 360 \text{N/mm}^2$，与假设相符，故解答正确。

(3) 计算 N_{uy}

$$e_{0y} = \frac{M_y}{N} = 80 \text{mm}$$

附加偏心距 $e_{ay} = 20 \text{mm}$，初始偏心距 $e_{iy} = e_{0x} + e_{ay} = 100 \text{mm}$

$e_{iy} = 100 \text{mm} < 0.32 h_{0y} = 115.2 \text{mm}$，故属于小偏心受压。

y 方向仅两边配置钢筋（$A_{sy} = A'_{sy} = 942 \text{mm}^2$），$e_y = \eta_y e_{iy} + b/2 - a' = 260 \text{mm}$，代入式（8-40）得

$$\begin{cases} N_{uy} = 19.1 \times 600 \times 360\xi + 360 \times 942 - 360 \times \frac{\xi - 0.8}{0.518 - 0.8} \\ N_{uy} \times 260 = 19.1 \times 600 \times 360^2 \xi(1 - 0.5\xi) + 360 \times 942 \times (360 - 40) \end{cases}$$

联立解得，$\xi = 0.6013$，$N_{ux} = 2819.47 \text{kN}$。

(4) 计算 N_u

将 N_{u0}、N_{ux} 及 N_{ux} 代入式（8-65）得

$$N_u = \frac{1}{\frac{1}{N_{ux}} + \frac{1}{N_{uy}} - \frac{1}{N_{u0}}} = \frac{1}{\frac{1}{1371.74} + \frac{1}{2819.47} - \frac{1}{5262.24}}$$

$$= 1119 \text{kN} > N = 1000 \text{kN}$$

满足安全要求。

8.7 矩形截面受压构件的受剪承载力

8.7.1 单向受剪承载力

试验表明，由于轴向压力的作用，弯曲裂缝出现推迟，也延缓了斜裂缝的出现和开展，斜裂缝角度减小，混凝土剪压区高度增大，从而使斜截面受剪承载力有所提高。但当压力超过一定数值，由于剪压区混凝土压应力过大，使得混凝土的受剪强度降低，反而会使斜截面受剪承载力降低。由桁架-拱模型理论，轴向压力主要由拱作用直接传递（见图8-39），拱作用增大，其横向分力为拱作用分担的抗剪能力。当轴向压力太大，将导致拱机构的过早压坏。

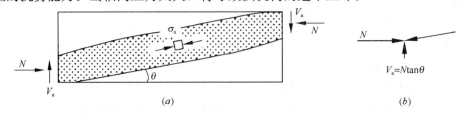

图 8-39 轴压力的拱传递模型
(a) 轴向压力的拱作用传递；(b) 拱机构平衡条件

图8-40为框架柱受剪承载力 V_u 与轴压比 $N/f_c bh$ 的关系。可见，当 $N/f_c bh$ 小于0.3时，V_u 随 $N/f_c bh$ 增加而增大；当 $N/f_c bh$ 在0.3附近时，V_u 基本不再增加；而当 $N/f_c bh$ 大于0.4后，V_u 随 $N/f_c bh$ 的增加反而减小，构件将出现小偏心受压破坏。

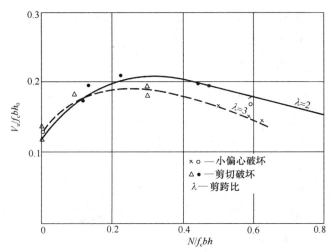

图 8-40 受剪承载力与轴压力的关系

按照第6章建立钢筋混凝土梁受剪承载力计算公式的分析，并根据试验研究结果，《规范》规定：对矩形、T形和工形截面的偏心受压构件，其斜截面受剪承载力采用下列公式计算：

$$V \leqslant \frac{1.75}{\lambda+1.0}f_t bh_0 + f_{yv}\frac{A_{sv}}{s}h_0 + 0.07N \tag{8-69}$$

式中 λ——偏心受压构件计算截面的剪跨比，取 (M/Vh_0)，此处 M 为计算截面上与剪力设计值 V 相应的弯矩设计值；

N——与剪力设计值 V 相应的轴向压力设计值，当 $N>0.3f_cA$ 时，取 $N=0.3f_cA$，此处 A 为构件截面面积。

具体计算时，计算截面的剪跨比 λ 可按以下规定取用：

(1) 对框架结构中的框架柱，当其反弯点在层高范围时，可取 $\lambda=H_n/(2h_0)$，H_n 为柱净高。当 $\lambda<1$ 时，取 $\lambda=1$；当 $\lambda>3$ 时，取 $\lambda=3$。

(2) 对其他偏心受压构件，当承受均布荷载时，取 $\lambda=1.5$；当承受集中荷载时，取为 $\lambda=a/h_0$，且当 λ 小于 1.5 时取 1.5，当 λ 大于 3 时取 3；a 为集中荷载至支座或节点边缘的距离。

与受弯构件类似，为防止因截面尺寸过小、配箍过多而产生斜压破坏，偏心受压构件的受剪截面同样应满足式 (6-19) 的条件。

当符合下列条件时：

$$V \leqslant \frac{1.75}{\lambda+1.0}f_t bh_0 + 0.07N \tag{8-70}$$

表明受压构件剪力设计值小于无腹筋时的受剪承载力，故可不进行斜截面受剪承载力计算，而仅需按构造要求配置箍筋（见 8.9 节）。

8.7.2 双向受剪承载力

由于荷载和作用方向的随机性，实际工程结构中的框架柱常受斜向水平剪力 V_θ 的作用，见图 8-41。为方便设计计算，将斜向水平剪力设计值 V_θ 分解到 x 和 y 两个主轴方向上，即

$$\begin{cases} V_x = V_\theta \cos\theta \\ V_y = V_\theta \sin\theta \end{cases} \tag{8-71}$$

式中 V_x——x 轴方向的剪力设计值，对应的截面有效高度为 h_0，截面宽度为 b；

V_y——y 轴方向的剪力设计值，对应的截面有效高度为 b_0，截面宽度为 h；

θ——斜向剪力设计值 V_θ 的作用方向与 x 轴的夹角，$\theta=\arctan(V_y/V_x)$。

如果按式 (8-72) 根据 x 和 y 方向的受剪承载力 V_{ux} 和 V_{uy} 分别进行受剪承载力计算，则可能偏于不安全。这是因为双向受剪时，同一个截面既在 X 向全部抵抗 X 向的剪力 V_x，又在 Y 向全部抵抗 Y 向的剪力 V_y，即同一个截面被 X 向和 Y 向的抗剪重复利用，这会过高估计截面的抗剪作用，故按式 (8-72) 进行

双向受剪设计是不安全的，应当考虑截面双向受剪时的承载力降低。

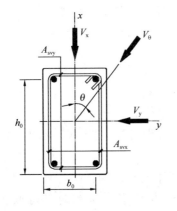

图 8-41 矩形截面双向受剪

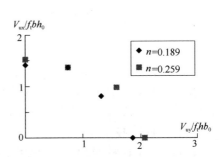

图 8-42 矩形截面双向受剪承载力

$$\begin{cases} V_x \leqslant V_{ux} = \dfrac{1.75}{\lambda_x+1}f_tbh_0 + f_{yv}\dfrac{A_{svx}}{s_x}h_0 + 0.07N & (8\text{-}72\text{a}) \\ V_y \leqslant V_{uy} = \dfrac{1.75}{\lambda_y+1}f_thb_0 + f_{yv}\dfrac{A_{svy}}{s_y}b_0 + 0.07N & (8\text{-}72\text{b}) \end{cases}$$

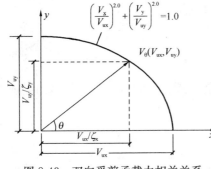

图 8-43 双向受剪承载力相关关系

图 8-42 为矩形截面框架柱的双向受剪试验结果（图中 n 为轴压比，$n = N/f_cbh$）。可以看出，试验点的分布近似符合椭圆规律，双向受剪承载力可偏于安全地用以下椭圆方程表示（见图 8-43）：

$$\left(\dfrac{V_x}{V_{ux}}\right)^{2.0} + \left(\dfrac{V_y}{V_{uy}}\right)^{2.0} = 1.0 \quad (8\text{-}73)$$

式中　V_x、V_y——框架柱双向受剪时分别沿 x 向和 y 向的受剪承载力；

V_{ux}、V_{uy}——分别为框架柱仅沿 x 向和仅沿 y 向单向受剪时的受剪承载力，即

$$\begin{cases} V_{ux} = \dfrac{1.75}{\lambda_x+1.0}f_tbh_0 + 1.0f_{yv}\dfrac{A_{svx}}{s}h_0 + 0.07N & (8\text{-}74\text{a}) \\ V_{uy} = \dfrac{1.75}{\lambda_y+1.0}f_thb_0 + 1.0f_{yv}\dfrac{A_{svy}}{s}b_0 + 0.07N & (8\text{-}74\text{b}) \end{cases}$$

由于双向受剪时，同一个截面需同时承受 x 向和 y 向的剪力，故此时两个方向的受剪承载力 V_x 和 V_y 会分别低于仅沿 x 向和仅沿 y 向受剪时的受剪承载力 V_{ux} 和 V_{uy}，见图 8-43。

记

$$\zeta_x = \left(\frac{V_{ux}}{V_x}\right); \zeta_y = \left(\frac{V_{uy}}{V_y}\right) \tag{8-75}$$

带入式（8-73）可得

$$\frac{1}{\zeta_x^2} + \frac{1}{\zeta_y^2} = 1 \tag{8-76}$$

由此可得

$$\begin{cases} \zeta_x = \sqrt{1 + \left(\frac{V_{ux}V_y}{V_{uy}V_x}\right)^2} = \sqrt{1 + \left(\frac{V_{ux}}{V_{uy}}\tan\theta\right)^2} & (8\text{-}77a)\\ \zeta_y = \sqrt{1 + \left(\frac{V_{uy}V_x}{V_{ux}V_y}\right)^2} = \sqrt{1 + \left(\frac{V_{uy}}{V_{ux}}\frac{1}{\tan\theta}\right)^2} & (8\text{-}77b) \end{cases}$$

上式中，$(1/\zeta_x)$ 和 $(1/\zeta_y)$ 分别为双向受剪时，相对于仅沿 x 向受剪承载力 V_{ux} 和仅沿 y 向受剪承载力 V_{uy} 的折减系数。因此，框架柱的双向受剪承载力应符合

$$\begin{cases} V_x \leqslant \dfrac{V_{ux}}{\zeta_x} = \dfrac{V_{ux}}{\sqrt{1 + \left(\dfrac{V_{ux}\tan\theta}{V_{uy}}\right)^2}} & (8\text{-}78a)\\ V_y \leqslant \dfrac{V_{uy}}{\zeta_y} = \dfrac{V_{uy}}{\sqrt{1 + \left(\dfrac{V_{uy}}{V_{ux}\tan\theta}\right)^2}} & (8\text{-}78b) \end{cases}$$

式中 V_{ux}、V_{uy}——分别按式（8-68a）和式（8-68b）确定。

为防止斜压破坏，斜向受剪的截面应满足

$$\begin{cases} V_x \leqslant 0.25 f_c \beta_c b h_0 \cos\theta & (8\text{-}79a)\\ V_y \leqslant 0.25 f_c \beta_c h b_0 \sin\theta & (8\text{-}79b) \end{cases}$$

当斜向剪力满足以下条件时，可不进行斜截面受剪承载力计算，而仅需根据箍筋的最大间距和最小箍筋直径的构造要求配置箍筋。

$$\begin{cases} V_x \leqslant \left(\dfrac{1.75}{\lambda_x + 1.0} f_t b h_0 + 0.07 N\right)\cos\theta & (8\text{-}80a)\\ V_y \leqslant \left(\dfrac{1.75}{\lambda_y + 1.0} f_t h b_0 + 0.07 N\right)\sin\theta & (8\text{-}80b) \end{cases}$$

8.8 受压构件的延性

如 3.5 节所述，延性是指构件在保持其承载力不显著降低情况下的变形能力。对于偏心受压构件，轴向压力 N 明显小于界限轴压力 N_b 时，为受拉破坏，破坏是由于受拉侧钢筋先达到屈服引起的。由图 8-44（a）可见，此时屈服弯矩 M_y 值和极限弯矩 M_u 值很相近，而极限曲率 ϕ_u 则显著大于屈服曲率 ϕ_y（图 8-44b），这表明此时受压构件具有较大的延性。随着轴向压力 N 的增加，截面的屈服曲率 ϕ_y 有所增加，而截面极限曲率 ϕ_u 则迅速减小，延性不断降低。当轴向

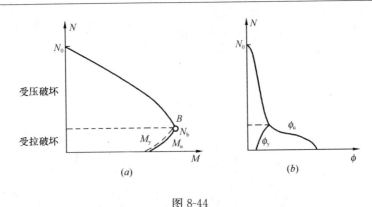

图 8-44
(a) $N-M_u$ 和 $N-M_y$ 相关关系；(b) $N-\phi_u$ 和 $N-\phi_y$ 相关关系

压力 N 达到界限轴压力 N_b 时，$\phi_y = \phi_u$，延性系数 $\mu_\phi = 1.0$。轴力超过界限轴压力 N_b 时，受拉侧钢筋达不到受拉屈服，受压构件延性将只取决于混凝土受压的变形能力，因此延性很小。图 8-45 为不同轴压比 $N/f_c bh$ 下压弯构件的截面弯矩-曲率关系曲线。

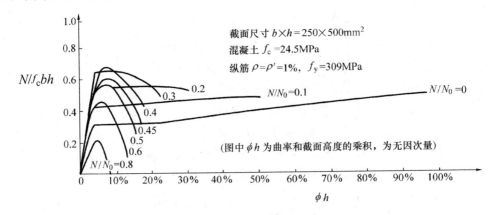

图 8-45 不同轴压比下压弯构件的延性

试验和分析均表明，对于一般配箍情况，影响钢筋混凝土构件延性的主要因素是相对受压区高度 ξ。ξ 越小，延性越大。图 8-46 为延性系数 μ 与 ξ 的关系。轴向压力增加，导致相对受压区高度 ξ 增加，受压构件的延性降低。这就是在抗震结构中限制钢筋混凝土柱轴压比 $n = \dfrac{N}{f_c bh}$ 的原因，过高的轴压比是导致框架结构在地震中倒塌的主要原因。

对于轴压力较大，$\xi > \xi_b$ 的情况，很难通过截面纵向受力钢筋的配置来改善延性，此时可通过增加箍筋配置约束混凝土，提高混凝土的变形能力来改善框架柱的延性。箍筋的约束程度与箍筋的配置形式有关，常见的箍筋形式见图 8-47。由图 8-48 可见，普通方箍（或矩形箍，见图 8-47a）截面柱在核心混凝土的膨胀

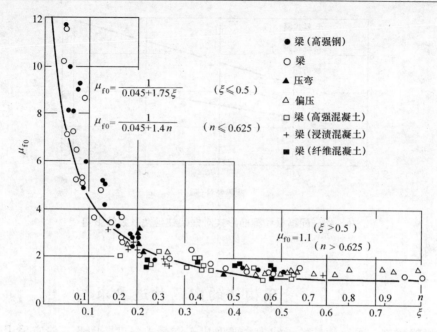

图 8-46 延性系数与相对受压区高度和轴压比的关系

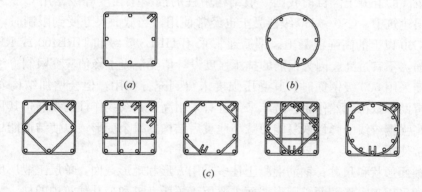

图 8-47 箍筋形式
(a) 普通箍筋；(b) 螺旋箍筋；(c) 复式箍筋

作用下会产生较大侧向变形，约束效果较差；圆形或螺旋箍筋截面柱在核心混凝土的膨胀下均匀受力，约束效果最好；为改善矩形箍筋的约束效果，可采用增设附加拉结箍筋形成复式箍筋（见图 8-47c）。由图 8-48 可见，框架柱的延性系数随配箍量增大而增加，且在同样配箍量的情况下复式箍筋和螺旋箍筋比普通方箍（或矩形箍）的延性系数更大。

另一方面，斜截面受剪破坏都具有明显的脆性性质。为保证框架柱正截面延性能力的发挥，对延性较高要求的抗震结构，设计中应按"强剪弱弯"原则设计

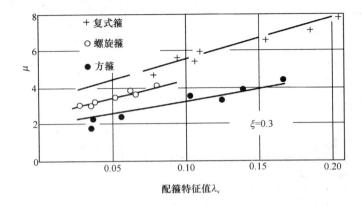

图 8-48 配箍量和箍筋形式对框架柱延性系数的影响

受压构件。

8.9 受压构件的配筋构造要求

材料强度：受压构件的承载力主要取决于混凝土强度，因此一般应采用强度等级较高的混凝土。目前我国一般结构中柱的混凝土强度等级常用 C30～C40，在高层建筑中，C50～C60 级混凝土也经常使用，当截面尺寸受到限制时，也可采用 C60 以上的高强混凝土。钢筋通常采用 HRB335 级和 HRB400 或 RRB400 级钢筋，不宜过高，因为钢筋的抗压强度设计值受混凝土峰值应变限制。尽管受压钢筋采用 500 级钢筋时，其受压强度未得到充分利用，但会增加结构安全储备，有助于抵御偶然作用。近年来，也有采用高强钢绞线作柱的纵筋，其目的是利用高强钢绞线的弹性恢复能力减小地震后结构的残余变形，以使结构能尽快恢复正常使用。

截面形状和尺寸：钢筋混凝土柱多采用方形和矩形截面，单层工业厂房的预制柱常采用工字形截面。圆形截面主要用于桥墩、桩和公共建筑中的柱。为充分利用材料强度，使受压构件的承载力不致因长细比过大而降低，柱的截面尺寸不宜过小，一般应控制在 $l_0/b \leqslant 30$ 及 $l_0/h \leqslant 25$。当柱截面的边长在 800mm 以下时，一般以 50mm 为模数，边长在 800mm 以上时，以 100mm 为模数。

纵向钢筋：纵向钢筋配筋率过小时，纵筋对柱的承载力影响很小，接近于素混凝土柱，纵筋不能起到防止混凝土受压脆性破坏的缓冲作用。同时考虑到实际结构中存在偶然附加弯矩的作用（垂直于弯矩作用平面），以及由于混凝土收缩和徐变的影响会使柱截面中的压力由混凝土向钢筋转移，从而使钢筋压应力不断增长，钢筋压应力的增长幅度随配筋率的减小而增大，如果不给配筋率规定一个下限，钢筋中的压应力就可能在持续使用荷载下增长到屈服强度。因此对受压构件的也需有一最小配筋率限制。《规范》规定，轴心受压构件、偏心受压构件的纵向钢筋的最小配筋百分率应符合附表 2-9 的规定。另一方面，考虑到施工布筋不致过多而影响混凝土的浇筑质量，全部纵筋配筋率不宜超过 5%。全部纵向钢筋的配筋率按 $\rho = (A'_s + A_s)/A$ 计算，一侧受压钢筋的配筋率按 $\rho' = A'_s/A$ 计算，其中 A 为构件全截面面积。

柱中纵向受力钢筋的直径 d 不宜小于 12mm，且选配钢筋时宜根数少而粗，但对矩形截面根数不得少于 4 根，圆形截面根数不宜少于 8 根，不应少于 6 根，且应沿周边均匀布置。钢筋的最小保护层厚度要求见附表 2-8，且不应小于钢筋直径 d。当柱为竖向浇筑混凝土时，纵筋的净距不小于 50mm；对水平浇筑的预制柱，其纵向钢筋的最小净距应按梁的规定取值。截面各边纵筋的中距不应大于 350mm。当 $h \geqslant 600$mm 时，在柱侧面应设置直径 10~16mm 的纵向构造钢筋，并相应设置复合箍筋或拉筋。

箍筋：柱中箍筋的作用是为了架立纵向钢筋，承担剪力和扭矩，并与纵筋一起形成对芯部混凝土的围箍约束。为保证箍筋对柱中混凝土的约束作用，柱周边箍筋应做成封闭式。对圆柱及配筋率较大的柱，箍筋末端应采用 135°弯钩（见图 8-49），且弯后余长不小于 10d，并应勾住纵筋。对纵筋较多的情况，为防止纵筋受压屈曲，应采用复合箍筋。箍筋配置的有关构造要求见图 8-49。

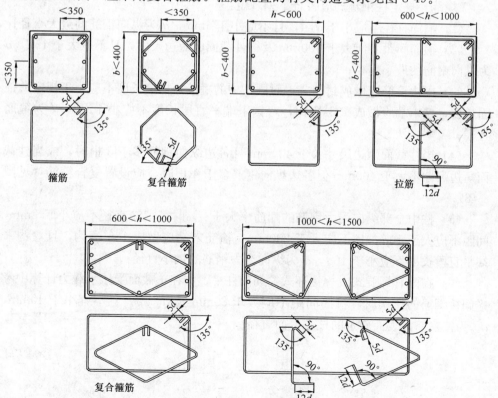

图 8-49　受压构件的普通箍筋的构造

此外，近年来连续螺旋箍筋或连续复合螺旋箍筋技术已成熟，见图 8-50 (b)。连续箍筋不仅生产和施工方便，能更有效地避免箍筋胀开，防止纵筋受压屈曲，并可增强对内部混凝土约束效果，提高混凝土柱的变形能力，增加柱的延性。

对截面形状复杂的柱，不得采用具有内折角的箍筋，以避免箍筋受拉时使折角处混凝土破损，见图 8-51。

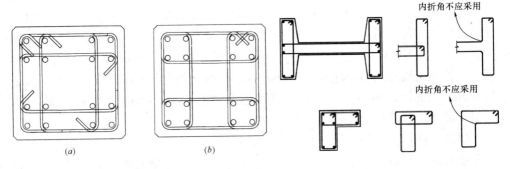

图 8-50 受压构件的连续螺旋箍筋
(a) 普通箍筋；(b) 连续箍筋

图 8-51 复杂截面的箍筋形式

《规范》规定柱中箍筋应符合下列规定：

(1) 箍筋直径不应小于 $d/4$，且不应小于 6mm，d 为纵向钢筋的最大直径；

(2) 箍筋间距不应大于 400mm 及构件截面的短边尺寸，且不应大于 $15d$，d 为纵向钢筋的最小直径；

(3) 周边箍筋应做成封闭式；对圆柱中的箍筋，搭接长度不应小于规定的锚固长度，且末端应做成 135°弯钩，弯钩末端平直段长度不应小于 $5d$，d 为箍筋直径；

(4) 当柱截面短边尺寸大于 400mm 且各边纵向钢筋多于 3 根时，或当柱截面短边尺寸不大于 400mm 但各边纵向钢筋多于 4 根时，应设置复合箍筋（见图 8-48）；

(5) 柱中全部纵向受力钢筋的配筋率大于 3% 时，箍筋直径不应小于 8mm，间距不应大于 $10d$，且不应大于 200mm；箍筋末端应做成 135°弯钩，且弯钩末端平直段长度不应小于 $10d$，d 为纵向受力钢筋的最小直径；

(6) 在配有螺旋式或焊接环式箍筋的柱中，如在正截面受压承载力计算中考虑间接钢筋的作用时，箍筋间距不应大于 80mm 及 $d_{cor}/5$，且不宜小于 40mm，d_{cor} 为按箍筋内表面确定的核心截面直径。

思 考 题

8-1 箍筋在受压构件中有何作用？普通矩形箍筋轴心受压柱与螺旋箍筋轴

心受压柱的承载力计算有何差别？

8-2 螺旋箍筋柱不能适用于哪些情况？为什么？

8-3 偏心受压构件的正截面破坏形态有几种？破坏特征怎样？与哪些因素有关？偏心距很大时为什么也会产生受压破坏？

8-4 偏心受压构件正截面承载力计算与受弯构件正截面承载力计算有何异同？在什么情况下，偏心受压构件计算允许 $\xi > \xi_b$？此时，受拉钢筋的应力如何确定？

8-5 如何用偏心距来判别大小偏心受压？这种判别严格吗？

8-6 对称配筋矩形截面偏心受压构件，如何判别下列情况的属于哪一类偏心受压：

(1) $\eta e_i > 0.32 h_0$，同时 $N > \xi_b \alpha f_c b h_0$；

(2) $\eta e_i < 0.32 h_0$，同时 $N < \xi_b \alpha f_c b h_0$。

8-7 试编制程序计算对称配筋矩形截面的 N_u-M_u 相关曲线。

8-8 分两种情况编制在压力 N 和弯矩 M 共同作用下钢筋混凝土截面的受力全过程：

(1) 给定轴力 N，计算弯矩-曲率（M-ϕ）关系全曲线；

(2) 给定偏心距 e_0，计算轴力-曲率（N-ϕ）关系全曲线。

8-9 何谓二阶效应？结构中的二阶效应有哪两种类型？受压构件计算中，如何考虑两种类型的二阶效应。

8-10 为什么在计算 P-Δ 效应时，构件的刚度要折减？

8-11 试比较不对称大偏心受压截面的设计方法与双筋梁的异同。

8-12 不对称小偏心受压截面设计时，A_s 是根据什么确定的？如何理解迭代法？大偏心受压情况可以采用迭代法吗？

8-13 试分析混凝土强度、钢筋强度、配筋率、截面尺寸对偏心受压构件承载力的影响。

8-14 已知矩形截面分别承受两组内力（N_1, M_1）、（N_2, M_2），采用对称配筋，试判别以下情况哪组内力的配筋大：

(1) $N_1 = N_2$，$M_2 > M_1$；

(2) $N_1 < N_2 < N_b$，$M_2 = M_1$；

(3) $N_b < N_1 < N_2$，$M_2 = M_1$。

8-15 试总结不对称和对称配筋截面大小偏心受压的判别方法。截面设计与截面复核大小偏心的判别方法有什么不同？

8-16 轴向压力对受剪承载力有何影响？试说明 N_u-V_u 相关关系曲线形状。

8-17 受压构件在双向剪力作用下的受剪承载力是如何计算的？

8-18 影响受压构件的延性系数有哪些因素？如何提高受压构件的延性？

8-19 受压构件为什么要控制最小配筋率？

8-20 受压构件中箍筋的作用是什么？配置箍筋时有哪些构造规定？试布置图 8-52 所示截面的箍筋。

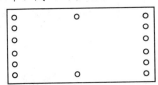
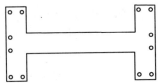

图 8-52 思考题 8-20 图

习 题

8-1 某混合结构多层房屋，门厅为现浇内框架结构（按无侧移考虑），其底层柱截面为方形，按轴心受压构件计算。轴向力设计值 $N=3000\text{kN}$，层高 $H=5.6\text{m}$，混凝土为 C30 级，纵筋用 HRB335 级钢筋，箍筋为 HPB300 级钢筋。试求柱的截面尺寸并配置纵筋及箍筋。

8-2 题 8-1 中的柱的截面由于建筑要求，限定为直径不大于 350mm 的圆形截面。设其他条件不变，(1) 采用普通箍筋柱；(2) 采用螺旋箍筋柱，求柱的配筋构造。

8-3 设某框架结构矩形截面柱 $b \times h = 400\text{mm} \times 600\text{mm}$，$a = a' = 40\text{mm}$，支撑长度 $l_c = 7.2\text{m}$，采用 C30 级混凝土，HRB335 级钢筋。已知内力设计值 $N = 1800\text{kN}$，$M_1 = 300\text{kN} \cdot \text{m}$，$M_2 = 500\text{kN} \cdot \text{m}$。求柱的纵向钢筋 A_s 及 A'_s，并配置箍筋。

8-4 其他条件同习题 8-3，内力设计值 $N = 3600\text{kN}$，$M_1 = 260\text{kN} \cdot \text{m}$，$M_2 = 400\text{kN} \cdot \text{m}$。求柱的纵向钢筋 A_s 及 A'_s，并配置箍筋。

8-5 已知数据同习题 8-3，采用对称配筋，求 $A_s = A'_s$。

8-6 已知数据同习题 8-4，采用对称配筋，求 $A_s = A'_s$。

8-7 已知框架结构矩形截面柱柱的支撑长度 $l_0 = 4.8\text{m}$，截面尺寸 $b \times h = 400\text{mm} \times 600\text{mm}$，$a = a' = 40\text{mm}$。混凝土为 C60 级，纵筋为 HRB335 级，对称配筋（4Φ16）。设柱两端偏心距相同，$e_0 = 280\text{mm}$，求该柱的承载力 $N = ?$

8-8 其他条件同习题 8-7，设柱两端偏心距 $e_0 = 56\text{mm}$，求柱的承载力 $N = ?$

8-9 已知矩形截面柱 $b \times h = 200\text{mm} \times 500\text{mm}$，$a = a' = 35\text{mm}$，$l_c = 4\text{m}$。内力设计值 $N = 2000\text{kN}$，柱两端弯矩设计值均为 $M = 80\text{kN} \cdot \text{m}$。求纵向钢筋 A_s 及 A'_s。

8-10 已知矩形截面柱 $b \times h = 400\text{mm} \times 600\text{mm}$，$a = a' = 40\text{mm}$，$l_c = 6\text{m}$，纵筋为 HRB335 级钢筋，$A'_s = 4\Phi20$，$A_s = 4\Phi25$，混凝土为 C50 级，柱两端轴向压力的偏心距相同 $e_0 = 100\text{mm}$。求柱的承载力 $N = ?$

8-11 已知矩形截面柱 $b \times h = 400\text{mm} \times 400\text{mm}$，配置 1220 的 HRB335 级纵向钢筋（见图 8-53），混凝土为 C60 级。柱为双向偏心受压构件，轴向力在截面两个对称轴方向的偏心距分别为 250mm 及 80mm，设 $\eta_x = \eta_y = 1.0$，求此柱的承载力 $N = ?$

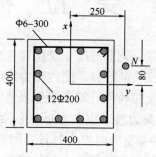

图 8-53 习题 8-11 图

第9章 受拉构件

根据轴向拉力的作用位置,钢筋混凝土受拉构件也分为轴心受拉构件和偏心受拉构件。钢筋混凝土桁架或拱的拉杆、受内压力作用的环形截面管壁及圆形贮液池的池壁等,通常按轴心受拉构件计算。矩形水池的池壁、矩形剖面料仓或煤斗的壁板、受地震作用的框架边柱,以及双肢柱的受拉肢,属于偏心受拉构件(见图9-1)。同样,受拉构件除受轴向拉力外,还同时受弯矩和剪力作用。本章主要讨论矩形截面受拉构件的正截面承载力和斜截面承载力的计算。

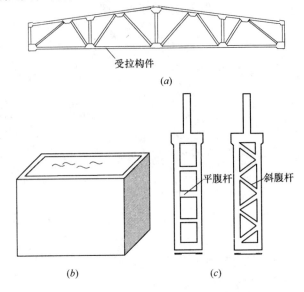

图 9-1 偏心受拉构件
(a) 钢筋混凝土屋架;(b) 储液池;(c) 双肢柱

9.1 轴心受拉构件的承载力计算

3.1节已详细介绍了轴心受拉构件的受力性能。轴心受拉构件达到承载力极限状态时,混凝土已开裂退出工作,受拉钢筋屈服,因此轴心受拉承载力的计算公式为:

$$N \leqslant f_y A_s \tag{9-1}$$

式中 N——轴向拉力的设计值;

f_y——钢筋抗拉强度设计值;

A_s——全部受拉钢筋的截面面积,应满足 $A_s \geqslant \rho_{s,\min}A$,其中 A 为构件截面面积,$\rho_{s,\min}$ 为受拉钢筋的最小配筋率,根据附表 2-9,轴心受拉构件全部受拉钢筋的配筋率不应小于 0.40 和 $0.9f_t/f_y$ 中的较大值。

9.2 矩形截面偏心受拉构件的承载力计算

对于矩形截面偏心受拉构件,记距轴向拉力 N 较近一侧的纵筋为 A_s,较远一侧的为 A_s'。根据轴向拉力 N 在截面上作用的位置不同,偏心受拉构件有两种破坏形态:

(1) 轴向拉力 N 在 A_s 与 A_s' 之间的小偏心受拉破坏(见图 9-2a);
(2) 轴向拉力 N 在 A_s 外侧的大偏心受拉破坏(见图 9-2b)。

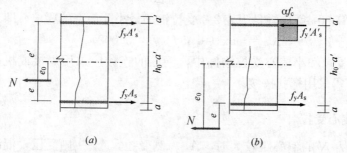

图 9-2 两种偏心受拉构件
(a) 小偏心受拉构件;(b) 大偏心受拉构件

9.2.1 小偏心受拉构件

轴向拉力 N 的偏心距较小,其作用位置在 A_s 与 A_s' 之间。在拉力作用下,全截面均受拉应力,但 A_s 一侧拉应力较大,A_s' 一侧拉应力较小。随着拉力的增加,A_s 一侧首先开裂,但裂缝很快贯通整个截面,A_s 和 A_s' 纵筋均受拉,最后因 A_s 和 A_s' 均屈服而达到极限承载力。这种破坏称为小偏心受拉破坏。当偏心距 $e_0=0$ 时,为轴心受拉构件。

由图 9-2(a),分别对 A_s 和 A_s' 合力点取矩的平衡条件,可得

$$A_s = \frac{Ne'}{f_y(h_0-a')} \qquad (9\text{-}2a)$$

$$A_s' = \frac{Ne}{f_y(h_0-a)} \qquad (9\text{-}2b)$$

式中 e、e'——分别为 N 至 A_s 和 A_s' 合力点的距离,设 $e_0=M/N$,则有

$$e' = 0.5h - a' + e_0 \qquad (9\text{-}3a)$$

$$e = 0.5h - a' - e_0 \qquad (9\text{-}3b)$$

将 e 和 e' 代入式 (9-2)，同时设 $a=a'$，并利用 $Ne_0=M$，则有

$$A_s = \frac{N(h-2a')}{2f_y(h_0-a')} + \frac{M}{f_y(h_0-a)} = \frac{N}{2f_y} + \frac{M}{f_y(h_0-a)} \qquad (9\text{-}4a)$$

$$A'_s = \frac{N(h-2a')}{2f_y(h_0-a)} - \frac{M}{f_y(h_0-a)} = \frac{N}{2f_y} - \frac{M}{f_y(h_0-a)} \qquad (9\text{-}4b)$$

由上式可见，第一项代表轴心受拉所需要的配筋，第二项反映了弯矩 M 对配筋的影响。显然，弯矩 M 的存在使 A_s 增大、A'_s 减小。因此在设计中如有不同的内力组合 (M，N) 时，应按最大 N 与最大 M 的内力组合计算 A_s，而按最大 N 和最小 M 的内力组合计算 A'_s。

当为对称配筋时，为保持截面内外力的平衡，远离轴向力 N 一侧的钢筋 A'_s 达不到屈服，故设计时可按式 (9-2a) 计算配筋，即取

$$A'_s = A_s = \frac{Ne'}{f_y(h_0-a')} \qquad (9\text{-}5)$$

以上计算的配筋应满足附表 2-9 受拉钢筋最小配筋率的要求，即 A_s 和 A'_s 即应分别不小于 $\rho_{\min}bh$，$\rho_{\min}=\max$ ($0.45f_t/f_y$, 0.002)。

在轴心受拉和小偏心受拉构件中，钢筋的连接应采用焊接或机械连接（见 7.4 节），不得采用绑扎搭接。

9.2.2 大偏心受拉

轴向拉力 N 的偏心距较大时，A_s 一侧受拉，A'_s 一侧受压，混凝土开裂后不会形成贯通整个截面的裂缝。最后，与大偏心受压情况类似，A_s 达到受拉屈服，受压侧混凝土受压破坏。由图 9-2 (b) 的截面平衡条件，可得下列基本公式：

$$\begin{cases} N = N_u = f_y A_s - f'_y A'_s - \alpha f_c bx & (9\text{-}6a) \\ N \cdot e \leqslant \alpha f_c bx(h_0 - \dfrac{x}{2}) + f'_y A'_s(h_0 - a') & (9\text{-}6b) \end{cases}$$

式中，$e=e_0-0.5h+a$，为轴力 N 至受拉钢筋 A_s 合力点的距离。注意上式中，轴力 N 以受拉为正；而在偏心受压构件中，轴力 N 以受压为正。

式 (9-6) 的适用条件为：
(1) 为保证受拉钢筋 A_s 达到屈服强度 f_y，应满足 $\xi \leqslant \xi_b$；
(2) 为保证受压钢筋 A'_s 达到屈服强度 f'_y，应满足 $x \geqslant 2a'$。

当 $\xi > \xi_b$，受拉钢筋不屈服，这种情况是由于受拉钢筋 A_s 的配筋率过大引起的，与受弯构件超筋梁类似，应避免采用。当 $x<2a'$ 时，可取 $x=2a'$，则有

$$A_s = \frac{Ne'}{f_y(h_0-a')} \qquad (9\text{-}7)$$

式中 $e'=e_0+0.5h-a'$。同样，A_s 应不小于 $\rho_{\min}bh$，$\rho_{\min}=\max$ ($0.45f_t/f_y$, 0.002)。

当为对称配筋时，由式（9-6a）可知，x 必为负值，故可按 $x<2a'$ 情况，即式（9-7）计算 A_s，并取 $A_s'=A_s$。

由式（9-5）和式（9-7）可知，对称配筋的矩形截面偏心受拉构件，不论大、小偏心受拉情况，计算公式相同。

受拉构件的箍筋可按受弯构件要求确定。

【例题 9-1】 矩形截面偏心受拉构件，$b=300\text{mm}$，$h=500\text{mm}$，承受轴向拉力设计值 $N=600\text{kN}$，弯矩设计值 $M=42\text{kN}\cdot\text{m}$，采用 C20 级混凝土，HRB335 级钢筋，计算构件的配筋。

【解】 材料强度：$f_c=9.6\text{N/mm}^2$，$f_t=1.10\text{N/mm}^2$，$f_y=f_y'=300\text{N/mm}^2$

取 $a=a'=40\text{mm}$，$h_0=460\text{mm}$

$$e_0=\frac{M}{N}=\frac{42\times10^6}{600\times10^3}=70\text{mm}<\frac{h}{2}-a=210\text{mm}$$

故为小偏心受拉。

$$e'=0.5h-a'+e_0=250-40+70=280\text{mm}$$
$$e=0.5h-a'-e_0=250-40-70=140\text{mm}$$

代入式（9-2）得

$$A_s=\frac{Ne'}{f_y(h_0-a')}=\frac{600\times10^3\times280}{300\times420}=1333.3\text{mm}^2$$

$$A_s'=\frac{Ne}{f_y(h_0-a')}=\frac{600\times10^3\times140}{300\times420}=666.7\text{mm}^2$$

选配 $A_s=3\Phi25=1473\text{mm}^2$，$A_s'=2\Phi22=760\text{mm}^2$。$\rho_{\min}=\max(0.45f_t/f_y,0.002)=0.002$，$\rho_{\min}bh=300\text{mm}^2$，满足最小配筋率要求，箍筋按构造要求取 $\Phi6-200$，截面配筋见图 9-3。

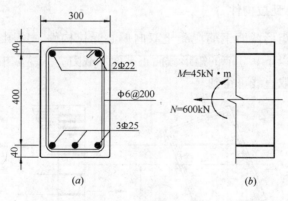

图 9-3 ［例题 9-1］图

【例题 9-2】 某水池板壁板厚为 300mm，单位长度（每米）承受的轴向拉力设计值 $N=240\text{kN}$，弯矩设计值 $M=120\text{kN}\cdot\text{m}$，采用 C20 级混凝土，

HRB335级钢筋,求截面配筋。

【解】

材料强度：$f_c = 9.6\text{N/mm}^2$，$f_t = 1.10\text{N/mm}^2$，$f_y = f'_y = 300\text{N/mm}^2$

$\xi_b = 0.55$，$\alpha_{s,\max} = 0.399$

$b = 1000\text{mm}$，$h = 300\text{mm}$，取 $a = a' = 35\text{mm}$，$h_0 = 265\text{mm}$

$$e_0 = \frac{M}{N} = \frac{120 \times 10^6}{240 \times 10^3} = 500\text{mm} > \frac{h}{2} - a = 135\text{mm}$$

故为大偏心受拉。

$$e = e_0 - 0.5h + a' = 500 - 150 + 35 = 385\text{mm}$$

取 $x = \xi_b h_0$ 可使总配筋最小,则有

$$A'_s = \frac{Ne - \alpha_{s,\max} f_c b h_0^2}{f'_y (h_0 - a')} = \frac{240 \times 10^3 \times 385 - 0.399 \times 9.6 \times 1000 \times 265^2}{300 \times (265 - 35)} < 0$$

取 $A'_s = \rho'_{\min} bh = 0.002 \times 1000 \times 300 = 600\text{mm}^2$，选配 $\Phi 12 - 180 = 628\text{mm}^2$。

按 A'_s 已知情况计算,则

$$\alpha_s = \frac{Ne - f'_y A'_s (h_0 - a')}{f_c b h_0^2} = \frac{240 \times 10^3 \times 385 - 300 \times 628 \times (265 - 35)}{9.6 \times 1000 \times 265^2} = 0.073$$

$\xi = 1 - \sqrt{1 - 2\alpha_s} = 0.076$，$x = \xi h_0 = 20\text{mm} < 2a'$，故按式(9-6)计算受拉钢筋,有

$$e' = e_0 + 0.5h - a' = 500 + 150 - 35 = 615\text{mm}$$

$$A_s = \frac{Ne'}{f_y (h_0 - a')} = \frac{240 \times 10^3 \times 615}{300 \times 230} = 2139\text{mm}^2$$

选配 $\Phi 16 - 90 = 2234\text{mm}^2$。最小配筋验算略。

9.2.3 双向偏心受拉构件

对称配筋的矩形截面钢筋混凝土双向偏心受拉构件(见图9-4),其正截面受拉承载力根据以下9.3节的矩形截面正截面承载力 $N_u - M_u$ 相关关系在受拉区偏于安全的近似取直线可得到

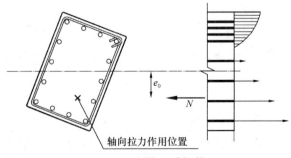

图9-4 双向偏心受拉截面

$$N \leqslant N_u = \cfrac{1}{\cfrac{1}{N_{u0}} + \cfrac{e_0}{M_u}} \qquad (9\text{-}8)$$

式中 N_{u0}——构件的轴心受拉承载力设计值,按式(9-1)计算;

e_0——轴向拉力作用点至截面重心的距离;

M_u——按轴向拉力作用下的弯矩平面计算的正截面受弯承载力设计值。

9.3 矩形截面 N_u-M_u 相关关系*

钢筋混凝土构件从轴心受压、偏心受压到受弯、再到偏心受拉和轴心受拉的正截面承载力 N_u-M_u 相关关系,是一条完整的曲线,见图9-5。图中,A 点对应轴心受压;AB 段对应小偏心受压,B 点对应界限破坏;BC 段对应大偏心受压;C 点对应纯弯;CD 段对应偏心受拉,D 点对应轴心受拉。

根据第8章给出的 AB 段小偏心受压和 BC 段大偏心受压的计算公式,可以确定 AB 段和 BC 段的 N_u-M_u 相关关系曲线。根据本章偏心受拉的计算公式,可以确定 CD 段的 N_u-M_u 相关关系曲线,基本接近直线。

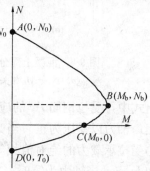

图 9-5 正截面承载力 N_u-M_u 相关关系

以下从混凝土与钢筋承载力的叠加方法进一步研究对称配筋矩形截面的 N_u-M_u 相关关系(见图 9-6)。钢筋混凝土截面可认为是由混凝土部分与纯钢筋部分的叠加。对于混凝土部分(见图 9-6a),仅考虑其受压作用,并按理想塑性方法考虑,受压区取矩形图形,受压强度取 f_c,则由以下正截面平衡条件:

$$\begin{cases} N_c = f_c bx & (9\text{-}9a) \\ M_c = f_c bx \cdot (0.5h - 0.5x) & (9\text{-}9b) \end{cases}$$

可得混凝土部分的承载力 N_c-M_c 相关关系为:

$$M_c = N_c \left(0.5h - 0.5 \frac{N_c}{f_c b}\right) \qquad (9\text{-}10)$$

上式在 $N-M$ 坐标系中为二次曲线(见图 9-6a),轴心受压承载力 $N_{c0} = f_c bh$,对应图 9-6(a) 中 A 点;轴心受拉的承载力为 $T_{c0} = 0$,对应图 9-6(a) 中 D 点;当 $x = 0.5h$ 时,达到最大受弯承载力 $M_{cb} = 0.125 f_c bh^2$,相应轴力为 $N_{cb} = 0.5 f_c bh$,对应图 9-6(a) 中 B 点。

对于纯钢筋部分(见图 9-6b),其正截面平衡条件为:

$$\begin{cases} N_s = \sigma'_s A'_s - \sigma_s A_s & (9\text{-}11a) \\ M_s = (\sigma'_s A'_s + \sigma_s A_s) \cfrac{h-2a}{2} & (9\text{-}11b) \end{cases}$$

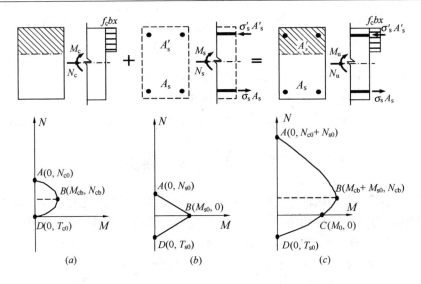

图 9-6 混凝土部分、纯钢筋部分和钢筋混凝土截面的 $N-M$ 相关关系
(a) N_c-M_c 相关关系；(b) N_s-M_s 相关关系；(c) N_u-M_u 相关关系

上式中，受拉钢筋 A_s 的应力 σ_s 以受拉为正；受压钢筋 A'_s 的应力 σ'_s 以受压为正；轴力以受压为正。当为对称配筋时，$A_s = A'_s$，$f_y = f'_y$，故有轴心受压和轴心受拉承载力的绝对值相等，即 $N_{s0} = T_{s0} = 2f_y A_s$，分别对应图 9-6（b）中 A 点和 D 点；当轴力为零时（对应混凝土受压区高度 $x = 0.5h$），纯钢筋部分的受弯承载力达到最大，$M_{s0} = f_y A_s (h-2a)$，对应图 9-6（b）中 B 点。在偏心受压和偏心受拉范围，钢筋应力随轴力 N_s 变化呈线性变化，即 $N_s - M_s$ 相关关系为线性（见图 9-6b），即

$$\frac{|N_s|}{N_{s0}} + \frac{M_s}{M_{s0}} = 1 \qquad (9-12)$$

钢筋混凝土正截面承载力的 $N_u - M_u$ 相关关系，可认为是（9-10）式混凝土部分 $N_c - M_c$ 相关关系和（9-12）式钢筋部分 $N_s - M_s$ 相关关系的叠加。轴心受压承载力的叠加结果为：

$$N_0 = N_{c0} + N_{s0} = f_c bh + 2f_y A_s \qquad (9-13)$$

与轴心受压短柱承载力公式一致，由此得到图 9-6（c）中的 A 点。轴心受拉承载力的叠加结果为：

$$T_0 = T_{s0} = 2f_y A_s \qquad (9-14)$$

仅钢筋承受拉力，与轴心受拉构件承载力公式一致，由此得到图 9-6（c）中的 D 点。

注意到钢筋轴力 N_s 为零时对应受压区高度 $x = 0.5h$，与混凝土部分最大弯矩时的受压区高度一致，故两部分的最大弯矩点应相互叠加，故钢筋混凝土截面的最大弯矩点（图 9-6c 中 B 点）的弯矩及相应轴力为

$$\begin{cases} M_b = M_{cb} + M_{s0} = 0.125 f_c bh^2 + f_y A_s (h-2a) & (9\text{-}15a) \\ N_b = N_{cb} = 0.5 f_c bh & (9\text{-}15b) \end{cases}$$

对于对称配筋截面，当取等效矩形图形系数 $\alpha=1.0$ 时，由第 8 章的大偏心受压承载力计算公式取受压区高度 $x=0.5h$，按式（8-13）求得的钢筋混凝土最大弯矩及其相应的轴力与上式结果一致。

图 9-6 (c) 钢筋混凝土截面的 AB 段曲线，应由图 9-6 (a) 的混凝土部分 AB 段曲线与图 9-6 (b) 的钢筋部分 AB 段直线叠加，注意该段曲线混凝土部分和钢筋部分均受压，为小偏心受压；图 9-6 (c) 的钢筋混凝土截面的 BD 段曲线，应由图 9-6 (a) 的混凝土部分 BD 段曲线与图 9-6 (b) 的钢筋部分 BD 段直线叠加，注意该段曲线混凝土部分受压，而钢筋部分受拉，受纯弯情况的 C 点为图 9-6 (c) BD 段曲线中的一特定点，钢筋拉力与受压区混凝土压力的绝对值刚好相等；钢筋部分拉力大于混凝土部分压力时为偏心受拉；钢筋部分拉力小于混凝土部分压力时为大偏心受压。

上述叠加方法所得到的钢筋混凝土构件正截面承载力 $N_u - M_u$ 相关关系曲线与基于平截面假定正截面计算理论得到结果基本一致。该方法属于塑性理论的下限解，计算结果偏于安全，在截面复杂配筋情况时应用较为简便。本书下册中的钢骨混凝土构件的正截面承载力计算就是采用这种方法；截面腹部截面腹部均匀配置纵向钢筋的矩形、T 形或 I 形截面的正截面承载力计算也可以采用这种方法。

9.4 受拉构件的斜截面受剪承载力

轴向拉力 N 的存在，将使斜裂缝提前出现，在小偏心受拉情况下甚至形成贯通全截面的斜裂缝，使斜截面受剪承载力降低。受剪承载力的降低与轴向拉力 N 近乎成正比。根据大量试验研究结果，《规范》规定，矩形截面偏心受拉构件的受剪承载力按以下公式计算：

$$V \leqslant \frac{1.75}{\lambda+1.0} f_t bh_0 + 1.0 f_{yv} \frac{A_{sv}}{s} h_0 - 0.2N \qquad (9\text{-}16)$$

式中，N 为与剪力设计值 V 相应的轴向拉力设计值；剪跨比 λ 的取值与偏心受压构件相同。当上式右边的计算值小于 $1.0 f_{yv} \frac{A_{sv}}{s} h_0$ 时，即斜裂缝贯通全截面，此时剪力全部由箍筋承担，受剪承载力应取 $1.0 f_{yv} \frac{A_{sv}}{s} h_0$，为防止斜拉破坏，《规范》规定，此时 $1.0 f_{yv} \frac{A_{sv}}{s} h_0$ 的值不得小于 $0.36 f_t bh_0$。

思 考 题

9-1 大、小偏心受拉的界限是如何划分的？试写出对称配筋矩形截面大、小偏心受拉界限时的轴力 N_u 和弯矩 M_u。

9-2 试说明为什么对称配筋矩形截面偏心受拉构件：（1）在小偏心受拉情况下，A'_s 不可能达到 f_y；（2）在大偏心受拉情况下，A'_s 不可能达到 f'_y，也不可能出现 $\xi > \xi_b$ 的情况。

9-3 试写出偏心受拉构件设计计算框图，并编制计算程序。

9-4 在承受弯矩相同的情况下，试比较不对称配筋矩形截面分别在受弯、大偏心受压和大偏心受拉时的总配筋量。

9-5 从轴心受压到受弯、再到轴心受拉的正截面承载力 $N_u - M_u$ 相关关系全曲线有何特征？有哪些特征点？各特征点的承载力如何计算？试编写程序计算正截面承载力 $N_u - M_u$ 相关关系全曲线。

9-6 轴向拉力对受剪承载力有何影响？当斜裂缝贯通全截面时，如何计算受剪承载力？

习 题

9-1 矩形截面偏心受拉构件，$b = 300\text{mm}$，$h = 400\text{mm}$，承受轴向拉力设计值 $N = 550\text{kN}$，弯矩设计值 $M = 50\text{kN} \cdot \text{m}$。采用C20级混凝土，HRB335级钢筋，计算截面配筋。

9-2 已知矩形截面，$b = 300\text{mm}$，$h = 400\text{mm}$，对称配筋 $A_s = A'_s = 3 \Phi 20$。承受弯矩 $M = 80\text{kN} \cdot \text{m}$，试确定该截面所能承受的最大轴向拉力和最大轴向压力（不考虑附加偏心距和偏心距增大系数）。

第10章 受扭构件

10.1 概述

结构构件的受扭也是一种基本受力形式。工程结构中的钢筋混凝土构件的受扭有两类情况：平衡扭转和约束扭转。若构件中的扭矩可以直接由荷载静力平衡方程求出，与构件刚度无关，称为**平衡扭转**（equilibrium torsion），如图 10-1 所示支承悬臂板的 AB 梁和偏心荷载作用下的吊车梁。另一类是在超静定结构中，扭矩是由相邻构件的弯曲变形受到约束而产生的，扭矩大小与受扭构件的抗扭刚度和相邻构件抗弯刚度比有关，称为**协调扭转**（compatibility torsion），如图 10-2（a）楼盖边梁中的扭矩和图 10-2（b）中 CD 梁的扭矩❶

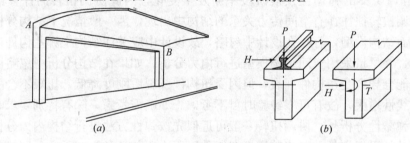

图 10-1 平衡扭转构件
(a) 支承悬臂板的 AB 梁；(b) 吊车梁

对于平衡扭转，受扭构件必须提供足够的抗扭承载力，否则将因不能承受扭矩作用而引起构件产生扭曲破坏。

图 10-2（b）的 CD 梁为协调扭转，其所受的扭矩 T 等于 AB 梁 A 端的嵌固弯矩 M_A，而嵌固弯矩 M_A 的大小又与 CD 梁的抗扭刚度有关，因此需通过 CD 梁和 AB 梁在 A 点的转动变形协调条件确定。由本章后面受扭构件的受力性能可知，CD 梁的抗扭刚度与其所受扭矩大小有关，扭矩越大，抗扭刚度越小，反过来又会使得 CD 梁所受的扭矩减小。协调扭转涉及超静定结构的内力分析，CD 梁的扭矩大小与 AB 梁抗弯刚度和 CD 梁抗扭刚度的比值有关，该比值随着

---

❶ 图 10-2（a）楼盖边梁和图 10-2（b）中 CD 梁为弯-剪-扭构件。

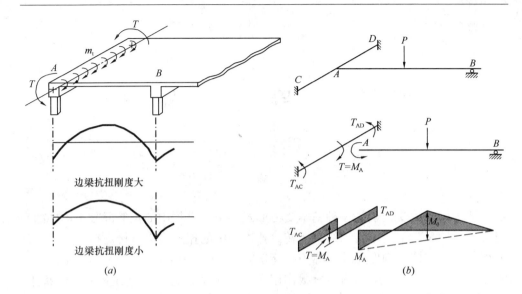

图 10-2 约束扭转构件
(a) 楼盖边梁的受扭；(b) CD 梁协调扭矩与 AB 梁弯矩

CD 梁和 AB 梁的弹塑性发展阶段不断发生变化，因此协调扭转的计算比较复杂。协调扭转往往在有空间传力关系的结构中出现，因一般情况下结构分析通常采用平面结构模型，容易在设计中忽略，故设计中应关注结构中哪些构件存在协调扭转，并尽量采用空间结构模型进行内力分析。如果在结构分析中忽略协调扭转，可能会导致受扭构件开裂，但因受扭构件开裂后刚度降低，扭矩不会随变形增大而线性增大，故有可靠经验时可不考虑。如确需考虑，除有特别要求时按空间结构弹塑性分析外，协调扭转一般可近似先按弹性方法进行结构内力分析，对协调扭转的受扭构件，可将其弹性扭矩乘以不小于 0.6 的折减系数，同时与受扭构件相连的受弯构件端部弯矩按与折减后扭矩的平衡条件确定。

此外，工程结构中常见的受扭构件还有楼梯梁、曲线梁、螺旋楼梯板等。

实际结构中很少有扭矩单独作用的情况，大多为受弯矩、剪力、扭矩同时作用，有时还有轴向力同时作用，如弯-剪-扭构件、或压-弯-剪-扭构件、或拉-弯-剪-扭构件。图 10-1 和图 10-2 中的受扭构件都是弯-剪-扭复合受力构件。图 10-3 为汶川地震中楼梯梁的弯-剪-扭破坏照片。本章首先介绍纯扭构件的承载力计算及有关配筋构造要求，然后介绍复合受力构件的承载力计算。

工程中受扭构件常用的截面形式有矩形、T 形和工形、箱形，见图 10-4，图中符号：h_w 为截面的腹板高度，对矩形截面，取有效

图 10-3 汶川地震中楼梯梁的破坏

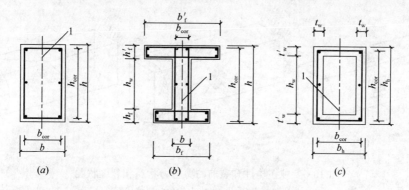

图 10-4 受扭构件截面
(a) 矩形截面；(b) T形、I形截面；(c) 箱形截面（$t_w \leqslant t'_w$）
1—弯矩、剪力作用平面

高度 h_0；对 T 形截面，取有效高度 h_0 减去翼缘高度；对 I 形和箱形截面，取腹板净高；t_w 为箱形截面壁厚，其值不应小于 $b_h/7$，其中 b_h 为箱形截面的宽度。

10.2 开裂扭矩

10.2.1 开裂前的应力状态

对于钢筋混凝土纯扭构件，扭矩较小时，截面应力分布与弹性扭转理论基本一致。由于开裂前钢筋应力很小，分析时可忽略钢筋的影响。图 10-5（a）和图 10-6（a）为矩形截面纯扭构件的弹性应力分布，最大剪应力 τ_{max} 在截面长边中点。根据矩形截面弹性扭转应力分析，τ_{max} 为：

$$\tau_{max} = \frac{T}{\alpha b^2 h} = \frac{T}{W_{te}} \tag{10-1}$$

式中 W_{te}——$\alpha b^2 h$ 为截面受扭弹性抵抗矩；
b——截面短边；
h——截面长边；
α——截面形状系数，当 $h/b=1.0$ 时，$\alpha=0.2$；当 $h/b=\infty$ 时，$\alpha=0.33$；一般情况，α 在 0.25 左右。

由材料力学可知，剪应力 τ_{max} 在构件侧面产生与剪应力呈 45°的主拉应力 σ_{tp} 和主压应力 σ_{cp}（图 10-5b），其数值与剪应力 τ_{max} 相等，即 $\sigma_{tp} = \sigma_{cp} = \tau_{max}$。在扭矩作用下，截面上的剪应力成环状分布，因此纯扭构件的主拉应力和主压应力迹线沿构件表面成螺旋形。当主拉应力 σ_{tp} 达到混凝土的抗拉强度 f_t 时，在构件的某个薄弱部位形成裂缝，裂缝沿主压应力迹线迅速发展延伸（见图 10-5c）。如果是素混凝土构件，则裂缝一旦出现，就会迅速导致构件破坏，破坏面呈一空间扭曲裂面。

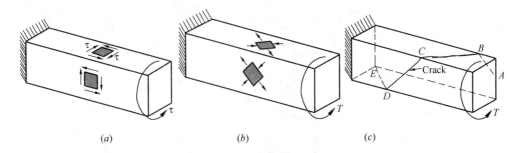

图 10-5 纯扭构件开裂前的剪应力状态和裂缝状况
(a) 剪应力；(b) 主应力；(c) 裂缝状况

10.2.2 矩形截面的开裂扭矩

按弹性理论，当截面最大主拉应力 $\sigma_{tp} = \tau_{max}$ 达到混凝土抗拉强度 f_t 时（图 10-6a），将出现裂缝，此时的扭矩为开裂扭矩 $T_{cr,e}$，即

$$T_{cr,e} = f_t W_{te} \qquad (10\text{-}2)$$

对于理想弹塑性材料，截面上某一点达到屈服强度时并不立即破坏，而是保持屈服强度继续变形，扭矩仍可继续增加，直到截面上各点剪应力均达到剪切屈服强度，构件才达到极限受扭承载力。此时截面上的剪应力分布如图 10-6（b）所示，分为四个区，若取屈服剪应力 $\tau_y = f_t$，分别计算各区合力及其对截面形心（扭心）的力偶之和，可求得塑性极限扭矩为

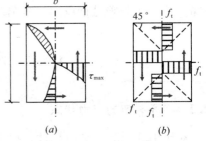

图 10-6 受扭截面的剪应力分布
(a) 弹性剪应力分布；(b) 塑性剪应力分布

$$T_{cr,p} = f_t \frac{b^2}{6}(3h-b) = f_t W_t \qquad (10\text{-}3a)$$

$$W_t = \frac{b^2}{6}(3h-b) \qquad (10\text{-}3b)$$

式中 W_t——截面受扭塑性抵抗矩。

由于混凝土既非理想弹性材料，也非理想塑性材料，而是介于两者之间的弹塑性材料，达到开裂极限状态时截面应力分布介于图 10-6（a）的弹性应力分布和图 10-6（b）的理想弹塑性应力分布之间，因此开裂扭矩也介于 $T_{cr,e}$ 和 $T_{cr,p}$ 之间。由于弹性扭矩 $T_{cr,e}$ 的计算公式较为复杂，为简便实用起见，开裂扭矩 T_{cr} 按式（10-3a）的塑性极限扭矩计算，并引入折减系数以考虑非理想塑性剪应力分布的影响。根据实验研究结果，折减系数在 0.87～0.97 之间，《规范》偏于安全的取 0.7，即开裂扭矩的计算公式为

$$T_{cr} = 0.7 f_t W_t \qquad (10\text{-}4)$$

10.2.3 箱形截面、T形及工形截面的受扭塑性抵抗矩

由于矩形截面在扭矩作用下，截面中部的剪应力较小，为节省材料、减轻自重，可挖去中部的材料，形成箱形截面，如图 10-7 所示。对于封闭箱形截面，其受扭承载力与同样尺寸的矩形实心截面基本相同。因此，实际工程中，当截面尺寸较大时，往往采用箱形截面。为避免箱形截面的壁厚过薄对箱壁板的受力产生不利影响，《规范》规定箱形截面壁厚 t_w 不应小于 $b_h/7$，且 $h_w/t_w \leqslant 6$。

图 10-7 所示箱形截面的塑性抵抗矩 W_t 可取实心矩形截面与内部空心矩形截面抵抗矩之差，即

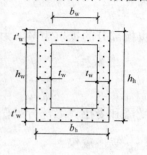

图 10-7 箱形截面

$$W_t = \frac{b_h^2}{6}(3h_h - b_h) - \frac{b_w^2}{6}(3h_w - b_w) \quad (10\text{-}5a)$$

或

$$W_t = \frac{b_h^2}{6}(3h_h - b_h) - \frac{(b_h - 2t_w)^2}{6}[3h_w - (b_h - 2t_w)] \quad (10\text{-}5b)$$

式中 b_h、h_h——分别为箱形截面的宽度和高度；

b_w、h_w——分别为孔洞的宽度和高度；

t_w——箱形截面的壁厚，其值不应小于 $b_h/7$。

实际工程中的受扭构件也常有 T 形和工形截面等带翼缘的构件（图 10-8）。对于 T 形和工形截面受扭，其腹板 bh 部分是抗扭主体，而参与腹板抗扭的有效翼缘宽度一般不超过翼缘厚度 h_f 的 3 倍。故《规范》规定：T 形和工形截面受扭构件承载力计算时，取用的翼缘宽度应符合 $b_f \leqslant b + 6h_f$ 及 $b_f' \leqslant b + 6h_f'$，且 $h_w/b \leqslant 6$；这里 h_w 为截面的腹板高度，对矩形截面，取有效高度 h_0；对 T 形截面，取有效高度减去翼缘高度；对 I 形和箱形截面，取腹板净高。

对于带翼缘截面的受扭塑性抵抗矩 W_t，可按处于全塑性状态时的截面剪应力分布情况，采用分块方法进行计算（见图 10-9a）。为简化计算，也可按图 10-9 (b)

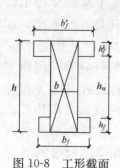

图 10-8 工形截面

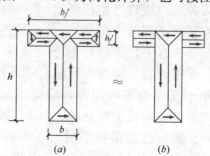

图 10-9 T 形截面塑性抵抗矩的近似计算
(a) 剪应力分布分区；(b) 简化剪应力分布分区

划分为腹板部分和翼缘部分，截面总塑性抵抗矩 W_t 可由腹板部分和翼缘部分的 W_t 叠加得到，即

$$W_t = W_{tw} + W'_{tf} + W_{tf} \tag{10-6}$$

腹板部分的抵抗矩 W_{tw} 为：

$$W_{tw} = \frac{b^2}{6}(3h-b) \tag{10-7}$$

受压和受拉翼缘部分的塑性抵抗矩 W'_{tf} 和 W_{tf} 可近似按下式计算：

受压翼缘 $$W'_{tf} = \frac{h'^2_f}{2}(b'_f - b) \tag{10-8a}$$

受拉翼缘 $$W_{tf} = \frac{h^2_f}{2}(b_f - b) \tag{10-8b}$$

由于远离腹板的翼缘参与截面受扭程度很小，计算时取用的翼缘宽度 b'_f 和 b_f 尚应分别不大于 $b+6h'_f$ 及不大于 $b+6h_f$。

10.3 矩形截面纯扭构件的承载力计算

10.3.1 开裂后的受力性能

由图 10-5（b）纯扭构件的主拉应力方向可知，纯扭构件最有效的配筋形式应是沿主拉应力迹线成螺旋形布置。但因螺旋形配筋施工复杂，且不能适应变号扭矩的作用。因此，实际受扭构件采用**封闭箍筋**与**抗扭纵筋**共同形成的空间配筋骨架。

图 10-10（a）所示为钢筋混凝土矩形截面受纯扭构件的扭矩 T－扭率 θ 的关系（扭率 θ 为沿构件轴向单位长度的扭转角）。扭矩较小时，$T-\theta$ 关系基本呈直线关系，达到开裂扭矩 T_{cr} 后，由于部分混凝土退出受拉工作，构件的抗扭刚度明显降低，在 $T-\theta$ 关系曲线上出现一不大的水平段，水平段的大小与配筋率有关，配筋率越小，水平段越大。对于配筋适量的受扭构件，开裂后受扭钢筋（箍筋＋纵筋）将承担扭矩产生的拉应力，扭矩可以继续增大，$T-\theta$ 关系沿斜线上升，裂缝不断向构件内部和沿主压应力迹线发展延伸，构件表面裂缝呈螺旋状，图 10-10（b）为矩形截面受扭构件的裂缝状况展开图。当接近极限扭矩时，在构件长边上有一条裂缝发展成为临界（斜）裂缝，并向短边延伸，与这条空间（斜）裂缝相交的箍筋和纵筋达到屈服，$T-\theta$ 关系曲线趋于水平。最后在另一侧长边上的混凝土受压破坏（见图 10-11），达到极限扭矩 T_u。

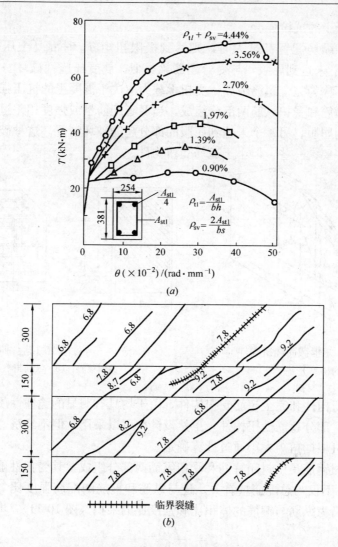

图 10-10 矩形截面纯扭构件的受扭性能和裂缝形态
（a）$T-\theta$ 关系；（b）裂缝状况展开图

10.3.2 破坏特征

根据配筋率的大小，受扭构件的破坏形态也可分为适筋破坏、少筋破坏和超筋破坏。

当箍筋和纵筋配置都合适时，与临界（斜）裂缝相交的钢筋（箍筋和纵筋）都能先达到屈服，然后受压侧混凝土压坏，与受弯双筋梁的破坏类似，具有一定的延性。破坏时的极限扭矩 T_u 与配筋量有关。

当配筋量过少时，配筋不足以承担混凝土开裂后释放的拉应力，一旦开裂，将导致扭转角 θ 迅速增大，与受弯少筋梁类似，呈受拉脆性破坏特征，受扭承载力取决于混凝土的抗拉强度。

当箍筋和纵筋配置都过大时，则达到极限扭矩 T_u 时混凝土压坏、而钢筋（箍筋和纵筋）未达到屈服，与受弯超筋梁类似，属受压脆性破坏。受扭构件的这种超筋破坏称为完全超筋破坏，受扭承载力取决于混凝土的抗压强度。由于受扭钢筋是由箍筋和受扭纵筋两部分组成，当两者配筋量或强度相差过大时，还会出现一个达到屈服、另一个未达到屈服的部分超筋破坏情况。这种破坏的延性比完全超筋破坏要大一些，但小于适筋受扭构件。

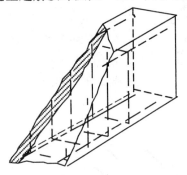
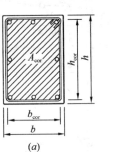

图 10-11 矩形截面纯扭构件的破坏形态

图 10-12 (a) 截面核心；(b) 纵筋与箍筋体积比

少筋受扭构件和完全超筋受扭构件，由于均具有明显的脆性性质，在设计中不容许采用。部分超筋受扭构件，虽然设计中可以采用，但不经济。适筋受扭构件的配筋量可根据扭矩大小通过计算确定。

由于受扭钢筋是由封闭箍筋和受扭纵筋两部分组成，其受扭性能及其极限受扭承载力 T_u 不仅与总配筋量有关，还与纵筋和箍筋的配筋强度比 ζ 有关。配筋强度比 ζ 定义为纵筋与箍筋的体积比和强度比的乘积（图 10-11），即

$$\zeta = \frac{f_y A_{stl} \cdot s}{f_{yv} A_{st1} \cdot u_{cor}} \tag{10-9}$$

式中 A_{stl}——沿截面周边对称布置的全部受扭纵筋截面面积；

A_{st1}——沿截面周边配置的箍筋单肢截面面积；

f_y——纵筋的抗拉强度设计值；

f_{yv}——受扭箍筋的抗拉强度设计值；

u_{cor}——截面核心部分的周长，$u_{cor}=2(b_{cor}+h_{cor})$；

b_{cor} 和 h_{cor}——分别为从箍筋内表面范围内截面核心部分的短边和长边尺寸（见图 10-12a）。

试验研究表明，当 $0.5 \leqslant \zeta \leqslant 2.0$，受扭构件达到极限扭矩 T_u 时纵筋和箍筋基本上都能达到各自的屈服强度。但由于配筋量的差别，屈服次序有先后，当 ζ 接近 1.2 时为最佳值。为保证受扭纵筋和箍筋在达到极限扭矩 T_u 时均能达到各

自的屈服强度设计值,《规范》规定,ζ值不应小于 0.6,当 ζ 大于 1.7 时,取 1.7。设计中通常取 ζ=1.0～1.2。对于不对称配置纵向钢筋的情况,在计算中只取对称布置的纵向钢筋截面面积。

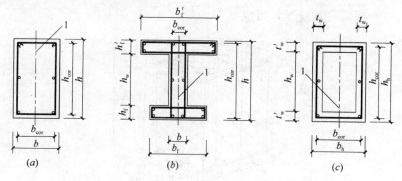

图 10-13 受扭构件截面
(a) 矩形截面;(b) T 形、I 形截面;(c) 箱形截面 ($t_w \leqslant t'_w$)
1—弯矩、剪力作用平面

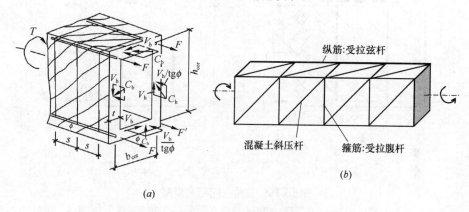

图 10-14 箱形截面受扭的空间桁架模型
(a) 箱形截面受扭极限状态;(b) 空间桁架受扭

10.3.3 极限扭矩分析——变角空间桁架模型

对比试验研究表明,在其他参数均相同的情况下,钢筋混凝土实心截面与空心截面构件的极限受扭承载力基本相同。这是由于截面中心部分混凝土的剪应力较小,且距截面中心的距离也较小,故可偏于安全地将截面中心部分混凝土的抗扭能力忽略,按箱形截面构件来考虑。

图 10-14 (a) 所示的开裂后矩形箱形截面受扭构件,其受力可比拟成图 10-14 (b) 的空间桁架模型:纵筋为受拉弦杆、箍筋为受拉腹杆、斜裂缝间的混凝土为斜压腹杆。设图 10-15 矩形箱形截面受扭构件达到极限扭矩 T_u 时,混凝土

斜压杆与构件轴线的夹角为 ϕ，斜压杆的压应力为 σ_c，则由图 10-15 (b)，箱形截面长边板壁混凝土斜压杆压应力的合力为

$$C_h = \sigma_c \cdot h_{cor} \cdot t_w \cdot \cos\phi \tag{10-10}$$

式中 t_w——板壁有效壁厚，可取 $0.4b$。

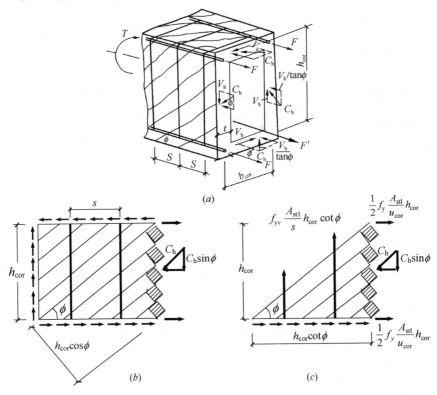

图 10-15 变角空间桁架模型
(a) 箱形截面的受扭；(b) 箱形板壁受力分析；(c) 箱表板壁受力平衡

同样，短边板壁混凝土斜压杆压应力的合力为

$$C_b = \sigma_c \cdot b_{cor} \cdot t_w \cdot \cos\phi \tag{10-11}$$

C_h 和 C_b 分别沿板壁方向的分力为

$$\begin{cases} V_h = C_h \sin\phi \\ V_b = C_b \sin\phi \end{cases} \tag{10-12}$$

V_h 和 V_b 对构件轴线取矩，即可得箱形截面的受扭承载力为

$$T_u = V_h b_{cor} + V_b h_{cor} \tag{10-13}$$

将 V_h 和 V_b 代入上式，可得

$$T_u = 2\sigma_c \cdot t_w \cdot A_{cor} \sin\phi\cos\phi \tag{10-14}$$

式中 A_{cor}——截面核心部分的面积，取 $h_{cor}b_{cor}$，见图 10-12 (a)。

斜压杆倾斜角 ϕ 与纵筋和箍筋的配筋强度比 ζ 有关。取图 10-15 (c) 长边板

壁分析，设箍筋和纵筋均分别达到各自的屈服强度 f_{yv} 和 f_y，则由 C_h 的竖向分力与箍筋的受力平衡可得

$$C_h \sin\phi = f_{yv} \frac{A_{st1}}{s} h_{cor} \cot\phi \qquad (10\text{-}15)$$

由 C_h 的水平分力与纵筋的受力平衡可得

$$C_h \cos\phi = f_y \frac{A_{stl}}{u_{cor}} h_{cor} \qquad (10\text{-}16)$$

由以上两式消去 C_h 和 h_{cor} 可得

$$\cot^2\phi = \frac{A_{stl}/u_{cor}}{A_{st1}/s} \cdot \frac{f_y}{f_{yv}} = \zeta \qquad (10\text{-}17)$$

将式（10-10）代入式（10-15），得

$$\sigma_c \cdot t \cdot \cos\phi\sin\phi = f_{yv} \frac{A_{st1}}{s} \cot\phi \qquad (10\text{-}18)$$

再将上式结果和 $\cot\phi = \sqrt{\zeta}$ 代入式（10-14），得

$$T_u = 2\sqrt{\zeta} \cdot \frac{f_{yv} A_{st1}}{s} \cdot A_{cor} \qquad (10\text{-}19)$$

由式（10-17）可知，混凝土斜压杆角度 ϕ 取决于纵筋与箍筋的配筋强度比 ζ。当 $\zeta = 1.0$ 时，斜压杆角度等于 $45°$，而随着配筋强度比 ζ 的变化，斜压杆角度也随之发生变化，故按上述方法得到的箱形截面受扭承载力分析模型称为变角空间桁架模型。试验研究表明，斜压杆角度在 $30° \sim 60°$ 之间。

如果纵筋与箍筋的配筋过多，混凝土斜压杆压应力 σ_c 达到斜向抗压强度 νf_c 时，钢筋仍未达到屈服，即产生超筋破坏，此时的极限扭矩 T_u 将取决于混凝土抗压强度，即式（10-14）成为

$$T_u = 2\nu f_c \cdot t \cdot A_{cor} \sin\phi\cos\phi \qquad (10\text{-}20)$$

此式为受扭承载力的上限。

10.3.4 矩形截面纯扭构件的承载力计算

图 10-16 所示为矩形截面纯扭构件的试验结果，可见由试验研究结果统计得到的 $\dfrac{T_u}{f_t W_t}$ 与 $\sqrt{\zeta} \dfrac{f_{yv} A_{st1}}{s} \cdot \dfrac{A_{cor}}{f_t W_t}$ 关系在 $\dfrac{T_u}{f_t W_t}$ 轴上有一截距，并不像变角空间桁架模型分析得到式（10-19）交于原点。这是因为核心混凝土部分还承受一定的扭矩，且斜裂缝间混凝土骨料咬合作用也提供一定的抗扭能力，故当受扭钢筋配筋率趋于零时，即 $\sqrt{\zeta} \dfrac{f_{yv} A_{st1}}{s} \cdot \dfrac{A_{cor}}{f_t W_t}$ 趋于零时，截面仍有一定的受扭承载力。

另一方面，$\dfrac{T}{f_t W_t}$ 与 $\sqrt{\zeta} \dfrac{f_{yv} A_{st1}}{s} \cdot \dfrac{A_{cor}}{f_t W_t}$ 关系的斜率也小于变角空间桁架模型分析得到的式（10-19）中的系数 2，这是由于与斜裂缝相交的钢筋不可能全部达

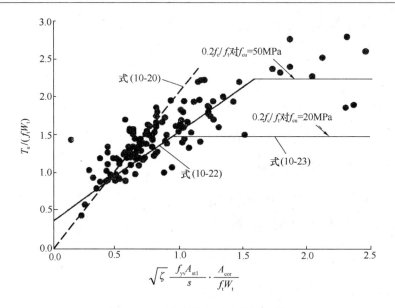

图 10-16 计算值与试验值的比较

到屈服,与变角空间桁架模型中受扭钢筋均达到屈服的假定存在差别。

基于变角空间桁架模型分析,并结合试验结果和考虑计算公式的可靠性要求后,《规范》给出矩形截面纯扭构件的承载力设计计算公式如下:

$$T \leqslant 0.35 f_t W_t + 1.2\sqrt{\zeta} \cdot \frac{f_{yv} A_{st1}}{s} \cdot A_{cor} \tag{10-21}$$

式中,纵筋与箍筋的配筋强度比 ζ 值应符合 $0.6 \leqslant \zeta \leqslant 1.7$ 的要求,当 $\zeta < 0.6$ 时,应改变纵筋与箍筋的比例来提高 ζ 值(增加纵筋或减小箍筋);当 $\zeta > 1.7$ 时,取 $\zeta = 1.7$。

与梁的受弯和受剪承载力计算类似,为避免配筋过多产生超筋脆性破坏,根据试验结果和式(10-21)的分析,《规范》规定受扭截面应满足以下限制条件:

当 h_w/b(或 h_w/t_w)不大于 4 时: $T \leqslant 0.2\beta_c f_c W_t$ (10-22a)

当 h_w/b(或 h_w/t_w)等于 6 时: $T \leqslant 0.16\beta_c f_c W_t$ (10-22b)

当 $4 < h_w/b$(或 h_w/t_w)< 6 时,按线性内插法确定。

式中 β_c——高强混凝土的强度折减系数,取值与受剪截面限值条件式(6-20)相同。

为防止少筋脆性破坏,受扭箍筋和受扭纵筋应满足以下最小配筋率的要求,当 $T/(Vb) > 2.0$ 时,取 $T/(Vb) = 2.0$,则

受扭箍筋配筋率

$$\rho_{st} = \frac{2A_{st1}}{bs} \geqslant \rho_{st,min} = 0.28\frac{f_t}{f_{yv}} \tag{10-23}$$

受扭纵筋配筋率

$$\rho_{tl} = \frac{A_{stl}}{bh} \geqslant \rho_{tl,min} = 0.6\sqrt{\frac{T}{Vb}}\frac{f_t}{f_y} \tag{10-24}$$

式中 b——受剪的截面宽度,对箱形截面构件,b 用 b_h 代替;

A_{stl}——沿截面周边布置的受扭纵向钢筋总截面面积。

受扭纵筋应沿截面周边布置，间距不应大于 200mm 及梁截面短边长度；除应在梁截面四角设置受扭纵筋外，其余受扭纵筋宜沿截面周边均匀对称布置，且受扭纵筋应按受拉钢筋锚固在支座内。

当扭矩小于开裂扭矩时，即满足以下条件时：

$$T \leqslant 0.7 f_t W_t \tag{10-25}$$

可按上述箍筋和纵筋的最小配筋率规定、箍筋最大间距（表 6-1）和《规范》规定的箍筋最小直径要求配置受扭箍筋和纵筋。《规范》关于箍筋最小直径规定为：截面高度大于 800mm，箍筋直径不宜小于 8mm；对截面高度不大于 800mm，箍筋直径不宜小于 6mm。当配有计算需要的纵向受压钢筋时，箍筋直径尚不应小于 $0.25d$，d 为受压钢筋最大直径。

【例题 10-1】 已知受扭构件截面尺寸 $b=300$mm，$h=500$mm，混凝土采用 C25 级，环境类别二 a，纵筋采用 HRB335 级筋，箍筋采用 HPB300 级钢筋，扭矩设计值 $T=20$kN·m。求所需配置的箍筋和纵筋。

【解】

根据附表 2-8，取钢筋保护层厚度 $c=25$mm，箍筋直径取 8mm。

$$b_{cor}=300-2\times(8+25)=234\text{mm},$$

$$h_{cor}=500-2\times(8+25)=434\text{mm}$$

$$A_{cor}=b_{cor}h_{cor}=101556\text{mm}^2$$

$$u_{cor}=2(b_{cor}+h_{cor})=1336\text{mm}$$

材料强度：$f_c=11.9$N/mm^2，$f_t=1.27$N/mm^2，$f_y=300$N/mm^2，$f_{yv}=210$N/mm^2

(1) 验算截面尺寸

$$W_t=\frac{b^2}{6}(3h-b)=\frac{300^2}{6}(3\times500-300)=18\times10^6\text{ mm}^3$$

$$\frac{T}{W_t}=\frac{20\times10^6}{18\times10^6}=1.111 \begin{array}{l} <0.2\beta_c f_c=0.2\times11.9=2.38 \\ >0.7f_t=0.7\times1.27=0.889 \end{array}$$

截面可用，按计算配筋。

(2) 计算箍筋

取 $\zeta=1.0$，则：

$$\frac{A_{st1}}{s}=\frac{T-0.35f_t W_t}{1.2\sqrt{\zeta}f_{yv}A_{cor}}=\frac{20\times10^6-0.35\times1.27\times18\times10^6}{1.2\times210\times101556}=0.468$$

选用 $\phi 8$ 箍筋 $A_{st1}=50.3$mm^2

$$s = \frac{50.3}{0.423} = 107.5 \text{mm}, \text{ 取 } s = 110 \text{mm}$$

验算配箍筋率

$$\rho_{sv} = \frac{2A_{stl}}{bs} = \frac{2 \times 50.3}{300 \times 110} = 0.3\% > \rho_{sv,min} = 0.28 \frac{f_t}{f_{yv}} = 0.28 \times \frac{1.27}{210} = 0.169\%$$

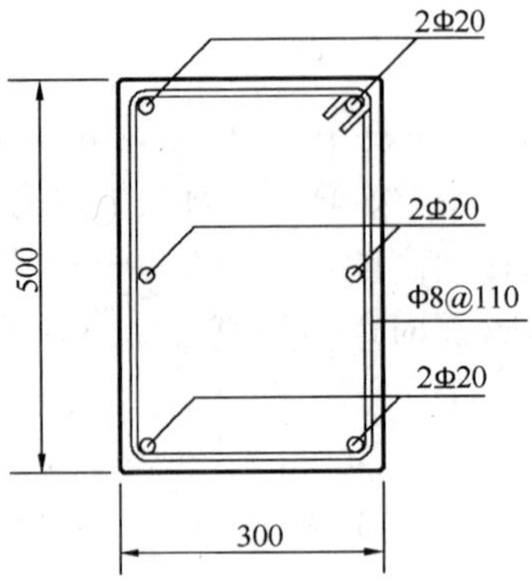

可以。

(3) 计算纵筋

$$A_{stl} = \zeta \frac{A_{st1}}{s} \cdot \frac{f_{yv}}{f_y} u_{cor}$$

$$= 1.0 \times \frac{50.3}{110} \times \frac{210}{300} \times 1336 = 428 \text{mm}^2$$

$$\rho_{tl} = \frac{A_{stl}}{bh} = \frac{428}{300 \times 500} = 0.285\% \leqslant \rho_{tl,min}$$

$$= 0.85 \frac{f_t}{f_y} = 0.85 \times \frac{1.27}{300} = 3.6\%$$

故按最小配筋率要求，取 $A_{stl} = \rho_{tl,min} bh = 0.0036 \times 300 \times 500 = 540 \text{mm}^2$，选 $6\Phi 12 = 678 \text{mm}^2$。截面配筋见图 10-17。

图 10-17 [例题 10-1] 图

10.4 箱形截面、T形与工形截面纯扭构件的承载力计算

10.4.1 箱形截面

由上述变角空间桁架模型知，矩形截面的受扭承载力与箱形截面基本一致，等效壁厚 t_{ew} 为 $0.4b$。对于箱形截面，考虑到实际壁厚 t_w 小于实心截面等效壁厚 $t_{ew} = 0.4b$ 的情况，对式（10-21）中的第一项乘以 $(2.5t_w/b_h)$ 的折减系数，即有

$$T_u = 0.35 f_t \left(\frac{2.5 t_w}{b_h}\right) W_t + 1.2\sqrt{\zeta} \cdot \frac{f_{yv} A_{stl}}{s} \cdot A_{cor} \quad (10\text{-}26)$$

同样，式中的 ζ 值应符合 $0.6 \leqslant \zeta \leqslant 1.7$ 的要求，当 $\zeta < 0.6$ 时，应改变纵筋和箍筋的配筋来提高 ζ 值（增加纵筋或减小箍筋）；当 $\zeta > 1.7$ 时，取 $\zeta = 1.7$。当 $(2.5t_w/b_h)$ 大于 1.0 时，应取 $(2.5t_w/b_h) = 1.0$；此外，为避免箱形截面壁厚 t_w 过小导致箱壁可能发生屈曲失稳，《规范》规定箱形截面壁厚 t_w 不应小于 $b_h/7$；箱形截面的核心面积 A_{cor} 与实心截面相同，取 $A_{cor} = b_{cor} h_{cor}$（见图 10-18）。

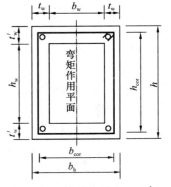

图 10-18 箱形截面（$t_w \leqslant t'_w$）

10.4.2 T形和工形截面

对于带翼缘的T形和工形截面纯扭构件（图10-19），可将其截面划分为几个矩形截面，分别按前述矩形截面进行受扭承载力计算。截面划分的原则是，先按截面总高度确定腹板截面，再划分受压翼缘或受拉翼缘（见图10-8）。然后，按各矩形截面受扭塑性抵抗矩的比例分配总扭矩设计值T，即每个矩形截面的扭矩设计值可按下式计算：

腹板 $\quad T_w = \dfrac{W_{tw}}{W_t} T \quad$ (10-27a)

受压翼缘 $\quad T'_f = \dfrac{W'_{tf}}{W_t} T \quad$ (10-27b)

受拉翼缘 $\quad T_f = \dfrac{W_{tf}}{W_t} T \quad$ (10-27c)

式中 T——带翼缘截面承受的总扭矩设计值；

T_w——腹板承受的扭矩设计值；

T'_f、T_f——分别为受压翼缘、受拉翼缘承受的扭矩设计值；

W_t——截面的总抗扭抵抗矩，$W_t = W_{tw} + W'_{tf} + W_{tf}$，其中$W_{tw}$、$W'_{tf}$、$W_{tf}$可分别按式（10-7）~式（10-8）计算。

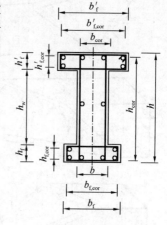

图10-19 工形截面

根据上述截面各部分分配得到扭矩设计值，各矩形部分的受扭承载力可按式（10-21）计算。

10.5 弯-剪-扭构件的承载力计算

10.5.1 矩形截面弯-剪-扭构件的破坏形式

实际工程中纯扭构件很少，大多是弯矩、剪力和扭矩共同作用的弯-剪-扭构件。弯-剪-扭构件的受力性能十分复杂。如图10-20(a)所示，扭矩T使纵筋产生拉应力，而弯矩M使梁底部受拉钢筋产生拉应力，上部纵筋产生压应力。因此，在弯矩M和扭矩T的共同作用下，梁底部纵筋的拉应力会增大，故扭矩的存

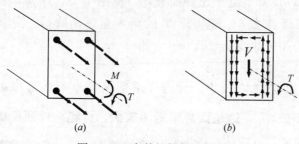

图10-20 弯剪扭构件的受力

(a) 弯、扭应力叠加；(b) 剪、扭应力叠加

在会使梁的受弯承载力降低；而扭矩 T 和剪力 V 产生的剪应力总会在构件的一个侧面上相叠加（见图 10-20b），因此其承载力总是小于剪力 V 和扭矩 T 单独作用时的承载力。

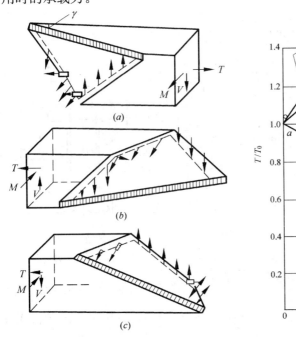

图 10-21 弯剪扭构件的破坏形态
(a) 弯型破坏；(b) 扭型破坏；(c) 剪扭型破坏

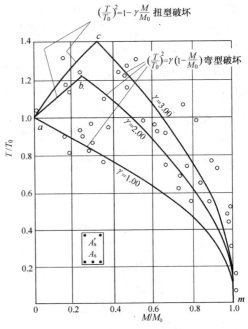

图 10-22 弯-扭相关关系

弯-剪-扭构件的破坏形态与所承受的弯矩 M、剪力 V 和扭矩 T 的比例和截面配筋情况有关，主要有三种破坏形式。

(1) 弯型破坏（图 10-21a）。

当弯矩 M 较大，剪力 V 较小，则弯矩起主导作用，裂缝首先在弯曲受拉底面出现。受扭矩 T 产生的剪应力影响，裂缝在两个侧面分别向背斜向向上发展。底部纵筋同时受弯矩 M 和扭矩 T 产生拉应力的叠加，如底部纵筋不是很多时，则破坏始于底部纵筋受拉屈服，顶部混凝土压碎而破坏（见图 10-21 (a)），承载力受底部纵筋控制，但受弯承载力 M_u 随扭矩 T 的增大而逐渐降低，见图 10-22 中弯型破坏的弯-扭承载力相关曲线 $m-a$、$m-b$ 和 $m-c$。

(2) 扭型破坏（图 10-21b）

当扭矩 T 较大，弯矩 M 和剪力 V 较小，且构件顶部纵筋小于底部纵筋 $\left(\gamma = \dfrac{f_y A_s}{f_y A_s'} > 1\right)$ 时会发生"扭型破坏"。这是因为扭矩 T 较大，引起构件顶部纵筋的拉应力较大；而弯矩 M 较小，引起构件顶部的压应力较小，因此构件顶部纵筋拉应力大于底部纵筋，构件破坏是由于顶部纵筋先达到受拉屈服，然后底部混凝土压碎（见图 10-21b），承载力由顶部纵筋所控制。由于弯矩 M 对顶部产生压应力，抵消了一部分扭矩产生的拉应力，因此弯矩的存在对受扭承载力有一定的提高，见图 10-22 中扭型破坏的扭-弯承载力相关曲线 $a-b$ 和 $a-c$。但对于顶部和底部纵筋对称布置情况，则总是构件底部纵筋先达到受拉屈服，即不会出现扭型破坏，仅会出现弯型破坏。

(3) 剪扭型破坏和扭剪型破坏（图 10-21c）。

当弯矩 M 较小，对构件的承载力不起控制作用时，构件主要在扭矩 T 和剪力 V 共同作用下产生剪扭型或扭剪型的受剪破坏。裂缝从一个长边（与剪力 V 产生的剪应力方向一致的一侧）中点开始出现，并向构件顶面和底面延伸，最后因另一侧长边混凝土压碎而达到破坏。如配筋合适，破坏时与斜裂缝相交的纵筋和箍筋可达到屈服。当扭矩 T 较大时，以受扭破坏为主；当剪力 V 较大时，以受剪破坏为主。由于扭矩 T 和剪力 V 产生的剪应力总会在构件的一个侧面上叠加，因此剪-扭构件的受剪承载力和受扭承载力总是小于剪力 V 和扭矩 T 单独作用时的受剪承载力和受扭承载力，其相关作用关系曲线接近 1/4 圆，见图 10-23。

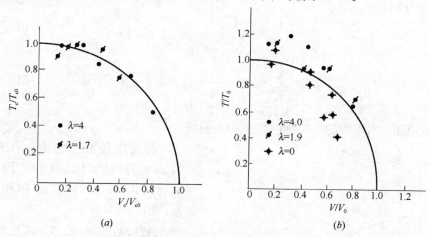

图 10-23 剪-扭相关关系
(a) 无腹筋构件；(b) 有腹筋构件

10.5.2 矩形截面弯-剪-扭构件的配筋计算方法

由于构件在弯矩、剪力和扭矩的共同作用下，各项承载力是相互关联的，且相互影响十分复杂。为简化计算，《规范》偏于安全地将受弯所需的纵筋与受扭所需纵筋分别计算后进行叠加。而对剪-扭共同作用情况，为避免混凝土部分的抗力被重复利用，考虑混凝土项的剪-扭相关作用对混凝土部分抗力的降低影响，箍筋的抗剪和抗扭贡献则分别计算后采用简单叠加方法。

设 M、V 和 T 分别为弯-剪-扭构件的弯矩、剪力和扭矩的设计值，具体的配筋计算如下。

1. 受弯纵筋计算

根据弯矩设计值 M 按正截面受弯承载力计算确定受弯纵筋 A_s 和 A'_s。

2. 剪扭配筋计算

如前所述，无腹筋剪-扭构件，其剪-扭承载力相关关系可近似取 1/4 圆，即

$$\left(\frac{T_c}{T_{c0}}\right)^2 + \left(\frac{V_c}{V_{c0}}\right)^2 = 1 \tag{10-28}$$

式中 T_c、V_c——分别为无腹筋剪扭构件的受扭和受剪承载力；

T_{c0}——仅受扭时混凝土部分的受扭承载力，$T_{c0} = 0.35 f_t W_t$；

V_{c0}——仅受剪时混凝土部分的受剪承载力，对于一般剪扭构件取 $V_{c0} = 0.7 f_t b h_0$，对于集中荷载作用下的剪扭构件取 $V_{c0} = \frac{1.75}{\lambda + 1} f_t b h_0$。

记 $\beta_t = T_c / T_{c0}$，$\beta_v = V_c / V_{c0}$，并近似取 $V_c / V = T_c / T$，则由式（10-28），β_t 和 β_v 可分别表示为

$$\beta_t = \frac{1}{\sqrt{1 + \left(\frac{V}{T} \cdot \frac{T_{c0}}{V_{c0}}\right)^2}} = \sqrt{1 - \beta_v^2} \tag{10-29a}$$

$$\beta_v = \frac{1}{\sqrt{1 + \left(\frac{T}{V} \cdot \frac{V_{c0}}{T_{c0}}\right)^2}} = \sqrt{1 - \beta_t^2} \tag{10-29b}$$

上式对应图 10-24 中的 1/4 圆的剪扭相关曲线。

为简化起见，也可采用图 10-24 所示的 AB、BC、CD 三段直线来近似式（10-28）的剪-扭相关关系，即：

AB 段：$\beta_v = V_c / V_{c0} \leqslant 0.5$，剪力影响很小，取 $\beta_t = T_c / T_{c0} = 1.0$；

CD 段：$\beta_t = T_c / T_{c0} \leqslant 0.5$，扭矩影响很小，取 $\beta_v = V_c / V_{c0} = 1.0$；

BC 段：为以下直线：

$$\frac{T_c}{T_{c0}} + \frac{V_c}{V_{c0}} = 1.5 \tag{10-30a}$$

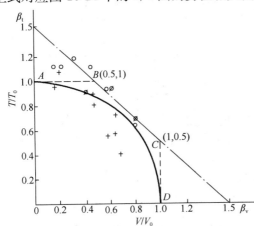

图 10-24 无腹筋剪-扭构件近似相关关系

或

$$\frac{T_c}{T_{c0}} \left(1 + \frac{V_c}{T_c} \cdot \frac{T_{c0}}{V_{c0}}\right) = 1.5 \tag{10-30b}$$

以设计值 $\frac{V}{T}$ 代替 $\frac{V_c}{T_c}$，则相应 β_t 和 β_v 可分别表示为

10.5 弯-剪-扭构件的承载力计算

$$\beta_t = \frac{1.5}{1 + \dfrac{V}{T} \cdot \dfrac{T_{c0}}{V_{c0}}} \tag{10-31a}$$

$$\beta_v = 1.5 - \beta_t \tag{10-31b}$$

综上，剪-扭构件的受扭承载力和受剪承载力可分别表示为无腹筋部分和箍筋部分的受扭承载力和受剪承载力的叠加，即

$$\begin{cases} T_u = T_c + T_s = \beta_t T_{c0} + T_s \\ V_u = V_c + V_s = \beta_v V_{c0} + V_s \end{cases} \tag{10-32}$$

式中 T_s、V_s——分别为箍筋承担的扭矩和剪力，不考虑两者的相关作用，而直接采用受扭和受剪情况下的箍筋项，分别计算受扭和受剪所需箍筋后将配筋叠加，这样处理既简便，也偏于安全。

10.5.3 截面限制条件及最小配筋率

为避免配筋过多产生超筋破坏，对 h_w/b 不大于 6 的矩形、T 形、I 形截面和 h_w/t_w 不大于 6 的箱形截面的弯-剪-扭构件，其截面应符合下列条件：

当 h_w/b（或 h_w/t_w）不大于 4 时

$$\frac{V}{bh_0} + \frac{T}{0.8W_t} \leqslant 0.25\beta_c f_c \tag{10-33a}$$

当 h_w/b（或 h_w/t_w）等于 6 时

$$\frac{V}{bh_0} + \frac{T}{0.8W_t} \leqslant 0.2\beta_c f_c \tag{10-33b}$$

当 $4 < h_w/b$（或 h_w/t_w）< 6 时，按线性内插法确定。

式中 T——扭矩设计值；

b——矩形截面的宽度，T 形或 I 形截面取腹板宽度，箱形截面取两侧壁总厚度 $2t_w$；

W_t——受扭构件的截面受扭塑性抵抗矩；

h_w——截面的腹板高度，对矩形截面取有效高度 h_0，对 T 形截面取有效高度减去翼缘高度；对 I 形和箱形截面取腹板净高；

t_w——箱形截面壁厚，其值不应小于 $b_h/7$，此处，b_h 为箱形截面的宽度。

当满足以下条件：

$$\frac{V}{bh_0} + \frac{T}{W_t} \leqslant 0.7 f_t \tag{10-34}$$

可不进行受剪扭承载力计算，仅按受扭构件的最小纵筋配筋率、最小配箍率和构造要求配筋。

《规范》规定，弯-剪-扭构件的最小配筋率为：受扭纵筋最小配筋率 $\rho_{tl,\min} = 0.6\sqrt{\dfrac{T}{Vb}} \cdot \dfrac{f_t}{f_y}$，其中当 $\dfrac{T}{Vb} > 2$ 时，取 $\dfrac{T}{Vb} = 2$；弯曲受拉边纵向受拉钢筋的最小配

筋量不应小于按弯曲受拉钢筋最小配筋率计算出的钢筋截面面积与按受扭纵向受力钢筋最小配筋率计算并布置到弯曲受拉边的钢筋截面面积之和；剪-扭箍筋按面积计算的最小配箍率取 $\rho_{\text{st,min}} = 0.28 \dfrac{f_t}{f_{yv}}$。

为进一步简化计算，《规范》对以下情况还规定：

(1) 当剪力 $V \leqslant 0.5V_{c0}$，即 $V \leqslant 0.35 f_t bh_0$ 或 $V \leqslant \dfrac{0.875}{\lambda+1} f_t bh_0$ 时，可仅按受弯构件的正截面受弯承载力和纯扭构件的受扭承载力分别进行计算，然后将配筋叠加配置；

(2) 当扭矩 $T \leqslant 0.5T_{c0}$，即 $T \leqslant 0.175 f_t W_t$ 时，可仅按受弯构件的正截面受弯承载力和斜截面受剪承载力分别进行计算，配置纵筋和箍筋。

10.5.4 矩形截面剪-扭构件承载力的计算

根据以上所述，《规范》规定的矩形截面剪-扭构件承载力的计算公式为

(1) 对于一般剪-扭构件

$$\begin{cases} V \leqslant 0.7(1.5-\beta_t) f_t bh_0 + f_{yv} \dfrac{nA_{sv1}}{s} h_0 & (10\text{-}35\text{a}) \\ T \leqslant 0.35\beta_t f_t W_t + 1.2\sqrt{\zeta} f_{yv} \dfrac{A_{stl}}{s} A_{cor} & (10\text{-}35\text{b}) \end{cases}$$

其中

$$\beta_t = \dfrac{1.5}{1+0.5 \dfrac{V}{T} \cdot \dfrac{W_t}{bh_0}} \qquad (10\text{-}36)$$

式中 β_t——一般剪扭构件混凝土受扭承载力降低系数，当 β_t 小于 0.5 时，取 0.5；当 β_t 大于 1.0 时，取 1.0。

(2) 对于集中荷载作用下的独立剪-扭构件

$$\begin{cases} V \leqslant \dfrac{1.75}{\lambda+1}\beta_v f_t bh_0 + 1.0 f_{yv} \dfrac{nA_{sv1}}{s} h_0 & (10\text{-}37\text{a}) \\ T \leqslant 0.35\beta_t f_t W_t + 1.2\sqrt{\zeta} f_{yv} \dfrac{A_{stl}}{s} A_{cor} & (10\text{-}37\text{b}) \end{cases}$$

其中

$$\beta_t = \dfrac{1.5}{1+0.2(\lambda+1) \dfrac{V}{T} \cdot \dfrac{W_t}{bh_0}} \qquad (10\text{-}38)$$

式中 λ——计算截面的剪跨比；

β_t——集中荷载作用下剪扭构件混凝土受扭承载力降低系数，当 β_t 小于 0.5 时，取 0.5；当 β_t 大于 1.0 时，取 1.0。

考虑剪-扭相关作用的弯-剪-扭构件配筋计算和配筋方法如下：

(1) 按弯矩设计值 M 进行受弯计算，确定的受弯纵筋 A_s 和 A'_s；

(2) 根据剪-扭相关作用，分别计算受扭箍筋和受剪箍筋，以及受扭纵筋，

受扭箍筋：
$$\frac{A_{st1}}{s}=\frac{T-\beta_t T_{c0}}{1.2\sqrt{\zeta}\cdot f_{yv}A_{cor}}$$

受剪箍筋：
$$\frac{nA_{sv1}}{s}=\frac{V-\beta_v V_{c0}}{f_{yv}h_0}$$

抗扭纵筋：
$$A_{stl}=\zeta\frac{A_{stl}}{s}\cdot\frac{f_{yv}}{f_y}\cdot u_{cor}$$

(3) 纵筋配置方法：受弯纵筋 A_s 和 A_s' 应分别布置在截面的受拉侧（底部）和受压侧（顶部）（见图 10-25a），受扭纵筋应沿截面四周均匀配置（见图 10-25b），叠加配置结果见图 10-25（c）。

(4) 箍筋的配置方法：设受剪箍筋肢数 $n=4$，受剪的箍筋 $\frac{nA_{sv1}}{s}$ 配置见图 10-26（a），受扭箍筋 $\frac{A_{st1}}{s}$ 应配置截面周边，见图 10-26（b），叠加配置结果见图 10-26（c）。

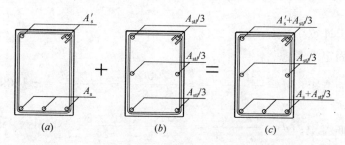

图 10-25　弯、扭纵筋的叠加
(a) 受弯纵筋；(b) 受扭纵筋；(c) 纵筋叠加

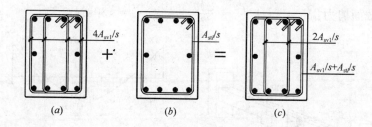

图 10-26　剪、扭箍筋的叠加
(a) 受剪箍筋；(b) 受扭箍筋；(c) 箍筋叠加

10.5.5　配筋构造要求

由受扭构件的空间变角桁架模型可知，受扭构件的箍筋各边长度上均受拉力，因此箍筋应做成封闭型，箍筋末端应弯折 135°，弯折后的直线长度不应小于 10 倍箍筋直径（见图 10-27）。箍筋间距应小于表 6-3 的最大箍筋间距要求，

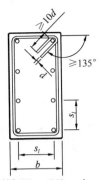

纵筋间距 $s_l<250\text{mm},b$
箍筋间距 $s<s_{\max},0.75b$

图 10-27 受扭构件的配筋要求

且不大于 $0.75b$，b 为截面短边尺寸。受扭纵筋应沿截面周边均匀布置，在截面四角必须布置受扭纵筋，纵筋间距不大于 200mm。受扭纵筋的搭接和锚固均应按受拉钢筋的构造要求处理。

在超静定结构中，考虑协调扭转而配置的箍筋，其间距不宜大于 $0.75b$，此处 b 为矩形截面的宽度，T 形和工形截面取腹板宽度，箱形截面取 b_h。

【例题 10-2】 已知框架梁如图 10-28 所示，截面尺寸 $b=400\text{mm}$，$h=500\text{mm}$，净跨 6m，跨中有一短挑梁，挑梁上作用有距梁轴线 500mm 的集中荷载设计值 $P=200\text{kN}$，梁上均布荷载（包括自重）设计值 $q=10\text{kN/m}$。采用 C30 级混凝土，纵筋采用 HRB400 级，箍筋采用 HRB335 级。试计算梁的配筋。

【解】

(1) 内力计算

支座按固定端考虑

支座截面弯矩：$M=-\dfrac{Pl}{8}-\dfrac{ql^2}{12}=-\dfrac{200\times 6}{8}-\dfrac{10\times 6^2}{12}=-180\text{kN}\cdot\text{m}$

跨中截面弯矩：$M=\dfrac{Pl}{8}+\dfrac{ql^2}{24}=\dfrac{200\times 6}{8}+\dfrac{10\times 6^2}{24}=165\text{kN}\cdot\text{m}$

扭矩：$T=\dfrac{200\times 500}{2}=50\text{kN}\cdot\text{m}$

支座截面剪力：$V=\dfrac{P}{2}+\dfrac{ql}{2}=\dfrac{200}{2}+\dfrac{10\times 6}{2}=130\text{kN}$

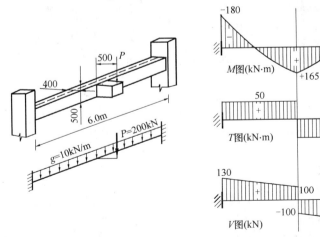

图 10-28 ［例题 10-2］图

10.5 弯-剪-扭构件的承载力计算

跨中截面剪力：$V = \dfrac{P}{2} = 100\text{kN}$

(2) 验算截面尺寸

材料强度：$f_c = 14.3\text{N/mm}^2$，$f_t = 1.43\text{N/mm}^2$，$f_y = 360\text{N/mm}^2$，$f_{yv} = 300\text{N/mm}^2$

$$\xi_b = 0.518,\quad \alpha_{s,\max} = 0.384$$

取钢筋保护层厚度 $c = 25\text{mm}$，$b_{cor} = 350\text{mm}$，$h_{cor} = 450\text{mm}$

$$A_{cor} = b_{cor} h_{cor} = 157500\text{mm}^2,\quad u_{cor} = 2(b_{cor} + h_{cor}) = 1600\text{mm}$$

取 $a = 35\text{mm}$，$h_0 = 460\text{mm}$

$$W_t = \dfrac{b^2}{6}(3h - b) = \dfrac{400^2}{6}(3 \times 500 - 400) = 29.33 \times 10^6\ \text{mm}^3$$

$$\dfrac{V}{bh_0} + \dfrac{T}{0.8W_t} = \dfrac{130 \times 10^3}{400 \times 465} + \dfrac{50 \times 10^6}{0.8 \times 29.33 \times 10^6} = 2.830 < 0.25 f_c$$
$$= 0.25 \times 14.3 = 3.575$$

$$\dfrac{V}{bh_0} + \dfrac{T}{W_t} = \dfrac{130 \times 10^3}{400 \times 465} + \dfrac{50 \times 10^6}{29.33 \times 10^6} = 2.404 > 0.7 f_t = 0.7 \times 1.43 = 1.001$$

截面可用，按计算配筋。

(3) 受弯承载力计算

支座截面：

$$\alpha_s = \dfrac{M}{\alpha f_c b h_0^2} = \dfrac{180 \times 10^6}{14.3 \times 400 \times 465^2} = 0.1455 < \alpha_{s,\max} = 0.384$$

$$\gamma_s = \dfrac{1 + \sqrt{1 - 2\alpha_s}}{2} = \dfrac{1 + \sqrt{1 - 2 \times 0.142}}{2} = 0.921$$

$$A_{s,支座} = \dfrac{M}{\gamma_s f_y h_0} = \dfrac{180 \times 10^6}{0.921 \times 360 \times 465} = 1168\ \text{mm}^2$$

$$\rho_{\min} = \max\left(0.45\dfrac{f_t}{f_y},\ 0.2\%\right) = 0.002$$

$$A_{s,支座} > \rho_{\min} bh = 0.002 \times 400 \times 500 = 400\ \text{mm}^2$$

跨中截面：

$$\alpha_s = \dfrac{M}{\alpha f_c b h_0^2} = \dfrac{165 \times 10^6}{14.3 \times 400 \times 465^2} = 0.1334 < \alpha_{s,\max} = 0.384$$

$$\gamma_s = \dfrac{1 + \sqrt{1 - 2\alpha_s}}{2} = 0.928$$

$$A_{s,跨中} = \dfrac{M}{f_y \gamma_s h_0} = \dfrac{165 \times 10^6}{360 \times 0.928 \times 465} = 1062\ \text{mm}^2$$

$$A_{s,跨中} > \rho_{\min} bh = 0.002 \times 400 \times 500 = 400\ \text{mm}^2$$

(4) 确定剪扭构件计算方法

集中荷载在支座截面产生的剪力为 100kN，占支座截面总剪力 $100/130 =$

76.9%>75%，需考虑剪跨比。$\lambda=3000/465=6.52>3$，取 $\lambda=3$，则

$$V = 130\text{kN} > \frac{0.875}{\lambda+1}f_t bh_0 = \frac{0.875}{3+1} \times 1.43 \times 400 \times 465 = 58.18\text{kN}$$

$$T = 50\text{kN}\cdot\text{m} > 0.175 f_t W_t = 0.175 \times 1.43 \times 29.33 \times 10^6 = 7.34\text{kN}\cdot\text{m}$$

按剪扭共同作用计算。

(5) 受剪计算

$$\beta_t = \frac{1.5}{1+0.2(\lambda+1)\dfrac{V}{T}\dfrac{W_t}{bh_0}} = \frac{1.5}{1+0.2 \times 4 \times \dfrac{130 \times 10^3}{50 \times 10^6} \times \dfrac{29.33 \times 10^6}{400 \times 465}}$$

$$= 1.130 > 1.0$$

取 $\beta_t = 1.0$

计算受剪箍筋，设箍筋肢数 $n=2$，则

$$\frac{A_{sv1}}{s} = \frac{V - \dfrac{1.75}{\lambda+1}(1.5-\beta_t)f_t bh_0}{n \times f_{yv} h_0}$$

$$= \frac{130 \times 10^3 - \dfrac{1.75}{4} \times 0.5 \times 1.43 \times 400 \times 465}{2 \times 300 \times 465} = 0.257$$

(6) 受扭计算

受扭箍筋：设 $\zeta=1.2$

$$\frac{A_{st1}}{s} = \frac{T - 0.35\beta_t f_t W_t}{1.2\sqrt{\zeta}\cdot f_{yv} A_{cor}} = \frac{50 \times 10^6 - 0.35 \times 1 \times 1.5 \times 29.33 \times 10^6}{1.2\sqrt{1.2} \times 300 \times 157500} = 0.569$$

受扭纵筋：

$$A_{stl} = \zeta \frac{f_{yv}}{f_y} u_{cor} \frac{A_{st1}}{s} = 1.2 \times \frac{300}{360} \times 1600 \times 0.569 = 910.4 \text{ mm}^2$$

受扭纵筋最小配筋率：

$$\frac{T}{Vb} = \frac{50 \times 10^6}{130 \times 10^3 \times 400} = 0.961 < 2$$

$$\rho_{tl,\min} = 0.6\sqrt{\frac{T}{Vb}} \cdot \frac{f_t}{f_y} = 0.6 \times 0.961 \times \frac{1.43}{360} = 0.0023$$

$$A_{stl} > \rho_{tl,\min} bh = 0.0023 \times 400 \times 500 = 460 \text{mm}^2$$

(7) 验算最小配筋率及配筋

最小配箍率验算：

$$\rho_{sv,\min} = 0.28 \frac{f_t}{f_{yv}} = 0.28 \times \frac{1.43}{300} = 0.00133$$

$$\rho_{sv} = \frac{2\left(\dfrac{A_{sv1}}{s} + \dfrac{A_{st1}}{s}\right)}{b} = \frac{2 \times (0.257 + 0.569)}{400} = 0.00413 > \rho_{sv,\min}，满足$$

10.5 弯-剪-扭构件的承载力计算

箍筋选配双肢 $\Phi 12$,$A_{sv1}=113.1\text{mm}^2$,间距 $s=\dfrac{113.1}{(0.257+0.569)}=136.9\text{mm}$,取 $s=135\text{mm}$。

受扭纵筋分三排(纵筋间距=215mm,基本满足 200mm 的要求)。

支座截面顶部配筋 $=A_{s,支座}+\dfrac{A_{stl}}{3}=1168+\dfrac{910.4}{3}=1471.5\text{mm}^2$,选 $4\Phi 22=1520\text{mm}^2$

跨中截面底部配筋 $=A_{s,跨中}+\dfrac{A_{stl}}{3}=1062+\dfrac{910.4}{3}=1365.5\text{mm}^2$,选 $4\Phi 22=1520\text{mm}^2$

截面中部配筋 $=\dfrac{A_{stl}}{3}=303.5\text{mm}^2$,选配 $2\Phi 14=308\text{mm}^2$

跨中和支座截面配筋见图 10-29。

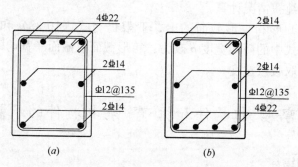

图 10-29 [例题 10-2] 截面配筋图
(a) 支座截面;(b) 跨中截面

10.5.6 箱形截面剪-扭构件的承载力计算

箱形截面剪-扭构件的承载力按下式计算:

(1) 一般剪-扭构件

$$\begin{cases} V \leqslant 0.7(1.5-\beta_t)f_t bh_0 + f_{yv}\dfrac{nA_{sv1}}{s}h_0 & (10\text{-}39a) \\ T \leqslant 0.35\beta_t f_t \alpha_h W_t + 1.2\sqrt{\zeta}f_{yv}\dfrac{A_{stl}}{s}A_{cor} & (10\text{-}39b) \end{cases}$$

$$\beta_t = \dfrac{1.5}{1+0.5\dfrac{V}{T}\dfrac{\alpha_h W_t}{bh_0}} \qquad (10\text{-}40)$$

其中,$\alpha_h=\dfrac{2.5t_w}{b_h}$;当 $\beta_t<0.5$ 时,取 $\beta_t=0.5$;当 $\beta_t>1.0$ 时,取 $\beta_t=1.0$。

(2) 集中荷载作用下的独立剪-扭构件

$$\begin{cases} V \leqslant (1.5-\beta_t)\dfrac{1.75}{\lambda+1}f_t bh_0 + f_{yv}\dfrac{A_{sv}}{s}h_0 & (10\text{-}41a) \\ T \leqslant 0.35 f_t \beta_t W_t + 1.2\sqrt{\zeta}f_{yv}\dfrac{A_{stl}A_{cor}}{s} & (10\text{-}41b) \end{cases}$$

$$\beta_t = \dfrac{1.5}{1+0.2(\lambda+1)\dfrac{V}{T}\cdot\dfrac{\alpha_h W_t}{bh_0}} \qquad (10\text{-}42)$$

10.5.7 T形和工形截面剪-扭构件的承载力计算

对于T形和工形截面剪-扭构件，先按图10-4将截面划分为几个矩形截面部分，并按式（10-8）的抗扭抵抗矩 W_{ti} 分配扭矩。对于腹板部分考虑剪扭相关作用，按矩形截面的有关公式计算，但在计算受扭承载力降低系数 β_t 时，式（10-36）或式（10-38）中的 T 和 W_t 分别用 T_w 和 W_{tw} 代替；翼缘部分根据分配得到的扭矩设计值按纯扭情况计算。

箱形截面、T形和工形截面的上、下限仍与式（10-38）和式（10-39）一样，只是需将公式中的截面宽度 b 改为：箱形截面取截面净宽，即 $b=2t_w$；对于T形和工形，应取腹板宽度。

10.6 压-弯-剪-扭构件和拉-弯-剪-扭构件的承载力计算*

10.6.1 压-扭构件

与压剪情况一样，当有轴向压力作用时，轴向压力 N 的存在会限制受扭斜裂缝的发展，提高受扭承载力。《规范》根据试验结果，计算压-扭构件的受扭承载力，即

$$T \leqslant 0.35 f_t W_t + 1.2\sqrt{\zeta}f_{yv}\dfrac{A_{stl}}{s}A_{cor} + 0.07\dfrac{N}{A}W_t \qquad (10\text{-}43)$$

式中　N——与扭矩设计值 T 相应的轴向压力设计值，当 $N \geqslant 0.3 f_c A$ 时，取 $N=0.3 f_c A$；
　　　A——构件截面面积。

式（10-43）中 $0.07\dfrac{N}{A}W_t$ 主要是轴向压力对混凝土部分受扭承载力的提高。因此，当扭矩 $T \leqslant 0.7 f_t W_t + 0.07\dfrac{N}{A}W_t$ 时，可按最小配筋率和构造要求配置受扭钢筋。

10.6.2 压-弯-剪-扭构件

与弯-剪-扭构件的计算方法类似，对于在轴向压力、弯矩、剪力和扭矩共同

作用的框架柱,按压-弯受力进行正截面承载力计算确定纵筋 A_s 和 A'_s;剪扭承载力需按下式考虑剪扭相关作用计算确定配筋,然后再将钢筋叠加:

$$T \leqslant \beta_t \left(0.35 f_t W_t + 0.07 \frac{N}{A} W_t\right) + 1.2 \sqrt{\zeta} f_{yv} \frac{A_{stl}}{s} A_{cor} \quad (10\text{-}44a)$$

$$V \leqslant \beta_v \left(\frac{1.75}{\lambda+1} f_t b h_0 + 0.07 N\right) + f_{yv} \frac{n A_{svl}}{s} h_0 \quad (10\text{-}44b)$$

式中, β_t 按式 (10-38) 计算。如 $\frac{V}{bh_0} + \frac{T}{W_t} \leqslant 0.7 f_t + 0.07 \frac{N}{bh_0}$ 时,可按最小配筋率和构造要求配置钢筋。

当扭矩 $T \leqslant 0.175 f_t W_t$ 时,可仅按偏心受压构件的正截面受弯承载力和框架柱斜截面受剪承载力分别进行计算。

压弯剪扭构件的钢筋配置叠加方法与弯剪扭构件类似,纵向钢筋按偏心受压构件正截面承载力和式 (10-44a) 计算的受扭承载力分别计算所需要的钢筋截面面积和相应位置叠加配置;箍筋应按式 (10-44a) 受扭承载力与式 (10-44b) 受剪承载力计算所需要的箍筋截面面积和相应位置叠加配置。

10.6.3 拉-弯-剪-扭构件

在轴向拉力、弯矩、剪力和扭矩共同作用下的钢筋混凝土矩形截面框架柱,其纵向钢筋分别按偏心受拉构件的正截面承载力和以下式 (10-45) 剪-扭构件的受扭承载力计算确定,并应配置在相应的位置;箍筋按以下剪-扭承载力计算公式确定剪-扭所需箍筋,并应配置在相应的位置。

受剪承载力: $V \leqslant (1.5 - \beta_t) \left(\frac{1.75}{\lambda+1} f_t b h_0 - 0.2 N\right) + f_{yv} \frac{A_{sv}}{s} h_0 \quad (10\text{-}45a)$

受扭承载力: $T \leqslant \beta_t \left(0.35 f_t - 0.2 \frac{N}{A}\right) W_t + 1.2 \sqrt{\zeta} f_{yv} \frac{A_{stl} A_{cor}}{s} \quad (10\text{-}45b)$

式中 λ ——计算截面的剪跨比;
A_{sv} ——受剪承载力所需的箍筋截面面积;
N ——与剪力、扭矩设计值 V、T 相应的轴向拉力设计值。

当式 (10-45a) 右边的计算值小于 $f_{yv} \frac{A_{sv}}{s} h_0$ 时,取 $f_{yv} \frac{A_{sv}}{s} h_0$;当式 (10-45b) 右边的计算值小于 $1.2 \sqrt{\zeta} f_{yv} \frac{A_{stl} A_{cor}}{s}$ 时,取 $1.2 \sqrt{\zeta} f_{yv} \frac{A_{stl} A_{cor}}{s}$。

当扭矩 $T \leqslant (0.175 f_t - 0.1 N/A) W_t$ 时,可忽略扭矩影响,即为拉-弯-剪构件,此时仅按偏心受拉构件正截面承载力计算确定纵筋 A_s 和 A'_s,按斜截面受剪承载力计算箍筋。

若构件无剪力 V 作用,即为拉-弯-扭构件,则正截面承载力按拉-弯受力进行正截面承载力计算确定纵筋 A_s 和 A'_s,按式 (10-45b) 确定受扭箍筋和受扭纵筋，并按相应位置叠加配置纵筋。

10.7 受扭构件的配筋构造要求

受扭构件纵向钢筋的最小配筋率 ρ_{tl} 应符合下式的规定：

$$\rho_{tl} \geqslant \rho_{tl,\min} = 0.6\sqrt{\frac{T}{Vb}}\frac{f_t}{f_y} \tag{10-46}$$

当 $T/(Vb) > 2.0$ 时，取 $T/(Vb) = 2.0$。

式中 ρ_{tl} ——受扭纵向钢筋的配筋率，取 $A_{stl}/(bh)$；

b ——受剪的截面宽度，按《规范》第 6.4.1 条的规定取用，对箱形截面构件，b 应以 b_h 代替；

A_{stl} ——沿截面周边布置的受扭纵向钢筋总截面面积。

在弯-剪-扭构件中，沿截面周边布置受扭纵向钢筋的间距不应大于 200mm 及梁截面短边长度；除应在梁截面四角设置受扭纵向钢筋外，其余受扭纵向钢筋宜沿截面周边均匀对称布置。受扭纵向钢筋应按受拉钢筋锚固在支座内。

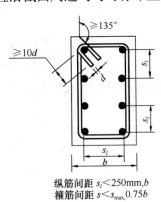

纵筋间距 $s_l < 250\text{mm}, b$
箍筋间距 $s < s_{\max}, 0.75b$

图 10-30 受扭构件的配筋要求

在弯-剪-扭构件中，配置在截面弯曲受拉边的纵向受力钢筋，其截面面积不应小于受弯构件受拉钢筋最小配筋率计算的钢筋截面面积与按受扭纵向钢筋配筋率计算并分配到弯曲受拉边的钢筋截面面积之和。

在弯-剪-扭构件中，箍筋的配筋率 ρ_{sv} 不应小于 $0.28 f_t/f_{yv}$。箍筋间距应满足表 6-2 的梁中箍筋的最大间距 $s_{\max}$ 的规定，其中受扭箍筋应做成封闭式，且应沿截面周边布置。当采用复合箍筋时，位于截面内部的箍筋不应计入受扭箍筋面积。受扭箍筋的末端应做成 135°弯钩（见图 10-30），弯钩端头平直段长度不应小于 10d，d 为箍筋直径。

在超静定结构中，考虑协调扭转而配置的箍筋，其间距不宜大于 $0.75b$，此处 b 对矩形截面取截面宽度，T 形或 I 形截面取腹板宽度，箱形截面取两侧壁总厚度 $2t_w$；对箱形截面构件，b 应以 b_h 代替。

思 考 题

10-1 扭转斜裂缝与受剪斜裂缝有何异同？受扭构件与受弯构件的配筋要求有何异同？

10-2 纯扭构件有哪些破坏形态？破坏特征是什么？

10-3　按变角空间桁架模型推导极限扭矩的方法中，参数ζ反映了什么受力特点？试按变角空间桁架模型推导环形截面纯扭构件的极限扭矩。

10-4　《规范》中纯扭构件的承载力计算公式与按变角空间桁架模型推导的极限扭矩公式有何差异？

10-5　纯扭构件计算中如何防止超筋破坏和少筋破坏？纯扭构件如何避免部分超筋破坏？

10-6　剪-扭构件计算中如何防止超筋和少筋破坏？试比较正截面受弯、斜截面受剪、受纯扭和受剪扭设计中防止超筋和少筋破坏的措施。

10-7　弯-剪-扭构件的 M-V-T 的比值和配筋情况对其破坏形态有何影响？试说明弯-扭承载力相关关系有何特点？剪-扭承载力相关关系有何特点？

10-8　《规范》剪-扭承载力计算中为什么仅在各自第一项（混凝土部分）考虑剪-扭相关影响？

10-9　简述《规范》弯-剪-扭构件、压-弯-剪-扭构件和拉-弯-剪-扭构件的承载力计算方法。

10-10　试编制弯-剪-扭构件、压-弯-剪-扭构件和拉-弯-剪-扭构件的承载力计算程序。

10-11　受扭构件与受弯构件的配筋构造要求有何区别？

习　　题

10-1　已知矩形截面受扭构件，截面尺寸 $b=300\text{mm}$，$h=600\text{mm}$，承受设计扭矩 $T=35\text{kN}\cdot\text{m}$，采用 C25 级混凝土，HPB300 级钢筋，试计算抗扭箍筋和纵筋，并绘制截面配筋图。

10-2　已知一均布荷载作用下的矩形截面构件，$b=200\text{mm}$，$h=400\text{mm}$，承受设计弯矩 $M=50\text{kN}\cdot\text{m}$，设计剪力 $V=28\text{kN}$，设计扭矩 $T=2.8\text{kN}\cdot\text{m}$，采用 C20 级混凝土，箍筋用 HPB300 级钢筋，纵筋用 HRB335 级钢筋，试计算配筋，并绘制截面配筋图。

10-3　同习题 10-2，但还承受轴向压力设计值 10kN，试计算配筋。

10-4　同习题 10-2，但还承受轴向拉力设计值 4kN，试计算配筋。

第 11 章　正常使用阶段的验算

11.1　正常使用极限状态及其计算规定

如第 4 章所述，根据结构功能的要求，钢筋混凝土结构构件设计除必须满足安全性要求进行承载力计算外，还应满足正常使用阶段的适用性和耐久性的要求。第 5~10 章介绍了各种受力状态下钢筋混凝土基本构件承载能力极限状态的设计计算方法，是为了满足安全性要求。本章主要介绍钢筋混凝土结构构件正常使用阶段的适用性和耐久性的正常使用极限状态设计计算方法及其相关具体要求。所谓**正常使用极限状态**（serviceability limit states）是指结构或结构构件达到正常使用或耐久性能的某项规定限值。

《规范》规定：正常使用极限状态采用下列极限状态设计表达式：

$$S \leqslant C \tag{11-1}$$

式中　S——正常使用极限状态的荷载组合效应值；
　　　C——结构构件达到正常使用要求所规定的变形、应力、裂缝宽度和自振频率等的限值。

对于超过正常使用极限状态的情况，由于其对生命财产的危害性比超过承载能力极限状态要小，因此相应的可靠度水平可比承载能力极限状态低一些。根据《工程结构可靠性设计统一标准》GB 50153 的规定，式（11-1）的可靠指标，对于完全可逆的正常使用极限状态取 0；对于不可逆的极限状态取 1.5。

对于混凝土结构，影响结构正常使用的包括适用性和耐久性。

结构的适用性是指不需要对结构进行维修（或少量维修）和加固的情况下继续正常使用的性能，如吊车梁变形过大，使吊车不能正常运行；屋盖结构变形过大，产生积水；结构侧移变形过大，影响门窗的开关；结构振动频率或振幅过大，导致使用者的不舒适；以及裂缝和变形过大对使用者产生心理影响等。

结构的耐久性是指结构在预定的使用期限内（设计工作寿命）不需要维修（或少量维修）和加固的情况下，结构的安全性和适用性仍满足预定要求的能力。如混凝土的碳化和裂缝过宽导致钢筋锈蚀，钢筋截面减小，混凝土中碱集料反应、侵蚀性介质的腐蚀、反复冻融,导致构件材料强度降低等,都会使得结构承载力降低,随着时间的推移而影响到结构的安全性和适用性。

影响结构的适用性和耐久性的因素很多,与结构安全性相比,一般情况下工程中遇到的混凝土结构适用性和耐久性问题更多。

在正常使用阶段,结构构件受力较小,材料应力水平较低,非线性程度不显著,如荷载和作用卸除后,结构构件的受力变形等有时可得到恢复,因此正常极限状态又可分为可逆和不可逆的两种。所谓**可逆正常极限状态**(reversible serviceability limit states)是指当产生超过这一状态的荷载卸除后,结构构件仍能恢复到正常的状态;所谓**不可逆正常使用极限状态**(irreversible serviceability limit states)是指当产生超过这一状态的荷载卸除后,结构构件不能恢复到正常的状态。

《规范》规定:混凝土结构构件正常使用极限状态的验算应包括下列内容:
(1) 对需要控制变形的构件,应进行变形验算;
(2) 对使用上限制出现裂缝的构件,应进行混凝土拉应力验算;
(3) 对允许出现裂缝的构件,应进行受力裂缝宽度验算;
(4) 对有舒适度要求的楼盖结构,应进行竖向自振频率验算。

正常使用阶段的荷载作用水平要低于承载能力极限状态,相应式(11-1)的正常使用极限状态的荷载组合 S 的表达式如下:

(1) 标准组合:一般用于不可逆正常使用极限状态设计,其荷载及作用组合表达式为:

$$S_k = S_{Gk} + S_{Q_{1k}} + \sum_{i=2}^{n} \psi_{ci} \cdot S_{Q_{ik}} \tag{11-2a}$$

(2) 频遇组合,一般用于可逆正常使用极限状态设计,其荷载及作用组合表达式为:

$$S_f = S_{Gk} + \psi_{f_1} S_{Q_{1k}} + \sum_{i=2}^{n} \psi_{qi} \cdot S_{Q_{ik}} \tag{11-2b}$$

(3) 准永久组合,一般用于长期效应是决定性因素的正常使用极限状态设计,其荷载及作用组合表达式如下:

$$S_q = S_{Gk} + \sum_{i=1}^{n} \psi_{qi} \cdot S_{Q_{ik}} \tag{11-2c}$$

式中 S_k——正常使用阶段的荷载标准组合;
S_{Gk}——永久荷载及作用的标准值;
$S_{Q_{1k}}$——主导可变荷载及作用的标准值;
$S_{Q_{ik}}$——第 i 个可变荷载及作用的标准值;
ψ_{ci}——第 i 个可变荷载及作用的组合系数。

以仅考虑自重恒载 G_k 和一种活荷载 Q_k 组合下的受弯构件为例，荷载标准组合产生的弯矩 M_k 可表示为

$$M_k = C_G G_k + C_Q Q_k \tag{11-3a}$$

荷载的准永久组合产生的弯矩 M_q 可表示为

$$M_q = C_G G_k + \psi_q C_Q Q_k \tag{11-3b}$$

式中 ψ_q——活荷载准永久值系数，为活荷载 Q 中长期作用部分与其标准值 Q_k 的比值，也即 $\psi_q Q_k$ 表示活荷载中长期作用的成分。

相应承载能力极限状态计算时的荷载组合为

$$M = \gamma_G C_G G_k + \gamma_Q C_Q Q_k \tag{11-3c}$$

式中 M_k——荷载标准组合产生的弯矩；

G_k、Q_k——分别为恒载和活荷载标准值；

C_G、C_Q——分别为恒载和活荷载的荷载效应系数；

γ_G、γ_Q——分别为恒载和活荷载的荷载分项系数。

由于活荷载达到其标准值 Q_k 的作用时间较短，故 M_k 简称为"短期弯矩"，其值约为弯矩设计值 M 的 50%~70%。在荷载的长期作用下，由于混凝土的徐变和收缩等的影响，构件的变形和裂缝宽度随时间推移而不断增大，因此需要考虑式（11-3b）中荷载长期作用的影响，相应荷载准永久组合弯矩 M_q 简称为"长期弯矩"。

《规范》规定，钢筋混凝土构件正常使用阶段荷载组合的具体情况如下：

（1）钢筋混凝土受弯构件的最大挠度应按荷载的准永久组合并考虑长期作用的影响进行计算；

（2）对于三级裂缝控制等级钢筋混凝土构件，最大裂缝宽度可按荷载准永久组合并考虑长期作用影响的效应计算。

对于式（11-1）右边的钢筋混凝土结构构件适用性和耐久性的限值 C 大都凭长期工程使用经验确定，《规范》规定了各种情况下变形和裂缝宽度的限值 C，见表 11-1 和 11-2。

对于钢筋混凝土受弯构件，挠度变形限值的确定主要考虑以下几方面：

（1）保证结构正常使用功能的要求。结构构件产生过大的变形将影响甚至丧失其使用功能，如支承精密仪器设备的梁板结构挠度过大，将难以使仪器保持水平；屋面结构挠度过大会造成积水而产生渗漏；吊车梁和桥梁的过大变形会妨碍吊车和车辆的正常运行等。

（2）防止对结构构件产生不良影响。如支承在砖墙上的梁端产生过大转角，将使支承面积减小、支承反力偏心增大，并会引起墙体开裂，长期作用下甚至可能造成结构破坏。

(3) 防止对非结构构件产生不良影响。结构变形过大会使门窗等不能正常开关，也会导致隔墙、天花板等的开裂或损坏。

(4) 保证使用者的感觉在可接受的程度之内。过大的变形和振动会引起使用者的不适或不安全感。

随着高强混凝土的应用，构件的断面尺寸相应减小，挠度变形问题将更为突出。

在考虑上述因素的基础上，根据我国长期工程经验，《规范》规定受弯构件的挠度变形限值见表 11-1，裂缝控制等级及最大裂缝宽度的限值见表 11-2，设计计算表达式为：

$$w_{\max} \leqslant w_{\lim} \tag{11-4a}$$

$$f_{\max} \leqslant f_{\lim} \tag{11-4b}$$

式中 $f_{\max}$、$w_{\max}$——受弯构件在荷载作用产生的最大挠度变形和最大裂缝宽度；

$f_{\lim}$、$w_{\lim}$——挠度变形和裂缝宽度限值，见表 11-1 和表 11-2。

受弯构件的挠度主要取决于其抗弯刚度，同时抗弯刚度也会影响其自振频率。对于楼盖结构，当刚度较小、自振频率较低时，会引起使用者心理的不适感。为此，《规范》规定：对大跨度混凝土楼盖结构应进行竖向自振频率验算，其自振频率宜符合下列要求：

(1) 住宅和公寓不宜低于 5Hz；

(2) 办公楼和旅馆不宜低于 4Hz；

(3) 大跨度公共建筑不宜低于 3Hz；

(4) 工业建筑及有特殊要求的建筑应根据使用功能提出要求。

受弯构件的挠度限值　　　　　　　表 11-1

构件类型		挠度限值
吊车梁	手动吊车	$l_0/500$
	电动吊车	$l_0/600$
屋盖、楼盖及楼梯构件	当 $l_0<7\mathrm{m}$ 时	$l_0/200$ ($l_0/250$)
	当 $7\mathrm{m}\leqslant l_0\leqslant 9\mathrm{m}$ 时	$l_0/250$ ($l_0/300$)
	当 $l_0>9\mathrm{m}$ 时	$l_0/300$ ($l_0/400$)

注：1. 表中 l_0 为构件的计算跨度；计算悬臂构件的挠度限值时，其计算跨度 l_0 按实际悬臂长度的 2 倍取用；

2. 表中括号内的数值适用于使用上对挠度有较高要求的构件；

3. 如果构件制作时预先起拱，且使用上也允许，则在验算挠度时，可将计算所得的挠度值减去起拱值；对预应力混凝土构件，尚可减去预加力所产生的反拱值；

4. 构件制作时的起拱值和预加力所产生的反拱值，不宜超过构件在相应荷载组合作用下的计算挠度值；

5. 当构件对使用功能和外观有较高要求时，设计可对挠度限值适当加严。

结构构件的裂缝控制等级及最大裂缝宽度的限值 (mm) 表 11-2

环境类别	钢筋混凝土结构		预应力混凝土结构	
	裂缝控制等级	w_{lim}	裂缝控制等级	w_{lim}
一	三级	0.30 (0.40)	三级	0.20
二 a				0.10
二 b		0.20	二级	—
三 a、三 b			一级	—

注：1. 表中的规定适用于采用热轧钢筋的钢筋混凝土构件和采用预应力钢丝、钢绞线及预应力螺纹钢筋的预应力混凝土构件；当采用其他类别的钢丝或钢筋时，其裂缝控制要求可按专门标准确定；
2. 对处于年平均相对湿度小于 60% 地区一级环境下的受弯构件，其最大裂缝宽度限值可采用括号内的数值；
3. 在一类环境下，对钢筋混凝土屋架、托架及需作疲劳验算的吊车梁，其最大裂缝宽度限值应取为 0.20mm；对钢筋混凝土屋面梁和托梁，其最大裂缝宽度限值应取为 0.30mm；
4. 在一类环境下，对预应力混凝土屋架、托架及双向板体系，应按二级裂缝控制等级进行验算；对一类环境下的预应力混凝土屋面梁、托梁、单向板，按表中二 a 级环境的要求进行验算；在一类和二类环境下的需作疲劳验算的预应力混凝土吊车梁，应按一级裂缝控制等级进行验算；
5. 表中规定的预应力混凝土构件的裂缝控制等级和最大裂缝宽度限值仅适用于正截面的验算；预应力混凝土构件的斜截面裂缝控制验算应符合《规范》第 7 章的要求；
6. 对于烟囱、筒仓和处于液体压力下的结构构件，其裂缝控制要求应符合专门标准的有关规定；
7. 对于处于四、五类环境下的结构构件，其裂缝控制要求应符合专门标准的有关规定；
8. 混凝土保护层厚度较大的构件，可根据实践经验对表中最大裂缝宽度限值适当放宽。

由表 11-2 可知，钢筋混凝土构件的裂缝控制等级分为三级，其最大裂缝宽度可按荷载准永久组合并考虑长期作用影响的效应计算，裂缝宽度的验算表达式为：

$$w_{max} \leqslant w_{lim} \tag{11-5}$$

式中 w_{max}——荷载作用产生的最大裂缝宽度；

w_{lim}——最大裂缝宽度限值，由表 11-2 可知，对于钢筋混凝土构件，一类环境下 $w_{lim}=0.3$mm；二、三类环境下 $w_{lim}=0.2$mm。

本章主要介绍钢筋混凝土受弯构件正常使用阶段的挠度变形和裂缝宽度验算，以及钢筋混凝土结构构件的耐久性设计。预应力混凝土构件的挠度变形和裂缝宽度验算见第 14 章。

11.2 受弯构件的挠度变形验算及舒适度验算

11.2.1 钢筋混凝土梁抗弯刚度的特点

首先回顾材料力学弹性匀质材料梁抗弯刚度的推导。以简支梁为例（见图

11-1),由材料力学知,梁跨中挠度计算的一般形式可表示为:

均布荷载: $f = \dfrac{5}{384} \cdot \dfrac{ql^4}{EI} = \dfrac{5}{48} \cdot \dfrac{Ml^2}{EI}$

集中荷载: $f = \dfrac{1}{48} \cdot \dfrac{Pl^3}{EI} = \dfrac{1}{12} \cdot \dfrac{Ml^2}{EI}$

$$f = C\dfrac{M}{EI}l^2 = C\phi \cdot l^2 \quad (11\text{-}6)$$

式中 C——与荷载形式和支承条件等有关的荷载效应系数;
 M——跨中最大弯矩;
 EI——截面抗弯刚度;
 ϕ——截面曲率。

由式(11-6)可知,截面抗弯刚度 EI 与截面曲率 ϕ 的关系为

$$\phi = \dfrac{M}{EI} \rightarrow EI = \dfrac{M}{\phi} \rightarrow M = EI \cdot \phi \quad (11\text{-}7)$$

图 11-1 简支梁的挠度

由此可知,截面抗弯刚度 EI 体现了截面抵抗弯曲变形的能力,反映了截面弯矩 M 与截面曲率 ϕ 之间的物理关系。对于弹性匀质材料截面,EI 为常数,$M-\phi$ 关系为直线。

由第 3.4 节知,由于混凝土的开裂、弹塑性应力-应变关系和钢筋屈服等的影响,钢筋混凝土适筋梁的 $M-\phi$ 关系不再是直线,而是随弯矩 M 的增大,截面曲率 ϕ 呈曲线变化(见图 11-2)。对于任一给定的弯矩 M,截面抗弯刚度为 $M-\phi$ 关系曲线上对应该弯矩点与原点连线倾角的正切,为区别弹性抗弯刚度,记为 B_s。

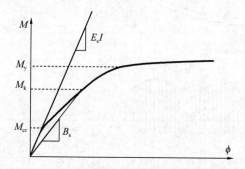
图 11-2 钢筋混凝土截面的弯矩-曲率关系

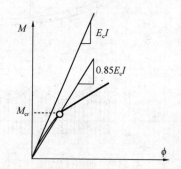
图 11-3 开裂前的弯矩-曲率关系

因此,钢筋混凝土梁的截面抗弯刚度 B_s 随弯矩 M 的增大而减小,具有以下特点:

(1) 开裂前第 I 阶段弯矩很小时,梁基本处于弹性工作阶段,$M-\phi$ 曲线的斜率接近换算截面的抗弯刚度 E_cI。达到开裂弯矩 M_{cr} 时,由于受拉区混凝土有一定的塑性变形,抗弯刚度略有降低,约为 $0.85E_cI$(见图 11-3)。

(2) 开裂后进入第 II 阶段,$M-\phi$ 曲线发生显著转折,随弯矩增大,曲率 ϕ

增加速率较快,梁的截面抗弯刚度随弯矩的增加不断降低,为区别弹性抗弯刚度 EI,开裂后的截面抗弯刚度记为 B_s。

(3) 受拉钢筋屈服后进入第Ⅲ阶段,$M-\phi$ 曲线出现第二个转折,弯矩 M 增加很少,而截面曲率 ϕ 激增,抗弯刚度急剧降低。

钢筋混凝土梁在正常使用阶段,梁跨中弯矩 M 一般处于第Ⅱ阶段,因此其抗弯刚度 B_s 计算需考虑梁带裂缝工作的情况。钢筋混凝土梁的试验表明,达到开裂弯矩 M_{cr} 后,分为裂缝出现阶段和裂缝稳定开展阶段。正常使用阶段通常处于裂缝稳定开展阶段,该阶段梁纯弯段的裂缝基本等间距分布,钢筋和混凝土的应变分布具有以下特征(见图 11-4):

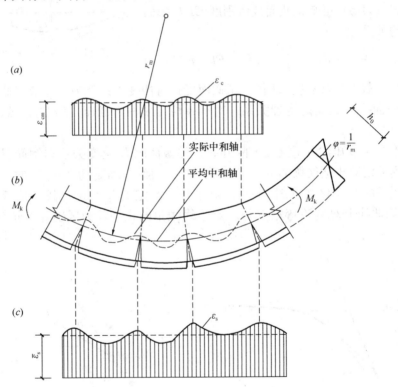

图 11-4 使用阶段梁纯弯段受拉钢筋和受压边缘混凝土压应变分布
(a) 受压边缘混凝土压应变分布;(b) 正常使用阶段纯弯段变形与开裂状况;
(c) 受拉钢筋的拉应变分布

(1) 受拉钢筋应变 ε_s 沿梁轴线方向呈波浪形变化,裂缝截面处的 ε_s 较大,两裂缝中间截面处 ε_s 较小(见图 11-4c 的 ε_s 分布)。这是因为钢筋与混凝土间的粘结力使得裂缝间混凝土仍参与一定的受拉作用,钢筋应变 ε_s 随距裂缝截面距离的增加而减小。设以 $\bar{\varepsilon}_s$ 代表梁纯弯段内钢筋的平均应变,取 $\bar{\varepsilon}_s$ 与裂缝截面处钢筋应变 ε_s 的比值 $\psi = \bar{\varepsilon}_s / \varepsilon_s$,$\psi$ 称为钢筋应变不均匀系数。

(2) 梁受压边缘混凝土的应变 ε_c 沿梁轴线方向的分布与受拉钢筋应变分布类似,也呈波浪形分布(见图 11-4a),但变化幅度要小得多。同样,取平均应变 $\bar{\varepsilon}_c$ 与裂缝截面的应变 ε_c 的比值 $\psi_c = \bar{\varepsilon}_c/\varepsilon_c$,$\psi_c$ 称为混凝土应变不均匀系数。

(3) 截面的中和轴高度 x_n 和曲率 ϕ 沿梁轴线方向也呈波浪形变化,因此截面抗弯刚度沿梁轴线方向也是变化的。为便于进行梁的挠度变形计算,可采用沿梁轴线方向的平均抗弯刚度。由实验梁的实测可知,平均应变沿截面高度的分布符合平截面假定,因此截面的平均曲率可表示为:

$$\bar{\phi} = \frac{\bar{\varepsilon}_s + \bar{\varepsilon}_c}{h_0} \tag{11-8}$$

梁在短期荷载作用下,梁纯弯段的平均抗弯刚度称为短期抗弯刚度 B_s,由式(11-7),B_s 可表示为:

$$B_s = \frac{M}{\bar{\phi}} \tag{11-9}$$

11.2.2 刚度公式的建立

对于材料力学梁,其截面曲率 ϕ 与弯矩 M 间的关系 $\phi = \dfrac{M}{EI}$ 的推导见图 11-5,也即根据截面变形的几何关系(平截面假定)、材料的物理关系和截面受力平衡关系推导得到。这一分析推导方法同样适用于钢筋混凝土梁的截面弯矩与曲率关系的分析,从而推导出钢筋混凝土梁的抗弯刚度计算公式。下面以式(11-3a)标准荷载组合弯矩 M_k 作用下的分析,推导正常使用阶段钢筋混凝土梁的抗弯刚度计算公式。

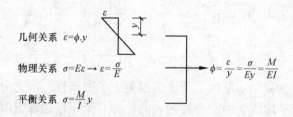

图 11-5 线弹性材料力学梁的曲率与弯矩关系的推导

对于钢筋混凝土梁,由于混凝土材料物理关系的弹塑性性质、截面应力的非线性分布特征以及裂缝的影响,上述三个关系的具体内容与线弹性材料力学梁有很大差别:

(1) 几何关系:如前所述,虽然由于裂缝的影响,钢筋和混凝土应变沿梁轴线方向呈波浪形分布,但平均应变基本符合平截面假定,平均曲率 ϕ 与平均应变的关系如式(11-8)。

(2) 物理关系:正常使用阶段梁的受力处于第Ⅱ阶段,钢筋尚未达到屈服,因此钢筋的应力-应变关系仍为线弹性，即 $\sigma_s = E_s \varepsilon_s$；混凝土受压应力-应变关系应考虑其弹塑性，采用变形模量 $E_c' = \nu E_c$，则有 $\sigma_c = \nu E_c \varepsilon_c$。因此，在正常使用阶段，钢筋和混凝土物理关系可表示为：

$$\varepsilon_s = \frac{\sigma_s}{E_s}, \quad \varepsilon_c = \frac{\sigma_c}{\nu E_c} \qquad (11\text{-}10)$$

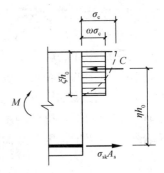

图 11-6　裂缝截面应力分布

(3) 平衡关系：由于裂缝截面受力明确，可根据图 11-6 正常使用阶段裂缝截面的应力分布，分析得到正常使用阶段弯矩 M 作用下裂缝截面处钢筋的应力 σ_s 和混凝土受压边缘的应力 σ_c。对于矩形截面，记裂缝截面受压区混凝土应力图的平均应力为 $\omega \sigma_c$，ω 为受压区混凝土平均应力系数；受压区高度为 ξh_0，压力合力点到钢筋面积形心的力臂为 ηh_0，则由平衡条件得

$$\begin{cases} M = C \cdot \eta h_0 = \omega \sigma_c \cdot \xi h_0 \cdot b \cdot \eta h_0 & (11\text{-}11a) \\ M = T \cdot \eta h_0 = \sigma_s A_s \cdot \eta h_0 & (11\text{-}11b) \end{cases}$$

于是有

$$\sigma_c = \frac{M}{\omega \xi \eta b h_0^2} \qquad (11\text{-}12)$$

$$\sigma_s = \frac{M}{A_s \cdot \eta h_0} \qquad (11\text{-}13)$$

由式 (11-10) 的物理关系，并利用平均应变与裂缝截面应变的关系，即 $\bar{\varepsilon}_s = \psi \varepsilon_s$，$\bar{\varepsilon}_c = \psi_c \varepsilon_c$，可得受拉钢筋和受压边缘混凝土平均应变为：

$$\bar{\varepsilon}_s = \psi \varepsilon_s = \psi \frac{\sigma_s}{E_s} = \frac{\psi}{\eta} \cdot \frac{M}{E_s A_s \cdot h_0} \qquad (11\text{-}14)$$

$$\bar{\varepsilon}_c = \psi_c \varepsilon_c = \psi_c \frac{\sigma_c}{\nu E_c} = \psi_c \frac{M}{\omega \xi \eta \nu E_c b h_0^2} = \frac{M}{\zeta \cdot E_c b h_0^2} \qquad (11\text{-}15)$$

式中，系数 $\zeta = \omega \xi \eta \nu / \psi_c$，反映了受压区混凝土的弹塑性、应力分布和截面受力对混凝土受压边缘平均应变的综合影响，故称为"受压区边缘混凝土平均应变综合系数"。该系数可直接由试验结果反算得到。

对于受压区有翼缘加强的 T 形和工形截面，由图 11-7 所示 T 形截面的平衡关系，可得

$$\begin{aligned} M = C \cdot \eta h_0 &= \omega \sigma_c [(b_f' - b) h_f' + \xi b h_0] \cdot \eta h_0 \\ &= (\gamma_f' + \xi) \nu \eta \omega E_c \frac{\bar{\varepsilon}_c}{\psi_c} b h_0^2 \end{aligned} \qquad (11\text{-}16)$$

上式同样可得到式 (11-15)，只是此时 $\zeta = (\gamma_f' + \xi) \omega \eta \nu / \psi_c$，其中 $\gamma_f' = \frac{(b_f' - b) h_f'}{b h_0}$，为受压翼缘加强系数。可见，在配筋率、混凝土强度和弯矩相等的

条件下，T形和工形截面受压边缘的压应变 $\bar{\varepsilon}_c$ 要小于矩形截面。

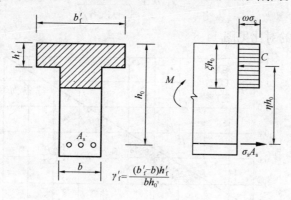

图 11-7　T形截面

将式 (11-15) 的受压边缘混凝土平均应变 $\bar{\varepsilon}_c$ 和式 (11-14) 的受拉钢筋的平均应变 $\bar{\varepsilon}_s$ 代入式 (11-8)，并利用式 (11-9)，可得

$$\bar{\phi} = \frac{M}{B_s} = \frac{(\bar{\varepsilon}_s + \bar{\varepsilon}_c)}{h_0} = \frac{\dfrac{M}{\zeta \cdot E_c b h_0^2} + \dfrac{\psi}{\eta} \cdot \dfrac{M}{E_s A_s h_0}}{h_0} \tag{11-17}$$

上式两边消去 M，并引用 $\alpha_E = E_s/E_c$，$\rho = A_s/bh_0$，经整理后得正常使用阶段弯矩 M 作用下截面抗弯刚度 B_s 的表达式为：

$$B_s = \frac{E_s A_s h_0^2}{\dfrac{\psi}{\eta} + \dfrac{\alpha_E \rho}{\zeta}} \tag{11-18}$$

11.2.3　参数 η、ζ 和 ψ

1. 开裂截面的内力臂系数 η

试验和理论分析表明，在正常使用阶段弯矩 $M = (0.5 \sim 0.7) M_u$ 范围，裂缝截面的相对受压区高度 ξ 变化很小，内力臂 ηh_0 的变化也不大，内力臂系数 η 值在 0.83～0.93 之间，其平均值为 0.87。《规范》为简化计算，取 $\eta = 0.87$，或 $1/\eta = 1.15$。

2. 受压区边缘混凝土平均应变综合系数 ζ

由式 (11-15)，根据钢筋混凝土梁受弯试验实测得到的受压边缘混凝土压应变 $\bar{\varepsilon}_c$，可以反算得到系数 ζ 的试验值。试验结果和分析表明，在正常使用阶段弯矩 $M = (0.5 \sim 0.7) M_u$ 范围，弯矩的变化对系数 ζ 的影响很小，系数 ζ 值主要取决于受拉钢筋配筋率和受压区截面形状。《规范》根据试验结果给出：

$$\frac{\alpha_E \rho}{\zeta} = 0.2 + \frac{6\alpha_E \rho}{1 + 3.5\gamma'_f} \tag{11-19}$$

上式与试验结果的对比见图 11-8

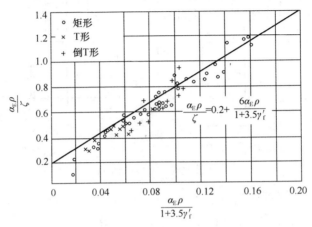

图 11-8 混凝土受压边缘平均应变综合系数

将上式和 $1/\eta = 1.15$ 代入式（11-18），则可得在正常使用阶段弯矩 M 作用下受弯构件的短期刚度 B_s 公式如下：

$$B_s = \frac{E_s A_s h_0^2}{1.15\psi + 0.2 + \dfrac{6\alpha_E \rho}{1 + 3.5\gamma'_f}} \tag{11-20}$$

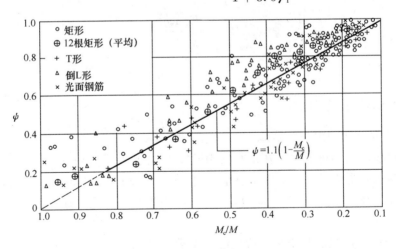

图 11-9 弯矩与应力不均匀系数的关系

3. 受拉钢筋应变不均匀系数 ψ

受拉钢筋应变不均匀系数 ψ 为裂缝间受拉钢筋平均应变 $\bar{\varepsilon}_s$ 与开裂截面受拉钢筋应变 ε_s 的比值，即 $\psi = \bar{\varepsilon}_s / \varepsilon_s$。根据实验实测结果的统计分析，系数 ψ 与弯矩的关系见图 11-9，其回归统计公式为：

$$\psi = \omega_1\left(1 - \frac{M_{cr}}{M}\right) = 1.1\left(1 - \frac{M_{cr}}{M}\right) \quad (11\text{-}21)$$

式中 M_{cr}——混凝土截面抗裂弯矩；

M——正常使用阶段受弯构件跨中最大弯矩，对于钢筋混凝土受弯构件挠度变形计算，取荷载准永久组合计算的弯矩值 M_q；

ω_1——与钢筋和混凝土粘结有关的系数，根据试验研究，ω_1 取 1.1。

对于矩形、倒 T 形、工形截面受弯构件，考虑到混凝土收缩的不利影响，其抗裂弯矩宜乘以 0.8 的降低系数，即 M_{cr} 可按下式计算：

$$M_{cr} = 0.8 f_{tk} A_{te} \eta_{cr} h \quad (11\text{-}22)$$

式中 η_{cr}——截面开裂时的内力臂系数；

f_{tk}——混凝土抗拉强度标准值；

A_{te}——截面有效受拉面积，取 $A_{te} = 0.5bh + (b_f - b)h_f$，其中 h_f 和 b_f 分别为混凝土受拉翼缘的高度和宽度。

对于钢筋混凝土受弯构件，M 可近似按下式计算：

$$M = \sigma_s A_s \eta h_0 \quad (11\text{-}23)$$

将式 (11-22) 及式 (11-23) 代入式 (11-21)，得

$$\psi = 1.1\left(1 - \frac{0.8 A_{te} f_{tk} \eta_{cr} h}{A_s \sigma_s \eta h_0}\right) \quad (11\text{-}24)$$

取 $\eta_{cr}/\eta = 0.67$，$h/h_0 = 1.1$，$\rho_{te} = A_s/A_{te}$，代入上式可得：

$$\psi = 1.1 - \frac{0.65 f_{tk}}{\rho_{te} \sigma_s} \quad (11\text{-}25)$$

式中 f_{tk}——混凝土抗拉强度标准值；

σ_s——按荷载准永久组合计算的钢筋混凝土构件纵向受拉钢筋应力；

ρ_{te}——按有效受拉混凝土截面面积计算的纵向受拉钢筋配筋率，$\rho_{te} = \dfrac{A_s}{A_{te}}$

在最大裂缝宽度计算中，当 $\rho_{te} < 0.01$ 时，取 $\rho_{te} = 0.01$。

系数 ψ 反映的是裂缝间混凝土参与受拉作用的程度。钢筋与混凝土间的粘结越好，ψ 越小，裂缝间钢筋的平均应力与裂缝截面处钢筋应力的比值越小。

根据试验研究结果，为避免按式 (11-20) 计算值过小时导致偏于不安全的结果，《规范》规定：当 $\psi < 0.2$ 时，取 $\psi = 0.2$；同时理论上 ψ 不会大于 1.0，故当式 (11-20) 计算的 $\psi > 1.0$ 时，取 $\psi = 1.0$；对直接承受重复荷载的受弯构件，由于重复荷载会削弱钢筋与混凝土间的粘结作用，故取 $\psi = 1.0$。

在正常使用阶段弯矩 $M = (0.5 \sim 0.7) M_u$ 范围，三个参数 η、ζ 和 ψ 中，η 和 ζ 基本为常数，而 ψ 随弯矩增长而增大。该参数反映了裂缝间混凝土参与受拉工作的程度，随着弯矩增加，由于裂缝间粘结力的逐渐破坏，混凝土参与受拉的程度减小，使钢筋的平均应变 $\bar{\varepsilon}_s$ 增大，ψ 逐渐趋于 1.0，抗弯刚度逐渐降低。关于系数 ψ 的深入分析详见下节裂缝宽度计算。

11.2.4 考虑荷载长期作用影响的抗弯刚度

如 11.1 节所述，钢筋混凝土受弯构件的挠度变形计算，应按荷载的准永久组合弯矩值 M_q 并考虑长期作用的影响进行计算。这里考虑长期作用影响，是指受弯构件在荷载的准永久组合作用下，混凝土的徐变使梁的挠度随时间的增长。此外，钢筋与混凝土间粘结滑移徐变、混凝土收缩等也会导致梁的挠度增大，而受压钢筋有利于减小徐变变形。根据长期试验观测结果，《规范》给出钢筋混凝土受弯构件长期挠度 f_l 与短期挠度 f_s 的比值 $\theta = f_l/f_s$ 按下式计算：

$$\theta = 2.0 - 0.4 \frac{\rho'}{\rho} \tag{11-27}$$

式中 ρ'、ρ——分别为受压钢筋和受拉钢筋的配筋率，$\rho' = A'_s/bh_0$，$\rho = A_s/bh_0$。

对翼缘位于受拉区的 T 形截面，θ 应增大 20%。

至此，钢筋混凝土受弯构件按荷载准永久组合弯矩 M_q 并考虑长期作用影响的抗弯刚度计算公式为：

$$B = \frac{B_s}{\theta} \tag{11-28}$$

式中 B_s——按式（11-20）计算的钢筋混凝土受弯构件的短期抗弯刚度。

因荷载标准组合弯矩 M_k 大于荷载准永久组合弯矩 M_q，若工程中需要对受弯构件挠度变形控制有更高要求时，可按荷载标准组合弯矩 M_k 下的挠度变形进行验算，此时可按下列方法确定相应的抗弯刚度计算公式。

在荷载标准组合弯矩 M_k 中，荷载准永久组合弯矩 M_q 为长期作用。设短期荷载与长期荷载的分布形式相同，则受弯构件在 M_k 作用下的长期挠度 f 为：

$$f = \theta \cdot S \frac{M_q}{B_s} l^2 + S \frac{(M_k - M_q)}{B_s} l^2 \tag{11-29}$$

上式等号右边第 1 项为荷载准永久组合弯矩 M_q 产生的挠度，第 2 项为荷载标准组合弯矩 M_k 与荷载准永久组合弯矩 M_q 之差的短期荷载产生的挠度。如将上式表示为 $f = S \frac{M_k}{B_l} l^2$ 的形式，则可推得，当采用荷载标准组合并考虑准永久荷载长期作用影响后的折算抗弯刚度为：

$$B_l = \frac{M_k}{M_k + (\theta-1)M_q} B_s \tag{11-30}$$

上述抗弯刚度公式适用于矩形、T形、倒T形和I形截面钢筋混凝土受弯构件。

11.2.5 受弯构件的挠度变形验算

如前所述,钢筋混凝土截面的抗弯刚度随弯矩的增加而减小。对于钢筋混凝土受弯构件,弯矩一般沿梁轴线是变化的,因此抗弯刚度沿梁轴线方向也是变化的。如图11-10所示简支梁,在支座附近弯矩较小,抗弯刚度比跨中要大。但如按变刚度梁来计算挠度变形十分麻烦,为简化且偏于安全起见,《规范》规定:钢筋混凝土受弯构件的抗弯刚度取同号弯矩区段最大弯矩截面处的最小刚度B_{min},按等刚度梁来计算。这样的简化计算结果比按变刚度梁的理论值略偏大。但由于靠近支座处的曲率误差对梁的最大挠度影响很小,且挠度计算时仅考虑梁的弯曲变形的影响,实际上还存在一定的剪切变形,因此按最小刚度B_{min}计算的结果与实测结果的误差很小。上述方法习称为"最小刚度原则"。为满足正常使用阶段适用性要求,按上述方法的挠度计算值不应超过表11-1规定的限值。

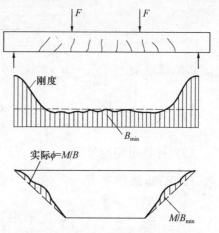

图11-10 最小刚度原则及其对挠度的影响

【例题11-1】 钢筋混凝土矩形截面简支梁如图11-11所示,截面尺寸$b=200mm$,$h=450mm$,计算跨度$l_0=5.2m$。承受均布荷载,其中永久荷载标准值$g_k=5kN/m$,可变荷载标准值$q_k=10kN/m$,准永久值系数$\psi_q=0.5$。采用C20级混凝土,配HRB335级纵筋3Φ16。试验算梁的跨中最大挠度是否满足要求。

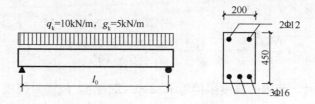

图11-11 [例题11-1]图

【解】

(1) 求弯矩标准值

荷载准永久组合下梁跨中的弯矩为:

$$M_q = \frac{1}{8}(g_k + \psi_q q_k)l_0^2 = \frac{1}{8} \times (5 + 0.5 \times 10) \times 5.2^2 = 33.8 \text{kN} \cdot \text{m}$$

(2) 计算钢筋应变不均匀系数 ψ

$$A_s = 603 \text{mm}^2, h_0 = 415 \text{mm}$$

$$\rho_{te} = \frac{A_s}{0.5bh} = \frac{603}{0.5 \times 200 \times 450} = 0.0134$$

$$\sigma_q = \frac{M_q}{0.87h_0 A_s} = \frac{33.8 \times 10^6}{0.87 \times 415 \times 603} = 155.3 \text{N/mm}^2$$

C20 级混凝土：$f_{tk} = 1.54 \text{N/mm}^2$，$E_c = 2.55 \times 10^4 \text{N/mm}^2$

$$\psi = 1.1 - 0.65 \frac{f_{tk}}{\sigma_q \rho_{te}} = 1.1 - 0.65 \times \frac{1.54}{155.3 \times 0.0134} = 0.74 \quad \begin{matrix} > 0.2 \\ < 1.0 \end{matrix}$$

(3) 计算短期刚度 B_s

HRB335 级钢筋 $E_s = 2 \times 10^5 \text{N/mm}^2$

$$\alpha_E = \frac{E_s}{E_c} = \frac{2 \times 10^5}{2.55 \times 10^4} = 7.84, \quad \rho = \frac{A_s}{bh_0} = \frac{603}{200 \times 415} = 0.00727$$

$$B_s = \frac{E_s A_s h_0^2}{1.15\psi + 0.2 + 6\alpha_E \rho} = \frac{2 \times 10^5 \times 603 \times 415^2}{1.15 \times 0.74 + 0.2 + 6 \times 7.84 \times 0.00727}$$

$$= 14.91 \times 10^{12} \text{N} \cdot \text{mm}^2$$

(4) 计算长期刚度 B_l

$$\rho' = 0, \theta = 2.0$$

$$B_l = \frac{B_s}{\theta} = \frac{14.91 \times 10^{12}}{2} = 7.455 \times 10^{12} \text{N} \cdot \text{mm}^2$$

(5) 计算挠度 f

$$f = \frac{5}{48} \cdot \frac{M_q l_0^2}{B_l} = \frac{5}{48} \times \frac{33.8 \times 10^6 \times 5.2^2 \times 10^6}{7.455 \times 10^{12}} = 12.77 \text{mm}$$

根据表 11-1，此梁的挠度限值取 $l_0/200 = 26 \text{mm}$，故满足挠度变形要求。

11.3 受弯构件的裂缝宽度验算

自混凝土结构出现以来，其裂缝问题一直是令结构工程师和使用者困扰的问题。大多数混凝土结构，尤其是大跨度混凝土受弯构件的设计往往取决于裂缝控制。尽管对于结构工程师来说，设计合理和正常施工的结构，出现一些微小的裂缝对结构承载力和安全性没有影响，但使用者往往对裂缝特别敏感，认为是一种破坏前兆或是工程质量问题，并由此引起纠纷。但是，裂缝宽度过大也确实会对使用和结构安全产生不利影响，如引起渗漏、钢筋锈蚀、混凝土碳化，进而引起混凝土结构的耐久性等问题。但如果过分限制裂缝，往往又使得工程建设成本不经济。因此，掌握混凝土结构的裂缝机理及其控制方法十分重要，本节主要介绍受弯构件荷载引起的裂缝宽度验算，其他原因产生的裂缝及其控制见11.4节。

《规范》规定：结构构件应根据结构类型和规定的环境类别，按表11-2的规定选用不同的裂缝控制等级及最大裂缝宽度限值 $w_{\lim}$。

11.3.1 裂缝的出现、分布与开展的机理

图 11-12 所示为轴心受拉构件的裂缝出现和分布过程。

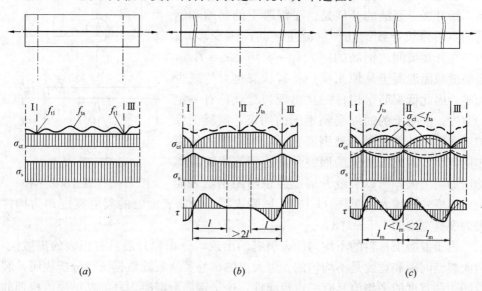

图 11-12 轴心受拉构件裂缝的出现与分布、裂缝间钢筋和混凝土的应力
(a) 裂缝出现；(b) 第一批裂缝出现；(c) 第二批裂缝出现

在裂缝出现前，除构件端部局部区段外，混凝土和钢筋的应变和应力沿构件轴向基本上是均匀分布的（见图 11-12a）。需要注意的是，由于混凝土的离散性，混凝土实际抗拉强度 f_{ta} 沿构件轴向的分布并不均匀。随着轴向拉力 N 的不断增加，混凝土的拉应力会首先在构件最薄弱截面达到其抗拉强度 f_{tl}，并在该截面位置出现第一条（或第一批）裂缝（图 11-12a 中 I、Ⅲ 截面位置）。裂缝出现瞬间，裂缝截面位置的混凝土退出受拉工作，应力降为零。而开裂前原来由混凝土承担的拉应力转移给钢筋承担，使得钢筋的拉应力产生一突然增量 $\Delta\sigma_{\mathrm{s}}=f_{\mathrm{t}}/\rho$，配筋率越小，$\Delta\sigma_{\mathrm{s}}$ 就越大。由于钢筋与混凝土之间存在粘结，随

着距裂缝截面距离的增加，混凝土中又重新建立起拉应力 σ_{ct}，而钢筋的拉应力 σ_s 则随距裂缝截面距离的增加而减小。当距第一条（或第一批）裂缝截面有足够长度 l 时，混凝土拉应力 σ_{ct} 增大到 f_t。此时继续增加一些荷载，将会在距第一条（批）裂缝截面 l 处附近的某个薄弱截面出现新的裂缝（图 11-12b 中Ⅱ截面位置）。如果两条裂缝的间距小于 $2l$，则由于粘结应力传递长度不够，混凝土拉应力不可能达到混凝土的抗拉强度 f_t，故在将两条裂缝间距之间不再会出现新的裂缝。因此，裂缝的间距最终将稳定在 $(l \sim 2l)$ 之间，平均间距可取 $1.5l$。从第一条（或第一批）裂缝出现到裂缝全部出齐为裂缝出现阶段，该阶段的荷载增量并不大，主要取决于混凝土抗拉强度的离散程度。裂缝间距的计算公式即是以该阶段的钢筋与混凝土的粘结受力分析建立的。

裂缝出齐后，随着荷载的继续增加，裂缝宽度将不断开展。裂缝的开展是由于混凝土的回缩和钢筋的不断伸长导致钢筋与混凝土之间产生变形差。由于在开裂瞬间，钢筋的应力有一突增 $\Delta \sigma_s = f_t/\rho$，而裂缝截面混凝土从原来受拉张紧状态也突然减少为零，因此低配筋率构件一旦出现裂缝就具有一定的宽度。混凝土的回缩受到钢筋的约束，混凝土保护层愈厚，外表混凝土离钢筋愈远，所受到的约束作用愈小，因此混凝土的回缩量随距钢筋表面距离的增加而增大，所以裂缝开展宽度也随距钢筋表面距离的增加而增大（见图 11-13）。试验表明，钢筋表面处的裂缝宽度约为构件表面裂缝宽度的 1/5～1/3。

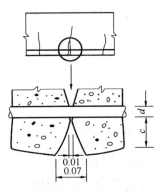

图 11-13 裂缝断面形状

由于混凝土材料的不均匀性，裂缝的出现、分布和开展具有很大的离散性，因此裂缝间距和宽度是不均匀的。但大量的试验实测裂缝数据统计分析表明，裂缝间距和宽度的平均值具有一定规律性，这是钢筋与混凝土之间粘结受力机理的反映。

11.3.2 裂缝间距

设裂缝间距为 l，取出两裂缝间的隔离体，如图 11-14 所示。隔离体一端为已出现的第一条裂缝位置（图 11-14a 中 1-1 截面），另一端为即将出现第二条裂缝的位置（图 11-14a 中 2-2 截面）。已出现裂缝的 1-1 截面仅钢筋受拉，其拉应力为 σ_{s1}；即将出现裂缝的 2-2 截面，混凝土达到抗拉强度 f_t，钢筋的拉应力为 σ_{s2}。由隔离体两端的受拉平衡条件可得

$$\sigma_{s1} A_s = \sigma_{s2} A_s + f_t A_c \tag{11-31}$$

再取出钢筋隔离体（图 11-14b），设在裂缝间距 l 范围的平均粘结应力为 τ_m，钢

筋的周长为 $u=\pi d$（d 为钢筋直径），则钢筋的表面积为 $u \cdot l$。1-1 截面与 2-2 截面钢筋两端的拉力差由钢筋表面的粘结力 $\tau_m \cdot u \cdot l$ 来平衡，即有

$$\sigma_{s1} A_s - \sigma_{s2} A_s = \tau_m \cdot u \cdot l \quad (11-32)$$

由以上式（11-31）和式（11-32）可得

$$\tau_m \cdot u \cdot l = f_t A_c \quad (11-33)$$

设 $\rho = A_s/A_c$，并引用 $A_s = \pi d^2/4$，可得

$$l = \frac{f_t A_c}{\tau_m u} = \frac{1}{4} \cdot \frac{f_t}{\tau_m} \cdot \frac{d}{\rho} \quad (11-34)$$

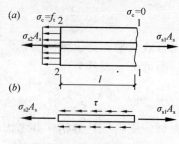

图 11-14 裂缝间距

由于粘结应力 τ_m 与混凝土抗拉强度 f_t 近乎成正比关系，即上式中的比值 f_t/τ_m 近似为常数，并近似取平均裂缝间距为 $1.5l$，故平均裂缝间距可表示为：

$$l_m = K_1 \cdot \frac{d}{\rho} \quad (11-35)$$

上式表明，当配筋率 ρ 相同时，钢筋直径越细，裂缝间距越小，裂缝宽度也越小，也即裂缝的分布和开展会密而细，这是控制裂缝宽度的一个重要原则。但上式中，当 d/ρ 趋于零时，裂缝间距趋于零，这并不符合实际情况。试验表明，当 d/ρ 很小时，裂缝间距趋近于某个常数。该数值与钢筋保护层厚度 c_s 和钢筋净间距有关，根据试验结果分析，对式（11-35）修正如下：

$$l_m = K_2 c_s + K_1 \cdot \frac{d}{\rho} \quad (11-36)$$

式中，钢筋保护层厚度 c_s 为最外层纵向受拉钢筋外边缘到受拉区底边的距离（mm）。

以上分析是针对轴心受拉构件的。对于矩形截面受弯构件，可将截面受拉区近似为一轴心受拉构件，根据粘结力的有效影响范围，近似取有效受拉面积 $A_{te} = 0.5bh$，因此将式（11-36）中的配筋率 ρ 用下式有效受拉面积 A_{te} 计算的配筋率 ρ_{te} 替换后，即可用于受弯构件。

$$\rho_{te} = \frac{A_s}{0.5bh} \quad (11-37)$$

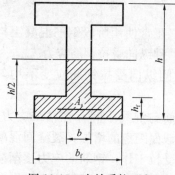

图 11-15 有效受拉面积

对于图 11-15 所示受拉区有翼缘的截面，有效受拉面积 A_{te} 取 $A_{te} = 0.5bh + (b_f - b)h_f$，则按有效受拉混凝土截面面积计算的纵向受拉钢筋配筋率 ρ_{te} 为：

$$\rho_{te} = \frac{A_s}{0.5bh + (b_f - b)h_f} \tag{11-38}$$

采用有效混凝土受拉截面面积配筋率 ρ_{te} 后，各类截面钢筋混凝土构件的平均裂缝间距可统一表示为

$$l_m = K_2 c_s + K_1 \cdot \frac{d}{\rho_{te}} \tag{11-39}$$

根据试验资料统计分析，并考虑轴心受拉、受弯和偏心受压构件的不同受力特征的影响，对于常用的带肋钢筋，《规范》给出的平均裂缝间距 l_m 的计算公式为

对轴心受拉构件 $\quad l_m = 1.1 \left(1.9 c_s + 0.08 \cdot \frac{d}{\rho_{te}} \right) \tag{11-40a}$

对受弯、偏心受压和偏心受拉构件 $\quad l_m = 1.9 c_s + 0.08 \cdot \frac{d}{\rho_{te}} \tag{11-40b}$

11.3.3 裂缝宽度

1. 平均裂缝宽度 w_m

平均裂缝宽度 w_m 等于平均裂缝间距 l_m 长度内钢筋和混凝土的平均受拉伸长之差（见图 11-16），即

$$w_m = \bar{\varepsilon}_s l_m - \bar{\varepsilon}_c l_m = \bar{\varepsilon}_s \left(1 - \frac{\bar{\varepsilon}_c}{\bar{\varepsilon}_s} \right) l_m = \alpha_c \bar{\varepsilon}_s l_m \tag{11-41}$$

式中 $\alpha_c = \left(1 - \frac{\bar{\varepsilon}_c}{\bar{\varepsilon}_s}\right)$ ——反映裂缝间混凝土伸长对裂缝宽度影响的系数，根据试验分析结果，对受弯构件和偏心受压构件取 $\alpha_c = 0.77$，轴心受拉和偏心受拉构件取 $\alpha_c = 0.85$。

引用纵向钢筋应变不均匀系数 ψ，$\bar{\varepsilon}_s = \psi \varepsilon_s = \psi \frac{\sigma_s}{E_s}$，则平均裂缝宽度 w_m 可表示为

$$w_m = \alpha_c \psi \frac{\sigma_s}{E_s} l_m \tag{11-42}$$

式中 σ_s——正常使用阶段钢筋混凝土构件纵向受拉钢筋应力。

2. 裂缝间纵向受拉钢筋应变不均匀系数 ψ

由于钢筋与混凝土间存在粘结应力，随着距裂缝截面距离的增加，裂缝间混凝土逐渐参与受拉工作，钢筋的应力逐渐减小，因此裂缝间纵向受拉钢筋应变沿纵向

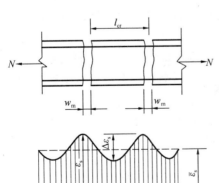

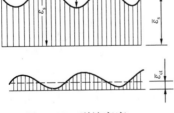

图 11-16 裂缝宽度

的分布是不均匀的。由图 11-16 可见，裂缝截面处钢筋的受拉应变最大，裂缝中间钢筋受拉应变最小，其差值反映了混凝土参与受拉作用的大小。所以，裂缝间纵向受拉钢筋应变不均匀系数 ψ 是反映裂缝间混凝土参加受拉工作程度的影响系数。

图 11-17 为受弯构件的弯矩与裂缝截面钢筋应变 ε_s 和钢筋平均应变 $\bar{\varepsilon}_s$ 的关系。在开裂瞬间，裂缝截面混凝土退出受拉工作，产生应力重分布，裂缝截面的受拉钢筋应力有一突增 $\Delta\sigma_s$，相应受拉钢筋应变增量为 $\Delta\varepsilon_s$，此时 ε_s 与 $\bar{\varepsilon}_s$ 相差最大。随着荷载增大，钢筋应力增加，钢筋与混凝土间的相对滑移增大，粘结应力逐渐遭到破坏，受拉区混凝土逐渐退出工作，ε_s 与 $\bar{\varepsilon}_s$ 的差距逐渐减小，ψ 趋于 1。

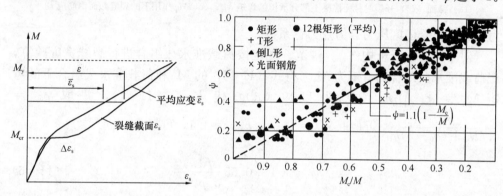

图 11-17　M-ε_s 和 M-$\bar{\varepsilon}_s$ 关系　　　　图 11-18　ψ 与 M_c/M 关系的试验结果

由裂缝间纵向受拉钢筋应变不均匀系数的定义知

$$\psi = \frac{\bar{\varepsilon}_s}{\varepsilon_s} = 1 - \frac{\varepsilon_s - \bar{\varepsilon}_s}{\varepsilon_s} \tag{11-43}$$

式中，裂缝截面的钢筋应变 ε_s 与作用弯矩 M 成正比；而应变差 $(\varepsilon_s - \bar{\varepsilon}_s)$ 近似与开裂时钢筋应变的增量 $\Delta\varepsilon_s$ 成正比，$\Delta\varepsilon_s$ 则与开裂时截面受拉区混凝土退出拉力的大小成正比，也即与开裂时截面混凝土部分所承担的弯矩 M_c 成正比。所以，上式中 $(\varepsilon_s - \bar{\varepsilon}_s)/\varepsilon_s$ 与 M_c/M 成正比。因此，ψ 可表示为 M_c/M 的函数。图 11-18 为各种截面形式的受弯构件在不同配筋率情况下 ψ 与 M_c/M 关系的试验结果，其经验公式为：

$$\psi = 1.1\left(1 - \frac{M_c}{M}\right) \tag{11-44}$$

裂缝出现时，近似取中和轴高度等于 $h/2$，受拉区应力为矩形分布，应力值取混凝土抗拉强度标准值 f_{tk}，则开裂时截面混凝土部分所承担的弯矩 M_c 为（见图 11-19a）：

$$M_c = 0.8 \cdot [0.5bh + (b_f - b)h_f] f_{tk} \eta_c h \tag{11-45}$$

式中，系数 0.8 是考虑混凝土收缩影响对 M_c 的降低作用；η_c 为受拉区混凝土拉

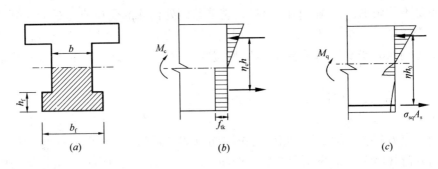

图 11-19

(a) 截面；(b) 开裂时截面混凝土部分承担的弯矩 M_c；(c) M_q 作用下的裂缝截面钢筋应力

力合力点至受压区压力合力点力臂系数。

对于钢筋混凝土构件，《规范》规定按荷载准永久组合进行裂缝宽度验算，记荷载准永久组合的弯矩为 M_q。将式（11-45）的 M_c 和荷载准永久组合下的弯矩 $M_q = \sigma_{sq} A_s \eta h_0$（见图 11-19 (c)）代入式（11-44），并取 $\rho_{te} = \dfrac{A_s}{0.5bh+(b_f-b)h_f}$，近似取 $\eta_c/\eta = 0.67$，$h/h_0 = 1.1$，可得

$$\psi = 1.1 - 0.65 \dfrac{f_{tk}}{\sigma_{sq}\rho_{te}} \tag{11-46}$$

根据试验结果，《规范》规定，当 $\psi < 0.2$ 时，取 $\psi = 0.2$；当 $\psi > 1.0$ 时，取 $\psi = 1.0$；对直接承受重复荷载作用的构件，取 $\psi = 1.0$。

3. 最大裂缝宽度

试验研究观测表明，钢筋混凝土构件中各条裂缝的宽度有很大的离散性。取实测最大裂缝宽度 w_t 与式（11-42）计算的平均裂缝宽度 w_m 的比值为 τ，根据钢筋混凝土受弯构件和偏心受压构件实验的裂缝量测结果统计表明，τ 值基本为正态分布。以超越概率为 5% 的统计值作为最大裂缝宽度 w_{max}，则 w_{max} 可表示为

$$w_{max} = w_m (1 + 1.645\delta) \tag{11-47a}$$

式中，δ 为裂缝宽度变异系数，对受弯构件，由试验实测结果统计得 $\delta = 0.4$，若记裂缝宽度扩大系数 $\tau = (1+1.645\delta) = (1+1.645 \times 0.4) = 1.66$，则最大裂缝宽度为

$$w_{max} = 1.66 w_m = \tau \cdot w_m \tag{11-47b}$$

对于轴心受拉和偏心受拉构件，根据试验结果统计，按超越概率 5% 的裂缝宽度扩大系数 $\tau = 1.9$。

4. 长期荷载的影响

在荷载长期作用下，由于钢筋与混凝土的粘结滑移徐变、拉应力的松弛以及混凝土的收缩影响，会导致裂缝间混凝土不断退出受拉工作，钢筋平均应变会逐渐增大，裂缝宽度也会逐渐增大。此外，荷载的变动，环境温度的变化，都会使钢筋与混凝土间的粘结作用受到削弱，也将导致裂缝宽度的不断增大。根据试验长期观测结果，长期荷载下裂缝的扩大系数为 $\tau_l = 1.5$。

5. 裂缝宽度计算公式

综合以上裂缝扩大系数后，长期荷载下钢筋混凝土构件的最大裂缝宽度为：

$$w_{\max} = \tau \cdot \tau_l \cdot w_m = \alpha_c \cdot \tau \cdot \tau_l \cdot \psi \frac{\sigma_{sq}}{E_s} l_m \tag{11-48}$$

将裂缝间距式（11-40）代入，并将有关系数合并，可得荷载准永久组合下钢筋混凝土构件裂缝宽度计算公式如下：

$$w_{\max} = \alpha_{cr} \psi \frac{\sigma_{sq}}{E_s} \left(1.9 c_s + 0.08 \frac{d}{\rho_{te}}\right) \tag{11-49a}$$

其中

$$\rho_{te} = \frac{A_s}{A_{te}} \tag{11-49b}$$

式中 α_{cr}——构件受力特征系数，对于受弯、偏心受压构件 $1.5 \times 1.66 \times 0.77 = 1.9$；对于轴心受拉构件 $\alpha_{cr} = 1.5 \times 1.9 \times 0.85 \times 1.1 = 2.7$；对轴心受拉构件 $\alpha_{cr} = 2.7$；

         A_{te}——有效受拉混凝土截面面积；对轴心受拉构件，取构件截面面积；对受弯、偏心受压和偏心受拉构件，取 $A_{te} = 0.5bh + (b_f - b)h_f$，此处，$b_f$、$h_f$ 为受拉翼缘的宽度、高度。

鉴于对配筋率较小构件的裂缝宽度试验资料较少，《规范》规定在最大裂缝宽度计算中，当 $\rho_{te} < 0.01$ 时，取 $\rho_{te} = 0.01$；当保护层厚度 $c < 20$mm 时，取 $c = 20$mm；当 $c > 65$mm 时，取 $c = 65$mm。

由式（11-49）分析可知，混凝土保护层厚度较大，裂缝宽度计算值也越大。但考虑到较大的混凝土保护层厚度对防止钢筋锈蚀是有利的，因此对混凝土保护层厚度较大的构件，当外观要求允许时，可根据实践经验，对表 11-2 所规定的最大裂缝宽度限值作适当放大。

对于配置不同直径和不同钢筋品种的情况，考虑到粘结性能的差别，可用下式等效钢筋直径 d_{eq} 代替式（11-49a）中的钢筋直径 d：

$$d_{eq} = \frac{\sum n_i d_i^2}{\sum n_i v_i d_i} \tag{11-50}$$

式中 d_i——第 i 种钢筋的直径；

         n_i——第 i 种钢筋的根数；

         v_i——第 i 种钢筋的相对粘结特性系数，按表 11-3 取值。

钢筋的相对粘结特性系数 v_i   表 11-3

钢筋类别	非预应力钢筋		先张法预应力钢筋			后张法预应力钢筋		
	光面钢筋	带肋钢筋	带肋钢筋	带肋钢丝	钢绞线	带肋钢筋	钢绞线	光面钢丝
v_i	0.7	1.0	1.0	0.8	0.6	0.8	0.5	0.4

注：对环氧树脂涂层带肋钢筋，其相对粘结特性系数应按表中系数的 0.8 倍取用。

6. 纵向受拉钢筋的应力 σ_{sq} 的计算

钢筋混凝土构件在荷载准永久组合下拉区纵向钢筋的应力按下列公式计算：

（1）轴心受拉构件

$$\sigma_{sq} = \frac{N_q}{A_s} \tag{11-51}$$

（2）偏心受拉构件

$$\sigma_{sq} = \frac{N_q e'}{A_s (h_0 - a'_s)} \tag{11-52}$$

（3）受弯构件

$$\sigma_{sq} = \frac{M_q}{0.87 h_0 A_s} \tag{11-53}$$

（4）偏心受压构件

$$\sigma_{sq} = \frac{N_q (e - z)}{A_s z} \tag{11-54a}$$

$$z = \left[0.87 - 0.12 (1 - \gamma'_f) \left(\frac{h_0}{e} \right)^2 \right] h_0 \tag{11-54b}$$

$$e = \eta_s e_0 + y_s \tag{11-54c}$$

$$\gamma'_f = \frac{(b'_f - b) h'_f}{b h_0} \tag{11-54d}$$

$$\eta_s = 1 + \frac{1}{4000 e_0 / h_0} \left(\frac{l_0}{h} \right)^2 \tag{11-54e}$$

式中 A_s——受拉区纵向钢筋截面面积，对轴心受拉构件，取全部纵向钢筋截面面积；对偏心受拉构件，取受拉较大边的纵向钢筋截面面积；对受弯、偏心受压构件，取受拉区纵向钢筋截面面积；

N_q、M_q——按荷载准永久组合计算的轴向力和弯矩，对偏心受压构件不考虑二阶效应的影响；

e'——轴向拉力作用点至受压区或受拉较小边纵向钢筋合力点的距离；

e——轴向压力作用点至纵向受拉钢筋合力点的距离；

e_0——荷载准永久组合下的初始偏心距，取为 M_q/N_q；

z——纵向受拉钢筋合力点至截面受压区合力点的距离，且不大于 $0.87 h_0$；

η_s——使用阶段的轴向压力偏心距增大系数，当 l_0/h 不大于 14 时，取 1.0；

y_s——截面重心至纵向受拉钢筋合力点的距离；

γ'_f——受压翼缘截面面积与腹板有效截面面积的比值；

b'_f、h'_f——分别为受压区翼缘的宽度、高度；在式（11-54d）中，当 h'_f 大于 $0.2h_0$ 时，取 $0.2h_0$。

以上介绍的《规范》关于钢筋混凝土构件在荷载作用下的横向裂缝宽度计算，其计算公式主要是根据钢筋与混凝土间粘结-滑移理论和实验研究得到的。由于实验研究中受弯构件一般在支座处设置可自由滚动的滚轴支座，而实际工程中受弯构件的支座往往具有一定的刚性，故受弯构件挠曲伸长会受阻，裂缝宽度一般会比实验量测得到的裂缝宽度小很多。另一方面，由式（11-49a）可知，混凝土保护层厚度 c 越大，则计算所得裂缝宽度也越大，这会使得设计人员不得不尽量减少钢筋的混凝土保护层厚度，从而损害结构的耐久性，这又与控制裂缝宽度来满足耐久性的目标相矛盾。国内外的大量调查和研究表明，钢筋混凝土构件在荷载作用下产生的横向裂缝只使裂缝截面的钢筋表面提前发生锈蚀，裂缝处一旦出现锈蚀，如果保护层厚度足够，则离开裂缝的其他部位的钢筋发生锈蚀的速度和可能性会迅速降低，所以横向裂缝的大小和有无，对于热轧钢筋的使用年限和耐久性并没有明显影响。

事实上，防止钢筋锈蚀主要是依靠保护层混凝土的良好抗渗性和加大保护层厚度。因此，在裂缝宽度计算中，应从保证混凝土结构耐久性的措施角度出发，不必过于受限于荷载作用下横向裂缝宽度的限值。

【例题 11-2】 计算［例题 11-1］中梁的最大裂缝宽度。

【解】 由［例题 11-1］已知荷载准永久组合下的弯矩 $M_\mathrm{q}=33.8\mathrm{kN\cdot m}$，$\rho_\mathrm{te}=0.0134>0.01$，$\sigma_\mathrm{q}=155.3\ \mathrm{N/mm^2}$，$\psi=0.740$，$d=16\mathrm{mm}$，$c=25\mathrm{mm}$，$E_\mathrm{s}=2\times 10^5\mathrm{N/mm^2}$，受弯构件 $\alpha_\mathrm{cr}=2.1$。将以上数据代入式（11-4）得

$$w_\mathrm{max}=\alpha_\mathrm{cr}\psi\frac{\sigma_\mathrm{sq}}{E_\mathrm{s}}\left(1.9c+0.08\frac{d}{\rho_\mathrm{te}}\right)$$
$$=2.1\times 0.740\times\frac{155.3}{2\times 10^5}\times\left(1.9\times 25+0.08\times\frac{16}{0.0134}\right)=0.173\mathrm{mm}$$

11.3.4 钢筋有效约束区与荷载裂缝宽度控制

前述裂缝宽度的计算公式是基于"无粘结-滑移理论"建立的，该理论认为裂缝的开展是由于钢筋与混凝土之间不再保持变形协调，出现相对滑移而产生的。然而试验量测表明，钢筋表面的裂缝宽度约为构件表面裂缝宽度的 1/5～1/3，如图 11-20 所示。产生这一现象的原因是混凝土保护层有一定的厚度，随着混凝土到钢筋表面的距离不同，其受钢筋与混凝土界面的粘结应力影响程度也不同，造成构件表面处混凝土受拉程度较小，而钢筋表面处混凝土受拉程度较大，因此混凝土的回缩量随距钢筋表面距离的增加而增大，即保护层混凝土在横截面上存在着局部应变梯度，该应变梯度的大小，控制着保护层厚度不同位置的裂缝宽

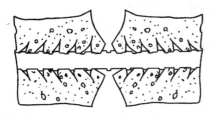

图 11-20 裂缝的形状

度，形成如图 11-20 所示的局部裂缝开展宽度状况。基于保护层厚度应变梯度概念建立裂缝宽度的理论称为"无滑移理论"。该理论认为构件表面裂缝宽度主要是由钢筋周围的混凝土回缩形成的，其决定性因素是构件表面到最近钢筋的距离，即混凝土保护层厚度 c（和钢筋间的距离 s）。这一现象表明，每根钢筋对周围混凝土回缩的约束作用有一定范围，该范围称为**"钢筋有效约束区"**（Effective restraint area of rebar）。当保护层厚度 c（和钢筋间的距离 s）超出钢筋的有效约束区范围，则构件表面的裂缝宽度会明显增大。

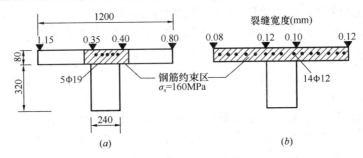

图 11-21　不同钢筋不止对裂缝宽度的影响
(a) 大直径钢筋集中配筋；(b) 小直径沿翼缘均匀配筋

钢筋有效约束区的概念对控制裂缝宽度具有重要意义。如图 11-21 所示承受负弯矩的 T 形梁，同样的受拉钢筋面积，采用不同的直径和布置方式，受拉翼缘的裂缝宽度会相差很大。采用图 11-21（a）大直径钢筋在梁腹板宽度内集中配筋方式比图 11-21（b）采用小直径沿翼缘均匀配筋方式，受拉翼缘边缘处的裂缝宽度大 10 倍。这是由于集中配筋方式的有效约束区仅限于梁腹板宽度范围，而远离梁腹的翼缘边缘不受钢筋约束，使得裂缝开展很大。

对于图 11-22 所示承受正弯矩的高度较大的 T 截面梁，如受拉钢筋集中配置

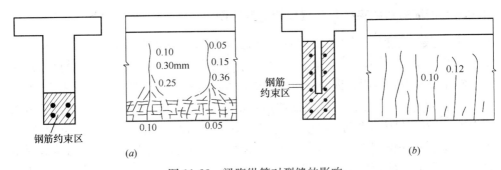

图 11-22　梁腹纵筋对裂缝的影响
(a) 无梁腹纵筋时的裂缝状况；(b) 有梁腹纵筋时的裂缝状况

的底部受拉区,则会出现受拉区钢筋处裂缝密而细,腹板处裂缝稀而宽的枝状裂缝分布形式,裂缝最宽处约在受拉区高度偏下 1/3 处。《规范》规定:对于腹板高度 $h_w \geqslant 450mm$ 的梁,为防止梁腹中部裂缝宽度开展过大产生不利影响,应设置梁腹纵筋,梁腹纵筋直径要求同架立钢筋。腹板高度 h_w,对矩形截面为有效高度,对 T 形和工形截面则为减去上、下翼缘后的腹板净高。此外,梁腹纵筋的间距不宜大于 200mm,且每侧梁腹纵筋的截面面积(不包括梁上、下受力钢筋及架立钢筋)不小于腹板截面面积(bh_w)的 0.1‰(见图 11-23)。

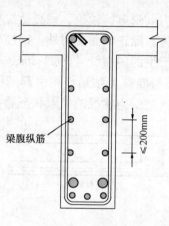

图 11-23 T 形梁

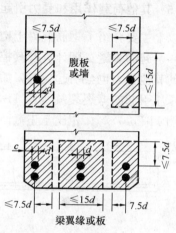

图 11-24 钢筋有效约束区

试验研究表明,单根钢筋的有效约束区约为以钢筋为中心 $7.5d$ 为半径圆的范围,见图 11-24。根据钢筋有效约束区的概念,通过合理布置钢筋,是控制裂缝宽度的最有效的方法,如采用大直径($d>32mm$)高强钢筋或并筋方式集中配筋时,可节约钢材、便于混凝土浇筑和改善工程质量。为减小这种配筋方式可能产生较大裂缝宽度和粘结劈裂裂缝,可在保护层内设置由较细的带肋钢筋网做成的表层钢筋,见图 11-25。

《规范》要求,当梁的混凝土保护层厚度不小于 50mm 时,可配置表层钢筋网片,表层钢筋网片的配置应符合下列规定:

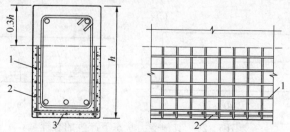

图 11-25 表层钢筋配置筋构造要求

1—梁侧表层钢筋网片;2—梁底表层钢筋网片;3—配置网片钢筋区域

(1) 表层钢筋宜采用焊接网片；应配置在梁底和梁侧的混凝土保护层中。其直径不宜大于8mm、间距不应大于150mm；梁侧的网片钢筋除应延伸到梁下部受拉区之外，并按受拉钢筋要求进行锚固；

(2) 两个方向上表层网片钢筋的截面积均不应小于相应混凝土保护层（阴影部分）面积的1%；

(3) 表层网片钢筋保护层不应小于25mm。

11.3.5 其他荷载作用和受力引起的裂缝控制

以上主要介绍了钢筋混凝土构件正截面受力（受弯、轴拉、偏心受拉和偏心受压）引起的裂缝宽度计算及其控制要求和措施。除正截面受力外，钢筋混凝土构件的其他受力也会引起裂缝，如受剪和受扭产生的斜裂缝（图11-26a、b、c）、局部承压引起的劈裂裂缝（图11-26d）和钢筋与混凝土粘结作用引起的劈裂裂缝（图11-26e）等。相比于正截面受力情况，这些受力状况的极限状态通常具有

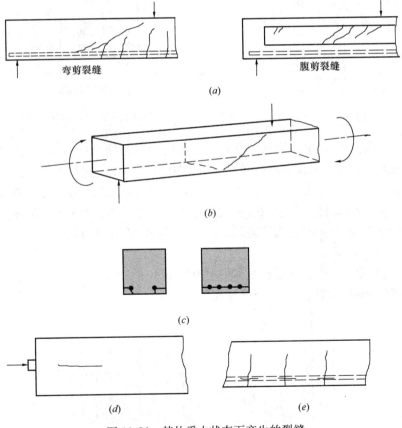

图11-26 其他受力状态下产生的裂缝
(a) 受剪产生的裂缝；(b) 受扭产生的裂缝；(c) 钢筋与混凝土粘结受力产生的裂缝；
(d) 混凝土局部受压产生的裂缝；(e) 钢筋与混凝土粘结产生的裂缝

较大脆性特征。为此，针对这些具有脆性特征的受力状态，通常是通过更高的承载力极限状态安全度来避免正常使用阶段出现明显的裂缝。

11.4 非荷载原因引起的裂缝及其控制措施*

混凝土结构中存在拉应力是产生裂缝的必要条件。除荷载作用会在混凝土结构中直接引起拉应力产生裂缝外，结构的不均匀沉降、收缩和膨胀、温度变化，以及在混凝土凝结、硬化阶段等非荷载受力变形因素也都会引起裂缝。这些裂缝的起因是由于这些非荷载受力变形因素使结构产生的受拉变形受到限制引起拉应力所致。需注意的是，这些非荷载受力变形引起的拉应力与结构的刚度大小有关，一旦裂缝出现后，结构变形得到满足或部分满足，同时刚度下降，拉应力会相应降低。根据大量的工程裂缝问题的调查，由各种非荷载受力变形因素引起的裂缝约占 80%，其中绝大多数是由于混凝土本身收缩引起的，多发生于施工浇筑成型硬化后的早期阶段，这些收缩裂缝只要不妨碍结构功能（如防水结构不允许贯穿裂缝），也并无危害，绝大多数在查明原因后，都可以接受，过宽的可适当修补。然而，各种非荷载受力变形因素引起的裂缝要比荷载受力裂缝复杂得多，因为引起非荷载受力变形的原因和变形的大小，往往与环境、时间和开裂程度等有关，目前还很难进行全面而准确计算。因此，了解这些非荷载受力变形产生裂缝的原因、机理、裂缝特征也是工程中裂缝控制的一个重要方面。

11.4.1 材料方面引起裂缝的原因

1. 水泥方面的原因

（1）异常凝结和异常膨胀：受风化的水泥，其品质很不安定。混凝土浇筑后，在达到一定强度以前，在凝结硬化阶段会产生如图 11-27 所示的短小的不规则裂缝。随着水泥品质的改善，这种裂缝目前较少见到。

（2）水泥水化热：由于水泥的水化反应，浇筑混凝土后，在初期凝结和硬化阶段，温度上升。混凝土在绝热条件下的温度上升情况如图 11-28 所示。由图可见，采用普通和早强水泥，

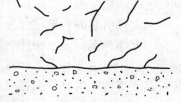

图 11-27 水泥异常凝结引起的裂缝

水泥用量在 $300 kg/m^3$ 左右时，温度上升为 $30\sim40℃$ 左右。其次，在构件内部产生蓄热的同时，构件表面还产生放热，使得构件温度经上升后再下降。构件内部与外部的温度变化曲线如图 11-29 所示。

实际构件温度上升情况受以下一些因素的影响：①水泥颗粒越细（如早强水泥），单位水泥用量越多，构件尺寸越大，模板保温性越好，则温度上升越高；

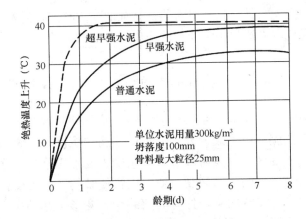

图 11-28 混凝土在绝热情况下的温度上升

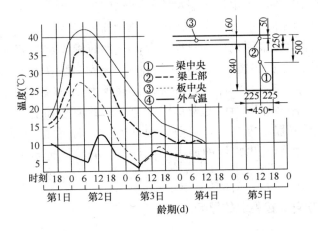

图 11-29 水化热引起构件内部的温度变化

②基点气温越高,拌合时混凝土的温度越高,则温度上升越高;③构件尺寸越大且模板的散热性越好,则构件内部与构件表面的温差就越大。

水化热引起的裂缝可分为以下两种情况:

①大体积混凝土:构件的最小尺寸大于 800mm 时,通常可认为是大体积混凝土。由于上述各种因素,对于大体积混凝土,内部温度较大,构件外表面温度较低,产生内外温差,引起内外混凝土热膨胀变形的差异。内部混凝土膨胀受到外部混凝土的变形约束,使构件表面受拉而产生裂缝。这种裂缝在构件表面通常呈直交状况,如图 11-30 所示。

②结构构件间的相互影响:大型构件与小尺寸构件共同组成的结构(如基础梁与薄墙板、大尺寸梁与薄楼板等),以及梁柱框架结构中均可能因温差的影响产生裂缝。图 11-31 为框架结构的裂缝情况。这种裂缝是由于先浇筑已凝结硬化的混凝土柱对后浇筑混凝土梁的温度变形产生约束引起的。后浇筑部分构件的尺寸越大,其影响就越显著。但在实际工程中,由于混凝土在凝结硬化阶段受模板

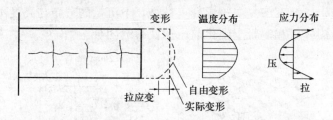

图 11-30 大体积混凝土的温度、应力分布和裂缝

的刚性约束，后浇混凝土的温度变形有所减小，构件间的相互影响程度有所缓和。

2. 骨料方面的原因

（1）骨料中的泥分：细骨料中含有较多的泥分时，会使混凝土的干燥收缩量增大。泥分增加 2‰～3‰，水泥浆的收缩率约增加 10%～20%。此外，泥分的存在也使水泥与粗骨料的粘结强度降低。因此泥分较多的混凝土，由于干燥收缩会产生如图 11-32 所示是网状裂缝。

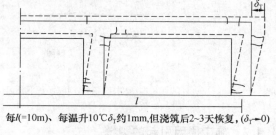

每 $l(=10m)$、每温升 10℃ δ_T 约 1mm，但浇筑后 2~3 天恢复，$(\delta_T \to 0)$

图 11-31 水化热对框架结构的影响

（2）碱骨料反应：骨料中碱含量较高时，因吸收周围的水分产生化学反应使骨料膨胀，产生龟裂状裂缝。当构件在某个方向受到约束时，裂缝会沿约束方向产生，即如图 11-33 所示沿梁、柱轴向发展，这是因为构件轴向受到约束的缘故。

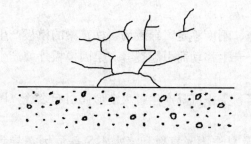

图 11-32 骨料中泥分引起的裂缝

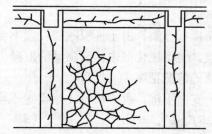

图 11-33 碱骨料反应引起的裂缝

3. 混凝土的下沉和泌水

混凝土浇筑后，在凝结过程中会产生下沉和泌水。混凝土中水量越多，保水性越差，其下沉量就越大。当混凝土下沉受到钢筋或周围混凝土的约束也会产生裂缝，其裂缝特征如图 11-34 所示，通常在钢筋上方和板与梁交界处出现。混凝土浇筑后下沉量约为浇筑高度的 1‰。对于墙、柱等高度较大的构件，由于模板

和钢筋的约束,以及下部先浇筑混凝土粘结,下沉量的分布与高度不成比例。混凝土下沉产生裂缝可在混凝土硬化前压抹使裂缝闭合。

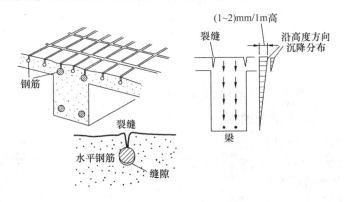

图 11-34 混凝土下沉引起的裂缝

11.4.2 施工原因引起的裂缝

混合材料不均匀:由于搅拌不均匀,材料的膨胀和收缩的差异,引起局部的一些裂缝(图 11-35a)。

长时间搅拌:混凝土运输时间过长,长时间搅拌突然停止后很快硬化产生的异常凝结,引起网状裂缝(图 11-35b)。

浇筑速度过快:当构件高度较大,如一次快速浇筑混凝土,因下部混凝土尚未充分硬化,产生下沉,引起裂缝(图 11-35c)。

交接缝:浇筑先后时差过长,先浇筑的混凝土已硬化,导致交接缝混凝土不连续,这通常是结构产生裂缝的起始位置,成为结构承载力和耐久性的缺陷(图 11-35d)。

模板外鼓:由于模板隔挡设置不当、刚度不足,导致墙、柱、梁的模板产生外鼓,使得硬化但未达到强度的混凝土产生移动而引起裂缝。梁因模板外鼓产生裂缝的情况见图 11-35(e)。

支撑下沉:由于模板支撑设置不当,支撑沉降产生过大变形而引起裂缝(图 11-35f、g)。

初期快速干燥:由于风、高温以及夏季阳光直射和浇水不足等原因,导致混凝土表面失去养护水分,因快速干燥而使得混凝土在凝结结束时产生裂缝。裂缝的形状比混凝土泌水沉降裂缝更细,且呈无方向性的龟甲状,裂缝深度也较浅。

模板拆除过早:拆模后,因混凝土的干燥速度加快,加之构件干燥收缩产生的约束作用引起拉应力,在混凝土抗拉强度不足时产生裂缝。这种裂缝与干燥裂缝有所不同,而与荷载和强制变形下裂缝情况类似。

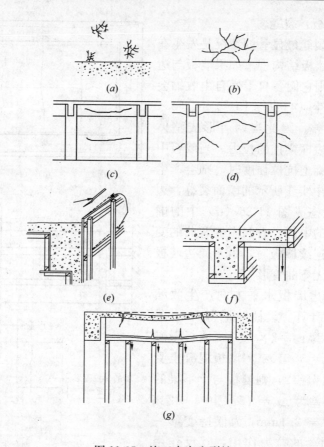

图 11-35 施工中产生裂缝

(a) 材料混合不均匀；(b) 长时间搅拌；(c) 快速浇筑；(d) 交接缝处理不当；
(e) 模板变形；(f) 支撑下沉；(g) 支撑下沉

混凝土硬化前受到振动或加载：在混凝土凝结、硬化阶段，由于附近打桩使结构产生振动，或在看上去已硬化的混凝土上放置物体等原因使结构过早受力，由于混凝土尚未充分硬化、抗拉强度较低而导致混凝土开裂。

11.4.3 干燥收缩裂缝

1. 干燥收缩的基本情况

如 2.10 节所述，混凝土会产生干燥收缩，其值受很多因素的影响。一般来说，用水量越大、水泥用量越多、构件尺寸越小或越薄、周围空气湿度越小，干燥收缩量就越大。干燥收缩量随时间不断发展，其规律如图 2-36 所示。小尺寸构件（板、墙等）的收缩发展较快，而大尺寸构件（梁、柱等）的收缩发展要缓慢一些。因此，对于楼板和墙板薄尺寸构件十分容易因收缩而引起裂缝，以下给予进一步详细介绍。

2. 墙（楼板）裂缝

干燥收缩裂缝最显著的情况是发生在带边框梁柱的墙板结构中。如果墙板与边框梁柱隔离，则它们各自干燥自由收缩会在两者之间产生 $(4\sim6\times10^{-4})\sim(2\times10^{-4})$ 的应变差。因此当两者形成整体时，墙板受到边框梁柱的拉力。当墙板中拉应力达到混凝土抗拉强度时，则会产生图 11-36 (a) 中实线所示的墙面裂缝，边框梁柱变形状态见图 11-36 (a) 中的虚线，边框梁柱的中部具有向内侧弯曲的变形特征。如为连续墙板时，由于周边墙板的约束，梁柱无弯曲变形。

以下仅考虑墙板水平方向产生收缩时的裂缝宽度计算。设柱间距为 7m，梁干燥收缩应变为 $\varepsilon_b=2\times10^{-4}$，墙板干燥收缩应变为 $\varepsilon_w=5\times10^{-4}$，墙板混凝土受拉徐变系数为 $\phi_w=2$，则墙板与上下梁的自由收缩变形差为 $\Delta l=(5\times10^{-4}-2\times10^{-4})\times7000=2.1\text{mm}$，为保持变形一致，墙板受到梁的拉力作用，其反作用使梁受到墙板的压力。这样，可由相应两构件的刚度平衡来确定在 Δl 值中间的某个实际变形位置。现假定该位置为墙板受拉变形的 1.5mm 处，而墙板的极限

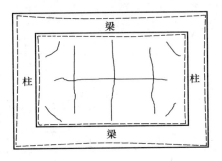

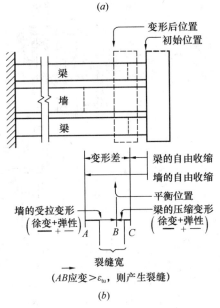

图 11-36　干燥收缩裂缝及其机理
(a) 墙板干燥收缩裂缝与边框架的变形；
(b) 裂缝发生的机理

拉伸变形能力为，$\Delta l_{tu}=\varepsilon_{tu}\times l\approx150\times10^{-4}\times7000\approx1\text{mm}(<1.5\text{mm})$。因此，该墙板将产生裂缝。裂缝发生的实际过程是随着墙板和梁的干燥收缩而进行的。当墙板受拉变形达到极限受拉变形 1mm 时，在墙板拉应力最大的中部位置附近产生铅直方向的裂缝。墙板实际受水平和竖向两个方向的梁和柱的变形约束，故最终会产生图 11-36 (a) 所示的墙板裂缝状况。

3. 框架结构中的裂缝

框架结构中墙板的裂缝应从建筑整体来考虑。基础部分位于地下，几乎无干燥收缩，因此建筑物的变形如图 11-37 (a) 中点线所示。上部结构产生平行收缩，不会产生裂缝。而建筑物最下层部分与基础部分存在较大变形差，建筑物两端的变形差最大。如果建筑物两端有墙，则梁对墙板将产生较大的剪力，剪力方向指向建筑中部，由此引起墙板产生图 11-37 (a) 中实线所示裂缝。图 11-37

(a) 上部建筑与基础的变形差仅发生在底层，如在 2、3 层等也存在变形差，则同样也会在这些层引起裂缝，见图 11-37 (b)。

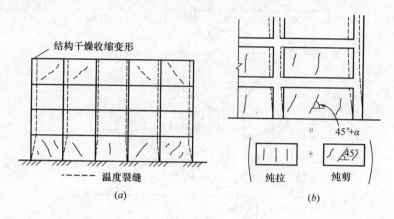

图 11-37 结构构件收缩变形的影响
(a) 结构干燥收缩变形与墙板裂缝；(b) 墙板中复合受力下的裂缝情况

11.4.4 温度裂缝

1. 结构内部墙板的裂缝

10m 长度的混凝土，温度变化 10℃，将产生约 1mm 的伸缩量。如前述干燥收缩情况一样，温度变化产生伸缩在结构的中间产生平行位移，无特别影响。在建筑底层，如果温度变化产生收缩变形，则会与前述干燥收缩变形叠加；而当温度变化产生伸长变形，则与干燥收缩变形有所抵消。温度变化最显著的影响表现在建筑顶层。与前述图 11-37 (a) 底层干燥收缩产生倒八字形裂缝相反，温度裂缝在顶层呈八字形。这是由于屋顶楼盖受日照温度上升，相对下层产生伸长变形引起的。相反，当屋盖楼板产生收缩时，屋盖楼板中将产生拉应力，过大时也会在屋盖楼板中引起裂缝。

2. 温度变形与干燥收缩变形的相互作用

由于一年中各季节的气温不同，建筑物随着气温变化产生的伸缩与前述干燥收缩的组合作用，则与浇筑混凝土季节有很大关系。两者叠加得到收缩变形随时间的关系如图 11-38 所示。由图可见，夏季施工会产生两者收缩叠加，最为不利。

11.4.5 不均匀沉降产生裂缝

建筑物基础并不是整体均匀沉降的。如图 11-39 (a) 所示，当 A 侧相对于 B 侧下沉时，则 AB 间的墙体将因强制剪切变形而产生裂缝。这种裂缝的特征是，AB 间从底层到顶层均产生同样方向和宽度的裂缝，沉降量也可由裂缝宽度

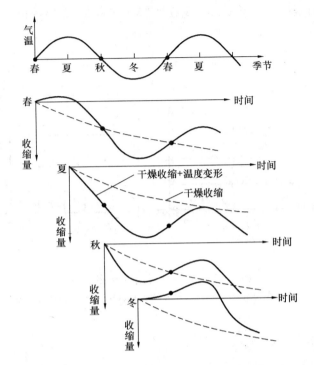

图 11-38　混凝土浇筑季节和温度、干燥收缩使构件产生变形

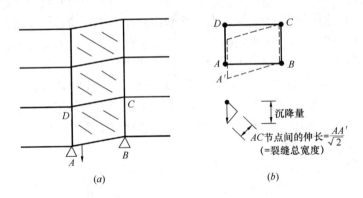

图 11-39　不均匀沉降产生的裂缝
(a) 墙板的开裂；(b) 裂缝宽度

直接推测，即考虑不同沉降产生的剪切变形，则沉降量≈1.4×跨过墙板对角线裂缝宽度的总和（见图 11-39b）。0.1mm 裂缝宽度肉眼即可见，因此如果有裂缝则很容易知道是否有不均匀沉降及其沉降量。在无墙板时，不均匀沉降产生的强制变形会使梁两端产生弯曲裂缝。

11.4.6 钢筋锈蚀产生的裂缝

使钢筋产生锈蚀的原因有：骨料中含氯化盐、外部进入氯化盐、混凝土碳化、保护层厚度不足、过大的裂缝宽度。

钢筋锈蚀的过程见图 11-40。钢筋锈蚀产生体积膨胀可达原体积的数倍，使钢筋位置处的混凝土受到内压力而产生裂缝，并随之剥落。这种裂缝沿钢筋纵向发展，且随着锈蚀的发展混凝土剥离产生空隙，这可从敲击产生的空洞声得到判别。

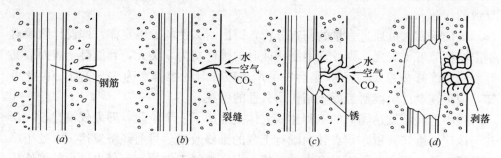

图 11-40　钢筋锈蚀的过程

11.4.7 冻融产生的裂缝

混凝土中的水分产生冻结，其体积膨胀 9%，由此对混凝土产生膨胀压力，从而引起混凝土开裂，其裂缝状况见图 11-41。

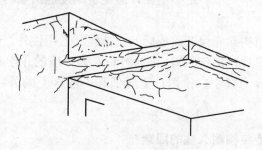

图 11-41　反复冻融产生的裂缝

11.5 混凝土结构的耐久性

混凝土自问世以来，长期以来一直被认为是耐久性很好的建筑材料。然而，随着混凝土结构使用年限的增长，以及近年来混凝土材料的不断变化，混凝土结构耐久性问题越来越突出，有些工程使用不到 20 年就出现各种各样的问题，以致必须进行维修，其造成的直接和间接费用甚至超过当时的建造成本，而有些工程则不得不报废，还有许多工程因未及时发现其耐久性降低问题而导致垮塌事故，如1980年民主德国柏林议会大厦的混凝土壳体屋顶，建成后仅使用28年，就因支承构件中的预应力索锈蚀而导致坍塌。1989年美国联邦公路管理局的报告指出，当时积压有待维修的混凝土桥梁所需维修费用1550亿美元；加拿大有关部门估计，修复劣化损坏的全部基础设施工程估计要耗费5000亿美元。英国每年用于修复混凝土结构的费用达200亿英镑。目前，西方发达国家土建设施因耐久性问题造成的年损失占GDP的1.5%~2%，其中主要是混凝土结构耐久性导致的问题。

美国研究人员通过大量的调查分析，得出耐久性的五倍定律：即设计阶段对钢筋防护节省1美元，则发现钢筋锈蚀时的维修费为5美元，到混凝土表面顺筋开裂时的维修费为25美元，最后发生严重破坏时的维修费为125美元。由此可知，应重视设计阶段对混凝土结构耐久性的重视。

世界上经济发达国家的工程建设大体上经历了三个阶段，即大规模建设，新建与改建、维修并重，重点转向既有工程的维修改造。目前经济发达国家处于第三阶段，结构因耐久性不足而失效，或为保证继续正常使用而付出巨大的维修代价，这使得耐久性问题变得十分重要。我国20世纪50年代开始大规模建设的工程项目，由于当时经济基础薄弱，材料标准和设计标准都较低，除一些重要的工程项目目前需要继续维持其使用外，其他大部分工程已达到其使用寿命。我国真正进入大规模建设是在改革开放以后，因此国外发达国家在耐久性上所遇到的问题应引起我国工程技术人员的足够重视，避免重蹈发达国家的覆辙，对国家经济建设造成巨大浪费。

因此，混凝土结构除应保证建成后的安全性和适用性外，还应能保证在其预定使用期内（称为设计使用年限），在自然和人为环境的化学和物理作用下，不出现无法接受的承载力减小、使用功能降低和不能接受的外观破损等的耐久性问题。

11.5.1 影响混凝土结构耐久性的因素

影响混凝土结构耐久性的因素很多，如裂缝、混凝土碳化和腐蚀环境（如除冰盐、海洋环境）等导致钢筋锈蚀、冻融循环和碱集料反应等引起混凝土强度降低、构件表面机械磨损和风化等造成构件截面减小。在各种因素的长期复合作用下，使得材料强度、结构承载力和刚度降低，结构表面美观受到影响，并首先影响到结构的正常使用，如漏水、挠度变形和开裂增大，并最终可能导致结构的破坏和垮塌。各种影响混凝土结构耐久性的因素有时又会相互影响，见图11-42，造成的结果使这些不利影响加重。

上述影响混凝土结构耐久性的因素可分为内部因素和外部因素两方面。内部因素有混凝土的强度、密实性、保护层厚度、水泥品种、强度和用量、外加剂等；外部因素主要有环境温度、湿度、CO_2含量、侵蚀性介质等，以下分别叙述。

1. 混凝土的冻融破坏

混凝土水化结硬后，内部有很多毛细孔。在浇筑混凝土时，为得到必要的和易性，往往会比水泥水化所需要的水多些。多余的水分滞留在混凝土毛细孔中。低温时水分因结冰产生体积膨胀，引起混凝土

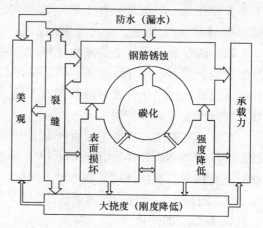

图 11-42 响耐久性的因素及其交互影响

内部结构破坏（见图 11-41）。反复冻融多次，就会使混凝土的损伤累积达到一定程度而引起结构破坏。

防止混凝土冻融破坏的主要措施是降低水灰比，减少混凝土中多余的水分。冬期施工时，应加强养护，防止早期受冻，并掺入防冻剂等。

2. 混凝土的碱集料反应

混凝土集料中的某些活性矿物与混凝土微孔中的碱性溶液产生的化学反应称为碱集料反应。碱集料反应产生的碱-硅酸盐凝胶，吸水后会膨胀，体积可增大3~4倍，从而导致混凝土开裂、剥落、强度降低，甚至导致破坏（见图 11-33）。引起碱集料反应有三个条件：

（1）混凝土凝胶中有碱性物质，这种碱性物质主要来自于水泥，若水泥中的含碱量（Na_2O、K_2O）大于0.6%以上时，则会很快析出到水溶液中，遇到活性骨料则会产生反应；

（2）骨料中有活性骨料，如蛋白石、黑硅石、燧石、玻璃质火山石、安山石等含 SiO_2 的骨料；

（3）水分，碱集料反应的充分条件是有水分，在干燥环境下很难发生碱集料反应。

3. 侵蚀性介质的腐蚀

在石化、化学、轻工、冶金及港湾工程中，化学介质对混凝土的腐蚀很普遍。有些化学介质侵入造成混凝土中的一些成分被溶解、流失，从而引起裂缝、孔隙，甚至松散破碎；有些化学介质侵入，与混凝土中的一些成分产生化学反应，生成的物质体积膨胀，引起混凝土的破坏。常见的侵蚀性介质腐蚀有：

（1）硫酸盐腐蚀：硫酸盐溶液与水泥石中的氢氧化钙及水化铝酸钙发生化学反应，生成石膏和硫铝酸钙，产生体积膨胀，使混凝土破坏。硫酸盐除在一些化

工企业存在外,海水及一些土壤中也存在。当硫酸盐的浓度(以 SO_2 的含量表示)达到2‰时,就会产生严重腐蚀。

(2) 酸腐蚀:混凝土是碱性材料,遇到酸性物质会产生化学反应,使混凝土产生裂缝、脱落,并导致破坏。酸不仅存在于化工企业,在地下水,特别是沼泽地区或泥炭地区广泛存在碳酸及溶有 CO_2 的水。此外有些油脂、腐殖质也呈酸性,对混凝土有腐蚀作用。

(3) 海水腐蚀:在海港、近海结构中的混凝土构筑物,经常受到海水的侵蚀。海水中的 $NaCl$、$MgCl_2$、$MgSO_4$、K_2SO_4 等成分,尤其是 Cl^- 和硫酸镁对混凝土有较强的腐蚀作用。在海岸飞溅区,受到干湿的物理作用,也有利于 Cl^- 和 SO_4^{2-} 的渗入,极易造成钢筋锈蚀。

4. 混凝土的碳化

混凝土中碱性物质($Ca(OH)_2$)使混凝土内的钢筋表明形成氧化膜,它能有效地保护钢筋,防止钢筋锈蚀。但由于大气中的二氧化碳(CO_2)与混凝土中的碱性物质发生反应,使混凝土的pH值降低。其他物质,如 SO_2、H_2S,也能与混凝土中的碱性物质发生类似的反应,使混凝土的pH值降低,这就是混凝土的碳化。当混凝土保护层被碳化到钢筋表面时,将破坏钢筋表面的氧化膜,引起钢筋锈蚀。此外,碳化还会加剧混凝土的收缩,导致混凝土开裂。因此,混凝土的碳化是混凝土结构耐久性的重要问题。

混凝土的碳化从构件表面开始向内发展,到保护层完全碳化所需要的时间与碳化速度、混凝土保护层厚度、混凝土密实性以及覆盖层情况等因素有关。

(1) 环境因素

碳化速度主要取决于空气中的 CO_2 浓度和向混凝土中的扩散速度。空气中的 CO_2 浓度大,混凝土内外 CO_2 浓度的梯度也愈大,CO_2 向混凝土内的渗透速度也越快,碳化反应也快。

空气的湿度和温度对碳化反应速度有较大影响。因为碳化反应要产生水分向外扩散,湿度越大,水分扩散越慢。当空气相对湿度大于80%,碳化反应的附加水分几乎无法向外扩散,使碳化反应大大降低。而在极干燥环境下,空气中的 CO_2 无法溶于混凝土的孔隙水中,碳化反应也无法进行。试验表明,当混凝土周围介质的相对湿度为50%~75%时,混凝土碳化速度最快。环境温度越高,碳化的化学反应速度越快,且 CO_2 向混凝土内的扩散速度也越快。

(2) 材料因素

水泥是混凝土中最活跃的成分,其品种和用量决定了单位体积中可碳化物质的含量,因而对混凝土碳化有重要影响。而单位体积中水泥的用量越多,会提高混凝土的强度,这又会提高混凝土的抗碳化性能。

水灰比也是影响碳化的主要因素。在水泥用量不变的条件下,水灰比越大,混凝土内部的孔隙率也越大，密实性就越差，CO_2 的渗入速度越快，因而碳化的速度也越快。此外，水灰比大会使混凝土孔隙中的游离水增多，有利于碳化反应。

此外，混凝土中外加掺合料和骨料品种对碳化也有一定的影响。

（3）施工养护条件

混凝土搅拌、振捣和养护条件会影响混凝土的密实性，而养护方法与龄期对水泥的水化程度有影响，这些都会影响混凝土的碳化。所以保证混凝土施工质量对提高混凝土的抗碳化性能十分重要。

（4）覆盖层

混凝土表面如有气密性覆盖层，则会使渗入混凝土的 CO_2 数量减少，提高混凝土的抗碳化性能。图 11-43 为不同覆盖层在快速碳化试验中抗碳化性能的比较。该图是在 100% 浓度的 CO_2 气体中，在 0.6MPa 压力条件下，5 天后测定的碳化深度与裸混凝土碳化深度的比值。可见各种覆盖层均可提高抗碳化作用，至少对碳化起到延缓作用。

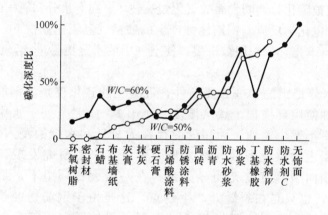

图 11-43 不同饰面材料的碳化深度比

减小混凝土碳化的措施主要有以下几方面：

（1）合理设计混凝土配合比：一是要有足够的水泥用量，一般不宜少于 $300kg/m^3$，同时应尽量降低水灰比。

（2）尽量提高混凝土的密实性，增强抗渗性：混凝土应保证振捣密实，按施工规程要求仔细养护，减小水分蒸发，避免产生表面裂缝。

（3）采用覆盖层，隔离混凝土表面与大气环境的直接接触，这对减小混凝土的碳化十分有效，尤其是在不利甚至很恶劣的环境条件下有明显效果。如采用低分子聚乙烯或石蜡浸渍混凝土表面，几乎可隔绝 CO_2 的渗透。

（4）钢筋应具有足够的混凝土保护层，混凝土碳化达到钢筋表面需要一定的时间，称为脱钝时间。混凝土厚度越大，脱钝时间越长。《规范》规定的最小保护层厚度是保证混凝土结构耐久性的一项主要措施。最小保护层厚度与环境条件有关。

5. 钢筋锈蚀

钢筋锈蚀是影响钢筋混凝土结构耐久性的最关键问题。混凝土中的钢筋锈蚀为电化学腐蚀。由于钢筋中的元素分布不均匀，混凝土碱度有差异，以及裂缝处因氧气增浓等各种原因，会使钢筋各部位存在电势差，即形成局部的阴极和阳极（图11-44）。当混凝土未碳

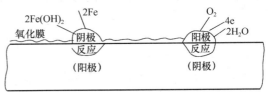

图 11-44　钢筋锈蚀的化学反应过程

化时，由于水泥的高碱性，钢筋表面会形成一层致密的氧化膜，阻止了钢筋锈蚀电化学过程。

当混凝土被碳化，钢筋表面的氧化膜被破坏，在有水分和氧气的条件下，就会发生锈蚀的电化学反应。钢筋锈蚀产生的铁锈（氢氧化亚铁 $Fe(OH)_3$），体积比铁增加 2~6 倍，保护层被挤裂，使空气中的水分更易进入，促使锈蚀加快发展。

氧气和水分是钢筋锈蚀必要条件，混凝土的碳化仅是为钢筋锈蚀提供了可能。当构件使用环境很干燥（湿度<40%），或完全处于水中，钢筋的锈蚀极慢，几乎不发生锈蚀。而裂缝的存在为氧气和水分的浸入创造了条件，同时也使混凝土的碳化形成立体发展。但近年来的研究发现，锈蚀程度与荷载产生的横向裂缝宽度无明显关系，在一般大气环境下，裂缝宽度即便达到 0.3mm，也只是在裂缝处产生锈点。这是由于钢筋锈蚀是一个电化学过程，因此锈蚀主要取决于氧气通过混凝土保护层向钢筋表面的阴极扩散速度，而这种扩散速度主要取决于混凝土保护层的密实度。裂缝的出现仅是使裂缝处钢筋局部脱钝，使锈蚀过程得以开始，但它对锈蚀速度不起控制作用。因此，防止钢筋锈蚀最重要的措施是增加混凝土的密实性和保护层厚度。

钢筋锈蚀引起混凝土结构损伤过程如下，首先在裂缝宽度较大处发生个别"坑蚀"，继而逐渐形成"环蚀"，同时向裂缝两侧扩展，形成锈蚀面，使钢筋有效面积减小。严重锈蚀时，会导致沿钢筋长度出现纵向裂缝，甚至导致混凝土保护层脱落，习称"暴筋"（见图11-45），从而导致截面承载力下降，直至最终引起结构破坏。

除增加混凝土的密实度和保护层厚度外，可采用涂面层、钢筋阻锈剂、涂层钢筋等措施来防止钢筋的锈蚀。

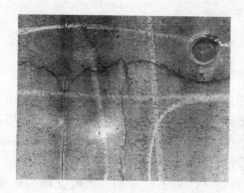 

图 11-45 钢筋严重锈蚀导致沿钢筋长度出现纵向裂缝导致混凝土保护层脱落

混凝土结构的环境类别   表 11-4

环境类别	条 件
一	室内干燥环境；无侵蚀性静水浸没环境
二 a	室内潮湿环境；非严寒和非寒冷地区的露天环境；非严寒和非寒冷地区与无侵蚀性的水或土壤直接接触的环境；严寒和寒冷地区的冰冻线以下与无侵蚀性的水或土壤直接接触的环境
二 b	干湿交替环境；水位频繁变动环境；严寒和寒冷地区的露天环境；严寒和寒冷地区冰冻线以上与无侵蚀性的水或土壤直接接触的环境
三 a	严寒和寒冷地区冬季水位变动区环境；受除冰盐影响环境；海风环境
三 b	盐渍土环境；受除冰盐作用环境；海岸环境
四	海水环境
五	受人为或自然的侵蚀性物质影响的环境

注：1. 室内潮湿环境是指构件表面经常处于结露或湿润状态的环境；
    2. 严寒和寒冷地区的划分应符合国家现行标准《民用建筑热工设计规范》GB 50176 的有关规定；
    3. 海岸环境和海风环境宜根据当地情况，考虑主导风向及结构所处迎风、背风部位等因素的影响，由调查研究和工程经验确定；
    4. 受除冰盐影响环境为受到除冰盐盐雾影响的环境；受除冰盐作用环境指被除冰盐溶液溅射的环境以及使用除冰盐地区的洗车房、停车楼等建筑。

混凝土结构的耐久性表现为构件表面锈渍或锈胀裂缝，钢筋开始锈蚀，材料性能劣化、进而使得结构表面混凝土出现酥裂、粉化等永久性损伤，使得构件的承载力降低，进而影响到结构的安全，如不对耐久性问题进行控制，最终将导致结构倒塌。《规范》规定，混凝土结构的耐久性也属于正常使用极限状态。然而，影响混凝土结构耐久性的因素很多、且十分复杂，目前耐久性设计只能采用经验方法解决。根据国内外对混凝土结构耐久性问题的调查分析，《规范》主要根据设计使用年限和环境类别，针对以下方面采取相应的措施进行耐久性设计：

(1) 确定结构所处的环境类别；

(2) 提出材料的耐久性质量要求；

(3) 确定构件中钢筋的混凝土保护层厚度；

(4) 满足耐久性要求相应的技术措施；

(5) 在不利的环境条件下应采取的防护措施；

(6) 提出结构使用阶段检测与维护的要求。

以下分别介绍。

11.5.2 明确结构所处的环境类别

混凝土结构的耐久性与结构设计使用年限和工作环境有密切关系。同一结构在强腐蚀环境中要比一般大气环境中的使用寿命短。因此，对于不同使用环境可以采取不同措施来保证结构的使用寿命。为此，耐久性设计应首先明确结构所处的环境类别。《规范》对影响混凝土结构耐久性的环境类别进行了划分，见表 11-4。

干湿交替环境主要指室内潮湿、室外露天、地下水浸润、水位交动的环境。由于水和氧的反复作用，容易引起钢筋锈蚀和混凝土材料劣化。

非严寒和非寒冷地区与严寒和寒冷地区的区别主要在于无冰冻。严寒地区为最冷月平均温度低于或等于－10℃，日平均温度低于或等于 5℃的天数不少于 145 天的地区；寒冷地区为最冷月平均温度高于－10℃、低于或等于 0℃，日平均温度低于或等于 5℃的天数不少于 90 天且少于 145 天的地区。

三类环境主要是指近海、盐渍土及使用除冰盐的环境。滨海室外环境、盐渍土地区的地下结构、北方城市冬季依靠喷洒盐水消除冰雪而对立交桥、周边结构及停车楼，都可能造成钢筋腐蚀的影响。

四类和五类环境的详细划分和耐久性设计方法由专门方法和标准规范解决。

11.5.3 提出材料的耐久性质量要求

《规范》规定：对于设计使用年限为 50 年的混凝土结构，其混凝土材料宜符合表 11-5 的规定。

结构混凝土材料的耐久性基本要求　　　　表 11-5

环境等级	最大水胶比	最低强度等级	最大氯离子含量(%)	最大碱含量(kg/m³)
一	0.60	C20	0.30	不限制
二 a	0.55	C25	0.20	
二 b	0.50(0.55)	C30(C25)	0.15	3.0
三 a	0.45(0.50)	C35(C30)	0.15	
三 b	0.40	C40	0.10	

注：1. 氯离子含量系指其占胶凝材料总量的百分比；
　　2. 预应力构件混凝土中的最大氯离子含量为 0.05%；最低混凝土强度等级应按表中的规定提高两个等级；
　　3. 素混凝土构件的水胶比及最低强度等级的要求可适当放松；
　　4. 有可靠工程经验时，二类环境中的最低混凝土强度等级可降低一个等级；
　　5. 处于严寒和寒冷地区二 b、三 a 类环境中的混凝土应使用引气剂，并可采用括号中的有关参数；
　　6. 当使用非碱活性骨料时，对混凝土中的碱含量可不作限制。

11.5.4 钢筋的混凝土保护层厚度

国内外的试验研究分析表明,保护层厚度对钢筋锈蚀率的影响比横向裂缝宽度大得多。所以钢筋防锈主要依靠保护层混凝土质量和厚度。为此《规范》规定,构件中普通钢筋及预应力筋的混凝土保护层厚度不应小于钢筋的直径d,设计使用年限为50年的混凝土结构,最外层钢筋的保护层厚度应满足表 11-6 的规定。

混凝土保护层的最小厚度 c (mm)   表 11-6

环境等级	板墙壳	梁 柱	环境等级	板墙壳	梁 柱
一	15	20	三 a	30	40
二 a	20	25	三 b	40	50
二 b	25	35			

注:1. 混凝土强度等级不大于 C25 时,表中保护层厚度数值应增加 5mm;
2. 钢筋混凝土基础宜设置混凝土垫层,其受力钢筋的混凝土保护层厚度应从垫层顶面算起,且不应小于 40mm。

11.5.5 其他保证耐久性的措施

对下列混凝土结构及构件,尚应采取加强耐久性的相应措施:
(1) 预应力混凝土结构中的预应力筋应根据具体情况采取表面防护、管道灌浆、加大混凝土保护层厚度等措施,外露的锚固端应采取封锚和混凝土表面处理等有效措施;
(2) 有抗渗要求的混凝土结构,混凝土的抗渗等级应符合有关标准的要求;
(3) 严寒及寒冷地区的潮湿环境中,结构混凝土应满足抗冻要求,混凝土抗冻等级应符合有关标准的要求;
(4) 处于二、三类环境中的悬臂构件宜采用悬臂梁-板的结构形式,或在其上表面增设防护层;
(5) 处于二、三类环境中的结构构件,其表面的预埋件、吊钩、连接件等金属部件应采取可靠的防锈措施;
(6) 处在三类环境中的混凝土结构构件,可采用阻锈剂、环氧树脂涂层钢筋或其他具有耐腐蚀性能的钢筋、采取阴极保护措施或采用可更换的构件等措施;
(7) 混凝土结构在设计使用年限内尚应对设计中可更换混凝土构件应按规定定期更换、构件表面的防护层应按规定进行维护或更换、结构出现可见的耐久性缺陷时应及时进行处理等措施,以保证结构的耐久性。

思 考 题

11-1 结构正常使用极限状态有哪些?与承载能力极限状态计算相比,正常使用极限状态可靠度怎样?写出结构正常使用极限状态的设计表达式。

11-2 什么是荷载标准组合和荷载准永久组合?为什么要考虑荷载准永久组合?

11-3 试说明建立受弯构件抗弯刚度计算公式的基本思路,与线弹性梁抗弯刚度公式建立有何异同之处,钢筋混凝土的受力特点反映在哪些方面?

11-4 说明受弯构件抗弯刚度计算公式中参数 η、ζ 和 ψ 的物理意义。在计算 ψ 时,为什么要用 ρ_{te} 而不用 ρ?

11-5 影响受弯构件长期挠度变形的因素有哪些?如何计算长期挠度?

11-6 何谓"最小刚度原则"?如何计算连续梁的挠度变形?

11-7 简述裂缝的出现、分布和开展的过程。影响裂缝间距的因素有哪些?为什么裂缝间距和裂缝宽度有很大的离散性?裂缝间距和裂缝宽度统计结果的规律性反映了什么受力性能?

11-8 由裂缝宽度公式知,保护层越大,裂缝宽度越大,耐久性越差,因此需要增加保护层厚度,如何解释这种不合理的结果?

11-9 何谓"裂缝有效约束区"?如何合理配筋能更有效地控制裂缝宽度?

11-10 除荷载外,还有哪些引起裂缝的原因?防止和控制裂缝的措施有哪些?

11-11 影响结构耐久性的因素有哪些?《规范》采用了哪些措施来保证结构的耐久性?

11-12 为什么不验算钢筋混凝土梁在使用荷载下的斜裂缝宽度?

习 题

11-1 试根据习题 5-5 梁的配筋设计结果,分别按荷载标准组合或准永久组合计算其挠度变形和裂缝宽度,计算中取活荷载的准永久值系数 $\psi_q=0.5$。如果保持截面尺寸不变,将该梁钢筋改为 HRB500 级钢筋,试比较挠度变形和裂缝宽度。

11-2 承受均布荷载的矩形截面简支梁,采用 HRB300 级钢筋,C20 级混凝土,允许挠度值为 $l_0/200$。设均布活载标准值 q_k 与均布恒载标准值 g_k 的比值=2.0,活载的准永久值系数 $\psi_q=0.4$。活载和恒载的荷载分项系数分别为 1.4 和 1.2。试画出不需作挠度验算的最大跨高比 l_0/h 与配筋率 $\rho=A_s/bh_0$ 的关系曲线。

11-3 某简支预制槽形板如图 11-46 所示,计算跨度 $l_0=6.0\text{m}$,混凝土为 C30 级,纵筋为 HRB335 级钢筋。作用均布恒载标准值 $g_k=2.0\text{kN/m}$,均布活载标准值 $q_k=2.0\text{kN/m}$,准永久值系数 $\psi_q=0.5$。试计算板的挠度和最大裂缝宽度。

11-4 如 11-3 中的槽形板改为图 11-47 所示的三孔空心板,其他条件同习题 11-3,试求板的挠度和最大裂缝宽度。

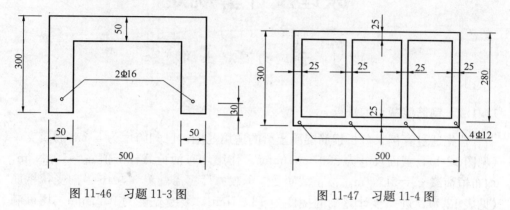

图 11-46 习题 11-3 图　　图 11-47 习题 11-4 图

第12章 预应力混凝土的原理及计算规定

12.1 预应力混凝土的概念

12.1.1 钢筋混凝土的缺点

首先通过算例来分析钢筋混凝土梁的适用范围。已知跨度为 5.2m 的简支梁（见图 12-1），截面尺寸为 $200 \times 450 mm^2$，作用均布活荷载标准值 $q_k = 10kN/m$，均布恒荷载 $g_k = 5kN/m$。按正截面受弯承载力计算需配置 3Φ16 纵向受拉钢筋（见表 12-1），进一步计算梁的挠度为 16.47mm，裂缝宽度为 0.27mm，均可满足要求。可见该梁的纵向钢筋配置量是由受弯承载力控制的。

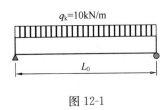

图 12-1

如果将该梁的跨度增加一倍，且梁的截面尺寸也按比例增大，并假定自重近似按截面面积比例增大，而活荷载 q_k 保持不变。由表 12-1 的计算结果可见，跨度增大后按承载力计算确定的配筋，不能满足挠度和裂缝宽度的要求，为此需要进一步增加钢筋来满足挠度和裂缝宽度的要求。因此对挠度和裂缝的控制要求，使得钢筋混凝土梁用于大跨度和重载情况时经济性较差。

另一方面，对于同样的梁（$L_0 = 5.2m$），如改用 500 级钢筋，则由表 12-1 的计算结果可见，按承载力计算所需配筋虽然可比原来减少近 40%，但挠度和裂缝宽度不满足要求，需要将配筋面积增加到原来的水平，才能满足挠度和裂缝宽度的要求，这使得高强钢材的强度不能得到发挥。因此，在普通钢筋混凝土梁中，高强钢筋利用率受到限制。同样，根据分析，在受弯构件中采用高强混凝土，也无法取得显著的经济效益，因为高强混凝土对提高构件的抗裂性、抗弯刚度和减小裂缝宽度的作用很小。

产生上述问题的主要原因是混凝土的抗拉强度太低，导致受拉区混凝土过早开裂后，截面抗弯刚度显著降低，使得钢筋混凝土梁不能应用于大跨度结构，如为增加梁的刚度而加大截面尺寸，则又会导致自重增大；如增加钢筋来提高刚度，则钢材的强度得不到充分利用，造成浪费。采用高强钢筋，按正截面承载力要求可减少配筋，而截面抗弯刚度基本随配筋面积减少成比例降低，故梁的挠度变形控制难以满足。而裂缝宽度与钢筋应力基本成正比，使用荷载下的弯矩 M_k

=(0.5～0.7)M_y(屈服弯矩)，如配筋按正截面承载力计算，使用荷载下钢筋应力也约为 σ_s=(0.5～0.7)f_y。对于 HRB335 和 HRB400 级钢筋，f_y=300～360N/mm²，σ_{sk}=150～250N/mm²，裂缝宽度已达 0.2～0.3mm。如采用 f_y=500N/mm² 的高强钢筋，则 σ_{sk}=391N/mm²，裂缝宽度为 0.61 超过容许限值。

钢筋混凝土的适用范围　　　　　　　　　表 12-1

		跨度增加一倍	采用 500 级钢筋
计算跨度 L_0	5.2m	10.4m	5.2m
截面尺寸 $b \times h$	200mm×450mm	400mm×900mm	200mm×450mm
恒荷载 g_k	5kN/m	20kN/m	5kN/m
活荷载 q_k	10kN/m	10kN/m	10kN/m
弯矩设计值 M	67.6kN·m	513.96kN·m	67.6kN·m
钢筋强度 f_y	300N/mm²	300N/mm²	500N/mm²
配筋面积 A_s	603mm²	2106mm²	357mm²
弯矩标准值 M_k	50.7kN·m	405.6kN·m	50.7kN·m
跨中挠度 f	16.47mm=$\frac{L_0}{316}$	38.1mm=$\frac{L_0}{273}$	32.2mm=$\frac{L_0}{161.5}$
钢筋应力 σ_k	232N/mm²	264N/mm²	391N/mm²
裂缝宽度 w_{max}	0.27mm	0.40mm	0.61mm

注：允许挠度 $[f]=L_0/300$；允许最大裂缝宽度 $[w_{max}]=0.3$。

因此，由于混凝土的开裂和对变形和裂缝宽度限制的要求，使得钢筋混凝土梁不能用于大跨和重载结构，也不能充分利用高强材料。一般来说，钢筋混凝土梁的经济适用跨度为 5～8m，材料宜采用 C20～C30 级混凝土，HPB300 和 HRB400 级钢筋。

12.1.2　预应力混凝土梁的基本概念

要扩大钢筋混凝土梁的应用范围，必须解决混凝土过早开裂的问题。由于混凝土抗压强度很高，而受拉区开裂后，其抗压强度并没有得到利用。如果在受弯构件使用前，通过预加外力使受拉区预先产生压应力，就可以抵消或减小外荷载产生的拉应力，这样就可以利用混凝土的抗压强度来弥补混凝土抗拉强度不足的缺陷，达到防止受拉区混凝土过早开裂的问题，从而可提高截面抗弯刚度和减小裂缝宽度，甚至可以做到在使用荷载下不出现裂缝。

如图 12-2 所示，梁在受荷之前，预先在梁的受拉侧距截面形心轴偏心距为 e_p 处施加压力 N_p，则梁底部预先产生的压应力为：

$$\sigma_{pc} = \frac{N_p}{A} + \frac{N_p e_p}{I} \cdot \frac{h}{2}(\text{压}) \tag{12-1}$$

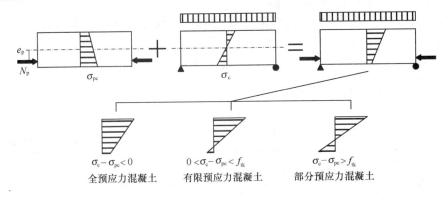

图 12-2 预应力混凝土梁的概念

然后再施加荷载，荷载产生的弯矩 M 在梁底引起的拉应力为

$$\sigma_c = \frac{M}{I} \cdot \frac{h}{2} (拉) \tag{12-2}$$

预加偏心压力 N_p 和弯矩 M 叠加后，梁底部的应力 σ_b 为（以拉为正）

$$\sigma_b = \sigma_c - \sigma_{pc} = \frac{M}{I} \cdot \frac{h}{2} - \left(\frac{N_p}{A} + \frac{N_p e_p}{I} \cdot \frac{h}{2}\right) \tag{12-3}$$

根据预加偏心压力 N_p 和偏心距 e_p 的大小，上式叠加结果可能产生以下三种情况：

(1) $\sigma_c - \sigma_{pc} \leqslant 0$，即由于预加应力 σ_{pc} 较大，施加荷载后梁底边缘仍没有产生拉应力，故梁在使用阶段不会出现开裂；

(2) $0 < \sigma_c - \sigma_{pc} < f_{tk}$，施加荷载后梁底边缘虽然产生一定的拉应力，但其值小于混凝土的抗拉强度 f_{tk}，故一般不会出现开裂；

(3) $\sigma_c - \sigma_{pc} > f_{tk}$，施加荷载后梁底边缘的拉应力超过了混凝土的抗拉强度 f_{tk}，虽然会产生裂缝，但比钢筋混凝土构件（$N_p = 0$）的开裂会明显推迟，裂缝宽度也显著减小。

因此，可以采用预加不同外力大小和位置，实现不同裂缝控制要求的目标。

预加应力的概念和方法在日常生活和生产实践中早已有很多应用。图 12-3 (a) 所示木桶是用环向竹箍对桶壁预先施加环向压应力。当桶中盛水后，水压引起木桶环向的拉应力小于预加压应力时，木桶就不会漏水。又如图 12-3 (b)，当从书架上取下一叠书时，由于受到双手施加的压力，这一叠书就如同一横梁，可以承担全部书的重量。木锯则是利用预加拉力来抵抗压力作用的例子。当锯条来回运动锯割木料时，锯条的一部分受拉，另一部分受压。由于锯条本身没有什么抗压能力，通过预先拧紧另一侧的绳子使锯条预先受拉，如预加拉力大于锯木时产生的压力，锯条就始终处于受拉状态，不会产生压曲失稳。此外，预先张紧自行车车轮的钢丝也是这个道理。

预应力混凝土是法国著名工程师 Eugene Freyssinet 在 20 世纪初发明的，是迄今为止混凝土结构工程的最伟大发明。

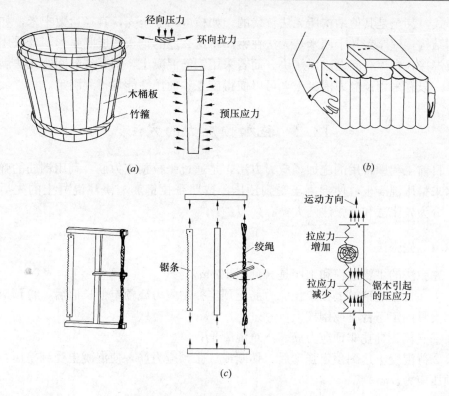

图 12-3 生活中预应力概念的应用

12.1.3 预应力混凝土的优点

预应力混凝土具有以下优点：

(1) 改善结构的使用性能：受拉和受弯构件中采用预应力，可延缓裂缝的出现，减小使用荷载下的裂缝宽度；截面刚度显著提高，挠度减小，可建造大跨度结构。

(2) 受剪承载力提高：施加纵向预应力可延缓斜裂缝的形成，使受剪承载力得到提高。

(3) 卸载后的结构变形或裂缝可得到恢复。由于预应力的作用，使用活荷载移去后，裂缝会闭合，结构变形也会得到部分恢复。预应力混凝土结构变形的复位能力，近年来引起结构抗震研究人员的兴趣，利用这种复位能力，可减小结构在震后的残余位移，便于更快的修复使用。

(4) 提高构件的疲劳承载力。预应力可降低钢筋的疲劳应力比，增加钢筋的疲劳强度。

(5) 使得高强钢材和混凝土得到应用，减轻结构自重，节约材料，取得经济效益。

预应力混凝土结构由于具有使用性能好、不开裂或裂缝宽度小、刚度大、耐久性好，以及较好的综合经济指标，目前已成为建筑工程和土木工程中的主要结构形式,甚至是其他结构所无法替代的,如核电站安全壳,直径达数十米,如采用钢结构,壁厚需几十厘米,无法在钢厂将这么厚的钢板弯成圆弧形,若采用薄钢板焊接,则焊缝问题难以解决。而若采用钢筋混凝土,则其裂缝问题无法满足要求。只有采用预应力混凝土,可以使得施工和使用性能均得到满足。

12.2 施加预应力的方法

目前工程中常用的施加预应力方法,是通过张拉预应力筋,利用钢筋的弹性回缩来挤压混凝土,使混凝土受到预压。按照张拉钢筋与浇注混凝土的先后关系,分为先张法和后张法两大类。

12.2.1 先张法

先张法的主要过程和工序是（见图 12-4a）：

①在台座或钢模上张拉预应力筋至预定控制应力或预定伸长值后,将预应力筋用夹具固定于台座或钢模上；

②支模、绑扎非预应力筋、浇筑混凝土；

③待混凝土达到预定强度后,切断或放张预应力筋,使混凝土受到挤压,产生预压应力。

12.2.2 后张法

后张法的主要过程和工序是（见图 12-4b）：

①浇筑混凝土构件,并在构件中预留孔道；

②待混凝土达到预定强度后,将预应力筋穿入预留孔道,安装固定端锚具,并以构件为支座用千斤顶张拉钢筋,同时挤压混凝土,张拉到预定控制应力后,用锚具将张拉端预应力筋锚固,使混凝土受到预压应力；

③用压力泵将高强水泥浆灌入预留孔道,使预应力筋与孔道壁产生粘结力。

12.2.3 后张无粘结预应力和缓粘结预应力

后张无粘结预应力筋是用专用油脂涂在高强预应力钢绞线表面并用涂包层包裹后制成,钢绞线不与混凝土直接接触。无粘结预应力筋可像普通钢筋一样,在浇筑混凝土前预先铺设,同时按设计要求铺设一定的普通钢筋,然后浇筑混凝土,待混凝土达到预定强度后再对无粘结预应力钢绞线进行张拉后锚固。后张无粘结预应力混凝土技术的优点是无需预留孔道和灌浆,预应力钢绞线可多跨曲线布置,施工简单。但由于与混凝土无粘结作用,整根预应力钢绞线的应力基本相同,弯曲破坏时预应力筋的强度不能充分发挥,且一旦锚具失效,整根预应力筋也将完全失效。此外,如仅配无粘结预应力钢绞线,受弯构件将产生集中且宽度

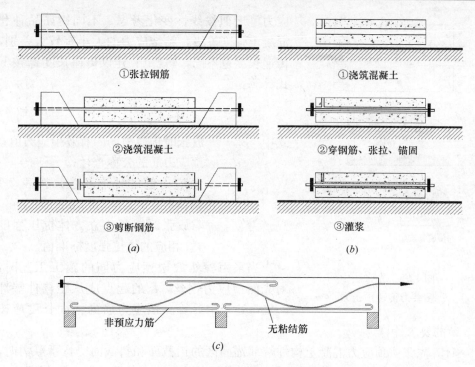

图 12-4 施加预应力的方法
(a) 先张法；(b) 后张法；(c) 后张无粘结预应力

较大的裂缝。因此在无粘结预应力混凝土构件中，要求锚具有更高的可靠性，并一定要配置足够的非预应力筋以控制裂缝和保证构件的延性。

无粘结预应力混凝土一旦开裂，裂缝会较大，为此近年来又进一步发展出缓粘结预应力筋，其与无粘结预应力的差别是在外包塑料和钢绞线之间有一层需经过一定期限才可以凝固的胶粘剂，从而兼有无粘结预应力技术和有粘结预应力的优点。缓粘结预应力筋外包护套外表面具有竹节状凸起，以增强与混凝土的粘结。

无论是先张法还是后张法，张拉结束后，构件均处于自平衡状态。要保证钢筋的弹性回缩使混凝土受到预压，其条件是预应力筋与混凝土之间有可靠的力的传递。对于先张法，是通过预应力筋与混凝土之间的粘结力将预应力筋弹性回缩压力传递给混凝土。预应力筋在张拉时截面缩小，切断预应力筋时构件端部预应力筋应力为零，预应力筋恢复其原来截面（见图 12-5a）。由于预应力筋与混凝土之间有粘结力，预应力筋的回缩受到周围混凝土的阻碍，预应力筋截面的恢复形成的径向压应力也使得粘结力增强。经过一定长度 l_{tr} 粘结应力的积累，预应力筋的应力由端部的零逐渐增大到接近张拉应力 σ_p，混凝土中也逐渐建立起预压应力 σ_{pc}（见图 12-5b、c）。在距端部长度 l_{tr} 以后，构件中预应力筋拉应力与混凝土压应力保持不变，建立起稳定的预应力。因此，在构件端部必要的粘结力传递长度 l_{tr} 是先张法构件建立预应力的条件。在传递长度 l_{tr} 范围内，预应力筋和混凝土的

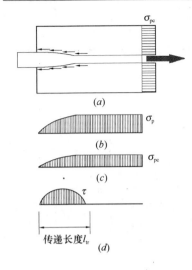

图 12-5 先张法中粘结力传递预压力

应力可近似按线性变化考虑。不同钢筋品种和混凝土强度等级,粘结应力的大小有较大差别,传递长度也不同,《规范》建议传递长度 l_{tr} 按下式计算:

$$l_{tr} = \alpha \frac{\sigma_{pe}}{f'_{tk}} d \qquad (12\text{-}4)$$

式中 σ_{pe}——放张时预应力筋的有效预应力值;

d——预应力筋的公称直径;

α——预应力筋的外形系数,按表 7-1 取值;

f'_{tk}——与放张时混凝土立方体抗压强度 f'_{cu} 相应的抗拉强度标准值。

当采用骤然放松预应力筋的施工工艺时,对光面预应力钢丝,l_{tr} 的起点应从距构件端部 $0.25 l_{tr}$ 处开始计算。预应力筋的锚固长度应按 7.3 节的要求计算。

计算先张法预应力混凝土构件端部锚固区的正截面和斜截面受弯承载力时,锚固长度范围内的预应力筋抗拉强度设计值在锚固起点处应取为零,在锚固终点处应取为 f_{py},两点之间可按线性内插法确定。

对于后张法,则是依靠锚具来传递钢筋回缩产生的预压力。锚具的种类很多,详见 12.4 节介绍。

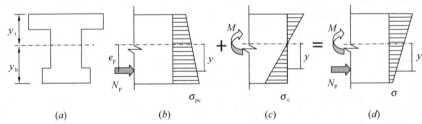

图 12-6 开裂前截面应力

(a) 截面;(b) 预压应力;(c) 弯矩产生的应力;(d) 叠加后应力

12.3 开裂前预应力混凝土截面的基本分析

12.3.1 截面应力

如果混凝土中的预压应力小于 $0.3 f_{ck}$,则在混凝土开裂前,构件截面应力可按弹性材料力学的方法计算。

对图 12-6 (a) 所示的一般截面，设预应力筋距截面形心的偏心距为 e_p，张拉结束后的有效张拉力为 N_p，其反作用力由混凝土承受，大小与 N_p 相同，方向相反，见图 12-6 (b)。由材料力学公式知，距截面形心任一高度 y 位置处由预压力 N_p 产生的应力为

$$\sigma_{pc} = \frac{N_p}{A} + \frac{N_p e_p}{I} y \tag{12-5}$$

上式应力值以压为正；预应力筋偏心距 e_p 在截面形心下侧为正；y 在截面形心下侧为正。

图 12-6 (c) 外荷载产生的弯矩 M 在截面上引起的应力为

$$\sigma_c = \frac{M}{I} y \tag{12-6}$$

上式应力值以拉为正。预加偏心压力 N_p 和弯矩 M 叠加后的截面应力为（图 12-6d）

$$\sigma = \sigma_c - \sigma_{pc} = \frac{M}{I} y - \left(\frac{N_p}{A} + \frac{N_p e_p}{I} y \right) \tag{12-7}$$

上式叠加后的应力值以拉为正。截面顶部和底部纤维距截面形心的距离分别为 y_t 和 y_b，则截面顶部和底部的应力为

$$\sigma_{top} = \frac{M}{I} y_t + \left(\frac{N_p}{A} - \frac{N_p e_p}{I} y_t \right) (\text{顶部，压为正}) \tag{12-8a}$$

$$\sigma_{bottom} = \frac{M}{I} y_b - \left(\frac{N_p}{A} + \frac{N_p e_p}{I} y_b \right) (\text{底部，拉为正}) \tag{12-8b}$$

式中，y_t 和 y_b 以绝对值代入。

12.3.2 截面受力特点

施加预应力后，在外荷载作用前，截面处于自平衡，预应力筋的拉力 N_p 与截面压应力合力 C 的作用位置相同，方向相反，见图 12-7 (a)。随着外荷载弯矩 M 的逐渐增加，预应力筋的拉力几乎保持 N_p 不变（实际上略有增加），由截面轴向力平衡条件可知，截面应力的合力也基本保持为 C，但 C 的作用位置随弯矩 M 的增加而逐渐上升，见图 12-7 (b)。取 N_p 与 C 之间的内力臂为 a，由截面弯矩平衡条件可得

$$N_p \cdot a = C \cdot a = M \tag{12-9}$$

故内力臂 a 为

$$a = \frac{M}{N_p} = \frac{M}{C} \tag{12-10}$$

可见，随着弯矩的 M 的增加，内力臂 a 逐渐增大。

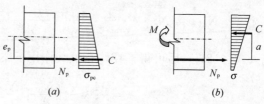

图 12-7 截面受力
(a) 施加预应力后；(b) 施加弯矩后

以上分析表明，预应力混凝土受弯构件是依靠内力臂的变化来抵抗外弯矩的作用，在受力过程中预应力筋一直承受较大的拉力 N_p，而截面混凝土则一直主要承受压力 C，预应力混凝土的这种受力特点，充分利用了钢筋抗拉强度和混凝土抗压强度高的特性，两种材料充分发挥了各自的优势，使得高强材料得以有效利用。而对于钢筋混凝土受弯情况，受弯开裂后，内力臂基本保持不变，钢筋的拉力 T 和压区混凝土的压力 C 随弯矩增长而不断增大，截面上仅部分混凝土在受力过程承受压力，同时钢筋应力的增长使得裂缝不断开展。

12.3.3 荷载平衡法概念

以上截面受力分析说明了预应力混凝土的受力特点，下面进一步从梁的整体受力角度分析预应力的作用和效果。

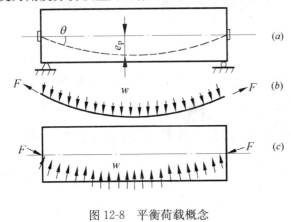

图 12-8 平衡荷载概念

图 12-8 所示的预应力混凝土简支梁在均布恒载为 g_k 下的弯矩为：

$$M_g = \frac{1}{2}g_k(lx - x^2) \quad (12\text{-}11)$$

采用曲线预应力筋施加预应力，设各截面预应力筋的预拉力 N_p 相等，预应力筋形心至截面形心的偏心距 e_p 按以下二次抛物线变化（见图 12-8a）：

$$e_p = 4e_0\frac{(lx - x^2)}{l^2} \quad (12\text{-}12)$$

式中，e_0 为跨中预应力筋偏心距，若取

$$e_0 = \frac{1}{8}\frac{g_k l^2}{N_p} \quad (12\text{-}13)$$

则沿梁轴向各截面有

$$N_p e_p = N_p \cdot 4 \cdot \frac{1}{8} \cdot \frac{g_k l^2}{N_p} \cdot \frac{(lx - x^2)}{l^2} = \frac{1}{2}g_k(lx - x^2) = M_g \quad (12\text{-}14)$$

代入式（12-7）后可得，在均布恒载作用下梁所有截面的应力为：

$$\sigma = \frac{M_g}{I}y - \left(\frac{N_p}{A} + \frac{N_p e_p}{I}y\right) = -\frac{N_p}{A} \quad (12\text{-}15)$$

上式表明，采用合适的曲线预应力筋，可以使得在均布恒载作用下，梁处于轴心

受压状态，而预应力筋仅受拉力 N_p，且梁没有挠度，这就是采用曲线预应力筋的原理。

进一步，由曲线预应力筋受力分析也可得到上述结果。设曲线预应力筋的曲率为 ρ，则其拉力 N_p 的径向分力对混凝土产生压力。取出曲线预应力筋的微单元如图 12-9 所示，长度为 dx，曲线两端法线夹角为 $d\theta$，单位长度上预应力筋对混凝土产生的径向压力为 w，该压力同时也反向作用于预应力筋，则由微单元的径向平衡条件得

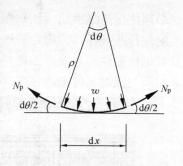

图 12-9 预应力筋微单元的受力

$$w \cdot dx = N_p \cdot d\theta$$

$$w = N_p \cdot \frac{d\theta}{dx} = N_p \cdot \frac{1}{\rho} \tag{12-16}$$

式中，$\frac{1}{\rho} = \frac{d\theta}{dx}$ 为预应力筋曲线微单元的曲率，ρ 为曲率半径。对式（12-12）所示的二次抛物线曲线预应力筋有

$$\frac{1}{\rho} = \frac{d\theta}{dx} = -\frac{d^2 e_p}{dx^2} = \frac{8e_0}{l^2} \tag{12-17}$$

代入式（12-16）可得

$$w = N_p \cdot \frac{1}{\rho} = \frac{8N_p e_0}{l^2} \tag{12-18}$$

当 $w = g_k$ 时，曲线预应力筋对梁混凝土产生的横向分布压力 w 恰好抵消梁的均布恒荷载 g_k，由此即可得式（12-13）跨中预应力筋偏心距 $e_0 = \frac{1}{8} \frac{g_k l^2}{N_p}$。由于 w 与梁上均布荷载方向相反，且其数值正好等于均布恒荷载 g_k，即 w 与 g_k 相平衡，因此按这种方法设计的预应力混凝土梁称为荷载平衡法（load balance method）。荷载平衡法是美籍华人林同炎提出的，其设计概念简单明确，是预应力混凝土结构设计的重要概念和方法，尤其是对超静定预应力混凝土结构的设计十分方便。

12.4 预应力混凝土的材料及锚夹具

12.4.1 预应力筋

预应力混凝土使得高强钢筋的应用成为可能，因此预应力筋的强度越高越好。而且在预应力混凝土制作和使用过程中，由于种种原因，预应力筋中预先施加的张拉应力会产生损失，为使得扣除应力损失后仍具有较高的有效张拉应力，

也必须使用高强钢筋（丝）作预应力筋。此外，为避免在超载情况下预应力筋发生脆性拉断破坏，预应力筋还必须具有一定的塑性。对钢丝类预应力筋，还要求具有低松弛性和与混凝土良好的粘结性能，通常采用"刻痕"或"压波"的方法来提高与混凝土的粘结强度。各种预应力筋见图12-10。

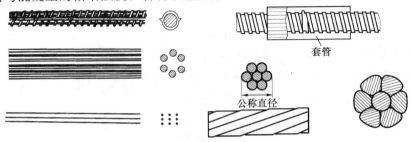

图 12-10　预应力筋

目前我国常用的预应力筋包括：现行国家标准《预应力混凝土用钢丝》GB/T 5223 和《中强度预应力混凝土用钢丝》YB/T 156 中光面以及螺旋肋的消除应力钢丝、现行国家标准《预应力混凝土用钢绞线》GB/T 5224 中的钢绞线、现行国家标准《预应力混凝土用螺纹钢筋》GB/T 20065 中的预应力螺纹钢筋。各类预应力钢筋的标准值和设计值见附表 2-5 和附表 2-6。

1. 中高强钢丝

中高强钢丝是采用优质碳素钢盘条，经过几次冷拔后得到。中强钢丝的强度为 800~1200MPa，高强钢丝的强度为 1470~1960N/mm^2。钢丝直径为 3~9mm。为增加与混凝土的粘结强度，钢丝表面可采用"刻痕"或"压波"，也可制成螺旋肋。

钢丝经冷拔后，存在有较大的内应力，一般都需要采用低温回火处理来消除内应力。经这样处理的钢丝称为消除应力钢丝，其比例极限、条件屈服强度和弹性模量均比消除应力前有所提高，塑性也有所改善。

2. 钢绞线

钢绞线是用 3 股或 7 股高强钢丝扭结而成的一种高强预应力筋，其中以 7 股钢绞线应用最多。7 股钢绞线的公称直径为 9.5~15.2mm，通常用于无粘结预应力筋，强度可高达 1960N/mm^2。

3. 热处理钢筋

用热轧中碳低合金钢经过调质热处理后制成的高强度钢筋，直径有 6mm、8.2mm、10mm 三种，抗拉强度为 1470N/mm^2。

除冷拉低合金钢筋外，其余预应力筋的应力-应变曲线均无明显屈服点，采用残余应变为 0.2% 的条件屈服点作为抗拉强度设计指标。

4. 无粘结预应力束

无粘结预应力束是由$\Phi^j 12$和$\Phi^j 15$钢绞线或$7\Phi^s 5$和$7\Phi^s 4$钢丝束、油脂涂料层和包裹层组成，见图12-11。油脂涂料和护套包裹层使预应力筋与其周围混凝土隔离，减少摩擦损失，防止预应力筋锈蚀。护套包裹层应有一定强度，防止施工中破损，并应具有耐腐蚀性和防水性。目前多采用低密度聚乙烯与油脂涂料一同在预应力筋上挤出形成无粘结预应力筋的产生工艺。

图12-11 无粘结预应力束

12.4.2 混凝土

预应力混凝土要求采用高强混凝土，其原因有以下几方面：

(1) 可以施加较大的预压应力，提高预应力效率；

(2) 有利于减小构件截面尺寸和结构自重，以适用于大跨度要求；

(3) 具有较高的弹性模量，有利于提高截面抗弯刚度，减少预压时的弹性回缩；

(4) 徐变较小，有利于减少徐变引起的预应力损失；

(5) 与钢筋有较大粘结强度，减少先张法预应力筋的应力传递长度；

(6) 有利于提高局部承压能力，便于后张锚具的布置和减小锚具垫板的尺寸；

(7) 强度早期发展较快，可较早施加预应力，加快施工速度，提高台座、模板、夹具的周转率，降低间接费用。

一般预应力混凝土构件的混凝土强度等级不低于C30，当采用预应力钢绞线、高强钢丝和热处理钢筋时，混凝土强度等级不低于C40。先张法构件的混凝土强度一般可比后张法高些，因为先张法比后张法的预应力损失大，同时采用高强混凝土，可尽早放张以提高台座的周转。

12.4.3 锚具和夹具

锚具用于后张法预应力混凝土构件，预应力张拉完成后将永久固定在构件上。夹具用于先张法构件，可重复使用。锚具和夹具应锚固可靠、滑移小、构造简单、加工制作简单、施工方便，经济可靠。按锚固原理，锚固体系可分为支承式和楔紧式两大类。常用的锚具有以下几种：

1. 螺丝端杆锚具

如图12-12所示，主要用于预应力筋张拉端。预应力筋与螺丝端杆对焊连接，螺丝端杆另一端与张拉千斤顶相连。张拉终止时，通过螺帽和垫板将预应力筋锚固在构件上。这种锚具构造简单、滑移小，也便于再次张拉，但需要特别注意焊接接头的质量，以防止发生脆断。

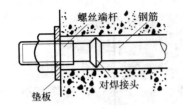

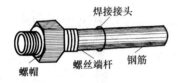

图 12-12 螺丝端杆锚具

2. 镦头锚具

如图 12-13 所示,这种锚具用于锚固钢丝束。张拉端采用锚杯,固定端采用锚板。先将钢丝端头镦粗成球形,穿入锚杯孔内,边张拉边拧紧锚杯的螺帽。每个锚具可同时锚固几根到一百多根 $\Phi 5 \sim \Phi 7$ mm 的高强钢丝。采用这种锚具时,要求钢丝的下料长度精度较高,否则会造成钢丝受力不均。

3. 锥塞式锚具

如图 12-14 所示,用于锚固钢丝束或钢绞线束,通常同时锚固 12 根直径为 5mm、7mm、9mm 的钢丝,或 12 根直径为 12mm、15mm 的钢绞线。锚具由带锥孔的锚环和锥形锚塞两部分组成。该锚具为预应力混凝土发明人法国著名工程师 Eugene Freyssinet 研制,张拉时需采用专门的双作用或三作用弗氏千斤顶。三作用弗氏千斤顶除可在张拉的同时顶紧锚塞的两个作用外,还设有将夹持钢绞线或钢丝的楔块自动松脱的装置。

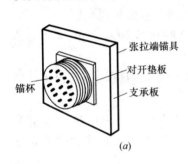

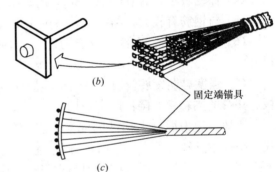

图 12-13 镦头锚具
(a) 张拉端;(b) 分散式固定端;(c) 集中式固定端

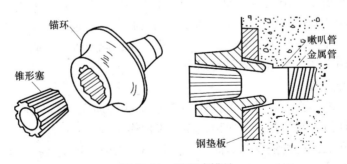

图 12-14 锥塞式锚具

4. 夹片式锚具

如图 12-15 所示，是采用楔形夹片将预应力筋束或钢绞线楔紧锚固于锚环中，常用的有 JM12 型、QM 型和 XM 型锚具。

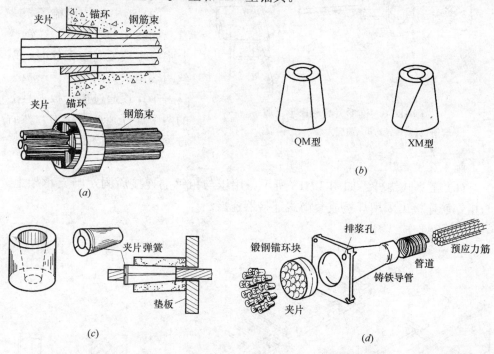

图 12-15　夹片式锚具

(a) JM12 型锚具；(b) XM 型与 QM 型锚具夹片；(c) QM 型单孔锚具；(d) QM 型多孔锚具

JM12 型锚具（图 12-15a）用于锚固 3～6 根直径为 12mm 的钢筋束，或 5～6 根 7Φ4 的钢绞线。这种锚具由锚环和 3～6 个夹片组成，锚环可嵌在构件内，也可凸在构件外。夹片为楔形，每一块夹片有两个圆弧形槽，槽内有齿纹，靠摩擦力锚固钢筋。JM12 锚具需采用双作用千斤顶张拉。双作用千斤顶有两个油缸，一个用于张拉钢筋，另一个用于在张拉的同时将夹片顶入锚环。张拉结束张拉油缸退油后，钢筋回缩，夹片随之将钢筋挤紧。这种锚具的缺点是钢筋内缩值较大，采用钢筋时可达 3mm，采用钢绞线时可达 5mm。

QM 型和 XM 型锚具用于锚固单根或多根钢绞线。每根钢绞线由三个夹片夹紧，夹片是由空心锥台按三等份切割而成。QM 型和 XM 型夹片切开的方向不同，QM 型夹片锥体母线平行，而 XM 型夹片倾斜，倾斜方向与钢绞线的扭转角相反，以保证锚固效果（图 12-15b）。这种锚具每次张拉一根钢绞线，故每次张拉力不大，可采用小型千斤顶逐根张拉，施工十分方便。锚环可根据钢绞线的布置采用单孔或多孔锚具（图 12-15c、d），多孔锚具又称群锚。

先张法常用的夹具有以下几种：

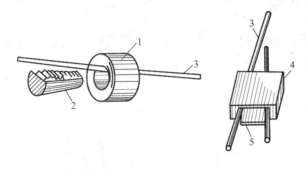

图 12-16 锥形夹具和楔形夹具

1—套筒；2—锥销；3—预应力筋；4—锚板；5—楔块

(1) 锥形夹具和楔形夹具：如图 12-16 所示，用于锚固单根或双根冷轧带肋钢筋。

(2) 钢模张拉用梳子板夹具：如图 12-17 所示，在钢模上张拉多根预应力钢丝时，钢丝两端用镦头固定于梳子板夹具，千斤顶通过梳子板夹具上的两个螺杆施加张拉力，然后拧紧螺帽临时固定于钢模横梁上，施工速度很快。

(3) 工具式锚杆：如图 12-18 所示，用于与粗钢筋连接后固定与支承架上。与粗钢筋连接可采用焊接或套筒式连接器连接。

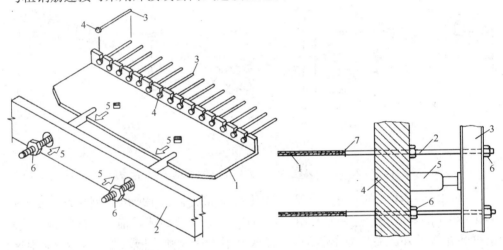

图 12-17 钢模张拉用梳子板夹具

1—梳子板；2—钢模横梁；3—钢丝；4—镦头；5—千斤顶张拉时爪钩孔及支撑位置示意；6—固定用螺帽

图 12-18 工具式锚杆

1—预应力筋；2—工具式螺杆；3—活动钢横梁；4—台座固定传力架；5—千斤顶；6—螺帽；7—焊接接头

12.5 张拉控制应力和预应力损失

12.5.1 张拉控制应力

在张拉预应力筋对构件施加预应力时，张拉设备（千斤顶油压表）所控制的

总张拉力 $N_{p,con}$ 除以预应力筋面积 A_p 得到的应力称为**张拉控制应力** σ_{con}。它是预应力筋在构件受荷以前所经受的最大应力。张拉控制应力 σ_{con} 取值越高，预应力筋对混凝土的预压作用越大，可以使预应力筋充分发挥作用。但 σ_{con} 取值过高，会使构件开裂荷载与极限承载力很接近，并可能导致张拉时引起断筋事故，也会产生过大的应力松弛。因此，《规范》规定，预应力筋的张拉控制应力 σ_{con} 不应超过下列限值：

钢丝、钢绞线 $\qquad\qquad \sigma_{con} \leqslant 0.75 f_{ptk}$ \qquad\qquad (12-19a)

预应力螺纹钢筋 $\qquad\qquad \sigma_{con} \leqslant 0.85 f_{pyk}$ \qquad\qquad (12-19b)

由于预应力筋张拉过程是在施工阶段进行的，同时张拉预应力筋也是对钢筋进行的一次检验，所以式（12-19）规定的张拉控制应力 σ_{con} 是以预应力筋的标准强度给出的，且 σ_{con} 可不受抗拉强度设计值的限制。同时，为提高张拉预应力的效果，当符合下列情况之一时，式（12-19）规定的张拉控制应力限值 σ_{con} 可相应提高 $0.05 f_{ptk}$ 或 $0.05 f_{pyk}$：

（1）为提高构件在施工阶段的抗裂性能，而在使用阶段受压区内设置的预应力筋；

（2）为部分抵消应力松弛、摩擦、钢筋分批张拉以及预应力筋与张拉台座之间的温差引起的预应力损失。

另一方面，为避免 σ_{con} 取值过低，影响预应力筋充分发挥作用，《规范》规定，σ_{con} 不应小于 $0.4 f_{ptk}$。

12.5.2 预应力损失

预应力筋张拉至 σ_{con} 后，由于制作方法的原因以及混凝土和钢材的性质，预应力筋中的应力会从 σ_{con} 逐渐减少，并经过相当长的时间才会最终稳定下来，这种应力降低称为**预应力损失**（loss of prestressing）。由于最终稳定后的应力值才对构件产生实际的预应力效果，因此预应力损失计算是预应力混凝土结构设计中的一个重要内容，过高或过低估计预应力损失，都会对预应力混凝土构件的使用性能产生不利影响。

由于预应力是通过张拉预应力筋得到，凡是能使预应力筋产生缩短的因素，都将引起预应力损失，主要有：混凝土弹性压缩、混凝土的收缩和徐变以及锚固损失（锚具变形、预应力筋的回缩、滑移）等。长度不变的预应力筋，在高应力的长期作用下会产生应力松弛，也会引起预应力损失。后张法预应力筋张拉过程中，预应力筋与孔道壁之间的摩擦，先张法预应力筋与锚具之间以及折点处的摩擦，也会造成预应力损失。此外，还有先张法中的热养护引起的温差损失，后张法中后拉束对先张拉束造成的压缩变形而产生的分批张拉损失等。

由于引起预应力损失的各种因素会相互影响，要精确计算十分困难。例如，应力松弛、收缩、徐变引起的损失都与时间和环境条件（温度、湿度）有关，很难确切的分离；而摩擦和锚具损失与预应力筋的管道形状、锚具安装和操作技术水平等有很大关系，因此对预应力损失的计算精度应根据具体条件确定。《规范》为简化计算，采用分别计算各种因素引起的预应力损失，再叠加起来的方法来确定总预应力损失，以下介绍各项预应力损失的计算。

1. 锚固变形损失 σ_{l1}

预应力筋张拉后锚固时，由于锚具受力后变形、缝隙被挤紧以及钢筋在锚具中内缩滑移引起的预应力损失记为 σ_{l1}。对直线预应力筋有：

$$\sigma_{l1} = \frac{a}{l} \cdot E_p \tag{12-20}$$

式中　a——张拉端锚具变形和钢筋内缩值（mm），按表 12-2 取值，也可根据实测数据确定；

　　　l——张拉端至锚固端之间的距离（mm）；

　　　E_p——预应力筋的弹性模量。

对曲线预应力筋，锚固时预应力筋回缩会产生反向摩擦，其锚固损失计算详见下面摩擦损失。

锚具变形和预应力筋内缩值 a（mm）　　　　表 12-2

锚具类别		a
支承式锚具（钢丝束镦头锚具等）	螺帽缝隙	1
	每块后加垫板的缝隙	1
夹片式锚具	有顶压时	5
	无顶压时	6~8

注：1. 表中的锚具变形和预应力筋内缩值也可根据实测数据确定；
　　2. 其他类型的锚具变形和预应力筋内缩值应根据实测数据确定。

2. 摩擦损失 σ_{l2}

摩擦损失是指在后张法张拉钢筋时，由于预应力筋与预留孔道内壁混凝土或套管内壁之间存在摩擦，使得预应力筋应力随距张拉端距离的增加而逐渐减少的现象。

预应力筋与预留孔道内壁的摩擦包括两部分：一是在张拉直线预应力筋时，由于孔道局部偏差、孔壁粗糙及预应力筋表面粗糙等原因，使得预应力筋与孔道内壁刮碰产生的摩擦阻力，见图 12-19（a）；另一种是张拉曲线预应力筋时，由于曲线孔道的曲率，使预应力筋与孔道内壁之间产生法向接触压力而引起的摩擦阻力，见图 12-19（b）。

设刮碰摩擦阻力与预应力筋拉力 N_p 的大小成正比，单位长度刮碰摩擦系数为 κ，则由图 12-19（a）所示微单元的平衡条件可得刮碰摩擦力微分方程如下：

$$dF_1 = -\kappa N_p dx \tag{12-21}$$

12.5 张拉控制应力和预应力损失

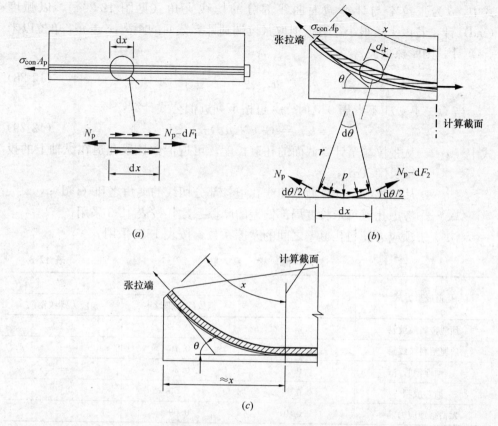

图 12-19 预应力筋的筋摩擦损失
(a) 直线筋摩擦损失；(b) 曲线筋摩擦损失；(c) 摩擦损失 σ_{e2} 的分布

对于曲线预应力筋，由图 12-19 (b) 所示的微单元法向受力平衡条件，可得预应力筋对孔壁产生的法向压应力为 p，则

$$p \cdot dx = N_p \cdot d\theta \quad (12\text{-}22)$$

设相应法向压应力 p 的滑动摩擦系数为 μ，由图 12-19 (b) 所示的微单元轴向平衡条件可得滑动摩擦的微分方程如下：

$$dF_2 = -\mu p\, dx = -\mu N_p\, d\theta \quad (12\text{-}23)$$

取 $dx = r\,d\theta$，r 为预应力筋的曲率半径；$N_p = \sigma_p A_p$，则总摩擦的微分方程为：

$$dF = A_p d\sigma_p = dF_1 + dF_2 = -(\kappa r + \mu)\sigma_p A_p d\theta \quad (12\text{-}24)$$

故有

$$\frac{d\sigma_p}{\sigma_p} = -(\kappa r + \mu)d\theta \quad (12\text{-}25)$$

从张拉端到计算截面对上式两边积分得

$$\ln\sigma_p - \ln\sigma_{con} = -(\kappa r + \mu)\theta \quad (12\text{-}26)$$

即

$$\frac{\sigma_p}{\sigma_{con}} = e^{-(\kappa r + \mu)\theta} \quad (12\text{-}27)$$

式中，θ 为张拉端与计算截面曲线部分的切线夹角（见图 12-20a），以弧度（rad）计，若该夹角很小，可近似取张拉端到计算截面的距离 $x = r\theta$，单位以米（m）计，则摩擦损失 σ_{l2} 为：

$$\sigma_{l2} = \sigma_{con} - \sigma_p = \sigma_{con}\left[1 - \frac{1}{e^{(\kappa x + \mu\theta)}}\right] \tag{12-28}$$

当 $(\kappa x + \mu\theta)$ 不大于 0.3 时，σ_{l2} 可按下列近似公式计算：

$$\sigma_{l2} = (\kappa x + \mu\theta)\sigma_{con} \tag{12-29}$$

式中 x——从张拉端至计算截面的孔道长度，可近似取该段孔道在纵轴上的投影长度（m）；

θ——从张拉端至计算截面曲线孔道各部分切线的夹角之和（rad）；

κ——考虑孔道每米长度局部偏差的摩擦系数，按表 12-3 采用；

μ——预应力筋与孔道壁之间的摩擦系数，按表 12-3 采用。

摩 擦 系 数　　　　　　　　表 12-3

孔道成型方式	κ	μ	
		钢绞线、钢丝束	预应力螺纹钢筋
预埋金属波纹管	0.0015	0.25	0.50
预埋塑料波纹管	0.0015	0.15	—
预埋钢管	0.0010	0.30	—
抽芯成型	0.0014	0.55	0.60
无粘结预应力筋	0.0040	0.09	—

注：摩擦系数也可根据实测数据确定。

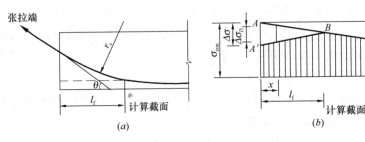

图 12-20　反向摩擦损失
(a) 曲线预应力筋张拉；(b) 预应力筋应力分布

在式 (12-27) 中，对按抛物线、圆弧曲线变化的空间曲线，夹角之和 θ 可按下列近似公式计算：

抛物线、圆弧曲线：
$$\theta = \sqrt{\alpha_v^2 + \alpha_h^2} \tag{12-30}$$

广义空间曲线：
$$\theta = \Sigma\sqrt{\Delta\alpha_v^2 + \Delta\alpha_h^2} \tag{12-31}$$

式中 α_v, α_h——按抛物线、圆弧曲线变化的空间曲线预应力筋在竖直向、水平向投影所形成抛物线、圆弧曲线的弯转角。

曲线预应力筋张拉锚固时，由于锚具变形和预应力筋内缩会在张拉端产生内缩值 a（mm），该内缩趋势会在预应力筋上产生反向摩擦力。图 12-20（b）中，σ_{con} 与 AB 之差为前述单向张拉产生的摩擦损失 σ_{l2}，ABC 为锚固前的预应力筋应力分布，$A'BC$ 为锚固后的预应力筋应力分布，AB 与 $A'B$ 之差即为锚固应力损失 σ_{l1}，因此 σ_{l1} 需考虑预应力筋锚固时内缩的反向摩擦影响。设反向摩擦力只在影响长度 l_f（m）内发生，即在距张拉端 l_f 处（图 12-20b 中 B 点处），预应力筋的内缩值为零，同时设反向摩擦力与正向摩擦力相同，即 AB 与 $A'B$ 两条线是对称的，则在张拉和锚固时产生的摩擦损失为前述单向张拉时产生摩擦损失的 2 倍，因此由式（12-29）令 $x=l_f$，可得锚固端产生的应力损失 $\Delta\sigma$ 为

$$\Delta\sigma = 2\sigma_{con}\left(\kappa + \frac{\mu}{r_c}\right)l_f \tag{12-32}$$

近似取锚具变形损失 σ_{l1} 在其影响区段 l_f 范围内为线性变化，则有

$$\sigma_{l1} = \Delta\sigma\left(1 - \frac{x}{l_f}\right) \tag{12-33}$$

将式（12-32）的 $\Delta\sigma$ 代入上式则有

$$\sigma_{l1} = 2\sigma_{con}l_f\left(\frac{\mu}{r_c} + \kappa\right)\left(1 - \frac{x}{l_f}\right) \tag{12-34}$$

式中　r_c——圆弧形曲线预应力筋的曲率半径（m）。

对于抛物线形预应力筋，当夹角 θ 不大于 30°时，也可近似按圆弧考虑。

由预应力筋在锚具损失影响区段 l_f 范围内的总变形与预应力筋的内缩值 a 相协调的条件可推得 l_f。设预应力筋 dx 长度的内缩量为 $d\delta = \dfrac{\sigma_{l1}}{E_p}dx$，则在锚具损失影响区段 l_f 范围内的内缩值 a 为

$$a = \int_0^a d\delta = \int_0^{l_f} \frac{\sigma_{l1}}{E_p}dx = \frac{\sigma_{con}}{E_p}\left(\kappa + \frac{\mu}{r_c}\right)l_f^2 \tag{12-35}$$

注意到 a（mm）与 l_f（m）单位的不同，可得反向摩擦影响长度 l_f 为

$$l_f = \sqrt{\frac{aE_p}{1000\sigma_{con}\left(\frac{\mu}{r_c} + \kappa\right)}}\text{（m）} \tag{12-36}$$

式中　E_p——预应力筋弹性模量（N/mm²）。

对于更为复杂的曲线预应力筋形式，考虑反向摩擦后的锚具回缩变形损失 σ_{l1} 可查阅《规范》附录 J。为减少摩擦损失，可采取两端张拉或超张拉的方法，其减少损失的原理见图 12-21。但两端张拉时，两端均需考虑锚具变形损失。

3. 温差损失 σ_{l3}

为缩短先张法构件的生产周期，常采用蒸汽养护以加快混凝土的凝结硬化。

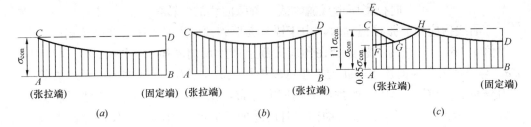

图 12-21 减少摩擦损失的措施
(a) 一端张拉；(b) 两端张拉；(c) 超张拉

升温时，新浇混凝土尚未结硬，钢筋受热膨胀，但张拉预应力筋的台座是固定不动的，亦即钢筋长度不变，因此预应力筋中的应力随温度的增高而降低，产生预应力损失 σ_{l3}。而降温时，混凝土达到了一定的强度，与预应力筋之间已具有粘结作用，两者共同回缩，已产生预应力损失 σ_{l3} 无法恢复。

设养护升温后，预应力筋与台座的温差为 Δt ℃，取钢筋的温度膨胀系数为 $1 \times 10^{-5}/℃$，则有

$$\sigma_{l3} = 1.0 \times 10^{-5} E_s \Delta t = 1 \times 10^{-5} \times 2 \times 10^5 \times \Delta t = 2\Delta t \tag{12-37}$$

当利用钢模作为先张法的承力支座，并将钢模与构件一起进行蒸汽养护时，则无温差损失。

4. 应力松弛损失 σ_{l4}

钢筋在高应力长期作用下具有随时间增长产生塑性变形的性质。在长度保持不变的条件下，应力值会随时间的增长而逐渐降低，这种现象称为**应力松弛**（stress relaxation）。应力松弛与徐变的实质是一样的，徐变是应力不变，变形随时间而增加；应力松弛是长度不变，应力随时间而减小。因此，与徐变的性质一样，应力松弛也与初始应力水平和作用时间长短有关。根据这一性质，可采用的短时间超张拉方法来减少松弛损失。超张拉的程序是：$0 \to 1.05\sigma_{con}$（静停 2～5min）$\to 0 \to \sigma_{con}$。

《规范》根据各类钢筋的应力松弛长期试验结果，给出的应力松弛损失 σ_{l4} 的计算公式如下：

（1）普通松弛预应力钢丝、钢绞线、中强度预应力钢丝

$$\sigma_{l4} = 0.4\psi\left(\frac{\sigma_{con}}{f_{ptk}} - 0.5\right)\sigma_{con} \tag{12-38}$$

（2）低松弛预应力钢丝、钢绞线、中强度预应力钢丝

当 $\sigma_{con} \leqslant 0.7 f_{ptk}$ 时，

$$\sigma_{l4} = 0.125\left(\frac{\sigma_{con}}{f_{ptk}} - 0.5\right)\sigma_{con} \tag{12-39a}$$

当 $0.7 f_{ptk} < \sigma_{con} \leqslant 0.8 f_{ptk}$ 时，

$$\sigma_{l4} = 0.2\left(\frac{\sigma_{con}}{f_{ptk}} - 0.575\right)\sigma_{con} \tag{12-39b}$$

式中 ψ ——超张拉系数，一次张拉时，取 $\psi=1$；超张拉时，取 $\psi=0.9$。在以上计算中，当 $\sigma_{con} \leqslant 0.5 f_{ptk}$ 时，预应力筋的应力松弛损失值可取为零，即取 $\sigma_{l4}=0$。

(3) 预应力螺纹钢筋

一次张拉
$$\sigma_{l4} = 0.04\sigma_{con} \tag{12-40a}$$

超张拉
$$\sigma_{l4} = 0.03\sigma_{con} \tag{12-40b}$$

5. 收缩徐变损失 σ_{l5}

混凝土硬化时产生的收缩和在长期预压作用下产生的徐变，都导致预应力混凝土构件长度的缩短，预应力筋随之回缩，引起预应力损失。由于收缩和徐变是同时随时间产生的，且影响二者的因素随时间变化规律相似，《规范》将二者合并考虑，建议混凝土收缩和徐变引起的受拉区预应力筋 A_p 和受压区预应力筋 A'_p 的损失 σ_{l5}、σ'_{l5} 按下列公式计算：

(1) 先张法构件

$$\sigma_{l5} = \frac{60 + 340\frac{\sigma_{pcI}}{f'_{cu}}}{1 + 15\rho} \tag{12-41a}$$

$$\sigma'_{l5} = \frac{60 + 340\frac{\sigma'_{pcI}}{f'_{cu}}}{1 + 15\rho'} \tag{12-41b}$$

(2) 后张法构件

$$\sigma_{l5} = \frac{55 + 300\frac{\sigma_{pcI}}{f'_{cu}}}{1 + 15\rho} \tag{12-42a}$$

$$\sigma'_{l5} = \frac{55 + 300\frac{\sigma'_{pcI}}{f'_{cu}}}{1 + 15\rho'} \tag{12-42b}$$

式中 σ_{pcI}、σ'_{pcI} ——分别为放张（先张）或张拉完毕（后张）时，即完成第 I 批预应力损失后，受拉区预应力筋 A_p 和受压区预应力筋 A'_p 合力点处混凝土的预压应力，见 13 章；

f'_{cu} ——施加预应力时混凝土所达到的立方体抗压强度，《规范》要求一般不低于设计混凝土强度等级的 75%；

ρ、ρ' ——受拉区、受压区预应力筋和非预应力筋的配筋率（见图 12-22），按下式确定：

先张法构件 $\quad \rho = \dfrac{A_p + A_s}{A_0}, \rho' = \dfrac{A'_p + A'_s}{A_0}$ (12-43a)

后张法构件 $\quad \rho = \dfrac{A_p + A_s}{A_n}, \rho' = \dfrac{A'_p + A'_s}{A_n}$ (12-43b)

式中 A_0——先张法构件换算截面面积，$A_0 = A_c + \alpha_{Ep} A_p + \alpha_{Es} A_s$（换算截面的概念见 3.1 节）；

A_n——后张法构件扣除孔道后净截面面积，$A_n = A_c + \alpha_{Es} A_s$；

α_{Ep}、α_{Es}——分别为预应力筋和非预应力筋的弹性模量与混凝土弹性模量的比值。

对于轴心受拉构件，应按全部预应力筋和非预应力筋面积的一半进行计算，见图 12-22 (b)。

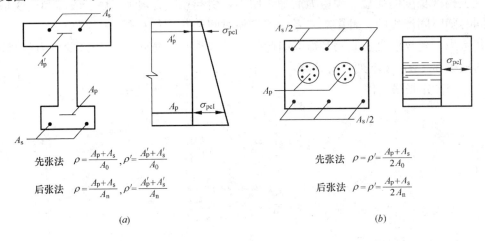

图 12-22 计算 σ_{l5} 时配筋率的确定
(a) 受弯构件；(b) 轴心受拉构件

上述收缩和徐变引起的预应力损失计算公式 σ_{l5}、σ'_{l5} 是在线性徐变条件下给出的，σ_{l5}、σ'_{l5} 与相对初始应力 σ_{pcI}/f'_{cu}、σ'_{pcI}/f'_{cu} 呈线性关系，因此 σ_{pcI}/f'_{cu}、σ'_{pcI}/f'_{cu} 不应大于 0.5；当 σ'_{pcI} 为拉应力时，式 (12-41b) 和式 (12-42b) 中的 σ'_{pcI} 应取等于零。

由式 (12-41) 和式 (12-42) 的比较可见，后张法构件的 σ_{l5}、σ'_{l5} 取值小于先张法构件，这是因为后张法构件在施加预应力时混凝土已产生一部分收缩。对处于高湿度环境下的结构，如贮水池等，混凝土的收缩和徐变都有较大降低，因此按上列公式计算的 σ_{l5}、σ'_{l5} 值可降低 50%；而处于干燥环境的结构，混凝土的收缩和徐变将增大，当结构处于年平均相对湿度低于 40% 的环境下，按式 (12-41) 和式 (12-42) 计算的 σ_{l5} 和 σ'_{l5} 值应增加 30%。

式 (12-41) 和式 (12-42) 系指一般情况下的预应力损失最终值。由于混凝土的收缩和徐变是随时间增长而不断发展的，且与施加预应力时混凝土的龄期有关。当预应力混凝土构件制作完成后,开始施加荷载,荷载产生的应力与预加应力方向相反,因此施加荷载后,收缩和徐变损失将减小。实际工程中预应力损失发展规律十分复杂,对于重要工程,当能预先确定构件承受外荷载的时间时,应根据实际施工情况和结构实际受力情况,按相应施加预应力龄期和施加荷载的龄期,采用更为科学的方法计算考虑时间对混凝土收缩和徐变损失的影响。《规范》附录 K 给出了与时间相关的预应力损失计算的实用计算方法。

6. 环向预应力筋挤压混凝土引起的应力损失 σ_{l6}

当环形构件采用缠绕螺旋式预应力筋时,混凝土在环向预应力的挤压作用下产生局部压陷,预应力筋环的直径减小,造成应力损失 σ_{l6},其值与环形构件的直径成反比。当环形构件直径大于 3m 时,可忽略该损失。当直径小于或等于 3m 时,可取 $\sigma_{l6}=30\text{N/mm}^2$。

12.5.3 预应力损失的组合

预应力混凝土构件从施加预应力开始,即需要进行各项有关设计计算,而预应力损失是分批发生的。因此,应根据施工各阶段的情况计算相应的预应力损失。通常以混凝土预压时刻为界限,将预应力损失分为两批,即:(1) 混凝土预压前完成的损失 $\sigma_{l\text{I}}$;(2) 混凝土预压后完成的损失 $\sigma_{l\text{II}}$。根据上述预应力损失发生时间的先后关系,预应力损失值宜按表 12-4 进行组合。

各阶段预应力损失值的组合   表 12-4

预应力损失值的组合	先张法构件	后张法构件
混凝土预压前(第一批)的损失 $\sigma_{l\text{I}}$	$\sigma_{l1}+\sigma_{l2}+\sigma_{l3}+\sigma_{l4}$	$\sigma_{l1}+\sigma_{l2}$
混凝土预压后(第二批)的损失 $\sigma_{l\text{II}}$	σ_{l5}	$\sigma_{l4}+\sigma_{l5}+\sigma_{l6}$

注:先张法构件由于预应力筋应力松弛引起的损失值 σ_{l4} 在第一批和第二批损失中所占的比例,如需区分,可根据实际情况确定。

考虑到预应力损失计算的误差,避免总损失计算值过小时产生不利影响,《规范》规定当总损失值 $\sigma_l=\sigma_{l\text{I}}+\sigma_{l\text{II}}$ 小于下列数值时,应按下列数值取用:

先张法构件　　　　100MPa
后张法构件　　　　80MPa

12.5.4 混凝土弹性压缩引起的损失 σ_{le}

先张法构件放张时,预应力筋与混凝土一起受压缩短,引起预应力筋应力降低。设混凝土预压应力在弹性范围,则根据钢筋与混凝土共同变形的条件,可得混凝土弹性压缩引起的损失 σ_{le} 为

$$\sigma_{le}=\frac{E_s}{E_c}\sigma_{pc}=\alpha_E\sigma_{pc} \qquad (12\text{-}44)$$

对后张法构件,当一次全部张拉所有预应力筋时,无弹性压缩损失,即 $\sigma_{le}=0$;但当采用分批张拉时,后张拉的预应力筋产生的压缩变形会使先张拉的预应力筋中的应力减小。因此,第一批张拉钢筋因弹性压缩引起预应力损失最大,最后张拉的则没有弹性压缩损失。逐批计算这些弹性压缩损失十分繁琐,为简化计算,可取第一批张拉预应力筋的弹性压缩损失的一半作为全部预应力筋的弹性压缩损失,即可取

$$\sigma_{le} = 0.5\frac{E_s}{E_c}\sigma_{pc} = 0.5\alpha_E\sigma_{pc} \tag{12-45}$$

式中 σ_{pc}——全部预应力筋在预应力筋面积形心处产生的混凝土预压应力。

对先张拉的钢筋采用超张拉方法,可解决后张法分批张拉引起的弹性压缩损失。

【例题 12-1】 24m 屋架预应力混凝土下弦拉杆,截面构造如图 12-23 所示。采用后张法一端施加预应力。孔道直径 50mm,预埋波纹管成孔。每个孔道配置 3 根 Φⁱ15 普通松弛钢绞线 ($A_p=839.88\text{mm}^2$,$f_{ptk}=1570\text{N/mm}^2$),非预应力筋采用 HRB335 级钢筋 4Φ12 ($A_s=452\text{mm}^2$)。采用 XM 型锚具,张拉控制应力采用 $\sigma_{con}=0.65f_{ptk}$,混凝土为 C40 级,施加预应力时 $f'_{cu}=40\text{N/mm}^2$。要求计算预应力损失。

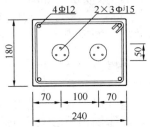

图 12-23 [例题 12-1] 图

【解】

(1) 截面几何特征

预应力钢绞线 $E_p=1.95\times10^5\text{N/mm}^2$,非预应力筋 $E_s=2.0\times10^5\text{N/mm}^2$,C40 级混凝土 $E_c=3.25\times10^4\text{N/mm}^2$,$\alpha_E=\dfrac{E_s}{E_c}=\dfrac{20}{3.25}=6.15$

扣除孔道的净换算截面面积

$$A_n = 240\times180 - 2\times\frac{\pi}{4}\times50^2 + (6.15-1)\times452 = 41601\text{ mm}^2$$

(2) 预应力损失计算

张拉控制应力

$$\sigma_{con} = 0.65f_{ptk} = 0.65\times1570 = 1020.5\text{N/mm}^2$$

①锚具变形及钢筋内缩损失 σ_{l1}:

XM 型锚具采用钢绞线内缩值 $a=5\text{mm}$,构件长 $l=24\text{m}$,则

$$\sigma_{l1} = \frac{a}{l}E_p = \frac{5}{24000}\times1.95\times10^5 = 40.6\text{ N/mm}^2$$

②孔道摩擦损失 σ_{l2}:

预埋波纹管成孔，$\kappa=0.0015$，直线配筋 $\mu\theta=0$，则
$$\sigma_{l2}=\sigma_{\text{con}}(\kappa x+\mu\theta)=1020.5\times(0.0015\times24+0)=36.74\text{ N/mm}^2$$
第一批损失：$\sigma_{l\text{I}}=\sigma_{l1}+\sigma_{l2}=77.34\text{N/mm}^2$，
③预应力筋应力松弛损失 σ_{l4}：
非超张拉 $\psi=1.0$，按式（12-38）有
$$\sigma_{l4}=0.4\psi\left(\frac{\sigma_{\text{con}}}{f_{\text{ptk}}}-0.5\right)\sigma_{\text{con}}=0.4\times1.0\times(0.65-0.5)\times1118$$
$$=67.08\text{ N/mm}^2$$
④混凝土收缩徐变损失 σ_{l5}：
张拉中止后混凝土的预压应力 σ_{pc} 为：
$$\sigma_{\text{pc}}=\frac{(\sigma_{\text{con}}-\sigma_{l\text{I}})A_{\text{p}}}{A_{\text{n}}}=\frac{(1020.5-74.24)\times839.88}{41601}=19.10\text{ N/mm}^2$$
$$\frac{\sigma_{\text{pc}}}{f'_{\text{cu}}}=\frac{19.10}{40}=0.477<0.5,$$
$$\rho=\rho'=\frac{A_{\text{p}}+A_{\text{s}}}{2A_{\text{n}}}=\frac{839.88+452}{2\times41601}=0.01553$$
$$\sigma_{l5}=\frac{25+220\dfrac{\sigma_{\text{pc}}}{f'_{\text{cu}}}}{1+15\rho}=\frac{25+220\times0.477}{1+15\times0.01553}=105.5\text{ N/mm}^2$$
第二批损失 $\sigma_{l\text{II}}=\sigma_{l4}+\sigma_{l5}=172.6\text{N/mm}^2$。全部预应力损失为 $\sigma_l=\sigma_{l\text{I}}+\sigma_{l\text{II}}$
$=249.9\text{N/mm}^2$。

【例题 12-2】 3.6m 先张预应力混凝土圆孔板截面如图 12-24 所示。预应力筋采用 8Φ^H5 的 1570 级低松弛螺旋肋钢丝（$A_{\text{p}}=157\text{mm}^2$），在 4m 长的钢模上张拉。混凝土为 C40 级，达到 75% 强度时放张，张拉控制应力 $\sigma_{\text{con}}=0.75f_{\text{ptk}}$。要求计算预应力损失。

【解】

（1）截面几何特征

将圆孔板截面按截面面积、形心位置和惯性矩相等的条件换算为工形截面。即将圆孔换算成 $b_{\text{k}}\times h_{\text{k}}$ 的矩形孔。
$$7\times\frac{\pi}{4}\times83^2=b_{\text{k}}h_{\text{k}},\ 7\times\frac{\pi}{64}\times83^4=\frac{1}{12}b_{\text{k}}h_{\text{k}}^3$$
解得 $b_{\text{k}}=526.9\text{mm}$，$h_{\text{k}}=72\text{mm}$，故换算的工形截面 $b'_{\text{f}}=860\text{mm}$，$h'_{\text{f}}=(24+83/2)-72/2=29.5\text{mm}$，$b_{\text{f}}=890\text{mm}$，$h'_{\text{f}}=(18+83/2)-72/2=23.5\text{mm}$，$b=\dfrac{b'_{\text{f}}+b_{\text{f}}}{2}$
$-b_{\text{k}}=348.6\text{mm}$。

螺旋肋预应力钢丝 $E_{\text{s}}=2.05\times10^5\text{N/mm}^2$，C40 级混凝土 $E_{\text{c}}=3.25\times10^4\text{N/mm}^2$。

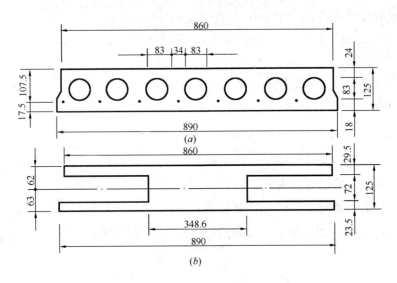

图 12-24 [例题 12-2] 图

$$\alpha_E = \frac{E_s}{E_c} = \frac{20.5}{3.25} = 6.31, \ (\alpha_E - 1)A_p = 833.7 \text{mm}^2$$

换算截面面积 A_0 为：
$$A_0 = 860 \times 29.5 + 348.6 \times 72 + 890 \times 23.5 + 833.7 = 72218 \text{ mm}^2$$

换算截面形心至截面下边缘距离 y_0 为：
$$S_0 = 860 \times 29.5 \times 110.2 + 348.6 \times 72 \times 59.5 + 890 \times 23.5$$
$$\times 11.75 + 833.7 \times 17.5$$
$$= 4550 \times 10^3 \text{ mm}^3$$

$$y_0 = \frac{S_0}{A_0} = 63 \text{mm}$$

预应力筋偏心矩 $e_{p0} = 63 - 17.5 = 45.5 \text{mm}$

换算截面惯性矩
$$I_0 = \frac{1}{12} \times 860 \times 29.5^3 + 890 \times 29.5 \times \left(62 - \frac{29.5}{2}\right)^2 + \frac{1}{12} \times 348.6 \times 72^3 + 348.6$$
$$\times 72 \times \left(\frac{72}{2} + 23.5 - 62\right)^2 + \frac{1}{12} \times 890 \times 23.5^3 + 890 \times 23.5 \times (63 - 11.75)^2 + 833.7$$
$$\times 45.5^2 = 1272 \times 10^5 \text{ mm}^4$$

(2) 预应力损失计算

张拉控制应力 σ_{con} 为：
$$\sigma_{con} = 0.75 f_{ptk} = 0.75 \times 1570 = 1177.5 \text{N/mm}^2$$

①锚具变形及钢筋内缩损失 σ_{l1}

螺杆锚具 $a = 1\text{mm}$，构件长 $l = 4\text{m}$，则

$$\sigma_{l1} = \frac{a}{l}E_p = \frac{1}{4000} \times 2.05 \times 10^5 = 51.3 \text{ N/mm}^2$$

② 钢模与构件一齐入窑蒸汽养护，温差损失 $\sigma_{l2}=0$

③ 预应力筋应力松弛损失 σ_{l4}

低松弛预应力筋，且 $0.7f_{ptk} < \sigma_{con} \leqslant 0.8f_{ptk}$，非超张拉 $\psi=1.0$，按式 (12-39b) 计算，有

$$\sigma_{l4} = 0.2\psi\left(\frac{\sigma_{con}}{f_{ptk}} - 0.575\right)\sigma_{con} = 0.2 \times 1.0 \times (0.75 - 0.575) \times 1177.5$$
$$= 41.2 \text{ N/mm}^2$$

第一批损失 $\sigma_{l\text{I}} = \sigma_{l1} + \sigma_{l3} + \sigma_{l4} = 92.5 \text{N/mm}^2$。

④ 混凝土收缩徐变损失 σ_{l5}

放张后第一批预应力损失发生，预应力筋应力为 $(\sigma_{con} - \sigma_{l\text{I}})$。放张后预应力筋与构件共同变形，故应按照换算截面面积 A_0 及惯性矩 I_0 计算混凝土截面上预压应力 $\sigma_{pc\text{I}}$。

$$N_{p0\text{I}} = (\sigma_{con} - \sigma_{l\text{I}}) = (1177.5 - 92.5) \times 157 = 170345\text{N}$$

$$e_{p0} = 45.5\text{mm}$$

预应力筋合力点处混凝土预压应力

$$\sigma_{pc\text{I}} = \frac{N_{p0\text{I}}}{A_0} + \frac{N_{p0\text{I}} e_{p0}^2}{I_0} = \frac{170345}{72218} + \frac{170345 \times 45.5^2}{1272 \times 10^5} = 5.13 \text{ N/mm}^2$$

$$\frac{\sigma_{pc\text{I}}}{f'_{cu}} = \frac{5.13}{75\% \times 40} = 0.171 < 0.5, \quad \rho = \frac{A_p}{A_0} = \frac{157}{72218} = 0.00217$$

$$\sigma_{l5} = \frac{45 + 220\frac{\sigma_{pc\text{I}}}{f'_{cu}}}{1 + 15\rho} = \frac{45 + 220 \times 0.171}{1 + 15 \times 0.00217} = 80 \text{ N/mm}^2$$

第二批损失 $\sigma_{l\text{II}} = \sigma_{l5} = 80\text{N/mm}^2$。

综上，全部损失为 $\sigma_l = \sigma_{l\text{I}} + \sigma_{l\text{II}} = 172.5\text{N/mm}^2$。

思 考 题

12-1 为什么钢筋混凝土受弯构件不能有效地利用高强钢筋和高强混凝土？而预应力混凝土构件则必须采用高强钢筋和高强混凝土？

12-2 先张法和后张法建立预应力的条件是什么？

12-3 预应力混凝土受弯构件的受力特点与钢筋混凝土受弯构件有什么不同？

12-4 试根据平衡荷载概念确定图 12-25 所示均布荷载作用下悬臂梁的预应力筋曲线形状。

12-5 为什么张拉控制应力 σ_{con} 是按钢筋抗拉强度标准值确定的？σ_{con} 是否可

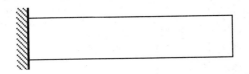

图 12-25 思考题 12-4 图

大于抗拉强度设计值？

12-6 引起预应力损失的因素有哪些？预应力损失如何分组？

习 题

12-1 18m 屋架下弦预应力混凝土拉杆如图 12-26 所示，采用后张法一端张拉（超张拉）。孔道为直径 52mm 的抽芯成型，采用 JM12 锚具。预应力筋为 5 根 7Φ^S4 的钢绞线（单根 7Φ^S4 钢绞线面积为 98.7mm^2），$f_{ptk}=1570\text{N/mm}^2$，$f_{pt}=1110\text{N/mm}^2$，非预应力筋为 4 根直径为 10mm 的 HRB335 级钢筋，混凝土为 C40 级，达到 100% 设计强度时施加预应力，张拉控制应力 $\sigma_{con}=0.75f_{ptk}$。试计算各项预应力损失。

12-2 长度为 12m 的预应力混凝土工形截面梁如图 12-27 所示。采用先张法台座生产，不考虑锚具变形损失，养护温差 $\Delta t=20℃$，采用超张拉，设松弛损失在放张前完成 50%，预应力筋采用直径为 5mm 的刻痕钢丝，$f_{ptk}=1570\text{N/mm}^2$，$f_{pt}=1110\text{N/mm}^2$，张拉控制应力 $\sigma_{con}=0.75f_{ptk}$，混凝土为 C40 级，混凝土达到设计强度时放张。试计算各项预应力损失。

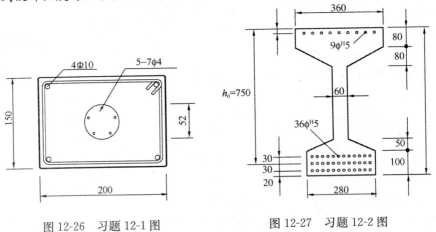

图 12-26 习题 12-1 图 图 12-27 习题 12-2 图

第13章 预应力混凝土构件的受力性能分析

本章介绍预应力混凝土构件从张拉预应力、施加外荷载直至构件破坏各个受力阶段的截面应力状态和应力分析,以便全面了解预应力混凝土构件的受力性能和有关计算方法。为清楚讲述预应力作用的受力分析,本章主要部分未考虑非预应力筋 A_s 和 A_s'。本章中后张法是指张拉锚固后进行灌浆的有粘结预应力混凝土。

13.1 预应力混凝土轴心受拉构件的分析

13.1.1 施工阶段

1. 先张法构件

先张法是在台座上张拉预应力筋至 σ_{con} 后,经过锚固、浇筑混凝土、养护至混凝土达到预定强度放张。先张法轴心受拉构件各阶段的应力分析如下:

(1) 放张前(见图13-1a),已产生第一批预应力损失 $\sigma_{lI} = \sigma_{l1} + \sigma_{l2} + \sigma_{l3} + \sigma_{l4}$,预应力筋的应力降低为 $(\sigma_{con} - \sigma_{lI})$,预应力筋承受的拉力为 $N_{p0I} = (\sigma_{con} - \sigma_{lI})A_p$,该拉力由台座承担,混凝土尚未受到压缩,其应力为零,即 $\sigma_c = 0$。

(2) 放张后(见图13-1b),混凝土中产生预压应力 σ_{pcI},由于预应力筋与混凝土共同受压回缩产生弹性压缩应力损失 $\sigma_{le} = \alpha_{Ep}\sigma_{pcI}$,因此放张后预应力筋中的预拉应力为:

$$\sigma_{pI} = \sigma_{con} - \sigma_{lI} - \alpha_{Ep}\sigma_{pcI} \quad (13\text{-}1a)$$

放张后,预应力筋受拉,混凝土受压,构件为自平衡,由平衡条件可得

$$\sigma_{pcI}A_c = \sigma_{pI}A_p = (\sigma_{con} - \sigma_{lI} - \alpha_{Ep}\sigma_{pcI})A_p$$

于是有

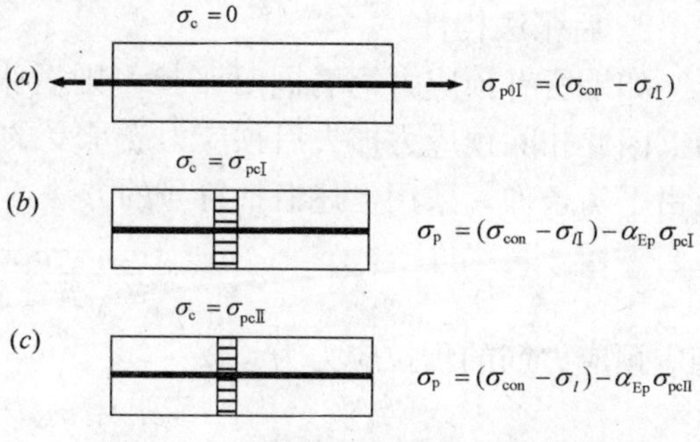

图 13-1 先张法施工阶段受力分析
(a) 放张前;(b) 放张后;(c) 完成第二批损失

$$\sigma_{\mathrm{pc\,I}} = \frac{(\sigma_{\mathrm{con}} - \sigma_{l\,\mathrm{I}})A_{\mathrm{p}}}{A_{\mathrm{c}} + \alpha_{\mathrm{Ep}}A_{\mathrm{p}}} = \frac{N_{\mathrm{p0\,I}}}{A_0} \tag{13-1b}$$

式中，$A_0 = A_c + \alpha_{Ep}A_p$，为换算截面面积；$N_{p0\,I} = (\sigma_{con} - \sigma_{l\,I})A_p$，为扣除第一批预应力损失 $\sigma_{l\,I}$ 后预应力筋的总预拉力。因此，上式可以理解为放张前由台座承担的拉力 $N_{p0\,I}$ 释放后，使换算截面面积 A_0 受压产生的压应力 $\sigma_{pc\,I}$。理解这一概念对后面的应力分析，特别是对受弯构件的应力分析将会十分方便。

(3) 构件在上述预压应力 $\sigma_{pc\,I}$ 的作用下，产生收缩徐变等第二批应力损失 $\sigma_{l\,II}$（见图 13-1c），相应混凝土中的预压应力降低为 $\sigma_{pc\,II}$，由此可得预应力筋的预拉应力为：

$$\sigma_{\mathrm{p\,II}} = \sigma_{\mathrm{con}} - \sigma_{l\,\mathrm{I}} - \sigma_{l\,\mathrm{II}} - \alpha_{\mathrm{E}}\sigma_{\mathrm{pc\,II}} = \sigma_{\mathrm{con}} - \sigma_l - \alpha_{\mathrm{E}}\sigma_{\mathrm{pc\,II}} \tag{13-2a}$$

式中，$\sigma_l = \sigma_{l\,I} + \sigma_{l\,II}$，为总预应力损失。按上述式（13-1b）的同样方法，可得混凝土中的预压应力为：

$$\sigma_{\mathrm{pc\,II}} = \frac{(\sigma_{\mathrm{con}} - \sigma_l)A_{\mathrm{p}}}{A_{\mathrm{c}} + \alpha_{\mathrm{Ep}}A_{\mathrm{p}}} = \frac{N_{\mathrm{p0\,II}}}{A_0} \tag{13-2b}$$

式中，$N_{p0\,II} = (\sigma_{con} - \sigma_l)A_p$，为扣除总预应力损失 σ_l 后预应力筋的总预拉力。

式（13-1）和式（13-2）可理解为预应力筋在完成相应阶段预应力损失后所承受的拉力 $N_{p0\,I}$ 和 $N_{p0\,II}$ 由台座承担，放张后使换算截面 A_0 受压产生的预压应力 $\sigma_{pc\,I}$ 和 $\sigma_{pc\,II}$。

由于上述式（13-1）和式（13-2）采用了同样的计算概念，故可将上述施工阶段的应力计算公式统一为：

混凝土预压应力：
$$\sigma_{\mathrm{pc}} = \frac{(\sigma_{\mathrm{con}} - \sigma_l)A_{\mathrm{p}}}{A_{\mathrm{c}} + \alpha_{\mathrm{Ep}}A_{\mathrm{p}}} = \frac{N_{\mathrm{p0}}}{A_0} \tag{13-3a}$$

预应力筋预拉应力：
$$\sigma_{\mathrm{p}} = \sigma_{\mathrm{con}} - \sigma_l - \alpha_{\mathrm{Ep}}\sigma_{\mathrm{pc}} \tag{13-3b}$$

式中，σ_l、σ_{pc}、σ_p 和 N_{p0} 为概括符号，代表相应阶段的预应力损失 σ_l（σ_{l1} 或 σ_{l2}）、混凝土预压应力 σ_{pc}（σ_{pc1} 或 σ_{pc2}）、预应力筋应力 σ_p 和"放张前"预应力筋合力 N_{p0}。注意这里"放张前"预应力筋合力 N_{p0} 的含义是指扣除相应阶段的预应力损失后仍假定由台座承担的拉力 $(\sigma_{con} - \sigma_l)A_p$。

2. 后张法构件

如果所有预应力钢筋同时张拉，则后张法构件无弹性压缩应力损失（$\sigma_{le} = 0$）。因此扣除预应力损失后预应力筋承受的拉力直接与混凝土承受的压力平衡，故由平衡条件，采用上述概括符号的方法，可得混凝土的预压应力为：

$$\sigma_{\mathrm{pc}} = \frac{(\sigma_{\mathrm{con}} - \sigma_l)A_{\mathrm{p}}}{A_{\mathrm{c}}} = \frac{N_{\mathrm{p}}}{A_{\mathrm{c}}} \tag{13-4a}$$

相应预应力筋的预拉应力为：

$$\sigma_{\mathrm{p}} = \sigma_{\mathrm{con}} - \sigma_l \tag{13-4b}$$

如取 $\sigma_{l\,I}$ 和 $\sigma_{l\,II}$ 为相应第一阶段和第二阶段的预应力损失，则相应阶段的混凝土的预压应力和预应力筋的预拉应力的具体表达式分别为：

(1) 完成第一批应力损失 $\sigma_{l\mathrm{I}}$ 后（见图 13-2b）：

混凝土预压应力
$$\sigma_{\mathrm{pcI}} = \frac{(\sigma_{\mathrm{con}} - \sigma_{l\mathrm{I}})A_{\mathrm{p}}}{A_{\mathrm{c}}} = \frac{N_{\mathrm{pI}}}{A_{\mathrm{c}}} \quad (13\text{-}5a)$$

预应力筋应力
$$\sigma_{\mathrm{pI}} = \sigma_{\mathrm{con}} - \sigma_{l\mathrm{I}} \quad (13\text{-}5b)$$

(2) 根据 σ_{pcI} 计算第二批应力损失中的收缩徐变损失，则完成第二批应力损失 $\sigma_{l\mathrm{II}}$ 后（见图 13-2c）：

混凝土预压应力
$$\sigma_{\mathrm{pcII}} = \frac{(\sigma_{\mathrm{con}} - \sigma_{l\mathrm{I}} - \sigma_{l\mathrm{II}})A_{\mathrm{p}}}{A_{\mathrm{c}}}$$
$$= \frac{(\sigma_{\mathrm{con}} - \sigma_{l})A_{\mathrm{p}}}{A_{\mathrm{c}}}$$
$$= \frac{N_{\mathrm{pII}}}{A_{\mathrm{c}}} \quad (13\text{-}6a)$$

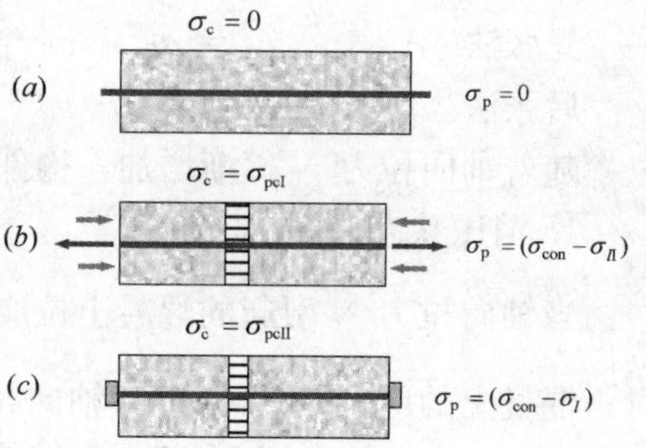

图 13-2 后张法施工阶段应力分析
(a) 张拉前；(b) 张拉后；(c) 完成第二批损失

预应力筋应力
$$\sigma_{\mathrm{pII}} = \sigma_{\mathrm{con}} - \sigma_{l\mathrm{I}} - \sigma_{l\mathrm{II}} = \sigma_{\mathrm{con}} - \sigma_{l} \quad (13\text{-}6b)$$

由上述公式与式（13-3a）和式（13-3b）的比较可知，有无弹性压缩损失 $\sigma_{le} = \sigma_{\mathrm{Ep}}\sigma_{\mathrm{pcI}}$ 或 $=\alpha_{\mathrm{Ep}}\sigma_{\mathrm{pcII}}$ 是先张法与后张法计算公式的差异所在。再进一步观察两种张拉方法的统一公式可得

先张法
$$N_{\mathrm{p0}} = (\sigma_{\mathrm{con}} - \sigma_{l})A_{\mathrm{p}} \quad (13\text{-}7)$$

后张法
$$N_{\mathrm{p}} = (\sigma_{\mathrm{con}} - \sigma_{l})A_{\mathrm{p}} \quad (13\text{-}8)$$

可见以上两式右边的表达式是一致的，如假定两种张拉方法的 σ_{con} 和 σ_{l} 相同，则 N_{p0} 和 N_{p} 的数值相等，但先张法构件存在弹性压缩损失，而后张法构件无弹性压缩损失，故得到的混凝土预压应力 σ_{pc} 不等，先张法的 σ_{pc} 小于后张法的 σ_{pc}。同时，预应力筋中应力 σ_{p} 也是先张法小于后张法，因为先张法构件的 σ_{p} 除需扣除一般预应力损失 σ_{l} 外，还要扣除弹性压缩损失 $\sigma_{le} = \alpha_{\mathrm{Ep}}\sigma_{\mathrm{pc}}$，而后张法构件的 σ_{p} 则仅需扣除一般预应力损失 σ_{l}。

13.1.2 使用阶段

虽然先张法和后张法在施工阶段的应力计算有所差别，但当混凝土中建立起预压应力 σ_{pc} 后开始施加外荷载轴心拉力 N，预应力筋与混凝土共同变形，因此无论是先张法还是后张法，随轴心拉力的逐渐增大，两者的受力过程是相同的。在达到混凝土抗拉强度 f_{tk} 之前，可按弹性材料力学换算截面方法确定截面拉应力，即

$$\sigma_{\mathrm{cN}} = \frac{N}{A_0} \quad (13\text{-}9)$$

相应预应力筋的应力增量为 $\Delta\sigma_{\mathrm{p}} = \alpha_{\mathrm{E}}\sigma_{\mathrm{cN}}$。因此，与预压后构件中混凝土和预

应力筋的应力叠加,得到混凝土中的应力为:

$$\sigma_c = \sigma_{cN} - \sigma_{pc} = \frac{N}{A_0} - \sigma_{pc}(拉为正) \tag{13-10}$$

预应力筋中应力为:

先张法 $\quad\quad\quad \sigma_p = \sigma_{con} - \sigma_l - \alpha_{Ep}\sigma_{pc} + \alpha_{Ep}\sigma_{cN}(拉为正) \tag{13-11}$

后张法 $\quad\quad\quad \sigma_p = \sigma_{con} - \sigma_l + \alpha_{Ep}\sigma_{cN}(拉为正) \tag{13-12}$

随着轴向拉力 N 逐渐增加,构件经历以下一些特定的受力状态。

1. 消压状态(图 13-3b)

当轴向拉力 N 引起的混凝土拉应力 $\sigma_{cN} = \dfrac{N}{A_0}$ 恰好抵消混凝土的预压应力 σ_{pc} 时,混凝土的应力 $\sigma_c=0$,此时轴向拉力为 $N_0 = \sigma_{pc}A_0$,称为**消压轴力**(decompressed axial force)。相应预应力钢筋的应力为:

先张法 $\quad\quad\quad \sigma_{p0} = \sigma_{con} - \sigma_l \tag{13-13}$

后张法 $\quad\quad\quad \sigma_{p0} = \sigma_{con} - \sigma_l + \alpha_{Ep}\sigma_{pc} \tag{13-14}$

消压状态相当于非预应力构件的开始受轴拉力时的状态,此时的轴向拉力 N_0 全部由预应力筋承担,由平衡条件得消压轴力:

先张法 $\quad\quad\quad N_0 = \sigma_{p0}A_p = (\sigma_{con} - \sigma_l)A_p \tag{13-15}$

后张法 $\quad\quad\quad N_0 = \sigma_{p0}A_p = (\sigma_{con} - \sigma_l + \alpha_E\sigma_{pc})A_p \tag{13-16}$

消压状态是预应力混凝土构件计算中的一个重要概念。从消压状态开始,以后的荷载增量 $(N - N_0)$ 产生的应力增量与普通混凝土轴心受拉构件从零开始施加轴向拉力产生的应力类似。对于先张法轴心受拉构件,消压轴力 N_0 即等于 N_{p0}。

2. 开裂轴力(图 13-3c)

随着轴向拉力 N 的逐渐增加,当混凝土的拉应力 $\sigma_c = \sigma_{cN} - \sigma_{pc} = f_{tk}$ 时,构件达到即将开裂状态,由式(13-10),取此时的轴心拉力 N 为开裂轴力 N_{cr},得到

$$N_{cr} = N_0 + f_{tk}A_0 = (\sigma_{pc} + f_{tk})A_0 \tag{13-17}$$

上式表明,预应力混凝土轴心受拉构件的开裂轴力 N_{cr} 等于在消压轴力 N_0 的基础上增加了 $f_{tk}A_0$。同样,预应力筋应力从消压状态 σ_{p0} 增加了 $\alpha_{Ep}f_{tk}$,即 $\sigma_p = \sigma_{p0} + \alpha_{Ep}f_{tk}$。需注意的是,如考虑到混凝土的受拉塑性变形,应力增量应为 $2\alpha_{Ep}f_{tk}$,为了不必重新计算 A_0,使计算统一,仍取 $\alpha_{Ep}f_{tk}$,误差不大。

相比于第 3 章的式(3-6)的钢筋混凝土轴心受拉构件的开裂轴力 $N_{cr}^{RC} = f_{tk}A_c(1 + 2\alpha_E\rho) \approx f_{tk}A_0$ 可知,式(13-17)预应力混凝土轴心受拉构件的开裂轴力 N_{cr}^{PC} 比 N_{cr}^{RC} 增加了 $\sigma_{pc}A_0$,由于混凝土预压应力 σ_{pc} 可达混凝土抗拉强度 f_{tk} 的 6~8 倍,因此预应力混凝土构件的开裂荷载显著提高。

3. 开裂后(图 13-3d)

超过开裂轴力后,即 $N>N_{cr}$,在裂缝截面,轴向拉力 N 全部由预应力筋承担,则由平衡条件可得

$$\sigma_p = \frac{N}{A_p} = \frac{N-N_0+N_0}{A_p} = \sigma_{p0} + \frac{N-N_0}{A_p} \tag{13-18}$$

式中,$\frac{N-N_0}{A_p}$ 为预应力筋应力从消压状态 σ_{p0} 开始的应力增量 $\Delta\sigma_p$,相当于钢筋混凝土构件直接加载产生的钢筋应力,故裂缝宽度与该应力增量 $\Delta\sigma_p$ 有关,也即将第 11.3 节中钢筋混凝土构件裂缝宽度计算公式中的钢筋应力 σ_{sk} 用 $\Delta\sigma_p = \frac{N-N_0}{A_p}$ 替代后,即可计算预应力构件的裂缝宽度。

4. 极限轴力(图 13-3e)

当预应力筋的应力达到其抗拉强度 f_{py} 时,达到极限轴心受拉承载力,即

$$N_u = f_{py}A_p \tag{13-19}$$

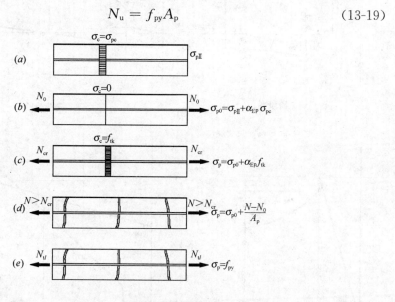

图 13-3 使用阶段受力分析
(a) 施加轴力前;(b) 消压状态;(c) 开裂轴力;
(d) 开裂后;(e) 极限轴力

图 13-4 分别为先张法和后张法轴心受拉构件从开始张拉钢筋,直至最后达到轴心受拉承载力 N_u 的受力全过程中预应力筋应力 σ_p 和混凝土应力 σ_c 的发展情况。由图可见,在受荷阶段,轴向拉力从 $0 \to N_0$ 占全部受力阶段的很大比例,与钢筋混凝土轴心受拉构件相比(图中虚线),预应力混凝土轴心受拉构件的开裂荷载推迟了 N_0。由图还可见,在开裂荷载以前,预应力筋应力 σ_p 和混凝土应力 σ_c 随荷载增长一直成比例增加,并且 σ_p 一直处于高拉应力状态,且混凝土处于受

压，这使得钢筋受拉和混凝土受压性能高的优点得到有效发挥；而钢筋混凝土构件不仅开裂荷载很低，且钢筋的应力 σ_s 水平也很低，但开裂后，钢筋的应力增长速率很快，直到预应力混凝土轴心受拉构件的开裂荷载时，σ_s 才赶上 σ_p 的应力水平见图 13-4 中的虚线。

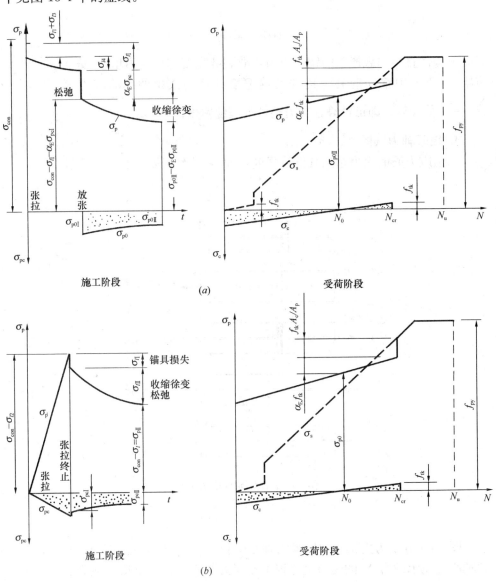

图 13-4 轴心受拉构件预应力筋应力 σ_p 和混凝土应力 σ_c 的发展全过程
(a) 先张法构件；(b) 后张法构件

【例题 13-1】 根据［例题 12-1］预应力损失的计算结果，计算：(1) 消压轴力 N_{p0}；(2) 裂缝出现轴力 N_{cr}；(3) 预应力筋应力到达 f_{py} 时的轴力。

【解】

(1) 消压轴力

$$\sigma_{pcII} = \frac{(\sigma_{con} - \sigma_l)A_p}{A_n} = \frac{(1020.5 - 246.84) \times 839.88}{41601} = 15.62 \, \text{N/mm}^2$$

$$A_0 = A_n + \alpha_{Ep}A_p = 41601 + \frac{19.5}{3.25} \times 839.88 = 46640 \, \text{mm}^2$$

$$N_0 = \sigma_{pcII} A_0 = 15.62 \times 46640 = 728.5 \times 10^3 \, \text{N} = 728.5 \, \text{kN}$$

(2) 开裂轴力

C40 级混凝土：$f_{tk} = 2.40 \, \text{N/mm}^2$

$$N_{cr} = (\sigma_{pcII} + f_{tk})A_0 = (15.62 + 2.40) \times 46640 = 840.4 \times 10^3 \, \text{N} = 840.4 \, \text{kN}$$

(3) 预应力筋应力 $\sigma_p = f_{py}$ 时的轴力

$$\sigma_{p0} = \sigma_{con} - \sigma_l + \frac{E_p}{E_c}\sigma_{pcII} = 1020.5 - 246.84 + \frac{19.5}{3.25} \times 15.62 = 867.38 \, \text{N/mm}^2$$

$$\sigma_p = f_{py} = \sigma_{p0} + \frac{N - N_0}{A_p + \frac{E_s}{E_p}A_s}$$

1570 级钢绞线：$f_{py} = 1110 \, \text{N/mm}^2$

$$N = (f_{py} - \sigma_{p0})\left(A_p + \frac{E_s}{E_p}A_s\right) + N_{p0}$$

$$= (1110 - 867.38) \times (839.9 + (2/1.95) \times 452) + 728.5 \times 10^3$$

$$= 1044.7 \times 10^3 \, \text{N} = 1044.7 \, \text{kN}$$

13.2　预应力混凝土受弯构件的分析

13.2.1　施工阶段

1. 先张法构件

在轴心受拉构件施工阶段应力分析得到的概念，对受弯构件的计算同样适用，即由 $N_{p0} = (\sigma_{con} - \sigma_l)A_p$ 作用于换算截面（A_0、I_0）来计算施工阶段的截面应力。如图 13-5 所示，设仅在截面受拉侧配置预应力筋 A_p，距截面形心的偏心距为 e_{p0}，则采用概括符号表达的截面混凝土应力 σ_{pc} 计算公式为

$$\sigma_{pc} = \frac{N_{p0}}{A_0} + \frac{N_{p0}e_{p0}}{I_0}y_0 \tag{13-20}$$

相应预应力筋的应力 σ_p 应扣除弹性压缩损失 $\alpha_E\sigma_{pc}$，用概括符号表示为

$$\sigma_p = \sigma_{con} - \sigma_l - \alpha_E\sigma_{pc} \tag{13-21}$$

对于在受压区还同时配置预应力筋 A'_p 的情况（见图 13-6），则可按以下式 (13-22) 取 A_p 与 A'_p 的合力 N_{p0} 及其作用点偏心距 e_{p0}，代入式 (13-20) 和式 (13-

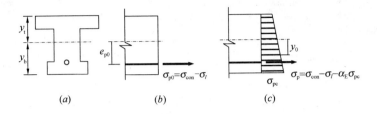

图 13-5 先张法受弯构件施工阶段应力分析
(a) 截面；(b) 放张前；(c) 放张后

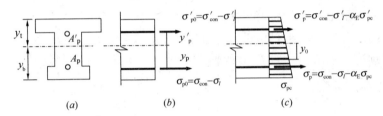

图 13-6
(a) 截面；(b) 放张前；(c) 放张后

21) 进行计算即可得到施加预应力后的截面混凝土应力 σ_{pc} 和相应预应力筋的应力 σ_p。

$$N_{p0} = (\sigma_{con} - \sigma_l)A_p + (\sigma'_{con} - \sigma'_l)A'_p \tag{13-22a}$$

$$e_{p0} = \frac{(\sigma_{con} - \sigma_l)A_p y_p - (\sigma'_{con} - \sigma'_l)A'_p y'_p}{N_{p0}} \tag{13-22b}$$

2. 后张法构件

对于后张法，可按上述同样思路，对仅在截面受拉侧配置预应力筋的情况，可由 $N_p = (\sigma_{con} - \sigma_l)A_p$ 作用于净换算截面（A_n、I_n）来计算施工阶段的截面应力，设预应力筋距净截面形心的偏心距为 e_{pn}，则截面混凝土应力采用概括符号表达为：

$$\sigma_{pc} = \frac{N_p}{A_n} + \frac{N_p e_{pn}}{I_n} y_n \tag{13-23}❶$$

相应预应力筋的应力用概括符号表示为：

$$\sigma_p = \sigma_{con} - \sigma_l \tag{13-24}$$

对于受拉区和受压区均配置预应力筋的情况（见图 13-7），仅需将以上两式中的 N_p 和 e_{pn} 改为：

$$N_p = (\sigma_{con} - \sigma_l)A_p + (\sigma'_{con} - \sigma'_l)A'_p \tag{13-25}$$

---

❶ 对于超静定预应力混凝土结构，尚应考虑预应力次内力引起的混凝土截面法向应力，此时式 (13-23) 为 $\sigma_{pc} = \frac{N_p}{A_n} \pm \frac{N_p e_{pn}}{I_n} y_n + \sigma_{p2}$，其中 σ_{p2} 为由预应力次因力引起的混凝土截面法向应力。预应力次内力的概念见 14.7 节。

$$e_{pn} = \frac{(\sigma_{con} - \sigma_l)A_p y_{pn} - (\sigma'_{con} - \sigma'_l)A'_p y'_{pn}}{N_p} \quad (13-26)$$

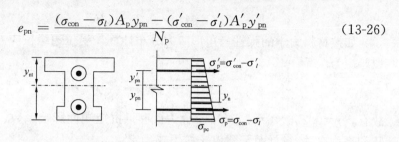

图 13-7 后张法受弯构件施工阶段应力分析

13.2.2 使用阶段

与轴心受拉构件的分析方法相同，无论是先张法还是后张法，施加外弯矩 M 后，预应力筋与混凝土都是共同变形的。因此在受拉区达到混凝土抗拉强度 f_{tk} 之前，可用换算截面按材料力学方法来确定计算截面弯矩 M 产生的截面应力，即

$$\sigma_{cM} = \frac{M}{I_0} y_0 \quad (13-27)$$

相应预应力筋的应力增量 $\Delta\sigma_p$ 为预应力筋位置处 σ_{cM} 的 α_E 倍，即 $\Delta\sigma_p = \alpha_E \sigma_{cM}$。

1. 消压弯矩 M_0

当外荷载产生的弯矩 M 引起截面受拉边缘的拉应力 σ_{cM} 恰好抵消该处混凝土的预压应力 σ_{pc} 时，该弯矩称为消压弯矩 M_0，由此时的截面弯曲应力分析可知

$$\sigma_c = \sigma_{cM} - \sigma_{pc} = \frac{M_0}{I_0} y_{0,bot} - \sigma_{pc} = 0$$

得

$$M_0 = \sigma_{pc} \frac{I_0}{y_{0,bot}} = \sigma_{pc} W_{0b} \quad (13-28)$$

式中 $y_{0,bot}$——换算截面形心至受拉边缘的距离；

W_{0b}——换算截面对受拉边缘的弹性抵抗矩，$W_{0b} = I_0/y_{0,bot}$。

2. 开裂弯矩 M_{cr}

当截面受拉边缘达到极限拉应变 $\varepsilon_{tu} = 2f_{tk}/E_c$ 时，达到开裂弯矩。由于混凝土的受拉塑性变形，截面受拉区应力图形呈曲线分布，可近似为梯形应力图形分布（见图13-8a）。为能继续应用材料力学的弹性计算公式，根据弯矩相等的条件，将梯形应力图形等效为图13-8(b)所示的三角形分布，对应受拉底边的等效拉应力取为 γf_{tk}。对于矩形截面，受拉区按接近实际应力分布的梯形应力图计算得到的开裂弯矩为

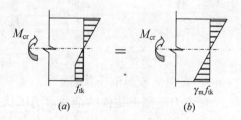

图 13-8 开裂弯矩

(a) 实际应力分布；(b) 等效弹性应力分布

$$M_{cr} = 0.256 f_{tk} bh^2 \tag{13-29}$$

如按材料力学的弹性三角形应力分布计算，受拉边缘拉应力达到 γf_{tk} 时的开裂弯矩为

$$M_{cr} = \gamma f_{tk} W_e = \frac{1}{6} \gamma f_{tk} bh^2 \tag{13-30}$$

故有，$\gamma = 0.256 \times 6 = 1.536$，$\gamma$ 称为截面抵抗矩塑性影响系数，该系数与截面形状和高度有关，《规范》建议 γ 按下式确定：

$$\gamma = \left(0.7 + \frac{120}{h}\right)\gamma_m \tag{13-31}$$

式中　γ_m——截面抵抗矩塑性影响系数基本值，取值见表 13-1；

　　　h——截面高度，当 $h<400mm$ 时，取 $h=400mm$；当 $h>1600mm$ 时，取 $h=1600mm$；对环形和圆形截面，h 应以环形截面的外环直径和圆形截面的直径代替。

截面抵抗矩塑性影响系数基本值 γ_m　　　表 13-1

项次	1	2	3		4		5
截面形状	矩形截面	翼缘位于受压区的 T 形截面	对称 I 形截面或箱形截面		翼缘位于受拉区的倒 T 形截面		圆形和环形截面
			$b_f/b \leq 2$、h_f/h 为任意值	$b_f/b > 2$、$h_f/h < 0.2$	$b_f/b \leq 2$、h_f/h 为任意值	$b_f/b > 2$、$h_f/h < 0.2$	
γ_m	1.55	1.50	1.45	1.35	1.50	1.40	$1.6 - 0.24 r_1/r$

注：1. 对 $b'_f > b_f$ 的工形截面，可按项次 2 与项次 3 之间的数值采用；对 $b'_f < b_f$ 的工形截面，可按项次 3 与项次 4 之间的数值采用；
　　2. 对于箱形截面，b 是指各肋宽度的总和；
　　3. r_1 为环形截面的内环半径，对圆形截面取 r_1 为零。

因此，当受拉边缘的拉应力达到 γf_{tk} 时，为预应力混凝土受弯构件的开裂弯矩 M_{cr}，有

$$\sigma_c - \sigma_{pc} = \frac{M_{cr}}{I_0} y_{0,bot} - \sigma_{pc} = \gamma f_{tk}$$

$$M_{cr} = (\sigma_{pc} + \gamma f_{tk}) W_{0b} \tag{13-32}$$

3. 假想全截面消压状态

预应力混凝土构件的全截面消压状态，相当于钢筋混凝土构件的起始受力状态，在计算概念上很重要，且对使用阶段和极限弯矩的截面应力分析有很大帮助。但与轴心受拉构件不同，受弯构件的弯矩 M 在截面上引起的应力分布是不均匀的，因此在整个施加弯矩 M 的过程中，预应力混凝土受弯构件不会出现如同轴心受拉构件的全截面消压状态，因此将全截面消压状态称为"假想全截面消压状态"。

由前述式（13-20）和式（13-23）可知，施加预应力后，截面上混凝土的预压应力 σ_{pc} 可视为是在偏心压力下产生的，见图 13-9（a）。设对截面施加偏心距为 e_0 的反向偏心拉力 N_0，使截面混凝土的预压应力 σ_{pc} 全部被抵消（见图 13-9b），则该偏心拉力 N_0 与截面上的预应力筋拉力合力相平衡，即有

$$N_0 = \sigma_{p0} A_p + \sigma'_{p0} A'_p \tag{13-33}$$

式中　σ_{p0}、σ'_{p0}——假想全截面消压状态时预应力筋 A_p、A'_p 的应力，由预应力筋与混凝土共同变形条件可得

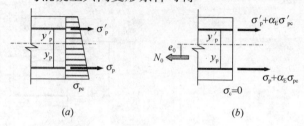

图 13-9
(a) 施加预压应力后；(b) 假想全截面消压状态

对先张法构件：　$\sigma_{p0} = (\sigma_{con} - \sigma_l - \alpha_{Ep}\sigma_{pc}) + \alpha_{Ep}\sigma_{pc} = (\sigma_{con} - \sigma_l)$ (13-34a)

$\sigma'_{p0} = (\sigma'_{con} - \sigma'_l - \alpha_{Ep}\sigma'_{pc}) + \alpha_{Ep}\sigma'_{pc} = (\sigma'_{con} - \sigma'_l)$ (13-34b)

对后张法构件：　$\sigma_{p0} = (\sigma_{con} - \sigma_l) + \alpha_{Ep}\sigma_{pc}$ (13-35a)

$\sigma'_{p0} = (\sigma'_{con} - \sigma'_l) + \alpha_{Ep}\sigma'_{pc}$ (13-35b)

再由弯矩平衡条件，可得消压拉力 N_0 的偏心距 e_0 为：

$$e_0 = \frac{\sigma_{p0} A_p y_p - \sigma'_{p0} A'_p y'_p}{N_0} \tag{13-36}$$

4. 开裂后

对于预应力混凝土受弯构件在弯矩作用下的受力分析，可以先施加一偏心距为 e_0 的偏心拉力 N_0，使截面处于图 13-10（b）所示的假想全截面消压状态，再施加偏心距为 e_0 的偏心压力 N_0（见图 13-10c）和使用弯矩 M_k（见图 13-10d）。因此，如果以假想全截面消压状态为参考状态，上述受力过程为一偏心受压，压力为 N_0，弯矩为 $M_k = N_0 (e - e_p)$，其中 $e = \frac{M_k}{N_0} + e_p$，见图 13-10（e）。所以开裂后在使用弯矩 M_k 作用下，受拉区预应力筋 A_p 的应力增量 $\Delta\sigma_p$ 可按偏心受压构件计算，由图 13-10（e）截面弯矩平衡条件可得

$$\Delta\sigma_p = \frac{M_k - N_0(z - e_p)}{A_p \cdot z} \tag{13-37}$$

式中　e_p——消压轴力 N_0 作用点至预应力筋 A_p 面积形心的距离，见图 13-10 (e)；

z——预应力筋 A_p 面积形心至受压区压力合力点距离，根据试验研究和

理论分析，z 可按下式计算：

$$z = \left[0.87 - 0.12(1-\gamma'_f)\left(\frac{h_0}{e}\right)^2\right]h_0 \tag{13-38}$$

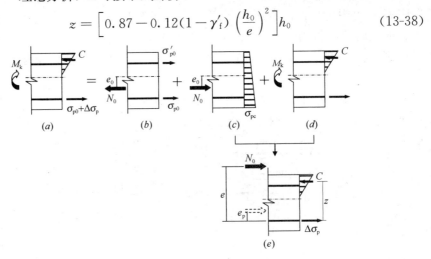

图 13-10　开裂后截面应力分析

(a) 开裂后截面应力；(b) 全截面消压状态；(c) 施加预压；
(d) 施加弯矩；(e) 从 (b) 开始的增量

5. 极限弯矩

随着弯矩增加，受拉区预应力筋先达到屈服强度 f_{py}，受压边缘混凝土达到极限压应变 ε_{cu}，截面达到受弯承载能力极限状态，其截面应力分布与钢筋混凝土受弯构件类似，但有以下几点不同之处：

① 受压区预应力筋 A'_p 的应力 σ'_p

由图 13-11 可见，以假想全截面消压状态为基准，达到受弯极限状态时，受压区预应力筋 A'_p 面积形心处的压应变增量为 $\Delta\varepsilon'_p$。注意到 $\Delta\varepsilon'_p$ 与钢筋混凝土双筋梁受压钢筋的压应变相同（见图 13-11b），亦即在满足 $x \geqslant a'_p$ 的条件下，可取 $\Delta\varepsilon'_p \cdot E_p = f'_{py}$，因此 A'_p 的应力为

$$\sigma'_p = E_p(\varepsilon'_{p0} - \Delta\varepsilon'_p) = \sigma'_{p0} - f'_{py} \tag{13-39}$$

式中，σ'_p 以受拉为正。由上式可见，由于受压区预应力筋 A'_p 预先受拉，因此在达到受弯承载能力极限状态时，σ'_p 可能是拉应力，也可能是压应力，但此压应力肯定小于 f'_{py}，即受压区配置的预应力筋 A'_p 的抗压强度未能得到充分发挥，故配置 A'_p 对受弯承载力来说是不利的。但配置 A'_p 的目的是为了控制预应力混凝土构件在施工阶段的裂缝，详见第 14 章。

② 相对界限受压区高度 ξ_b

同样以假想全截面消压状态为基准，达到界限破坏时的截面应变分布如图 13-12 所示，则相应的相对界限受压区高度 ξ_b 为

$$\xi_b = \beta \frac{\varepsilon_{cu}}{\varepsilon_{cu} + (\varepsilon_{py} - \varepsilon_{p0})} \tag{13-40}$$

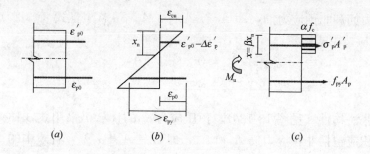

图 13-11
(a) 全截面消压状态时截面应变；(b) 极限状态时
截面应变分布；(c) 极限状态时截面应力分布

对于有明显屈服点的钢筋，$\varepsilon_{py} = f_{py}/E_s$，代入上式得

$$\xi_b = \frac{\beta}{1 + \dfrac{f_{py} - \sigma_{p0}}{\varepsilon_{cu} E_s}} \quad (13\text{-}41)$$

对于无明显屈服点的钢筋，$\varepsilon_{py} = 0.002 + f_{py}/E_s$，代入式 (13-41) 得

$$\xi_b = \frac{\beta}{1 + \dfrac{0.002}{\varepsilon_{cu}} + \dfrac{f_{py} - \sigma_{p0}}{\varepsilon_{cu} E_s}} \quad (13\text{-}42)$$

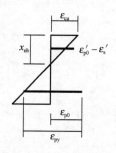

图 13-12 界限破坏时截面应变分布

对矩形截面，当 $\xi \leqslant \xi_b$，则预应力混凝土受弯构件极限弯矩的计算公式为：

$$\alpha f_c b x = f_{py} A_p + (\sigma'_{p0} - f'_{py}) A'_p \quad (13\text{-}43a)$$

$$M_u = \alpha f_c b x (h_0 - x/2) - (\sigma'_{p0} - f'_{py}) A'_p (h_0 - a'_p) \quad (13\text{-}43b)$$

上式计算中，受压区高度应满足 $x \geqslant 2a'_p$。

在同样材料、截面和配筋情况下，与普通钢筋混凝土梁受弯计算的相对界限受压区高度 $\xi_{b,RC}$ 公式 (5-10) 相比，上述式 (13-40) 预应力混凝土梁的相对界限受压区高度 $\xi_{b,PC}$ 大于 $\xi_{b,RC}$，这表明预应力混凝土梁可配置更多的钢筋，从而可在相同截面高度情况下提高梁的抗弯承载力。

13.3 一般受弯构件预压应力的计算

为控制裂缝宽度，一般预应力混凝土受弯构件均需配置一定非预应力筋 A_s 和 A'_s。由于混凝土收缩和预压应力下的徐变变形，使得非预应力筋与混凝土一同缩短，产生与收缩徐变预应力损失 σ_{l5} 相当的压应力（忽略配筋位置的影响），因此在计算预压应力 σ_{pc} 时，应考虑非预应力筋这部分压力的影响。

对图 13-13 (a) 所示一般配筋情况的先张法预应力混凝土构件，预压应力 σ_{pc} 的计算仍采用式 (13-20)，但式中的换算面积 A_0 和换算面积惯性矩 I_0 应包括全部预应力筋和非预应力筋，即 $A_0 = A_c + \alpha_p A_p + \alpha_s A_s$，且式（13-20）中的 N_{p0} 和 e_{p0} 应相应按下式确定：

$$N_{p0} = (\sigma_{con} - \sigma_l)A_p + (\sigma'_{con} - \sigma'_l)A'_p - \sigma_{l5}A_s - \sigma'_{l5}A'_s \tag{13-44a}$$

$$e_{p0} = \frac{(\sigma_{con} - \sigma_l)A_p y_p - (\sigma'_{con} - \sigma'_l)A'_p y'_p - \sigma_{l5}A_s y_s + \sigma'_{l5}A'_s y'_s}{N_{p0}} \tag{13-44b}$$

对后张法构件（见图13-13b），预压应力 σ_{pc} 的计算仍采用式（13-23），但式中的净面积应包括非预应力筋 A_s 和 A'_s，即 $A_n = A_c + \alpha_s A_s$，且式中的 N_p 和 e_{pn} 应相应按下式计算：

$$N_p = (\sigma_{con} - \sigma_l)A_p + (\sigma'_{con} - \sigma'_l)A'_p - \sigma_{l5}A_s - \sigma'_{l5}A'_s \tag{13-45a}$$

$$e_{pn} = \frac{(\sigma_{con} - \sigma_l)A_p y_{pn} - (\sigma'_{con} - \sigma'_l)A'_p y'_{pn} - \sigma_{l5}A_s y_{sn} + \sigma'_{l5}A'_s y'_{sn}}{N_p} \tag{13-45b}$$

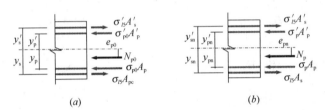

图 13-13 一般情况下预应力的合力
(a) 先张法；(b) 后张法

注意，当计算对应第一批预应力损失产生的预压应力时，式（13-44）和式（13-45）中的 σ_{l5} 应取 0。

考虑非预应力筋 A_s 和 A'_s 后，假想全截面消压状态时的消压轴力 N_0 及相应偏心距 e_0 为：

$$N_0 = \sigma_{p0}A_p + \sigma'_{p0}A'_p - \sigma_{l5}A_s - \sigma'_{l5}A'_s \tag{13-46a}$$

$$e_0 = \frac{\sigma_{p0}A_p y_p - \sigma'_{p0}A'_p y'_p - \sigma_{l5}A_s y_s + \sigma'_{l5}A'_s y'}{N_0} \tag{13-46b}$$

对先张法构件 σ_{p0}、σ'_{p0} 仍按式（13-34）确定，对后张法构件 σ_{p0}、σ'_{p0} 仍按式（13-35）确定。

开裂弯矩和开裂后截面应力分析与前述相同。对于 $\xi \leqslant \xi_b$ 的适筋矩形截面，考虑非预应力筋后的极限弯矩表达式为：

$$f_{py}A_p + f_y A_s = \alpha f_c bx + f'_y A'_s - (\sigma'_{p0} - f'_{py})A'_p \tag{13-47a}$$

$$M_u = \alpha f_c bx(h_0 - x/2) - (\sigma'_{p0} - f'_{py})A'_p(h_0 - a'_p) + f'_y A'_s(h_0 - a'_s) \tag{13-47b}$$

【例题 13-2】 根据[例题 12-2]的预应力损失计算结果，计算：(1) 消压弯矩；(2) 开裂弯矩。

【解】

(1) 消压弯矩

$$N_{p0} = (\sigma_{con} - \sigma_l)A_p = (1177.5 - 172.5) \times 157 = 157785\text{N}$$

$$e_{p0} = 45.5\text{mm}$$

$$\sigma_{pc} = \frac{N_{p0}}{A_0} + \frac{N_{p0}e_{p0}}{I_0}y_0 = \frac{157785}{72218} + \frac{157785 \times 45.5}{1272 \times 10^5} \times 63 = 5.74 \text{ N/mm}^2$$

$$M_0 = \sigma_{pc}\frac{I_0}{y_0} = 5.74 \times \frac{1272 \times 10^5}{63} = 11.59 \text{ kN·m}$$

(2) 开裂弯矩

C40 级混凝土：$f_{tk} = 2.40\text{N/mm}^2$

由表 13-1 查得，$\gamma_m = 1.35$

$$\gamma = \left(0.7 + \frac{120}{h}\right)\gamma_m = \left(0.7 + \frac{120}{400}\right) \times 1.35 = 1.35$$

$$M_{cr} = (\sigma_{pc} + \gamma f_{tk})W_{0b} = (5.74 + 1.35 \times 2.40) \times \frac{1272 \times 10^5}{63} = 18.13 \text{ kN·m}$$

思 考 题

13-1 两个预应力混凝土轴心受拉构件，一个采用先张法，另一个采用后张法。设二者的预应力筋面积（A_p）、材料、控制应力 σ_{con}、预应力总损失 $\sigma_l = \sigma_{lI} + \sigma_{lII}$ 及混凝土截面面积（后张法已扣除孔道面积）在数值上均相同。

(1) 写出二者用概括符号表示的在施加荷载以前混凝土有效预压应力 σ_{pc} 和预应力筋的应力 σ_p，并比较二者公式的异同，二者的 σ_{pc} 和 σ_p 是否相同？

(2) 写出二者的消压轴力 N_0 和相应预应力筋应力 σ_{p0} 的计算公式，并比较二者公式的异同，二者的 N_0 和 σ_{p0} 是否相同？

(3) 写出二者开裂轴力计算公式，并比较二者 N_{cr} 的大小。

13-2 设钢筋混凝土轴心受拉构件与预应力混凝土轴心受拉构件的配筋（预应力筋）面积和混凝土面积相同。

(1) 试比较二者受力性能的差别？

(2) 记钢筋混凝土轴心受拉构件的开裂轴力为 N_{cr}^{RC}，预应力混凝土轴心受拉构件的开裂轴力为 N_{cr}^{PC}，试比较：(a) 当轴力 N 在 $N < N_{cr}^{RC}$ 范围，二者的钢筋（预应力筋）应力的增量和应力大小；(b) 当轴力 N 在 $N_{cr}^{RC} \leqslant N \leqslant N_{cr}^{PC}$ 范围，二者的钢筋（预应力筋）应力的增量和应力大小；(c) 当轴力 N 在 $N > N_{cr}^{PC}$ 范围，二者的钢筋（预应力筋）应力的增量和应力大小。

(3) 试问当轴力达到多少时二者钢筋（预应力筋）应力相同？

13-3 试比较先张法和后张法预应力混凝土受弯构件在施工阶段和使用阶段截面应力分析计算公式的异同。

13-4 何谓"消压弯矩"？何谓"假想全截面消压状态"？二者有何差别？

"假想全截面消压状态"在预应力混凝土受弯构件截面应力分析中有何意义?

13-5 先张法和后张法在"假想全截面消压状态"下预应力筋应力有何差别?

13-6 设钢筋和混凝土等级相同,则钢筋混凝土和预应力混凝土受弯构件的相对界限受压区高度ξ_b有何差别?当二者截面和配筋率相同时,且$\xi<$(钢筋混凝土的)ξ_b,则二者的极限弯矩是否相同?二者的极限曲率是否相同?

13-7 既然预应力混凝土受弯构件中A_p'的强度不能得到充分利用,为什么要配置?

13-8 试编制程序计算预应力混凝土受弯构件截面弯矩-曲率全曲线计算程序,并对不同预应力度的情况进行比较。

习　　题

13-1 同习题12-1,试计算:(1)消压轴力;(2)开裂轴力;(3)轴力$N=700$kN时的σ_p。

13-2 同习题12-2,试计算:(1)消压弯矩;(2)假想全截面消压状态时的轴力和偏心距、预应力筋应力;(3)开裂弯矩;(4)极限弯矩。

第14章 预应力混凝土受弯构件的设计

14.1 设计计算内容与设计方法

本章主要讲述预应力混凝土受弯构件的设计计算方法。预应力混凝土受弯构件在建筑工程和桥梁工程应用最多,如图14-1所示。

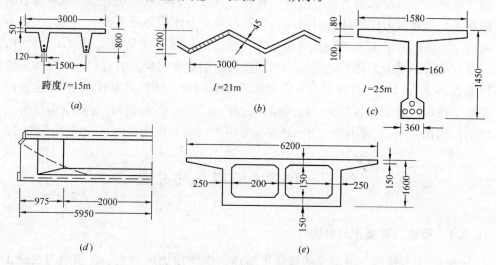

图14-1 常见预应力混凝土受弯构件
(a) 双T板;(b) V形折板;(c) 工形截面公路桥梁;
(d) 曲线配筋6m吊车梁;(e) 箱形截面桥梁

预应力混凝土构件的设计除需进行承载力计算及正常使用极限状态验算外,尚应进行施工阶段的验算,主要包括以下内容:

(1) 承载能力极限状态计算:包括正截面受弯承载力计算和斜截面受剪(受扭)承载力计算;

(2) 正常使用极限状态验算:包括裂缝控制验算和挠度变形验算。对一级或二级裂缝控制等级的预应力混凝土构件应进行正截面和斜截面抗裂验算,对三级裂缝控制等级的预应力混凝土构件应进行正截面裂缝验算和斜截面抗裂验算。

(3) 施工阶段验算:包括构件在制作、运输和吊装过程中构件截面边缘混凝土最大受拉和受压法向应力控制验算;后张法构件端部锚固区局部受压承载力计算。在施工阶段设计计算中，混凝土的轴心抗压强度标准值 f'_{ck} 和轴心抗拉强度标准值 f'_{tk} 应根据施工相应阶段混凝土实际龄期的立方体强度标准值 f'_{cu} 按附表2-2确定。施加预应力时，所需的混凝土立方体抗压强度应经计算确定，但不宜低于设计混凝土强度等级值的75%。

对构件来说，所施加的预应力也可以视为是一种持久的外力作用，即预应力也是一种"作用"。但针对不同的计算情况，所施加的预应力作用效应有时对构件性能是有利的，如挠度变形和裂缝宽度的计算；而对有些计算情况，所施加的预应力作用效应是不利的，如局部承压。再如，对于连续梁或框架等超静定结构施加预应力，预应力作用会在结构中引起"**次内力**"（secondary internal forces），在结构某些部位"次内力"与荷载内力同号叠加（不利），而在某些部位"次内力"与荷载内力反号抵消（有利）。为此，《规范》规定：对承载能力极限状态，当预应力作用效应对结构有利时，预应力作用分项系数 γ_p 应取1.0，不利时 γ_p 应取1.2；对正常使用极限状态，预应力作用分项系数 γ_p 取1.0。此外，对参与组合的预应力作用效应项，当预应力作用效应对承载力有利时，结构重要性系数 γ_0 应取1.0；当预应力效应对承载力不利时，结构重要性系数 γ_0 应按以下规定确定：对安全等级为一级的结构构件，γ_0 不应小于1.1；对安全等级为二级的结构构件 γ_0 不应小于1.0，对安全等级为三级的结构构件 γ_0 不应小于0.9。

14.2 预应力混凝土的分类

14.2.1 预应力混凝土的分类

如12.1节预应力混凝土的概念中所述，根据预加应力大小，预应力混凝土构件在使用荷载下，有以下几种不同的截面应力状态：

(1) 全预应力混凝土：在使用荷载下，截面不出现拉应力，即 $\sigma_c - \sigma_{pc} \leqslant 0$，对于受弯构件，则使用荷载产生的弯矩 M_k 小于消压弯矩 M_0，即 $M_k \leqslant M_0$；

(2) 有限预应力混凝土：在使用荷载下，截面出现拉应力，但未达到 γf_{tk}，即 $\sigma_c - \sigma_{pc} \leqslant \gamma f_{tk}$，对于受弯构件，则使用荷载产生的弯矩 M_k 介于消压弯矩 M_0 和开裂弯矩之间，即 $M_0 < M_k \leqslant M_{cr}$；

(3) 部分预应力混凝土：使用荷载大于开裂荷载，即使用荷载产生的弯矩 M_k 大于开裂弯矩 M_{cr}，构件出现裂缝，但最大裂缝宽度应控制在容许范围内。

对于给定的截面和材料，施加的预应力越大，则相应的消压弯矩 M_0 也越大，而对于具体工程情况，使用荷载产生的弯矩 M_k 为定值，故 M_0 与 M_k 之比越大，表明构件的预应力程度越高，为此定义 M_0 与 M_k 之比为**预应力度** λ（prestressed degree），即

$$\lambda = \frac{M_0}{M_k} \tag{14-1}$$

图 14-2 为不同预应力度适筋梁的弯矩-挠度关系曲线。

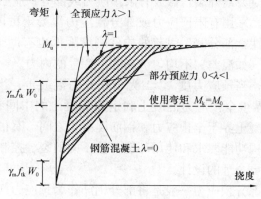

图 14-2 预应力混凝土的分类

14.2.2 部分预应力混凝土

在预应力混凝土发展的早期，大多按全预应力混凝土来设计，即在正常使用荷载下构件中混凝土不受拉，预应力度 λ 大于 1.0。全预应力混凝土具有抗裂性高、抗疲劳性能好、刚度大和设计计算简单等优点，适用于对抗裂有很高要求的结构，如有防渗漏要求的压力容器（核反应堆压力容器和安全壳）、储液罐和在严重腐蚀环境下需防止钢材锈蚀的结构，以及承受高频反复荷载易产生疲劳破坏的结构。但全预应力混凝土也存在以下的缺点：

（1）对抗裂要求过高，导致预应力筋配筋量往往由抗裂要求控制，而不是由承载力条件确定，预应力钢材用量较大，造价较高；

（2）预应力引起的反拱过大，特别是在恒载小、活荷载大的情况下，混凝土处于长期高预压应力状态，引起徐变和反拱不断增长，以致影响结构的正常使用；

（3）从开裂到破坏的过程很短，且破坏后延性小；

（4）施加预应力大，对张拉设备、锚具等有较高的要求，制作费用高。

事实上，如 11.4 节所述，混凝土结构的裂缝不仅仅是荷载引起的，温度变化、各种因素引起的收缩以及其他原因产生的变形受到约束时（如沉降、水化热等），都可能使全预应力混凝土结构产生裂缝，有时还比较严重。此外全预应力混凝土构件中，由于局部高压应力也会产生横向拉应力，以及剪力和扭转产生的斜拉应力等也会引起裂缝。因此，要完全靠预应力来保证结构中不出现裂缝，不仅技术上很难做到，而且在经济上也是不合理的。

另一方面，如 11.5 节所述，近年来对裂缝控制的研究表明，细微的裂缝宽度对结构耐久性并无影响，而且预应力混凝土构件即使出现裂缝，当活荷载移去后,裂缝还可以闭合,裂缝的开展是短暂的。因此,从满足结构功能要求的角度,很多情况不必采用预应力度 $\lambda \geqslant 1.0$ 的全预应力混凝土,适当降低预应力度,容许混凝土出现拉应力或开裂,做成有限预应力或部分预应力混凝土,可以使设计更加合理和经济。采用有限预应力或部分预应力混凝土可以节约预应力钢材、控制反拱、提高延性,部分开裂引起的构件刚度降低也有助于结构内力的调整,可减小因约束变形(如温差、不均匀沉降等)产生的内力。

对于受弯构件,当预应力度 $\lambda \geqslant 1$ 为全预应力混凝土;当 $\lambda = 0$ 为钢筋混凝土;$1 > \lambda > 0$ 则为界于全预应力混凝土和钢筋混凝土的中间状态。由图 14-2 可见,部分预应力混凝土界于全预应力和钢筋混凝土之间,有很大的选择范围,设计人员可以根据结构功能要求和使用环境,按不同的裂缝控制要求设计预应力混凝土构件,以取得更合理的设计。

实际工程中,部分预应力一般是将部分钢筋作为预应力筋,张拉到控制应力限值 $[\sigma_{con}]$,而其他钢筋为非预应力筋,这样可以节省锚具和张拉工作量,且非预应力筋可增加构件的延性。

14.3 截面形状与跨高比

预应力混凝土受弯构件常用的截面形状有:矩形、工形、T 形、箱形和 Π 形等。

为使受拉区混凝土获得较大的预压应力,预应力筋 A_p 应尽量靠近受拉边缘,但这会引起截面顶部产生预拉应力(称为"预拉区"),甚至引起开裂(见图 14-3a)。虽然这种裂缝仅在施工阶段发生,但因截面受到损伤而影响到截面刚度,并可能导致构件产生较大的反拱。为此,可在截面受压区配置一些预应力筋 A'_p(见图 14-3b)。但由 13.2 节的分析可知,配置 A'_p 对正截面受弯承载力是不利的,其主要作用是为了控制施工阶段预拉区出现较大的拉应力而引起开裂,因此 A'_p 应尽可能少配置。由材料力学可知,若 A_p 和 A'_p 的预应力合力 N_p 在截面核心区域内,则施加预应力就不会使得截面产生拉应力。

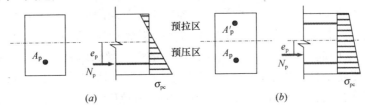

图 14-3
(a) 仅受拉区配置预应力筋;(b) 受拉、受压区均配置预应力筋

矩形截面外形简单(见图 14-4a),模板最省,但核心区域小、自重大,受

拉区混凝土对截面抗弯不起作用，截面材料利用的有效性差。因此，矩形截面一般适用于实心板和一些跨度较小的先张预应力混凝土梁。

工形截面核心区域大（见图 14-4b），预应力筋布置的有效范围大，截面材料的利用较为有效，自重较小。但应注意腹板应保证一定的厚度，以使构件具有足够的抗剪承载力，且便于混凝土的浇筑。

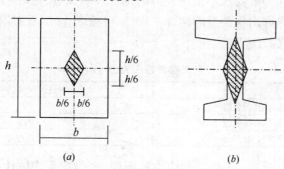

图 14-4 截面核心区
(a) 矩形截面；(b) 工形截面

箱形截面与工形截面具有同样的截面性质，并可抵抗较大的扭转作用，常用于跨度较大的公路桥梁。

预应力混凝土受弯构件的挠度变形控制容易满足，因此跨高比可取得较大。但跨高比过大，则施加预应力引起的反拱和荷载产生的挠度会对预加外力的作用位置以及温度的波动比较敏感，且对结构的振动影响也更为显著，引起使用者的不适而导致缺乏安全感。一般预应力混凝土受弯构件的跨高比可比钢筋混凝土构件增大 30%。

14.4 预应力筋数量的确定

12.3 节所述的荷载平衡法可用于初步估计预应力筋的布置和数量。根据需要平衡的均布荷载大小 w 和预应力筋布置所确定的跨中截面预压应力合力 N_p 的偏心 e_p（见图 12-8），即可按下式估计所需的有效预压力 N_p：

$$N_p = \frac{1}{8} \frac{wl^2}{e_p} \tag{14-2}$$

也可以按正截面抗裂控制要求估计有效预压力 N_p。在使用荷载弯矩 M_k 作用下，受拉边缘的拉应力 σ_t 可按下式计算：

$$\frac{M_k}{W} - \left(\frac{N_p}{A} + \frac{N_p e_p}{W}\right) = \sigma_t \tag{14-3}$$

式中，W 为对应受拉边缘的截面弹性抵抗矩。根据裂缝控制要求，使受拉边缘拉应力 σ_t 小于名义容许拉应力为 $[\sigma_t]$，则可得受弯构件控制截面所需的有效预

压力 N_p 为

$$N_p = \frac{\frac{M}{W} - [\sigma_t]}{\frac{1}{A} + \frac{e_p}{W}} \qquad (14\text{-}4)$$

对严格要求和一般要求不出现裂缝的构件，名义容许拉应力为 $[\sigma_t]$ 可分别取 0 和 γf_{tk}；对容许出现裂缝的构件，$[\sigma_t]$ 可按表 14-1 近似取值。以上方法称为裂缝控制的名义拉应力法。

名义容许拉应力为 $[\sigma_t]$ 表 14-1

裂缝控制要求	容许拉应力为 $[\sigma_t]$
严格要求不出现裂缝	0
一般要求不出现裂缝	γf_{tk}
容许裂缝宽度 0.2mm	$1.5\gamma f_{tk}$

按以上方法估计得 N_p 后，预应力筋面积 A_p 可按下式估计：

$$A_p = \frac{N_p}{\sigma_{con} - \sigma_l} \qquad (14\text{-}5)$$

式中 σ_l——预应力总损失估计值，因为此时尚未进行细致的预应力损失计算，可按下述值估算：对先张法近似取 $0.2\sigma_{con}$；对后张法近似取 $0.15\sigma_{con}$。

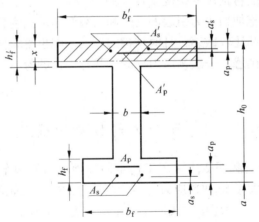

图 14-5   工形截面受弯构件

14.5 承 载 力 计 算

14.5.1 正截面受弯承载力计算

对于图 14-5 所示的一般工形截面预应力混凝土受弯构件，在进行正截面受弯承载力计算时，需先按以下条件判别属于哪一类 T 形截面：

$$f_{py}A_p + f_y A_s \leqslant \alpha f_c b'_f h'_f + f'_y A'_s - (\sigma'_{p0} - f'_{py})A'_p \tag{14-6}$$

或

$$M \leqslant \alpha f_c b'_f h'_f (h_0 - h'_f/2) - (\sigma'_{p0} - f'_{py})A'_p(h_0 - a'_p) + f'_y A'_s (h_0 - a'_s) \tag{14-7}$$

式（14-6）用于截面复核情况，式（14-7）用于截面设计情况。当符合以上条件时，即 $x \leqslant h'_f$，为第一类 T 形截面，可按宽度为 b'_f 的矩形截面计算，其基本公式为：

$$\begin{cases} f_{py}A_p + f_y A_s = \alpha f_c b'_f x + f'_y A'_s - (\sigma'_{p0} - f'_{py})A'_p & (14\text{-}8\text{a}) \\ M \leqslant \alpha f_c b'_f x(h_0 - x/2) - (\sigma'_{p0} - f'_{py})A'_p(h_0 - a'_p) & (14\text{-}8\text{b}) \\ \quad + f'_y A'_s (h_0 - a'_s) & \end{cases}$$

上式的适用条件为 $x \geqslant 2a'$，a' 为受压预应力筋 A'_p 和非预应力筋 A'_s 合力点至受压边缘的距离，当 $(\sigma'_{p0} - f'_{py})$ 为拉应力时，a' 应用 a'_s 代替。当 $x < 2a'$，且 $(\sigma'_{p0} - f'_{py})$ 为拉应力时，可按下式计算受弯承载力：

$$M \leqslant f_{py}A_p(h - a_p - a'_s) + (\sigma'_{p0} - f'_{py})A'_p(a'_p - a'_s) + f_y A_s(h - a_s - a'_s) \tag{14-9}$$

当不符合式（14-6）或式（14-7）的条件时，即 $x > h'_f$，为第二类 T 形截面，基本公式为：

$$\begin{cases} f_{py}A_p + f_y A_s = \alpha f_c [bx + (b'_f - b)h'_f] + f'_y A'_s - (\sigma'_{p0} - f'_{py})A'_p & (14\text{-}10\text{a}) \\ M \leqslant \alpha f_c bx(h_0 - x/2) + \alpha f_c (b'_f - b)h'_f(h_0 - h'_f/2) & \\ \quad - (\sigma'_{p0} - f'_{py})A'_p(h_0 - a'_p) + f'_y A'_s(h_0 - a'_s) & (14\text{-}10\text{b}) \end{cases}$$

上式的适用条件为 $x \leqslant \xi_b h_0$。

此外，纵向受拉钢筋（$A_p + A_s$）的配筋率应满足最小配筋率的要求。对配置无物理屈服点钢筋的预应力混凝土构件，为防止因预应力过大导致开裂弯矩 M_{cr} 过大而使得开裂后很快就达到极限弯矩 M_u 的脆性破坏情况，应满足以下条件：

$$M \geqslant M_{cr} \tag{14-11}$$

14.5.2 预应力构件的斜截面受剪和受扭承载力计算

试验表明，由于预压应力延缓了斜裂缝的出现和发展，增加了剪压区高度和骨料咬合作用，斜截面受剪承载力比钢筋混凝土受弯构件提高，其提高作用类似受压构件的受剪情况。同理，预应力也可提高钢筋混凝土构件的受扭承载力。

对矩形、T 形和工形截面的一般预应力混凝土受弯构件（见图 14-6），其受剪承载力按以下公式计算：

$$V \leqslant V_{cs} + V_p + 0.8 f_y A_{sb} \sin\alpha_s + 0.8 f_{py} A_{pb} \sin\alpha_p \tag{14-12}$$

式中 V_{cs}——混凝土和箍筋的受剪承载力，与钢筋混凝土受弯构件相同；

V_p——预应力所提高的构件受剪承载力，$V_p = 0.05 N_{p0}$，与受压构件类似，当 $N_{p0} > 0.3 f_c A_0$ 时，取 $N_{p0} = 0.3 f_c A_0$，N_{p0} 为消压轴力；对于 $N_{p0} e_{p0}$ 与外弯矩同方向的情况，以及预应力混凝土连续梁和允许出现裂缝的构件，取 $V_p = 0$。对于先张法构件，如计算斜截面位置位于预应力筋传递长度 l_{tr} 范围，应考虑计算斜截面位置处预压应力降低的影响。如图 14-7 所示，设支座边缘截面至构件端部的距离为 $l_a < l_{tr}$，则在支座截面斜截面受剪承载力计算时，应取 $V_p = 0.05 N_0 (l_a / l_{tr})$；

A_{sb}、A_{pb}——同一弯起平面内非预应力弯起钢筋、预应力弯起钢筋的截面面积；

α_s、α_p——斜截面上非预应力弯起钢筋、预应力弯起钢筋与构件轴线的夹角。

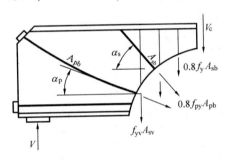 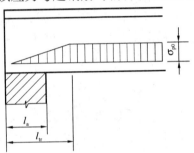

图 14-6 预应力弯起钢筋　　　　图 14-7 传递长度 l_{tr} 内 N_0 的折减

预应力混凝土斜截面承载力计算的截面限制条件与钢筋混凝土受弯构件相同。当剪力设计值 V 满足下式时：

$$V \leqslant V_c + V_p \tag{14-13}$$

则不需进行受剪承载力计算，可按与钢筋混凝土相同的最小箍筋直径和最大箍筋间距的构造要求配置箍筋。当 $V > V_c + V_p$ 时，配箍率不应小于最小配箍率，最小配箍率的取值与钢筋混凝土受弯构件相同。

同理，预应力可提高受扭构件的受扭承载力，前提是纵向钢筋不能屈服。当预加力产生的混凝土法向压应力不超过规定的限值时，纯扭构件受扭承载力可提高 $0.08 \dfrac{N_{p0}}{A_0} W_t$。《规范》规定，对于偏心距 e_{p0} 不大于 $h/6$ 的预应力混凝土纯扭构件，可按下式计算预应力钢筋混凝土受扭构件的承载力：

$$T \leqslant 0.35 f_t W_t + 1.2 \sqrt{\zeta} f_{yv} \frac{A_{st1} A_{cor}}{s} + 0.05 \frac{N_{p0}}{A_0} W_t \tag{14-14}$$

上式中的符号同第 10 章受扭构件式（10-21），其中 $0.05 \dfrac{N_{p0}}{A_0} W_t$ 为预应力所

提高的构件受扭承载力。当计算的 ζ 值不小于 1.7 时，取 1.7；当 ζ 小于 1.7 或 e_{p0} 大于 $h/6$ 时，不应考虑预加力影响项 $0.05\dfrac{N_{p0}}{A_0}W_t$，而应按钢筋混凝土纯扭构件计算。

14.6 正常使用阶段验算

14.6.1 抗裂验算

由第 11 章表 11-2 可知，预应力混凝土构件的裂缝控制等级分为三级，其中一级和二级裂缝控制要求不出现裂缝，故需进行抗裂验算，包括正截面抗裂验算和斜截面抗裂验算。

1. 正截面抗裂验算

对裂缝控制等级为一级，严格要求不出现裂缝的预应力混凝土构件，在荷载标准组合弯矩 M_k 作用下受拉边缘应力 σ_{ck} 应满足下式要求：

$$\sigma_{ck} - \sigma_{pc} \leqslant 0 \tag{14-15}$$

式中，$\sigma_{ck} = M_k/W_0$，其中 W_0 为构件换算截面受拉边缘的弹性抵抗矩。

对裂缝控制等级为二级，一般要求不出现裂缝的预应力混凝土构件，在荷载标准组合弯矩 M_k 作用下受拉边缘应力 σ_{ck} 应满足下式要求：

$$\sigma_{ck} - \sigma_{pc} \leqslant f_{tk} \tag{14-16}$$

对裂缝控制等级为三级允许出现裂缝的预应力混凝土构件，可按荷载标准组合并考虑长期作用影响的效应计算，最大裂缝宽度应满足下式要求：

$$w_{max} \leqslant w_{lim} \tag{14-17a}$$

对环境类别为二 a 类的预应力混凝土构件，在荷载准永久组合下，受拉边缘应力尚应满足

$$\sigma_{cq} - \sigma_{pc} \leqslant f_{tk} \tag{14-17b}$$

式中　σ_{cq}——荷载准永久组合下控制截面弯矩 M_q 在截面受拉边缘产生的混凝土拉应力，$\sigma_{cq} = M_q/W_0$。

2. 斜截面抗裂验算

预应力混凝土受弯构件的剪弯段为复合受力状态，为防止正常使用阶段出现斜裂缝，应对剪弯段内各点的主拉应力 σ_{tp} 和主压应力 σ_{cp} 进行控制。《规范》规定，在荷载标准组合或荷载准永久组合下构件中混凝土的主拉应力和主压应力应满足下列要求：

(1) 对一级裂缝控制等级的构件，主拉应力 σ_{tp} 应满足：$\sigma_{tp} \leqslant 0.85 f_{tk}$

(2) 对二级裂缝控制等级的构件，主拉应力 σ_{tp} 应满足：$\sigma_{tp} \leqslant 0.95 f_{tk}$

(3) 对一、二级裂缝控制等级的构件，混凝土主压应力均应满足：σ_{cp}

$\leqslant 0.6 f_{ck}$

斜裂缝出现以前，构件基本处于弹性工作状态，因此主拉应力 σ_{tp} 和主压应力 σ_{cp} 可按换算截面由材料力学方法计算确定，即

$$\left.\begin{array}{l}\sigma_{tp}\\ \sigma_{cp}\end{array}\right\} = \frac{\sigma_x + \sigma_y}{2} \pm \sqrt{\left(\frac{\sigma_x - \sigma_y}{2}\right)^2 + \tau^2} \quad (14\text{-}18)$$

其中

$$\sigma_x = \sigma_{pc} + \frac{M_k(\text{或} M_q)}{I_0} y_0 \quad (14\text{-}19)$$

$$\tau = \frac{(V_k - \Sigma \sigma_p A_{pb} \sin\alpha_{pb}) S_0}{b I_0} \quad (14\text{-}20)$$

式中 σ_x——由预应力和荷载标准组合（或荷载准永久组合）下 M_k（或 M_q）产生的截面混凝土法向正应力 σ_x，按式（14-19）计算；

σ_{pc}——扣除全部预应力损失后，在计算纤维处由预应力产生的混凝土法向应力；

I_0——换算截面惯性矩；

y_0——换算截面形心至计算纤维处的距离；

σ_y——由构件顶面集中荷载标准组合（或荷载准永久组合）产生的混凝土竖向压应力；

τ——由剪力标准值 V_k 和预应力弯起钢筋的预应力在计算纤维处产生的混凝土剪应力 τ，按式（14-20）计算；

σ_p——扣除全部全部预应力损失后，预应力弯起钢筋的有效预应力；

S_0——换算截面计算纤维处以上（或以下）部分对换算截面形心的面积矩。

对于预应力混凝土吊车梁，集中荷载作用点两侧各 $0.6h$ 的长度范围内，集中荷载标准组合 F_k（或集中荷载准永久组合 F_q）产生的混凝土竖向压应力和剪应力，可按图 14-8 取用。应选择跨度内不利位置的截面，对该截面的换算截面重心处和截面宽度突变处进行验算。

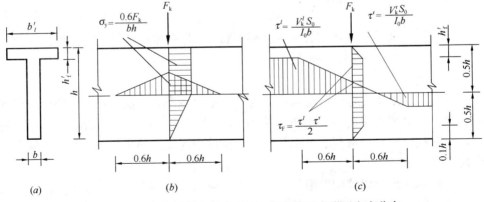

图 14-8 预应力混凝土吊车梁集中荷载作用点附近应力分布
(a) 截面；(b) 竖向压应力；(c) 剪应力 τ_y 分布

在计算混凝土主应力时,沿构件长度应选择跨度内弯矩和剪力均较大的截面,或截面外形尺寸有突变的截面(见图 14-9a),对截面的换算截面重心处和截面宽度突变处进行验算,如工形截面上、下翼缘与腹板交界处(见图 14-9b)。对于先张法构件,尚应考虑预应力筋在其预应力传递长度 l_{tr} 范围内实际应力值的变化。预应力筋的实际应力可考虑为线性分布,在构件端部取为零,在其预应力传递长度的末端取有效预应力值 σ_{pe}(见图 14-9a)。

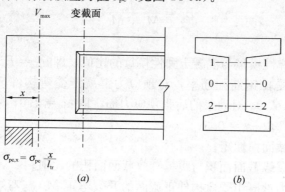

图 14-9
(a) 斜裂缝抗裂验算截面;(b) 斜裂缝抗裂验算位置

14.6.2 裂缝宽度计算

对裂缝控制等级为三级的部分预应力混凝土构件,其最大裂缝宽度计算公式与钢筋混凝土构件相同,仅需将裂缝宽度计算公式(11-49)中的钢筋应力 σ_{sk}(或 σ_{sq})用式(13-37)的预应力筋应力增量 $\Delta\sigma_{pk}$(或 $\Delta\sigma_{pq}$)代换即可。

14.6.3 挠度计算

预应力混凝土受弯构件的挠度由两部分组成:一部分为使用荷载产生的挠度 f_1;另一部分为预应力所产生的反拱 f_2。因此构件最终挠度为:

$$f = f_1 - f_2 \tag{14-21}$$

1. 使用荷载作用下的挠度 f_1

对于要求不出现裂缝的预应力混凝土受弯构件,其短期刚度 B_s 可按以下公式计算:

$$B_s = 0.85 E_c I_0 \tag{14-22}$$

式中,系数 0.85 是考虑使用阶段混凝土有一定非弹性变形的影响对构件弹性刚度的折减。

对于使用阶段容许出现裂缝的预应力混凝土受弯构件,其短期抗弯刚度 B_s 按下列公式计算,但对预压时预拉区出现裂缝的构件,B_s 应降低 10%,即

$$B_s = \frac{0.85 E_c I_0}{k_{cr} + (1 - k_{cr})\omega} \tag{14-23}$$

其中，$k_{cr} = \dfrac{M_{cr}}{M_k}$，$\omega = \left(1.0 + \dfrac{0.21}{\alpha_E \rho}\right)(1 + 0.45\gamma_f) - 0.7$，$\gamma_f = \dfrac{(b_f - b)h_f}{bh_0}$。

对预应力混凝土构件，长期荷载作用影响系数 $\theta = 2.0$，即长期刚度按下式计算：

$$B_l = \frac{M_k}{M_q + M_k} B_s \tag{14-24}$$

以上公式中

α_E——钢筋弹性模量与混凝土弹性模量的比值，即 $\alpha_E = E_s / E_c$；

ρ——纵向受拉钢筋配筋率，对预应力混凝土受弯构件，取 $\rho = (\alpha_1 A_p + A_s)/(bh_0)$，对灌浆的后张预应力筋，取 $\alpha_1 = 1.0$，对无粘结后张预应力筋，取 $\alpha_1 = 0.3$；

I_0——换算截面惯性矩；

γ_f——受拉翼缘截面面积与腹板有效截面面积的比值；

k_{cr}——预应力混凝土受弯构件正截面的开裂弯矩 M_{cr} 与弯矩 M_k 的比值，当 $k_{cr} > 1.0$ 时，取 $k_{cr} = 1.0$；

σ_{pc}——扣除全部预应力损失后，由预加力在抗裂验算边缘产生的混凝土预压应力；

γ——混凝土构件的截面抵抗矩塑性影响系数，按式 (13-31) 和表 13-1 确定。

2. 预应力产生的反拱 f_2

预应力混凝土构件在预应力作用下产生的反拱，可根据预应力作用或等效荷载用结构力学的方法计算。计算时，预应力筋中应力应扣除全部预应力损失，构件的短期抗弯刚度可取 $E_c I_0$，考虑预压应力长期作用的影响，可将计算的反拱值乘以增大系数 2.0。

对重要的或特殊的预应力混凝土受弯构件的长期反拱值，可根据专门的试验分析确定或根据配筋情况采用考虑收缩、徐变影响的计算方法分析确定。

当考虑反拱后计算的构件长期挠度不符合表 11-1 受弯构件的挠度限值的规定时，可采用施工预先起拱等方式控制挠度；对永久荷载相对于可变荷载较小的预应力混凝土构件，应考虑反拱过大对正常使用的不利影响。

14.7 预应力混凝土连续梁*

14.7.1 次内力的概念

预应力混凝土连续梁属于超静定结构，与前述预应力混凝土简支梁的静定结构相比，其受力和设计上最主要的差别是施加预应力后存在次内力。

在预应力混凝土简支梁中,预加应力使构件产生的变形未受到任何约束,施加预应力后,预应力筋的合力作用线与截面混凝土预压应力合力作用线重合,两者处于自平衡状态。而在预应力混凝土连续梁中,预加应力使构件产生的变形将受到多余约束的限制,从而产生次内力。下面以图 14-10 所示配置直线预应力筋的两跨连续梁的弯矩分析为例,说明次内力的概念和计算。

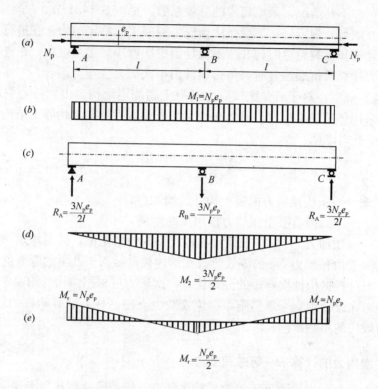

图 14-10　预应力混凝土连续梁中的主弯矩、次弯矩和综合弯矩
(a) 配置直线预应力筋的两跨连续梁; (b) 预应力引起的主弯矩;
(c) 预应力引起的支座次反力; (d) 预应力引起的次弯矩;
(e) 预应力引起的综合弯矩

通过预应力筋对构件施加预压力 N_p 后,截面上 N_p 的合力对截面形心产生的弯矩称为主弯矩 M_1,对图 14-10 (a) 所示直线预应力筋情况,$M_1 = N_p e_p$。如为简支梁,主弯矩 M_1 将使得梁产生反拱变形。但对于图 14-10 所示两跨连续梁,主弯矩 M_1 产生的反拱变形将受到中间支座约束,从而引起支座反力,并在梁中产生弯矩,该弯矩称为次弯矩 M_2 (second moment),见图 14-10 (c)、(d)。主弯矩 M_1 与次弯矩 M_2 之和为连续梁中施加预应力后的最终弯矩,称为综合弯矩 M_r,见图 14-10 (e)。

预应力混凝土超静定结构中,除存在预应力次弯矩外,还包括预应力次剪力和预应力次轴力,统称为预应力次内力。预应力次内力是预应力作为外力作用于超静定结构的一种内力结果,称为预应力效应,应与荷载产生的内力进行组合。如,当图14-10连续梁上作用均布荷载时,则次弯矩将使跨中正弯矩增大(预应力效应为不利作用),而使中间支座处的负弯矩减小(预应力效应为有利作用)。因此,在预应力混凝土超静定结构设计中,应考虑次内力的影响,并根据预应力效应的有利和不利情况,采用相应的分项系数,见本章14.1节。

我国《规范》规定:对于后张法预应力混凝土超静定结构,在进行正截面受弯承载力计算和抗裂验算时,在弯矩设计值中次弯矩应参与组合;在进行斜截面受剪承载力计算及抗裂验算时,剪力设计值中次剪力应参与组合。

《规范》规定,对于后张法预应力混凝土超静定结构,由预应力引起的内力和变形可采用弹性理论分析。具体来说,对于预应力混凝土超静定结构中的次弯矩 M_2 可按下式计算:

$$M_2 = M_r - M_1 \tag{14-25}$$

$$M_1 = N_p e_{pn} \tag{14-26}$$

式中　N_p——后张法预应力混凝土构件的预加力;

　　　e_{pn}——净截面重心至预加力作用点的距离;

　　　M_1——预加力 N_p 对净截面重心偏心引起的弯矩值,即主弯矩;

　　　M_r——由预加力 N_p 的等效荷载在结构构件截面上产生的弯矩值。

次剪力可根据构件次弯矩的分布计算,次轴力可根据结构的约束条件进行计算。此外,在设计中宜采取措施,避免或减少支座、柱、墙等构件的约束对梁、板预加力效应的不利影响。

14.7.2　次内力的计算——等效荷载法

预应力引起的次内力可用等效荷载法计算。所谓等效荷载是指预应力筋对构件产生的作用,通常由两部分组成:

(1) 预应力筋在构件端部锚具处的集中力及其偏心所产生的弯矩;

(2) 预应力筋曲率引起的横向分布力,或由预应力筋转折引起的横向集中力。

在预应力混凝土构件设计中,通常使预应力产生的横向分布力或横向集中力与外荷载方向相反,以抵消外荷载产生的内力效应,因此也称之为反向荷载。当反向荷载恰好等于外荷载时,即是12.3.3所述的平衡荷载概念。

将等效荷载作用于结构上,用弹性结构力学方法计算出构件中的弯矩即为综合弯矩 M_r,再用综合弯矩 M_r 减去主弯矩即求得次弯矩,具体计算公式如下:

$$M_2 = M_r - M_1 \tag{14-27a}$$

$$M_1 = N_p e_p \tag{14-27b}$$

式中 M_r——综合弯矩，即由预加力 N_p 的等效荷载在构件截面上产生的弯矩值；

M_1——主弯矩，即由预加力 N_p 对截面重心偏心引起的弯矩值；

N_p——预应力钢筋及非预应力钢筋的合力，按式（13-42a）计算；

e_p——截面重心至预应力钢筋及非预应力钢筋合力点的距离，按式（13-42b）计算。

次剪力可根据构件各截面次弯矩的分布，按结构力学方法计算。

图 14-11 为几种常见预应力筋布置形式的等效荷载计算。对于其他预应力筋布置情况等效荷载，可由图 14-11 的基本情况不难得到，如读者可自行根据图 14-12 示意，确定连续梁的等效荷载。

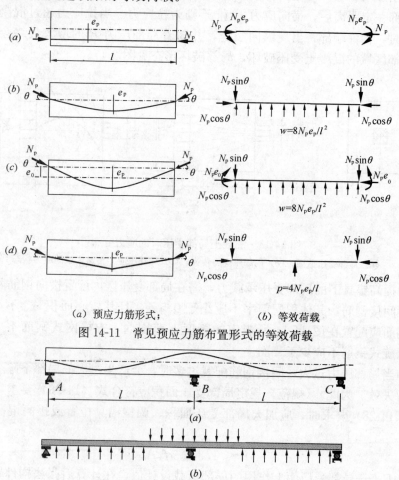

（a）预应力筋形式； （b）等效荷载

图 14-11 常见预应力筋布置形式的等效荷载

图 14-12 连续梁的等效荷载

（a）预应力筋布置；（b）等效荷载

14.8 施工阶段验算

14.8.1 局部承压计算

对于后张法预应力混凝土构件,张拉预应力达到预定张拉力 P 时,锚具及垫板下局部面积内有较大的局部压应力,该局部压应力要经过一段距离才能扩散到较大的混凝土面积上,见图 14-13。在局部受压区域,除正压应力 σ_x 外,还存在横向应力 σ_y 和 σ_z,因此锚具下局部区域内的混凝土实际上是处于三向应力状态。由图 14-13(c) 可见,在锚具垫板附近,横向应力 σ_y 和 σ_z 为压应力,而距构件端部一定距离后,横向应力 σ_y 和 σ_z 则为拉应力。当拉应力超过混凝土的抗拉强度时,构件端部将出现纵向裂缝,并随着局部压力 P 的增大最终会导致锚具下局部区域的混凝土受压破坏,局部破坏形态见图 2-17。

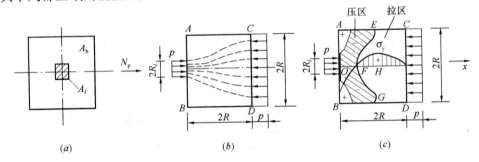

图 14-13 混凝土局部受压时的应力分布
(a) 局部受压截面;(b) 局部压应力传递;(c) 局部压应力传递区域的应力状态

为提高锚具下的局部受压承载力,需在局部受压区内配置横向钢筋网或螺旋钢筋等间接钢筋,其体积配筋率不应小于 0.5%,且其核心面积 A_{cor} 不小于 A_l。间接钢筋应配置在图 14-14 所规定的高度 h 范围内,方格网式钢筋不应少于 4 片;螺旋式钢筋不应少于 4 圈。

但当局部压力过大,间接钢筋配置过多时,会产生过大的局部下陷变形,使预应力失效。为此,《规范》规定局部受压面积应符合式 (14-28) 要求,当不满足式 (14-28) 要求时,应加大局部受压面积、调整锚具位置或提高混凝土强度等级。

$$P \leqslant 1.35 \beta_c \beta_l f_c A_{ln} \tag{14-28}$$

式中 P——局部受压面上作用的局部荷载设计值,在计算后张法构件锚具下局部受压时,取 1.2 倍张拉控制应力,即 $P=1.2\sigma_{con}A_p$;

A_{ln}——扣除孔道面积的混凝土局部受压净面积,可按沿锚具边缘在垫板中以 45°角扩散后传到混凝土的受压面积计算,见图 14-16;

14.8 施工阶段验算

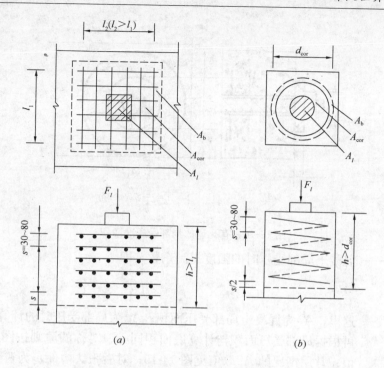

图 14-14　局部受压区的间接钢筋
（a）方格网式配筋；（b）螺旋式配筋
A_l—混凝土局部受压面积；A_b—局部受压的计算底面积；
A_{cor}—方格网式或螺旋式间接钢筋内表面范围内的混凝土核心面积

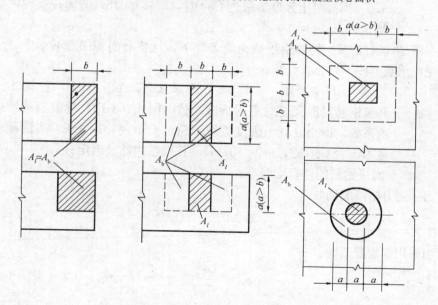

图 14-15　局部受压计算底面积 A_b

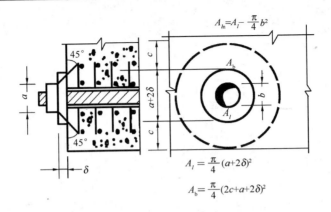

图 14-16 有孔道的局部受压净面积

β_l——混凝土局部受压时的强度提高系数,即

$$\beta_l = \sqrt{\frac{A_b}{A_l}} \tag{14-29}$$

这里,A_l 为混凝土局部受压面积;A_b 为局部受压时的计算底面积,可根据局部受压面积与计算底面积同心、对称的原则按图 14-15 取值;常用情况的 A_l 取值见图 14-15;对后张法构件,为避免出现孔道愈大,β_l 值愈高的不合理现象,在计算 β_l 时,A_l 和 A_b 均不扣除孔道面积;

β_c——混凝土强度影响系数,当混凝土强度等级不超过 C50 时,取 β_c = 1.0;当混凝土强度等级为 C80 时,取 β_c = 0.8;其间按线性内插法确定。

在满足式(14-28)局部受压截面的条件下,且核心面积 A_{cor} 不小于 A_l 时,局部受压承载力按下列公式计算:

$$F_l \leqslant F_{lu} = 0.9(\beta_c \beta_l f_c + \alpha \rho_v \beta_{cor} f_y) A_{ln} \tag{14-30}$$

式中 α——间接钢筋对混凝土约束的折减系数,同式(8-12)螺旋箍筋约束影响系数,即当混凝土强度等级不超过 C50 时,取 1.0,当混凝土强度等级为 C80 时,取 0.85,其间按线性内插法确定;

ρ_v——间接钢筋的体积配筋率。

当采用方格网配筋时

$$\rho_v = \frac{n_1 A_{s1} l_1 + n_2 A_{s2} l_2}{A_{cor} s} \tag{14-31}$$

当采用螺旋配筋时

$$\rho_v = \frac{4 A_{ss1}}{d_{cor} s} \tag{14-32}$$

式中 β_{cor}——间接配筋的局部受压承载力提高系数,$\beta_{cor} = \sqrt{\dfrac{A_{cor}}{A_l}}$,且

当 A_{cor} 大于 A_b，取 A_b；

A_{cor}——方格网式或螺旋式间接钢筋内表面范围内的混凝土核心面积，其重心应与 A_l 的重心重合，计算中仍按同心、对称的原则取值，并符合 $A_{cor} \geqslant A_l$ 的条件；

n_1、A_{s1}（n_2、A_{s2}）——方格网沿 $l_1(l_2)$ 方向的钢筋根数、单根钢筋的截面面积；

A_{ss1}——螺旋钢筋的截面面积；

d_{cor}——螺旋筋范围以内的混凝土直径；

s——方格网或螺旋式间接钢筋的间距，宜取 30~80mm。

间接钢筋应配置在图 14-14 所规定的 h 范围内。配置方格网钢筋时，在钢筋网两个方向的单位长度内，其钢筋截面面积相差不应大于 1.5 倍，且网片不应少于 4 片。螺旋式钢筋不应少于 4 圈。间接钢筋的体积配筋率 ρ_v 不应小于 0.5%。

14.8.2 施工阶段应力验算

预应力混凝土受弯构件在制作、运输和安装等施工阶段的受力状态与使用阶段的情况不同。有时在施工阶段的受力情况比使用阶段更为不利，故应对整个施工过程各阶段的荷载作用形式和受力情况仔细考虑，保证施工阶段的安全性和可靠性。

如在运输和吊装时，支点和吊点往往距端部有一定的距离（见图 14-17），构件端部伸出部分在自重及施工荷载（必要时应考虑动力系数 1.5）的作用下产生负弯矩，与预压力产生的负弯矩叠加，使截面受力可能比使用阶段更为不利。又如，在大跨度桥梁采用悬臂法施工时，施工阶段产生的负弯矩会更大，且由于分段施工和张拉预应力，要保证桥梁最后合拢精度，应对整个施工阶段的受力过程和变形进行细致分析和控制。

《规范》规定，对制作、运输和安装等施工阶段除应进行承载能力极限状态

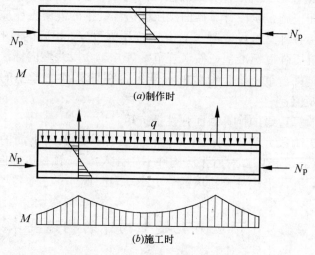

图 14-17 制作和施工阶段的受力

的验算外，还应对在预加压力、自重及施工阶段荷载作用下截面边缘混凝土法向拉应力 σ_{ct} 和压应力 σ_{cc} 进行控制，具体要求如下：

(1) 对施工阶段不允许出现拉应力的构件，或预压时全截面受压的构件，在预加力、自重及施工荷载作用下（必要时应考虑动力系数）截面边缘的混凝土法向应力宜符合下列要求（图 14-18）：

$$\sigma_{ct} \leqslant 1.0 f'_{tk} \qquad (14\text{-}33a)$$

$$\sigma_{cc} \leqslant 0.8 f'_{ck} \qquad (14\text{-}33b)$$

简支构件的端截面预拉区边缘纤维的混凝土拉应力允许大于 f'_{tk}，但不应大于 $1.2 f'_{tk}$。

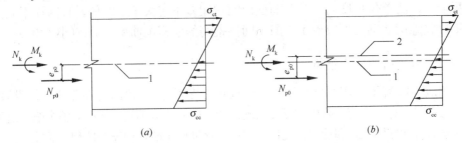

图 14-18 预应力混凝土构件施工阶段验算
(a) 先张法构件；(b) 后张法构件
1—换算截面重心轴；2—净截面重心轴

截面边缘的混凝土法向应力可按下列公式计算：

$$\sigma_{cc} \text{ 或 } \sigma_{ct} = \sigma_{pc} + \frac{N_k}{A_0} \pm \frac{M_k}{W_0} \qquad (14\text{-}34)$$

式中 σ_{ct}——相应施工阶段计算截面预拉区边缘纤维的混凝土拉应力；

σ_{cc}——相应施工阶段计算截面预压区边缘纤维的混凝土压应力；

f'_{tk}、f'_{ck}——与各施工阶段混凝土立方体抗压强度 f'_{cu} 相应的抗拉强度标准值、抗压强度标准值，按《规范》表 4.1.3 以线性内插法确定；

N_k、M_k——构件自重及施工荷载的标准组合在计算截面产生的轴向力值、弯矩值；

W_0——验算边缘的换算截面弹性抵抗矩。

(2) 对施工阶段允许出现拉应力的构件，预拉区纵向钢筋的配筋率 $(A'_s + A'_p)/A$ 不宜小于 0.15%，对后张法构件不应计入 A'_p。预拉区纵向钢筋的直径不宜大于 14mm，并应沿构件预拉区的外边缘均匀配置。

14.9 预应力混凝土构件的构造要求

预应力混凝土构件的构造要求与张拉工艺、锚固措施、预应力筋的种类等因素有关,其中张拉工艺起主要作用。

14.9.1 先张法

1. 预应力筋(丝)的净间距

预应力筋、钢丝的净间距应根据便于浇灌混凝土、保证钢筋(丝)与混凝土的粘结锚固以及施加预应力(夹具及张拉设备的尺寸)等要求来确定。《规范》规定:先张法预应力筋之间的净间距不宜小于其公称直径的2.5倍和混凝土粗骨料最大粒径的1.25倍,且预应力钢丝不应小于15mm;三股钢绞线不应小于20mm;七股钢绞线不应小于25mm。

2. 混凝土保护层厚度

为保证预应力钢筋与混凝土的粘结强度和耐久性,并防止放松预应力筋时出现纵向劈裂裂缝,必须有一定的混凝土保护层厚度。通常,预应力钢筋的保护层厚度与钢筋混凝土构件的保护层厚度要求相同,见附表2-8。此外,预应力筋应根据具体情况采取表面防护、管道灌浆、加大混凝土保护层厚度等措施,外露的锚固端应采取封锚和混凝土表面处理等有效措施。《规范》规定,采用无收缩砂浆或混凝土封闭保护时,锚具及预应力筋端部的保护层厚度,一类环境时不应小于20mm,二a、二b类环境时不应小于50mm,三a、三b类环境时不应小于80mm。

3. 钢筋、钢丝的锚固

先张法预应力混凝土构件应保证钢筋(丝)与混凝土之间有可靠的粘结力,宜采用变形钢筋、刻痕钢丝、螺旋肋钢丝、钢绞线等。

4. 端部附加钢筋

为防止放松预应力筋时构件端部出现纵向裂缝,对预应力筋端部周围的混凝土应设置附加钢筋:

①当采用单根预应力筋(如板肋的配筋),其端部宜设置长度不小于150mm螺旋筋(见图14-19a)。当钢筋直径 $d \leqslant 16$mm 时,也可利用支座垫板上的插筋,但插筋根数不应少于4根,其长度不宜小于120mm(图14-19b)。

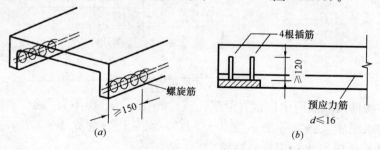

图 14-19

②当采用多根预应力筋时,在构件端部 10 倍预应力筋直径范围内,应设置 3~5 片与预应力筋垂直的钢筋网。

③采用钢丝配筋的预应力薄板,在端部 100mm 范围内,应适当加密横向钢筋。

④当构件在端部有局部凹进时,应增设折线构造钢筋(图 14-20)或其他有效的构造钢筋。

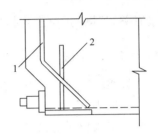

图 14-20 端部凹进处构造钢筋
1—折线构造钢筋;
2—竖向构造钢筋

14.9.2 后张法

1. 预留孔道的构造要求

后张法构件要在预留孔道中穿入预应力筋。截面中孔道的布置应考虑到张拉设备的尺寸、锚具尺寸及构件端部混凝土局部受压的强度要求等因素。

①孔道的直径应比预应力筋束外径、钢筋对焊接头处外径及锥形螺杆锚具的套筒等外径大 10~15mm,以便于穿入预应力筋并保证孔道灌浆的质量。

②孔道之间的净距不应小于 25mm;孔道至构件边缘的净距不应小于 25mm,且不宜小于孔道的半径(见图 14-21b)。

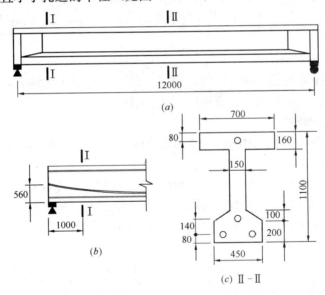

图 14-21 后张法预应力筋孔道

③在构件两端及跨中应设置灌浆孔或排气孔,其孔距不宜大于 12m。孔道灌浆所用的水泥砂浆强度等级不应低于 M20,水灰比宜为 0.4~0.45,为减少收缩,宜掺入 0.01% 水泥用量的铝粉。

④凡需要起拱的构件,预留孔道宜随构件同时起拱。

2. 曲线预应力筋的曲率半径

① 钢丝束、钢绞线束以及钢筋直径 $d \leqslant 12mm$ 的钢筋束，不宜小于 4m。

② $12 < d \leqslant 25mm$ 的钢筋，不宜小于 12mm。

③ $d > 25mm$ 的钢筋，不宜小于 15mm。

3. 端部构造

为防止施加预应力时在构件端部产生沿截面中部的纵向水平裂缝，宜将一部分预应力筋在靠近支座区段弯起，并使预应力筋尽可能沿构件端部均匀布置。如预应力筋在构件端部不能均匀布置而需集中布置在端部截面下部时，应在构件端部 0.2 倍截面高度范围内设置竖向附加焊接钢筋网等构造钢筋。

在预应力筋锚具下及张拉设备的支承处，应采用预埋钢垫板并设置上述附加钢筋网和附加钢筋。当构件在端部有局部凹进时，为防止端部转折处产生裂缝，应增设折线构造钢筋。

14.9.3 非预应力筋

对部分预应力混凝土，当通过配置一定的预应力筋 A_p 已能使构件满足抗裂或裂缝控制要求时，根据承载力计算所需的其余受拉钢筋可以采用非预应力筋 A_s。同时，非预应力筋可保证构件具有一定延性。此外，在后张法构件未施加预应力前进行吊装时，非预应力筋的配置也很重要。为对裂缝分布和开展宽度起到一定的控制作用，非预应力筋宜采用 HRB335 级和 HRB400 级钢筋。非预应力筋的布置见图 14-22。

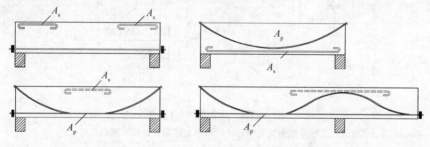

图 14-22 非预应力筋

对于施工阶段预拉区（施加预应力时形成的拉应力区）容许出现裂缝的构件，应在预拉区配置非预应力筋 A_s'，防止裂缝开展过大，但这种裂缝在使用阶段可闭合。

对施工阶段预拉区不允许出现裂缝的构件，预拉区纵向钢筋的配筋率 $\dfrac{A_s' + A_p'}{A}$ 不应小于 0.2%，但对后张法不应计入 A_p'；对施工阶段允许出现裂缝，而在预拉区不配置预应力筋的构件，当 $\sigma_{ct} = 2.0 f'_{tk}$ 时，预拉区纵向钢筋的配筋率 $\dfrac{A_s'}{A}$ 不应小于 0.4%，当 $1.0f'_{tk}<\sigma_{ct}<2.0f'_{tk}$ 时，在 0.2% 和 0.4% 之间按直线内插取用。

对施工阶段预拉区允许出现拉应力的构件，预拉区纵向钢筋的配筋率 $(A'_s+A'_p)/A$ 不宜小于 0.15%，对后张法构件不应计入 A'_p，其中，A 为构件截面面积。预拉区纵向钢筋的直径不宜大于 14mm，并应沿构件预拉区的外边缘均匀配置。

【例题 14-1】 某 12m 后张预应力混凝土工形等截面简支梁如图 14-23 所示。荷载作用下跨内最大弯矩和支座受剪危险截面的弯矩与剪力见表 14-2。采用 C40 级混凝土，预应力筋用 Φ^S15（截面面积 139mm²）低松弛 1860 级钢绞线，张拉控制应力取 $\sigma_{con}=0.7f_{ptk}$，非预应力筋采用 HRB335 级钢筋。按一级裂缝控制要求设计，计算正截面承载力、斜截面承载力，并进行端部局部承压验算。

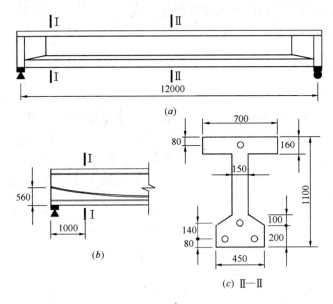

图 14-23 ［例题 14-1］图
(a) 工形等截面简支梁；(b) 预应力筋布置；(c) 截面尺寸

【例题 14-1】内力标准值　　　　　　　　　　　　　　表 14-2

荷载类型	最大弯矩（Ⅱ-Ⅱ）	受剪危险截面（Ⅰ-Ⅰ）	
	M_{max} (kN·m)	M (kN·m)	V (kN)
恒荷载	155	45	45
活荷载	1630	550	600

【解】

1. 截面参数

按毛截面计算截面参数：

截面面积
$$A = 700 \times 160 + 690 \times 150 + 250 \times 450$$
$$= 1.12 \times 10^5 + 1.035 \times 10^5 + 1.125 \times 10^5$$
$$= 3.28 \times 10^5 \text{mm}^2$$

中心轴到下边缘的距离
$$y = \frac{1.12 \times 10^5 \times 1020 + 1.035 \times 10^5 \times 595 + 1.125 \times 10^5 \times 125}{3.28 \times 10^5}$$
$$= 579 \text{mm} \approx 580 \text{mm}$$

中性轴到上边缘的距离
$$y' = 1100 - 580 = 520 \text{mm}$$

截面惯性矩
$$I = \frac{700 \times 160^3}{12} + 1.12 \times 10^5 \times (520-80)^2 + \frac{150 \times 690^3}{12} + 1.035 \times 10^5 \times$$
$$(580-595)^2 + \frac{450 \times 250^3}{12} + 1.125 \times 10^5 \times (580-125)^2$$
$$= 0.0239 \times 10^{10} + 2.1683 \times 10^{10} + 0.4599 \times 10^{10} + 0.0023 \times 10^{10} + 0.0586 \times$$
$$10^{10} + 2.3290 \times 10^{10} = 5.04 \times 10^{10}$$

截面下边缘弹性抵抗矩
$$W = \frac{I}{y} = \frac{5.04 \times 10^{10}}{580} = 8.69 \times 10^7$$

截面上边缘弹性抵抗矩
$$W' = \frac{I}{y'} = \frac{5.04 \times 10^{10}}{520} = 9.69 \times 10^7$$

2. 预应力筋数量估计

为保证截面上边缘在施加预应力时不出现拉应力（未考虑自重），必须有

$$\frac{N_{pe}}{A} - \frac{N_{pe} e_p}{W'} \geq 0 \quad (N_{pe} \text{为有效预压力，以压为正、拉为负})$$

即应满足 $e_p \leq 295 \text{mm}$，即 $e_{pmax} = 295 \text{mm}$。

设 $A'_p = \frac{1}{5} A_p$，且假设各预应力筋内有效预应力相等，则跨中截面有效预应力合力中心位置距下边缘的距离为

$$y_0 = \frac{A_p \times (80 + 140/3) + A'_p \times 1020}{A_p + A'_p}$$

$$= \frac{A_p \times (80 + 140/3) + \frac{1}{5} A_p \times 1020}{A_p + \frac{1}{5} A_p}$$

$$= 276 \text{mm}$$

则有效预应力合力点的偏心距（以向下为正）为

$$e_p = y - y_0 = 580 - 276 = 304 \text{mm}$$

接近 $e_{pmax} = 295$mm，若考虑自重，则 e_{pmax} 将大于 295mm，故可认为 e_p 满足条件。

根据一级裂缝控制要求，由式（14-4）取名义允许拉应力 $[\sigma_t] = 0$，则可求得有效预压力的估计值为：

$$N_{pe} = \frac{\dfrac{M_{max}}{W} - [\sigma_t]}{\dfrac{1}{A} + \dfrac{e_p}{W}} = \frac{\dfrac{1785 \times 10^6}{8.69 \times 10^7} - 0}{\dfrac{1}{3.28 \times 10^5} + \dfrac{304}{8.69 \times 10^7}} = \frac{20.5}{3.05 \times 10^{-6} + 3.50 \times 10^{-6}}$$

$$= 3106 \text{kN}$$

设控制应力 $\sigma_{con} = 0.7 f_{ptk} = 0.7 \times 1860 = 1302 \text{N/mm}^2$，有效预压力 $\sigma_{pe} = 0.85\sigma_{con} = 1107 \text{N/mm}^2$，则

$$A_p + A'_p = \frac{6}{5} A_p = \frac{N_{pe}}{\sigma_{pe}} = \frac{3106 \times 10^3}{1107} = 2806 \text{mm}^2$$

故 $A_p = \frac{5}{6} \times 2806 = 2338 \text{mm}^2$，所需根数为 $n = \dfrac{A_p}{139} = \dfrac{2338}{139} = 16.82$，取 3 束 6$\phi^s$15 $= 2502 \text{mm}^2$；$A'_p = \dfrac{1}{6} \times 2806 = 468 \text{mm}^2$，所需根数为 $n' = \dfrac{A'_p}{139} = \dfrac{468}{139} = 3.37$，取 1 束 4$\phi^s$15 $= 556 \text{mm}^2$。

3. 预应力筋的布置

采用 QM 锚具，6ϕ^s15 钢绞线束的预留孔道直径为 55mm，4ϕ^s15 钢绞线束的预留孔道直径为 45mm。预应力筋布置方案见图 14-18（b），梁底部采用 2 束直线预应力筋和 1 束抛物线预应力筋，梁顶部采用 1 束直线预应力筋。抛物线预应力筋的矢高取 340mm，故其端部距下边缘为 340+140+80=560mm。

4. 正截面承载力计算

根据正截面的承载力计算确定非预应力筋的数量。

材料参数：$f_c = 19.1 \text{N/mm}^2$，$f_t = 1.71 \text{N/mm}^2$，$f_{py} = 1320 \text{N/mm}^2$，$f_{py} = 390 \text{N/mm}^2$，$E_p = 1.95 \times 10^5 \text{N/mm}^2$

取 $a_p = 80 + 140/3 = 130$mm，$a'_p = 80$mm，$h_0 = 1100 - 130 = 970$mm

等效矩形图形系数 $\alpha = 1.0$，$\beta = 0.8$

近似取 $\sigma_{p0} = \sigma'_{p0} = \sigma_{con} - 0.15\sigma_{con} = 1107 \text{N/mm}^2$

$$\xi_b = \frac{\beta}{1 + \dfrac{f_{py} - \sigma_{p0}}{\varepsilon_{cu} E_p}} = \frac{0.8}{1 + \dfrac{1320 - 1107}{0.0033 \times 1.95 \times 10^5}} = 0.601$$

弯矩设计值为：

$$M = 1.2 M_G + 1.4 M_Q = 1.2 \times 155 + 1.4 \times 1630 = 2468 \text{kN} \cdot \text{m}$$

由式（14-6）得

$$f_c b'_f h'_f (h_0 - 0.5h'_f) - (\sigma'_{p0} - f'_{py})A'_p(h_0 - a'_p)$$
$$= 19.1 \times 700 \times 160 \times (970 - 0.5 \times 160) - (1107 - 390) \times 560 \times (970 - 80)$$
$$= 1547 \text{kN} \cdot \text{m} < M$$

故属于第二类 T 形截面。

受压翼缘和受压预应力筋承担的弯矩为：
$$M' = f_c(b'_f - b)h'_f(h_0 - 0.5h'_f) - (\sigma'_{p0} - f'_{py})A'_p(h_0 - a'_p)$$
$$= 19.1 \times (700 - 150) \times 160 \times (970 - 0.5 \times 160) - (1107 - 390) \times$$
$$\quad 560 \times (970 - 80)$$
$$= 1139 \text{kN} \cdot \text{m}$$

$$\alpha_s = \frac{M - M'}{f_c b h_0^2} = \frac{(2468 - 1139) \times 10^6}{19.1 \times 150 \times 970^2} = 0.493$$

$$\xi = 0.5 \times (1 - \sqrt{1 - 2\alpha_s}) = 0.5 \times (1 - 0.118) = 0.441 < \xi_b = 0.601$$

$$x = \xi h_0 = 0.441 \times 970 = 428 \text{mm}$$

由式（14-10a）得
$$A_s = \frac{f_c[bx + (b'_f - b)h'_f] - (\sigma'_{p0} - f'_{py})A'_p - f_{py}A_p}{f_y} < 0$$

因此，仅预应力筋可满足正截面受弯要求，非预应力筋按构造要求配置，取 $A_s = 0.002A = 0.002 \times 3.28 \times 10^5 = 656 \text{mm}^2$，配置 6$\Phi$12 = 678mm² （实配 7$\Phi$12 = 791mm²）。此外，受压区按构造要求配置非预应力筋 8Φ12 = 678mm²。截面配筋见图 14-24。

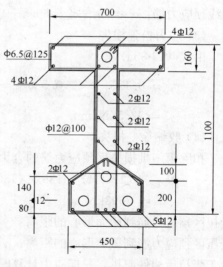

图 14-24　截面配筋

5. 预应力损失计算

由于截面尺寸较大，孔道面积、预应力筋和非预应力筋所占比例很小，故不再精确计算净截面的面积、惯性矩，而直接采用前述毛截面的面积和惯性矩计算，其误差在 2% 左右。

预留孔道采用预埋波纹管。

（1）锚具回缩损失

设锚具内缩值 $a = 5\text{mm}$。

直线预应力筋（一端张拉）的锚具回缩损失为：
$$\sigma_{l1} = \frac{a}{l}E_p = \frac{5}{12000} \times 1.95 \times 10^5 = 81.25 \text{ N/mm}^2$$

曲线预应力筋（一端张拉）的张拉端与跨中截面之间曲线部分的切线夹角

为：$\theta = 4f/l = 0.113 \text{rad}$，曲率半径 $r_c = l^2/(8f) = 53\text{m}$。摩擦系数 $\kappa = 0.0015$、$\mu = 0.25$。回缩产生的反向摩擦损失影响长度按式（12-32）计算，有

$$l_f = \sqrt{\frac{aE_p}{1000\sigma_{con}(\mu/r_c + \kappa)}} = \sqrt{\frac{5 \times 1.95 \times 10^5}{1000 \times 1302 \times (0.25/53 + 0.0015)}} = 10.975\text{m}$$

由式（12-31）计算跨中截面（$x=6\text{m}$）锚固回缩损失为：

$$\sigma_{l1} = 2\sigma_{con}l_f\left(\frac{\mu}{r_c} + \kappa\right)\left(1 - \frac{x}{l_f}\right) = 2 \times 1302 \times 10.975 \times$$

$$\left(\frac{0.25}{53} + 0.0015\right)\left(1 - \frac{6}{10.975}\right)$$

$$= 80.5\text{N/mm}^2$$

（2）摩擦损失

直线预应力筋：$\sigma_{l2} = \sigma_{con} \times \kappa x = 1302 \times 0.0015 \times 6 = 11.7\text{N/mm}^2$

曲线预应力筋：$\sigma_{l2} = \sigma_{con} \times (\mu\theta + \kappa x) = 1302 \times (0.25 \times 0.113 + 0.0015 \times 6) = 48.5\text{N/mm}^2$

所以，第Ⅰ批预应力损失为：

直线预应力筋：$\sigma_{lⅠ} = \sigma_{l1} + \sigma_{l2} = 81.25 + 11.7 = 92.95\text{N/mm}^2$

曲线预应力筋：$\sigma_{lⅠ} = \sigma_{l1} + \sigma_{l2} = 80.5 + 48.5 = 129\text{N/mm}^2$

（3）应力松弛损失

由式（12-35a）得

$$\sigma_{l4} = 0.125\left(\frac{\sigma_{con}}{f_{ptk}} - 0.5\right)\sigma_{con} = 0.125 \times \left(\frac{1302}{1860} - 0.5\right) \times 1302$$

$$= 32.55\text{N/mm}^2$$

（4）收缩徐变损失

扣除第一批损失后预应力筋的合力为：

$$N_{pⅠ} = (12+4) \times 139 \times (1302 - 92.95) + 6 \times 139 \times (1302 - 129)$$

$$= 3693\text{kN}$$

受拉区预应力筋到截面形心的距离：$y_p = y - a_p = 580 - 130 = 450\text{mm}$

受压区预应力筋到截面形心的距离：$y'_p = y' - a'_p = 520 - 80 = 440\text{mm}$

由于张拉后构件起拱，长期应力计算时应计入构件自重的影响。

$$\rho = \frac{A_p + A_s}{A} = \frac{18 \times 139 + 678}{3.28 \times 10^5} = 0.00975$$

$$\rho' = \frac{A'_p + A'_s}{A} = \frac{4 \times 139 + 904}{3.28 \times 10^5} = 0.00446$$

$$\sigma_{pcⅠ} = \frac{N_{pⅠ}}{A} + \frac{N_{pⅠ}e_p}{I}y_p - \frac{M_G}{I}y_p$$

$$= \frac{3696 \times 10^3}{3.28 \times 10^5} + \frac{3693 \times 10^3 \times 304}{5.04 \times 10^{10}} \times 450 - \frac{155 \times 10^6}{5.04 \times 10^{10}} \times 450$$

$$= 11.25 + 10.03 - 1.38 = 19.9 \text{N/mm}^2$$

$$\sigma'_{\text{pcI}} = \frac{N_{\text{pI}}}{A} - \frac{N_{\text{pI}} e_{\text{p}}}{I} y'_{\text{p}} + \frac{M_{\text{G}}}{I} y'_{\text{p}}$$

$$= \frac{3693 \times 10^3}{3.28 \times 10^5} - \frac{3643 \times 10^3 \times 304}{5.04 \times 10^{10}} \times 440 + \frac{155 \times 10^6}{5.04 \times 10^{10}} \times 440$$

$$= 11.25 - 9.80 + 1.35 = 2.8 \text{N/mm}^2$$

由式（12-38a）得

$$\sigma_{l5} = \frac{35 + 280 \dfrac{\sigma_{\text{pcI}}}{f'_{\text{cu}}}}{1 + 15\rho} = \frac{35 + 280 \times \dfrac{19.9}{40}}{1 + 15 \times 0.00975} = 152 \text{N/mm}^2$$

由式（12-38b）得

$$\sigma'_{l5} = \frac{35 + 280 \dfrac{\sigma'_{\text{pcI}}}{f'_{\text{cu}}}}{1 + 15\rho'} = \frac{35 + 280 \times \dfrac{2.8}{40}}{1 + 15 \times 0.00446} = 51.2 \text{N/mm}^2$$

总预应力损失为：
受拉区直线预应力筋：$\sigma_l = 92.95 + 32.55 + 152 = 277.5 \text{N/mm}^2$
受拉区曲线预应力筋：$\sigma_l = 129 + 32.55 + 152 = 313.55 \text{N/mm}^2$
受压区直线预应力筋：$\sigma_l = 92.95 + 32.55 + 51.2 = 176.7 \text{N/mm}^2$

6. 斜截面承载力计算

剪力设计值：

$$V = 1.2 \times 45 + 1.4 \times 600 = 894 \text{kN}$$

由于 $N_{\text{p}} = 3181 \text{kN} > 0.3 f_{\text{c}} A_0 = 0.3 \times 19.1 \times 3.28 \times 10^5 \times 10^{-3} = 1879.4 \text{kN}$，故取

$$V_{\text{p}} = 0.05 \times 0.3 f_{\text{c}} A_0 = 0.05 \times 1879.4 = 94 \text{kN}$$

按式（14-12）受剪承载力计算公式，有

$$V = 0.7 f_{\text{t}} b h_0 + 1.25 f_{\text{yv}} \frac{A_{\text{sv}}}{s} h_0 + V_{\text{p}} + 0.8 f_{\text{py}} A_{\text{pb}} \sin\alpha_{\text{pb}}$$

$$\frac{A_{\text{sv}}}{s} = \frac{V - 0.7 f_{\text{t}} b h_0 - V_{\text{p}} - 0.8 f_{\text{py}} A_{\text{pb}} \sin\alpha_{\text{pb}}}{1.25 f_{\text{yv}} h_0}$$

$$= \frac{894 \times 10^3 - 0.7 \times 1.71 \times 150 \times 970 - 94 \times 10^3 - 0.8 \times 1320 \times 6 \times 139.98 \times 0.094}{1.25 \times 210 \times 970}$$

$$= 2.13$$

选 $\phi 12$ 双肢箍，$A_{\text{sv}} = 226 \text{mm}^2$，则箍筋间距 s 为 106mm，取 100mm，$\dfrac{A_{\text{sv}}}{s} = \dfrac{226}{100} = 2.26$。

7. 抗裂验算

（1）正截面抗裂验算

跨中截面总有效预压力：

$$N_p = 12 \times 139.98 \times (1302 - 277.5) + 6 \times 139.98 \times (1302 - 313.55) +$$
$$4 \times 139.98 \times (1302 - 176.7) = 3181 \text{kN}$$

$$\sigma_{pc} = \frac{N_p}{A} + \frac{N_p e_p}{W} = \frac{3181 \times 10^3}{3.28 \times 10^5} + \frac{3181 \times 10^3 \times 304}{8.69 \times 10^7} = 9.70 + 11.13$$
$$= 20.83 \text{N/mm}^2$$

$$\sigma_{ck} = \frac{M_k}{W} = \frac{(155 + 1630) \times 10^6}{8.69 \times 10^7} = 20.54 \text{N/mm}^2 < \sigma_{pc}$$

正截面满足一级裂缝控制要求。

(2) 斜截面抗裂验算

斜截面受剪控制截面Ⅰ-Ⅰ的内力：
$$M_k = 595 \text{kN} \cdot \text{m}, \quad V_k = 645 \text{kN}$$

斜截面抗裂验算一般需验算三点：腹板与上、下翼缘的交界处和截面形心处。这里仅验算截面形心处的抗裂。

在验算中应考虑Ⅰ-Ⅰ截面的预应力损失，损失计算过程与上述类似。尽管Ⅰ-Ⅰ截面的摩擦损失和收缩徐变损失小于Ⅱ-Ⅱ截面，但曲线预应力筋在Ⅰ-Ⅰ截面的锚固回缩损失大于Ⅱ-Ⅱ截面，故这里近似认为两截面的预应力损失相同。

预压力在Ⅰ-Ⅰ截面形心产生的预压应力为：

$$\sigma_{pc} = \frac{N_p}{A} = \frac{3181 \times 10^3}{3.28 \times 10^5} = 9.70 \text{N/mm}^2$$

弯矩 M_k 在Ⅰ-Ⅰ截面形心产生的正应力为 0。剪力 V_k 在Ⅰ-Ⅰ截面形心产生的剪应力为按式（14-20）计算，其中对截面形心的一次面积矩为：

$$S_0 = 700 \times 160 \times (1020 - 580) + (520 - 160) \times 150 \times \frac{520 - 160}{2} = 5.9 \times 10^7 \text{mm}^3$$

曲线预应力筋在Ⅰ-Ⅰ截面的倾角为：

$$\alpha_{pb} \approx \frac{7-1}{r_c} = \frac{5}{53} = 0.094 \text{rad} = 5.4°, \sin\alpha_{pb} = 0.094,$$

$$\tau = \frac{(V_k - \Sigma\sigma_p A_{pb} \sin\alpha_{pb})S_0}{bI_0}$$
$$= \frac{[645 \times 10^3 - (1302 - 313.55) \times 6 \times 139.98 \times 0.094] \times 5.9 \times 10^7}{150 \times 5.04 \times 10^{10}}$$
$$= 4.42 \text{N/mm}^2$$

由式 (14-18) 得

$$\left.\begin{array}{l}\sigma_{tp}\\ \sigma_{cp}\end{array}\right\} = \frac{\sigma_x}{2} \pm \sqrt{\left(\frac{\sigma_x}{2}\right)^2 + \tau^2} = -\frac{9.70}{2} \pm \sqrt{\left(\frac{9.70}{2}\right)^2 + 4.42^2}$$

$$= \begin{array}{l}1.71 < 0.85 f_{tk} = 2.04\\ -11.41 > 0.60 f_{ck} = -16.08\end{array} \text{N/mm}^2$$

满足要求。

8. 局部承压验算

这里只作抛物线筋在端部的局部承压验算，直线预应力筋在端部的局部承压验算可同理进行。抛物线筋端部锚固区的细部尺寸如图14-25所示，钢垫板厚为25mm，A_l外径尺寸近似取为钢垫板的大小，即

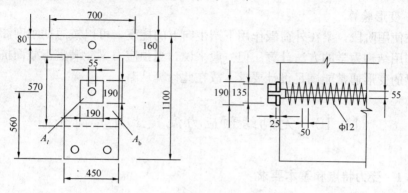

图 14-25 抛物线筋端锚区构造图

$$A_l = 190 \times 190 = 36100 \text{mm}^2$$
$$A_{ln} = 190 \times 190 - \frac{\pi}{4} \times 55^2 = 33724 \text{mm}^2$$
$$A_b = 570 \times 450 = 256500 \text{mm}^2$$

提高系数：

$$\beta_l = \sqrt{\frac{A_b}{A_l}} = \sqrt{\frac{256500}{36100}} = 2.67$$

锚固区的作用力：

$$F_l = 1.2\sigma_{con}A_p = 1.2 \times 1302 \times 840 = 1312 \text{kN}$$

验算截面尺寸（$\beta_c = 1.0$），由式（14-22）得

$$1.35\beta_c\beta_l f_c A_{ln} = 1.35 \times 1 \times 2.67 \times 19.1 \times 33724 = 2322 \text{kN} > f_l$$

满足要求。

端部截面尺寸合适，应配置间接钢筋。设间接钢筋采用 HPB300 级 Φ12 螺旋筋（$A_{ss1} = 113.1 \text{mm}^2$），取 $d_{cor} = 220 \text{mm}$，螺距 $s = 50 \text{mm}$，则 $A_{cor} = 38013 \text{mm}^2$，从而体积配筋率为：

$$\rho_v = \frac{4A_{ss1}}{d_{cor}s} = \frac{4 \times 113.1}{220 \times 50} = 0.041$$

提高系数

$$\beta_{cor} = \sqrt{\frac{A_{cor}}{A_l}} = \sqrt{\frac{38013}{36100}} = 1.03$$

由式（14-30）计算局部受压极限承载力为：

$$F_{lu} = 0.9(\beta_c\beta_l f_c + \alpha_{sp}\rho_v\beta_{cor}f_y)A_{ln}$$
$$= 0.9 \times (1.0 \times 2.67 \times 19.1 + 2.0 \times 0.041 \times 1.03 \times 210) \times 33724$$
$$= 2086 \text{kN} > F_l$$

满足要求。

9. 变形验算

在使用阶段，梁在外荷载作用下产生向下的挠度，可以按短期刚度和长期刚度分别用结构力学的方法计算。但一般来说，当预应力梁能满足正截面抗裂性要求，梁的变形通常能满足设计要求。故在此计算从略。

14.10 无粘结预应力混凝土计算简介*

14.10.1 受力特点和基本要求

无粘结预应力筋是在预应力筋表面涂抹油脂、并用乙烯材料包裹制成的。通常预应力筋采用高强钢绞线，一束高强钢绞线制成一根无粘结预应力筋，见图12-12。在施工时，无粘结预应力筋可像非预应力筋一样预先布置固定好，并在构件端部或设计位置处预留出足够的长度，然后浇筑混凝土（见图14-26），待混凝土达到设计强度后，用小型预应力张拉设备逐根张拉至设计预定值后锚固，形成无粘结预应力混凝土构件。

图 14-26 浇筑混凝土前布设无粘结预应力筋

无粘结预应力混凝土施工简便、无需预埋孔道、穿筋、灌浆等工序，施工简便，特别适合于曲线预应力筋布置，适合于多高层建筑中的连续单向板和双向板、密肋板以及井字梁、扁梁和框架梁等。

采用无粘结预应力筋是从方便预应力筋布置和张拉角度考虑的，但在荷载作用下，沿无粘结预应力筋纵向，预应力筋可以与周围的混凝土产生相对滑动，这会产生以下两个问题：

(1) 混凝土开裂后可自由回缩，在同样情况下与有粘结预应力混凝土相比，裂缝宽度大；

(2) 无粘结预应力筋中的拉应力沿预应力筋基本相同，当无粘结筋最大应力达到其极限强度时，会在整个钢筋长度上最薄弱的位置发生破坏，这会降低预应力筋的可靠度。

对于上述第 (1) 个问题，通常要求配置一定的非预应力筋，以使混凝土与非预应力筋间的粘结作用减小混凝土与无粘结筋之间的相对滑动，同时由于施加了预应力，裂缝宽度可以得到有效控制，甚至当预应力达到一定程度可以不出现裂缝。

对于上述第 (2) 个问题，一是通过配置多束无粘结筋，降低个别无粘结筋失效而导致的整个构件的可靠度降低，二是要配置一定量的普通有粘结钢筋，保证构件的必要的可靠度。此外，配置普通有粘结钢筋还可改善无粘结预应力混凝土构件的延性。

综上，无粘结预应力混凝土构件除根据裂缝和变形控制要求设置无粘结筋外，还应配置一定的普通钢筋，为此《规范》规定无粘结预应力混凝土受弯构件的受拉区，纵向普通钢筋的配置应符合下列要求：

(1) 单向板纵向普通钢筋的截面面积 A_s 不应小于 $0.002bh$，且纵向普通钢筋直径不应小于 8mm，间距不应大于 200mm。

(2) 梁中受拉区配置的纵向普通钢筋的最小截面面积 A_s 不应小于 $0.003bh$，且不应小于下式：

$$A_s \geqslant \frac{1}{3}\left(\frac{\sigma_{pu}h_p}{f_y h_s}\right)A_p \tag{14-35}$$

此外，纵向普通钢筋的直径不宜小于 14mm，且应均匀分布在梁的受拉边缘区。对一级裂缝控制等级的梁，当无粘结预应力筋承担 75% 以上弯矩设计值时，纵向普通钢筋面积应满足承载力计算、且 A_s 不应小于 $0.003bh$。

14.10.2 受弯承载力计算

对于有粘结混凝土受弯构件，钢筋的最大应力发生在构件的最大弯矩截面，并根据最大弯矩截面的受力分析得到受弯承载力计算公式。而对于无粘结预应力混凝土受弯构件，由于无粘结预应力筋沿预应力全长的应力几乎一样，荷载作用下其应变的变化值 $\Delta\varepsilon_p$ 等于沿预应力筋全长的伸长量除以预应力筋全长。与同样情况的有粘结预应力混凝土受弯构件相比，无粘结预应力筋受弯构件中预应力筋的应力要低 10%～30%。根据理论分析和试验研究，《规范》建议无粘结预应力矩形截面受弯构件在进行正截面承载力计算时，无粘结预应力筋的应力设计值 σ_{pu} 宜按下列公式计算：

$$\sigma_{pu} = \sigma_{pe} + \Delta\sigma_p \tag{14-36a}$$

$$\Delta\sigma_p = (240 - 335\xi_p)\left(0.45 + 5.5\frac{h}{l_0}\right) \tag{14-36b}$$

$$\xi_p = \frac{\sigma_{pe}A_p + f_y A_s}{f_c b h_p} \tag{14-37}$$

对于不少于 3 跨的连续梁、连续单向板及连续双向板，$\Delta\sigma_p$ 取值不应小于 50N/mm²，且应力设计值 σ_{pu} 尚应符合下列条件：

$$\sigma_{pu} \leqslant f_{py} \tag{14-38}$$

式中　σ_{pe}——扣除全部预应力损失后，无粘结预应力筋中的有效预应力（N/mm²）；

　　　$\Delta\sigma_p$——无粘结预应力筋中的应力增量（N/mm²）；

　　　ξ_p——综合配筋指标，不宜大于 0.4；对于连续梁、板，取各跨内支座和跨中截面综合配筋指标的平均值；

　　　h——受弯构件截面高度；

　　　h_p——无粘结预应力筋合力点至截面受压边缘的距离；

翼缘位于受压区的 T 形、I 形截面受弯构件，当受压区高度大于翼缘高度时，综合配筋指标 ξ_p 可按下式计算：

$$\xi_p = \frac{\sigma_{pe}A_p + f_y A_s - f_c(b'_f - b)h'_f}{f_c b h_p} \tag{14-39}$$

式中　h'_f——T 形、I 形截面受压区的翼缘高度；

　　　b'_f——T 形、I 形截面受压区的翼缘计算宽度。

思 考 题

14-1　预应力混凝土构件如何分类？

14-2　何谓"部分预应力混凝土"？采用部分预应力混凝土有何优点？

14-3　如何估算受弯构件的预应力筋面积？

14-4　采用曲线预应力筋有何优点？

14-5　预应力混凝土受弯构件的受弯承载力和受剪承载力计算与钢筋混凝土受弯构件有何差别？

14-6　局部受压区为何要配置间接钢筋？

14-7　何谓超静定预应力混凝土结构中的次内力？如何计算次内力？

14-8　次内力对超静定预应力混凝土结构有何影响？

14-9　无粘结预应力混凝土受弯构件与一般预应力混凝土受弯构件的相比，受力特征有何差别？

习　题

14-1　同习题 12-1，端部尺寸见图 14-27，试进行锚具下局部受压承载力计算。

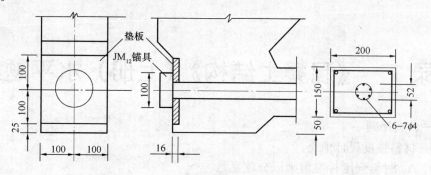

图 14-27　习题 14-1 构件端部构造图

14-2　同习题 12-2，设梁的计算跨度 $l_0=11.65\text{m}$，净跨 $l_n=11.35\text{m}$。均布恒载标准值 $g_k=15\text{kN/m}$，均布活载标准值 $q_k=5.4\text{kN/m}$，活载准永久值系数为 0.5。该梁处于室内正常环境，裂缝控制等级为二级，允许挠度 $[f/l_0]=1/400$。吊装时吊点位置设在距梁端 2m 处。

(1) 计算正截面受弯承载力；
(2) 使用阶段正截面的抗裂验算；
(3) 计算斜截面受剪承载力；
(4) 使用阶段斜截面的抗裂验算；
(5) 使用阶段的挠度变形验算；
(6) 施工阶段的截面应力验算。

附录1 《混凝土结构》（上册）水平题集

一、选择题

1. 材料强度设计值是（   ）。
    A. 材料强度标准值乘以分项系数
    B. 材料强度标准值除以分项系数
    C. 具有95%保证率的下限分位值
    D. 具有95%保证率的上限分位值

2. 混凝土的弹性系数 ν 是混凝土的（   ）。
    A. 塑性应变与弹性应变之比
    B. 弹性应变与塑性应变之比
    C. 弹性模量与变形模量之比
    D. 变形模量与弹性模量之比

3. 线性徐变是指（   ）。
    A. 徐变与荷载持续时间为线性关系
    B. 徐变系数与初应力为线性关系
    C. 徐变与初应力为线性关系
    D. 瞬时变形与初应力为线性关系
    E. 瞬时变形与徐变变形之和与初应力为线性关系

4. 混凝土受拉开裂前瞬间（   ）。
    A. 钢筋受拉应力达到屈服应力
    B. 钢筋受拉应力仍很低
    C. 混凝土变形与钢筋变形不一致
    D. 混凝土与钢筋之间的粘结力已破坏

5. 钢筋混凝土轴心受拉构件（   ）。
    A. 裂缝出现前瞬间钢筋应力与配筋率无关
    B. 裂缝出现时钢筋应力增量与配筋率无关
    C. 开裂轴力与配筋率无关
    D. 混凝土收缩引起应力与配筋率无关

6. 一钢筋混凝土短柱已承载多年，现卸去全部荷载，则（   ）。
    A. 钢筋中应力恢复到零
    B. 钢筋中残留有压应力，混凝土中残留有拉应力

C. 钢筋中残留有拉应力，混凝土中残留有压应力

D. 混凝土中应力恢复到零

7. 验算结构抗倾覆时，永久荷载的分项系数应取（　　）。
   A. 取 0.9　　B. 取 1.0　　C. 取 1.2　　D. 取 1.4

8. 钢筋混凝土单筋矩形截面适筋梁，若混凝土及钢筋强度给定，则配筋率 ρ 越大，（　　）。
   A. 截面屈服曲率 ϕ_y 越大
   B. 截面屈服曲率 ϕ_y 越小
   C. 截面极限曲率 ϕ_u 越大
   D. 截面受拉边缘开裂时的曲率 ϕ_{cr} 越大

9. 超筋梁正截面受弯承载力与（　　）。
   A. 混凝土强度有关
   B. 配筋强度 $f_y A_s$ 有关
   C. 混凝土强度和配筋强度都有关
   D. 混凝土强度和配筋强度都无关

10. 提高梁正截面承载力最高有效力方法是（　　）。
    A. 提高混凝土强度等级
    B. 提高钢筋强度等级
    C. 增大截面高度
    D. 增大截面宽度
    E. 配置受压钢筋

11. 在极限弯矩 M_u 下 $x<2a'$ 的双筋截面梁，（　　）。
    A. A_s 和 A_s' 分别达到 f_y 和 f_y'
    B. A_s 和 A_s' 分别均未达到 f_y 和 f_y'
    C. A_s 达到 f_y，A_s' 未达到 f_y'
    D. A_s 未达到 f_y，A_s' 达到 f_y'

12. 梁钢筋的混凝土保护层厚度是指（　　）。
    A. 纵向受力钢筋形心到构件外表面的最小距离
    B. 箍筋外表面到构件外表面的最小距离
    C. 纵向受力钢筋外表面到构件外表面的最小距离
    D. 纵向受力钢筋的合力点到构件外表面的最小距离

13. 改善梁截面的曲率延性的措施之一是（　　）。
    A. 增大 A_s'
    B. 增大 A_s
    C. 提高钢筋强度等级
    D. 以上措施均无效

14. 简支梁在集中荷载作用下的计算剪跨比 a/h_0 反映了(　　)。
    A. 构件的几何尺寸关系
    B. 截面上正应力 σ 与剪应力 τ 的比值关系
    C. 梁的支承条件
    D. 荷载的大小

15. 提高梁的配箍率可以(　　)。
    A. 显著提高斜裂缝开裂荷载
    B. 防止斜压破坏的出现
    C. 显著提高抗剪承载力
    D. 使斜压破坏转化为剪压破坏

16. 规定剪力设计值 $V > 0.25\beta_c f_c bh_0$，其目的是(　　)。
    A. 防止斜裂缝过宽
    B. 防止出现斜压破坏
    C. 防止出现斜拉破坏
    D. 防止出现剪压破坏

17. 梁在斜截面设计中，要求箍筋间距 $s \leqslant s_{max}$，其目的是(　　)。
    A. 防止发生斜拉破坏
    B. 防止发生斜压破坏
    C. 保证箍筋发挥作用
    D. 避免斜裂缝过宽

18. 钢筋与混凝土之间的粘结强度(　　)。
    A. 随外荷载增大而增大
    B. 随钢筋埋入混凝土中的长度增加而增大
    C. 随混凝土强度等级提高而增大
    D. 随钢筋强度增加而增大

19. 大小偏压破坏的根本区别是(　　)。
    A. 偏心距的大小
    B. 受压一侧混凝土是否达到极限压应变
    C. 破坏时受压钢筋是否屈服
    D. 破坏时受拉钢筋是否屈服

20. 提高受弯构件的抗弯刚度的最有效办法是(　　)。
    A. 增大配筋面积 A_s
    B. 增大面有效高度 h_0
    C. 提高混凝土的强度等级
    D. 提高钢筋强度等级

21. 在长期荷载作用下，引起受弯构件变形增大的主要原因是(　　)。

A. 混凝土的徐变和收缩
B. 钢筋与其周围混凝土之间滑移
C. 裂缝宽度增大
D. 构件中未设受压钢筋

22. 配置受压钢筋的梁的长期刚度大一些，主要原因是（   ）。
   A. 可减少混凝土收缩和徐变对挠度的影响
   B. 减小了受压区高度
   C. 增加了配筋率
   D. 增加了延性

23. 钢筋混凝土构件的裂缝间距主要与（   ）。
   A. 混凝土抗拉强度有关
   B. 混凝土极限拉应变有关
   C. 混凝土与钢筋间的粘结强度有关
   D. 混凝土回缩及钢筋伸长量有关

24. 受拉钢筋应变不均匀系数 ψ 愈大，表明（   ）。
   A. 裂缝间受拉混凝土参加工作程度愈大
   B. 裂缝间受拉混凝土参加工作程度愈小
   C. 裂缝间钢筋平均应变愈小
   D. 与裂缝间受拉混凝土参加工作的程度无关

25. 减小构件裂缝宽度的最有效措施（   ）。
   A. 配筋面积不变，减小钢筋直径
   B. 提高混凝土强度等级
   C. 增大混凝土截面面积
   D. 提高钢筋强度等级

26. 图示矩形实心截面和箱形截面受扭构件，尺寸、材料及配筋均相同，则（   ）。

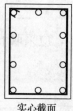
实心截面

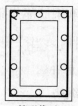
箱形截面

   A. 实心截面受扭承载力远大于箱形截面受扭承载力
   B. 箱形截面受扭承载力大于实心截面受扭承载力
   C. 箱形截面受扭承载力近似等于实心截面受扭承载力

27. 部分超筋的钢筋混凝土受扭构件的破坏属于（   ）。

A. 延性破坏

B. 受压脆性破坏

C. 受拉脆性破坏

D. 有一定的延性

28. 钢筋混凝土受扭构件一般应（　　）。

A. 只配抗扭纵筋

B. 只配抗扭箍筋

C. 既配抗扭纵筋，同时配抗扭箍筋

D. 配与构件轴线呈 45°角的螺旋箍筋

29. 当受扭构件的纵筋和箍筋配筋强度比 ζ＝（　　），将会发生部分超筋破坏。

  A. 1.0　　　　B. 0.6　　　　C. 1.7　　　　D. 0.4

30. 当受扭构件的纵筋和箍筋配筋强度比 ζ＝（　　），将会发生部分超筋破坏。

  A. 1.2　　　　B. 2.2　　　　C. 1.7　　　　D. 0.6

31. 受扭构件变角空间桁架模型的混凝土斜压杆倾斜角 φ，与纵筋和箍筋配筋强度比 ζ 的关系是（　　）。

  A. 无关　　　B. ζ 愈大，φ 愈大　　　　C. ζ 愈大，φ 愈小

32. 《规范》受扭构件承载力的计算是在变角空间桁架模型建立的半理论半经验公式，公式中反映斜压杆角度变化的参数是（　　）。

  A. 系数 1.2　　　　　　B. 配筋强度比 ζ

  C. 核心面积 A_{cor}　　　　D. $f_{yv}A_{sv}/s$

33. 有腹筋剪扭构件的剪扭承载力（　　）。

A. 与混凝土部分相关，与钢筋部分不相关

B. 与混凝土部分不相关，与钢筋部分相关

C. 与混凝土和钢筋部分都相关

D. 与混凝土和钢筋部分都不相关

34. 设计剪扭构件时，当 $\dfrac{V}{bh_0}+\dfrac{T}{W_t}>0.25f_c$，应采取下列哪项措施？

A. 增加截面尺寸

B. 增加受扭纵筋

C. 增加受扭箍筋

D. 增加纵筋和箍筋配筋强度比 ζ

35. 设计剪扭构件时，当 $\dfrac{V}{bh_0}+\dfrac{T}{0.8W_t}>0.25\beta_c f_c$ 时，应采取下列哪项措施？

A. 增加尺寸

B. 增加受扭纵钢筋
C. 增加受扭箍筋
D. 增加纵筋和箍筋配筋强度比 ζ

36. 设计螺旋钢箍柱时要求 $N \leqslant 1.5\varphi(f_c A_c + f'_s A'_s)$ 是（　　）。
    A. 因为配置过多的螺旋箍筋不能进一步提高柱子的承载力
    B. 因为配置螺旋箍筋没有配置纵筋有效
    C. 为了防止柱子保护层混凝土过早剥落
    D. 因为 N 太大将发生脆性破坏

37. 大小偏压破坏的根本区别是（　　）。
    A. 偏心距的大小
    B. 受压边缘混凝土是否达到极限压应变
    C. A_s 是否达到受拉屈服强度
    D. A'_s 是否达到受压屈服强度

38. 矩形截面偏心受压构件，$M_2 > M_1$，$N_2 > N_1$，在大偏压情况时，（　　）组内力最不利？
    A. (M_1, N_1) B. (M_2, N_1) C. (M_1, N_2) D. (M_2, N_2)

39. 矩形截面偏心受压构件，$M_2 > M_1$，$N_2 > N_1$，在小偏压情况时，（　　）组内力最不利？
    A. (M_1, N_1) B. (M_2, N_1) C. (M_1, N_2) D. (M_2, N_2)

40. 大偏心受压构件计算时，若已知 A'_s，则当 $x < 2a'$，按（　　）求 A_s
    A. 对 A'_s 形心位置取矩求得
    B. 取 $A'_s = 0$ 后求解
    C. 取 A 和 B 两者中的较小值，并满足最小配筋率
    D. 取 A 和 B 两者中的较大值，并满足最小配筋率

41. 钢筋混凝土轴心受压构件在长期荷载作用下，由于混凝土的徐变使（　　）。
    A. 混凝土压应力增加，钢筋压应力增加
    B. 混凝土压应力增加，钢筋压应力减小
    C. 混凝土压应力减小，钢筋压应力增加
    D. 混凝土压应力减小，钢筋压应力减小

42. 混凝土的徐变和收缩会使钢筋混凝土轴压短柱的极限承载力（　　）。
    A. 增大   B. 减小   C. 没有影响

43. 下列哪种情况将发生受拉破坏？
    A. e_0 较大，A_s 较多   B. e_0 较大，A_s 不多
    C. e_0 较小，A'_s 较多   D. e_0 较小，A'_s 不多

44. 对称配筋矩形截面，N_b 为界限轴力，下列哪种情况按大偏心受压计算？

A. $\eta e_i \leqslant 0.32h_0$，且 $N>N_b$
B. $\eta e_i \leqslant 0.32h_0$，且 $N<N_b$
C. $\eta e_i > 0.32h_0$，且 $N>N_b$
D. $\eta e_i > 0.32h_0$，且 $N<N_b$

45. 设计对称配筋矩形截面偏心受压构件时，若 $\eta e_i < 0.32h_0$，$\xi < \xi_b$，则为（   ）。

A. 小偏压构件 B. 大偏压构件 C. 界限破坏构件

46. 偏压构件截面复核时，给定荷载偏心距 e_0，求轴向力 N，则判别条件为（   ）。

A. $\eta e_i < 0.32h_0$ 时为小偏压，$\eta e_i > 0.32h_0$ 时为大偏压
B. $\eta e_i < e_{ib}$ 时为小偏压，$\eta e_i > e_{ib}$ 时为大偏压（e_{ib} 为界限偏心距）
C. $N > N_b$ 时为小偏压，$N < N_b$ 时为大偏压

47. 下列轴心受压构件的配筋构造图哪一种是正确的？

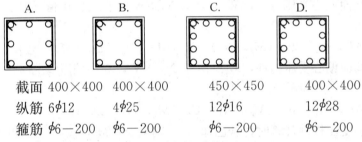

	A.	B.	C.	D.
截面	400×400	400×400	450×450	400×400
纵筋	6ϕ12	4ϕ25	12ϕ16	12ϕ28
箍筋	ϕ6—200	ϕ6—200	ϕ6—200	ϕ6—200

48. 构件的抗剪能力随轴向压力的增加而（   ）。

A. 减小   B. 不变
C. 在一定范围内提高   D. 线性增加

49. 条件相同的预应力与非预应力轴拉构件，其极限承载力和抗裂度（   ）。

A. 均相同
B. 预应力构件的承载力和抗裂度均高
C. 预应力构件的承载力高，但抗裂度相同
D. 预应力构件的抗裂度高，但承载力相同

50. 其他条件相同时，预应力构件的延性通常比非预应力构件延性（   ）。

A. 大些   B. 小些   C. 相同   D. 不确定

51. 其他条件相同时，如采用相同的张拉控制应力值，则后张法建立的预应力比先张法（   ）。

A. 小些   B. 大些   C. 相同   D. 不确定

52. 预应力混凝土受弯构件，在预拉区布置预应力筋 A'_p 是
A. 为了防止在施工阶段预拉区开裂

B. 为了提高极限抗弯承载力
C. 为了提高构件的抗弯刚度
D. 为了提高构件的延性

二、判断题（对打√，错打×）

1. 混凝土强度等级是取立方体抗压强度平均值。（   ）
2. 配筋对钢筋混凝土构件的开裂荷载影响不大。（   ）
3. 按《规范》设计的钢筋混凝土结构是绝对可靠的。（   ）
4. 结构可靠指标 β 与失效概率 P_f 是一一对应的，β 越大，P_f 越小。（   ）
5. 荷载效应已知情况下，结构抗力的平均值越大，结构失效概率越小。（   ）
6. 已知荷载效应设计值，所选取的钢筋和混凝土强度等级越高，失效概率越小。（   ）
7. 允许失效概率越小，荷载分项系数和材料分项系数越大。（   ）
8. 钢筋混凝土轴心受拉构件：
(1) 裂缝出现前瞬间，钢筋的应力 σ_s 与配筋率无关。（   ）
(2) 裂缝出现时钢筋的应力增量 $\Delta\sigma_s$ 与配筋率无关。（   ）
(3) 裂缝出齐后，裂缝间混凝土的拉应力不会超过 f_{tk}。（   ）
9. 混凝土徐变会降低钢筋混凝土轴心受压构件的承载力。（   ）
10. 钢筋混凝土轴心受压构件在受力过程中存在应力重分布现象。（   ）
11. 少筋梁无带裂缝工作阶段；超筋梁无屈服阶段。（   ）
12. 单筋矩形截面适筋梁，若混凝土及钢筋强度给定，则受拉钢筋配筋率越大，截面的屈服曲率也越大。（   ）
13. 钢筋混凝土受弯构件，当 $\xi=\xi_b$ 时，$M_y=M_u$。（   ）
14. 双筋梁设计中，要求 $x\geqslant 2a'$ 是为了防止受压钢筋压屈。（   ）
15. 双筋梁和大偏心受压构件设计中，A'_s 已知，当 $x\leqslant 2a'$ 时，可取 $x=2a'$ 计算。（   ）
16. 双筋梁和大偏心受压构件设计中，当计算出现 $\xi\geqslant\xi_b$ 时，取 $\xi=\xi_b$ 计算。（   ）
17. 双筋梁截面复核计算中，当计算出现 $\xi\geqslant\xi_b$ 时，取 $\xi=\xi_b$。（   ）
18. T 形截面梁的配筋应满足 $A_s\geqslant\rho_{min}b'_f h$。（   ）
19. 钢筋混凝土构件的锚固破坏属于承载能力极限状态。（   ）
20. 配置箍筋可以提高梁的抗剪承载力，防止斜压破坏。（   ）
21. 矩形截面梁，当 $V\geqslant 0.25\beta_c f_c bh_0$ 时，应采用弯起钢筋。（   ）
22. 在钢筋混凝土梁纯弯段，弯矩为常数，钢筋应力亦为常数，故无粘结应力。（   ）
23. 钢筋混凝土受弯构件中，钢筋与混凝土的粘结强度 τ_u 越大，则

(1) 裂缝间距越大。（   ）

(2) 裂缝宽度越大。（   ）

(3) 钢筋应力不均匀系数 ψ 越大。（   ）

24. 按《规范》裂缝宽度的计算公式，保护层厚度越大裂缝宽度也越大，因此在设计中增加保护层厚度对结构耐久性是不利的。（   ）

25. 矩形截面纯扭构件的第一条斜裂缝一般先在长边中点出现。（   ）

26. 受扭构件可采用多肢配箍形式。（   ）

27. 受扭构件破坏时的临界斜裂缝与构件轴线的倾斜角均等于 $45°$。（   ）

28. 受扭构件的箍筋必须采用封闭式，受扭纵筋应沿周边均匀对称布置。（   ）

29. 弯、剪、扭构件中剪力和扭矩由箍筋承担，纵筋仅承担由弯矩产生的拉力。（   ）

30. 按《规范》弯、剪、扭构件设计时，是分别计算 M、V、T 各自所需的钢筋，再叠加后配筋。（   ）

31. 在剪扭和纯扭两种构件中，混凝土部分所分担的抗扭能力是不同的。（   ）

32. 同时受到剪力和扭矩作用的构件，其承载力总是低于剪力或扭矩单独作用时的承载力。（   ）

33. 《规范》要求受扭构件的纵筋和箍筋配筋强度比 $0.6 \leqslant \zeta \leqslant 1.7$ 是为了防止超筋破坏。（   ）

34. 纯扭构件中受扭纵筋均受拉力。（   ）

35. 小偏心受压构件中，A_s 受拉不屈服，因此可只按受拉钢筋的最小配筋率配筋。（   ）

36. 小偏心受压构件中，A_s 可能达到受压屈服。（   ）

37. 所用材料相同时，受弯构件与偏心受压构件的相对界限受压区高度 ξ_b 相同。（   ）

38. 取 $e_0 = 0$ 按小偏心受压构件计算的承载力与轴心受压按构件计算的承载力基本相同。（   ）

39. 若 $\eta e_i < 0.32 h_0$ 则一定为小偏压构件。（   ）

40. 若 $\eta e_i > 0.32 h_0$ 则一定为大偏压构件。（   ）

41. 对称配筋大偏压构件，A_s 和 A_s' 分别达到 f_y 和 f_y'，故材料利用是经济的。（   ）

42. 小偏心受压破坏时截面曲率小于界限破坏时截面曲率。（   ）

43. 对偏心受压构件来说，轴压力一定时，弯矩越大越不利。（   ）

44. 偏心受压构件当发生界限破坏时，混凝土、A_s 和 A_s' 均被充分利用，截面抗弯能力达到最大。（   ）

45. 两个预应力混凝土轴心受拉构件，一个为先张法，另一个为后张法。设二者的 A_p、σ_{con}、σ_l 及混凝土强度和截面面积 A_c 在数值上均相同，且 $A_s=0$。
   (1) 二者由预应力产生的 σ_{pc} 相同。(　　)
   (2) 二者的 N_{p0} 在数值上相同。(　　)
   (3) 二者的开裂轴力 N_{cr} 相同。(　　)
   (4) 二者的极限轴力 N_u 相同。(　　)

46. 对混凝土构件施加预应力。
   (1) 可提高构件的开裂荷载。(　　)
   (2) 可提高构件的刚度。(　　)
   (3) 可提高构件的耐久性 (　　)。

47. 采用预应力混凝土受弯构件是因为
   (1) 普通钢筋混凝土受弯构件的承载力不能满足要求。(　　)
   (2) 普通钢筋混凝土受弯构件不能有效的利用高强钢筋和高强混凝土。(　　)
   (3) 对裂缝和变形的控制限制了普通钢筋混凝土受弯构件用于大跨度结构。(　　)

48. 预应力混凝土轴心受拉构件，仅配预应力筋，且 A_p、A_c、σ_{con} 相同，则
   (1) 先张法和后张法的消压轴力 $N_{p0}=\sigma_{pcII}A_0$。(　　)
   (2) 先张法和后张法的消压轴力相同。(　　)
   (3) 先张法和后张法的 $\sigma_{p0}=N_{p0}/A_p$。(　　)
   (4) 先张法和后张法的 σ_{p0} 相同。(　　)
   (5) 先张法和后张法的 $\sigma_{p0}=\sigma_{con}-\sigma_l$。(　　)
   (6) 开裂后，先张法和后张法的 $\sigma_p=N/A_p$。(　　)
   (7) 先张法和后张法的极限抗拉承载力相同。(　　)

49. 预应力混凝土受弯构件，在预拉区布置预应力筋 A'_p
   (1) 是为了防止在施工阶段预拉区开裂。(　　)
   (2) 是为了提高极限抗弯承载力。(　　)
   (3) 在承载力极限状态时 A'_p 可达到其屈服强度。(　　)
   (4) 在承载力极限状态时 A'_p 可能为拉应力。(　　)

三、填充题

1. f_c 平均值与 f_{cu} 平均值的关系为_____，f_c 标准值与 f_{cu} 标准值的关系为_____。

2. f_c 平均值与 f_{cu} 平均值的关系为_____，f_t 标准值与 f_{cu} 标准值的关系为_____。

3. 已知混凝土的弹性模量 E_c 和弹性系数 ν，若混凝土所受的压应力为 σ_c，则混凝土的总应变 $\varepsilon_c=$_____；弹性应变 $\varepsilon_{ce}=$_____；塑性应变 $\varepsilon_{cp}=$_____。

4. 线性徐变是指：_____。

5. 结构的可靠性是指结构的_____，_____和_____；结构的可靠度是指_____。

6. 钢筋混凝土轴心受拉构件的开裂轴力 N_{cr}=_____，开裂时钢筋的应力增量 $\Delta\sigma_s$=_____，按理论确定的最小配筋率 ρ_{min}=_____。

7. 适筋梁的破坏特征是_____；少筋梁的破坏特征是_____；在设计中防止少筋梁破坏的措施是_____；超筋梁的破坏特征是_____；在设计中防止超筋梁破坏措施是_____。

8. 写出界限曲率 ϕ_b=_____。

9. 钢筋混凝土构件中受压钢筋的抗压强度取_____。

10. 在双筋梁设计中，保证受压钢筋的抗压强度得到利用的必要条件是：_____；充分条件是：_____。

11. 钢筋混凝土受弯构件中，箍筋的作用有：①_____；②_____；③_____；④_____。

12. 钢筋弯起时应注意保证：(1)_____；(2)_____；(3)_____。

13. 钢筋与混凝土的粘结力由_____、_____和_____组成。

14. 混凝土保护层厚度的作用有：①_____；②_____；③_____；④_____；……

15. 影响基本锚固长度的因素有：①_____；②_____；③_____；④_____；……

16. 集中荷载作用下的矩形截面有腹筋梁，当剪跨比 $\lambda<1$ 时，将发生_____破坏；当剪跨比 $1<\lambda<3$，且配箍率合适时，将发生_____破坏；当剪跨比 $1<\lambda<3$，且配箍率太多时，将发生_____破坏；当剪跨比 $\lambda>3$，且配箍率合适时，将发生_____破坏；当剪跨比 $\lambda>3$，且配箍率太少时，将发生_____破坏。

17. 螺旋箍筋和矩形箍筋约束混凝土的差别表现在_____。

18. 对称配筋偏心受压构件，已知截面尺寸和材料强度，给定 N，则 M 越大，配筋面积越_____；已判定为大偏心受压情况，给定 M，则 N 越大配筋面积越_____；已判定为小偏心受压情况，给定 M，则 N 越大配筋面积越_____。

19. 单筋矩形截面的最大受弯承载力 $M_{u,max}$=_____。

20. 单筋 T 形截面的最大受弯承载力 $M_{u,max}$=_____。

21. 双筋矩形截面的最大受弯承载力 $M_{u,max}$=_____。

22. 矩形截面受弯构件的最大受剪承载力 $V_{u,max}$=_____。

23. 矩形截面受扭构件的最大受扭承载力 $T_{u,max}=$ _____。

24. 弯剪扭构件，当 $\dfrac{V}{bh_0}+\dfrac{T}{0.8W_t}>0.25\beta_c f_c$ 时，应_____，其中 β_c 是反映_____的系数。

25. 弯剪扭构件，当 $\dfrac{V}{bh_0}+\dfrac{T}{W_t}<0.7f_t$ 时，可_____。

26. 矩形截面对称配筋偏心受压构件计算中，当 $\eta e_i>0.32h_0$，且 $N<N_b$，按_____计算；当 $\eta e_i>0.32h_0$，且 $N>N_b$，按_____计算；当 $\eta e_i<0.32h_0$，且 $N>N_b$，按_____计算；当 $\eta e_i<0.32h_0$，且 $N<N_b$，按_____计算。

27. 对称配筋矩形截面短柱（f_c，f_y，f'_y，$b\times h$（h_0），A_s，A'_s 已知），所能承受的最大轴力为_____，所能承受的最大弯矩为_____。

28. 长期荷载下的弯矩效应表达式（仅考虑一个恒载和一个活载）：_____。

29. 钢筋混凝土受弯构件刚度计算公式中，参数 η 称为_____，参数 ψ 称为_____，参数 ζ 称为_____，其中反映刚度随弯矩增大而减小的参数是_____，其物理意义是_____。

30. 预应力损失有 ①_____；②_____；③_____；④_____；⑤_____；⑥_____。

31. 后张法预应力构件的第一批预应力损失 $\sigma_{lI}=$ _____；
    第二批预应力损失 $\sigma_{lII}=$ _____。

32. 先张法预应力构件的第一批预应力损失 $\sigma_{lI}=$ _____；
    第二批预应力损失 $\sigma_{lII}=$ _____。

33. 非预应力钢筋 A_s，完成全部预应力损失后，其应力 $\sigma_s=$ _____；当达到全截面消压状态时，其应力 $\sigma_s=$ _____。

34. 预应力混凝土构件的混凝土强度等级不得低于_____（先张法）_____（后张法），张拉或放张时的强度不得低于_____设计强度。

35. 对称配筋矩形截面，则
a. 轴心受压承载力 $N=$ _____。
b. 界限破坏时的承载力 $N=$ _____；$M=$ _____。
c. 仅受弯矩时的受弯承载力 $M=$ _____。

四、计算题

1. 某钢筋混凝土梁，作用集中荷载，截面尺寸 250mm×600mm，配筋如图所示，纵筋保护层 25mm，混凝土强度等级 C30，纵筋 HRB335 级，箍筋 HPB300 级（双肢箍），试确定该梁的集中荷载设计值 P（忽略梁的自重）。

2. 钢筋混凝土简支梁如图所示，采用 C30 级混凝土，HRB335 级纵筋，

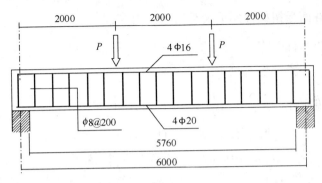

计算题 1 图

HPB300 级箍筋。均布恒载标准值 $g_k=13\text{kN/m}$，均布活载标准值 $q_k=16\text{kN/m}$。试进行该梁的抗弯和抗剪配筋计算，并选配钢筋和绘制截面配筋图。

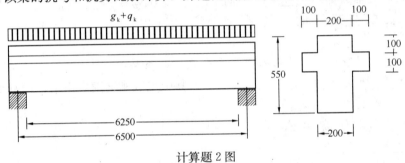

计算题 2 图

3. 某一般钢筋混凝土梁，矩形截面 $b\times h=250\text{mm}\times 500\text{mm}$，承受弯矩设计值 $M=110\text{kN}\cdot\text{m}$，扭矩设计值 $T=12\text{kN}\cdot\text{m}$，剪力设计值 $V=55\text{kN}$。采用 C30 级混凝土，纵筋 HRB400 级，箍筋 HPB300 级。计算需配置的纵筋和箍筋，并绘出截面配筋示意图。

4. 请计算以下钢筋混凝土简支梁所能承受的荷载设计值 P（忽略梁自重）。恒载标准值：活载标准值＝1:1，准永久荷载系数取 0.5。混凝土强度为 C30 级，受拉纵筋为 HRB400 级，箍筋为 HPB300 级。裂缝宽度限值为 0.3mm，跨中挠度变形限值为 $L/300$。（架立筋和梁腹纵筋在计算中不考虑，三分点两点集中加载简支梁跨中挠度公式 $f=\dfrac{23}{648}\dfrac{PL^3}{EI}$）

5. 某悬臂梁如图所示，承受均布荷载。混凝土采用 C20 级，纵筋采用 HPB300 级钢筋。恒载标准值 $g_k=6\text{kN/m}$，活载标准值 $q_k=12\text{kN/m}$，试计算该梁的纵向钢筋，并简要说明纵筋布置的构造要求，并绘制纵筋布置简图。

6. 钢筋混凝土柱截面如图所示，柱长细比小于 5，截面尺寸 $400\text{mm}\times 600\text{mm}$（偏心方向沿长边），对称配筋 $4\phi25$，纵筋保护层 30mm，混凝土强度等级 C40，纵筋 HRB400 级，试确定：

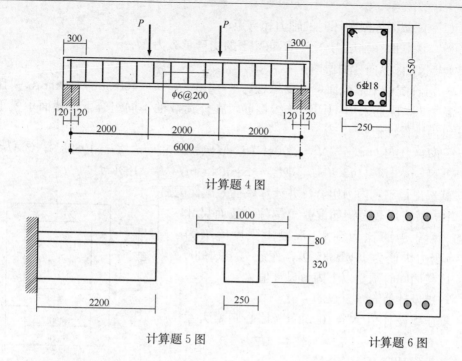

计算题 4 图

计算题 5 图   计算题 6 图

(1) 轴心受压承载力；
(2) 界限破坏时的压弯承载力；
(3) 纯弯时的受弯承载力；
(4) 请根据以上计算结果近似画出该截面的 N-M 相关曲线，并判别在设计压力为 1500kN、弯矩为 595kN·m 的情况下该截面是否安全（无需计算）。

7. 矩形截面钢筋混凝土偏心受压构件和截面配筋见图，采用 HRB400 级纵筋，C60 级混凝土。试确定该柱底截面恰好发生界限破坏时的轴向承载力设计值 N 和偏心距 e_0。

8. 矩形截面钢筋混凝土偏心受压构件，截面配筋见图，纵筋为 HRB400 级钢（$f_y = f'_y = 360\text{N/mm}^2$），混凝土 C60 级（$f_c = 27.5\text{N/mm}^2$）。试确定：

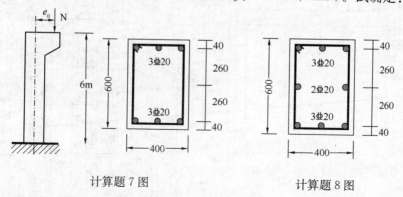

计算题 7 图   计算题 8 图

(1) 该截面界限破坏时的轴力和弯矩;
(2) 该截面在轴压力 $N=1650\text{kN}$ 下的受弯承载力 M_u。
(均不考虑纵向弯曲影响)

9. 对称配筋矩形截面偏心受压柱,$l_0=4\text{m}$,$b\times h=400\text{mm}\times 600\text{mm}$,采用 C25 混凝土,纵筋采用 HRB335 级钢筋,在外荷载的不同组合下,截面承受下列几组内力设计值:

①$M=245\text{kN}\cdot\text{m}$,$N=1200\text{kN}$;②$M=365\text{kN}\cdot\text{m}$,$N=1080\text{kN}$;③$M=-350\text{kN}\cdot\text{m}$,$N=1450\text{kN}$;④$M=-285\text{kN}\cdot\text{m}$,$N=1180\text{kN}$。

试选出最不利内力组合,并计算该柱的截面配筋。

10. 某箱形截面钢筋混凝土构件,截面尺寸如图所示,剪跨比为 5.0。混凝土强度等级为 C40,受力纵筋为 HRB335 级,箍筋为 HPB300 级。该截面同时承受以下内力设计值:

弯矩设计值 $M=500\text{kN}\cdot\text{m}$

轴压力设计值 $N=1000\text{kN}$(偏心距增大系数取 1.0)

剪力设计值 $V=250\text{kN}$

扭矩设计值 $T=12.5\text{kN}\cdot\text{m}$

试计算该截面的配筋,并绘制截面配筋图。
(压弯作用下按对称配筋计算,受剪计算按集中荷载情况)

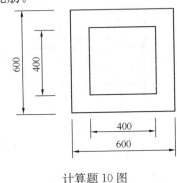

计算题 10 图

11. 某装配式框架,如图所示。已知:采用 C25 级混凝土,纵筋 HRB335 级,箍筋 HPB300 级;梁截面及配筋如 1-1 所示,柱截面及配筋如 2-2 所示;梁支座反力合力点距柱轴线偏心距 $e_0=160\text{mm}$,柱计算长度取 $1.5H$,其他尺寸见

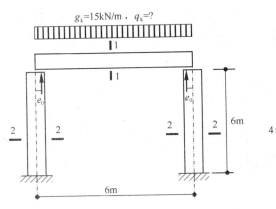

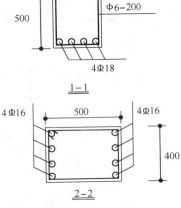

计算题 11 图

图;梁上均布恒载标准值 $g_k=15\text{kN/m}$;梁的容许挠度变形为 $L/300$(近似取 $B_l=0.7B_s$),容许裂缝宽度为 0.2mm。

试求该结构梁上容许作用的**均布活载标准值** $q_k=$?

12. 后张预应力混凝土简支梁如图所示,梁截面尺寸为 250mm×800mm,C40 级混凝土,计算跨度 $L=10\text{m}$。均布恒载为 $g_k=15\text{kN/m}$,均布活载为 $q_k=10\text{kN/m}$。

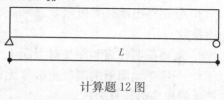

计算题 12 图

(1) 试根据荷载平衡法确定预应力筋数量、曲线形状和布置;
(2) 验算跨中截面受弯是否满足二级抗裂要求。
(注:预应力筋采用 $f_{ptk}=1860\text{MPa}$ 的 $7\phi5$ 钢绞线,一根钢绞线的面积为 139mm^2。忽略预应力孔道。近似取预应力总损失 $\sigma_l=0.2\sigma_{con}$。)

13. 钢筋混凝土梁同第 1 题,因使用要求变更,集中荷载标准值需增加 20kN,采用图示体外预应力加固,预应力筋采用 $\phi12.7$ 钢绞线两根(每侧一根。一根钢绞线的面积 98.7mm^2,设计强度为 1860MPa)。试根据平衡荷载方法确定预应力筋的张拉力(即要求平衡集中荷载标准值的增量)。

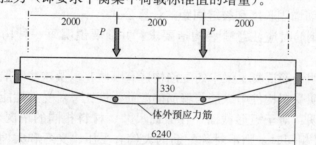

计算题 13 图

14. 某两端固定板(取单位板宽 $b=1000\text{mm}$),如图所示,板厚 $h=200\text{mm}$,楼面均布恒载 $g_k=6\text{kN/m}^2$,楼面均布活载 $q_k=4\text{kN/m}^2$。采用 C40 混凝土,预应力筋采用 $7\phi5$ 钢绞线(一束钢绞线的面积为 139.98mm),$f_{ptk}=1470\text{MPa}$。近似取预应力总损失 $\sigma_l=0.2\sigma_{con}$。预应力筋曲线采用抛物线形式。试确定:①(单位板宽的)有效预拉力和预应力筋曲线矢高 e_p;②预应力筋数量;③计算短期荷载下 (g_k+q_k) 板端和跨中截面的应力,并验算是否开裂;④计算次弯矩。

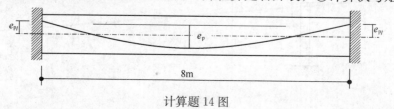

计算题 14 图

五、问答题

1. 混凝土有哪些强度指标？有哪些强度代表值？不同强度代表值在设计中如何应用？

2. 分别写出承载力极限状态和正常使用极限状态设计表达式，并说明有关分项系数。

3. 简要说明收缩和徐变对混凝土结构影响。

4. 一置于地面上的混凝土板（无钢筋），板厚 h，试推导板顶面因混凝土收缩产生的拉应力计算公式。

5. 钢筋混凝土构件达到正截面承载力极限状态的标志是什么？

6. 说明剪跨比对钢筋混凝土梁受剪性能的影响机理。

7. 当钢筋混凝土梁的剪力 $V > 0.25\beta_c f_c b h_0$ 时，应采取什么措施？

8. 请总结钢筋混凝土构件正截面受弯、斜截面受剪、受扭及剪扭构件防止少筋和超筋破坏的方法。

9. 钢筋与混凝土之间的粘结对钢筋混凝土构件的受力有什么重要作用？影响粘结强度的因素有哪些？

10. 试说明锚固粘结应力与裂缝间粘结应力的作用和差别，试根据粘结传力概念，推导钢筋锚固长度和裂缝间距的计算公式。

11. 弯起钢筋时应注意哪些构造要求？并简要说明每一种构造要求的受力概念。

12. 请说明钢筋混凝土梁中的配筋构造有哪些？以及这些配筋构造的作用？

13. 试说明受扭构件中纵筋与箍筋的配筋强度比 ζ 对受力性能的影响。

14. 试证明：对于矩形截面，在截面尺寸、材料相同的情况下（$f_y = f'_y$），当截面弯矩 M 相同时，则不对称配筋的大偏心受压、受弯和大偏心受拉设计得到的总配筋面积（$A_s + A'_s$）相同。

15. 试说明偏心受压构件计算中偏心距增大系数的表达式中考虑参数 ζ_1 和 ζ_2 的原因。

16. 对称配筋矩形截面钢筋混凝土受压柱，当在其他条件均相同的情况下，若有分别承受恒定轴压力 $N_3 > N_2 > N_1$ 三个柱，且 $N_2 =$ 界限破坏时的轴压力，试绘出这三个柱的水平力-水平侧移关系曲线示意图形。

问答题 16 图

17. 试推导圆环形截面受纯扭构件的承载力计算公式。

18. 试推导轴心受拉构件短期荷载轴向刚度的计算公式。与纯钢轴拉构件的刚度比较，说明钢筋混凝土与纯钢的区别所在。

19. 轴心受拉构件，假定裂缝间钢筋的应力为线性分布，试根据粘结-滑移理论推导裂缝间距计算公式。

20. 减小钢筋混凝土构件裂缝宽度有哪些有效措施？

21. 何谓钢筋的有效约束区？

22. 简述预应力混凝土计算中的等效荷载法。

23. 试根据平衡荷载方法给出图示均布荷载下悬臂梁预应力筋的曲线形状。

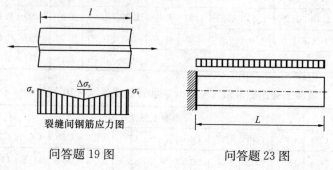

问答题 19 图 　　　　问答题 23 图

六、论述题

1. 试比较钢筋混凝土结构与钢结构的受力特点差别和优缺点。

2. 你认为目前的钢筋混凝土基本理论、分析方法、计算设计方法、配筋构造等存在哪些不足和问题，并说明理由，你有哪些改进建议？

3. 请列举你在日常生活中所遇见的采用预应力的事例，并说明其应用预应力的原理及在工程中应用的可能性。

4. 简要论述混凝土结构学习和研究中的科学方法论。

5. 请举例论述混凝土结构的科学性和工程性。

6. 讨论钢材与混凝土结构的组合形式和作用。为什么要加各种不同形式的钢材？不同形式的钢材，作用有什么不同？列举工程实例，你有哪些新的想法？

附录2 钢筋混凝土主要性能参数表

混凝土强度设计值（N/mm²）及等效矩形图形系数　　　　附表2-1

符号	混凝土强度等级													
	C15	C20	C25	C30	C35	C40	C45	C50	C55	C60	C65	C70	C75	C80
f_c	7.2	9.6	11.9	14.3	16.7	19.1	21.2	23.1	25.3	27.5	29.7	31.8	33.8	35.9
f_t	0.91	1.10	1.27	1.43	1.57	1.71	1.80	1.89	1.96	2.04	2.09	2.14	2.18	2.22
α	1.0	1.0	1.0	1.0	1.0	1.0	1.0	0.99	0.98	0.97	0.96	0.95	0.94
β	0.8	0.8	0.8	0.8	0.8	0.8	0.8	0.8	0.79	0.78	0.77	0.76	0.75	0.74

混凝土强度标准值（N/mm²）和弹性模量（×10⁴N/mm²）　　　　附表2-2

符号	混凝土强度等级													
	C15	C20	C25	C30	C35	C40	C45	C50	C55	C60	C65	C70	C75	C80
f_{ck}	10.0	13.4	16.7	20.1	23.4	26.8	29.6	32.4	35.5	38.5	41.5	44.5	47.4	50.2
f_{tk}	1.27	1.54	1.78	2.01	2.20	2.39	2.51	2.64	2.74	2.85	2.93	2.99	3.05	3.11
E_c	2.20	2.55	2.80	3.00	3.15	3.25	3.35	3.45	3.55	3.60	3.65	3.70	3.75	3.80

注：1. 当有可靠试验依据时，弹性模量值也可根据实测数据确定；
　　2. 当混凝土中掺有大量矿物掺合料时，弹性模量可按规定龄期根据实测值确定。

普通钢筋强度设计值（N/mm²）　　　　附表2-3

牌 号	抗拉强度设计值 f_y	抗压强度设计值 f'_y
HPB300	270	270
HRB335、HRBF335	300	300
HRB400、HRBF400、RRB400	360	360
HRB500、HRBF500	435	435

普通钢筋强度标准值（N/mm²）　　　　附表2-4

牌号	符号	公称直径 d (mm)	屈服强度标准值 f_{yk}	极限强度标准值 f_{stk}
HPB300	Φ	6～22	300	420
HRB335 HRBF335	Φ ΦF	6～50	335	455

续表

牌号	符号	公称直径 d (mm)	屈服强度标准值 f_{yk}	极限强度标准值 f_{stk}
HRB400 HRBF400 RRB400	Φ Φ^F Φ^R	6~50	400	540
HRB500 HRBF500	Φ Φ^F	6~50	500	630

预应力筋强度设计值（N/mm²）　　　　　　　　　　附表 2-5

种 类	f_{ptk}	抗拉强度设计值 f_{py}	抗压强度设计值 f'_{py}
中强度预应力钢丝	800	510	410
	970	650	
	1270	810	
消除应力钢丝	1470	1040	410
	1570	1110	
	1860	1320	
钢绞线	1570	1110	390
	1720	1220	
	1860	1320	
	1960	1390	
预应力螺纹钢筋	980	650	435
	1080	770	
	1230	900	

注：当预应力筋的强度标准值不符合本表的规定时，其强度设计值应进行相应的比例换算。

预应力筋强度标准值（N/mm²）　　　　　　　　　　附表 2-6

种 类	符号	公称直径 d (mm)	屈服强度标准值 f_{pyk}	极限强度标准值 f_{ptk}
中强度预应力钢丝	光面 螺旋肋	ϕ^{PM} ϕ^{HM}	5、7、9	620 780 980	800 970 1270
预应力螺纹钢筋	螺纹	ϕ^T	18、25、32、40、50	785 930 1080	980 1080 1230

续表

种　　类		符号	公称直径 d（mm）	屈服强度标准值 f_{pyk}	极限强度标准值 f_{ptk}
消除应力钢丝	光面 螺旋肋	φP φH	5	1380	1570
				1640	1860
			7	1380	1570
				1290	1470
			9	1380	1570
钢绞线	1×3 （三股）	φS	8.6、10.8、 12.9	1410	1570
				1670	1860
				1760	1960
	1×7 （七股）		9.5、12.7、 15.2、17.8	1540	1720
				1670	1860
				1760	1960
			21.6	1590	1770
				1670	1860

注：极限强度标准值为1960N/mm² 的钢绞线作后张预应力配筋时，应有可靠的工程经验。

钢筋的弹性模量（$\times 10^5$ N/mm²）　　　　附表 2-7

牌号或种类	弹性模量 E_s
HPB300 钢筋	2.10
HRB335、HRB400、HRB500 钢筋 HRBF335、HRBF400、HRBF500 钢筋 RRB400 钢筋 预应力螺纹钢筋、中强度预应力钢丝	2.00
消除应力钢丝	2.05
钢绞线	1.95

注：必要时可采用实测的弹性模量。

混凝土保护层的最小厚度 c（mm）　　　　附表 2-8

环 境 等 级	板 墙 壳	梁 柱
一	15	20
二 a	20	25
二 b	25	35
三 a	30	40
三 b	40	50

注：1. 表中的 c 是设计使用年限为 50 年的混凝土结构最外层钢筋的混凝土保护层的最小厚度；设计使用年限为 100 年的混凝土结构，最外层钢筋的混凝土保护层的最小厚度不应小于表中数值的1.4倍；
2. 混凝土强度等级不大于 C25 时，表中保护层厚度数值应增加 5mm；
3. 钢筋混凝土基础宜设置混凝土垫层，其受力钢筋的混凝土保护层厚度应从垫层顶面算起，且不应小于 40mm。

钢筋混凝土构件中纵向受力钢筋的最小配筋百分率 ρ_{min} (%)   附表 2-9

受力类型			最小配筋百分率
受压构件	全部纵向钢筋	强度级别 500N/mm²	0.50
		强度级别 400N/mm²	0.55
		强度级别 300 N/mm²、335 N/mm²	0.60
	一侧纵向钢筋		0.20
受弯构件、偏心受拉、轴心受拉构件一侧的受拉钢筋			0.20 和 $45 f_t/f_y$ 中的较大值

注：1. 受压构件全部纵向钢筋最小配筋百分率，当采用 C60 及以上强度等级的混凝土时，应按表中规定增加 0.10；
2. 板类受弯构件的受拉钢筋，当采用强度级别 400N/mm²、500 N/mm² 的钢筋时，其最小配筋百分率应允许采用 0.15 和 $45 f_t/f_y$ 中的较大值；
3. 偏心受拉构件中的受压钢筋，应按受压构件一侧纵向钢筋考虑；
4. 受压构件的全部纵向钢筋和一侧纵向钢筋的配筋率以及轴心受拉构件和小偏心受拉构件一侧受拉钢筋的配筋率均应按构件的全截面面积计算；
5. 受弯构件、大偏心受拉构件一侧受拉钢筋的配筋率应按全截面面积扣除受压翼缘面积 $(b'_f-b)h'_f$ 后的截面面积计算；
6. 当钢筋沿构件截面周边布置时，"一侧纵向钢筋"系指沿受力方向两个对边中一边布置的纵向钢筋。

结构构件的裂缝控制等级及最大裂缝宽度的限值 (mm)   附表 2-10

环境类别	钢筋混凝土结构		预应力混凝土结构	
	裂缝控制等级	w_{lim}	裂缝控制等级	w_{lim}
一	三级	0.30 (0.40)	三级	0.20
二 a		0.20		0.10
二 b			二级	—
三 a、三 b			一级	—

注：1. 对处于年平均相对湿度小于 60% 地区一级环境下的受弯构件，其最大裂缝宽度限值可采用括号内的数值；
2. 在一类环境下，对钢筋混凝土屋架、托架及需作疲劳验算的吊车梁，其最大裂缝宽度限值应取为 0.20mm；对钢筋混凝土屋面梁和托梁，其最大裂缝宽度限值应取为 0.30mm；
3. 在一类环境下，对预应力混凝土屋架、托架及双向板体系，应按二级裂缝控制等级进行验算；对一类环境下的预应力混凝土屋面梁、托梁、单向板，应按表中二 a 级环境的要求进行验算；在一类和二 a 类环境下的需作疲劳验算的预应力混凝土吊车梁，应按裂缝控制等级不低于二级的构件进行验算；
4. 表中规定的预应力混凝土构件的裂缝控制等级和最大裂缝宽度限值仅适用于正截面的验算；预应力混凝土构件的斜截面裂缝控制验算应符合规范第 7 章的要求；
5. 对于烟囱、筒仓和处于液体压力下的结构，其裂缝控制要求应符合专门标准的有关规定；
6. 对于处于四、五类环境下的结构构件，其裂缝控制要求应符合专门标准的有关规定；
7. 混凝土保护层厚度较大的构件，可根据实践经验对表中最大裂缝宽度限值适当放宽。

受弯构件的挠度限值   附表 2-11

构 件 类 型		挠 度 限 值
吊车梁	手动吊车	$l_0/500$
吊车梁	电动吊车	$l_0/600$
屋盖、楼盖及楼梯构件	当 $l_0 < 7\mathrm{m}$ 时	$l_0/200$ ($l_0/250$)
屋盖、楼盖及楼梯构件	当 $7\mathrm{m} \leqslant l_0 \leqslant 9\mathrm{m}$ 时	$l_0/250$ ($l_0/300$)
屋盖、楼盖及楼梯构件	当 $l_0 > 9\mathrm{m}$ 时	$l_0/300$ ($l_0/400$)

注：1. 表中 l_0 为构件的计算跨度；计算悬臂构件的挠度限值时，其计算跨度 l_0 按实际悬臂长度的 2 倍取用；
2. 表中括号内的数值适用于使用上对挠度有较高要求的构件；
3. 如果构件制作时预先起拱，且使用上也允许，则在验算挠度时，可将计算所得的挠度值减去起拱值；对预应力混凝土构件，尚可减去预加力所产生的反拱值；
4. 构件制作时的起拱值和预加力所产生的反拱值，不宜超过构件在相应荷载组合作用下的计算挠度值。

矩形和 T 形截面受弯构件正截面承载力计算表   附表 2-12

ξ	γ_s	α_s	ξ	γ_s	α_s
0.01	0.995	0.010	0.22	0.890	0.196
0.02	0.990	0.020	0.23	0.885	0.204
0.03	0.985	0.030	0.24	0.880	0.211
0.04	0.980	0.039	0.25	0.875	0.219
0.05	0.975	0.049	0.26	0.870	0.226
0.06	0.970	0.058	0.27	0.865	0.234
0.07	0.965	0.068	0.28	0.860	0.241
0.08	0.960	0.077	0.29	0.855	0.248
0.09	0.955	0.086	0.30	0.850	0.255
0.10	0.950	0.095	0.31	0.845	0.262
0.11	0.945	0.104	0.32	0.840	0.269
0.12	0.940	0.113	0.33	0.835	0.276
0.13	0.935	0.122	0.34	0.830	0.282
0.14	0.930	0.130	0.35	0.825	0.289
0.15	0.925	0.139	0.36	0.820	0.295
0.16	0.920	0.147	0.37	0.815	0.302
0.17	0.915	0.156	0.38	0.810	0.308
0.18	0.910	0.164	0.39	0.805	0.314
0.19	0.905	0.172	0.40	0.800	0.320
0.20	0.900	0.180	0.41	0.795	0.326
0.21	0.895	0.188	0.42	0.790	0.332

续表

ξ	γ_s	α_s	ξ	γ_s	α_s
0.43	0.785	0.338	0.52	0.740	0.385
0.44	0.780	0.343	0.53	0.735	0.390
0.45	0.775	0.349	0.54	0.730	0.394
0.46	0.770	0.354	0.55	0.725	0.399
0.47	0.765	0.360	0.56	0.720	0.403
0.48	0.760	0.365	0.57	0.715	0.408
0.49	0.755	0.370	0.58	0.710	0.412
0.50	0.750	0.375	0.59	0.705	0.416
0.51	0.745	0.380	0.60	0.700	0.420

注：1. $M = \alpha_s \alpha f_c b h_0^2$；
2. $\xi = x/h_0 = f_y A_s / \alpha f_c b h_0$；
3. $A_s = M/\gamma_s h_0 f_y$ 或 $A_s = \xi b h_0 \alpha f_c / f_y$。

钢筋的计算截面面积及公称质量表　　附表 2-13

直径 d (mm)	不同根数钢筋的计算截面面积（mm^2）									单根钢筋公称质量 (kg/m)
	1	2	3	4	5	6	7	8	9	
3	7.1	14.1	21.2	28.3	35.3	42.4	49.5	56.5	63.6	0.055
4	12..6	25.1	37.7	50.2	62.8	75.4	87.9	100.5	113	0.099
5	19.6	39	59	79	98	118	138	157	177	0.154
6	28.3	57	85	113	142	170	198	226	255	0.222
6.5	33.2	66	100	133	166	199	232	265	299	0.260
8	50.3	101	151	201	252	302	352	402	453	0.395
8.2	52.8	106	158	211	264	317	370	423	475	0.432
10	78.5	157	236	314	393	471	550	628	707	0.617
12	113.1	226	339	452	565	678	791	904	1017	0.888
14	153.9	308	461	615	769	923	1077	1230	1387	1.21
16	201.1	402	603	804	1005	1206	1407	1608	1809	1.58
18	254.5	509	763	1017	1272	1526	1780	2036	2290	2.00
20	314.2	628	941	1256	1570	1884	2200	2513	2827	2.47
22	380.1	760	1140	1520	1900	2281	2661	3041	3421	2.98
25	490.9	982	1473	1964	2454	2945	3436	3927	4418	3.85
28	615.3	1232	1847	2463	3079	3695	4310	4926	5542	4.83
32	804.3	1609	2418	3217	4021	4826	5630	6434	7238	6.31
36	1017.9	2036	3054	4072	5089	6107	7125	8143	9161	7.99
40	1256.1	2513	3770	5027	6283	7540	8796	10053	11310	9.87

注：表中直径 $d=8.2$mm 的计算截面面积及公称质量仅适用于有纵肋的热处理钢筋。

钢绞线公称直径、截面面积及理论质量   附表 2-14

种类	公称直径（mm）	公称截面面积（mm²）	理论重量（kg/m）
1×3	8.6	37.4	0.298
	10.8	59.3	0.465
	12.9	85.4	0.671
1×7 标准型	9.5	54.8	0.432
	11.1	74.2	0.580
	12.7	98.7	0.774
	15.2	139	1.101

钢丝公称直径、截面面积及理论重量   附表 2-15

公称直径（mm）	公称截面面积（mm²）	理论重量（kg/m）
4.0	12.57	0.099
5.0	19.63	0.154
6.0	28.27	0.222
7.0	38.48	0.302
8.0	50.26	0.394
9.0	63.62	0.499

各种钢筋间距时每米板宽内的钢筋截面面积表   附表 2-16

钢筋间距（mm）	当钢筋直径为下列数值时的钢筋截面面积（mm²）													
	3	4	5	6	6/8	8	8/10	10	10/12	12	12/14	14	14/16	16
70	101	179	281	404	561	719	920	1121	1369	1616	1908	2199	2536	2872
75	94.3	167	262	377	524	671	859	1047	1277	1508	1780	2053	2367	2681
80	88.4	157	245	354	491	629	805	981	1198	1414	1669	1924	2218	2513
85	83.2	148	231	333	462	592	758	924	1127	1331	1571	1811	2088	2365
90	78.5	140	218	314	437	559	716	872	1064	1257	1484	1710	1972	2234
95	74.5	132	207	298	414	529	678	826	1008	1190	1405	1620	1868	2116
100	70.6	126	196	283	393	503	644	785	958	1131	1335	1539	1775	2011
110	64.2	114	178	257	357	457	585	714	871	1028	1214	1399	1614	1828
120	58.9	105	163	236	327	419	537	654	798	942	1112	1283	1480	1676
125	56.5	100	157	226	314	402	515	628	766	905	1068	1232	1420	1608
130	54.4	96.6	151	218	302	387	495	604	737	870	1027	1184	1366	1547
140	50.5	89.7	140	202	281	359	460	561	684	808	954	1100	1268	1436
150	47.1	83.8	131	189	262	335	429	523	639	754	890	1026	1188	1340
160	44.1	78.5	123	177	246	314	403	491	599	707	834	962	1110	1257

续表

钢筋间距 (mm)	当钢筋直径为下列数值时的钢筋截面面积（mm²）												
	3	4	5	6	6/8	8	8/10	10	10/12	12	12/14	14	14/16	16
170	41.5	73.9	115	166	231	296	379	462	564	665	786	906	1044	1183
180	39.2	69.8	109	157	218	279	358	436	532	628	742	855	985	1117
190	37.2	66.1	103	149	207	265	339	413	504	595	702	810	934	1053
200	35.3	62.8	98.2	141	196	251	322	393	479	565	668	770	888	1005
220	32.1	57.1	89.3	129	178	228	292	357	436	514	607	700	807	914
240	29.4	52.4	81.9	118	164	209	268	327	399	471	556	641	740	838
250	28.3	50.2	78.5	113	157	201	258	314	383	452	534	616	710	804
260	27.2	48.3	75.5	109	151	193	248	302	368	435	514	592	682	773
280	25.2	44.9	70.1	101	140	180	230	281	342	404	477	550	634	718
300	23.6	41.9	65.5	94	131	168	215	262	320	377	445	513	592	670
320	22.1	39.2	61.4	88	123	157	201	245	299	353	417	481	554	628

注：表中钢筋直径中的 6/8，8/10，…系指两种直径的钢筋间隔放置。

附录3 主要符号表

A

符号	意义
A	构件截面面积
A_0	构件换算截面面积
A_b	影响局部受压强度的计算底面积
A_c	混凝土截面面积
A_{cor}	螺旋筋或箍筋内表面范围内的混凝土核心面积
A_l	混凝土局部受压面积
A_{ln}	扣除孔道面积的混凝土局部受压净面积
A_n	构件净截面面积
A_p	受拉区纵向预应力钢筋的截面面积
A'_p	受压区纵向预应力钢筋的截面面积
A_{pb}	同一弯起平面内预应力弯起钢筋截面面积
A_s	受拉区纵向非预应力钢筋的截面面积
$A_{s,min}$	最小钢筋截面面积
A'_s	受压区纵向非预应力钢筋的截面面积
A_{sb}	同一弯起平面内非预应力弯起钢筋的截面面积
A_{ss0}	螺旋箍筋换算面积
A_{ss1}	螺旋箍筋截面面积
A_{stl}	受扭计算中取用的全部受扭纵向非预应力钢筋的截面面积
A_{st1}	在受扭计算中单肢箍筋的截面面积
A_{sv}	同一截面内各肢竖向箍筋的全部截面面积
A_{sv1}	在受剪计算中单肢箍筋的截面面积
A_{te}	有效受拉混凝土截面面积
a	纵向受拉钢筋合力点至截面近边的距离 集中荷载到支座的剪跨长度 张拉端锚具变形和钢筋内缩值
a'	纵向受压钢筋合力点至截面近边的距离

a_p		受拉区纵向预应力钢筋合力点至截面近边的距离
a'_p		受压区纵向预应力钢筋合力点至截面近边的距离
a_s		纵向非预应力受拉钢筋合力点至截面近边的距离
a'_s		纵向非预应力受压钢筋合力点至截面近边的距离

B

B	受弯构件的截面刚度
B_{min}	最小刚度
B_s	钢筋混凝土梁截面短期抗弯刚度
B_l	考虑部分荷载长期作用影响的折算抗弯刚度
b	矩形截面宽度、T形或I形截面的腹板宽度
b_{cor}	箱形截面核心截面宽度
b_f	T形或I形截面受拉区的翼缘宽度
b'_f	T形或I形截面受压区的翼缘宽度
b_h	箱形截面宽度
b_w	箱形截面孔洞宽度

C

C	混凝土强度等级
	梁受压区混凝土压应力合力
	荷载效应系数
C_{cu}	极限混凝土受压应力-应变曲线下面积
C_G	恒荷载效应系数
C_Q	活荷载效应系数
c	混凝土保护层厚度

D

d	钢筋直径或圆形截面的直径
	加载龄期
	预应力钢丝、钢绞线的公称直径
d_{cor}	螺旋箍筋内径
d_e	并筋等效直径
d_{eq}	等效钢筋直径

E

E	弹性模量
E_c	混凝土弹性模量、原点切线模量
E'_c	混凝土割线模量

E'_c	混凝土切线模量
E_p	预应力钢筋弹性模量
E_s	钢筋弹性模量
EI	弹性截面抗弯刚度
$E_c I_0$	换算截面抗弯刚度
e	轴向力作用点至纵向受拉钢筋合力点的距离
e'	轴向力作用点至纵向受压钢筋合力点的距离
e_0	轴向力对截面重心的偏心距
	跨中预应力钢筋偏心距
	消压拉力的偏心距
e_{0b}	界限偏心距
e_a	附加偏心距
e_i	初始偏心距
e_p	预应力钢筋形心至截面形心的偏心距
	消压轴力作用点至预应力钢筋面积形心的距离
e_{pn}	预应力钢筋形心至净截面形心的偏心距
e_{p0}	受拉区预应力钢筋形心至截面形心的偏心距

F

F_k	构件顶面集中荷载标准值
F_l	局部受压面上作用的局部荷载设计值或集中反力设计值
f	挠度
f_1	预应力混凝土受弯构件由使用荷载产生的挠度
f_2	预应力混凝土受弯构件由预应力产生的反拱
$[f]$	挠度变形限值
f_l	长期挠度
f_s	短期挠度
$f_c \text{、} f_{ck} \text{、} f_{c,m}$	混凝土轴心抗压强度设计值、标准值、平均值
$f'_c \text{、} f'_{ck} \text{、} f'_{c,m}$	混凝土圆柱体抗压强度设计值、标准值、平均值
	混凝土局部受压强度
$f_{cu} \text{、} f_{cuk} \text{、} f_{cu,m}$	混凝土立方体抗压强度设计值、标准值、平均值
f_{ptk}	预应力钢绞线和钢丝强度标准值
f_{py}	预应力钢筋抗拉强度
f'_{py}	预应力钢筋抗压强度
$f_{sp} \text{、} f_{sp,m}$	混凝土劈裂抗拉强度设计值、平均值
$f_t \text{、} f_{tk} \text{、} f_{t,m}$	混凝土轴心抗拉强度设计值、标准值、平均值
$f_y \text{、} f_{yk} \text{、} f_{y,m}$	普通钢筋受拉强度设计值、标准值、平均值

f'_y	普通钢筋受压强度设计值
f_{yv}	箍筋屈服强度设计值

G

G、G_k、G_m	恒荷载设计值、标准值、平均值
g	均布恒荷载设计值
g_k	均布恒荷载标准值

H

h	截面高度
h_0	截面有效高度
h_{0c}	最大截面有效高度
h_{cor}	箱形截面核心截面高度
h_f	T形或I形截面受拉区的翼缘高度
h'_f	T形或I形截面受压区的翼缘高度
h_w	截面腹板高度
	箱形截面孔洞高度

I

I	截面惯性矩
I_0	换算截面惯性矩
I_n	净截面惯性矩

K

K	安全系数
k_1	混凝土受压应力-应变曲线系数
k_2	脆性折减系数
k_c	混凝土材料强度分项系数
k_s	钢筋材料强度分项系数
k_{qi}	荷载分项系数

L

L_0	试件拉伸前不包含颈缩区的量测标距长度
L	试件拉断后不包含颈缩区的量测标距长度
l	试件拉断时的量测标距长度
l	梁板的跨度
	钢筋锚固长度
	预应力钢筋张拉端与锚固端距离
l_0	试件拉伸前的量测标距长度
	梁板的计算跨度
	柱的计算长度

l_a	纵向受拉钢筋的锚固长度
	基本锚固长度
l_{as}	简支支座处锚固长度
l_d	延伸长度
l_f	反向摩擦影响长度
l_l	钢筋搭接长度
l_m	负弯矩区段水平长度
	平均裂缝间距
l_{tr}	传递长度
Δl_{tu}	墙板极限拉伸变形能力
Δl	墙板与上下梁自由收缩变形差

M

M	弯矩设计值
M_0	消压弯矩
M_b	受弯构件界限弯矩
M_{cr}	受弯构件的正截面开裂弯矩值
M'_f	T形截面受弯承载力
M_g	均布荷载下的弯矩
M_k	按荷载效应的标准组合计算的弯矩值、短期弯矩
	使用弯矩
	构件自重和施工阶段荷载的标准组合产生的弯矩
M_q	按荷载效应的准永久组合计算的弯矩值、长期弯矩
M_u	构件的正截面受弯承载力设计值
$M_{u,max}$	适筋梁极限弯矩上限、界限受弯承载力
M_{ui}	各根（组）钢筋受弯承载力
M_y	受弯构件屈服弯矩

N

N	轴向力设计值
N_0	消压轴力
N_b	界限轴力
N_{cr}	构件开裂轴向荷载
N_k	按荷载效应的标准组合计算的轴向力值
N_p	后张法构件预应力钢筋及非预应力钢筋的合力
N_{p0}	混凝土法向预应力等于零时预应力钢筋及非预应力钢筋的合力
$N_{p,con}$	张拉设备控制的总张拉力
N_q	按荷载效应的准永久组合计算的轴向力值

N_u	构件极限轴向荷载
N_{ux}	轴向力作用于 x 轴的偏心受压或偏心受拉承载力设计值
N_{uy}	轴向力作用于 y 轴的偏心受压或偏心受拉承载力设计值
N_u^l	长柱轴心受压承载力
N_u^s	短柱轴心受压承载力
N_{u0}	构件的截面轴心受压或轴心受拉承载力设计值
n	同一截面内箍筋肢数

P

P	集中荷载
P_{cr}	开裂荷载
P_u	破坏荷载、极限荷载
P_y	屈服荷载
P_f	结构失效概率
p	预应力钢筋对孔壁产生的法向压应力

Q

Q、Q_k、Q_m	活荷载设计值、标准值、平均值
Q_{1k}	主导活荷载
q	均布活荷载设计值
q_k	均布活荷载标准值

R

R	结构抗力
R_k	结构抗力标准值
R^*	结构抗力设计值
r	曲线预应力钢筋曲率半径
r_c	圆弧形曲线预应力钢筋曲率半径

S

S	结构作用效应
S_k	荷载作用效应标准值
S^*	荷载作用效应设计值
S_0	换算截面计算纤维处对换算截面形心的面积矩
s	箍筋的间距
	沿构件轴线方向上横向钢筋的间距
	螺旋筋的间距
	钢筋与混凝土相对滑移
s_{max}	箍筋最大间距

T

T	扭矩设计值
	受拉区拉力合力
T_c	梁受拉区混凝土拉应力合力
	无腹筋剪扭构件受扭承载力
T_{cr}	开裂扭矩
$T_{cr,e}$	弹性开裂扭矩
$T_{cr,p}$	塑性开裂扭矩
T_f	受拉翼缘扭矩设计值
T'_f	受压翼缘扭矩设计值
T_s	受拉钢筋拉力
	箍筋受扭承载力
T_u	极限扭矩
T_w	腹板所承受扭矩设计值
T_y	钢筋屈服时总拉力
t_{ew}	箱形截面等效壁厚
t_w	箱形截面壁厚
t_0	混凝土加载龄期

U

u	钢筋周长
u_{cor}	受扭构件截面核心部分周长

V

V	剪力设计值
V_a	骨料咬合作用
	拱作用剪力
V_c	混凝土受剪承载力
	无腹筋剪扭构件受剪承载力
V_{cs}	构件斜截面上混凝土和箍筋的受剪承载力设计值
V_d	销栓作用
V_p	预应力提高的构件受剪承载力
V_s	桁架作用剪力
	箍筋受剪承载力
V_u	受剪承载力

W

W	截面受拉边缘的弹性抵抗矩
W_0	验算边缘的换算截面弹性抵抗矩

W_{0b}	换算截面对受拉边缘的弹性抵抗矩
W_t	截面受扭塑性抵抗矩
W_{te}	截面受扭弹性抵抗矩
W_{tf}	带翼缘截面翼缘部分受拉抵抗矩
W'_{tf}	带翼缘截面翼缘部分受压抵抗矩
W_{tw}	带翼缘截面腹板部分抵抗矩
w	裂缝宽度
	单位长度上预应力钢筋对混凝土产生的径向压力
$[w]$	最大裂缝宽度限值
w_m	平均裂缝宽度
w_{max}	按荷载效应的标准组合并考虑长期作用影响计算的最大裂缝宽度

X

x	混凝土受压区高度
x_n	中和轴高度、受压区高度
x_{nb}	界限中和轴高度、界限受压区高度

Y

y	截面任一点到形心轴距离
y_c	受压区混凝土压应力合力到中和轴距离
y_{cu}	极限弯矩时混凝土受压应力-应变曲线下面积形心到原点距离
y_{pn}	受拉区预应力钢筋合力至净截面形心距离
y'_{pn}	受压区预应力钢筋合力至净截面形心距离
y_p	受拉区预应力钢筋合力至截面形心距离
y'_p	受压区预应力钢筋合力至截面形心距离
y_s	受拉钢筋到中和轴距离
y_t	受拉区混凝土拉应力合力到中和轴距离
$y_{0,bot}$	换算截面形心至受拉边缘距离

Z

Z	结构功能函数
z	纵向受拉钢筋合力至混凝土受压区合力点之间的距离
	预应力钢筋面积形心至受压区压力合力点距离

希 腊 字 母

α

α	钢筋冷弯弯折角度
	等效矩形应力系数
	弯起钢筋与构件轴线夹角
	锚固钢筋外形系数

	形状系数
	预应力钢筋外形系数
α_c	剪跨比影响系数
α_{cr}	构建受力特征系数
α_E	钢筋弹性模量与混凝土弹性模量的比值
α_{Ep}	预应力钢筋弹性模量与混凝土弹性模量比
α_{Es}	非预应力钢筋弹性模量与混凝土弹性模量比
α_s	截面弹塑性抵抗矩系数
	斜截面上非预应力弯起钢筋与构件轴线夹角
	斜截面上预应力弯起钢筋与构件轴线夹角
$\alpha_{s,max}$	界限截面弹塑性抵抗矩系数
α_{sp}	螺旋箍紧约束影响系数
	间接配筋约束影响系数

$$\beta$$

β	结构可靠指标
	等效矩形高度系数
β_c	高强混凝土强度折减系数
	混凝土强度影响系数
β_{cor}	间接配筋的局部受压承载力提高系数
β_h	截面尺寸影响系数
β_l	局部受压时的混凝土强度提高系数
β_t	剪扭构件混凝土受扭承载力降低系数
β_v	剪扭构件混凝土受剪承载力降低系数
β_p	纵筋配筋率影响系数

$$\gamma$$

γ	混凝土构件的截面抵抗矩塑性影响系数
	预应力度
γ_m	截面抵抗矩塑性影响系数基本值
γ_R	结构抗力分项系数
γ_c	混凝土材料分项系数
γ_s	钢筋材料分项系数
	内力臂系数
γ_S	作用效应分项系数
γ_G	恒荷载分项系数
γ_Q	活荷载分项系数
γ_{Q1}	主导活荷载分项系数

γ_{Qi}	其他活荷载分项系数
γ_0	重要性系数
γ'_f	受压翼缘加强系数

δ

δ	变异系数
$\delta_{5或10}$	钢筋延伸率
δ_{gt}	钢筋均匀延伸率
δ_{el}	弹性变形
δ_{crp}	徐变变形
δ_T	总变形

ε

ε	应变
ε_b	梁干燥收缩应变
ε_w	墙板干燥收缩应变
ε_c	混凝土应变
ε_0	混凝土受压峰值应变
$\bar{\varepsilon}_c$	受压边缘混凝土平均应变
ε_{ci}	混凝土初始压应变
ε_{cr}	混凝土徐变
ε_{cu}	混凝土极限压应变
ε_e	混凝土弹性应变
ε_p	混凝土塑性应变
ε_{sh}、$\varepsilon_{sh,\infty}$	混凝土收缩应变、终极值
ε_{tu}	混凝土极限拉应变
ε_{t0}	混凝土峰值拉应变
ε_u	混凝土极限压应变
ε_s	梁纯弯段内钢筋平均应变
$\bar{\varepsilon}_s$	受拉钢筋应变
ε'_s	受压钢筋应变
ε_y	钢筋屈服应变
ε_{bot}	构件截面底面处压应变
ε_{top}	构件截面顶面处压应变

ζ

ζ	配筋强度比
	受压区边缘混凝土平均应变综合系数
ζ_ψ	受拉钢筋搭接接头面积百分率系数

$$\eta$$

η	偏心受压构件考虑二阶弯矩影响的轴向力偏心距增大系数
	开裂截面的内力臂系数
η_c	受拉区混凝土拉力合力点至受压区压力合力点力臂系数

$$\theta$$

θ	扭率
	张拉端与计算截面曲线部分的切线夹角
	考虑荷载长期作用对挠度增大的影响系数

$$\kappa$$

κ	单位长度刮碰摩擦系数

$$\lambda$$

λ	计算截面的剪跨比
λ_v	混凝土综合约束指标

$$\mu$$

μ	延性系数
	摩擦系数

$$\nu$$

ν	混凝土弹性系数

$$\xi$$

ξ	相对受压区高度
ξ_b	界限相对受压区高度
ξ_1	考虑初始偏心距影响的折减系数
ξ_2	考虑长细比影响的折减系数
ξ_n	相对中和轴高度

$$\rho$$

ρ	纵向受力钢筋的配筋率
	曲率半径
ρ_b	界限配筋率
ρ_{max}	最大配筋率
ρ_{min}	最小配筋率
$\rho_{st,min}$	剪扭箍筋最小配筋率
$\rho_{tl,min}$	受扭纵筋最小配筋率
ρ_{te}	有效受拉截面面积计算的配筋率
$\rho_{sh,lim}$	收缩影响下混凝土最大配筋率
ρ'	受压钢筋配筋率
ρ'_{min}	受压钢筋最小配筋率
ρ_{sv}	竖向箍筋的配筋率

ρ_{st}		受扭箍筋配箍率
ρ_{tl}		受扭纵筋配筋率
ρ_{te}		按有效受拉混凝土截面面积计算的纵向受拉钢筋配箍率
ρ_v		箍筋的体积配筋率

$$\sigma$$

σ_b		钢筋最大拉伸应力、钢筋极限抗拉强度
σ_c		混凝土应力
σ_{bot}		预应力混凝土截面底部应力
σ_{top}		预应力混凝土截面顶部应力
σ_{cc}		混凝土法向压应力
σ_{ci}		混凝土初始压应力
σ_{ck}		荷载效应的标准组合下抗裂验算边缘的混凝土法向应力
σ_{cM}		预压后构件中弯矩产生的混凝土截面应力
σ_{cN}		预压后构件中混凝土截面轴向拉应力
σ_{cp}		混凝土中的主压应力
σ_{cq}		荷载效应的准永久组合下抗裂验算边缘的混凝土法向应力
σ_{ct}		混凝土法向拉应力
$\sigma_{c,0}$		徐变影响下混凝土初始压应力
$\sigma_{c,r}$		徐变影响下混凝土残余拉应力
$\sigma_{c,t}$		徐变影响下混凝土 t 时间后应力
σ_{pc}		由预加力产生的混凝土法向应力
σ_{pcI}		先张或后张时受拉区预应力钢筋合力点处混凝土预压应力
σ'_{pcI}		先张或后张时受压区预应力钢筋合力点处混凝土预压应力
σ_{tp}		混凝土中的主拉应力
σ_x		由预应力和使用弯矩产生的截面混凝土法向正应力
σ_y		由构件顶面集中荷载标准值产生的混凝土竖向压应力
σ_l		受拉区预应力钢筋在相应阶段的预应力损失值
σ_{l1}		预应力钢筋锚固回缩损失
σ_{l2}		预应力钢筋摩擦损失
σ_{l3}		预应力钢筋温差损失
σ_{l4}		预应力钢筋应力松弛损失
σ_{l5}		受拉区预应力钢筋收缩徐变损失
σ'_{l5}		受压区预应力钢筋收缩徐变损失
σ_{l6}		预应力钢筋应力松弛损失
σ_{le}		混凝土弹性压缩引起的损失
$\sigma_{l\mathrm{I}}$		混凝土预压前完成的预应力损失

$\sigma_{l\mathrm{II}}$	混凝土预压后完成的预应力损失
σ_p	正截面承载力计算中纵向预应力钢筋的应力
σ_{con}	预应力钢筋张拉控制应力
σ_{p0}	预应力钢筋合力点处混凝土法向应力等于零时的预应力钢筋应力
	扣除全部预应力损失后预应力弯起钢筋的有效预应力
σ_{pe}	预应力钢筋的有效预应力
σ_t	受拉边缘预应力钢筋拉应力
σ_s	正截面承载力计算中纵向普通钢筋的应力
σ'_s	极限受压钢筋应力
σ_{sk}	按荷载效应的标准组合计算的纵向受拉钢筋应力
$\sigma_{s,开裂前}$	开裂前瞬间钢筋应力
$\sigma_{s,开裂后}$	开裂后瞬间钢筋应力
$\sigma_{s,0}$	徐变影响下钢筋初始压应力
$\sigma_{s,r}$	徐变影响下钢筋残余压应力
$\sigma_{s,t}$	徐变影响下钢筋 t 时间后应力

τ

τ	混凝土的剪应力
	粘结应力
	裂缝扩大系数
	由剪力标准值和预应力弯起钢筋的预应力在产生的混凝土剪应力
$\tau_{\max}$	最大剪应力
τ_l	长期荷载下裂缝扩大系数
τ_m	平均粘结应力
τ_u	粘结强度

υ

υ	钢筋相对粘结特性系数

ϕ

ϕ	截面曲率
$\bar{\phi}$	截面平均曲率
ϕ_b	界限截面曲率
ϕ_u	极限截面曲率
ϕ_y	屈服截面曲率
ϕ_w	墙板混凝土受拉徐变系数

φ

φ	混凝土徐变系数
	轴心受压构件的稳定系数

φ_∞	混凝土徐变系数终极值
ψ	裂缝间纵向受拉钢筋应变不均匀系数
	超张拉系数
ψ_c	混凝土应变不均匀系数
ψ_{ci}	荷载组合系数
ψ_q	活荷载准永久值系数

参 考 文 献

[1] 中华人民共和国国家标准. 混凝土结构设计规范 GB 50010—2010. 北京：中国建筑工业出版社，2010.

[2] 滕智明，朱金铨编著. 混凝土结构及砌体结构（上册）. 第二版. 北京：中国建筑工业出版社，2003.

[3] 东南大学，天津大学，同济大学合编. 程文瀼主编. 混凝土结构. 北京：中国建筑工业出版社，2008.

[4] 江见鲸主编. 混凝土结构工程学. 北京：中国建筑工业出版社，1998.

[5] 中国建筑科学研究院主编. 混凝土结构设计. 北京：中国建筑工业出版社，2003.

[6] 吕志涛，孟少平编著. 现代预应力设计. 北京：中国建筑工业出版社，1998.

[7] 过镇海著. 钢筋混凝土原理. 北京：清华大学出版社，1999.

[8] R. Park and T. Pauley, Reinforced Concrete Structure, by John Wiley & Sons, Ins, 1975.

[9] James G. MacGregor, James K. Wight, Reinforced Concrete：Mechanics and Design, Fouth Edition, Pearson Prentice Hall, 2005.

[10] 中国土木工程学会-混凝土及预应力混凝土分会-混凝土质量专业委员会、高强与高性能混凝土专业委员会编. 钢筋混凝土结构裂缝控制指南. 北京：化学工业出版社，2004.

[11] 中国工程院土木水利与建筑学部工程结构安全性与耐久性研究咨询项目组. 北京：混凝土结构耐久性设计与施工指南. 北京：中国建筑工业出版社，2004.

[12] 日本建筑学会. 铁筋コンリート造建物の靱性保証型耐震设计指针同解说. 北京：1997.

[13] 日本建筑学会. 铁筋コンリート造のひび割れ对策（设计・施工）指针・同解说. 1990.